技工学校电子类通用教材

电视机原理调试与维修

技工学校电子类专业教材编审委员会组织编写

天津科学技术出版社

内 容 简 介

本书全面、系统、详尽地介绍了黑白电视机、彩色电视机的工作原理、调试方法以及维修入门知识。由于电视新技术的迅速发展，本书对近年来充满市场的大屏幕彩电、数字电视、画中画电视、高清晰度电视、宽屏幕电视、平板电视以及立体电视、投影电视等也都作了全面的介绍，这对了解当前电视的发展动向是很有帮助的。

本书可供中专、职业高中、技工学校以及各种电视培训班作为教学用书，也可作为电视爱好者的自学参考书。

图书在版编目(CIP)数据

电视机原理调试维修/技工学校电子类专业教材编审委原会组织编写 .-3 版 .—天津：天津科学技术出版社,2006

技工学校电子类通用教材

ISBN 7-5308-0079-5

Ⅰ.电... Ⅱ.技... Ⅲ.彩色电视-电视接收机-技工学校-教材 Ⅳ.TN949.12

中国版本图书馆 CIP 数据核字(1999)第 31852 号

责任编辑:王定一

责任印制:兰 毅

天津科学技术出版社出版

出版人:胡振泰

天津市西康路 35 号 邮编 300051 电话(022)23332393(发行部) 23332390(市场部) 27217980(邮购部)

网址:www.tjkjcbs.com.cn

新华书店经销

天津市永源印刷有限公司印刷

开本 787×1092 1/16 印张 22 插页 2 字数 531 000

2006 年 2 月第 3 版第 21 次印刷

定价:28.00 元

说　明

当前，电子技术迅速发展，国民经济各部门对电子技术的应用日益广泛，对电子类专业技术工人的需求越来越迫切。为了满足技工学校培养电子类专业中级技术工人的需要，不断提高教学质量，加速实现我国的四个现代化，劳动人事部培训就业局、电子工业部教育局在前几年组织编写教材工作的基础上，于1986年成立技工学校电子类专业教材编审委员会，委托北京、天津、上海三市的电子工业部门，组织编写技工学校电子类专业通用教材。这次编写的教材有数学、物理、制图、电子电路基础、电子测量与仪器、收录机原理调试与维修、无线电基础、微型电子计算机原理、操作系统、程序设计基础、微型计算机原理及应用、数字逻辑电路、录像机原理、BASIC语言和PASCAL语言等十五种，由劳动人事出版社出版；另有电工基础、晶体管脉冲与数字电路、电视机原理调试与维修、无线电整机装配工艺基础、晶体管原理等五种。仍由天津科学技术出版社出版。其它课程的教材，以后将陆续组织编写。

上述教材，是本着改革的精神组织编写的。力求做到理论与实际相结合，符合循序渐进的要求，从打好基础入手，突出操作技能训练的特点，并且尽量反映当前生产中采用新设备、新材料、新技术、新工艺的成就。力图使培养出来的学生，能够比较系统地掌握专业技术理论知识，学会一定操作技能，具有培养目标要求的文化素质和职业道德品质，以适合电子工业发展的需要。

这套教材供二年制（招收高中毕业生）和三年制（招收初中毕业生）的技工学校电子类电子专业的学生使用。也适合青工培训和职工自学使用。在使用教材的过程中，希望读者提出批评和改进意见，以便再版时修订。

劳动人事部培训就业局
电子工业部教育局

前　言

本书的编写是本着以下原则进行的：以黑白电视机为基础，系统地介绍黑白电视机的基本工作原理、电路及其维修技术等，以达到入门的标准；以彩色电视机（二片机）为重点，全面讲述新型彩色电视机实用电路，并进行深入的分析，对彩色电视机的调整方法、维修技术也作了较为详细的叙述；以电视新技术为突破口，如大屏幕彩电、数字电视、画中画电视、宽屏幕电视、平板电视以及有线电视、投影电视均作了较详细的介绍，其目的是为了适应当前电视技术日新月异、飞速发展的需要。

打好黑白电视基础，掌握彩色电视重点，了解电视的今天和明天是我们编写这本书的主导思想。

本书内容全面、系统、新颖，编写深入浅出、图文并茂、结合实际，可以作为有关中专、职业高中、技工学校以及培训班的教材，也可作为电视爱好者的参考书。

参加本书编写人员有：郭紫洁、张洪炎、佟春琪、郭兴环。第一、二章由佟春琪编写，第三、四、五章由张洪炎编写，第六章由郭紫洁编写，郭兴环对全书进行了统稿和审校。主编为郭紫洁，主审为郭兴环。

由于作者水平有限，书中难免有错误和不足之处，敬请读者批评指正。

编　者

1999 年 6 月

目　录

第一章　黑白电视机工作原理

第一节　黑白电视机信号的发送与接收

黑白广播电视接收机是将接收到的高频电磁波(电信号)进行加工处理、重显原图像和还原伴音的装置。要掌握广播电视接收机的工作原理,必须先了解电视发送的信号内容。

广播电视台先用摄像管将图像的明暗变化(光信号)转换成电的变化(电信号),利用话筒将声音强弱的变化(声信号)转换成电的变化(电信号),然后分别经放大、调制等过程,最后通过发射天线以电磁波的形式发送出去。

接收机则是将接收到的这种高频电磁波(电信号)进行放大、解调等处理,分别利用显像管将图像信号(电信号)转换成原来的图像(光信号),即重显图像;利用扬声器将伴音信号(电信号)转换成原来的声音(声信号),即伴音。

一、图像信号的传播

为了说明在摄像管中把图像的光信号变成电信号,在显像管中把电信号还原成光信号——图像的过程,我们先举一个简单的例子。

如果所要发送的是一个“中”字,当中字照到摄像管屏幕上,摄像管中有控制电路将电子束循序地打到屏幕各点上。摄像管输出的电信号,其电压的高低,决定于电子束打到的屏幕上那一点图像亮度。电子束在屏幕上的运动规律是规定好了的,是由左而右,由上而下地按顺序进行的,如图 1-1(a)所示。电子束是从屏幕上左方起,先打到第一行的 $1a$、$1b$、$1c$、$1d$、$1e$、$1f$……$1l$,再回过头来打到第二行的 $2a$、$2b$、$2c$……$2l$,再打到第三行、第四行……,电子束经过屏幕最下面的一行后又返到屏幕最上面的第一行,第二行……。

这时,如果在有“中”字笔划的地方(暗黑的地方),摄像管输出的电压较高,在没有“中”字笔划的地方(明亮的地方),摄像管输出的电压较低,那么在电子束循序地打到

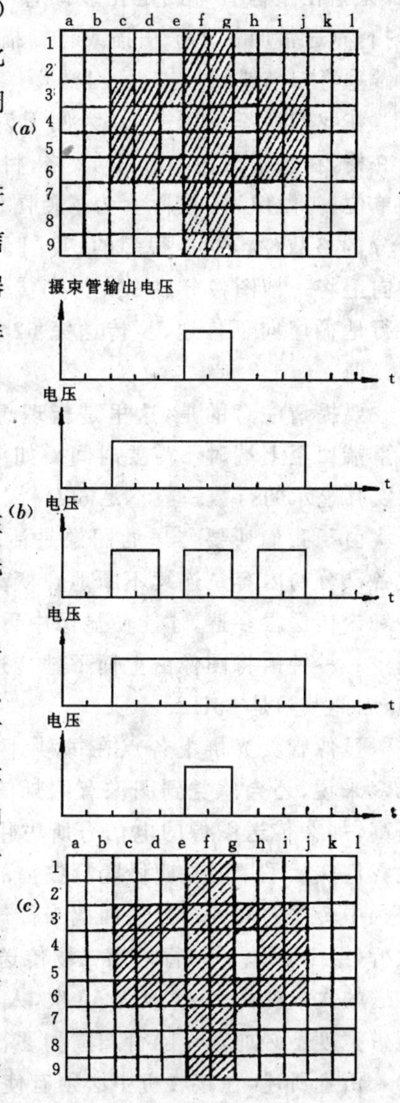

图 1-1　图像各部分顺序传送过程

屏幕上各行时，摄像管输出的电压波形就将如图 1-1(*b*)所表示的那样。

这样的电压如送到接收机显像管中，可以用来控制显像管电子束的强度。我们可以使电压高时，电子束弱，这样打到屏幕上时被打到的那一部分的荧光屏亮度就比较暗；电压低时，电子束强，因此被打到的那一部分的荧光屏的亮度就比较亮。同时，我们使显像管中电子束在屏幕上运动的规律和发送端摄像管中的电子束的运动规律完全相同，也是由左而右，由上而下地进行，且使它们同步。我们就可以在接收机显像管荧光屏上重显出“中”字。也就是在摄像管 1*a* 上得到的电信号用来控制显像管中打到 1*a* 时的电子束的强度，摄像管 1*b* 上得到的电信号用来控制显像管中打到 1*b* 时的电子束的强度……，那么在显像管荧光屏上就可以重显出所要传送的“中”字，如图 1-1(*c*)所示。

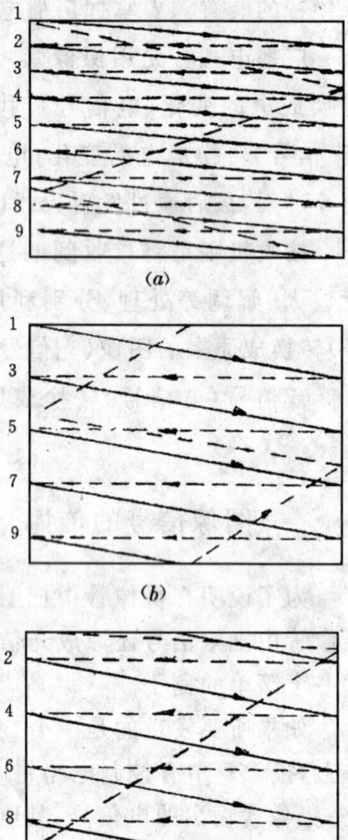

图 1-2　逐行扫描与隔行扫描

电子束在荧光屏上的有规律的运动叫做扫描。由上述可知，无论在摄像管中或是在显像管中，电子束都要作水平方向的扫描(通常叫做水平扫描或行扫描)和垂直方向的扫描(通常叫做垂直扫描或帧扫描、场扫描)。

在我们所举的例子中，为便于说明，图像在垂直方向只分了 9 格，在水平方向只分了 12 格，将每一小方格作为一个传送的单位，叫做像素。实际上为了使图像清晰，图像在垂直方向上划分的格数(行数)是很多的，我国采用 625 行制，也即在垂直方向上将一帧图像分成 625 行来传送。从图像最上方起，一行一行地循序向下传送，至传送完 625 行后，再回到最上方传送第二遍。

要提请注意的是，这里是指理想情况下，即电子束自荧光屏下端回至上端时不需要时间。如果再加上帧消隐，故荧光屏上实际显示的行数一般不足 600 行。

由于我们所要传送的图像是活动的，也就是说，图像画面上各部分的内容是连续不断地在变动的，因此必须对图像在一秒钟内传送很多遍，才能使显像中重显连续的活动图像。我国规定一秒钟内将图像由上而下地传送 25 遍。传送一遍叫做一帧，因此帧频是 25Hz。

显像管荧光屏上各点在每秒钟内被电子束扫描 25 次，对观众来说，还会感觉到图像有闪烁的现象，但是如果把帧频再提高，那么传送图像的电信号所占用的频带宽度就太大了，因此我们实际采用的是叫做隔行扫描的方法。这方法是将原来在一帧中传送的 625 行分成两次来传送，每次传送 312.5 行(叫做一场)，一帧中的第一场传送奇数行(第 1、3、5、……行)，第二场传送偶数行(第 2、4、6，……行)。这样一来，每秒钟由上而下地传送的次数就由 25 次改为 50 次，人眼就感觉不到闪烁的现象了。这样得到的电信号所占用的频带宽度不必加宽。隔行扫描和逐行扫描的不同点见图 1-2 所示。

由上所述，在接收机中必须有使电子束按一定的规律在荧光屏上进行扫描的控制电路。使电子束作垂直方向扫描的叫做场扫描电路，因为帧频是每秒 25 赫，而每帧分两场扫描，所以场频是每秒 50 次(50Hz)。使电子束作水平方向扫描的是行扫描电路，由于每帧分 625 行扫描，所以行频是 25×625＝15625Hz。

二、视频图像信号

图 1-3 表示实际上由摄像管经放大加工后送至发射机的视频信号波形，也即在电视接收机中送至显像管的电信号波形。图中由 t_1 至 t_5 是 $64\mu s$，是行扫描的一个周期(行扫描周期 $T_H=\frac{1}{15625Hz}=64\mu s$)。

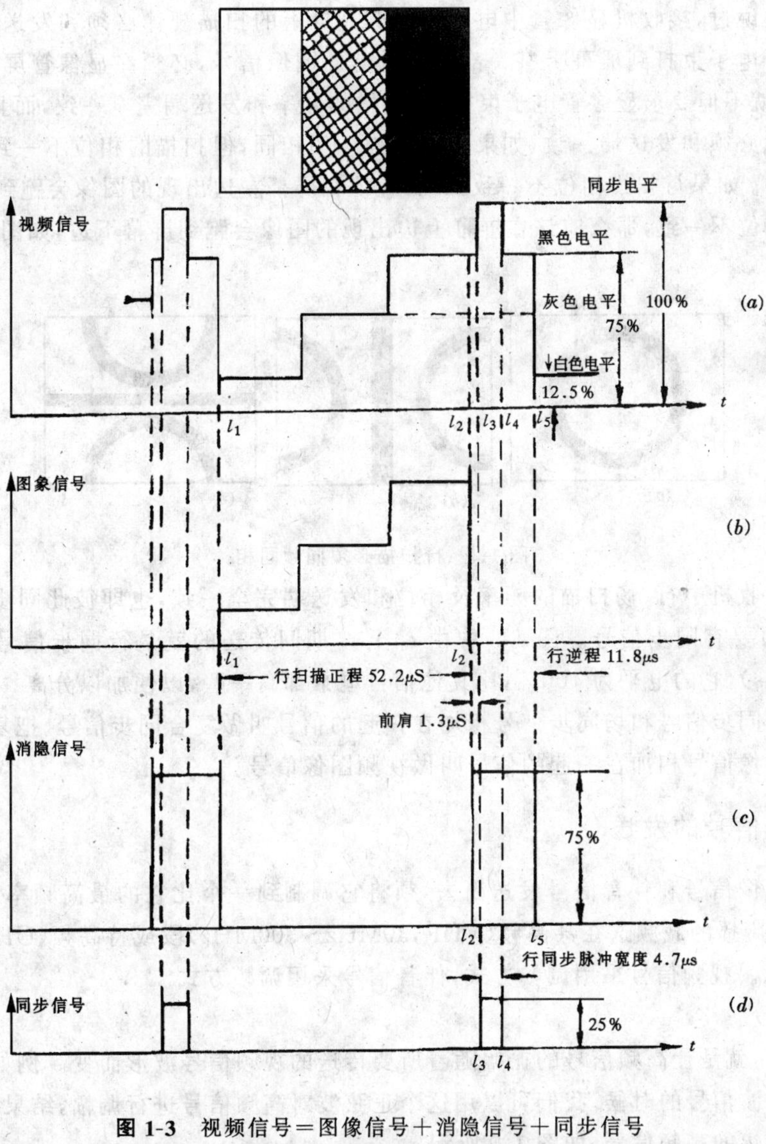

图 1-3 视频信号＝图像信号＋消隐信号＋同步信号

从 t_1 至 t_2 是电子束从显像管左边扫描至右边的正程扫描时间，约占 $52\mu s$。在这期间，图像信号电压高低不同，使冲射到显像管荧光屏上的电子束强度随同变化。图中 75%的电平为黑色电平，12.5%为白色电平，其间为灰色电平。也就是说，图像信号电压越高，表示所传送的图像越暗，图像信号电压越低，表示所传送的图像越明亮，图像信号电压高低与图像亮暗正好相反，这种图像信号叫做负极性图像信号。

从图中看，t_2 至 t_5，传送的信号电平为 75%，也即相当于黑色电平。选用这样高电平的原因如下：电子束从荧光屏左边扫描至屏幕右边时，我们要求它按照图像信号电压高低而变化强度，使荧光屏被冲射部分发出亮暗不同的光；但电子束从屏幕右边回到屏幕左边的逆程扫描期间，我们希望它不要使屏幕发光，也即必须使电子束截止。为此，我们在电子束逆程期间，使信号电压为 75% 的黑色电平，使电子束截止。这时传送的信号电压叫做消隐信号。图中表示的消隐信号是每行从右边回到左边时电子束消隐信号。

上面已经说过，接收机显像管中电子束在荧光屏上的扫描规律必须和发送端一致才能使发送端摄像管电子束打到屏幕上某一部分而取得的图像信号，必须在显像管屏幕上相对应的部分重显。这就不但要求显像管电子束行、场扫描的频率和发送端完全一致，而且电子束行、场扫描的相位也必须和发送端一致，如果只是扫描频率相同，但扫描的相位不一致，那么收到的图像也不正确。如果行扫描相位不一致，那么应该在屏幕左边出现的图像会跑到屏幕右边。如果场扫描的相位不一致，那么应该在屏幕上边出现的图像会跑到屏幕下边，如图 1-4(*b*)、(*c*)所示。

(*a*) (*b*) (*c*)

图 1-4 行扫描必须同频同相

为了使接收机中行、场扫描的频率及相位和发送端完全一致，也即彼此同步，所以在传送的信号中必须要有同步信号。图 1-3 中由 t_3 至 t_4 期间传送的就是行同步信号，它的宽度为 (4.7μs±100ns)，它的电平为 100%，比其他信号电平都高一些，以便加以分离。

通常把行同步信号和场同步信号相加在一起的信号叫做复合同步信号。把复合同步信号、消隐信号和图像信号相加在一起的信号叫做视频图像信号。

三、电视信号的发送

把视频图像信号和伴音信号发送出去，须将它调制到一个比它的最高频率高得多的载频上。目前电视广播的载频选在甚高频（VHF，30MHz～300MHz）段或特高频（UHF，300MHz～30000MHz）段。视频信号采用调幅方式，伴音信号采用调频方式。

（一）调幅

所谓调幅，就是让高频信号的振幅随着所要传送的视频信号波形而变。例如，在需要发送一个低频正弦波信号的时候，我们可以用这个正弦波对高频信号进行调幅，结果使等幅的高频信号变成了调幅的高频信号，如图 1-5 所示。

我们把原来的等幅高频信号频率叫做载频，高频信号经过用频率为 F_1 的信号调幅以后它的频率成分除了原来的载频 f_0 以外又增加了两个边频。如果低频正弦波的频率为 F_1，那么增加的两个边频为 f_0+F_1（上边频）和 f_0-F_1（下边频），如图 1-6 中所示。

如果用视频信号对载波进行调幅，由于视频信号是许多频率组成的，故调幅后的高频信号波形则如图 1-7 所示，它的包络线形状和视频信号波形相同。我国规定用负极性视频信号来调制高频信号。

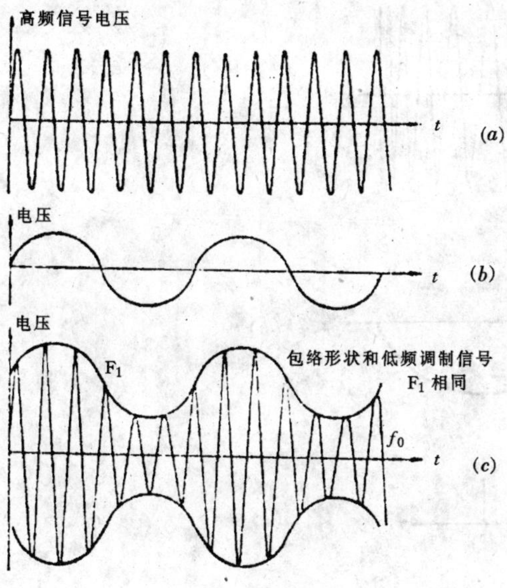

图 1-5　调幅波

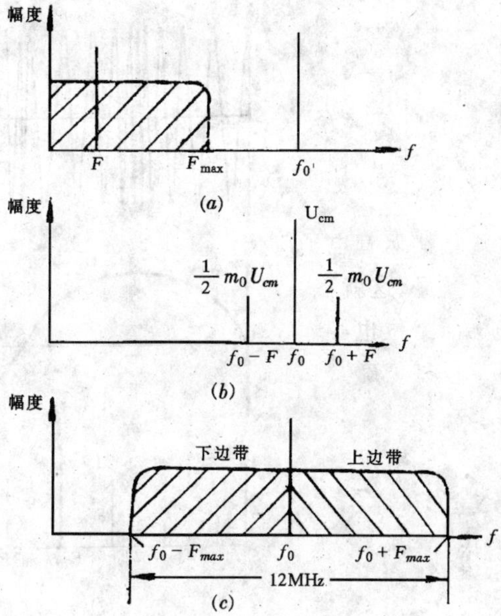

图 1-6　调幅波频谱

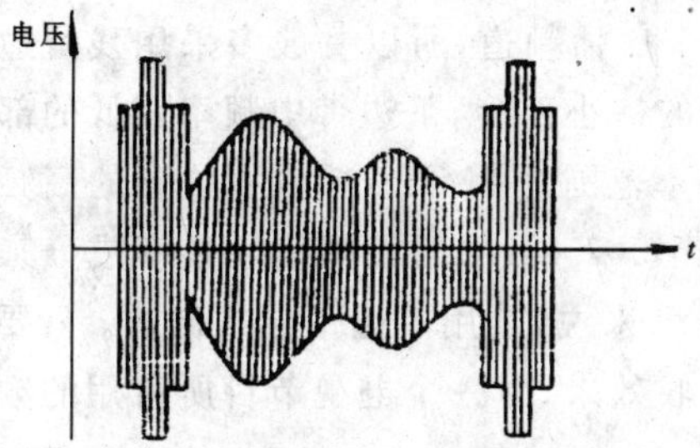

图 1-7　负极性调制视频信号波形

我们在前面已经说过，视频信号的频率范围是由 0 至 6MHz，所以拿视频信号对高频载频 f_0 进行调幅后，高频调幅波的频率成分除了原来的载频 f_0 外，又增加了两个边带。从 f_0 至 f_0+6MHz 叫做上边带，从 f_0 到 f_0-6MHz 叫做下边带。上下边带总的频率范围为 12MHz，如图 1-6(*c*)。

(二)调频

电视广播中伴音的频率范围较一般声音广播要宽一些，约为 50Hz～15kHz。为了将伴音由高频信号“携带”着发射出去，我们采用调频的方法，也就是使高频信号的频率随着所要传送的低频信号波形而变化。例如，用一个正弦波对高频信号进行调频时，高频信号的频率随正弦波而变，正弦波幅度大的时候，高频信号的频率增高；正弦波幅度小的时候，高频信号的频率降低，如图 1-8 所示。

高频信号经过调频以后，它的频率成分也将增加，但增加的情况和调幅时不同。在调幅时，低频(频率为 F_1)正弦波信号对高频信号(频率为 f_0)调幅的结果，只增加两个边频 f_0+F_1 和 f_0-F_1。但在调频时，高频已调频波的频率成分要增加很多对边频：f_0+F_1，f_0-F_1，f_0+2F_1，f_0-2F_1，f_0+3F_1，f_0-3F_1……。所以高频调频波的频率范围比调幅时宽，通常可用下式计算：

$$已调频波频率范围=2\times(\Delta f+F_{max})$$

式中　Δf——调频时高频信号频率的最大频率偏移，我国规定为 50kHz；

F_{max}——最高的音频频率，可取为 15kHz。

因此，已调频波的频率范围为 $2\times(\Delta f+F_{max})=2\times(50kHz+15kHz)=130kHz$。

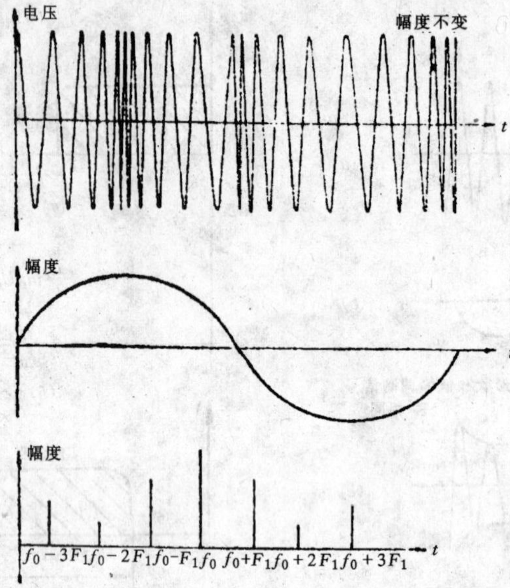

图 1-8 调频波

通常在传送电视节目时是使传送伴音的伴音载频 f_S 比传送视频信号的图像载频 f_P 高，我国规定 f_S 比 f_P 高 6.5MHz，如图 1-9。可见高频伴音信号和高频图像信号所占用的频率范围是很宽的。为了在 50MHz～220MHz 频带内多安排几个广播频道，所以一般多采用残留边带制。也就是对高频图像信号来说只传送上边带和下边带的一小部分，下边带中频率较低的部分不往外传送。这样一来，传送一个电视节目所需要的频率范围为 8MHz，接收机收到的高频图像信号是完整的上边带及下边带的一部分。因为对 0 至 0.75MHz 的视频信号频率成分来说，是用双边带方式传送，对 0.75MHz 至 6.0MHz 频率成分来说，是用单边带方式传送。只要在接收机中采取适当措施，采用残留边带方式并不影响接收效果，但一个电视节目所占用的频率范围就可以缩减很多了。

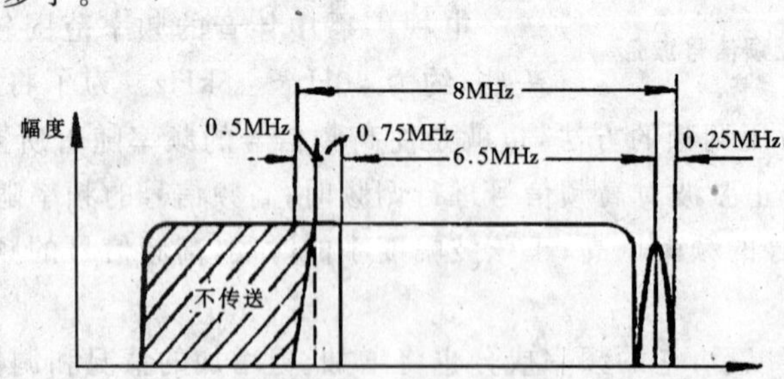

图 1-9 残留边带制高频电视信号频谱

我国规定的各电视频道的频率范围如表 1-1。由表可见，各频道的频率范围都是 8MHz，伴音载频比图像载频高 6.5MHz。

表 1-1 电视频道表

波段	频道	频率范围(MHz)	图像载频(MHz)	伴音载频(MHz)
Ⅰ(米波)	1	48.5～56.5	49.75	56.25
	2	56.5～64.5	57.75	64.25
	3	64.5～72.5	65.75	72.25
	4	76～84	77.25	83.75
	5	84～92	85.25	91.75
Ⅲ(米波)	6	167～175	168.5	174.75
	7	175～183	176.25	182.75
	8	183～191	184.25	190.75
	9	191～199	192.25	198.75
	10	199～207	200.25	206.75
	11	207～215	208.25	214.75
	12	215～223	216.25	222.75
Ⅳ(分米波)	13	470～478	471.25	477.75
	14	478～486	479.25	485.75
	15	486～494	487.25	493.75
	16	494～502	495.25	501.75
	17	502～510	503.25	509.75
	18	510～518	511.25	517.75
	19	518～526	519.25	525.75
	20	526～534	527.25	533.75
	21	534～542	535.25	541.75
	22	542～550	543.25	549.75
	23	550～558	551.25	557.75
	24	558～566	559.25	565.75
Ⅴ(分米波)	25	606～614	607.25	613.75
	26	614～622	615.25	621.75
	27	622～630	623.25	629.75
	28	630～638	631.35	637.75
	29	638～646	639.25	645.75
	30	646～654	647.25	653.75
	31	654～662	655.25	661.75
	32	662～670	663.75	669.75
	33	670～678	671.25	677.75
	34	678～686	679.25	685.75
	35	686～694	687.25	693.75
	36	694～702	695.25	701.75
	37	702～710	703.25	709.75
	38	710～718	711.25	717.75
	39	718～726	719.25	725.75
	40	726～734	727.25	733.75
	41	734～742	735.25	741.75
	42	742～750	743.25	749.75
	43	750～758	751.25	757.75
	44	758～766	759.25	765.75
	45	766～774	767.25	773.75
	46	774～782	775.25	781.75
	47	782～790	783.25	789.75

续表 1-1

波段	频道	频率范围(MHz)	图像载频(MHz)	伴音载频(MHz)
V (分米波)	48	790～798	791.75	797.75
	49	798～806	799.25	805.75
	50	806～814	807.25	813.75
	51	814～822	815.25	821.75
	52	822～830	823.25	829.75
	53	830～838	831.25	837.75
	54	838～846	839.25	845.75
	55	846～854	847.25	853.75
	56	854～862	855.25	861.75
	57	862～870	863.25	869.75
	58	870～878	871.25	877.75
	59	878～886	879.25	885.75
	60	886～894	887.25	893.75
	61	894～902	895.25	901.75
	62	902～910	903.25	909.75
	63	910～918	911.25	917.75
	64	918～926	919.25	925.75
	65	926～934	927.25	933.75
	66	934～942	935.25	941.75
	67	942～950	943.25	949.75
	68	950～958	951.25	957.75

第二节　黑白显像管与偏转线圈

显像管是电视机的重要部件之一。电视机的一些重要质量指标，如电视图像的清晰度、灰度、对比度、亮度等都与它有密切关系。因此，我们对显像管的构造及工作原理要有一定的了解。

目前，电视机都使用静电聚焦电磁偏转的显像管。所谓“静电聚焦”指的是利用静电场使电子枪发射出的电子流会聚成一束电子流；所谓“电磁偏转”是指利用偏转线圈通过电流时产生的磁场，使电子束产生偏转作用。

一、显像管的构造

显像管是一种电真空器件，它由电子枪、玻璃外壳、荧光屏三部分组成，如图 1-10 所示。

(一)电子枪

电子枪的作用是发射电子并使它们会聚成电子束，打在荧光屏上。电子枪由灯丝、阴极、栅极(控制极)、第一阳极(加速极)、第二阳极(高压极)和第三阳极(聚焦极)组成。

(1)阴极(K)　阴极是一个小金属圆筒，顶端涂有能发射自由电子的氧化物，筒内装有加热灯丝。当灯丝通电后，烤热阴极表面氧化物层，使之发射电子。

(2)栅极(M)　栅极套在阴极外面，也是一个金属圆筒。它的顶端开有小孔，使热电子能够

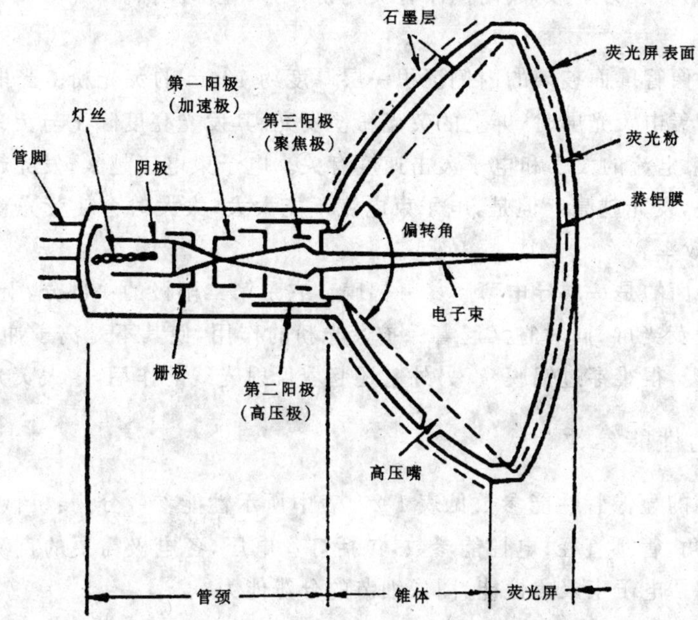

图 1-10 显像管结构示意图

通过。栅极离阴极很近,对阴极而言,栅极上加有几十 V 的负电压。改变栅压大小,就可以控制通过栅极的电子数量,改变束电流的强弱,从而达到控制显像管亮度的目的。如果把视频信号加到栅、阴极之间,那么电子束的强弱就会随着图像信号强弱而变化,在荧光屏上就出现与视频信号相应的图像。

(3)第一阴极(A_1) 栅极前面是第一阳极,也叫加速极。它也是一个顶部开有小孔的金属圆筒。通常在加速极上加有几百 V 的正电压,把电子从阴极表面拉出来,并使电子向荧光屏方向作加速运动。

(4)第三阳极(A_3) 加速极前面是第三阳极,也叫聚焦极。它是一个直径较大的金属圆筒。聚焦极上加有 0～400V 的可调电压,调整此电压大小,就可以改变聚集电场的形状,控制聚焦透镜的焦距使电子束轰击在荧光屏上的光点直径最小,图像最清晰。

(5)第二阳极(A_2) 在第三阳极前后是第二阳极,也叫高压极。它用弹性金属片与管壁内的石墨层连接,加有 9kV～16kV 高压,它的作用是进一步加速电子,使电子束高速轰击荧光屏。

(二)玻璃外壳

玻璃外壳包括管颈、锥体和屏面三部分。

(1)管颈 管颈是一个细长的玻璃管,里面装有电子枪,电子枪中除高压阳极外,其它各极都从管颈末端用金属管脚引出。

(2)锥体 锥体部分把屏面与管颈连接起来,它的内外壁上涂有石墨导电层,从而形成一个以玻璃为介质,以内外壁石墨层做两个极板的电容器,作为显像管高压的滤波电容器。其电容量约为 500pF～1000pF。外壁石墨层与电视机地线相接,以消除外层的感应电荷。在锥体部分装有高压阳极插座(俗称高压嘴),它与电子枪的高压阳极相接。

(3)屏面　屏面一般为矩形,其内侧涂有荧光粉,用来显示图像。

(三)荧光屏

荧光屏是在显像管屏面玻璃的内侧沉积一层厚度约 10μm 的荧光粉。当电子枪产生的电子束以很高的速度轰击荧光屏时,屏上的荧光粉便发光。其发光亮度除了与荧光粉的发光效率有关外,还与电子束电流的大小和电子轰击速度有关。电子束电流越大,发光越亮;高压越高,电子轰击速度越快,发光越亮。但是,电子束电流不能太大,太大时会使荧光粉局部过热而损坏,从而降低发光效率。

覆在荧光粉外面的是一层导电薄膜——铝膜。它是第二阳极的一部分,上面加有高压,吸引电子束高速轰击荧光屏;同时它又起着保护荧光粉的作用,使其不受离子冲击而损伤(因为离子质量大、速度慢,很难穿过铝膜)。另外它还起着反射光线的作用,增大荧光屏的亮度。

二、显像管的性能参数

电视机中常用的显像管性能参数见表 1-2。表中所示性能参数分为:机械性能参数,包括荧光屏尺寸,偏转角,管颈直径;电性能参数,包括灯丝电压,各电极需要的直流电及调制特性等;光性能参数,包括电子束聚焦性能,图像细节的分辨能力。

表 1-2　国产显像管主要性能

型　　号		$23SX_5B$	$31SX_2B$	型号待定	$40SX_1B$	$40SX_{12}B$	$47SX_{13}B$	$43SX_3B$
偏转角		90°	90°	90°	90°	114°	110°	70°
荧光屏尺寸(mm)		200×158	267×205	290×231	347×278	348×279	416×339	
荧光屏对角线尺寸(mm)		226 (9 英寸)	305 (12 英寸)	349 (14 英寸)	399 (16 英寸)	400 (16 英寸)	473 (19 英寸)	425 (17 英寸)
管身最大长度(mm)		188	280		330	260	312	522
重量(kg)		1.5	3.5			6.5	9.5	8
最大管径(mm)		20	20	20	20	28.6	28.5	38
热丝电压(V)		12	12	12	12	6.3	6.3	6.3
热丝电流(A)		0.085	0.090	0.09	0.090	0.6	0.6	0.6
典型工作条件	第一阳极(加速极)电压(V)	400	120	120	120	400	400	400
	第二阳极电压(V)	0～300	12k	12k	14k	14k	16k	14k
	第三阳极电压(V)	10k	0～400	0～400	0～400	0～500	0～500	−100～425
	第四阳极电压(kV)		12	12	14	14	16	14
	截止电压(V)	−20～−60	−35～−60	−35～−60	−50～−75	−30～−80	−30～−80	−30～−90
	最大调制量(V)	19	23	23	23	30	32	25
中心区分辨能力(行)		550	550	550	550	600	600	600
边缘分辨能力(行)		450	450	450	450	500	500	500

三、偏转线圈

偏转线圈套在显像管的管颈和管锥体相连接处。行偏转线圈通有由行扫描电路提供的锯齿波电流，产生在垂直方向线性变化的磁场，使电子束作水平方向扫描。场偏转线圈通有由场扫描电路提供的锯齿波电流，产生一个水平方向线性变化的磁场，使电子束作垂直方向扫描。在行扫描和场扫描共同作用下，屏幕上呈现一幅矩形的光栅。偏转线圈作为扫描电路的负载，可以等效为一个电感和电阻相串联的回路。

（一）偏转线圈的结构

行偏转线圈分为上下两个绕组，绕组外形呈马鞍形，它的横断面如图 1-11 中(a)所示。在行偏转线圈的外部套有铁氧体磁环，既能减小行频磁场对外界的干扰，又能防止外界磁场对它产生干扰，此作用叫做磁屏蔽。线圈的端部折转起来形成马鞍形，目的是使线圈产生的磁场比较均匀地集中分布在管颈部位，削弱线圈端部所产生磁场对电子束的影响。

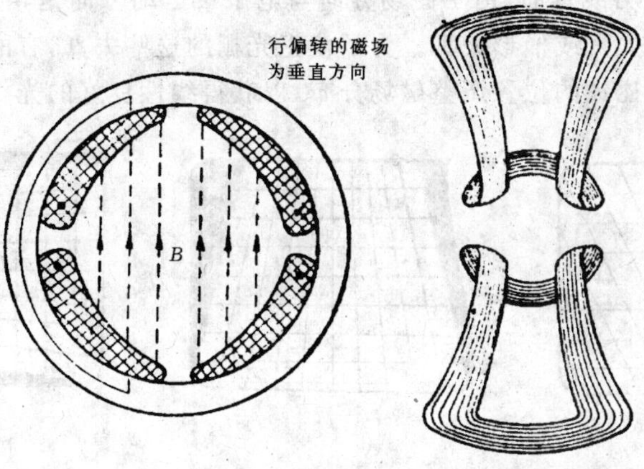

(a)　　(b)

图 1-11　行偏转线圈

场偏转线圈一般直接绕在磁环上，如图 1-12 所示。这种结构可以缩小场偏转线圈在磁环内的体积。虽然线圈的一半在磁环外部，漏磁较大，但是场频较低，对其它电路的影响也很小。相对地来讲，由于采用直径较小的磁环，有利于减少偏转线圈的匝数和所需要的偏转功率。

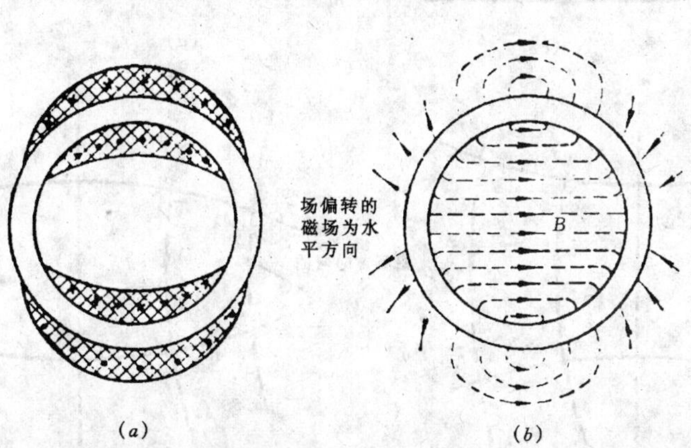

(a)　　(b)

图 1-12　场偏转线圈

对偏转线圈的主要要求是偏转效率高，光栅几何失真小。达到规定偏转幅度时所需的偏转功率叫作偏转功率因数。功率因数的数值越小，说明偏转功率越高。偏转功率因数的数值是由偏转线圈的结构及显像管的特性(偏转角、管颈、阳极高压等)所决定的。偏转线圈的构造确定以后,只要绕组空间充分绕满,偏转功率因数的值几乎是不变的。由于电视图像宽高比为 5∶4,即水平比垂直幅度大,需要行偏转功率也较大。因此,行偏转置于场偏转线圈的内侧,增大线圈有效长度,以减小偏转所需的功率。线圈前端翘起成喇叭形状,使它紧贴显像管玻璃锥体部分,能提高偏转效率。光栅的几何失真、表现形式有枕形失真、桶形失真、平形四边形失真和梯形失真等,如图 1-13 所示。产生失真的原因是由于行和场偏转线圈装配的相对位置不准确,或线圈的绕线分布不恰当,产生磁场不均匀而引起的。如果行、场偏转所产生磁场互相不垂直,形成的光栅就呈现图(a)所示的平行四边形失真;如果行、场偏转两个绕组不对称或其中一个绕组局部短路,产生的磁场一边强一边弱,光栅就呈现图(b)所示的梯形失真;如果偏转线圈产生的磁场分布不均匀,磁力线弯曲,由于磁场方向与电子束运动方向是相互垂直的,光栅就呈现图(c)、(d)所示的枕形失真或桶形失真。为了校正光栅的这些失真,有的在显像管左右两侧附加两块磁铁,通过调节磁铁的位置调整磁场分布,以获得线性良好的光栅。

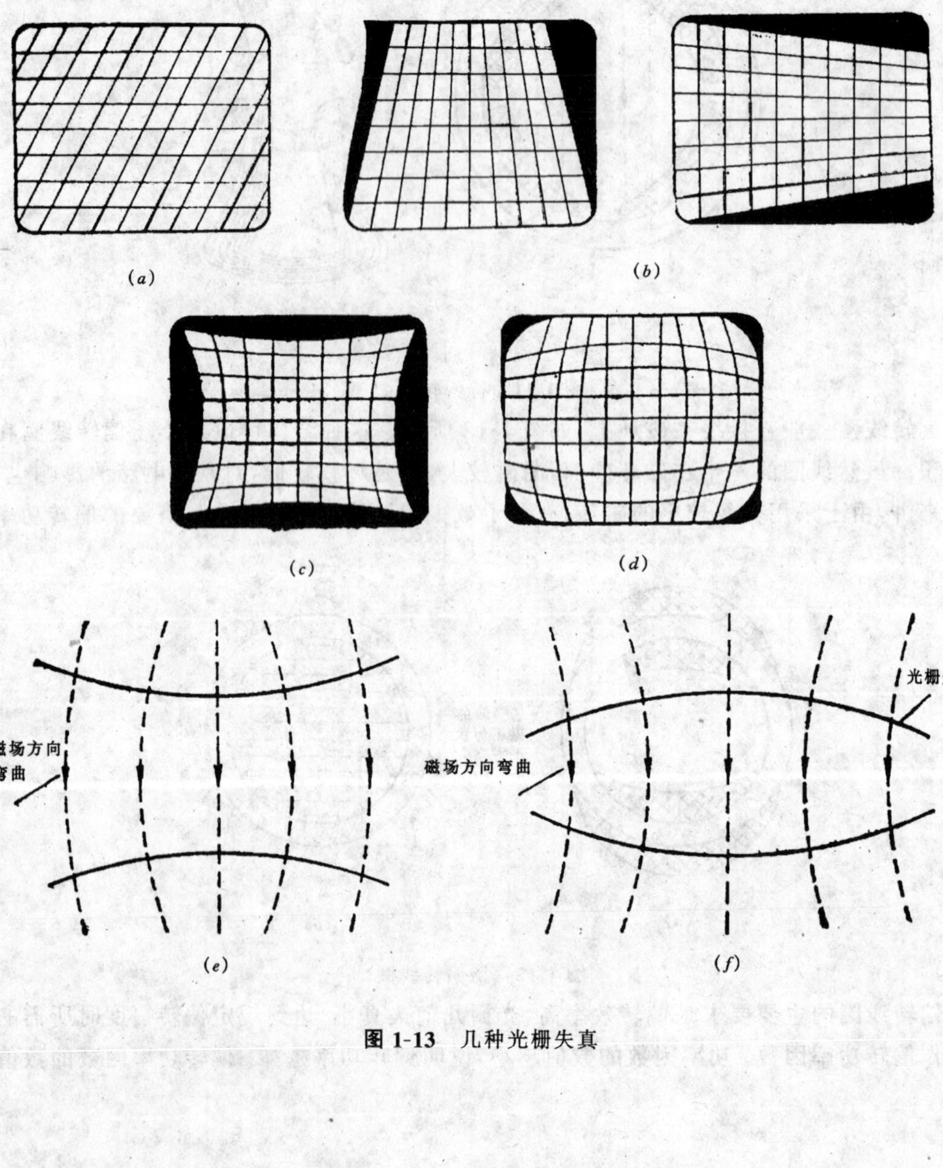

图 1-13　几种光栅失真

(二)中心位置调整

由于显像管电子枪的装配误差,电子枪的轴线与显像管轴线可能不完全重合,偏转线圈的中心轴与显像管的轴线也不一定重合,造成光栅中心不在荧光屏中心、光栅偏离屏幕正中的毛病。因此,需要用一个外加磁场来校正,使光栅中心处于屏幕中心。这个外加磁场装置叫中心位置调节器。

目前应用最多的是中心位置调节片。它由两片磁性塑料片构成,磁性片充磁后,装在偏转线圈的后部,调整方法如图 1-14 所示。

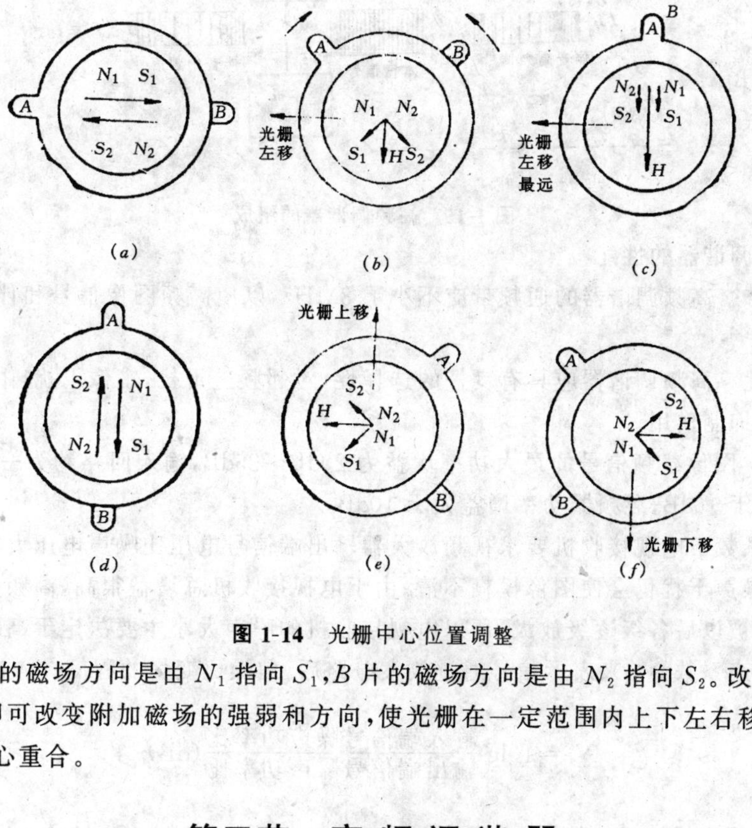

图 1-14 光栅中心位置调整

图中 A 片的磁场方向是由 N_1 指向 S_1,B 片的磁场方向是由 N_2 指向 S_2。改变两个圆环片之间的夹角,即可改变附加磁场的强弱和方向,使光栅在一定范围内上下左右移动,直至光栅中心和屏幕中心重合。

第三节 高频调谐器

一、高频调谐器的组成及性能要求

(一)高频调谐器的组成

高频调谐器又叫频道选择器,俗称高频头,它是电视接收机输入高频信号的部分,由输入回路,高频放大器,本机振荡器和混频器等四部分组成,如图 1-15 所示。

由天线接收并通过馈线送到高频头的信号是多种多样的,在高频头中,由输入电路初步选择所需接收的某一频道信号,使这信号(设为 f_P)能较顺利地通过输入电路和高频放大器并得到放大。其他频率的干扰信号都被衰减。

所需接收频道的载频为 f_P 的图像信号和 f_S 的伴音信号和本机振荡信号 f_o 在混频器中混频,分别变换成固定的图像中频($f_{PI}=f_o-f_P$)和第一伴音中频($f_{SI}=f_o-f_S$)信号,送到后面的中频放大器进行放大。

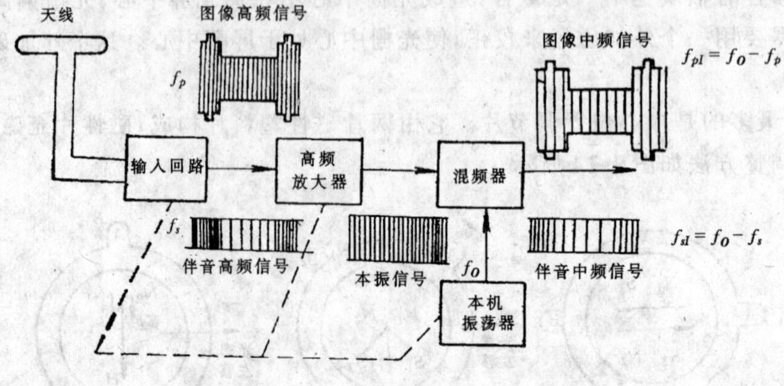

图 1-15 高频调谐器的组成

（二）高频调谐器的性能

(1)通频带 高频调谐器的通频带应不小于 8MHz，以使高频图像信号和伴音信号能顺利通过高频头。

(2)选择性 高频调谐器应具有良好的选择性，对邻频道干扰，镜像干扰，中频干扰和其它干扰有较好的抑制作用。

(3)增益 图像载频信号的最大功率增益为 20dB～25dB，输入回路约为－6dB，高频放大器功率增益大于 16dB，混频器功率增益大于 10dB。

(4)噪声系数 电视接收机要求视频放大器输出端信号电压比噪声电压大很多倍，否则信号虽很强，但噪声干扰仍会使图像模糊不清。由于电视接收机总增益很高，高频头处于首位，高频头的噪声将被以后各级逐级放大，所以电视接收机的噪声大小主要决定于高频头。

通常用噪声系数 N_F 来表示信号通过放大电路后，信噪比变坏的程度。噪声系数为

$$N_F = 10\lg \frac{\text{输入端信号噪声功率比}}{\text{输出端信号噪声功率比}} (\text{dB})$$

可见噪声系数越小越好，N_F 越小，说明放大器本身产生的附加噪声小，经过放大器后的信噪比下降的少。因为电路中晶体管、电阻等元器件都会产生热噪声，所以噪声系数总是大于 1 的。一般要求高频头的噪声系数 $N_F \leqslant 5$dB。

(5)本振稳定性 本振的稳定性包括幅度稳定性和频率稳定性，主要是频率稳定性。如果本振频率随温度、电压而变化，则会使电视接收机的频率特性发生变化，影响收看效果。一般要求本振频率漂移 $\Delta f \leqslant \pm 200$kHz。

(6)自动增益控制(AGC) 自动增益控制是放大器的增益随输入信号大小变化而进行的自动调节作用。为使视频检波后视频信号幅度稳定，高频放大器和中放电路应有自动增益控制。一般要求高频放大器对各频道的 AGC 应大于 20dB，起控电压定为 3±0.25V，当 AGC 达到 20dB 时，AGC 电压应小于 5V。

(7)匹配 高频头输入端与馈线、高频头输出端与中放电路输入端联接时阻抗要匹配，以获得最佳信号功率传送。

二、输入回路

高频头输入回路的基本电路如图 1-16(a)所示。天线馈线接到电感线圈的抽头上,电感线圈分成 L_1L_2 两部分。高放管接成发射极接地电路,它的基极接到 C_1C_2 公共点上。馈线接到线圈抽头上是为了阻抗匹配,并减少天线馈线对谐振回路的影响,接入 C_2 是为了减小晶体管输入电容变化时对谐振回路的影响。同时也提高了谐振回路的选择性。

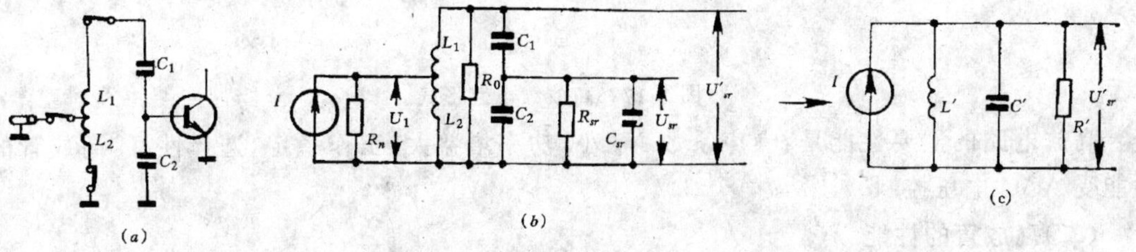

图 1-16　输入回路及等效电路

下面对基本电路进行分析,首先画出等效电路如图 1-16(b)所示。天线馈线送来的信号用等效的电流源 i 和内电阻 R_n(一般为 75Ω)接到电感线圈的抽头上,电感线圈分成 L_1L_2 两部分,损耗电阻为 R_0。高放管接成发射极接地电路,高放管用输入电容 C_{sr}和输入电阻 R_{sr}表示,它的基极接到 C_1、C_2 公共点上。

再将图(b)和用变压器阻抗变换的方法简化,即可得图(c)。经变换后,再根据并联谐振电路的谐振特性即可得谐振频率为:

$$f_0=\frac{1}{2\pi\sqrt{L'C'}}=\frac{1}{2\pi\sqrt{(L_1+L_2)\dfrac{C_1(C_2+C_{sr})}{C_1+C_2+C_{sr}}}}$$

有载时回路 Q 值为:

$$Q_{fz}=\frac{R'}{2\pi f_0(L_1+L_2)}$$

空载时回路 Q 值为:

$$Q_0=\frac{R_0}{2\pi f_0(L_1+L_2)}$$

通频带为:

$$B=\frac{f_0}{Q_{fz}}$$

三、高频放大器

(一)高放级的电路形式及主要性能

由于高放管的工作频率可以做得较高,所以在 VHF 高频头中一般都采用发射极接地电路。高放级负载回路可采用单调谐或双调谐形式,如图 1-17 所示。图(a)、(b)为单调谐输出回路,具有在转换频道时触点少,结构和调整较简单的特点。但因单调谐回路的频带较窄,选择性较差的原因,所以用得不多。图(c)是双调谐输出回路,具有接近矩形的频率特性,即有较宽的频带和较好的选择性,所以得到广泛的使用。

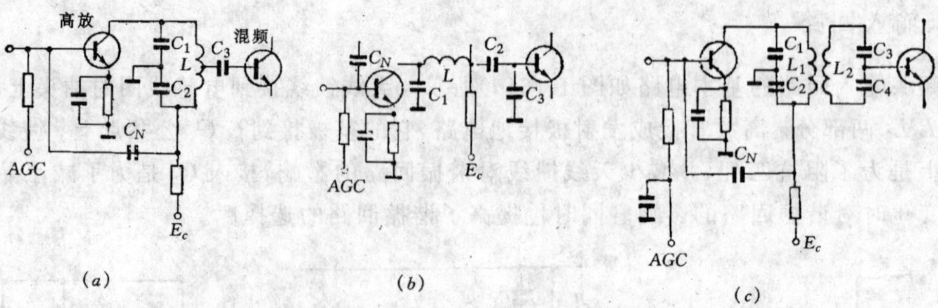

图 1-17 高放级电路形式

高放电路的主要性能是：噪声系数 N_F 小，功率增益大，工作稳定，选择性好，高放管的增益能受 AGC 电压控制。

(二)高放管的性能

高放管的性能要求是：

(1)噪声系数小　一般要求小于 5dB(在 200MHz 时)。

(2)高频功率增益大　一般要求选用高放管的 $f_T \geqslant 700$MHz，高频功率增益 $K_{pm} \geqslant 18$dB～20dB。

(3)高放管应具有正向 AGC 特性　即当 AGC 电压使集电极工作电流增大时，K_P 应减小较快。而且要求输入、输出参数变化要小，以避免 AGC 作用后影响匹配和频率特性。一般对高放管的控制要求为 20dB～30dB，起控点电流为几 mA。

(三)高放级的输出回路

高放级的实际电路如图 1-18 所示。从天线接收到的电视信号经输入回路选择后，采用电容 C_1、C_2 分压的方式接入高放管 BG_1 的基极。其输出回路为互感耦合双调谐回路。由于混频器的输入阻抗很低，故次级回路采用电容 C_7、C_8 分压和混频器的基极相连。高放管的输出阻抗虽然较大，为了加中和电容 C_N 方便，初级回路也采用电容 C_5、C_6 分压和高放管的集电极相连。高放管的基极偏压一方面由电源电压通过分压式偏置电阻 R_1、R_2 而形成；另一方面，当输入信号强烈变化时，基极电压还要受 BG_2 集电极电压的控制(详见本章第六节)。R_3 是发射极直流负反馈电阻，用来稳定高放管的直流工作点。电容 C_3 为交流旁路电容，与电阻 R_3 并联，使 R_3 对于交流无反馈作用。如 $C_3=1000$pF，对于频率为 50MHz 的容抗仅 3.2Ω，这样发射极近似于接地。R_4 给集电极提供直流通路的供电电阻，并为提供“中和”反馈电压创造了条件。与高放输出初次级回路并联的电阻 R_5、R_6 为阻尼电阻，一般只在低频道(1～5 频道)接收时加入，目的是降低低频道的增益，减小高频道(6～12 频道)与低频道间的增益差(小于 10dB)。

在考虑高频交流通路时，直流或低频的偏置元件与中和电容对高频通路的影响可忽略，即可将图 1-18(*a*)所示的电路简化成图(*b*)交流等效电路。高放管用电流源 i_c(它的输出电阻为 K_{sc}，输出电容为 C_{sc})等效，混频管用输入电容 C_{sr} 及输入电阻 R_{sr} 代替，可得图(*c*)等效电路。再将电流源 i_c 和高放管的 R_{sc}、C_{sc} 及混频管的 R_{sr}、C_{sr} 分别用变压器阻抗变换的方法折算到次级回路中，则成图(*d*)所示的两个调谐回路。

通常两个回路都调谐在接收频道的中心频率 f_0 上。初次级两个回路的谐振频率和有载品质因素相同，即有

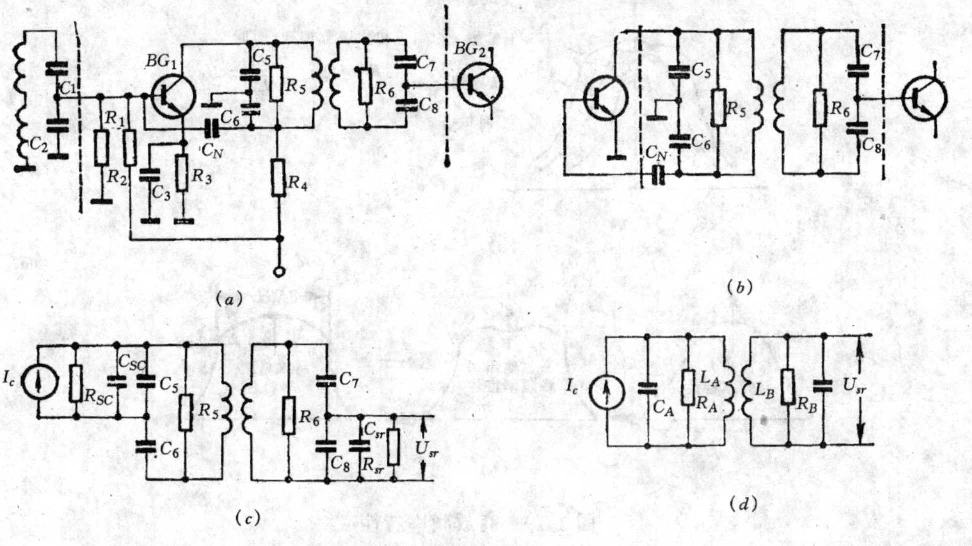

图 1-18　高放级的实际电路

$$f_0=\frac{1}{2\pi\sqrt{L_AC_A}}=\frac{1}{2\pi\sqrt{C_BL_B}}$$

$$Q_1=Q_2=Q_{fz}$$

双调谐回路的频率特性如图 1-19(a)所示。当互感 M 很小，耦合指数 $K=kQ_{fz}$小于 1 时，双调谐回路的频率特性是单峰的，输出电压幅度小。其中，$k=M/\sqrt{L_BL_A}$为初、次级线圈的耦合系数。当 $K=1$ 时，虽然输出电压增大，但频率特性仍为单峰。继续加大初次级间耦合 M，使 $K>1$ 时，频率特性变成双峰。两峰之间有下凹、两峰外侧曲线下降急陡，即对通频带外的干扰频率有很好的抑制作用，如 K 再增大，双峰间下凹越来越深。因为耦合指数 K 与互感 M 成正比，所以，只要调整初、次级线圈间距，就能使频率特性具有要求的双峰特性。通常高放级输出端双调谐回路都具有双峰特性，使输入回路的单峰特性和输出回路特性相结合，两者互相弥补形成通频带很宽（大于 8MHz），通带部分频率特性很平坦（下凹不太大），而通带边缘频率特性曲线下降急陡的高放总特性，如图 1-19(b)所示。

必须注意的是，在转换频道时，双调谐回路中初、次级回路的谐振频率要随同改变。通常是改换初、次级线圈的电感量 L_A、L_B，使接收频道的信号能顺利通过双调谐回路而输出到混频级。

（四）中和电路

高放管输出电压通过集基间的电容 C_{bc}反馈到输入端时，如图 1-20 所示，可能造成高放级频率特性畸变，噪声增加，放大器工作不稳定，甚至产生自激。为了使这种反馈减小，除了选用 C_{bc}较小的晶体管外，通常在电路上采取中和措施。所谓中和，这里是指输出端外加一个中和电容 C_N 到晶体管的基极，使输出端电压通过电容 C_N 反馈到输入端的电压正好与通过 C_{bc}引起的反馈电压相位相反而大小相等，结果输出端反馈到基极与地间的电压为零，抵消了 C_{bc}的反馈。

图 1-20(a)可画成图(b)那样的等效电路图，这是一个桥路。当 $C_{bc}C_6=C_NC_5$ 时，桥路平衡。

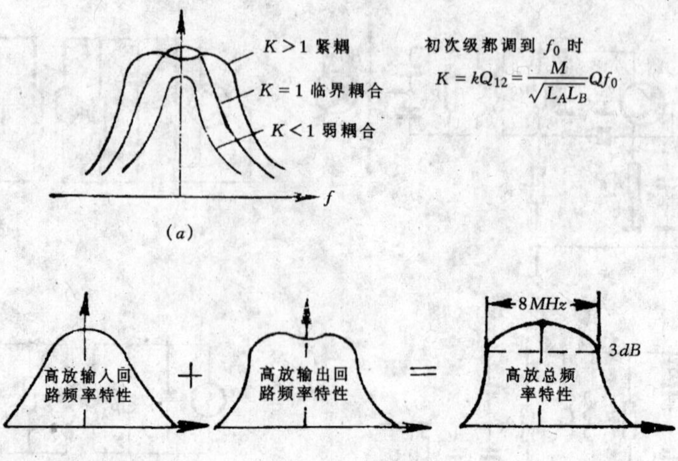

图 1-19　高放频率特性

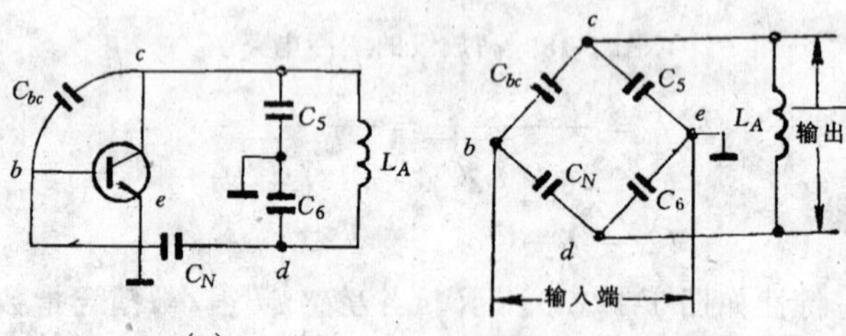

图 1-20　中和原理图

这时 c、d 两点的信号不会反映到输入端 b、地间，即桥路 b、地间的电压等于零，从而达到了中和的目的。由桥路平衡条件即得中和电容 $C_N=C_{bc}\cdot C_6/C_5$。

由于 C_{bc} 随晶体管的工作状态和频率的变化而改变，所以中和电容 C_N 是通过实验确定的。一般 C_N 取 1pF～5pF 左右。

四、本机振荡器

(一)基本电路

在超外差式接收机中，本机振荡器提供比图像载频高出一个中频 f_{P1} 的高频正弦信号。本振输出和高放输出同时加到混频电路。本振频率和振幅都应很稳定，随环境温度和电源电压的变化要小。

电视机中的本机振荡电路，一般多采用电容三点式振荡电路。这是由于电容三点振荡电路的高次谐波少，且在同一 L、C 值的情况下可获得较高的频率。电容三点式振荡电路如图 1-21 所示。R_1、R_2 为直流偏置电路，R_3 为直流负反馈电阻，用以稳定工作点。C_2、C_1、C_3 容量较大，对高频交流来说可看成短路，R_4 供集电极直流供电通路。对高频来说，图(a)可简化成图(b)的等效电路。

现在我们来看一看这电路是怎样振荡的？

为了便于分析又可将图(b)改画成图(c)的电路。在这里，对频率低于 L、C_5 支路串联谐振

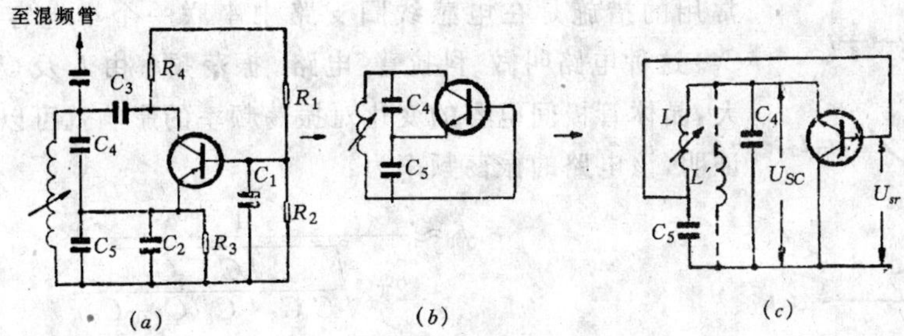

图 1-21 电容三点式振荡电路

频率时，L、C_5 支路呈电感性，设为 L'。这时回路电流 i_0 为

$$i_0=\frac{u_{sc}}{X'L}$$

而反馈电压为 C_5 两端的电压，等于

$$U_f=U_{c5}=i_0\frac{1}{j\omega C_5}=\frac{U_{sc}}{X'L}\times\frac{1}{j\omega C_5}=\frac{U_{sc}}{j\omega L_1\cdot j\omega C_5}=\frac{U_{su}}{-\omega^2 L'C_5}=\frac{U_{sc}}{\omega^2 L'C_5}$$

由上式可知 U_f 与 U_{sc} 为反相。从晶体管放大电路可知 U_{sc} 与 U_{sr} 反相，因而可证明 U_f 与 U_{sr} 同相位。这就是说反馈是正的，自激振荡器的第一条件——振幅条件。

此电路的振荡频率 f_0 为

$$f_0=\frac{1}{2\pi\sqrt{(\frac{C_4C_5}{C_4+C_5})L+\frac{h_{oe}}{h_{ie}}C_4C_5}}\approx\frac{1}{2\pi\sqrt{L\frac{C_4\cdot C_5}{C_4+C_5}}}$$

注意在改变接收频道时，为了使 $(f_0-f_C)=f_i$，振荡频率必须作相应的改变。由于电容三点振荡改变电容较复杂，故一般是通过频道转换装置更换电感线圈，改变电感量。

为了保证接收效果良好，本机振荡频率应当很稳定，随环境温度、电源电压变化要小。由 $f_0\approx\frac{1}{2\pi\sqrt{LC}}$ 公式可以看到，如果振荡电路参数 L、C 随温度、电压而变，那么振荡频率也将改变。频率变化量 Δf 和电容变化量 ΔC 的关系为：$\Delta f=\frac{1}{2}\frac{\Delta C}{C}f_0$。如果调谐电容 $C=10\text{pF}$；$\Delta C=0.01\text{pF}$；振荡频率 $f_0=100\text{MHz}$，则

$$\Delta f=\frac{1}{2}\frac{\Delta C}{C}f_0=\frac{0.01\times10^{-12}\times100\times10^6}{2\times10\times10^{-12}}=50\text{kHz}$$

由此可见，L、C 变化对振荡频率的影响是很大的，如果要求本振频率的偏移不超过 400kHz，那么对 L、C 参数的变化必须有严格的限制。

为了减小振荡频率随温度而变化的措施之一是在振荡电路中采用负温度系数的电容，使温度变化时，电路参数的变化得到补偿。

此外，晶体管的极间电容也会随电源电压及工作电流而变化，如图 1-22 所示。

由图 1-21(*b*) 可以看到，C_{be} 和 C_5 是并联的，C_{bc} 和 L 是并联的。因而 C_{be}，C_{bc} 的变动将使振荡频率随电源电压、工作电流而变。为了减小由晶体管参数变化而引起的频率偏移，所以本振电路的工作电流应尽量稳定。C_4、C_5 尽量取得大一些(但不能使电感 L 太小)，使晶体管极间电容只占 C_4、C_5 的一小部分，因此极间电容即使有所变化，对振荡频率的影响也较小。另一个比较

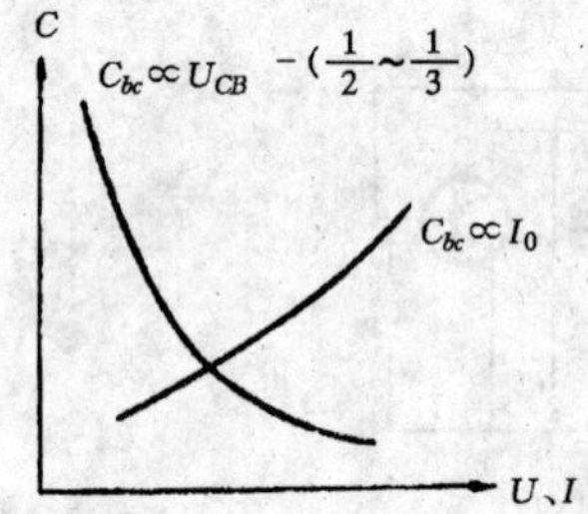

图 1-22　晶体管极间电容随电压电流变化曲线

常用的措施是在电感线圈支路中串联一个小电容，如图 1-23 中 C_6。这种电路叫做“科拉普”电路。振荡频率由 L 及 C_4、C_5 可取得较大，晶体管极间电容的变化对振荡频率的影响就可以减小。很容易证明，该电路的振荡频率为：

$$f_0\approx\frac{1}{2\pi\sqrt{\dfrac{LC_4C_5C_6}{C_4C_5+C_6(C_4+C_5)}}}$$

当 $C_6\ll C_4$ 和 C_5 时，$f_0\approx\dfrac{1}{2\pi\sqrt{LC}}$

采用这种电路还可减小产生寄生振荡的可能性。

(二)频率微调

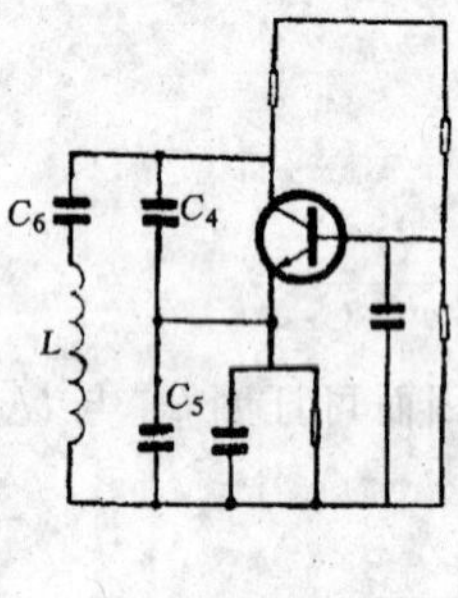

图 1-23　“科拉普”振荡电路

本振频率在电视机安装调试时已经调为标准值，但为了当温度变化较大、使用时间较长、元件参数有变化时，仍能调到正确的本振频率数值上，所以一般都在本振电路中加设一个微调本振频率的装置。通常的办法是在谐振回路中的 L 两端并联一个可变电感 L'。转动机外旋钮，即可改变 L' 线圈中磁心的位置，从而改变 L' 的电感量。L' 和 L 并联，因此本振频率可以方便地加以微调，以达到接收图像及伴音的效果最佳。微调本振频率也可采用调容式，即改变与 L 并联的微调电容之电容量，来使本振频率改变。

为了保证本振频率的稳定，电视接收机已逐渐采用自动频率微调(AFT)电路，如图 1-24 所示。当末级中放电路输出信号的频率与鉴频器的调谐频率(38MHz)相同时，鉴频器输出为零；若中频信号频率偏离 38MHz，鉴频器就输出直流控制电压，控制本振电路，使本振频率恢复到正确值。

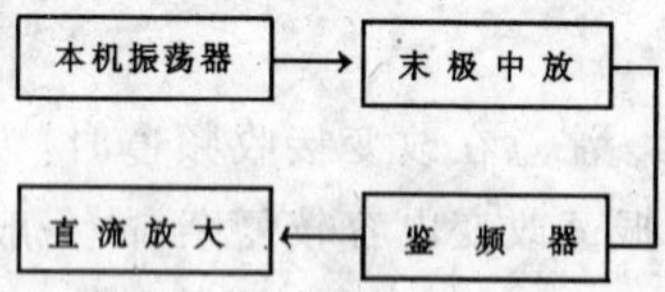

图 1-24　AFT 电路原理图

五、混频器

(一)混频电路

将频率为 f_C 的信号电压和频率为 f_0 的本振电压同时加至混频管，由于混频管的非线性，即输出电流幅度与输入电流幅度之比值不等于常数，在混频管输出端可以得到 f_C 和 f_0 的各种组合频率电压，其中有用的是频率为 $f_0-f_C=f_i$ 的中频成分。

常用的混频电路有发射极接地电路和基极接地电路两种。信号及本振电压可以同时由基极或发射极注入或分别注入，如图 1-25(a)所示。图 1-25(b)是发射极接地，信号及本振电压共同由基极注入的实际混频电路。

(二)混频电路原理

在电视接收机中，混频器的作用是将受视频信号调幅的高频信号，改变为受同一视频信号调幅的中频信号。在混频器中改变的只是被调制的载波频率，而调制信号波形并不改变，也即被调载波的振幅包络线并不改变，如图 1-26 所示。

在图 1-25(b)中，R_8、R_9 为基极偏置电阻，R_{10} 为发射极直流负反馈电阻，用来使直流工作

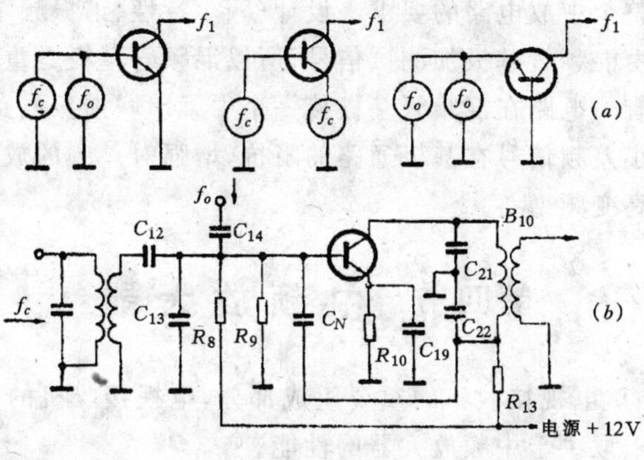

图 1-25 混频电路

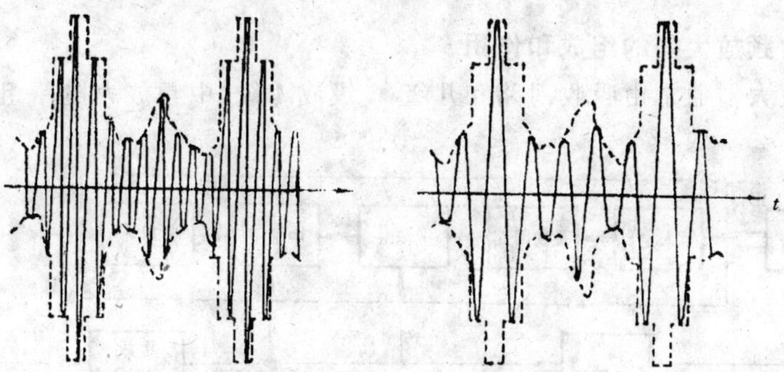

图 1-26 变频作用

电流稳定。C_{19}为高频旁路电容，使发射极对信号频率来说是接地的。信号频率 f_c 由 C_{12}、C_{13}分压加到基极；本机振荡频率经 C_{14}也注入基极。集电极调谐电路谐振于中频，使混频产生的许多组合频率中，只有差频，既中频 $f_i = f_o - f_c$ 能够送至中频放大器。输出电路对其它组合频率（例如 $f_o + f_c$，$2f_o - f_c$……）阻抗很小，故其它频率信号均被衰减掉。C_N 是中和电容，用来抵消 C_{cb} 的反馈作用。

混频器的一项重要指标是变频增益（或称混频增益）：

$$\text{变频增益} = \frac{\text{混频器输出端的中频信号电平}}{\text{混频器输入端的高频信号电平}}$$

混频管的作用是通过它的非线性产生差频信号，再将其加以放大。要使产生的差频信号幅度大，混频管应该工作在晶体管特性曲线弯曲程度较大的段落，也就是工作电流较小的段落。但为了使混频管对差频信号有较大的放大倍数，工作电流应该选得大一些。由此可见，产生差频信号和放大差频信号这两项过程，对工作电流大小的要求是互相矛盾的。但是混频器的主要作用是产生差频，放大是次要的，故实际处理时应以产生差频信号为主，兼顾放大作用。当没有本振电压注入时，应该使集电极电流很小。有本振电压注入时，工作电流约为一般进行放大时的电流之半。注入本振电压的大小与工作偏流的大小对变频增益有很大关系，应通过实验决定最佳值。一般本振电压取为 100mV～200mV。

混频管的噪声系数应该较小，对高频信号来说应具有较大输入阻抗，在小电流时应具有较大的放大能力。从它的放大作用着眼，可以把它看作中放电路的第一级，它的输出电路是中频电路的一部分，应按照整个中放电路的要求来设计（频率特性、谐振频率、通频带等）。在测试中放频率总特性时，也是由混频管基极加测试信号，所以混频管基极是重要的测试点之一。

为提高变频增益，有的电路在混频管基极接一个中频串联谐振电路，目的除了前节说过的抗干扰作用外，还可减小差频信号在基极通路的阻抗，增强对差频的放大作用。在混频级采取中和措施，也是为了提高变频增益。

第四节　中频放大器

中频放大器是超外差电视接收机的重要组成部分，电视接收机的灵敏度、选择性、通频带等性能指标，很大程度上取决于中频放大器的性能。

一、中频放大器的组成、作用和对它的性能要求

（一）中频放大器的组成和作用

中频放大器通常由吸收回路和几级（3 级或 4 级）中频放大电路组成，如图 1-27 所示。

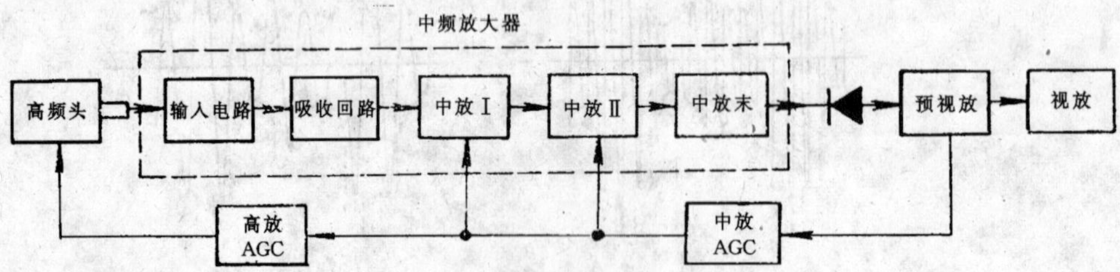

图 1-27　中频放大器方框图

中频放大器的作用是把来自混频器的中频电视信号（包括图像中频信号和伴音中频信号），进行放大，使之达到视频检波器正常工作所需要的电平。

（二）中频放大器的性能要求

1. 电压增益

中放增益的大小和高频头输出电压，视频检波器输入电压有关。从高频头混频输出的中频图像信号一般只有零点几到几 mV，而视频检波级需要输入几 V（峰间值）的中频图像信号才能保证有 1V 的检波输出，因此要求中放的电压增益为 1000 倍～10000 倍，即 60dB～80dB。峰间值是指信号频带的最大幅度与最小幅度之间差值。

高频图像输入信号峰间值为 100μV 时的增益分配如图 1-28 所示。

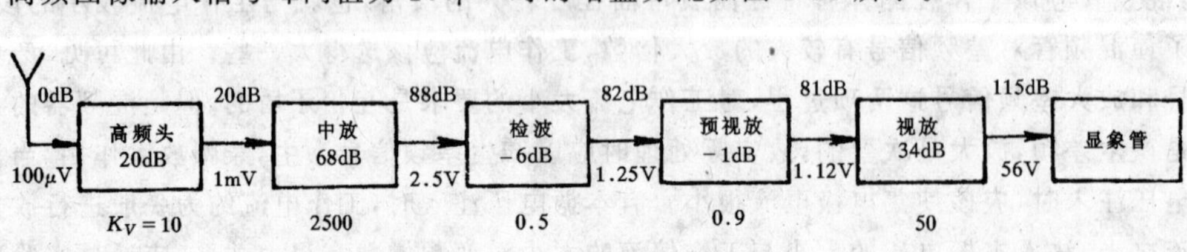

图 1-28　电视机增益分配图

2. 频率特性

为了保证电视机接收时能较好地重显图像和伴音，要求中频放大器的频率特性如图 1-29

所示。其具体要求如下。

(1)图像中频载频的位置　图像中频载频在中频放大器的频率特性曲线高频端50%点(38MHz)的上、下0.75MHz范围内，频率特性曲线为斜坡形。如果图像中频载频偏离斜坡的中点过低(低于50%处)，则会造成检波以后视频信号的低频分量不足；如果图像中频位置过高，则会造成低频分量过强。这两种情况都会造成图像失真。

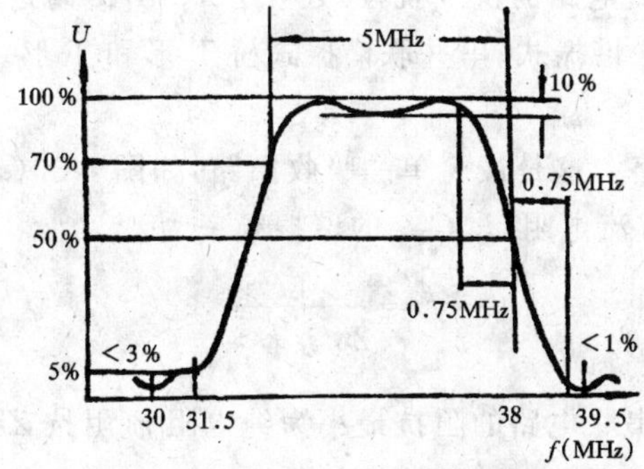

图 1-29　中频放大器频率特性曲线

(2)伴音中频载频的位置　输入到中频放大器的伴音中频载频信号的幅度与图像中频载频信号的幅度是一样的，为了使它们之间不产生相互调制，必须使加至视频检波器的伴音中频信号幅度远小于图像中频信号的最大幅度(一般伴音中频信号的幅度，为图像中频信号最大幅度的3%～5%)，这就要求中频放大器的频率特性曲线在伴音中频载频(31.5MHz)处的增益K为最大增益的3%～5%，而且在伴音中频载频位置处应有±100kHz以上的平坦部分，以获得对伴音中频信号的均匀放大，保证音质。这样中频放大器对伴音中频信号的增益应比图像中频信号的最大增益低约26dB～30dB。

(3)选择性　为了防止邻频道伴音信号和邻频道图像信号对本频道的干扰，中频放大器应对邻近频道的差频信号有良好的抑制作用，即对低频道的伴音中频载频(39.5MHz)及附近的伴音中频信号进行较大的衰减(3%以下)，对高频道的图像中频载频(30MHz)及附近的图像中频信号进行较大的衰减(1%以下)。

3. AGC范围

中放级增益是按电视接收机的灵敏度要求设计的，但是，接收信号太强时，会使中放电路过载，引起同步信号的压缩而造成同步不稳。为适应信号的大幅度变化，中放级的增益应具有随接收信号强弱而自动调整(AGC)的性能。

中放AGC的作用是使中放级的增益受检波器输出的视频信号控制，信号过强时，中放级增益应自动下降(一般要求有30dB～40dB的控制范围，即100倍左右)。

4. 稳定性

中放增益很大，频率高，必须采取措施来保证工作稳定。元件位置、布线或印刷电路的设计都应认真考虑，各调谐线圈须加以屏蔽。

二、中频放大器的电路分析

(一)吸收回路

1. 吸收回路的作用

吸收回路一般接在中频放大器的输入端，根据对中放电路的要求，抑制邻频道的干扰，衰减本频道的伴音中频信号，形成图 1-29 所示的中放频率特性曲线。具体作用如下。

(1)抑制相邻高频道的图像中频载频信号(30MHz)。

(2)抑制相邻低频道的伴音中频载频信号(39.5MHz)。

(3)适当衰减本频道的伴音中频信号(31.5±0.1MHz)。

(4)有的电视机为了提高电路的抗干扰性，还在 40.5MHz 附近增加一个吸收点。常用的吸收回路有串联谐振式、并联谐振式、串并联谐振式桥 T 形和 T 形。

2. 吸收回路的特点

(1)串联谐振式吸收回路　这是最简单的吸收回路，如图 1-30(*a*)所示。U_1 为输入电压，U_2 为输出电压，r 是线圈 L 的直流电阻，L、C、r 的谐振频率为：

$$f_0=\frac{1}{2\pi\sqrt{LC}}$$

谐振时，$X_L=X_C$ 互相抵消，串联电路的阻抗最小为纯电阻 r(阻抗 $Z=\sqrt{r^2+(X_L\text{-}X_C)^2}$)。图 1-30(*b*)是它的阻抗特性曲线。

这个电路并联到信号通道上，可以抑制频率为 f_0 的信号，而其它频率的信号输入时，因吸收回路失谐呈高阻而得到传输。图 1-30(*c*)是它的传输特性(频率特性)曲线。

这个串联谐振回路的 Q 值为：

$$Q=\frac{\omega_0 L}{r}$$

r 越小，Q 值越高，吸收点越深，如图 1-30(*b*)、(*c*)所示。

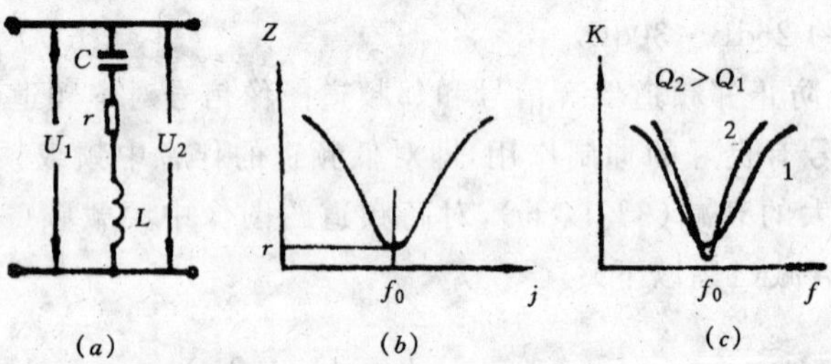

图 1-30　串联谐振式吸收回路

(2)并联谐振式吸收回路　这也是最简单的吸收回路，如图 1-31(*a*)所示。它是一个 LC 并联谐振回路，它的谐振频率为：

$$f=\frac{1}{2\pi\sqrt{LC}}$$

谐振时，$X_L=X_C$，回路阻抗 Z($Z_0=\frac{(2\pi f_0 L)^2}{r}$，$r$ 是线圈 L 的直流电阻)最大。图 1-31(*b*)是它的阻抗特性曲线。

这个电路串联到信号通道上，当频率为 f_0 的信号输入时，并联谐振回路呈高阻抗，抑制了频率为 f_0 的信号，而当其它频率的信号输入时，吸收回路失谐呈低阻，从而得到传输。图 1-31(*c*)是它的传输特性曲线。

这个并联谐振回路也具有与串联谐振回路相同的特性；r 越小，Q 值越高，吸收点越深，如图 1-31(c)所示。

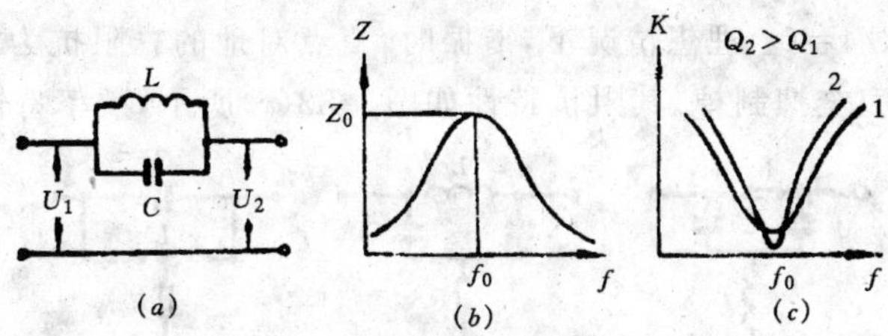

图 1-31 并联谐振式吸收回路

(3)串并联谐振式吸收回路　由图 1-29 所示的中频放大器的频率特性曲线可以看出，31.5MHz 吸收点右边的曲线陡峭上升。同上述两种谐振回路中的任一种作 31.5MHz 的吸收回路都很难使吸收点右边的曲线陡峭上升。而串并联谐振回路作吸收回路，可以使吸收点右边的曲线陡峭上升。

串并联谐振回路如图 1-32(a)所示。L、C_2 组成并联谐振回路，其谐振频率为 $f_{02}=1/(2\pi\sqrt{LC_2})$，谐振时，回路呈高阻。当外加的信号频率小于 f_{02}时，L、C_2 并联回路呈感性，等效为电感 L'，L' 与 C_1 组成串联谐振回路，谐振频率 $f_{01}=1/2\pi(\sqrt{L(C_1+C_2)}$)谐振时，回路呈低阻。图 1-32($b$)是它的阻抗特性曲线。

将串并联谐振回路并联在信号通道上，当频率为 f_{01}的信号输入时，串并联回路呈低阻，信号被旁路。当频率为 f_{02}(f_{02}稍大于 f_{01})的信号输入时，串并联回路呈高阻，使信号顺利通过。其传输特性如图 1-32(c)所示。

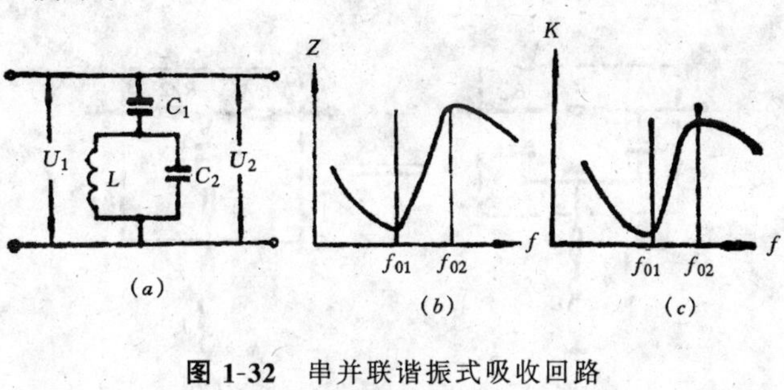

图 1-32 串并联谐振式吸收回路

如果取 $f_{01}=31.5$MHz，f_{02}稍大于 f_{01}，可得到理想的中放频率特性曲线，使 31.5MHz 吸收点右边的曲线陡峭上升。

(4)桥 T 形吸收回路　中频放大器频率特性曲线的吸收点，除了 31.5MHz 要保留一定的信号外，其它吸收频率如 30MHz、39.5MHz、40.5MHz 等都要求吸收的越深越好。特别是 39.5MHz 吸收深了可改善 38MHz 附近的曲线形状。

由于谐振回路中线圈的直流电阻 r，使得上述各吸收回路的衰减量不够大，用这些吸收回路很难达到中频放大器的频率特性要求。而桥 T 形吸收回路有很大改进，它可使吸收点的衰减量比上述吸收回路大十几个 dB。所以 39.5MHz 的吸收点多采用桥 T 形吸收回路。

图 1-33(a)是常用的桥 T 形吸收回路。图(a)虚线框中的电阻 R 和两个电容 C 组成三角形阻抗网络，通过三角形—星形变换可得图 1-33(b)虚线框内的星形等效网络。由图 1-33(b)可

知，交点对地之间的电容 $2C$、电感 L 组成串联谐振回路，谐振频率为

$$f_0=\frac{1}{2\pi\sqrt{2LC}}$$

如果使 $R=4r$，则 $r-R/4=0$。理想情况下，谐振时，交点对地的总阻抗为零，相当于完全短路，可将频率为 f_0 的信号完全抑制掉。其阻抗特性如图 1-33(c)所示，频率特性如图 1-33(d)所示。

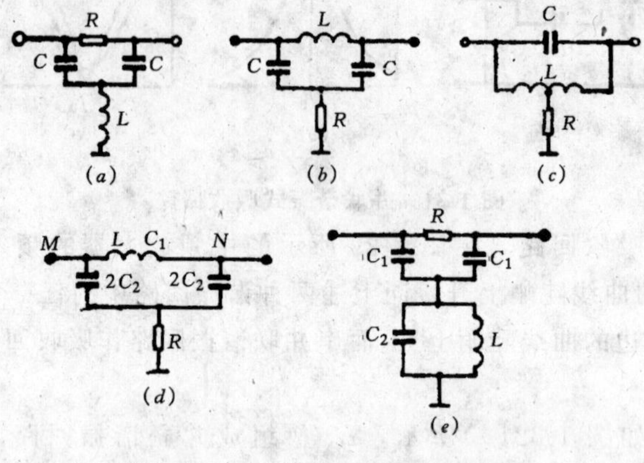

图 1-33 简单桥 T 形吸收回路

桥 T 形吸收回路虽然吸收很理想，但由于串联臂有电阻 $R/2$（如图 1-33(b)所示），所以桥 T 形吸收回路有插入损耗，应减小 R，根据 $r=R/4$ 的关系，要减小 R 值应减小电阻 r 的值，即要求桥 T 形回路电感支路 Q 值（$Q=\omega_0 L/r$）越高越好。关于该电路三角形—星形变换过程可参看有关的电工原理书籍，这里从略。

桥 T 形吸收回路的形式很多，图 1-34 是其中几种，其中(a)、(b)、(c)是简单桥 T 形吸收回路，(c)、(d)是复式桥 T 形吸收回路。

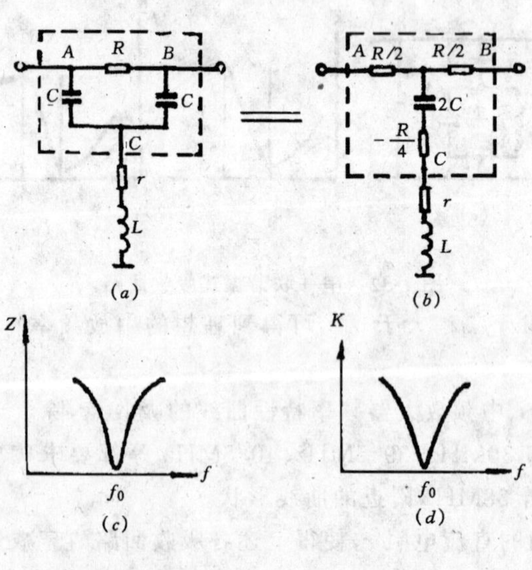

图 1-34 几种桥 T 形吸收回路

3. 吸收回路的实际电路

图 1-35 给出两个较完整的吸收回路电路图。图(a)常用于分立元件的黑白电视机中，图

(b)常用于某些集成电路黑白电视机上。图中 R_0 为匹配电阻，约为 30～200Ω；C_0 为耦合电容，约为几十至几百 pF；L_0 为调匹配的电感；L_1、C_1 组成 30MHz 吸收回路；L_2、C_2 组成 31.5MHz 吸收回路，R_1 是阻尼电阻，可使 31.5MHz 吸收点形成一个小平台；图(a)中 L_3、C_3 组成 40.5MHz 吸收回路，C_4、C_5、L_4、R_2 组成桥 T 形 39.5MHz 吸收回路；图(b)中 C_4、L_4、R_4 组成另一种桥 T 形 39.5MHz 吸收回路；图(b)中 L_3、C_3 组成并联谐振回路，谐振在图像中放频率特性中心频率附近。

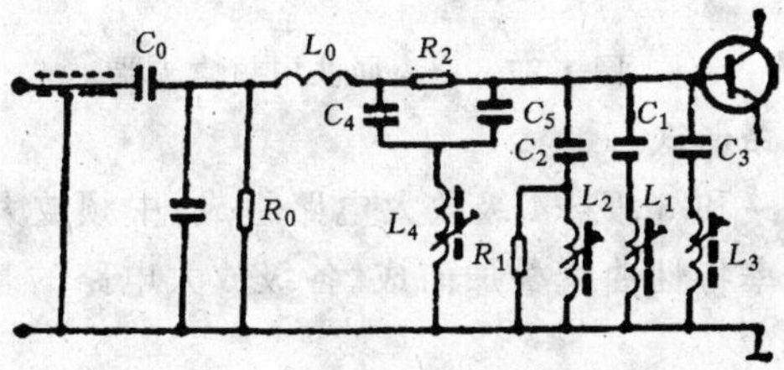

(a)

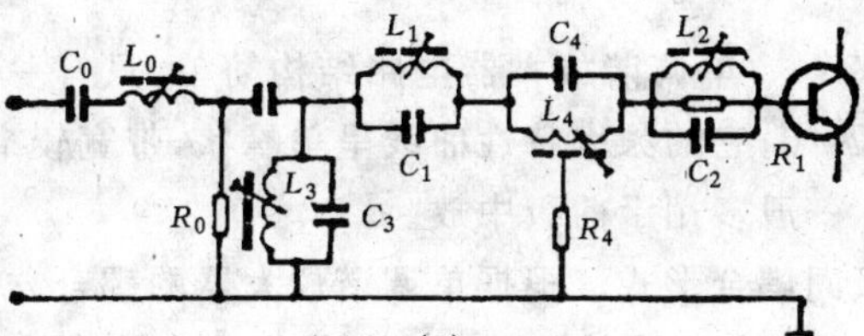

(b)

图 1-35 吸收回路的实际电路

(二)声表面波中频滤波器

声表面波滤波器 SAWF 是一种新型的固体电子器件。自从美国 1968 年研制成功并于 1974 年首次用于电视机以来，由于它具有体积小、质量稳定、性能可靠，能一次形成所需中频特性，所以它取代了电视机中的中频滤波器。

图 1-36 为 SAWF 的电路。当发射换能器的电极上接了交流信号后，由于压电效应，在电极间的压电材料表面，产生与外加电信号相同频率的机械振动波，沿着基片表面传播，叫做声表面波。

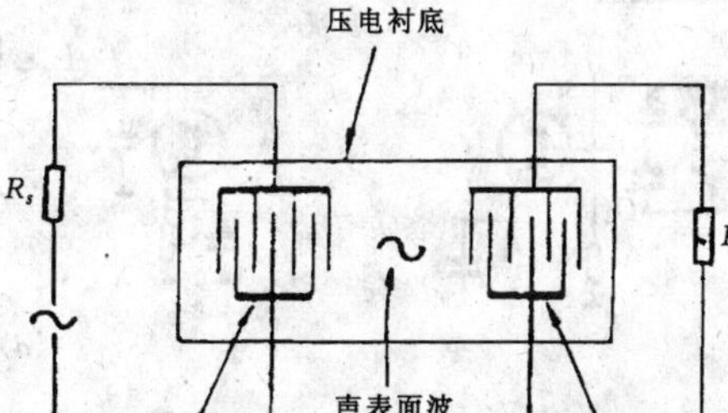

图 1-36 SAWF 电路

声表面波传到接收换能器时，由于逆压电效应，又转变成交流电信号，由电极两端输出。通过改变换能器梳齿的形状、大小、疏密和位置，控制表面波的中心频率、带宽、幅度和相位等参数。图 1-37 是声表面波中频滤波器输出的幅频特性。

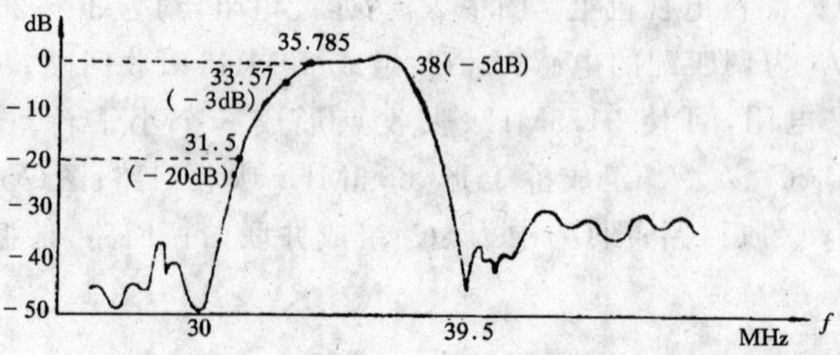

图 1-37　声表面波中频滤波器

(三)中频放大器的电路形式

中频放大器由吸收回路和 3 级～4 级放大电路组成,中频放大器的频率特性曲线,由吸收回路和各线放大电路的频率特性曲线叠加而成。各级放大电路的基本形式有调谐放大器,双调谐放大器,*RC* 耦合放大器等。

1. 单调谐放大器

(1)单调谐放大器的特点　单调谐放大器电路结构简单,只有一个 *LC* 调谐回路,调谐方便,增益高,便于实现阻抗匹配;它的频率特性曲线呈单峰状,带宽较窄,矩形系数较差;但它的插入损耗和相位失真较小,一般多用于前级中放。

(2)单调谐放大器的级间耦合形式　根据单调谐放大器的耦合方式,可分为变压器耦合单调谐 、电感抽头式单调谐、电容分压式单调谐和 π 型耦合式单调谐等形式,如图 1-38 所示。

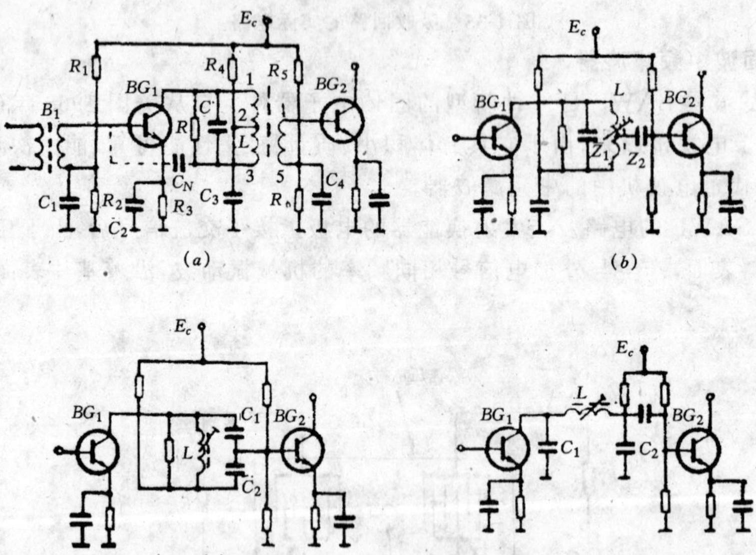

图 1-38　单调谐回路的级间耦合形式

2. 双调谐放大器

(1)双调谐放大器的特点　双调谐放大器频率特性好,频带宽,矩形系数好,增益高。它的调试较复杂,当耦合过松时,频率特性曲线呈单峰状,频带窄,增益低;当耦合过强时,频率特性曲线呈双峰,双峰中间的凹陷过大,带宽过宽,增益低。这种电路一般用在混频级和末级中放与视频检波器之间。

(2)双调谐放大器的级间耦合形式　双调谐放大器的耦合形式有两种，一种是电感耦合式，如图 1-39(a)所示；一种是外电容耦合式，如图 1-39(b)所示。它们的耦合系数分别为

$$K=\frac{M}{\sqrt{L_1L_2}} \qquad K=\frac{C_M}{\sqrt{(C_1+C_M)(C_2+C_M)}}$$

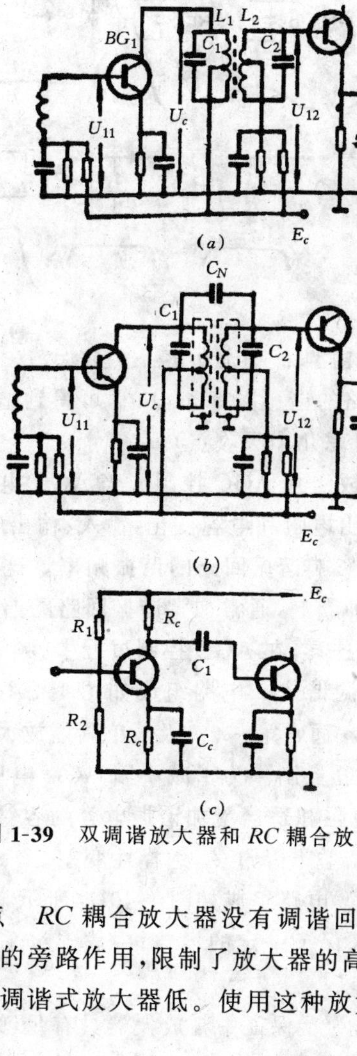

图 1-39　双调谐放大器和 RC 耦合放大器

3. RC 耦合放大器

(1)RC 耦合放大器的特点　RC 耦合放大器没有调谐回路，频带较宽，调试方便，相位失真较小。由于放大器分布电容的旁路作用，限制了放大器的高频增益，为了相对地减小这种影响，一般负载阻抗较小，增益比调谐式放大器低。使用这种放大器时，为了获得同样的增益，应增加放大器的级数。

(2)RC 耦合放大器的电路形式　图 1-39(c)是 RC 耦合放大器的典型电路，R_1、R_2 是它的直流偏置电阻；R_e 是发射极直流负反馈电阻；R_c 是集电极电阻，阻值不宜过大，一般为几百 Ω；C_e 是交流旁路电容，C_1 是交流耦合电容，因为信号频率高，所以它们的电容值可以取小些，一般 C_e 为几百至几千 pF，C_1 为 100pF。

4. 中放电路的组合形式

在各种型号的电视接收机中，中放电路的组合形式不同。常用的中放电路的组合形式有单调谐回路——参差调谐式，单、双调谐回路——参差调谐式，集中调谐——RC 耦合式。如图 1-40 所示。

(1)单调谐回路——参差调谐式　电路组成如图 1-40(a)所示，它由三级单调谐放大器组

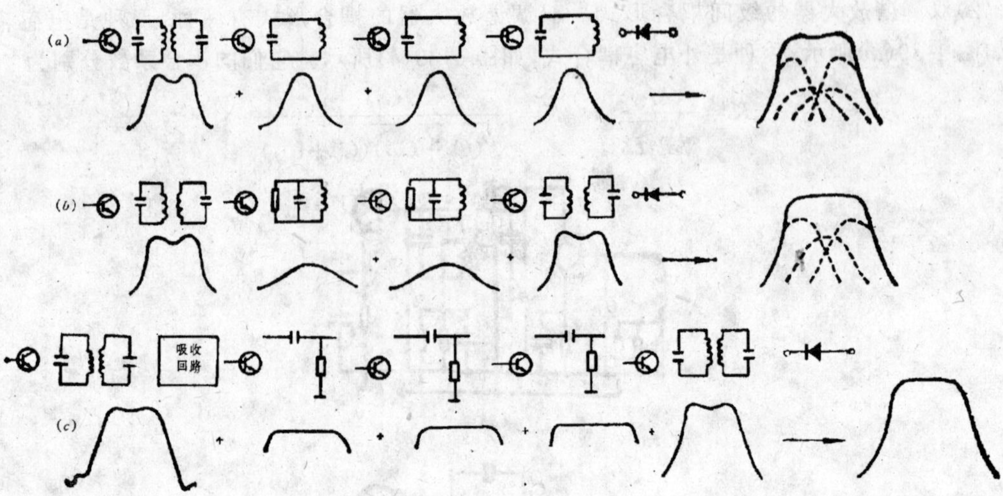

图 1-40　中放电路的组合形式

合而成。适当地选配三个调谐回路的谐振频率和 Q 值，可得到增益、频带宽度和选择性都符合要求的中放总频率特性曲线(不考虑几个吸收点)。

通常在第一中放级和第二中放级加 AGC 控制。当 AGC 电压变化时，中放管集电极电流也变化，从而引起晶体管输入、输出电阻和电容变化，输入、输出电阻的变化会影响谐振回路 Q 值，而输入、输出电容的变化则会影响谐振回路的谐振频率。这样，在 AGC 控制过程中，频率特性曲线变化较大。为了减小这种影响，通常加大谐振回路的谐振电容。并在谐振回路中并联阻尼电阻，使谐振回路 Q 值较小，这样，在 AGC 控制过程中，频率特性曲线变化较平缓。

(2)单、双调谐回路——参差调谐式　电路组成如图 1-40(b)所示，它由两级单调谐放大器和一级双调谐放大器组合而成。通常第一、二级是单调谐放大器。

一般在第一、二级中放加 AGC 控制。为了减小因 AGC 电压变化而引起的频率特性曲线的变化，在谐振回路中并联阻尼电阻和适当增加谐振电容的容量。阻尼电阻不宜过小，否则会使谐振回路的 Q 值过小，从而使增益下降过多，选择性变差。

(3)集中调谐——RC 耦合式　电路组成如图 1-40(c)所示，它由四级中放电路组成。前三级为 RC 耦合宽频带放大器，用来保证一定的增益；中放末级采用双调谐回路，和吸收回路一起使中放总频率特性曲线符合要求。

由于 RC 耦合放大器增益低，为了保证中频放大器具有足够的增益，采用了四级中放。通常 AGC 控制加在第二、三中放级上，因为 RC 是耦合放大器，所以 AGC 电压变化对总频率特性曲线影响不大。

目前，由声表面波滤波器和集成电路的宽频带放大器一起组成的中频放大电路得到了广泛的应用。这种电路与集中调谐 RC 耦合式的分立元件电路的实质是一样的。它工作稳定、调整简单，相位失真小，AGC 起控后对频率特性影响小。其电路组成如图 1-41 所示。

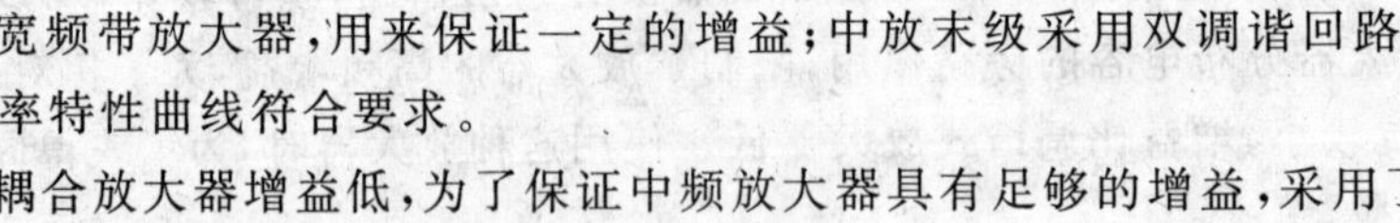

图 1-41　集成电路的中频放大器

第五节　视频检波器与放大电路

一、视频检波器

(一)视频检波器工作原理

为了重显图像，必须从调制在载频上的视频信号(包括图像信号和复合同步信号)取出来。这种从调幅波中取出调制信号(视频信号)的过程称为“检波”。检波的过程实质上也是一种非线性的频率变换过程，通常采用晶体二极管来实现。在内载波式的电视接收机中，视频检波器的另一个作用是把图像载频与伴音载频混频，形成 6.5MHz 的第二伴音中频信号，送至伴音中频放大器放大。

1. 检波工作原理

调幅波的检波，可分为小信号(0.2V 以下)平方律检波和大信号(0.5V 以上)直线性检波。在电视接收机中，输入到检波器的中频信号峰—峰值大都在 2V 以上，调幅波的半边低频包络线主要工作在二极管特性曲线的直线部分，所以视频检波属于直线性检波。

视频检波器是由输入电路、检波元件和负载电路三部分组成的。如图 1-42(a)是检波器的基本电路，输入电路是中放末级的负载，由中放提供的已调制的中频信号电压加在输入电路上。检波元件采用晶体二极管，负载电路由负载电阻 R_L 与电容 C 组成。

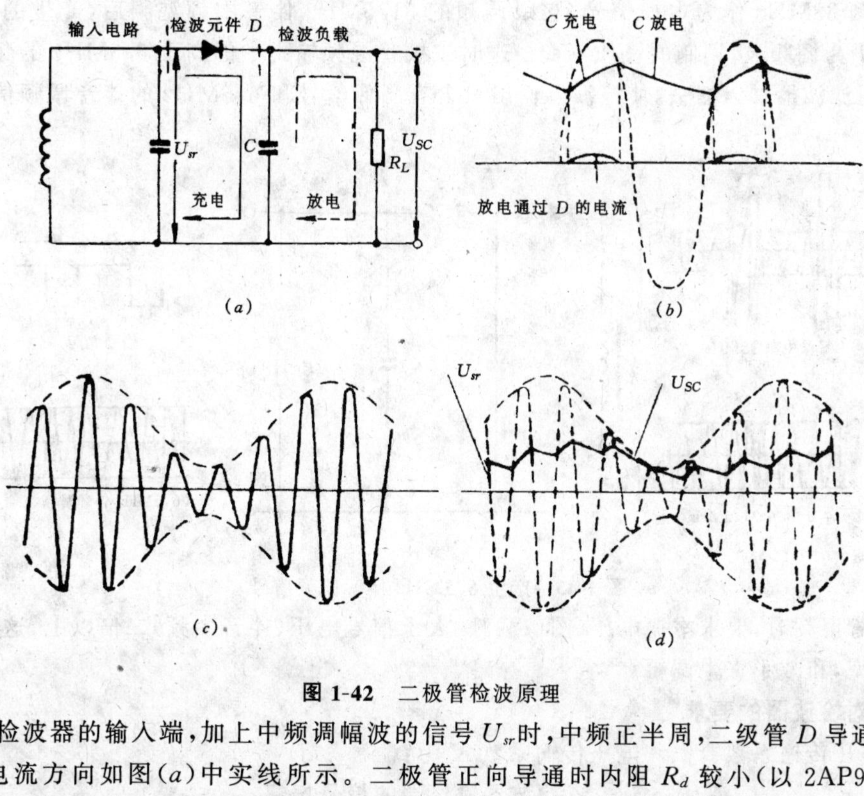

图 1-42　二极管检波原理

当在检波器的输入端，加上中频调幅波的信号 U_{sr}时，中频正半周，二级管 D 导通，对电容 C 充电，电流方向如图(a)中实线所示。二极管正向导通时内阻 R_d 较小(以 2AP9 为例，约 100Ω 左右)。电容 C 的充电时间常数比中频载频(37MHz)的周期小许多，所以充电极快。输入信号达到正峰值时，电容 C 所充电电压很快接近于输入信号电压峰值。当输入信号电压 U_{sr} 经过正峰值后降低时，电容 C 上电荷通过负载电阻 R_L 缓慢放电。放电时间常数远大于中频载频的周期，这时检波器输入的信号电压下降得很快，而电容上的电压则降低较慢，保持着略低于正峰的电压，使二级管截止，直至进入下一个输入信号电压的正半周，并接近于峰值时，二极管重新导通。总之，二极管导通时，便对电容 C 充电；二极管载止，电容 C 便通过 R_L 放电。适当选择 R_LC 时间常数(R_LC 时间常数要远大于中频的周期)，则 R_L 负载上输出电压 U_{sc} 跟随着输入信号的振幅大小而变化，其波形基本上为已调幅波信号电压 U_{sr} 的包络，从而检出了调制信号(视频信号)。这种检波电路中输出电压与输入信号电压的包络成比例地变化。故称为直线性检波，或称包络检波。如图(d)所示，检波器输出的调制信号依照调幅波包络形状而变化，并且带有锯齿形。从频谱角度来看，其中除含有调制信号外(这是主要部分)，还含有直流分量，中频及中频的高次谐波分量。因此，必须加上隔直电路和高频滤波器将其它成分滤去以获得较理想的输出波形。

2. 6.5MHz 第二伴音中频信号的产生

在单通道(内载波)式电视接收机中，高频调谐器的混频级输出的中频电视信号中含图像中频信号(38MHz)和伴音中频信号(31.5MHz)，经中放电路放大后，输入至视频检波器。在视频检波器的输出端，除了从图像中频信号检出视频信号以外，同时还会混频产生载频为 6.5MHz 的伴音调频信号(38MHz－31.5MHz＝6.5MHz)。通常把混频级产生的 31.5MHz 调频信号称为第一伴音中频，而 6.5MHz 的调频波称为第二伴音中频信号。在这里图像中频调幅波的载频 38MHz 作为本振信号，它跟调频的 31.5MHz 伴音中频混频后，产生的 6.5MHz 伴音中频仍为调频波，调制的性质不变。这时二极管混频输出中的高于 6.5MHz 的频率成分，由 LC 低通滤波器加以滤去，使检波器输出只含有图像信号和 6.5MHz 的伴音调频信号，如图 1-43 所示。

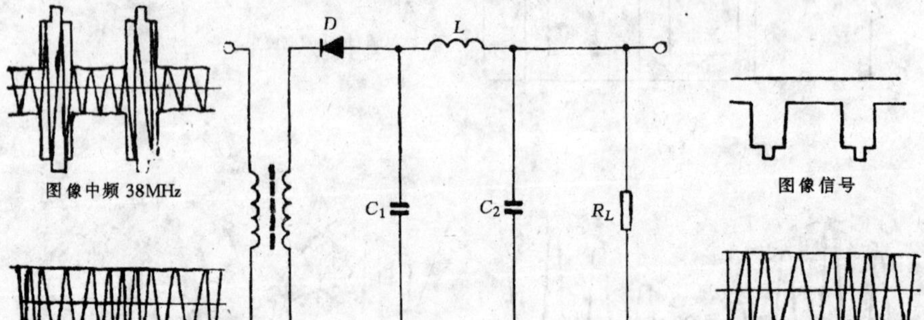

图 1-43　产生 6.5MHz 伴音调频信号

二极管混频时，要求本振电压(图像载频)大于信号电压(伴音中频)二倍以上，这样才能提高混频效率，和减小寄生调幅。

(二)对检波器的要求

(1)电压传输系数要大　电压传输系数 K 为：

$$K=\frac{\text{检波器输出端的信号振幅}}{\text{输入端已调信号的包络振幅}}$$

在输入电压不变的情况下，检波器输出电压愈大，则电压传输系数 K 愈大（图 1-44）。而要提高 K 值，二极管正向电阻 R_d 要尽可能小，负载电阻 R_L 要大一些。

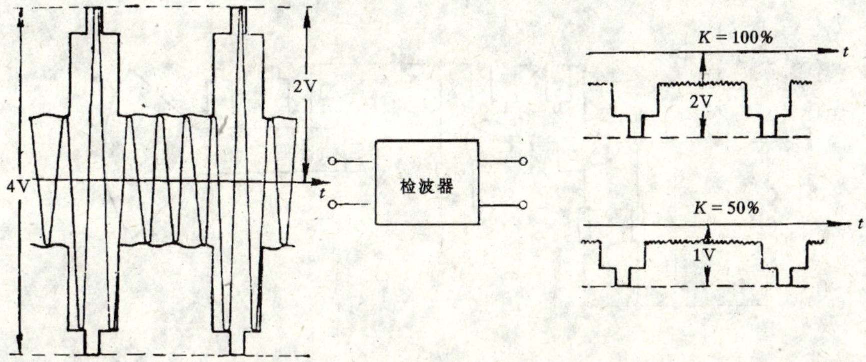

图 1-44 检波器的传输系数

（2）失真要小 检波器的失真主要有两方面：非线性失真，它是由检波二极管正向特性的非线性所引起的。为了减小这种失真，可预先给检波二极管加上一个小的正向偏置，使调制波的包络位于二极管正向特性线性部分。对角线失真，主要由于检波器负载 R_LC 时间常数太大，来不及放电而引起检波输出失真，如图 1-45 所示。这种情况在电视图像由黑变白时，更容易产生。

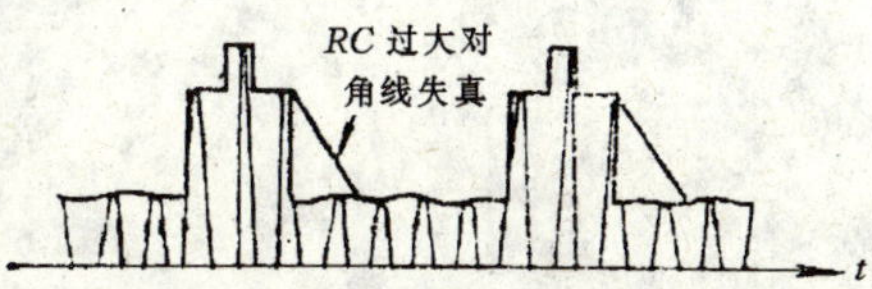

图 1-45 电视信号调幅波的对角线失真

（3）要有足够的带宽 视频检波器要求带宽 B 约有 4MHz～5MHz。带宽太狭，则图像细节分辨不清，电视图像清晰度差。检波器负载由 R_L 和 C 组成，电容 C（包括分布电容）不能太大，过大了造成视频信号高频端的衰减，使带宽变窄。另外 R_L 也不宜过大，如 R_L 过大虽然检波输出可能有所增加，但带宽会过于狭窄。通常采用高频补偿的办法来扩展带宽。在负载 R_L 上串接一个电感 L_1（即补偿线圈），使 L_1 和 C 构成一个并联谐振回路，谐振频率选在原来要衰减的频率 f_0 附近，把 f_0 处频率特性抬高，从而扩展了带宽，如图 1-46 所示。

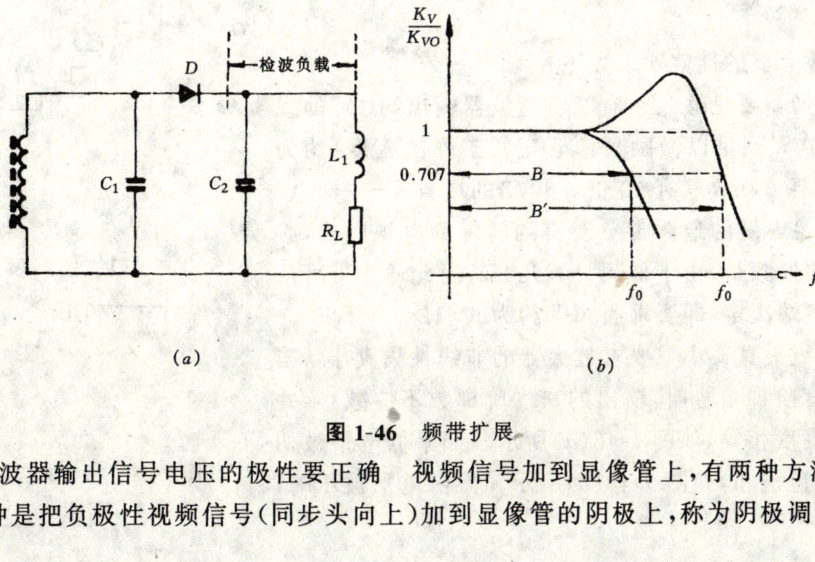

图 1-46 频带扩展

（4）检波器输出信号电压的极性要正确 视频信号加到显像管上，有两种方法（如图 1-47 所示）：一种是把负极性视频信号（同步头向上）加到显像管的阴极上，称为阴极调制，如图（a）；

另一种是把正极性视频信号(同步头向下)加到显像管的控制栅上,称为栅极调制。如图(b)所示。由于阴极调制的调制灵敏度比较高,所以一般都采用这种方法。

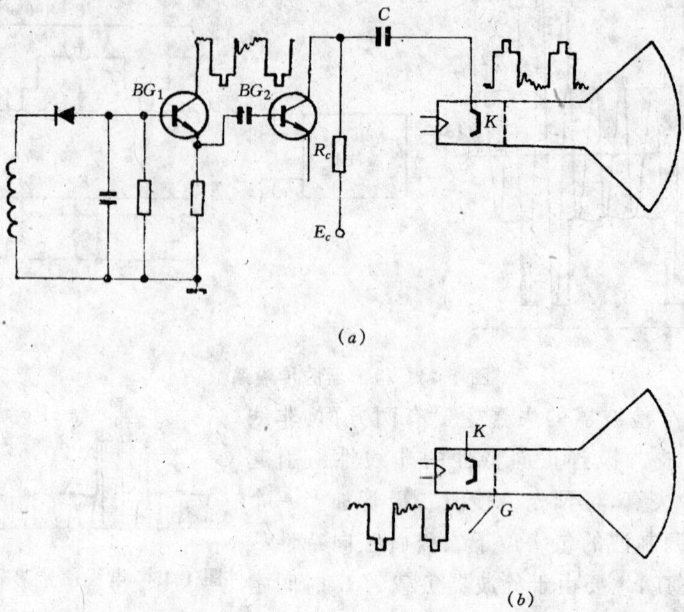

图 1-47 显像管视频信号的输入

加到显像管上视频信号的极性是否正确,取决于视放的级数及检波器中二极管极性的连接方向。在黑白电视中,一般视频放大器有预视放(射极输出器)和视放二级,输出级(共射极放大电路)视频信号只有一次倒相。由于采用阴极调制,需要负极性视频信号加在显像管的阴极上,因此检波器必须输出正极性视频信号。

二、视频放大器

对视频放大器的性能要求如下。

(1)电压增益要足够大 应能将检波器输出约 1V 的视频信号电压放大到足以激励显像管正常工作的幅度(约为 50V~80V),要求视放应有 50 倍~80 倍的增益。

(2)要有足够宽的通频带 要得到清晰的电视图像,必须有足够宽的通频带。由于低频只有几 Hz,因此通频带可认为主要由高频端决定,即要求通频带约为 6MHz。

(3)灰度级失真要小 要求放大器的非线性失真小。当输入一个灰度阶梯信号时,输出的灰度阶梯数不应减小,并保持各台阶高度相等,如图 1-48(a)所示。如果低电平被切割,将出现白色饱和,如图 1-48(b)所示。黑白电平被压缩,

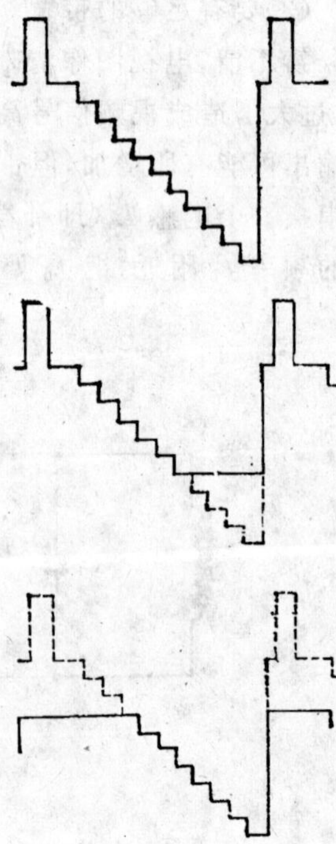

图 1-48 视放的灰度失真

则将出现黑色饱和，如图 1-48(*c*)所示。

(4)相位失真要小　人的耳朵对声音的相位失真不敏感，而人们在观看图像时，对信号的相位失真很敏感，因此，要求视频放大器的相位失真尽量小。理论和实践证明：当放大器的频率特性变化比较平缓时，相位失真小；而当放大器的频率特性变化陡峭时，相位失真则大。

三、视放输入级

如图 1-49，加在预视放输入端的是由检波器送来的视频信号和 6.5MHz 伴音信号（调频波）。经预视放的放大后，图像信号由射极输出，伴音信号则由集电极输出。对于视频信号来说，预视放是个射极输出器。对于伴音信号来说，则是一个共射极调谐放大器。

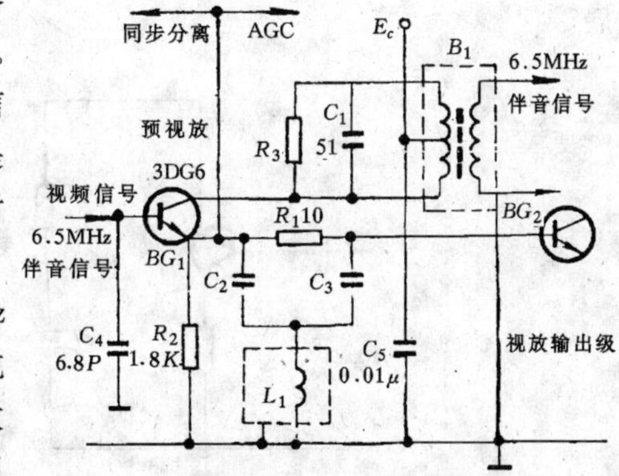

图 1-49　视放输入电路

预视放集电极回路 B_1、C_1 是谐振在 6.5MHz 的调谐回路，对于 0～6MHz 的视频信号来说阻抗很低，可视为短路。由 R_1、C_2、C_3、L_1 组成桥 T 吸收回路，调谐在 6.5MHz 对 6.5MHz 阻抗很低，但对视频信号则呈现高阻抗，可视为开路。因此预视放级对于视频信号来说其电路便可简化为图 1-50。显然，这是一个射极输出器。视频信号从预视放基极输入，从射极分三路输出：一路经 R_1 送至视放输出级。还有二路从射极送至 AGC 电路及同步分离电路。至于 6.5MHz 伴音信号，被桥 T 吸收回路所短路，没有输出。

四、视放输出级

(一)共发射极 *RC* 耦合视频放大器

视频放大器的重要质量指标是增益和带宽。预视放的电压增益略小于 1，所以视频放大器电压增益主要在于视放输出级。视放输出级工作在甲类放大状态，输出信号用来控制显像管电子束电流的大小，而电子束的能量主要来源于加速极电压，因此负载是一个阻值较高的电阻性负载。这点与伴音输出要直接推动喇叭发声不同。视频信号的频率组成与电视载频、中频都不同，虽然带宽差不多，但相对宽度则相差很远，因此不能单纯用 *LC* 调谐回路作负载。视频信号频带较宽，要不失真地放大从几 Hz 到 6MHz 的信号，这就需要对视放输出级采取种种频率扩展措施。

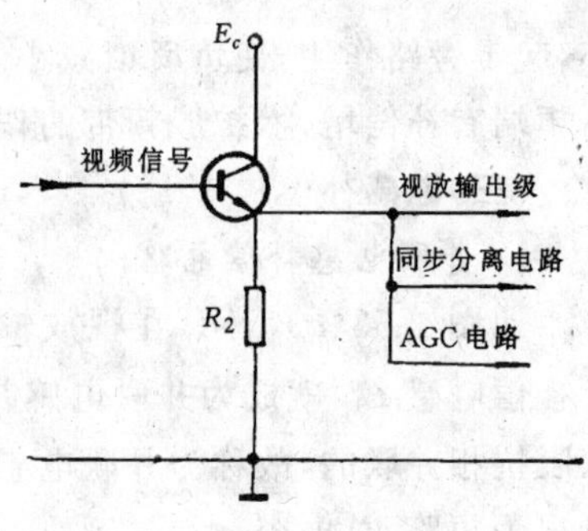

图 1-50　预视放对视频信号放大

(二)负反馈补偿

1. 射极电阻负反馈补偿

共射放大器的发射极串接一个电阻 R_e，就成为电流串联负反馈放大器，如图 1-51。

放大器的电压增益为

$$K_v=\frac{\beta R_{fz}}{r_{be}+\beta R}$$

如 $R_e \gg \frac{r_{be}}{\beta}$，则闭环放大器的增益为

$$K_v=\frac{R_{fz}}{R_e}$$

R_e 愈大，增益愈低，带宽却增大了。放大器加了负反馈后，增益下降，但低频端和高频端都得到扩展。

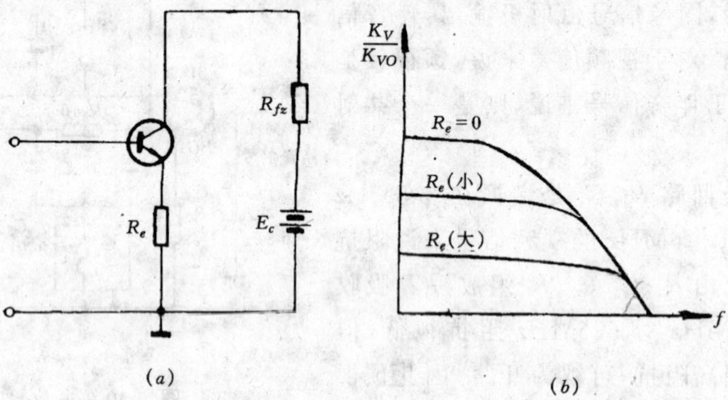

图 1-51 射极电阻负反馈等效电路及其频率特性

2. 发射极高频补偿电容

在射极电阻 R_e 两端并上一小电容 C_e，如图 1-52 所示，C_e 的值约为几百 pF 至几千 pF。在中频和低频段，容抗$\frac{1}{\omega C}$很大，可认为不起旁路作用，使电路具有电流负反馈；但对较高频率，$\frac{1}{\omega C}$较小，起了旁路作用，使负反馈减小，相对提高了增益。故此，C_e 对高频端有补偿增益，扩展频带的作用。

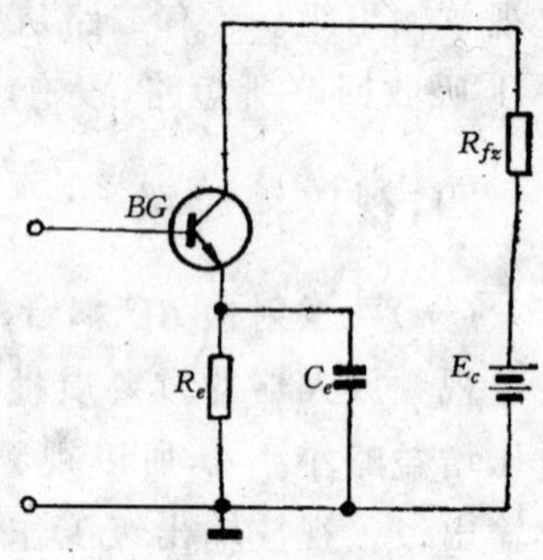

图 1-52 射极高频补偿电容

(三)电感补偿

1. 并联电感补偿电路

如图 1-53(a)所示，在视放输出级的集电极电路中，串联一个补偿电感 L_1，就成为并联电感补偿电路。从晶体管向输出端看过去，电感 L_1 是与显像管输入阻抗相并联的，故称为并联电感补偿。在高频段，耦合电容 C_e 的容抗跟负载阻抗相比很小，可视为短路，总电容

$$C_m=C_{sc}+C_i+C_d$$

图(b)为其等效电路。R_c 的阻值较大，这是一个低 Q 的并联谐振回路。适当选择 L_1 值，使 L_1C_m 并联谐振于高频段的某一频率，因而，可提高这一频率附近的电压增益，扩展了通频带。

2. 串联电感补偿电路

如图 1-54(a)所示，在晶体管与显像极等效阻抗之间串联一个补偿电感 L_2，称为串联电感补偿电路。C_{bc}为输出电容(包括杂散电容)，C_i 为显像管阴极输入电容，C_d 为分布电容，则

$$C_2=C_i+C_d$$

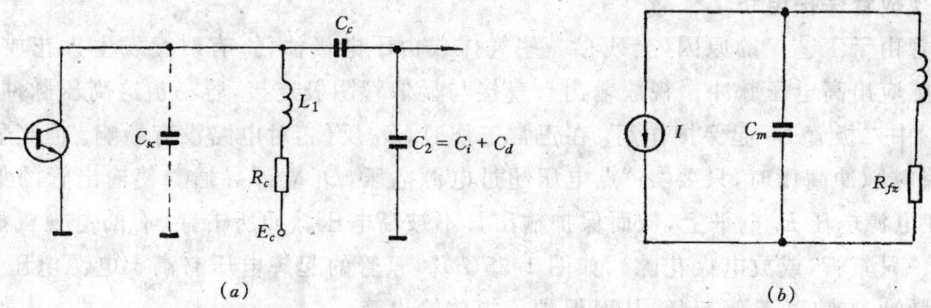

图 1-53 并联电感补偿电路及等效电路

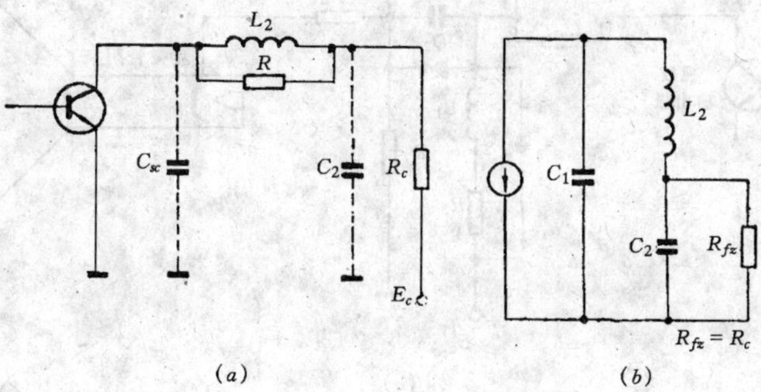

图 1-54 串联电感补偿电路及等效电路

补偿电感 L_2 把 C_2 和 C_{sc}隔开，这样可减弱电容在高频端的分流作用。同时，L_2 与 C_{sc}、C_2 组成一个低 Q 的串联谐振电路。负载电阻 R_{fz}是并在 C_2 两端的。串联谐振时，在 C_2 上可得较大的电压，从而达到高频补偿的目的。

五、视放级其它电路

（一）对比度调整

由于电视机收看环境的条件或电视图像的不同，在收看节目时经常需要调整图像的黑白对比度，即改变加至显像管的图像信号电压的大小。一般电视机都是通过改变视放输出级的负反馈量来改变增益，从而达到调整对比度的目的。

（二）亮点消除电路

电视机关机后，行、场扫描停止，而显像管高压电容上所充得的电荷需要一段较长的时间才能泄放完。由于显像管灯丝的热惰性，阴极仍然继续发射电子，这些电子在残留高压的作用下，集中轰击于荧光屏的中心（因关机后偏转电流消失），形成固定亮点。长期使用，就会造成黑斑，损伤荧光屏。根据亮点形成的原因，可以采用截断束电流，或迅速泄放掉高压电容上电荷等办法来消除关机后的亮点。

（三）行场消隐信号的加入

由于全电视信号中的消隐信号时间与本机扫描电路的逆程时间不完全一致，又由于信号零电平的移动，所以当对比度小时，全电视信号中的消隐电平不能把电子束流截止，因此，屏幕上会出现回扫线，影响图像质量。通常采用在视放输出管发射极加入行、场逆程脉冲的方法来消除屏幕上的回扫线，即使在空频道，也能有效地消隐掉行、场回扫线。

(四)视放管保护电路

显像管由于工艺上的原因,会残存一些气体或由于电极沾污,有时会发生火花放电,并在各电极间感应出高电压脉冲。视放输出管直接与显像管阴极连接,容易被这高压脉冲所击穿。图 1-55(a)中二极管 D_1 起保护作用。在正常工作时,D_1 反偏,对电路没有影响。但当显像管跳火,出现瞬时脉冲高压时,只要"A"点电压超过电源电压,D_1 立即导通。使输出管的集电极电位,限制在电源电压 E_c 电平上,从而保护输出管不被高电压脉冲所击穿。有的电视机显像管阴极对地接一只氖管(或放电火花隙),如图 1-55(b)。氖管的起辉电压略高于电源电压 E_c,当瞬时高电压脉冲到来时,氖管起辉,从而保护了视放输出管。

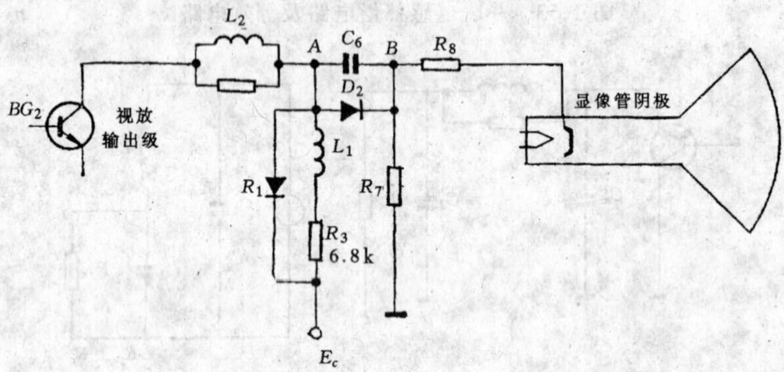

(a)

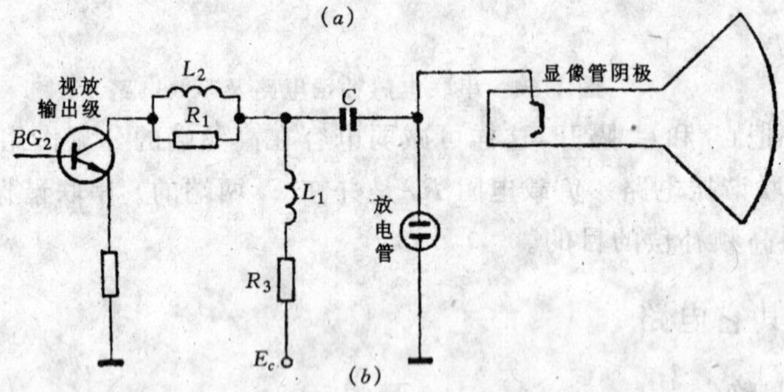

(b)

图 1-55　视放输出管保护电路

第六节　自动增益控制电路

一、对自动增益控制电路的性能要求

电视接收机自动增益控制电路(AGC)的作用是在天线输入信号电平变化时,自动地控制中放管、高放管的增益,使输出到显像管的视频信号电平接近稳定不变。

由于接收环境及接收频道不同,接收机的输入信号不可能固定不变。当输入信号电平变化时,如果不及时调整,将大大降低收看质量,有时甚至不能接收。

当信号太弱时将使图像对比度、清晰度变差,同步不稳,伴音音量减弱。

当输入信号过大时,在中放末级及视放输出级中,晶体管会进入非线性工作状态,甚至进入饱和或截止区域,使信号波形失真。尤其严重的是使同步信号被切割,以致同步不稳严重影响收看。同时由于图像信号有的部分被截止,灰度等级减少,清晰度降低,且使伴音信号也失真，并产生蜂音。

在输入信号过大时，使外来信号大于本振信号将破坏混频工作。对第一中放管来说，信号太大，工作进入非线性段落，如同时有较强干扰电波时，就会产生交扰调制。

如果用手动对比度旋钮来控制，不但费事且也不能及时，所以现代电视接收机中都没有自动增益控制电路。

对自动增益控制电路的性能要求如下：

(1)在控制增益时不能影响通道频率特性。

(2)控制范围在 20dB～60dB 以上。

(3)控制灵敏度在 3dB 以内。

(4)受温度变化的影响要小。

二、自动增益控制电路工作原理

(一)自动增益控制电路的组成

如图 1-56 是自动增益控制电路的方框图。由图可见，由视频放大器前置级取出的，反映视频图像信号电平的信号电压，先通过取样滤波电路变成直流电压。这直流电压经过 AGC 电压放大管放大后，控制第一、第二中放管及高放管增益。因为晶体管是由电流推动的，没有一定的功率就不能进行控制，所以必须要有 AGC 放大管，这样也可以提高控制灵敏度。当外来信号电平增大时，视频图像信号电平增大，AGC 电压也增大，使受控级的增益下降，从而保持视频图像信号电平接近稳定不变，达到自动控制增益的目的。

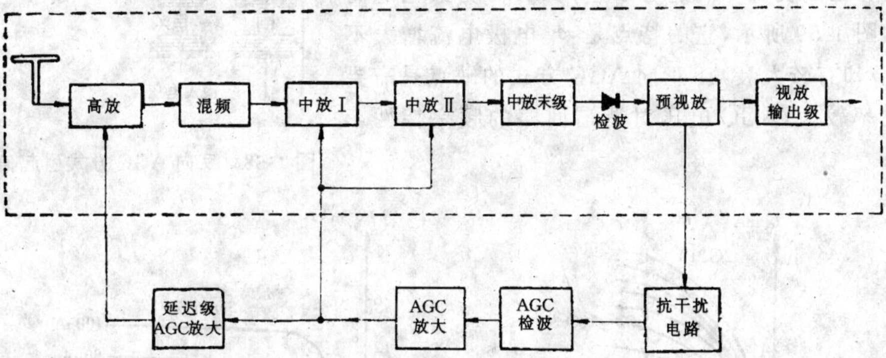

图 1-56　AGC 方框图

(二)控制放大管增益的方法

如图 1-57 所示晶体管增益随集电极电流而变化的情况。由图可见，在集电极电流为某一值时，增益最大，电流向小的方向或大的方向变化时，放大管增益都要减小。

因此，我们可以利用改变集电极直流的方法来实现增益的控制。一般控制放大管增益的方法有两种：一种是利用减小集电极电流的办法来减小增益，这叫作反向 AGC 方式；另一种是利用增大集电极电流的办法来减小增益的方式，叫作正向 AGC 方式。

反向 AGC 方式的优点是需要的控制功率小，AGC 电压对增益频率特性影响小。它的缺点是输入信号电平增大时，放大管的工作电流减小，工作区域可能进入非线性很严重的范围，容易产生信号失真。如图 1-58 所示，AGC 电压使工作点由 A 点移至 B 点时，非线性失真会引起

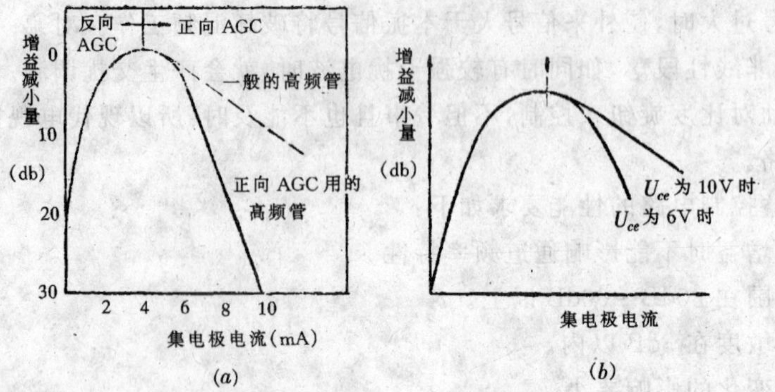

图 1-57 集电极电流及 U_{ce} 和增益的关系

同步脉冲波形失真，产生交扰调制和蜂音等。

采用正向 AGC 方式时，如果在集电极及发射极电路中接入较大降压电阻，那么工作电流增大时，晶体管 U_{ce} 下降。工作电流的增大和 U_{ce} 的降低都可使晶体管增益下降。正向 AGC 方式没有上述非线性失真。但是对普通的晶体管来说，只有当工作电流提高很大时才能使增益有相当的下降，如图 1-57(*a*)虚线所示，而普通高频管所容许的集电极功率损耗是不大的，不容许工作电流很大。所以现在出现有专门适合于正向 AGC 方式用的高频管。如图 1-59 所示，它的特点是：集电极电流增大不多，而增益却有较大衰减。正向 AGC 方式的缺点是需要的控制功率较大，AGC 电压对调谐回路的频率特性影响较大。

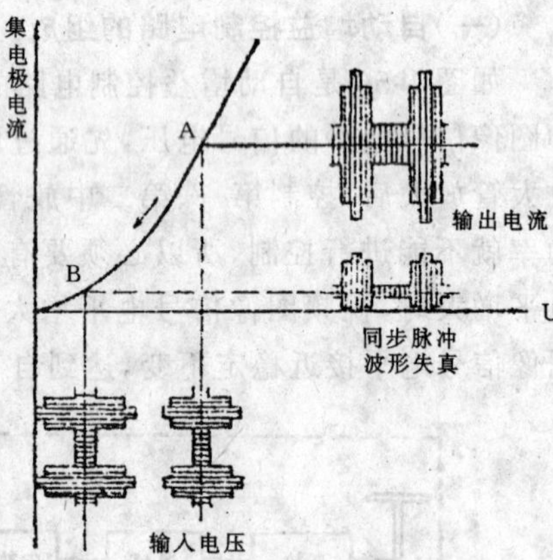

图 1-58 反向 AGC 方式引起信号失真

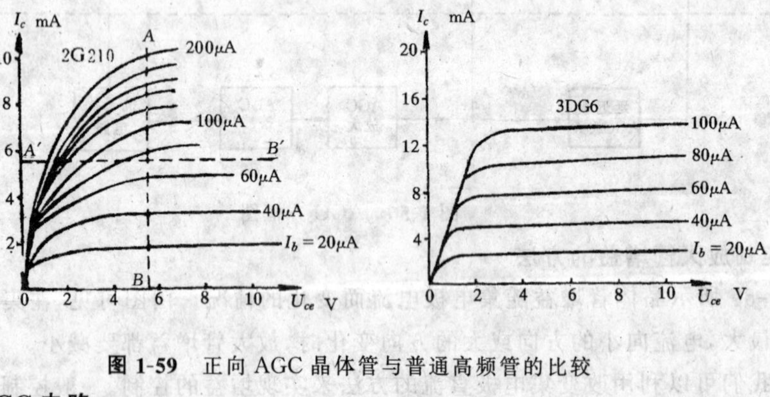

图 1-59 正向 AGC 晶体管与普通高频管的比较

(三)常用 AGC 电路

1. 平均值式 AGC 电路

将视频信号的平均值用来控制放大管增益的方式，叫作平均值式。如图 1-60 所示是平均值式原理电路及各点电压波形。*E* 点视频信号经 *RC* 滤波电路后变成 *F* 点直流电压，再经 AGC 放大管放大后用来控制中放管增益。当天线输入信号电平增大时，视频信号的平均电压也升高，经放大后用来控制放大管电流，使放大管增益下降。

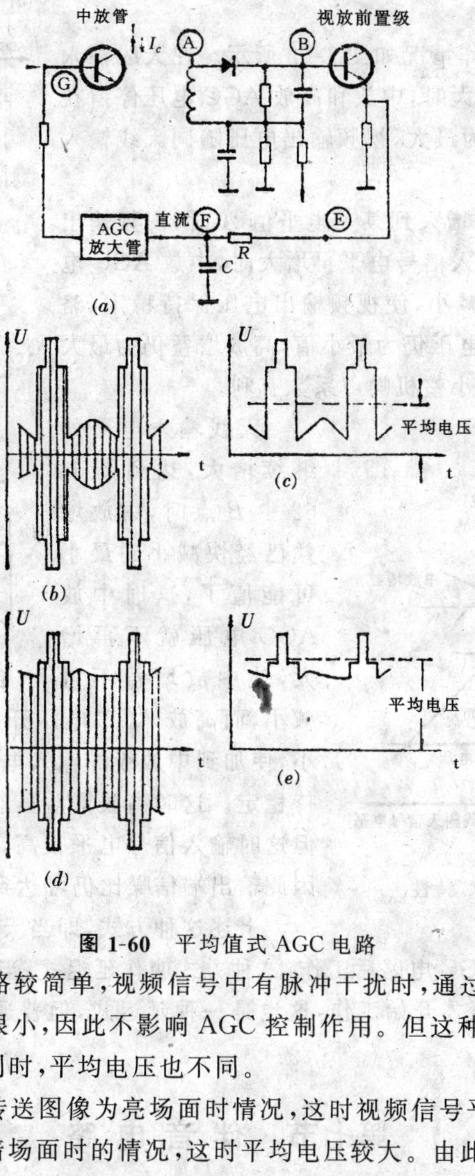

图 1-60 平均值式 AGC 电路

这种方式的优点是电路较简单，视频信号中有脉冲干扰时，通过 RC 滤波电路后，脉冲干扰电压对平均电压的影响很小，因此不影响 AGC 控制作用。但这种方式有一个严重的缺点，这就是在图像信号内容不同时，平均电压也不同。

图 1-60(b)(c)表示所传送图像为亮场面时情况，这时视频信号平均电压较小。而图 1-60(d)(e)则表示传送图像为暗场面时的情况，这时平均电压较大。由此可见，天线输入信号电平虽不变，但图像内容改变时，暗场面时平均电压高，放大器增益减小，亮场面时平均电压小，放大器增益增大。这样，不但图像质量受影响，同时也使同步脉冲幅度变化，容易引起同步不稳定。

2. 峰值式 AGC 电路

在这种电路中，使 AGC 电压只和视频信号峰值有关，而和图像内容没有关系。如图 1-61 所示此种电路，其中专门设置一个峰值检波器。峰值检波二极管 D_2 后面的 R_1C_1 的时间常数特别大，放电很慢如图 1-61(c)所示，使检波输出电压与视频信号峰值(同步脉冲电平)成正比，而与图像内容无关。同时峰值检波的输出电压也比较大，这是这种电路比平均值式 AGC 电路优越的地方。但是当信号中混有大的干扰脉冲时，输出 AGC 电压变化较大，如图 1-61(d)所示，这是它的缺点。实际使用时往往得附加消除干扰的电路。

3. 延迟式 AGC 电路

理想的 AGC 电路工作情况如图 1-62 所示。在天线输入信号电平由最小值逐渐增大时，中放和高放 AGC 电压停留在最小值，各放大管的增益为最大，视频输出电压随同天线输入信号电平按比例增大。

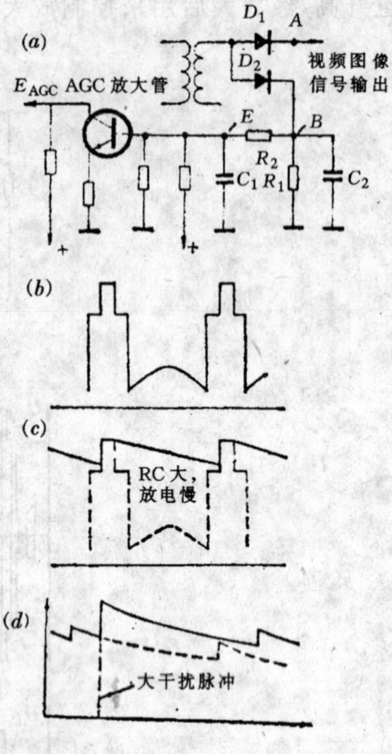

图 1-61 峰值式 AGC 电路

当天线输入信号电平增大到某一电平值 A 时，视频输出电压达到规定值。天线输入信号电平再增大时，中放 AGC 电压开始增大，使中放增益减小，使视频输出电压保持稳定（略有增大）。这时高放 AGC 电压仍为最小值，高放增益仍为最大值，高放增益大一些，对减小整机噪声系数有利。

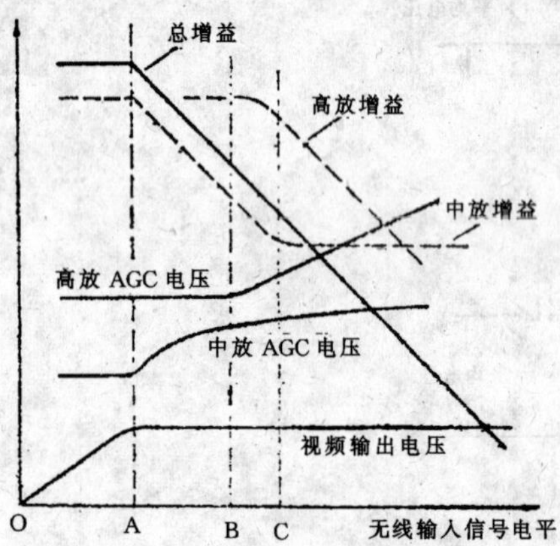

图 1-62 延迟式 AGC 特性

天线输入电平如继续增大，达到图 1-62 中 B 点时，中放增益已经快减小到最小可能值了，这时中放 AGC 电压就不再增大，使中放增益不再减小，而高放 AGC 电压开始增大，使高放增益开始减小，使加到中放级的输入电压不再增大，使视频输出保持稳定。这时高放增益虽然减小了，整机噪声虽增大，但这时输入信号电平很高，也即输入端信噪比仍很高，因此输出端信噪比仍可达到要求值。

上述这种方式，即当天线输入信号增大时，使中放 AGC 电路先工作，高放 AGC 电路后工作，这种方式叫作延迟式。当然，天线输入信号电平达到某一值后，中放 AGC 电路才开始工作，这也是一种延迟式，但普通在电视接收机中的延迟式是指前者来说的。

第七节 伴音电路

一、伴音电路的组成与性能

（一）伴音电路的组成

如图 1-63 为伴音电路的方框图。从预视放集电极调谐回路取出的 6.5MHz 第二伴音中频信号，其幅度是很小的，必须先通过伴音中频放大，才能使送到鉴频器的信号具有足够的幅度，以便将调频信号解调得出音频调制信号。

6.5MHz 的第二伴音中频信号是由图像中频作本振频率和伴音中频混频而形成的，所以它不是一个等幅的调频波，而是带有调幅的图像信号的混合调制信号。对于伴音来说，调幅的图像信号即是不需要的干扰，如不将这寄生调幅的干扰消除，就会使伴音信号失真和产生蜂

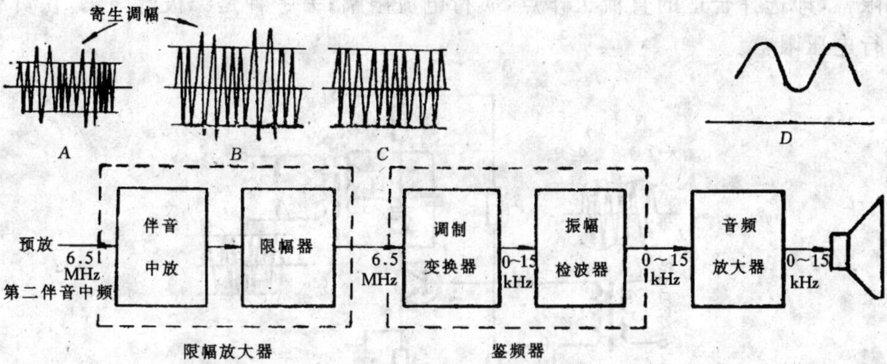

图 1-63 伴音电路方框图

音。限幅器的作用就是消除寄生调幅干扰。

鉴频器的作用是从第二伴音中频信号中解调得出音频调制信号。它具有调制变换和振幅检波双重作用。等幅的调频伴音中频信号加到鉴频器后,先将等幅的调频信号变换成为调幅的调频信号,然后由振幅检波器检出音频信号的。

音频放大器由前置级、激励级和输出级组成。前置级主要为后级提供电压增益,并使后级与鉴频器隔离,以减小对鉴频器的影响。激励级主要起阻抗变换作用,为输出级提供足够的电流增益。输出级主要提供功率增益,并对阻抗不同的扬声器实现阻抗匹配。

(二)伴音中放的性能

1. 增益

电视台发送的伴音信号功率较图像信号弱。在接收机的中频放大器中,为了消除图像与伴音的相互干扰,由吸收回路将伴音中频衰减 20dB,经过检波级混频后,输出的第二伴音中频(即伴音中放输入)电压只有 1mV 左右,而鉴频器输入(即伴音中放输出)的电压要求有 1V 左右,因此要求伴音中放的增益为 60dB 左右。

2. 通频带

音频频率为 30Hz～15kHz,最高音频频率 $F_{max}=15kHz$,伴音中频信号最大频偏 $\Delta f=\pm 50kHz$,因此调频信号的最大频率范围为

$$2(\Delta f+F_{max})=2\times(50+15)=130kHz$$

实际上,考虑到外界温度、电源电压及元件参数变化引起的影响,伴音中放通频带宽还要留有余量,一般取 250kHz～300kHz。

在通频带之外,要求有良好的衰减,以保证选择性。

3. 限幅

调频信号的解调电路一般都具有限幅作用。例如,最常用的比例鉴频器,对频率较高的寄生调幅信号具有限幅作用,但对频率较低(如场频)的寄生调幅信号的限幅作用就较差。因此,要求伴音中放有限幅作用,才能消除场同步信号对伴音的干扰,使蜂音减小。

二、伴音中放电路

(一)限幅放大原理

伴音中放既要放大中频第二伴音信号,又要对输出信号限幅。限幅放大的基本电路,一种

是三极管限幅，即选择合适的直流工作点，实行电流限幅；另一种是二极管限幅。在负载上并联二极管实行电压限幅。

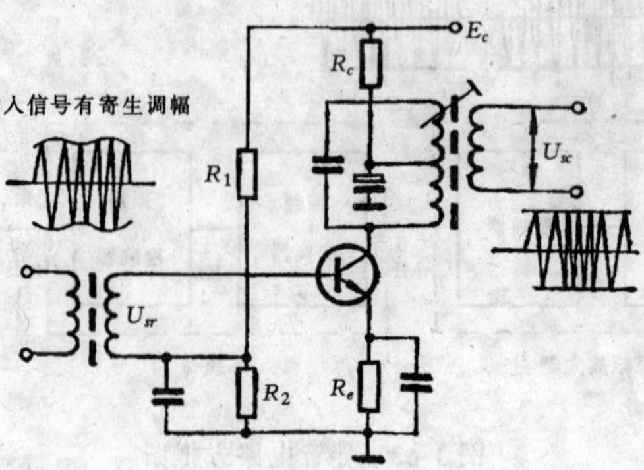

图 1-64　三极管限幅电路

1. 三极管限幅

图 1-64 是三极管限幅电路，图 1-65 是其限幅原理。

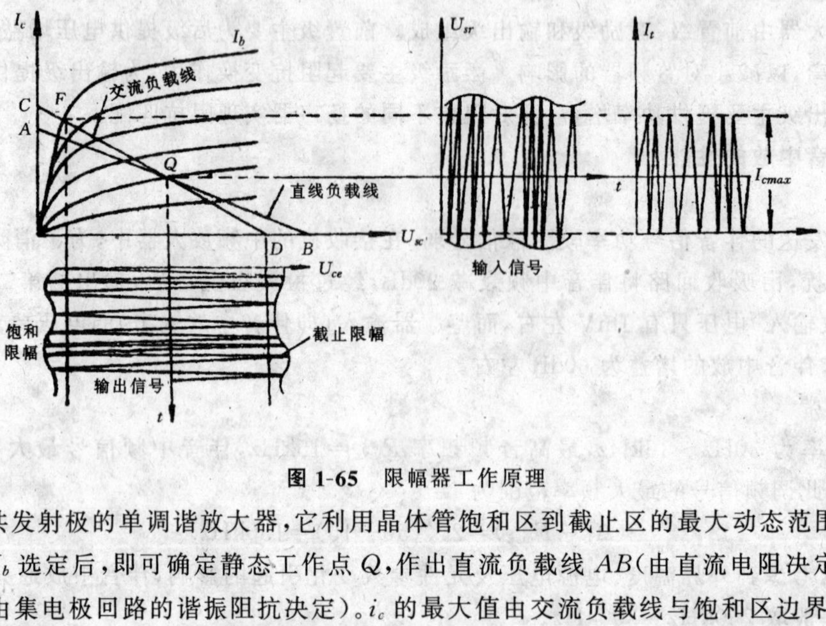

图 1-65　限幅器工作原理

这是共发射极的单调谐放大器，它利用晶体管饱和区到截止区的最大动态范围进行限幅。直流偏置 I_b 选定后，即可确定静态工作点 Q，作出直流负载线 AB(由直流电阻决定)及交流负载线 CD(由集电极回路的谐振阻抗决定)。i_c 的最大值由交流负载线与饱和区边界线的交点 F 确定。F、D 两点确定了输出电流 i_c 的最大动态范围，输出电流 i_e 的变化不会超出最大动态范围。当放大器输入信号 U_{sr}足够大时，信号变动范围进入饱和区和截止区，输出信号的幅度被限制。

当输入信号电平较高时，由于 R_c 及 R_e 取得较大，在 R_c 及 R_e 上的压降增加，使 U_{ce}下降，于是 i_c 及 U_{ce}的动态范围缩小，这就容易使信号进入饱和区和截止区，达到限幅的目的。使输出的交流信号幅度受到了限制。

三极管限幅器一般选在伴音中放的末级，因为末级输入信号的幅度最大，容易得到限幅，所以末极伴音中放也称限幅放大器。

伴音中放限幅以后，使输出集电极电流的波形失真，产生了伴音中频的高次谐波，通过辐射而串入图像通道，影响图像的接收。通常将伴音中放和鉴频器加以屏蔽。

2. 二极管限幅

如图 1-66 是二极管限幅原理图，D_1 与 D_2 反相连接，并联在集电极调谐回路上，起着限幅作用。三极管是一般放大器，与限幅无关。

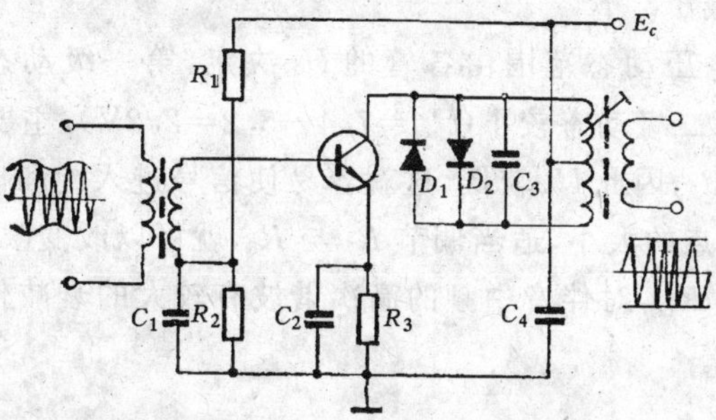

图 1-66 二极管限幅原理

当输入信号较小时，LC 回路两端的电压较小，二极管 D_1、D_2 均处于未导通状态，电路不起限幅作用；当输入信号增大到 LC 回路电压超过二极管导通电压（锗管为 0.2V 左右、硅管为 0.6V 左右）时，D_1、D_2 在信号的正、负半周内就要交替导通，使 LC 回路的阻抗降低，放大量减小，这样 LC 回路两端的最高电压就被限制为二极管的导通电压，因而完成电压限幅作用。

因为二极管限幅器是输出端电压限幅，故称电压限幅器。输出电压不能超过二极管的导通电压（0.2V～0.6V），这样，达不到激励鉴频器的要求。面对输入阻抗影响较小，因此，二极管限幅多用于第二伴音中放的前级。

对二极管的要求是正向导通内阻尽量小，以减弱输出信号的寄生调幅。

（二）常用伴音中放电路

如图 1-67 为具有深度直流负反馈的两级直耦共发射极放大电路。采用两级伴音放大时（预视放除外），第一、二中放常采用直接耦合的方式。

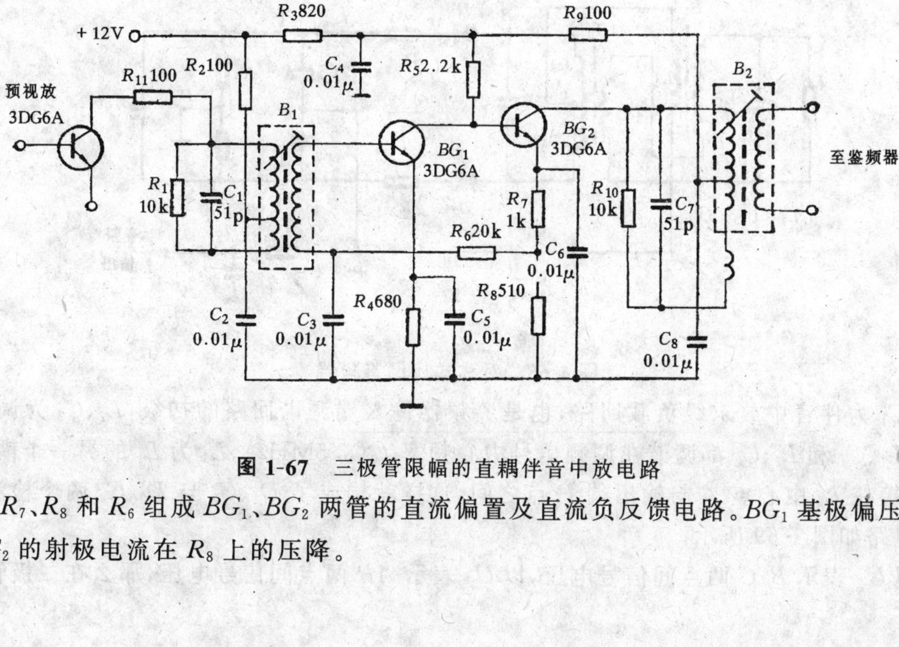

图 1-67 三极管限幅的直耦伴音中放电路

R_4、R_7、R_8 和 R_6 组成 BG_1、BG_2 两管的直流偏置及直流负反馈电路。BG_1 基极偏压通过 R_6 取自 BG_2 的射极电流在 R_8 上的压降。

直接耦合放大电路有较深的直流负反馈，如果 BG_2 的集电极电流 I_{c2} 因故增大，将引起以下一系列变化，R_8 上压降增大，通过 R_6 使 BG_1 的基极电位升高，使集电极电流 I_{c1} 增大；与此同时，I_{c1} 在 R_5 上的压降也增大，致使 BG_2 基极电位 U_6 下降，集电极电流 I_{c2} 下降。这样，电路的直流工作电流将自动保持稳定。BG_1、BG_2 两管射极分别接有交流旁路电容 C_5、C_6，能使交流不产生负反馈，两级增益不减小。

BG_1 及 BG_2 的输出电压动态范围由各管的 U_{ce} 决定，第一级动态较大（$U_{ce}=6-1.65=4.35V$），主要用作放大；第二级动态较小（$U_{ce}=7.4-5.2=2.2V$），主要用于限幅。BG_2 因使用较大的发射极电阻 R_7 与 R_8，因此 U_{ce} 较低，这就容易使信号进入饱和区和截止区而受到限幅，限幅范围决定于直流工作点的大小，适当调节 R_7 与 R_8，就可以改变限幅电平。

预视放管集电极串接 R_{11}，对伴音中频的高次谐波有较大的衰减作用，以防止伴音中放自激和减弱它对图像的干扰。

三、鉴频器

鉴频器的任务是将调频波的频率偏移转变为原来的调制信号——音频。这里是将 6.5MHz 的伴音调频信号解调出音频信号。常用的鉴频器有比例鉴频器和相位鉴频器，比例鉴频器又分为对称式比例鉴频器和不对称式比例鉴频器。以上这几种电路的工作原理基本相同。下面只介绍“对称式比例鉴频器”工作原理：

（一）电路的组成及特点

图 1-68 为对称式比例鉴频器。D_1、D_2 为两个检波二极管，R_1，R_2 为二极管 D_1、D_2 的均衡电阻，以弥补两个二极管的参数差异。C_3，R_3 与 C_4、R_4 为检波负载元件，$C_3=C_4$，$R_3=R_4$。R_3 与 R_4 连接点 D 接地，这使负载元件对地来说是对称的，因此这个电路称为对称式比例鉴频器。R_3、R_4 两端并联一个大容量电容 C，C 和 R_3、R_4 构成较大的时间常数，使检波过程中 C 两端电压对音频信号来说基本不变。鉴频器由 C_3、C_4 的连接点 P 输出音频信号，R_5、C_5 为音频信号去加重电路。

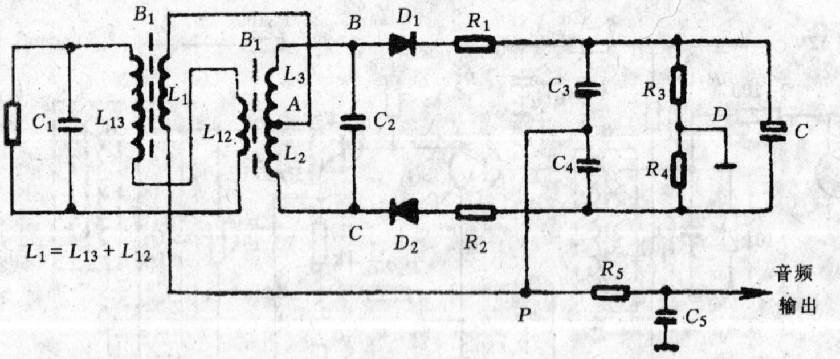

图 1-68　对称式比例鉴频器

L_1、C_1 为伴音中放末级负载回路，也是鉴频器输入端调谐回路的初级，L_2、C_2 为调谐回路的次级，L_1、C_1 和 L_2、C_2 都调谐在调频信号中心频率 f_0(6.5MHz)。L_3 为 L_1 的另一个耦合回路次级，它接在 L_2 中心点 A 与输出端 P 点之间，这样就构成了 D_1、C_3 与 D_2、C_4 两个检波回路。其等效电路如图 1-69 所示。

若以 $\dot{U}_2$ 表示 B、C 两点间信号电压，以 $\dot{U}_3$ 表示 AP 两点间信号电压，那么在二极管 D_1 的

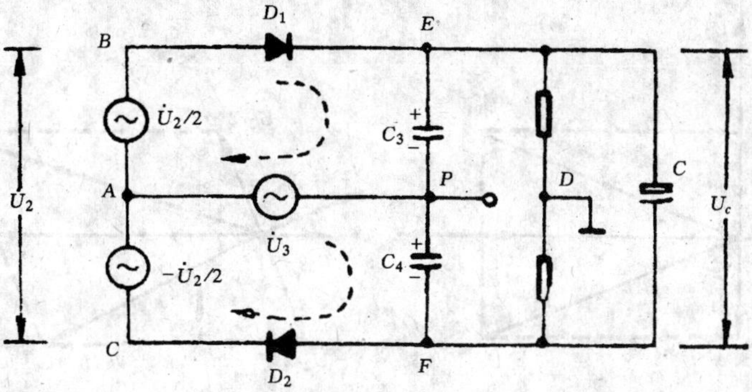

图 1-69 对称式比例鉴频器的等效电路

检波回路中所加的两个信号为$-\dot{U}_2/2$与$\dot{U}_3$，在二极管D_2的检波回路中所加的两个信号为$-\dot{U}_2/2$与$\dot{U}_3$。我们以$\dot{U}_{D1}$和$\dot{U}_{D2}$分别代表两个检波回路中的信号电压，则$\dot{U}_{D1}=\frac{\dot{U}_2}{2}+\dot{U}_3$；$\dot{U}_{D2}=-\frac{\dot{U}_2}{2}+\dot{U}_3$。

上式中用交流矢量表示检波回路所加信号电压，这是因为每个检波回路中的两个信号电压相位是不同的，而它们相位不同的原因又在于L_1、L_2及L_1、L_3两个耦合回路的耦合程度不同。下面介绍所谓双耦合的具体情况。初级L_1分为两部分用，与L_2耦合的部分用L_{12}表示，与L_3耦合的部分用L_{13}表示，这部分匝数相差很多。L_{13}匝数较多且与L_3绕在同一磁芯上，因此L_3与L_1为紧耦合，L_3两端（A、P两点）电压$\dot{U}_3$与初级电压$\dot{U}_1$为同相位。L_2与L_1之间耦合情况则不同，L_{12}匝数很少，也就是说L_1只有一小部分与L_2耦合，因此L_2与L_1为松耦合，次级调谐电路L_2、C_2两端（B，C两点）电压$\dot{U}_2$的相位要由L_2、C_2的阻抗性质来决定。

（二）鉴频原理

1．将调频信号转换为调频—调幅信号

当$f=f_0$时，各矢量之间的相位关系如图 1-70(a)所示。我们以初级输入电压$\dot{U}_1$为基准，线圈L_1中电流$\dot{I}_1$的相位比$\dot{U}_1$滞后 90°。$\dot{I}_1$在次级线圈L_2感生电动势为E_2，设F_2的相位比$\dot{I}_1$滞后 90°（如反接则超前 90°）。由于$f=f_0$，L_2、C_2谐振阻抗为纯电阻，其谐振电流$\dot{I}_2$与E_2同相位。$\dot{I}_2$在电容C_2两端的电压$\dot{U}_2$比$\dot{I}_2$滞后 90°。另一方面，由于L_3与L_1为紧耦合且不参与调谐，所以L_3两端电压$\dot{U}_3$与$\dot{U}_1$同相位（若反接则相差 180°，但结果相同）。由图可以看出，$\dot{U}_{D1}$与$\dot{U}_{D2}$幅度相等，即$|\dot{U}_{D1}|=|\dot{U}_{D2}|$。

当$f>f_0$时，各矢量之间相位关系如图 1-70(b)所示。与$f=f_0$时的不同在于：L_2、C_2串联谐振回路呈现为感性，电流$\dot{I}_2$滞后于电势E_2一个角度。由图可以看出，此时$|\dot{U}_{D1}|>|\dot{U}_{D2}|$。

当$f<f_0$时，各矢量之间相位关系如图 1-70(c)表示。与$f=f_0$时的不同在于：L_2、C_2串联谐振回路呈现为容性，电流$\dot{I}_2$超前于电动热$\dot{E}_2$一个角度。由图可以看出，此时$|\dot{U}_{D1}|<|\dot{U}_{D2}|$。

以上分析表明，在输入的调谐信号频率变化时，$\dot{U}_2$，$\dot{U}_3$的相位关系就发生变化，这样，加在两个二极管上的信号$\dot{U}_{D1}$与$\dot{U}_{D2}$不仅频率变化，而且幅度也是变化的，从而将调频信号转换为调频调幅信号。

2．从调频—调幅信号中检出音频信号

$|\dot{U}_{D1}|$经D_1检波在C_3上产生压降U_{c3}，$|\dot{U}_{D2}|$经D_2检波在C_4上产生压降U_{c4}。由于电容C

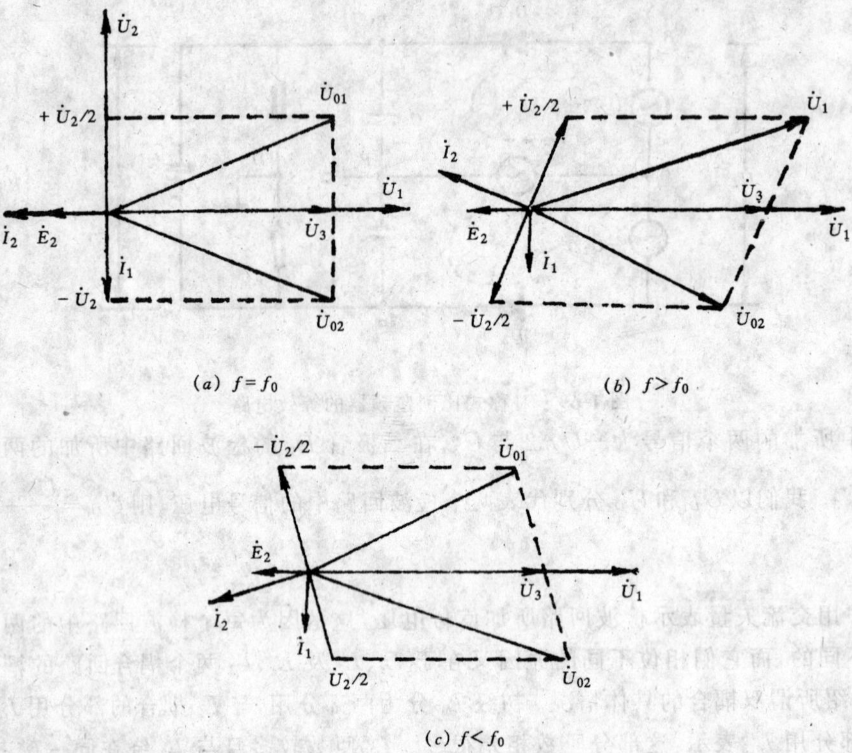

图 1-70　说明鉴频原理的矢量图

与 R_3、R_4 的时间常数很大，所以电容 C 两端电压 U_c 为一定值。由图 1-69 可知　$U_c=U_{c3}+U_{c4}=U_{R3}+U_{R4}$；又因 $R_3=R_4$，则有　$U_{R3}=U_{R4}=\dfrac{U_c}{2}=\dfrac{U_{c3}+U_{c4}}{2}$；在 P、D 两点输出电压 U_0 为 $U_0=U_{PD}=U_{PE}+U_{ED}$。

式中 U_{PE} 与 C_3 压降相反，所以 $U_{PE}=-U_{c3}$，U_{ED} 与电阻 R_3 压降相同，所以 $U_{ED}=U_{R3}$，将此二值代入上式得到

$$U=-U_{c3}+\frac{U_{c3}+U_{c4}}{2}=\frac{U_{c4}}{2}-\frac{U_{c3}}{2}$$

在 $f>f_0$ 时，$|\dot{U}_{D1}|>|\dot{U}_{D2}|$；$U_{c3}>U_{c4}$；输出信号 $U_0<0$。在 $f<f_0$ 时，$|\dot{U}_{D1}|<|\dot{U}_{D2}|$；$U_{c3}<U_{c4}$；输出信号 $U_0>0$。在 $f=f_0$ 时，$|\dot{U}_{D1}|=|\dot{U}_{D2}|$；$U_{c3}=U_{c4}$；输出信号 $U_0=0$。由以上分析看出，鉴频器输出的是随频偏变化的音频信号，而且频偏越大，其输出的音频信号的幅度越大。

$U=\dfrac{U_{c4}}{2}-\dfrac{U_{c3}}{2}$ 可改写为 $U=\dfrac{1}{2}\left(U_C-\dfrac{2U_c}{1+\dfrac{U_{c4}}{U_{c3}}}\right)$。这个式子说明输出信号 U_0 只和 U_C 及 U_{c4}/U_{c3} 有关。在输入信号含有寄生调幅时，只要其幅度变化较快，可以认为 U_C 是不变的，U_0 只和 $U_{c4}U_{c3}$ 有关，而 U_{c4}/U_{c3} 是由频偏决定的，因此比例鉴频器有一定的限幅作用。由于输出电压决定于比值 U_{c4}/U_{c3}，所以这种鉴频器称为比例鉴频器。

(三)鉴频特性曲线

1. S 曲线

鉴频器输出电压随输入信号频率变化的曲线称为鉴频特性曲线，如图 1-71 所示。由图可

知，在一定范围内，频偏 Δf 越大，输出信号幅度也越大；但频偏过大时，由于调谐回路失谐，输入电压减小，输出电压 U_0 也要减小。曲线的形状如字母 S，通常称为 S 曲线。S 曲线的形状是判别鉴频器质量的主要依据。S 曲线的斜率越大，鉴频器的灵敏度就越高；S 曲线的线性范围越宽，鉴频器的非线性失真就越小。

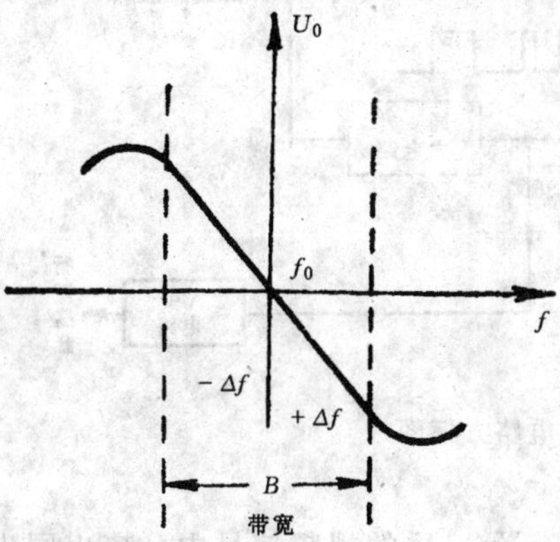

图 1-71　鉴频特性曲线

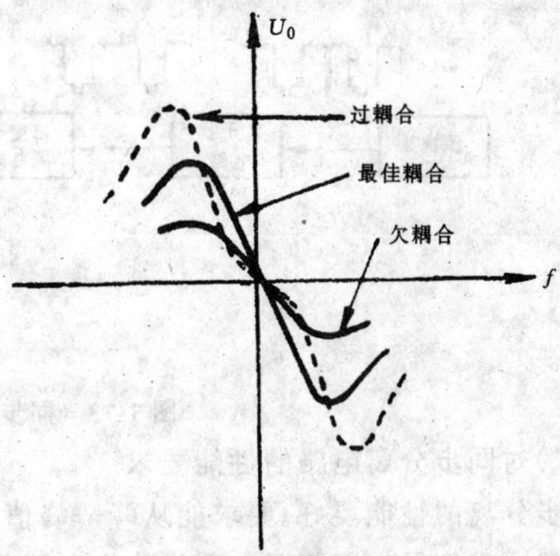

图 1-72　S 曲线的线性

2. 对 S 曲线的要求

(1)电视伴音调频信号频带宽度为 130kHz，考虑到鉴频器的热稳定性，要求 S 曲线的直线部分频带宽度 $B>200$kHz。

(2)S 曲线在带宽 B 范围内线性要好，以免引起鉴频失真。其线性主要决定于 L_1、L_2 的耦合程度以及初次级的匝数比。耦合过紧会使 S 曲线的线性变差，而耦合过松则会使鉴频灵敏度降低，也会使线性部分的宽度变窄，如图 1-72 所示。

(3)6.5MHz 伴音中频点应对应于 S 曲线的零点，而且上下半部要对称。

第八节　同步分离电路

一、同步分离电路的组成及性能

同步分离电路的任务是从检波得到的视频信号中，分离出复合同步信号。然后，将行同步和场同步信号分离，分别控制行及场的振荡电路，使扫描的频率和相位与发送端同步。

视频信号中，同步信号的相对电平最大，从而可以切割出来，这称为幅度分离。根据行同步脉冲宽度(4.7μs)比场同步脉冲宽度(约 160μs)小的特点，又将行及场同步信号分开，这称为频率分离或脉冲宽度分离。

在接收电视广播时，有时也会接收到许多外部的干扰，如天电干扰、工业干扰、其它火花干扰脉冲等。它们会直接破坏同步分离电路的正常工作，影响电视图像的稳定。因此，在幅度分离级之前，往往设有抗干扰电路。

(一)同步分离电路的组成

如图 1-73 是同步分离电路的方框图。预视放输出的视频信号，经自动噪声消除电路输入至幅度分离级。其输出的复合同步脉冲信号，分为二路：一路直接送至自动频率控制(AFC)电路，产生一个误差校正电压去控制行振荡器的频率；一路经积分电路后，去控制场振荡器。如果同步脉冲的极性、幅度不符合要求时，在积分电路之前还要加一级同步放大电路。

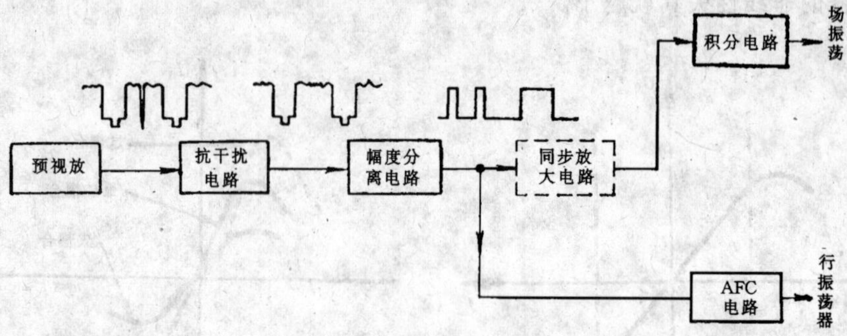

图 1-73　同步分离电路方框图

(二)对同步分离电路的性能要求

同步分离的性能要好。要求能从峰—峰值为 0.5V～1V 的视频信号中分离出同步信号。在分离出的同步信号中不能混有图像信号和消隐信号，并且有一定的抗干扰能力。

分离出的同步脉冲波形要好，前沿陡，延迟时间小。

同步脉冲要有 5V～10V 左右的输出幅度，以便控制扫描电路。

二、幅度分离电路

(一)幅度分离工作原理

如图 1-74 所示，在幅度为 1V 的视频信号中，同步信号的幅度为 0.3V，图像内容部分占 0.7V。似乎采取一个固定偏置的削波电路就能把同步信号切割出来，完成幅度分离的作用。实际上，因为视频信号的幅度并不是固定的，同步头的幅度不是固定为 0.3V，这就不能简单地用一个固定偏置电压通过削波来分离同步信号。因此，电视机一般采用箝位电路来实现幅度分离。

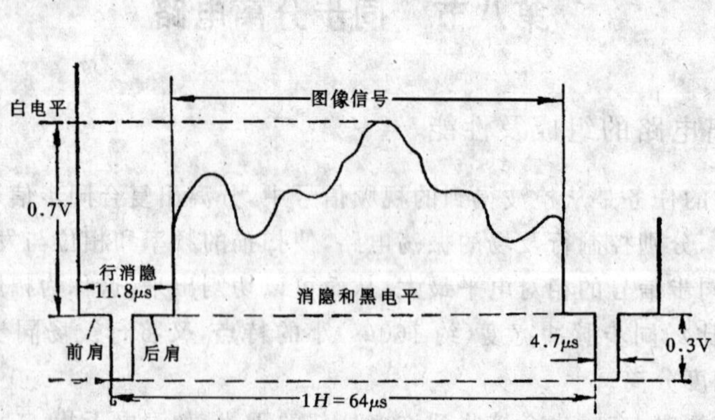

图 1-74　行周期内的视频信号

1. 二极管箝位电路

如图 1-75 所示，图(a)为二极管箝位电路，适当选择二极管及电阻 R，使二极管正向电阻

$R_d \ll R$，二极管反向电阻 $R_r \gg R$。假设输入信号 U_t 为一个等幅的矩形脉冲波，如图(b)所示。

当 $t=t_0$ 时，脉冲输入至 AB 端，经电容 C 耦合加在二极管 D 上。在 $t_0 \sim t_1$ 期间，二极管 D 导通，电容 C 充电。因 $R_d \ll R$，故充电时间常数 R_dC 很小，电容 C 两端电压 U_C 很快上升到脉冲幅值，输出电压 U_0 则随电容 C 充电迅速下降至零，如图(c)中点 a 至 b 点所示。

当 $t=t_1$ 时，输入电压下跳至零，相当于 A 端接地。电容 C 两端电压 U_C 使二极管 D 反偏截止。此时输出端电压为脉冲幅度的负值，如图(c)中 b 点至 c 点所示。在 $t_1 \sim t_2$ 期间，电容 C 上电荷通过 R 放电，因放电时间常数很大，故电容电压仅变化很小的数值 ΔU，输出端电压则上升 ΔU，如图(c)中 c 点至 d 点所示。

在 $t=t_2$ 时刻，输入电压又上跳为脉冲幅值，此时电容 C 未放电完，耦合到二极管的电压只有 ΔU 使二极管 D 再导通。在 $t_2 \sim t_3$ 期间，电容 C 很快充电到脉冲幅值，输出电压 U_0 又迅速从 ΔU 下降至零。上述过程反复进行，结果使脉冲顶部箝位在零电平上。

由图(c)可以看出，在一个周期中的充电期间，充电电荷 $Q_1=S_1/R_d$。式中 S_1 为输出电压波形在电容充电期间所包围的面积；R_d 为充电回路电阻，即二极管 D 的正向电阻。在一个周期中的放电期间，放电电荷 $Q_2=S_2/R$。式中 S_2 为输出电压波形在电容放电期间所包围的面积；R 为回路放电电阻。

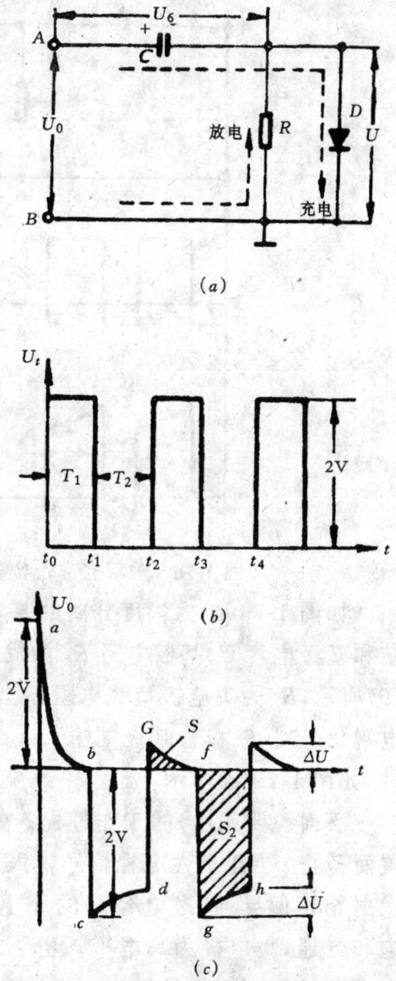

图 1-75　顶部箝位电路

电路工作稳定以后，在一个变化周期内电容 C 的充电电荷，即 $Q_1=Q_2$，因此可以得到：

$$\frac{S_1}{S_2}=\frac{R_d}{R}$$

上式说明，在信号变化的一个周期中，充电面积 S_1 与放电面积 S_2 之比等于充电电阻 R_d 与放电电阻 R 之比。因此我们可以利用 R_d 与 R 的比值来控制信号波形中二极管导通部分的多少。也就是说选择恰当的箝位电平，就可保证幅度分离级可靠地工作。

以上的讨论是把波形顶部箝位在零电平的情况。若实际需要波形底部箝位，则可将电路中的二极管反接，如图 1-76 所示。

若欲使波形箝位在某一直流电平 E_c 上，则只要将电源电压 E_c 串接在输出端即可，如图 1-77 所示。

通过以上分析，我们了解到二极管箝位电路的作用，即它可以把输入波形的某一部分箝定在一定的直流电平上。显然，如果输入信号为视频信号，则二极管箝位电路可使同步脉冲顶端基本对齐，如图 1-78 所示。

2. 三极管幅度分离电路

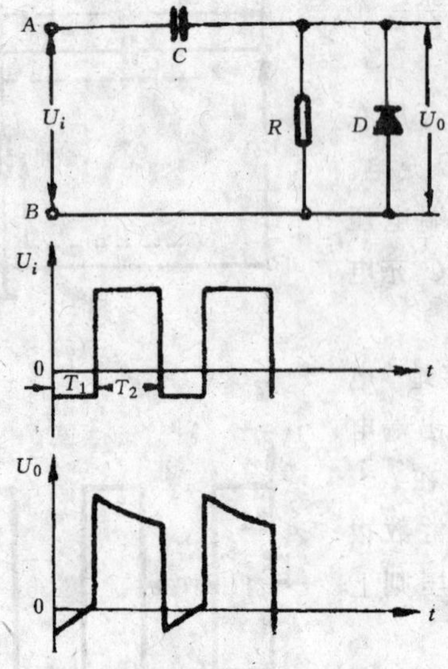

图 1-76 波形底部箝位电路

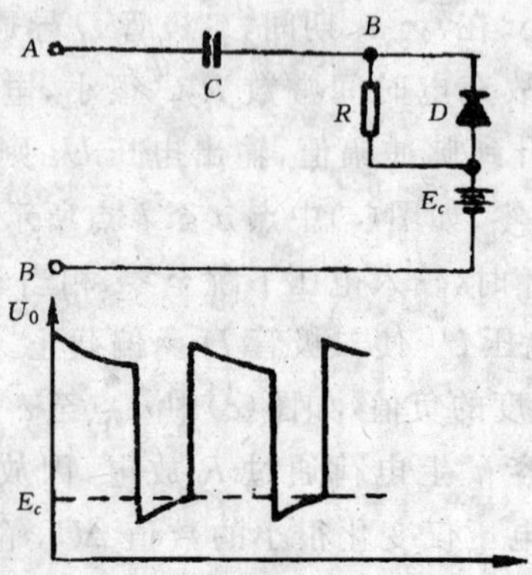

图 1-77 箝位电平为 E_c 的底部箝位电路

如图 1-79(a)为幅度分离的基本电路。三极管 BG 的发射结和基极电容 C、基极电阻 R_b 构成二极管箝位电路,如图 1-79(b)所示,R_c 为集电极负载电阻。当 A 点输入一个正极性的全电视信号时,三极管基极则输入一个经过底部箝位的全电视信号,如图 1-79(c)所示。

下面说明图(a)的工作过程。在无信号输入时,BG 因无偏置而截止。当正极性电视信号输入至 A 点时,在同步信号期间发射结正偏导通,对电容 C 的充电电流即基极电流使三极管饱和导通,集电极为高电平。由于充电时间常数很小,所以电容 C 很快充电至信号幅值。同步信号过后,电容 C 所充电压使发射结反偏,此反偏压使 BG 截止。电容 C 通过电阻 R_b 放电。由于放电时间常数较大,所以在图像信号期间,三极管的发射结始终处于反偏状态,只有在下一个同步信号到达时,三极管才能再次导通。

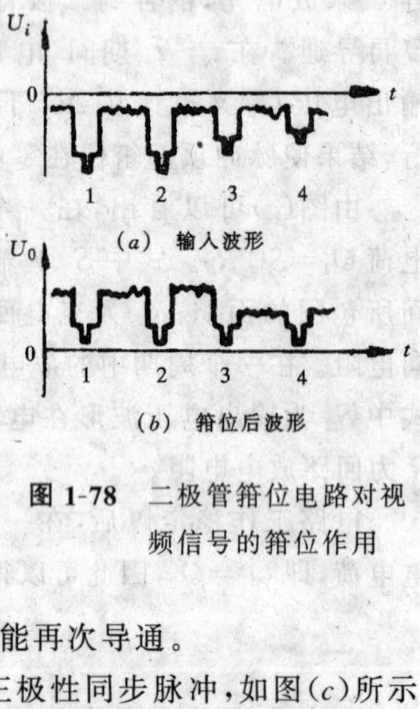

(a) 输入波形

(b) 箝位后波形

图 1-78 二极管箝位电路对视频信号的箝位作用

由以上可知,幅度分离管工作在开关状态。其集电极输出正极性同步脉冲,如图(c)所示,完成了幅度分离的任务。

用晶体三极管作幅度分离管,分离灵敏度较高。例如,$E_c=12\text{V}$,$R_c=8\text{k}\Omega$,$B=50$,那么集电极电流 $I_C\approx E_c/R_c=1.5\text{mA}$,$i_b=I_c/B=30\mu\text{A}$。即只要求 $i_b>30\mu\text{A}$ 就可以使分离管进行工作,所以对输入信号幅度的要求不大。

三、抗干扰电路

混在电视信号中的干扰脉冲,会跟同步信号一起被分离出来,并破坏行同步工作。特别幅度大的干扰脉冲,由于 C_b 充电压过高,干扰脉冲过去后,电容 C_b 上的电荷来不及泄放,会在分离管基极上形成较大的反偏,使后面跟着来的一些同步脉冲分离不出来,影响同步分离的正常工作,如图 1-80 所示。因此,在同步分离电路之前,要加抗干扰电路,或称为自动噪声消除(ANC)电路。

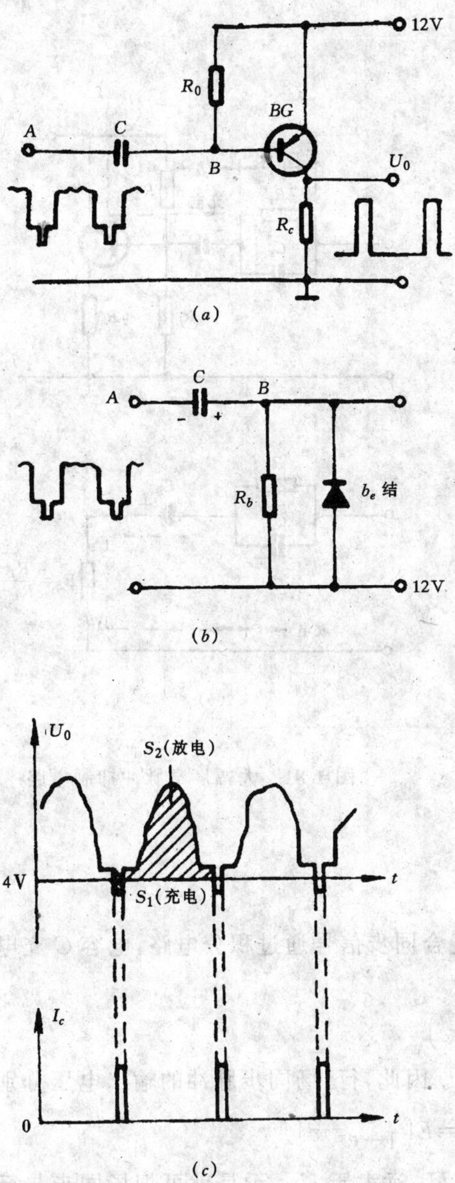

图 1-79　幅度分离电路及其波形

(一)大幅度窄脉冲抑制电路

在幅度分离级的输入端，串接一个时间常数较小的 R_sC_s 并联电路，如图 1-81(a)所示。这种电路可减轻大幅度窄干扰脉冲的影响，避免丢失行同步脉冲，其工作过程如下所述。

当输入信号中混有大幅度窄干扰脉冲时，对 C_s 及 C_b 充电。由于 $C_b \gg C_s$，C_b 上所充的电压 U_b 小于 C_s 上的电压 U_s，使干扰脉冲的电压大部分加在 C_s 两端。取时间常数 $R_sC_s < 20\mu s$，C_s 上的电荷可在一行时间内通过 R_s 放掉，使 C_s 不致积累较多的电荷，如图(b)所示。干扰脉冲过后，可迅速地恢复工作。而对于较宽的同步脉冲，则 R_s 构成了通路，影响不大。因此这种抗干扰电路，能削弱大幅度窄干扰脉冲的影响。一般 C_s 取为 C_b 的几十分之一，大约几千 pF。

(二)截止式抗干扰电路

如图 1-82 所示，预视放 BG_1 和同步分离管 BG_3 的通路上，接一个处于饱和导通工作状态的噪声消除管 BG_2。当干扰脉冲到来时，BG_2 截止，使干扰脉冲通不过去，故称为截止式抗干扰电路。

设在正常工作时，预视放射极电位 A 约为 4.7V。选择偏置电阻 R_5 使 BG_2 饱和导通，集电极 F 点约为 0.3V，B 点电位低于 A 点。使二极管 D_5 导通。因 A 点为 4.7V，则 B 点电位被箝位在 4.4V。正极性视频信号从 BG_1 射极输出，通过 D_5 输入至幅度分离管基极。BG_2 基极回路接有 C_2、D_4、R_6 组成的箝位电路。BG_2 饱和导通时，基极电位约为 0.7V。当大的干扰脉冲到来时，幅度大于同步脉冲峰值，A 点电位大幅度向下跳变，电位突然降低，D_4 导通。流经 R_5 的电流又通过 D_4 向 C_2 充电，致使 BG_2 基极电流减小，脱离饱和区。BG_2 的集电极从 0.3V 升高，B 点的电位也随着升高到大于 A 点电位。于是二极管 D_5 截止，阻止了干扰脉冲进入幅度分离级，达到了抑制干扰的作用。各点的电压波形如图(b)所示。

四、频率分离电路

幅度分离出的是复合同步信号，还要分离出行同步和场同步信号，以便分别控制行振荡和场振荡电路，使之与发送端(电视台)实现同步。

场和行同步脉冲信号的宽度不同，场频和行频也不同，一般用积分电路作频率分离电路(或宽度分离电路)，从复合同步信号中抑制行同步信号而分离出场同步信号。对于行同步信号

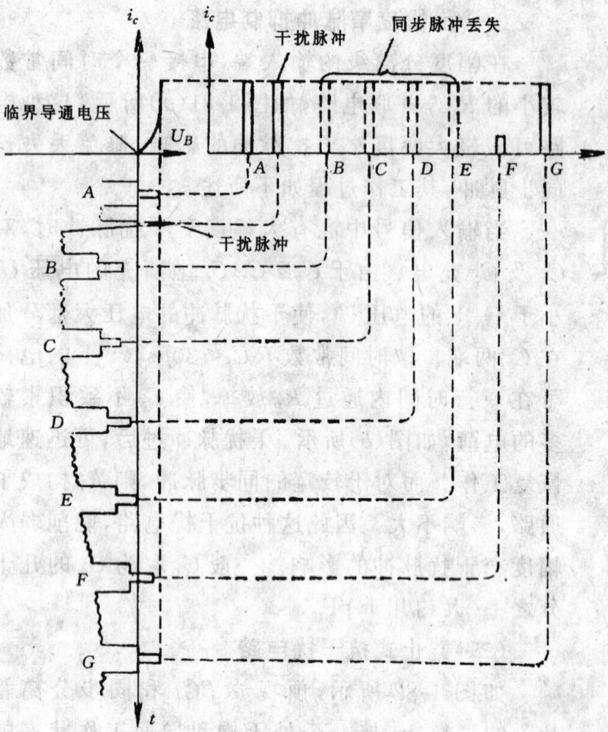

图 1-80 干扰脉冲对幅度分离的影响

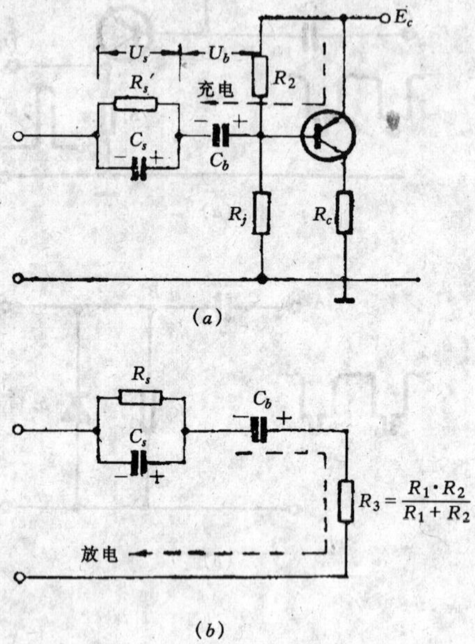

图 1-81 大幅度窄脉冲抑制电路

的分离则采用 AFC 电路(见本章第九节)。

(一)积分电路对复合同步信号的作用

单级积分电路如图 1-83 所示。当幅度为 E 的复合同步信号通过积分电路，电容 C 充电电压的规律为

$$U_c=E\left(1-e^{\frac{t}{RC}}\right)$$

式中，RC 为积分电路的时间常数，t 为脉冲作用时间。因此，行、场同步脉冲的输出电压分别为

$$U_H=E\left(1-e^{-\frac{t_H}{RC}}\right)\text{和}U_V=E\left(1-e^{-\frac{t_V}{RC}}\right)$$

由于脉冲宽度 t_H，经过积分电路后，输出的电压 U_V 远大于 U_H，于是就可把场同步与行同步脉冲信号区别开来。

(二)行同步脉冲抑制系数 K_H

复合同步信号经过 RC 积分电路后，输出的电压中，U_V 比 U_H 大得多。现用 K_H 表示积分电路对行同步脉冲的抑制系数，其数值等于场同步输出的电压 U_V 与行同步输出的电压 U_H 之比即

$$K_H=\frac{U_V}{U_H}=\frac{1-e^{-\frac{t_V}{RC}}}{1-e^{-\frac{t_H}{RC}}}$$

可见 K_H 越大，表明行同步输出的电压 U_H 越小，积分电路对行同步的抑制能力越强。以 $t_V/t_H=160/4.7=34$ 代入上式，得

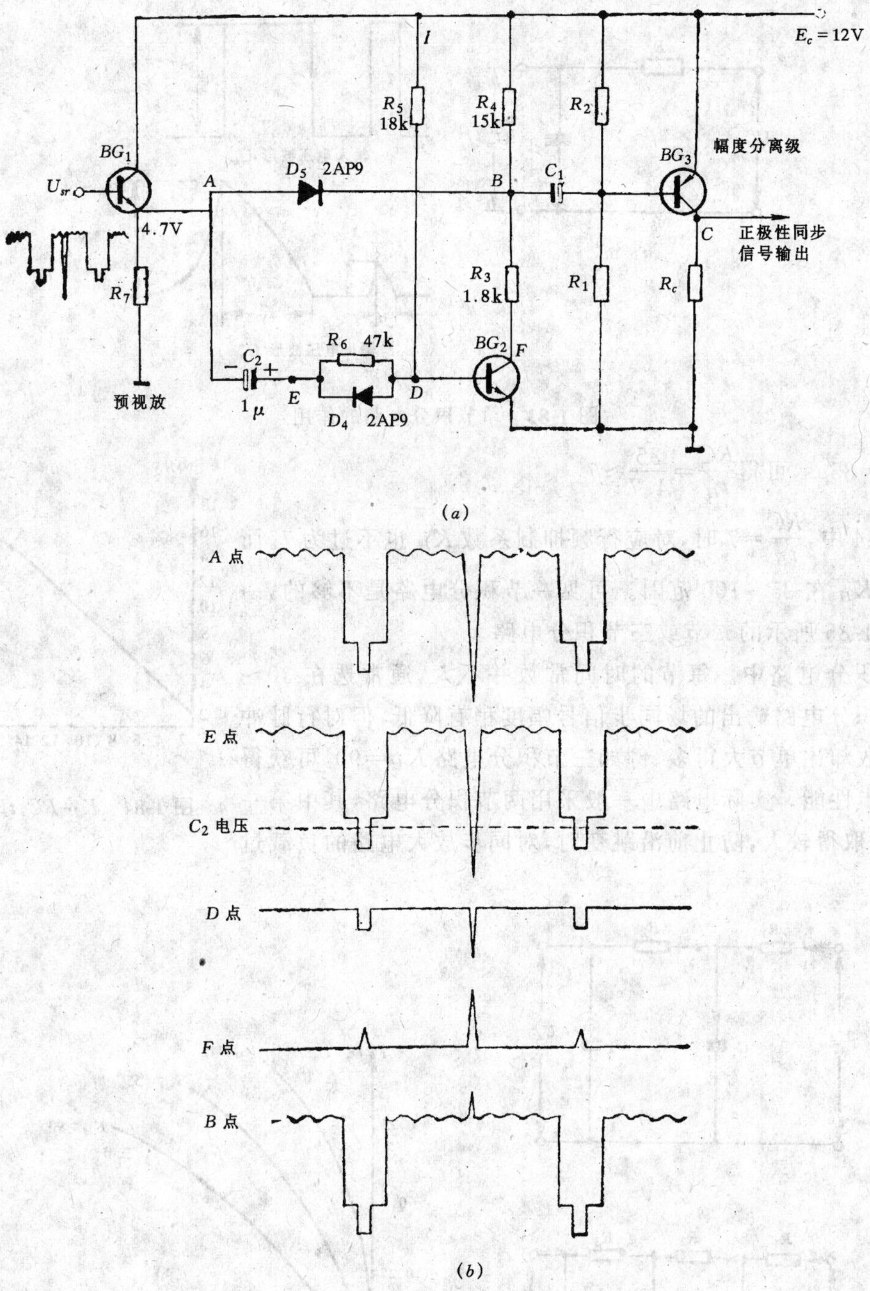

图 1-82 截止式抗干扰电路及有干扰时各点电压波形

$$K_H=\frac{1-e^{-34(t_H/RC)}}{1-e^{-(t_H/RC)}}$$

此式表明：K_H 是 RC/t_H 的函数，其曲线如图 1-84 所示。随着 RC 的增大，K_H 接近线性增大。但是当 RC/t_H 大于 18 以上时，K_H 的增大逐渐缓慢。同时，RC 增大后，积分电路输出电压的波形也显得较为平坦（前沿不陡了），这显然对场振荡电路的稳定是不利的。

要获得稳定的同步，场同步脉冲前沿上升时间 t_V 应小于 80μs。因为 $t_V=2.3RC$，由此得

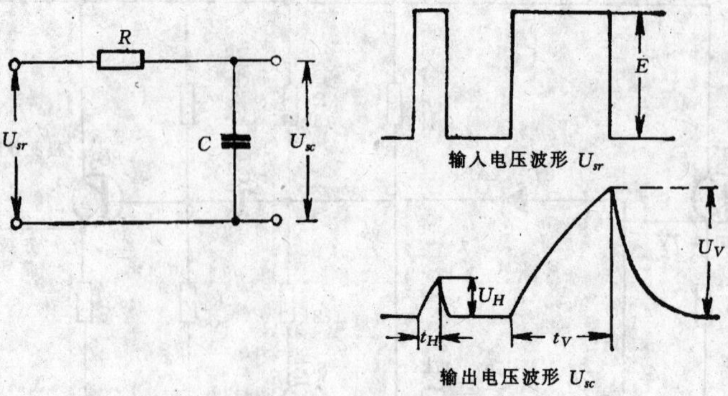

图 1-83　单节积分电路的作用

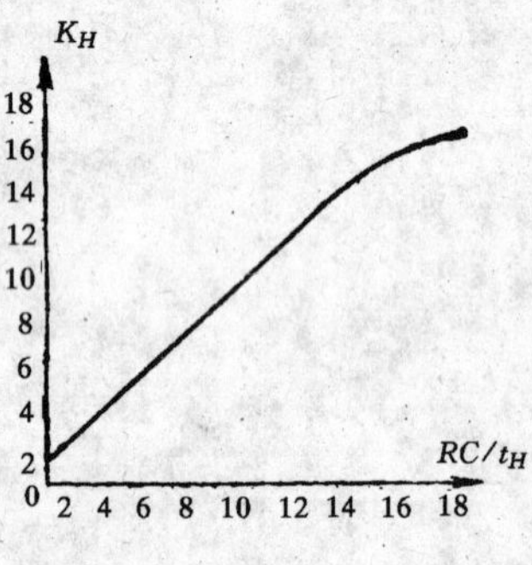

图 1-84　K_H-RC/t_H 曲线

$RC=\frac{80}{2.3}=35\mu s$，可得$\frac{RC}{t_H}=\frac{35}{4.7}\approx 7$

图 1-84 中，$\frac{RC}{t_H}=7$ 时，对应行频抑制系数 K_H 也不过为 7。而实际要求 K_H 在 25～100 范围。可见一节积分电路是不够的，一般采用图 1-85 所示的二节或三节积分电路。

多节积分电路中。每节的时间常数并不大，通常选在 30～100μs。而积分电路输出的场同步信号幅度稍有降低，但对行脉冲的抑制系数却比单节大得多。例如三节积分电路 $K_H=90$，可获得较好的同步性能。实际电路中一般采用两节积分电路，其中第一节电阻 R_1 取得较大，防止前沿跳变时，对同步放大电路的负载过重。

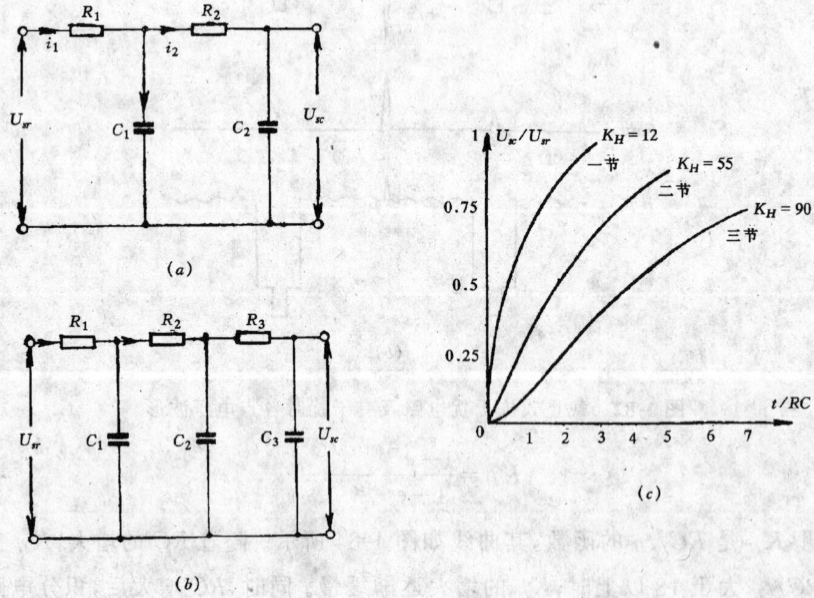

图 1-85　多节积分电路及输出曲线

第九节　场扫描与行扫描电路

一、场扫描电路的性能

对场扫描电路性能的要求是：

(1)为场偏转线圈提供线性良好并有一定辐度的50Hz锯齿波电流。

(2)应与场同步信号同步。

(3)能提供场消隐信号。

场扫描电路的组成如图1-86所示。场振荡器的作用是产生频率为50Hz的锯齿波电压。在没有接收电视信号时，仍应有场扫描输出，使荧光屏呈现光栅，这对维修和使用都有许多方便。场输出级是末级功率放大器，其作用是输送给场偏转线圈一个线性良好、幅度满足要求的锯齿波电流。输出级与振荡器之间有激励级，起着缓冲与放大作用，以减轻振荡器的负担，使振荡频率稳定。在锯齿波形成以及放大过程中，难免要产生失真，因此扫描电路中还需要采取各种线性补偿措施。

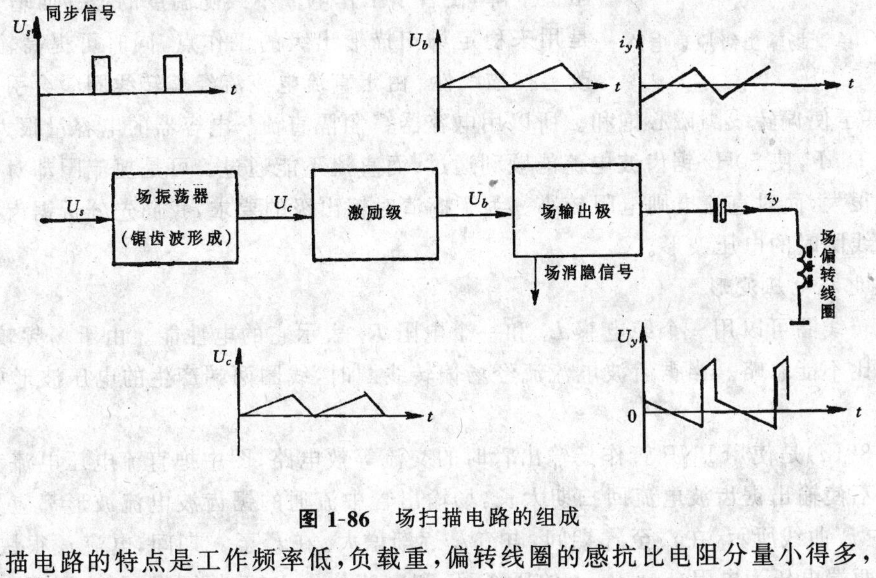

图1-86　场扫描电路的组成

场扫描电路的特点是工作频率低，负载重，偏转线圈的感抗比电阻分量小得多，因此在扫描正程期间可以忽略感抗的影响。对场输出级来说，扫描正程期间的负载可近似地认为是纯电阻。这一特点决定了场扫描电路的组成方式，先产生锯齿波电压，经过场激励级、场输出级的功率放大以后，给偏转线圈提供一个线性良好的锯齿波电流。

二、场扫描输出电路

场输出电路是将场振荡级形成的锯齿波电压，经激励级放大和线性补偿后，再送至场输出级，场输出级将齿波电流供给场偏转线圈。场输出电路有二种：一种是阻流圈耦合甲类单管功率放大电路，另一种是无输出变压器的推挽电路，即所谓OTL电路。

(一)单管阻流圈耦合甲类场输出电路

1. 基本电路

场输出级输出的是 50Hz 的锯齿波电流，所以它的性能和普通音频输出级有很多相似的地方。

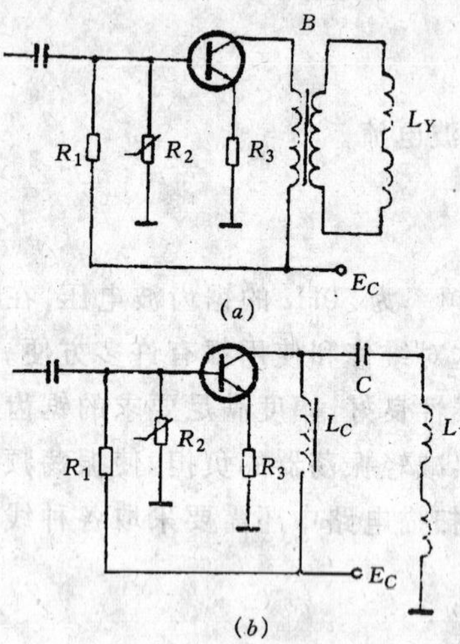

图 1-87 单管场输出级原理电路

在电源电压较高时，输出级和场偏转线圈间采用场输出变压器来匹配阻抗，如图 1-87(*a*)所示。在电源电压较低时，场偏转线圈直接接在集电极电路中而不用变压器。这时为了使直流电流不流过场偏转线圈，所以采用扼流圈耦合的输出电路，如图 1-87(*b*)所示。

由于变压器输出电路和扼流圈输出电路的等效电路相同，所以我们先分析单管扼流圈耦合输出电路。

单管场输出级按甲类工作，也即晶体管中始终工作于放大区。R_1、R_2 为基极偏置电阻。由于输入信号较大，为避免温度变化时使直流工作电流变化，致使信号产生失真，所以在下偏置电阻 R_2 中多采用热敏电阻。在温度上升时，热敏电阻阻值下降，使管子工作电流不致随温度的增高而增大。R_3 也是用来稳定场扫描输出级的工作点，同时可提高输入电阻，改善扫描线性。由于直流电流流经偏转线圈时会引起图像上下位移，甚至使偏转线圈磁心饱和。所以用电容器 C 阻隔直流。电容器的电容量很大，一般用几百到几千 μF，使 50Hz 锯齿波电流能顺利通过，而直流不能通过。可是扼流圈却对交变电流来说阻抗很大，而对直流电则电阻较小。为了搞清对输出级的要求，我们先分析锯齿波电流流过场偏转线圈时的电压波形。

2. 集电极电压波形

场偏转线圈可以用一个纯电感 L_Y 和一个电阻 R_Y 表示它的电性能。由于场频较低，电阻与感抗相比不能忽略。当锯齿波电流流经场偏转线圈时，线圈两端产生的电压波形如图 1-88 所示。

图 1-88(*a*)是使用 PNP 管作场输出管时的交流等效电路，图中把直流电压电流都省略掉了。为了不使输出锯齿波电流回扫期太长，场输出管中流通的锯齿波电流波形都应是正极性的，如图中 i_y 曲线所示，在 t_0 至 t_1 期间，电流 i_y 逐渐增大。在 t_1 至 t_2 期间，电流 i_y 很快减小。场偏转线圈两端电压为电阻分量 R_Y 上的压降 U_R 和电感分量 L_Y 上的压降 U_L 之和 U_{LR}。电阻分量 R_Y 中流过正极性锯齿波电流 i_y 时，由于 U_R 和 i_y 成正比，所以 U_R 波形也是正极性锯齿波。电感分量 L_Y 中流过锯齿波电流 i_y 时，因为感应电压和电流的变化率成正比，它的方向是阻止电流变化，所以在 t_0 至 t_1 期间，电流 i_y 增大，U_L 为正值。i_y 增大速度较慢，且变化率为常数(即等速增大，速度不变)，所以 U_L 是正值，但数值为一常数，固定不变。在 t_1 至 t_2 期间，电流 i_y 很快地减小，变化速度很大，所以 U_L 是负值，并且幅度较大。

场偏转线圈两端电压为 $U_{LR}=U_R+U_L$，由图可见，U_{LR}为脉冲锯齿波。实际上在晶体管中流通的电流为恒定直流和锯齿波电流之和。在外电路中，直流在扼流圈中流通，锯齿波电流在偏转线圈中流通(见图 1-89)。实际上加到晶体管集电极上的电压为直流电源电压和锯齿脉冲波之和。由图 1-89(*a*)可见，在锯齿波电流减小时，加到集电极上的电压为一负脉冲，这一负脉

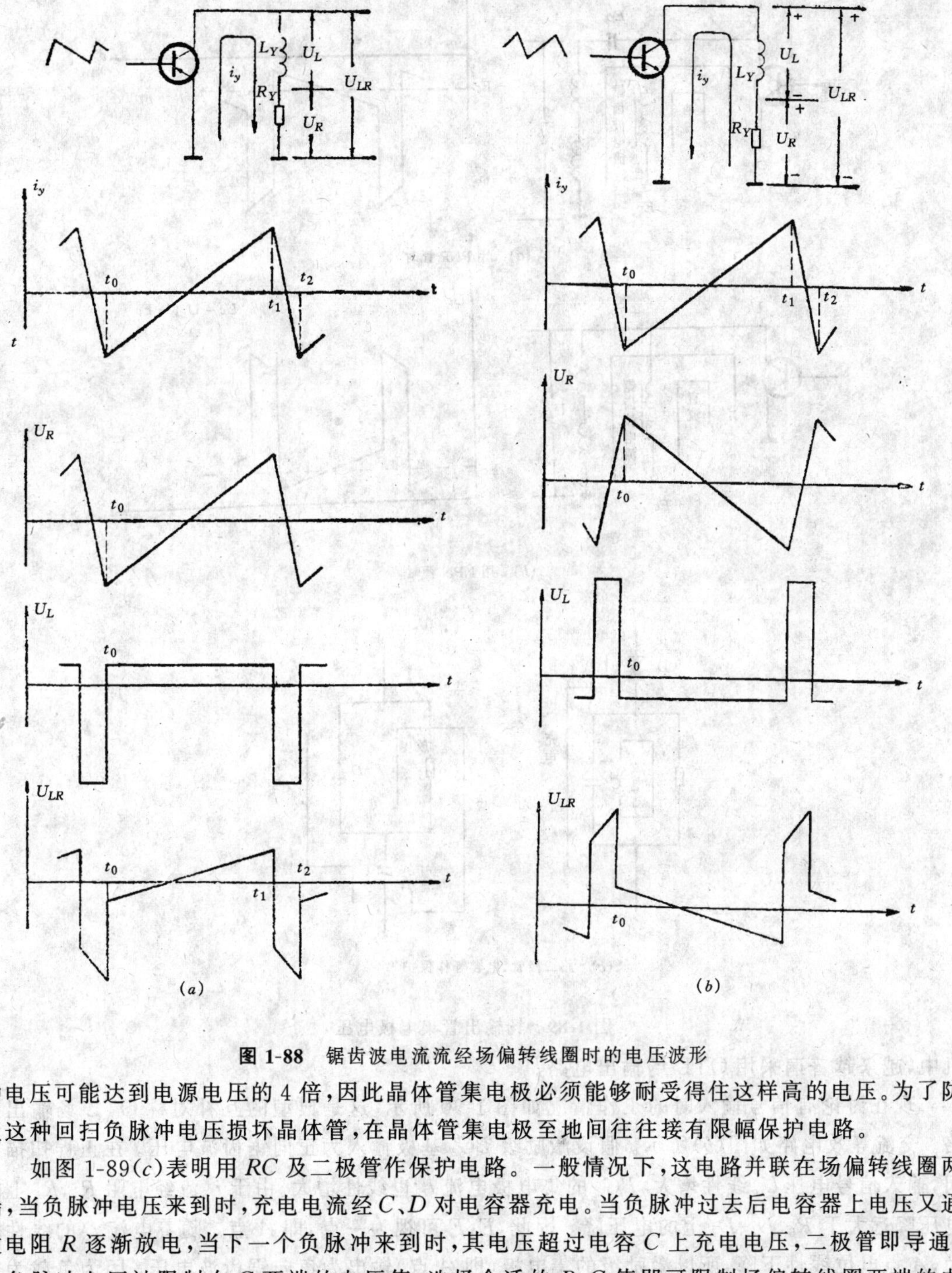

图 1-88 锯齿波电流流经场偏转线圈时的电压波形

冲电压可能达到电源电压的 4 倍，因此晶体管集电极必须能够耐受得住这样高的电压。为了防止这种回扫负脉冲电压损坏晶体管，在晶体管集电极至地间往往接有限幅保护电路。

如图 1-89(*c*)表明用 *RC* 及二极管作保护电路。一般情况下，这电路并联在场偏转线圈两端，当负脉冲电压来到时，充电电流经 *C*、*D* 对电容器充电。当负脉冲过去后电容器上电压又通过电阻 *R* 逐渐放电，当下一个负脉冲来到时，其电压超过电容 *C* 上充电电压，二极管即导通，使负脉冲电压被限制在 *C* 两端的电压值，选择合适的 *R*、*C* 值即可限制场偏转线圈两端的电压。

(二)无输出变压器场输出级

OTL 场输出与扼流圈耦合场输出电路相比具有许多优点：功耗小，重量轻，体积小，便于集成化。在电路上，采用直接耦合方式，便于施加深度负反馈，低频失真小。因此，大屏幕电视

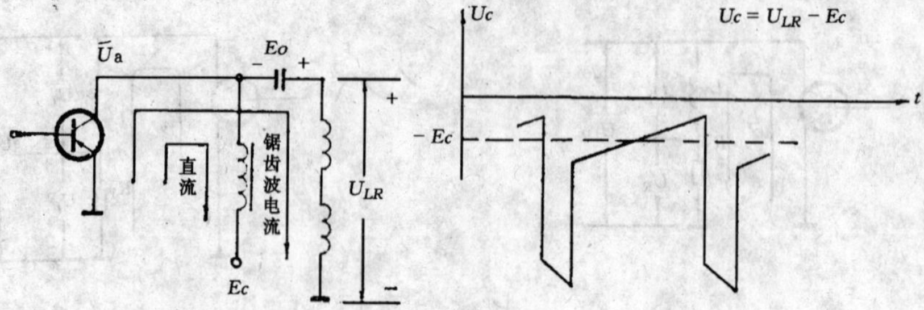

(*a*) 用 PNP 管时

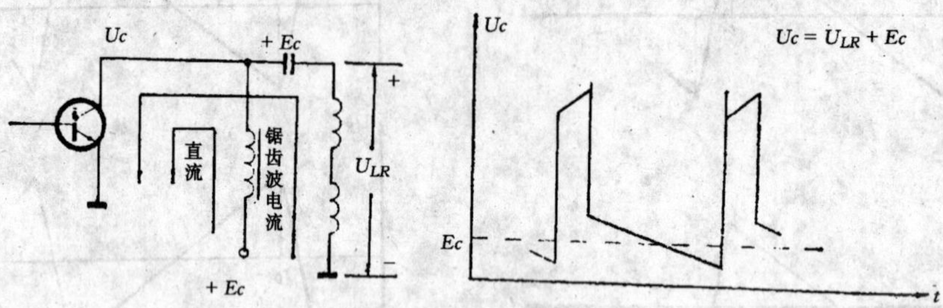

(*b*) 用 NPN 管时

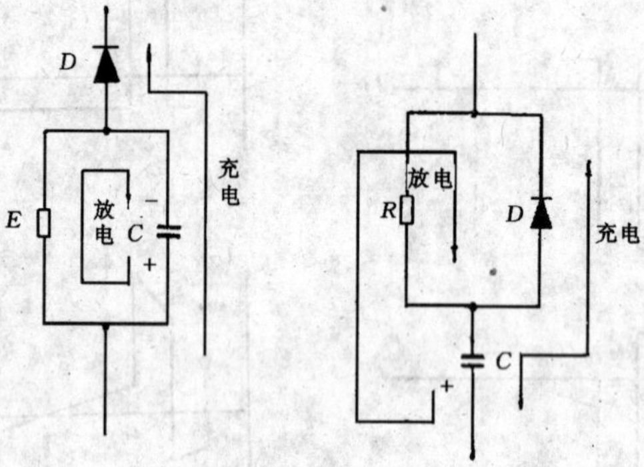

(*c*) 用二极管、电容等作保护

图 1-89 场输出管集电极电压

机中,越来越普遍采用 OTL 场输出电路。

现在讨论有信号输入时的工作情况如图 1-90 所示,这是典型的互补对称 OTL 场输出电路。交流等效电路如图(*b*)所示。假设激励级 BG_3 基极输入为正向锯齿波电压。在正程扫描期间,输入信号电压 U_{sr} 线性增大,BG_3 的集电极电流 i_{c3} 也线性增大。由于 i_{c3} 流经电阻 R_4、R_5 上的电压降远大于 R_3、D_1、D_2 上的电压降。因此,E、F 可视为一点,即 A 点。随着电流 i_{c3} 的线性增大,A 点电位线性下降,所以激励级的集电极(即 A 点)输出为负向锯齿波电压。因为负载为偏转线圈,所以逆程时偏转线圈两端产生的感应脉冲电压通过自举电容 C_2 加至 A 点,使 A 点电压波形在逆程时有一个正跳变脉冲。

这个脉冲锯齿波电压加在 BG_1、BG_2 的基极上。在扫描正程的前半段($t_0 \sim t_1$),A 点电位高于 $E_c/2$,BG_1 导通,BG_2 截止,BG_1 发射极电流 i_{e1} 通过电容 C_1 流入偏转线圈,构成负向锯齿波

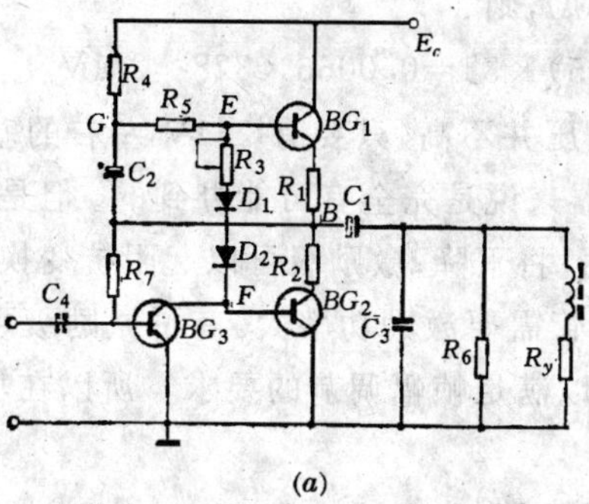

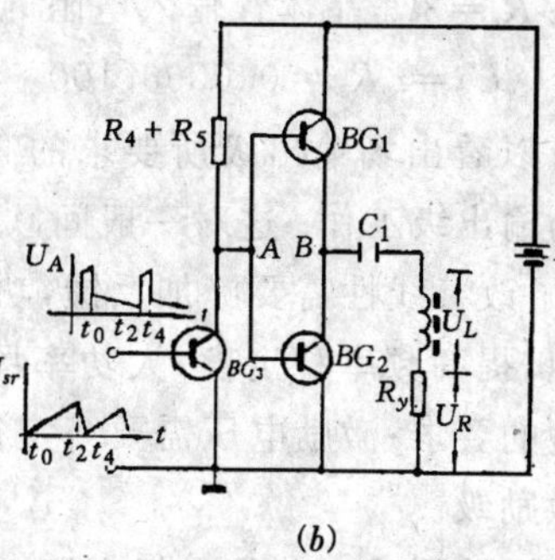

图 1-90　互补对称 OTL 场输出

电流正程的前半段，同时还对 C_1 充电。随着 A 点电位线性下降，i_{e1} 线性减小。在 $t=t_1$ 时，A 点电位降低至使 BG_1 截止，这时 $i_y=0$。在扫描正程的后半段 $(t_1\sim t_2)$ BG_1 截止。BG_2 开始导通，电容 C_1 上的电压作为电源向 BG_2 供电，如图 1-91 所示。电流的通路为：电容 C_1 的正端→BG_2→地→偏转线圈→C_1 的负端。A 点电位继续线性下降，其发射极电流 i_{e2} 随之开始增大。在偏转线圈中形成负值电流，即 $i_{e2}=-i_y$，从而构成负向锯齿波电流的后半段。$t=t_2$ 时，正程结束。

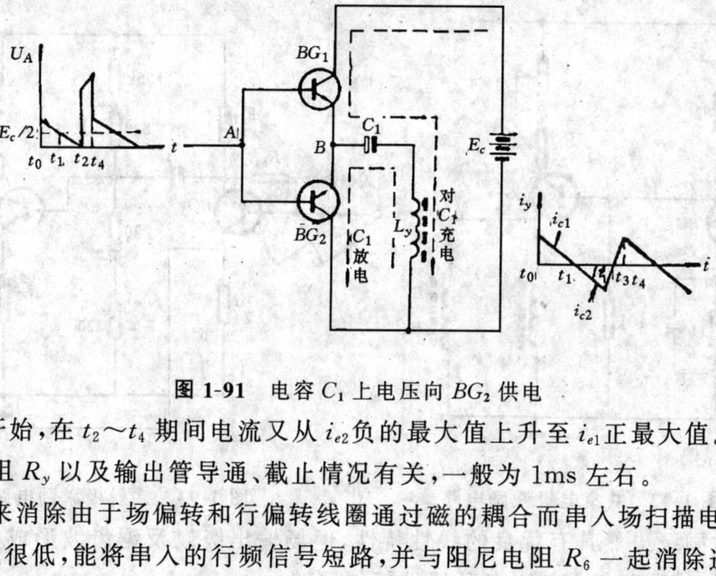

图 1-91　电容 C_1 上电压向 BG_2 供电

$t=t_2$ 逆程开始，在 $t_2\sim t_4$ 期间电流又从 i_{e2} 负的最大值上升至 i_{e1} 正最大值。逆程时间与偏转电感 L_y 和电阻 R_y 以及输出管导通、截止情况有关，一般为 1ms 左右。

电容 C_3 用来消除由于场偏转和行偏转线圈通过磁的耦合而串入场扫描电路的行频信号。它对行频的阻抗很低，能将串入的行频信号短路，并与阻尼电阻 R_6 一起消除逆程期间可能产生的高频振荡。R_6 阻值可取为 R_y 的 20 倍左右。

电容 C_1 不仅有隔直流，同时还带有 S 校正作用。能稍微校正因显像管屏面曲率中心跟电子束偏转中心不相重合而引起的延伸性失真。

其它类型的无输出变压器场输出电路的工作与互补对称 OTL 场输出电路相似，这里不逐一讨论。

三、场激励级

假设扼流圈耦合场输出级的集电极电流峰值 $I_P=0.5\text{A}$，晶体管电流放大系数 $\beta=75$，则场输出级要求基极电流 $i_b=\frac{0.5}{75}\approx 6.6\text{mA}$，基极激励电压为　$U_b=i_bR_{sr}=i_b[r_{be}+(1+\beta)R_e]$ 取

电流反馈电阻 $R_e=3\Omega$,晶体管输入电阻 $r_{be}=100\Omega$,则

$$U_b=i_bR_{sr}=0.0066[100+(1+75)\times3]=0.0066\times328\approx2.1\text{V}$$

从上面可以看出场输出级所要求的激励电压并不高,只要有 2.1V 左右的基极激励电压就可以推动场输出级工作。这对一般间歇振荡器来说是完全有可能办到的。但是,考虑到下面几个因素:为了改善线性需要施加反馈,功率增益将下降;激励级可以起阻抗变换作用,能减轻振荡级的负担,提高频率稳定度;大功率场输出管需要激励功率大,有了激励级可以降低对输出管功率增益的要求;激励电压需要一定裕量,以满足帧幅调节的要求。所以在场输出级前面仍然需要加激励级。

激励级的电路形式有共集电极电路,共射极电路。

(一)共集电极激励级

如图 1-92 所示,激励级 BG_1 采用共集电极电路,又称为射极输出器。它具有深度电压负反馈的优良特性,温度稳定性好,输入阻抗高,输出阻抗低。输入阻抗高则减轻场振荡级的负担,有利于稳定场频;输出阻抗低可以与场输出级的低输入阻抗互相匹配。因此,激励级起了阻抗变换与缓冲放大作用。射极输出器电压增益略小于 1,但是电流增益大,故可降低对场输出级功率增益的要求。

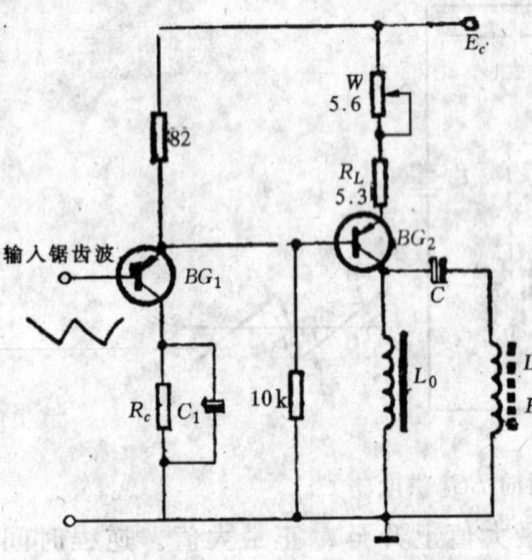

图 1-92 共集电极激励电路

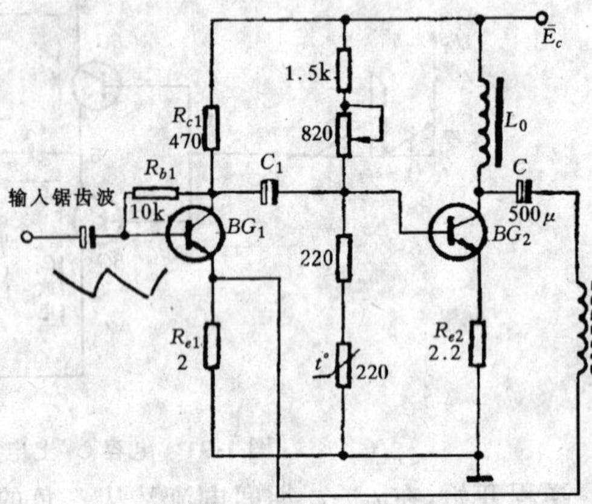

图 1-93 共射极激励电路

共集电极激励级虽然具有优良的线性特性,但场输出级以及锯齿波形成电路会产生非线性失真,所以场扫描电路仍需加上各种线性补偿回路。

(二)共射极激励级

共射极激励电路如图 1-93 所示,这种电路电压增益较高,有充分的余量便于施加负反馈。激励级 BG_1 集电极电压负反馈电阻 R_{b1} 和发射极电流负反馈电阻 R_{e1} 都有稳定工作点及减小非线性失真作用。另外,若激励级和场输出级采用同类型晶体管,如图中 BG_1、BG_2 都是 NPN 型,就不能直接耦合,要用交流耦合电容 C_1,否则会产生附加的非线性失真。

四、场振荡器

电视机大都采用间歇振荡电路作为场振荡器,也有的采用再生环振荡器。其工作原理基本相同,都带有一个锯齿波形成电路,它是场振荡器的重要组成部分。

(一)锯齿波电压形成电路

锯齿波电压形成电路乃是利用开关反复切断和开启使电源电压 E_c 通过 RC 积分电路输出锯齿波电压,如图 1-94 所示。在 t_0-t_1 时,开关 K 断开,电源电压 E_c 通过 R 时 C 充电,电容两端输出电压 U_{sc}随时间按指数规律增大。当 $\tau_1=RC\gg t_1$-t_0 时,指数规律的起始部分接近于线性。在 t_1-t_2 时使开关 K 闭合,电容通过小电阻 r 放电,电容两端输出电压 U_{sc}随时间按指数规律迅速下降至 t_2 时,即又断开开关 K。如果开关 K 周期地闭合、断开,断开时间远小于充电时间常数 RC,闭合时间大于放电时间常数 rC,这样电容两端输出电压近似为正向锯齿波。

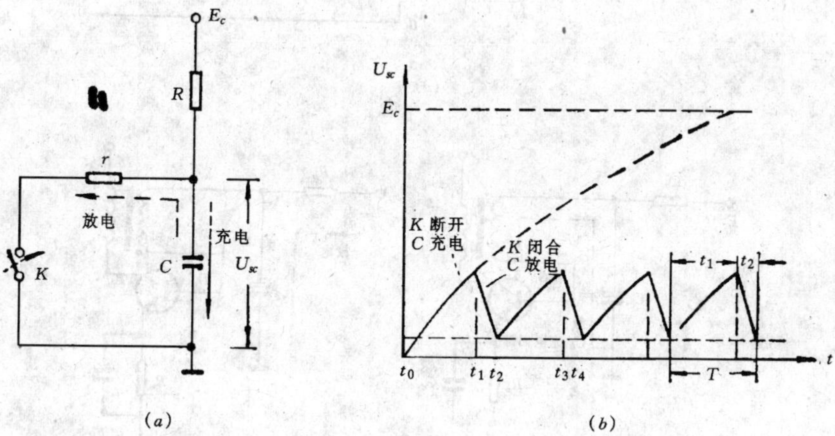

图 1-94 锯齿波电压的形成

(二)间歇振荡器

上面的开关 K 如利用晶体管的开关性能来取代,即可成为锯齿波振荡器。图 1-95 为集基耦合场间歇振荡器。脉冲变压器初级绕组 N_1 接在集电极回路中,次级绕组 N_2 接在基极回路中。带"·"号一端为同名端,即极性相同的端点。晶体管集电极输出电压与基极输入电压是反相的。如变压器次级绕组极性的接法,使集电极反馈到基极的电压反相一次,则电路产生强烈的正反馈,这是自激振荡的必要条件。如果变压器极性接法不对电路不构成正反馈,则不能引起振荡。这里,晶体管起着电子开关的作用。饱和导通期间,晶体管 ce 之间压降很小,相当于开关闭合,电源电压 E_c 通过绕组 N_1 对发射极电容 C_e 充电;截止期间,晶体管 ce 压降很大,相当于开关断开,电容 C_e 上充得电荷通过发射极电阻 R_e 放电。由于充电时晶体管饱和导通的电阻远小于放电电阻 R_e,因此充电快,放电慢,振荡管发射极输出为负向锯齿波电压。

场振荡器的脉冲形成过程可分为脉冲前沿(放大区)、脉冲平顶(饱和区)、脉冲后沿(放大区)、间歇(截止区)等四个阶段来进行分析。

(1)脉冲前沿阶段　当电源刚一接通,通过 R_b 对电容 C_b 充电,使 C_b 两端电压升高,即为基极电压,于是有了基极电流 i_b,振荡管导通,产生集电极电流 $i_c(i_c=\beta i_b)$。集电极电流 i_c 流过初级绕组 N_1 将产生上端为正,下端为负的感应电压;在次级绕组 N_2 中即产生上端为负,下端为正的互感电压,如图(b)所示。这个感应电压使晶体管正向基极电压上升,基极电流 i_b 增大,引起 i_c 更快增大。这种正反馈的过程可写为:

$i_b\uparrow\rightarrow i_c\uparrow\rightarrow$脉冲变压器($N_1$、$N_2$ 绕组)的正反馈$\rightarrow U_b\uparrow$

(反馈回到 $i_b\uparrow$)

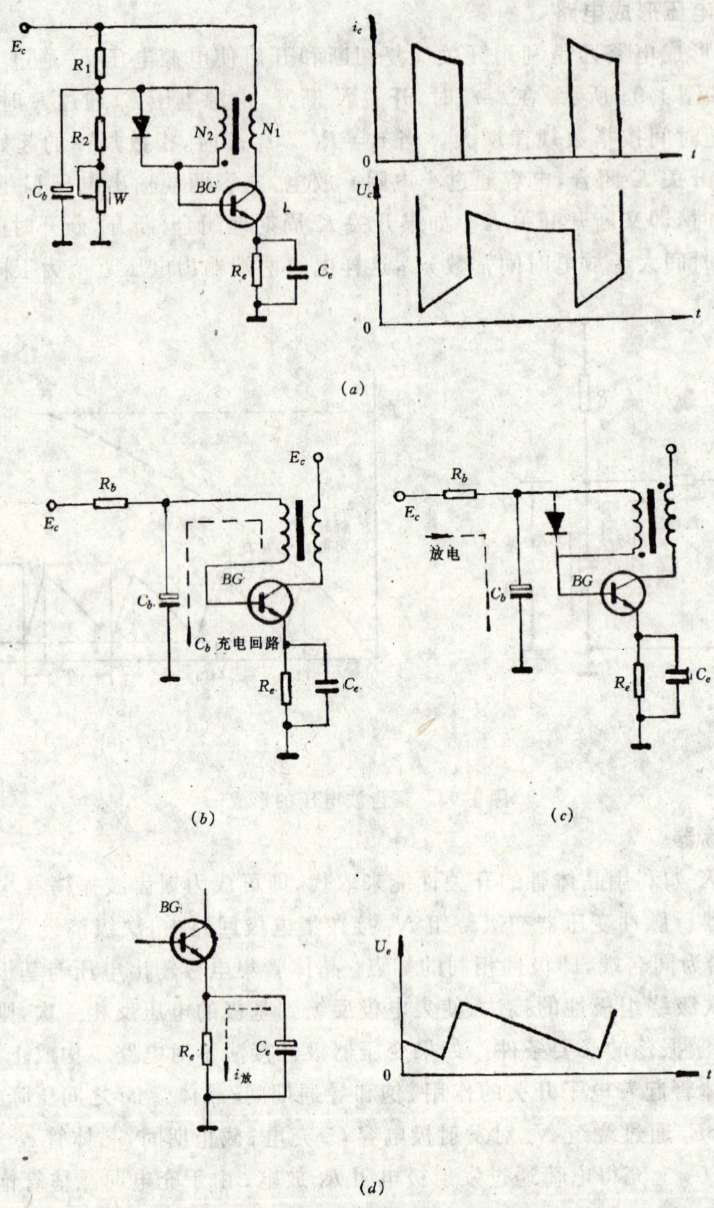

图 1-95　集基耦合间歇振荡器

上述过程"雪崩"似地进行，导致晶体管很快地达到饱和导通状态，并形成很陡的脉冲电流的前沿。由于 R_bC_b 较大，C_b 两端电压升高并不快，即振荡管的直流偏压并不是很快上升的。

(2)脉冲平顶阶段　前沿结束后，由于变压器的磁化电流在增加，i_c 并不能突然停止增长，而增长速度由初级线圈电感量所决定。因此 i_c 还是增长的，次级线圈中的感应电势仍能维持晶体管的饱和导通，形成了脉冲平顶阶段。晶体管饱和导通后，基极电流对 C_b 充电。而电源电压 E_c 通过变压器绕组 N_1 对 C_e 充电，使发射极电位 U_e 逐渐地升高，导致基极电流 i_b 的减小。当减小至 $i_b \ll i_c/\beta$ 时，晶体管脱离饱和状态，重新进入放大区，开始了脉冲后沿阶段。

(3)脉冲后沿阶段　当基极电流 i_b 减小使集电极电流 i_c 开始减小。初级绕组 N_1 产生上端为负，下端为正的感应电压；次级绕组 N_2 中将产生上端为正，下端为负的互感电压如图(c)所示。这互感电压使基极电压 U_b 下降，基极电流 i_b 减小，i_c 下降，又使 U_b 下降。这个正反馈过程可简写如下：

$$i_b\downarrow \rightarrow i_c\downarrow \rightarrow \text{脉冲变压器}(N_1,N_2)\text{的正反馈}\rightarrow U_b\downarrow$$

最后使晶体管截止，$i_b=0$，$i_c=0$，脉冲后沿变化过程结束。

(4)间歇阶段　晶体管截止后，电容 C_e 通过 R_e 放电，发射极电位 U_e 按指数规律下降。由于 R_eC_e 时间常数较大，电压下降较慢。当 U_{be} 正偏时，晶体管又重新导通，又开始另一个周期的前沿跳变过程。

晶体管截止的瞬间，变压器磁化电流会产生高频振荡，可能损坏晶体管。通常在绕组 N_1 或 N_2 两端并接一个阻尼二极管，将能量消耗在二极管的内阻上。

从上面讨论中可知，间歇振荡器的间歇时间比导通时间长得多，可近似认为间歇时间即为振荡周期，时间常数 R_eC_e 是决定间歇时间长短的主要因素，R_eC_e 愈大，间歇时间愈长，振荡周期也愈大。电容 C_b 的大小对场振荡形成开始几个周期的脉冲宽度有影响，稳定以后它主要为基极提供一个直流偏压，将脉冲的交流分量短路掉。而基极偏压 E_b 对间歇时间影响较大。E_b 增大，导通时间提前，间歇时间缩短，即振荡频率增高。因此电视机中常用改变 E_b 的办法以调整场振荡频率。

五、行扫描电路的作用及组成

(一)行扫描电路的作用

行扫描电路的主要作用是供给行偏转线圈一个线性良好、频率为 15625Hz 的锯齿波电流，产生均匀变化的偏转磁场，控制电子束沿水平方向作匀速扫描。

行扫描电路应与同步信号同步，以保证电视图像的稳定。

供给显像管所需要的高压(9kV～16kV)，中压(300V～400V)以及其它电压，如视放输出级电源电压(100V～120V)等。

供给显像管所需的行消隐信号，以及键控 AGC 电路中的控键脉冲等。

(二)行扫描电路的组成

如图 1-96 所示，行扫描电路由自动频率控制(AFC)电路、压控振荡器、激励级、行输出级、高压电路等组成。自动频率控制电路的作用是将行输出级送来的逆程脉冲与同步信号进行比较，并输出一个误差校正电压，以控制行振荡器使之与同步信号实现同步。行振荡器产生的脉冲电压，经行激励级功率放大后，推动行输出级工作，以提供行偏转线圈一个频率为 15625Hz 的锯齿波电流。

高压电路包括逆程变压器和高压、中压整流电路，并为自动频率控制电路提供比较信号，及键控 AGC 电路的键控脉冲。

六、行输出电路工作原理

行输出级的基本电路如图 1-97(a)所示。其等效电路如图 1-97(b)所示。其中 BG_1 为行输出管，它工作在开关状态，等效为开关 K。B_1 为行推动变压器，向行输出管基极输入开关脉冲，在等效电路中省略之。D 为阻尼二极管，L_y 为行输出级等效负载 C_r 为逆程电容，C_s 为 S 校正

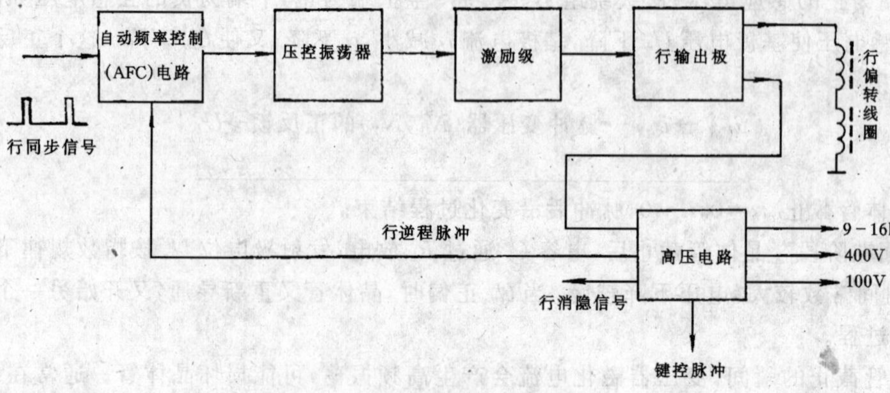

图 1-96 行扫描电路方框图

电容。在行输出工作过程中电源将向其充电，使其两端电压基本上保持为电源电压，在等效电路中将其等效为电源 E_c。下面分析不同时刻的工作过程，如图 1-98 所示。

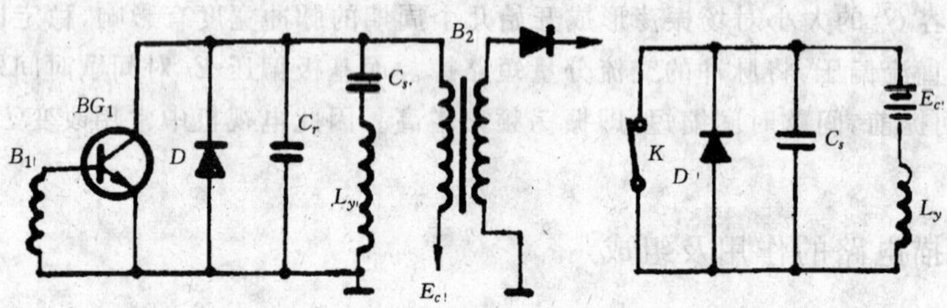

(a) (b)

图 1-97 行输出级的基本电路及其等效电路

1. 正程右半段($t_0 \sim t_1$)

在 t_0 时刻，行输出管 BG_1 基极输入正脉冲，饱和导通，相当于开关 K 闭合，如图 1-98(a)所示。电源 E_c 经开关 K 加到偏转线圈 L_y 两端。L_y 两端产生感应电动势，上端负下端正。由于 L_y 中的电流不能突变，所以，在 L_y 中产生从零开始线性增长的 i_y，$i_y \approx (E_c/L_y)t$。到 t_1 时刻 i_y 上升到最大值，其峰值电流 I_p 为

$$I_p = \frac{E_c}{L_y}\left(\frac{T_s}{2}\right) = \frac{T_s}{2L_y}E_c$$

式中，T_s 为行扫描正程时间，一般为 52μs。$t_0 \sim t_1$ 为行扫描正程时间的一半，即 $t = T_s/2$。

由于行偏转电流基本上等于行输出管集电极电流。所以上式表明行输出管集电极电流峰值与电源电压 E_c、扫描正程时间 T_s 成正比，而与偏转线圈电感量成反比。提高电源电压 E_c 或减少电感 L_y 都将使行输出管集电极电流增大。

到 t_1 时，显像管电子束在水平偏转线圈磁场作用下，从荧光屏中心作水平扫描运动，移到了最右端。

2. 行逆程右半段($t_1 \sim t_2$)

在 t_1 时刻，BG_1 基极输入负脉冲，BG_1 截止。相当于开关 K 断开，如图(b)所示。由于开关 K 突然断开，L_y 两端要产生一个反电动势，上端正下端负，以维持原来的电流方向。于是，行偏转线圈中的电流 i_{y2} 向逆程电容 C_r 充电，使 C_r 两端的电压开始上升，L_y 与 C_r 形成自由振荡。经过 $\pi/4$，到 t_2 时刻，L_y 中的 i_y 减小为零，C_r 两端电压为最大值，该电压为逆程反峰电压，其值为

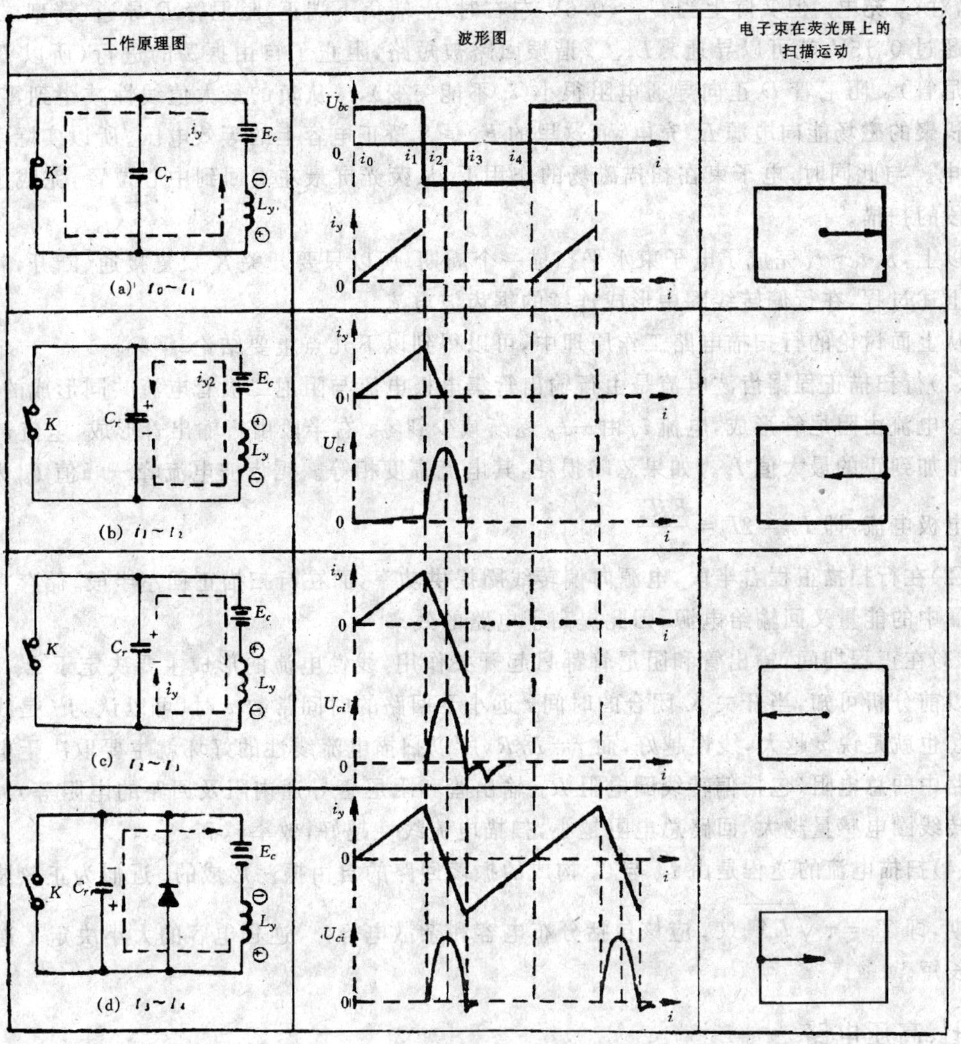

图 1-98 行输出电路工作过程

$$U_{cp}=[\frac{\pi}{2}(\frac{T_H}{T_r-1})+1]E_c$$

行周期 $T_H=64\mu s$，逆程时间 $T_r=12\mu s$，$U_{cp}\approx 7.8Ec$。

上式说明，行输出管所受最大反峰电压与电源电压成正比，而与逆程时间成反比。

3. *逆程左半段*$(t_2 \sim t_3)$

在 t_2 以后，由于开关 K 仍然断开，如图(c)所示，所以 L_y 与 C_r 之间的自由振荡继续进行。逆程电容 C_r 开始通过 L_y 放电，逆程电容两端电压 U_{cr} 越来越小，而 L_y 中的 i_y 却反向增加，并产生上端正下端负的感应电动势，经过第二个 $\pi/4$，即到 t_3 时刻，U_{cr} 为零，而 i_y 为反向最大值，电能又全部转变为磁能。与此同时，电子束从荧光屏中心，向左移动到荧光屏最左端。

4. *正程左半段*$(t_3 \sim t_4)$

在 t_3 以后，送到行输出管 BG_1 基极的仍然是负脉冲，BG_1 仍然截止，开关 K 断开如图(d)所示。如果没有阻尼管，L_y 与 C_r 之间的自由振荡会继续下去，也就是说 i_y 会沿着 $t_2 \sim t_3$ 的电流方向，对 C_r 充电。但实际上当 $U_{cr}\approx0.6$V 左右时(上端负下端正)阻尼管 D 导通(锗型二极管，只要超过 0.15V 就可以导通)，L_y、C_r 谐振回路被短路，阻止了自由振荡的进行(所以 D 被称为阻尼管)。阻尼管 D 正向导通电阻很小(i_y 不能突变)，i_y 从负的最大值线性减小到零，偏转线圈积聚的磁场能向电源 E_c 充电，而这里的 E_c 是 S 矫正电容上的等效电压。所以实际上是向 C_s 充电。与此同时，电子束在扫描磁场的作用下，从荧光屏最左端回到中心位置，完成了正程右半段的扫描。

以上，从 $t_0\sim t_4$ 完成了电子束水平扫描一个周期。所以只要开关 K 反复接通、断开，就可以重复上述过程，在行偏转线圈中形成连续的锯齿波电流。

从上面讨论的行扫描电路工作原理中，可以得到以下几点重要结论。

(1)行扫描正程锯齿波电流是由行输出管集电极电流与阻尼二极管电流共同形成的。其中左半段电流由阻尼管形成，电流 i_y 由 $-I_p$ 逐渐减少到零。右半段由行输出管形成，电流 i_y 由零逐渐增加到正的最大值 I_p。如果忽略损耗，其电流幅度相等。锯齿波电流峰—峰值 I_{pp}为两倍的集电极电流，即 $I_{pp}=2I_p=\dfrac{E_cT_s}{L_y}$。

(2)在行扫描正程右半段，电源向偏转线圈提供功率，而在行扫描正程左半段，储存在行偏转线圈中的能量又回输给电源，因此提高了电路的效率。

(3)在正程期间，输出管和阻尼管都只起开关作用，线性电流的形成主要决定于 L_y 和 E_c。根据以前分析可知，当开关 K 闭合的时间 t 远小于回路的时间常数 τ 时，可以认为 i 是线性增长的。也就是说 τ 越大，线性越好，而 $\tau=L/R$，所以扫描电流线性的好坏就主要取决于电感量和回路中的总电阻(包括偏转线圈电阻 R_y、输出管和阻尼管导通内阻及回路的电阻等)。显然行偏转线圈电感量越大，回路总电阻越小，扫描电流线性越好，效率越高。

(4)扫描电流的逆程是由 L_y 与 C_r 构成的振荡回路的自由振荡形成的。近似为正弦波的半个周期，即 $T_r=\pi\sqrt{L_yC_r}$(C_r 应该包括分布电容和杂散电容)。逆程电容的大小决定了逆程时间的长短。

七、高压电路

行输出电路在逆程扫描期间，逆程电容上充有很高的反峰电压，将这个电压升压整流，就可以得到显像管所需的高压，这样就解决了晶体管低压供电与显像管高压供电的矛盾。在某些采用 70V，100V 供电的电视机中，通道部分的 12V 直流电源也由行输出变压器供给。因此，行输出变压器实际上是一个工作在行频的升压变压器。由于行频比 50Hz 高得多，故行输出的各种直流电源的滤波电路可以大大简化，滤波电容可以用得较小，从而可缩小体积，降低成本。另外，当出现行振荡电路停振或行推动管、行输出管损坏等故障时，高压自动消失，这样就可以防止电子束固定轰击荧光屏的一部分，保护显像管。

八、行激励级

激励管和行输出管都工作于开关状态，推动变压器作为级间耦合元件。因行输出管为大功率管，需要输入较大的基极电流。适当选择变压器的初次级匝数比，能减小行激励管的集电极电流，采用中功率管传输激励功率。此外，变压器还有隔离初次级的直流电和变换极性的优点。

行激励级的工作方式有反极性激励和同极性激励两种。在图 1-99(a)所示的电路中，行激

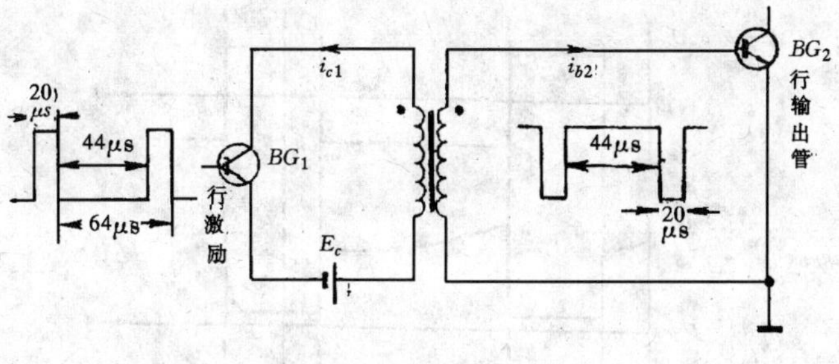

(a)

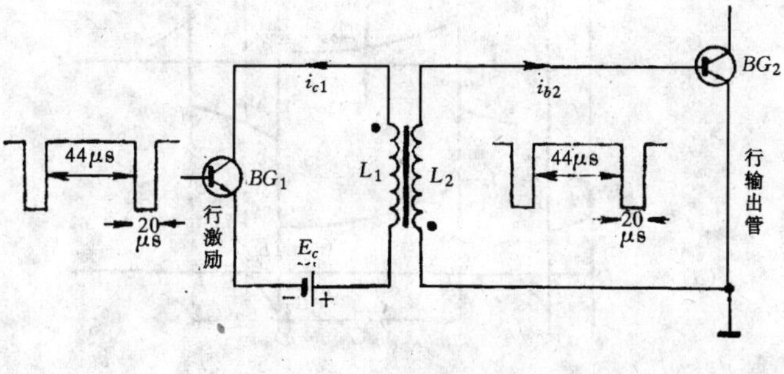

(b)

图 1-99 行激励基本电路

励级输入脉冲和输出脉冲的极性相反。行激励管导通时，行输出管截止；而当行激励管截止时，行输出管导通。这种激励方式称为“反极性激励”。在图 1-99(*b*)所示的电路中，推动变压器次级极性与图(*a*)相反，行激励管输入脉冲与输出脉冲的极性相同。行激励管导通时，行输出管也导通；行激励管截止时，行输出管也截止。这种激励方式称为同极性激励。

同极性激励电路容易产生振荡，并且当行激励管截止时，行输出管输入为反向基极电流，在变压器两端感应出很高的振荡电压，甚至可能损坏晶体管。因此，目前电视机中行激励级大都采用反极性激励电路。

反极性激励电路的电压、电流波形如图 1-100 所示。在 t_0 之前，行激励管 BG_1 饱和导通，而行输出管 BG_2 截止。到 $t=t_0$ 时，BG_1 基极输入负脉冲，于是 BG_1 由饱和导通转为截止，BG_2 由截止转换为饱和导通，其基极电流由零上升至 I_{b20}。行输出管导通期间，基极电流 i_{b2} 由 I_{b20} 按指数规律下降，到 $t=t_1$ 时，要求 i_{b2} 不小于($\frac{2I_p}{\beta}$)以保证 BG_2 在这期间仍然能充分饱和导通。如果到 t_1 时基极电流 $+i_{b2}$ 小于临界饱和电流 $\frac{I_p}{\beta}$，行输出管就退出饱和区而进入放大区，管耗迅速增加，行输出管电流增大，这是所谓激励不足。

到 $t=t_1$ 时，行激励管 BG_1 基极输入又是正脉冲，BG_1 饱和导通，行输出管 BG_2 截止，它的基极形成一个反向电流 $-i_{b2}$，以后迅速降低至零。到 $t=t_3$ 行激励管 BG_1 基极又输入负脉冲而截止，行输出管 BG_2 又开始饱和和导通。上述工作过程重复地进行下去。

九、行振荡器

行振荡器的作用是产生频率为 15625Hz 的矩形脉冲电压，以推动行激励级工作。一般要求行振荡器输出幅度为 2V～4V，脉冲宽度约为 18μs～20μs。

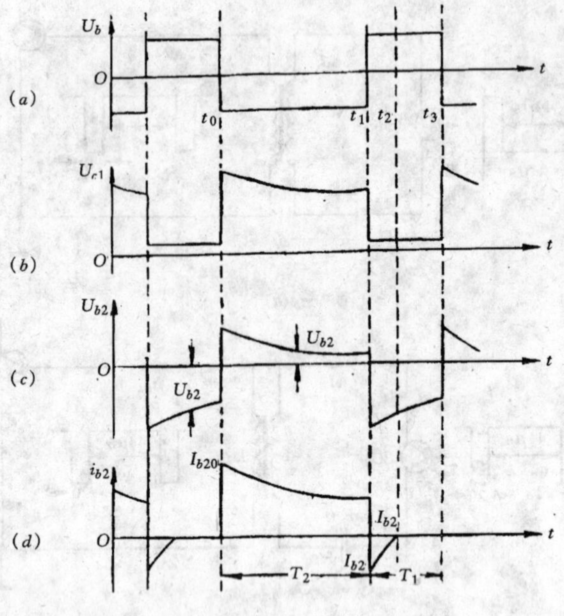

图 1-100 反极性激励工作波形

在自动频率控制(AFC)电路中,由鉴频器供给误差校正电压,以改变振荡器的频率,使行扫描的频率和相位与同步信号实现同步。这就要求行振荡器必须是一个压控振荡器,就是说改变其基极偏置电压,可改变振荡器的频率。

行振荡器的电路形式甚多,目前电视机中大都采用电感三点式脉冲振荡器。

电感三点式脉冲振荡器又称为变形间歇振荡器,如图 1-101 所示。其中,电感 L 是用漆包线绕在塑料骨架上,中间一小孔内装铁淦氧磁心。磁心旋进或旋出可改变电感量 L,从而改变行振荡频率。线圈的匝数比为 $n_1:n_2=3:1$ 或 $2:1$。由于是紧耦合,其工作状态接近于间歇振荡器的情况。R_{b2} 为 PNP 型振荡管的上偏流电阻,E_b 为自动频率控制(AFC)电路送来基准电压和误差校正电压。改变电压 E_b 能调节行频的变化。行振荡器的输出脉冲电压由振荡管集电极取出,为了减轻振荡级的负担和稳定行振荡频率,采用分压输出。R_2、R_3 即为分压电阻。

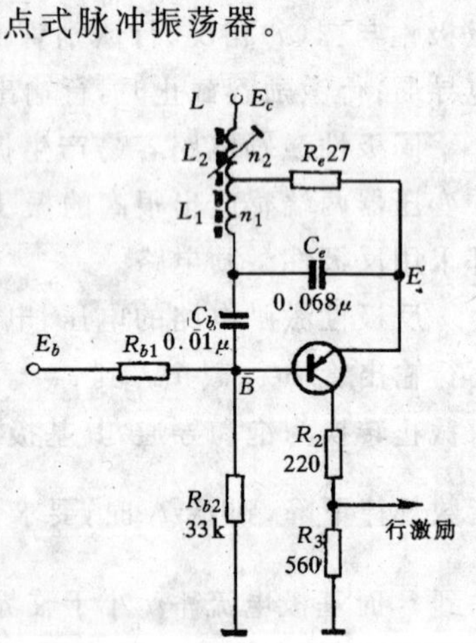

图 1-101 电感三点式脉冲振荡器

电感三点式脉冲振荡器的特点是频率稳定,结构简单,行辐射小,调整方便,适宜于大批生产。

十、自动频率控制(AFC)电路

鉴相器是 AFC 电路中一个重要的组成部分。其作用是,同步脉冲信号和比较锯齿波电压同时加到鉴相器中进行比较,输出一个正比于两个信号相位差的误差校正电压;经过积分滤波器平滑以后去控制行振荡电路,使行扫描电路输出的频率和相位与同步脉冲信号实现同步。目前电视机中采用鉴相电路,有平衡型和不平衡型两种。下面只讲平衡型 AFC 电路工作原理。

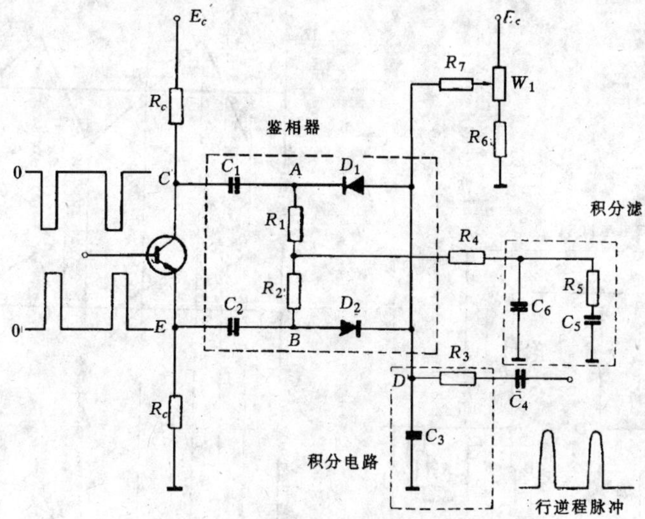

图 1-102　自动频率控制电路

图 1-102 为常用的平衡型 AFC 电路。BG_1 为同步分相管，R_c 为集电极负载电阻，R_e 为发射极电阻。当 BG_1 的基极输入一个正极性同步脉冲信号时，输出为一对幅度相等，极性相反的同步脉冲信号。发射极输出为正极性同步脉冲信号；而集电极输出为负极性同步脉冲信号。电容 C_1、C_2，电阻 R_1、R_2，二极管 D_1、D_2 构成鉴相器。C_4 为隔直流电容，从行输出级送来的正极性逆程脉冲，经过 R_3C_2 积分回路以后，形成负向锯齿波电压加在两只二极管的连接点 D 上。电容 C_6、C_5，电阻 R_5、R_4 组成积分滤波器。电源电压经电阻 R_6、电位器 W_1 分压，从 W_1 的动臂端经 D_1、R_1、R_4、R_7 加至行振荡管的基极作为偏置电压。

首先，假定没有比较锯齿波电压，而只有同步脉冲信号输入时的工作情况。AFC 等效电路，如图 1-103 所示。由于电容 $C_5 \gg C_6$，电阻 R_5 为几百至 1 千 Ω，积分滤波器可以视为 R'_5 与 C'_5 串联。G 为交流“地”点，集电极输出的负极性脉冲同步信号 $-U_H$ 加在 C、G 两点之间，发射极输出的正极性脉冲同步信号 U_H 加在 E、G 两点之间。负极性同步脉冲信号通过 D_1 对电容 C_1 充电，充电电流为 i_1。因为 $C_3 \gg C_1$，充电的电压大部分加在电容 C_1 上。同时电容 C_1 充电时间常数很小，使 C_1 两端的充电电压很快接近于同步脉冲信号峰值，在两个同步脉冲信号的间隔时间内，二极管 D_1 截止。电容 C_1 上的电荷通过电阻 R_1、R_5、C_5 放电，放电电流为 i_3。

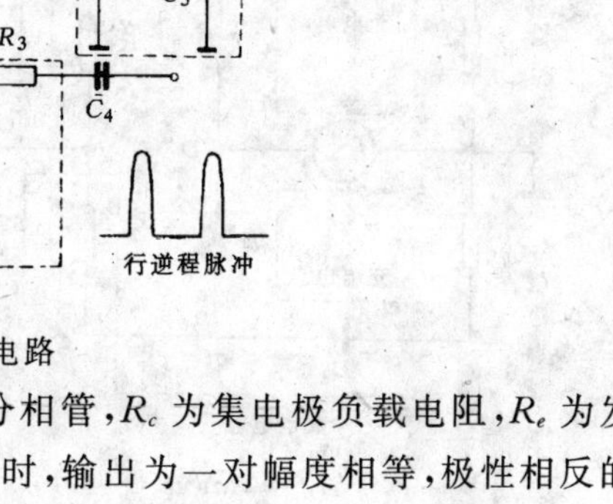

图 1-103　只有同步脉冲而无比较锯齿波电压时的情况

与此同时，晶体管发射极输出的正极性同步脉冲信号，通过 D_2 对电容 C_2 充电，充电电流为 i_2。同步脉冲信号过去以后，二极管 D_2 截止。电容 C_2 上的电荷通过 R_2、R'_5、C'_5 放电，放电电流为 i_4 由于电路完全对称($C_1=C_2$，$R_1=R_2$，同步脉冲信号的幅度相等)，所以充电电流大小相等($i_1=i_2$)，放电电流也相等($i_3=i_4$)。放电电流经 C'_5 而形成的充电电压也是大小相等，方向相反，于是鉴相器输出电压 $U_{AFC}=0$。

只有比较锯齿波电压输入，而没有同步脉冲信号输入时的情况，如图 1-104 所示。

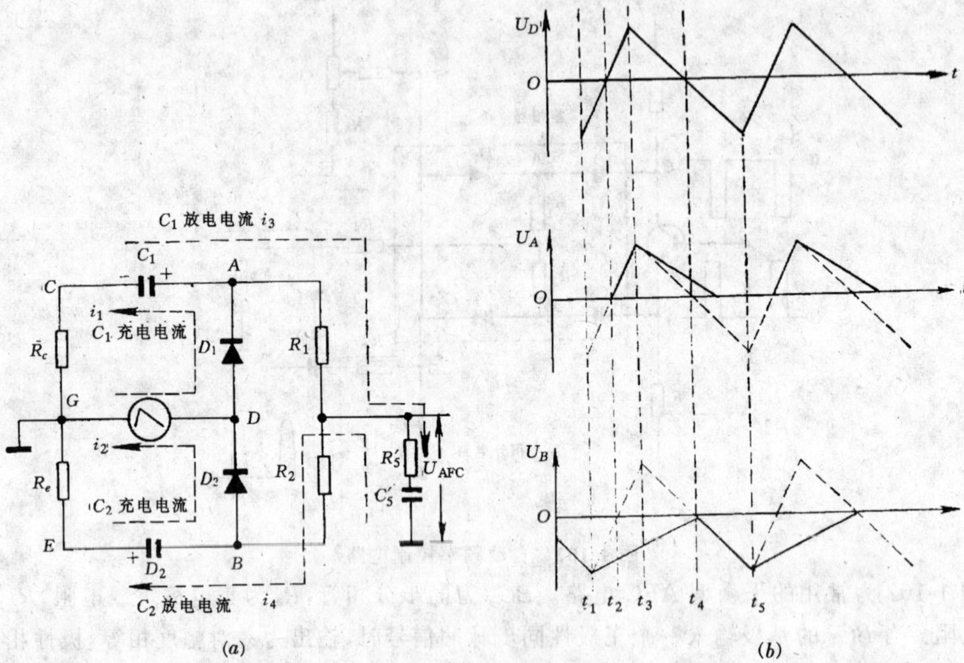

图 1-104　鉴相器没有同步信号输入时的工作情况

行逆程变压器送来的正极性逆程脉冲电压，经过 C_4 的隔直流，和 R_3C_2 积分回路以后，在 C_3 两端(即 D、G 两点间)形成负向锯齿波电压，零电平处在峰—峰值中间。比较锯齿波电压的逆程正值部分，图(b)中 $t_2 \sim t_3$ 段，使 D_1 导通，对 C_1 充电极性如图(a)所示。由于 C_3 充电时间常数较小，所以 C_1 充电电压很快接近锯齿波的正峰值。在正程期 $t_3 \sim t_4$，比较锯齿波电压降低，D_1 截止，C_1 上电荷通过 R_1、R'_5、C'_5 放电。同样，比较锯齿波负值部分，即 $t_4 \sim t_5$ 段，二极管 D_2 导通，对电容 C_2 充电。t_5 以后，锯齿波电压上升，二极管 D_2 截止，C_2 上充得电荷通过 R_2、R'_5、C'_5 放电。由于电路对称，充电电流大小相等，放电电流也相等，放电电流流过电容 C'_5 而形成的电压也是大小相等，方向相反。同样，鉴相器输出电压 $U_{AFC}=0$。

同步脉冲信号和比较锯齿波电压同时加到鉴相器时，可分为三种情况来讨论。

第一种情况，当自激振荡器频率 f_0 与同步脉冲信号频率 f_H 相等。

如前所述，在 D 点形成为负向锯齿波电压，零电平处于峰—峰值中间。当振荡器频率 f_0 与同步脉冲信号的重复频率 f_H 相同时，同步脉冲信号加入正好处在比较锯齿波电压逆程的中点，即相当于没有比较锯齿波电压输入，D 点电压 $U_D=0$ 的情况。同步脉冲对 C_1、C_2 的充电情况与上面所述的一样，充电电流 $i_1=i_2$。同步脉冲信号过去后，二极管 D_1，D_2 都将截止。于是电容 C_1，C_2 上所充得电荷，通过电阻 R_1、R_2、C'_5 泄放，放电电流 $i_3=i_4$，鉴相器输出电压 $U_{AFC}=0$。行扫描电路处于同步工作状态。

第二种情况，自激振荡器频率 f_0 高于同步脉冲信号频率 f_H。

如图 1-105(b)所示，由于 $f_0>f_H$，所以比较锯齿波电压逆程经过零电平的时间，相对地超前一个相位角。当同步脉冲信号到来时，加在 D 点比较锯齿波电压 U_D 为一个正值，即 $U_p>0$。所以实际上通过二极管 D_1 对 C_1 充电电压为同步脉冲信号电压加在一个正值电压，即 U_H+

U_D，充电电压较高，电容 C_1 充得较多的电荷。但是经过二极管 D_2 对电容 C_2 充电电压为同步脉冲信号电压加上一个负值电压，即 U_H-U_D，充电电压较低，电容 C_1 上电荷经过电阻 R_1、C_5、R_5 放电。电流 i_3 大于 C_2 上放电电流 i_4，从而使鉴相器输出电压为正值 $U_{AFC}>0$。显然，这时行振荡器要采用 PNP 型晶体管，因 PNP 管的基极偏压趋向正时，振荡频率将逐渐降低，以至于与同步信号实现同步。

第三种情况，自激振荡频率 f_0 低于同步脉冲信号频率 f_H。

如图 1-105(c)所示，当 $f_0<f_H$ 时，则比较锯齿波电压逆程经过零电平的时间相对地落后一个相位角。当同步脉冲信号到来时，加在 D 点比较锯齿波电压 U_D 为一个负值，$U_D<0$。通过二极管 D_1 对电容 C_1 充电电压为 U_H-U_D，电容 C_1 充得电荷较小；而经过 D_2 对 C_2 充电电压为 U_H+U_D，电容 C_2 充得电荷较多。放电电流 i_4 大于电容 C_1 的放电电流 i_3，从而使鉴相器输出电压为负值，$U_{AFC}<0$。行振荡器用 PNP 型晶体管，基极偏压趋向负值，振荡频率逐渐升高，于是与同步信号实现同步。

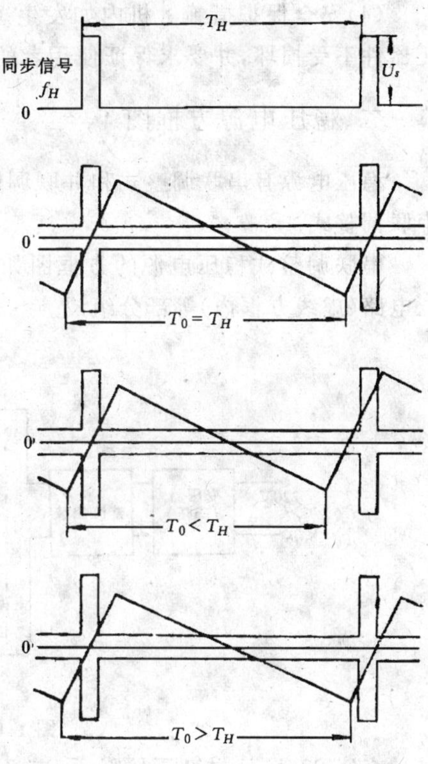

图 1-105　同步脉冲与比较锯齿波的相对位置

第十节　电源电路

在电视机中，将 50Hz 的市电变为直流的稳压电的装置，称为主电源，稳压输出电压较多为 12V 或 100V 两种。第九节讨论的高、中压电源，是通过行输出级将主电源转换为高压脉冲后再经整流获得的。本节主要阐述主电源电路的有关问题。

黑白电视机的功率消耗一般为 30W～100W，彩色电视机比黑白电视机要大些。

一、电视接收机对电源的要求

(1)稳压性能　有些地区交流电源电压不稳定，甚至在 170V～240V 间变动，变动范围竟达 20%。因此，接收机内的直流电源必须具有稳压性能。如果直流供电不稳定，就会影响整机性能。造成图像扭曲和不稳，严重时甚至不能正常收看。

稳压电源要求在交流电源电压、机内负载(光及声的变化)和环境温度等变化最大的情况下，稳压输出电压的变化小于±1%，输出的交流纹波小于 0.05%。

(2)电源内阻要小　电源内阻一般应小于 0.1Ω～0.3Ω。若电源内阻过大，各部分的电流通过电源内阻的耦合，相互干扰。例如场扫描电流经过电源耦合，窜入音频放大器，会产生蜂音。

(3)选择好变压器的位置　如变压器的漏磁耦合到显像管偏转系统，会影响电子束的扫描，使光栅产生扭曲。因此，要适当选择变压器位置和方向，以减小影响。

(4)安全保护措施　机内如发生短路、过载、显像管打火等现象时，电源应有保护措施，使元器件不受损坏，并要求保证使用者的安全。

二、稳压电源方框图

稳压电源有串联调整式和并联调整式两种。在电视接收机中，由于输出电流大，通常采用串联调整式。

串联调整式稳压电源的方框图如图 1-106 所示，由电源变压器、整流电路、滤波电路和稳压电路(虚线方框内)等部分组成。

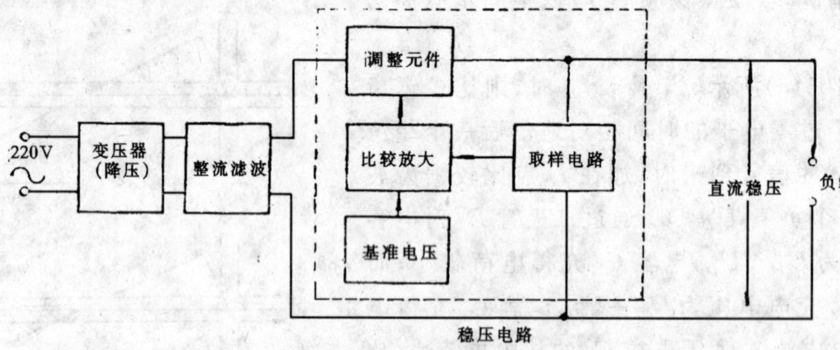

图 1-106　串联调整式电源电路

交流 220V 经过变压器降压，二极管整流及滤波以后，输出的直流电压一般比稳压输出高 30%～50%。这电压是随交流电源电压的波动，以及负载的变化而变化的。

稳压电路由取样电路、基准电压、比较放大、调整元件等单元组成。调整元件与负载串联，称为串联调整式稳压电源。取样电路是将输出变化的电压分压送至比较放大电路，与基准电压相比较，取其误差电压，经放大以后控制调整管，使调整管上的压降按照误差电压的大小变化。当电源电压或负载在一定范围内变化时，调整管上的压降，能随交流电源电压和负载的变动而自动调整，使直流输出电压保持稳定。

三、电路分析

(一)交流电源

由于滤波电容容量较大，在开机瞬间，电源变压器和整流二极管会有较大的浪涌电流，因此，熔断丝 BX 的电流容量应取得比额定工作电流大些。为了安全，电源开关一般都用双刀双掷开关。

为防止外界干扰通过电源线路窜入接收机内部电路而影响接收，变压器初、次级间都有屏蔽层(铜箔或铝箔)接地，变压器初级并联高频旁路电容 C_1、C_2，将高频干扰滤掉。防止干扰的交流电源开关接法如图 1-107 所示。

(二)整流和滤波电路

(1)整流　整流电路常用全波与桥式整流电路两种，如图 1-108 所示。

桥式比全波电路少一个次级绕组(即变压器不用抽头)，多用了二只整流二极管，但降低了整流管的耐压要求。提高了电源变压器的利用率。

由于整流管后面接有大容量滤波电容，开机时瞬时充电电流很大，可能引起整流管的损坏，一般在整流管两端都并联一只 0.01μF 的电容。

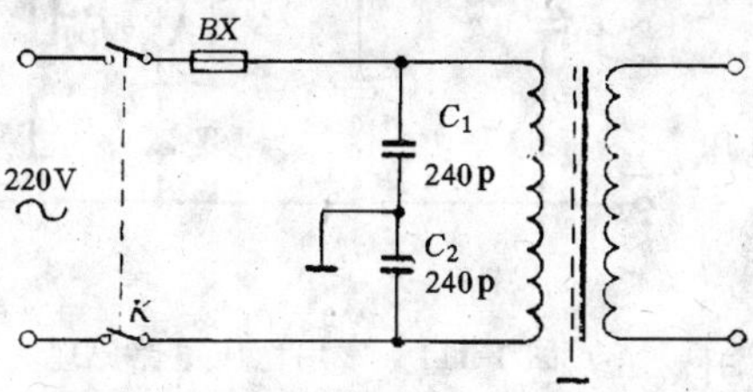

图 1-107 交流电源开关接法

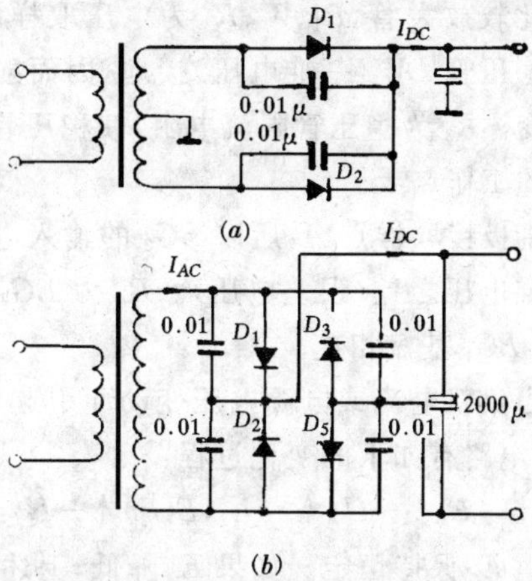

图 1-108 整流电路

(2)电容滤波　由于电视机低压电流较大，而且负载电流的变化也较大，因此，整流管后面都接有大容量滤波电容(几百至几千 μF)，用以减少纹波，如图 1-108 所示。滤波电容 C 越大，纹波越小，输出电压越高。如图 1-109 所示。但滤波电容 C 大，开机时整流管的浪涌电流也大，并且还使成本提高。所以靠增大电容来减小纹波总是有限的。

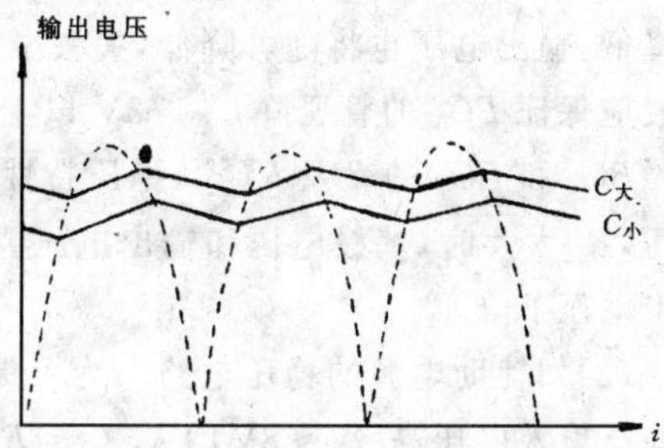

图 1-109 滤波电容与输出的关系

为了防止行频窜入电源，对行扫描电路的电源供电，通常加一级 LC 滤波器。使它不致通过电源去干扰其它电路。

(3)晶体管有源滤波电路　实际上，滤波主要是依靠稳压电路中的晶体管有源滤波电路，如图 1-110(a)所示。调整管是一个射极跟随器，基极接有 R_b、C_b 滤波电路，由于基极电流较小，R_b 的数值容许选得较大，而压降也不致太大。因此，滤波时间常数 R_bC_b 大，使基极和射极输出的纹波电压减小。但要注意，R_b 选得太大会使输出电流减小。

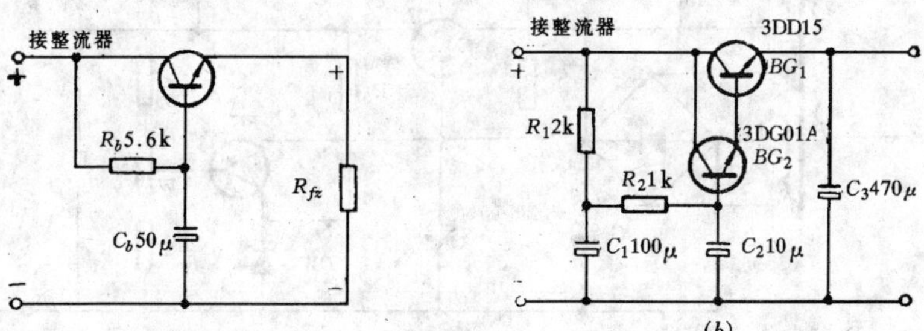

图 1-110 晶体管滤波电路

图 1-110(b)电路的特点是基极有二节 RC 滤波网络，调整管用复合管，这将使纹波更小。由于复合管的 β 为两管乘积，因此基极电流可比单管时减小，这有利于加大基极电阻，取得更好的滤波效果。

(三)稳压电路

(1)基本电路　图 1-111 中，BG_1、BG_2 分别为调整管与比较放大管，R_1、W、R_2 为电压取样电路，BG_2 的射极经稳压管 DW（基准电压）接地，因而射极电位保持基准不变。R_3 为稳压管限流电阻，使稳压管的电流选择在合适的工作点上。

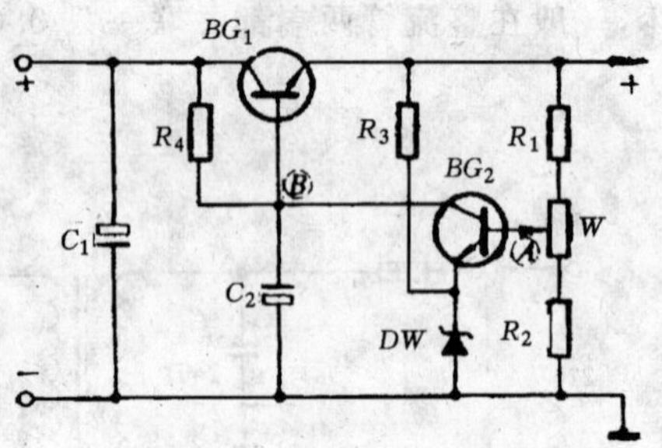

图 1-111　常用稳压电路原理

基极接取样点 A，所以 BG_2 的输入电压为取样电压与基准电压之差（误差电压）。R_4 为 BG_2 集电极负载电阻，和 BG_1 基极相连。

当负载电流或电源电压变动而引起输出电压 E_c 升高时，电路有如下的变化过程：

$$E_c\uparrow \rightarrow U_A\uparrow \rightarrow I_{c2}(BG_2)\uparrow \rightarrow U_B\downarrow \rightarrow I_{b1}(BG_1)\downarrow \rightarrow I_{c1}\downarrow \rightarrow U_{cc}(BG_1)\uparrow \rightarrow E_c\downarrow$$

从而使 E_c 保持恒定。如果 E_c 降低，上述过程相反，最后使输出保持恒定。

应当注意的是，在上述过程中，如果交流电源电压降低到使 BG_1 达到饱和时，则输入电压再降低，输出电压也将随着降低，失去了稳压作用，此稳压电路变成了一个电子滤波器。因此，一般应保证 BG_1 的管压降 $U_{ce}>3$V 以上，才能有良好的调整作用。

BG_1 和 BG_2 的 β 及 R_4 大，稳压特性好，但 R_4 不能太大。因为输出电压决定于 BG_1 的基极电压，R_4 太大时，基极电压和输出电压要下降。如果提高 R_4 的供电电压，R_4 的增大就不会使输出电压下降。

(2)加辅助电源的稳压电路　为了提高 R_4 的供电压，可将 R_4 接到一个辅助电压 U_f（一般比稳压输入电压高 6V～8V）上。这样，R_4 增大后，由于供电电压提高了 U_f，因此基极电压就不再降低。

在图 1-112 中，辅助电压 U_f 与稳压电压 E_c 间，还接有稳压管 DW_2（稳压值为 U_2），使 U_f 始终比 E_c 高 U_2，以使 R_4 的供电电压保持稳定，可以消除由于供电不稳而直接通过 R_4 去控制调整管 BG_1，从而提高了稳压性能。

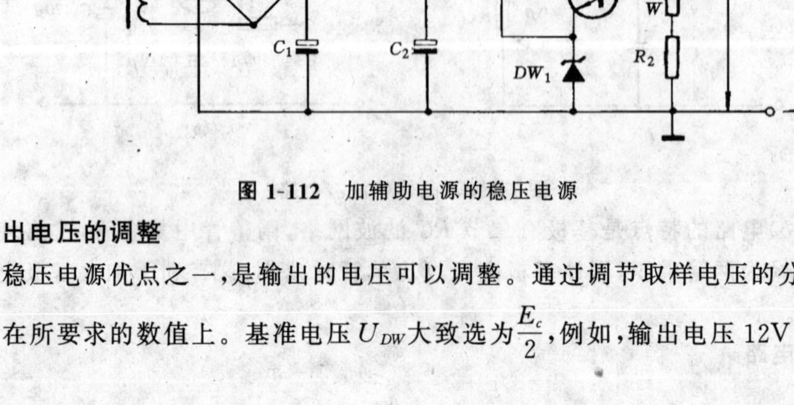

图 1-112　加辅助电源的稳压电源

(四)输出电压的调整

串联型稳压电源优点之一，是输出的电压可以调整。通过调节取样电压的分压比，可使输出电压稳定在所要求的数值上。基准电压 U_{DW} 大致选为 $\frac{E_c}{2}$，例如，输出电压 12V 时，U_{DW} 在 5V

～8V 之间。

第十一节　黑白电视机实用电路分析

一、飞跃 12D1-A 黑白电视机技术指标

(1)接收频率范围 48.5MHz～223MHz

(2)中频　图像中频载频:38.0MHz

　　　　伴音中频载频:31.5MHz

(3)电源供给　交流 220V,50Hz,功率小于 35W

(4)音频功率输出　≥500mW

(5)视频带宽:5MHz

(6)天线输入阻抗　75Ω 不平衡式及 300Ω 平衡式

(7)显像管　$310GNB_4$

二、电路分析

(一)高频头调谐部分

它的结构称为转鼓式,各频道独立,互不影响。附图上 $K_{Ⅰ}K_{Ⅱ}K_{Ⅲ}K_{Ⅳ}$ 为每个频道的线圈,转动鼓时,使每一频道的线圈和固定接点相连而接通到电路中去。

(1)高频放大器级　采用具有正向 AGC 特性的超高频低噪声管 3DG56B($1BG_1$)作高放管,发射极接地,这样功率增益较高。

(2)本机振荡级　本级采用超高频低噪声管 2G910($1BG_3$)基极通过 $1C_{21}$ 交流接地,所以为基极接地串接谐振型振荡电路。$1R_9$、$1R_8$ 为直流偏置电阻;$1R_{11}$ 为发射极负反馈电阻,用来增加工作的稳定性。

(3)混频级　采用高频低噪 2G210($1BG_2$)作混频管,它将高频信号和本振信号的差频送往中频电路。

(二)通道部分

中放的输入端加有由 $2R_1$,$2C_1$,$2C_{70}$,$2R_{77}$,$2L_1$ 组成的带通滤波网络,滤除无用频带与高频头匹配。三个吸收回路($2C_2$、$2L_2$、$2C_3$、$2R_2$、$2C_4$、$2L_3$、$2C_5$、$2L_4$)分别谐振在 30、39.5、31.5MHz,其中 39.5MHz 的吸收采用桥 T 型吸收电路,以提高抑制邻近频道干扰的能力。$2BG_1$ 和 $2BG_2$ 都是用正向 AGC 高频管,这两级单调谐 π 型耦合电路与($2BG_3$)双调谐放大器组成具有选择性好,频率特性好的中频放大器。

(三)视频检波器和视频放大器

如附图 1 虚线方框中的检波二极管,滤波电感和中频滤波电容装在屏蔽罩内,防止高次谐波对外辐射而干扰其它电路工作。$2R_{2b}$ 是隔离电阻,它与 $2C_{31}$ 对高次中频谐波有进一步滤波的作用,使它不致进入视放电路造成干扰。$2BG_4$ 为预视放,它的集电极输出 6.5MHz 伴音信号,发射极输出图像信号,$2C_{33}$、$2R_{32}$、$2C_{34}$、$2L_{12}$ 组成 π 型 6.5MHz 陷波器,抑制 6.5MHz 伴音中频信号进入视放末级干扰图像。视频输出级在第五节已将电路分析很清楚这里就不再重复。

（四）自动增益控制电路

本机电路为峰值式 AGC 电路，附图中 $2BG_9$ 是 AGC 门管，$2BG_7$ 是 AGC 放大管，$2BG_8$ 是峰值检波二极管。当预视放发射极输出的视频信号幅度小于某一电平 E（本机 $E=1.2V_{pp}$），$2BG_9$ 处于深饱和工作状态。$2BG_8$、$2BG_7$ 均为截止工作状态。这时整个 AGC 电路不工作，也就是没有 AGC 电压输出。故此机中放 AGC 也是延迟式的。使在外来信号较小时，整机处于增益最大的工作状态。只有视频信号的同步脉冲大于 1.2V 时才能使 $2BG_9$ 由饱和区退回放大区，并在集电极上输出已被放大和倒相的同步脉冲电压。由于图像信号的幅度小于电平 1.2V，所以不会有图像信号的输出。该脉冲电压经二极管 $2BG_8$ 进行峰值检波，在电容 $2C_{47}$ 上形成相应的 AGC 检出电压。然后，经直流放大管 $2BG_7$ 在发射极电阻 $2R_{43}$ 上得 AGC 控制电压，送到第二中放基极。为克服峰值式 AGC 电路易受高频窄脉冲干扰的缺点，在 AGC 电路之前加有抗干扰电路。静态时 $2BG_{10}$ 深度饱和，从预视放射极来的预视信号，通过 $2BG_{11}$ 送至同步分离和 AGC 电路。正常信号的同步头只会使 $2BG_{10}$ 进入浅饱和区，而不会退出饱和。但当视频信号中混有幅度超过同步头的负向干扰脉冲时，经 $2BG_{12}$ 加至 $2BG_{10}$ 基极，使其退出饱和区。集电极电位急剧上升，$2BG_{11}$ 截止。使干扰脉冲无法通过，起到抑制脉冲干扰的作用。

（五）场扫描电路

它是由场振荡、场激励及场输出级组成的扼流圈耦合场扫描电路。

同步信号经 $3R_1$、$3R_2$、$3C_1$、$3C_2$ 组成的二节积分电路后，通过隔离二极管 $3BG_1$ 加至脉冲变压器 $3B_1$ 一个绕组。在 $3BG_3$ 基极产生正极性同步信号，触发振荡管导通，以实现场同步。$3BG_3$ 组成集基耦合间歇振荡电路。其中 $3W_1$，$3W_2$，$3R_6$，$3R_7$ 组成 $3BG_3$ 的直流偏置。$3W_2$ 用来调节场频，又称“场同步”调节电位器。

调节 $3W_4$ 阻值，可改变耦合至激励级的输入电压幅度，以改变扫描电流的大小。

场输出级工作于甲类放大状态。$3B_2$ 为扼流圈，流经偏转线圈 $3L_1$ 的正向锯齿波电流，在电阻 $3R_{10}$ 上形成反馈电压。这电压与偏转中的电流成正比。为串联电流负反馈，以改善锯齿波电流的线性。

（六）行扫描电路

同步分离输出幅度为 10V 的正极性同步信号送至分相管 $3BG_6$ 基极。晶体管集电极输出负极性同步信号，发射极输出正极性同步信号。$3C_{13}$、$3C_{14}$、$3BG_7$，$3BG_8$，$3R_{25}$，$3R_{24}$ 构成鉴相回路。从行逆程变压器送来的正极性逆程脉冲电压，经隔直电容 $3C_{20}$ 积分回路 $3R_{33}$、$3R_{26}$、$3C_{16}$ 送来形成负向锯齿波比较电压。

$3L_3$ 是可调整行频振荡线圈，所以也起到行同步作用。由于前面有 AFC 自动行频微调的作用，图像中心基本不会变动，所以 $3L_3$ 在调整好以后，一般不需再变动。

行激励级采用反极性激励。$3BG_{10}$ 集电极接有 $3R_{35}$，$3C_{23}$，$3C_{25}$ 组成网络。其作用使脉冲前后沿时间增大，防止激励管 $3BG_{10}$ 截止瞬间，在激励变压器初级绕组电感中激起高频振荡，这种高频振荡容易对通道造成干扰。此外，还能保护行激励管不致被高的反峰电压击穿。

行输出管 $3BG_{11}$ 基极，发射极接有电感 $3L_4$，$3L_5$，作用是使通过行输出管集电极的脉冲电流持续时间变宽，变化率缓慢，并能抑制行辐射干扰。调节 $3C_{26}$，$3C_{27}$，$3C_{28}$ 的大小能改变行逆程时间。电容愈小，逆程时间愈短。反峰脉冲电压幅度愈大，阳极电压愈高，行幅度小；反之，逆程电容愈大，使行幅增大。因此改变逆程电容的大小，可以调节行幅。阻尼二极管 $3BG_{12}$ 接在逆程变压器开压点上，可以补偿正程扫描非线性失真。行输出级采用自举升压电路，$3C_{35}$ 为升压电容，$3BG_{14}$为开压二极管。当逆程变压器初级绕组 $n_1=n_2$ 时，行输出管的工作电压约为电源电压的 2 倍。提高行输出级电源电压，有利于改善行扫描线性。

（七）稳压电源

变压器功率容量约 30VA，变压器初级交流电流约 0.1A。考虑开机时脉冲电流，所以交流熔断丝 $4BX_1$ 的容量用 0.5A。整流输出约 18.5V，经容量为 1.5A 的直流熔断丝输入到稳压电路。本电源额定输出电流为 1.2A，调整管电压降约为 6.5V，因而调整管功耗为 6.5×1.2=7.8W，约占整机功耗的$\frac{1}{3}$。在稳压电源输出端并接一只滤波电容 $4C_9$，以改善稳压性能。调整管 $1BG_4$ 与 $1BG_3$ 转变采用大，中功率管组成复合管。复合调整管的基极和集电极之间，接二级时间常数较大的 RC($4R_2$，$4C_6$，$4R_3$，$4C_7$)滤波电路。电源电压太低时，RC 滤波电路和复合调整管起到电子滤波器的作用。$4R_4$ 是给 $4BG_3$ 反向穿透电流提供一条通路，以减少对稳压电源的影响。$4C_8$ 的接入可以改善稳压电路的瞬时特性。稳压管 2CW15 串有 560Ω 的限流电阻，保证比较放大管 $4BG_6$ 的发射极有 8V 左右稳定的基准电压。

小　结

1. 电视传送图像时，必须通过扫描把图像分解为像素，利用光—电变换把像素亮度变成电信号。

电视中采用隔行扫描方式，其优点是在不增加帧数的情况下，解决图像闪烁问题。

图像信号（调幅）采用残留边带发送，伴音信号（调频）采用双边带发送。

2. 电子枪具有发射、加速和聚焦电子束的功能。荧光屏在电子轰击下激发荧光，其亮度随着电子束流密度和阳极高压的增大而增加。

显像管采用磁偏转方式，当行、场偏转线圈中流过锯齿波电流时，电子束同时进行水平和垂直方向的扫描，形成光栅。

3. 高频头的作用是选频，放大和变频。它的频带宽度大于 8MHz，增益 25dB，将高频电视信号变为固定的中频信号。为了抑制中频及其它干扰信号，还加有高通滤波器。高频头内高频放大器采用互感耦合双调谐放大器，为了在不同场强下的接收，采用约 20dB 控制范围 AGC 电路。本机振荡器采用电容三点式振荡器，混频器是工作于非线区的双调谐放大器。

4. 中频放大器由吸收回路和中频放大电路组成，它位于高频头和视频检波器之间。该电路的增益，频率特性和稳定性直接影响电视机的接收效果。中频放大器是图像和伴音共用通道，其电路形式多种多样，常见的是单调谐放大器，双调谐放大器，RC 耦合放大器。

5. 视频检波器：一个是解调出视频信号，另一个是将图像中频载频与伴音中频信号进行混频，从而获得 6.5MHz 的第二伴音中频调频信号。预视放将分离出第二伴音中频信号加至伴音中放。而将视频信号送进视放输出级。

6. AGC 电路的作用，使中放，高放处于线性放大状态，以保证图像质量，而不失真。

峰值式 AGC 是将视频信号作峰值检波，得到与信号峰值成正比的 AGC 电压。

键控式 AGC 电路以行逆程脉冲为选通开关，取出视频信号中的同步信号，然后滤波得到直流 AGC 电压，延迟式 AGC 在输入信号增强至某一数值以后才开始工作。

7. 要求伴音中放电路增益为 60dB 左右。通频带宽度 250kHz～300kHz，具有限幅性能。三极管限幅是利用减小晶体管动态范围实现限幅,二极管限幅是将调频信号幅度限制在二极管导通阀值电压以内。

8. 同步分离二极管箝位电路将视频信号中的同步信号箝定在一定的直流电位上,使幅度分离管只在同步期间导通,幅度分离采用正向分离方式,工作在开关状态,输出复合同步脉冲。

9. 常用于场振荡电路,间歇振荡器是由一只晶体管组成的,通过脉冲变压器建立正反馈而形成自激振荡,可以产生脉宽窄幅度大的脉冲波。甲类扼流圈耦合场输出电路的特点,电路简单、调整容易,但效率低,输出功率小。OTL 场输出电路互补对称型,是由一对特性相近的互补管组成的推挽电路。两个管都工作在乙类状态,每个管子只在半个周期工作。其优点是效率高,输出功率大,失真小。

行输出电路工作在开关状态,行输出管和阻尼管共同组成一个双向开关。行输出管在正程右半段导通,完成正程右半段扫描;阻尼管在正程左半段导通,完成正程左半段扫描。行扫描电路的主要功能是给行偏转线圈提供线性良好的同步扫描电流,并产生显像管需要的各种电压。

10. 本章所讲电视机中的稳压电源采用串联型稳压电路,输出电压为 12V 或 100V 左右。

习　题

1. 电视机的隔行扫描是如何进行的?
2. 全电视信号是由哪些信号组成的?它们各起什么作用?
3. 显像管的电子枪是由哪几个电极组成的?
4. 画出高频头的方框图,简述各部分的作用。
5. 简述晶体三极管混频器的工作原理。
6. 对中频放大器的增益要求是什么?
7. 中频放大器有哪几种常用的基本电路?它们的特点和电路形式是什么?
8. 预视放级是怎样将视频全电视信号和 6.5MHz 第二伴音中频信号分离的?
9. 为什么晶体管电视机中放、高放要加 AGC?
10. 什么是正向 AGC?
11. 在伴音信号接收过程中,从天线到扬声器它的频率经过哪些变化?
12. 说明幅度分离的工作原理。
13. 场扫描电路主要由哪几部分组成?各部分的主要作用是什么?
14. 间歇振荡器是怎样产生振荡的?
15. 行频降低后,扫描电流的变化如何?
16. 稳压电源是由哪些电路组成?

第二章　黑白电视机调试与维修

第一节　黑白电视机调试

在电视机的生产过程中，需要用各种仪器对电路进行测量和调整，使达到预定的各项指标要求。

下面以飞跃12D1-A(线路见附图)为例，简单介绍黑白电视机的电源、低放、中放、伴音和总调方法。因为目前的黑白电视机大多已集成化了，而且集成块种类也与彩色电视相同，所以集成电路的黑白电视机的调试方法可参照彩色电视机的调试方法。

一、电源和低放调试

(一)技术要求

1. 稳压电源部分的要求

(1)直流输出　输出12V应上下可调。负载电压由空载变为满载(负载电流1.2A)时，12V输出电压变化不应大于±0.2V。

(2)直流输出负载特性　负载开路时，12V输出电压变化不应大于±0.2V。

(3)电压调整率　当电源电压为220V±20%(即180V～260V)时，直流输出电压为12±0.2V。

(4)纹波系　当电源电压为160V～240V变化时，输出交流电压≤2mV。

(5)交流电源消耗　满载时小于或等于150mA;空载时，小于或等于40mA。

2. 低频放大部分的要求

(1)额定输出功率　负载为16Ω时，额定输出功率大于0.5W(相当于负载两端电压2.83V)。

(2)灵敏度当负载为额定功率输出时，低频输入电压小于或等于50mV。

(3)谐波失真　低频信号频率为100Hz时谐波失真$S\leqslant4\%$。

(4)频率响应　低频信号频率为100Hz～10kHz时，电压不均匀度小于或等于2dB。

(二)调试准备

调试仪器与电源和低放部分，如图2-1接线。

通电调试以前，先用万用表对各主要部分进行电阻测量，这样可以及时发现与排除安装中接线错误或对地短路等故障，否则在通电时将造成元件损坏。

(三)电源测试

(1)测电源消耗和负载特性　测试时，开关K_1置“220V”，K_2置于“负载”，调节稳压输出端使输出直流电压为12V±0.2V，此时A读数小于或等于150mA;K_2置于“开路”，直流输出电压允许升高0.2V，此时A读数小于或等于40mA。

(2)测电压调整率　开关K_1置于“可调”，开关K_2置于“负载”，调节调压变压器，使电源

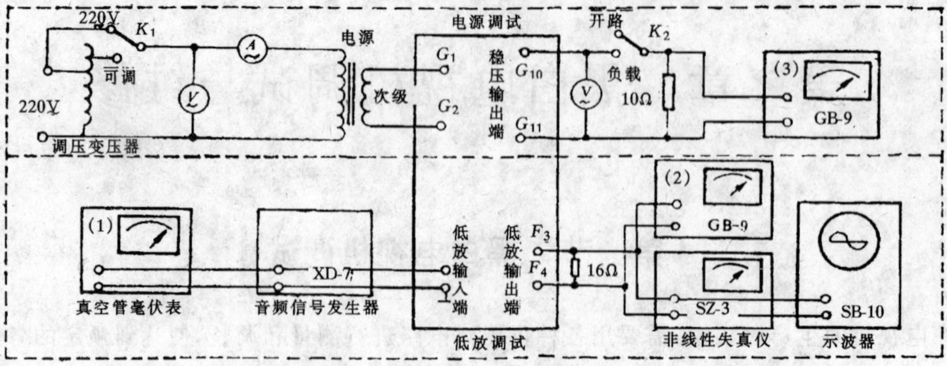

图 2-1 调试电源和低放的接线

电压从 180V 变到 260V，此时直流输出电压允许变化±0.2V。

(3)测纹波电压　开关 K_1、K_2 位置同上，真空管毫伏表 GB-9(3)置于 10mV 档，调节调压变压器使电源电压从 160V 变到 240V，由真空管毫伏表(3)测得交流纹波电压不大于 2mV。

(四)调试低放部分

测试设备开关 K_1 置于“220V”，将印版上低放部分的 12V 电源线焊好；真空管毫伏表(1)量程置于 100mV，监视输入音频信号电压；真空管毫伏表(2)量程置于 3V，监视负载两端输出电压。音频信号发生器频率置 1000Hz 逐步增加音频输出电压，同时调节低放管的静态偏置使示波器所示不失真输出幅度最大。此时要求真空管毫伏表(2)所示输出电压大于或等于 2.83V (相当于 16Ω 负载上输出功率为 0.5W)。

(1)测低放灵敏度　减少音频输出电压，使真空管毫伏表(2)读数正好等于 2.83V，此时真空管毫伏表(1)所示电压即为低放灵敏度(≤50mV)。

(2)测谐波失真　使输出幅度为额定，并使真空管毫伏表(2)所示输出电压达－2dB 刻度处，改变音频信号频率为 100Hz 和 10kHz(真空管毫伏表(1)读数不变时)，真空管毫伏表(2)所示相应的输出电压变化应在－4dB～0dB 之间。

二、中放调试

下面按中频 38MHz 的要求介绍中放调试方法。

(一)技术要求

(1)中放增益　从图像第一中放至预视放的总增益应该达到 60dB 以上。

(2)中放频率特性　曲线应为单峰，图像中频 38MHz 位于 50％±15％电平上；频率宽度在－3dB 处(相对电平为 70％处)，$B \geqslant 4.5$MHz，伴音中频(31.5MHz)的幅度相对于图像中频的幅度为－20dB～－26dB，对低频道的伴音中频 39.5MHz 和高频道的图像中频 30MHz 的选择性大于或等于 20dB(相对图像中频 38MHz)。

(3)自动增益控制特性　当输入信号分别置于衰减“60”dB 和衰减“20”dB 时，曲线均应符合 $B \geqslant 3.5$MHz，图像中频(38MHz)上下幅度变化不大于 15％，而且当衰减“60”dB 时，曲线不应有自激现象，高放 AGC 较中放 AGC 延迟 30dB～40dB(一般选 34dB)后起控。

(二)调试准备

将 BT-3 输出用空载探头通过 0.01μF 电容接到图像中放输入端，输入用空载探头接到预视放管的射极电阻，接通 12V 电源。

（三）调试步骤

（1）调吸收点　将 BT-3 的 Y 轴衰减置于“10”dB（调试时都不再动），输出衰减置于“20”dB（大信号）时，在 30MHz～40MHz 处荧光屏上出现波形（此时波形未经调试，形状不必讲究）。短接 22μF 电容，并调节三个吸收回路的电感使曲线在 30、31.5 和 39.5MHz 处分别出现吸收峰（符合技术要求 2）。

（2）调中放曲线　将 BT-3 输出衰减置“40”dB（中信号），去掉 22μF 电容上短接线调节 Y 轴增益，使输出曲线显示五格（即预视放输出幅度 U_{pp}=1V），调节中周和匹配线圈使之符合中放频率特性要求。

当输入信号分别置衰减“60”dB（小信号）和“20”dB（大信号）时，中放曲线均应符合 $B \geqslant$ 3.5MHz，而且当衰减 60dB 时，曲线不应有自激，其它均应符合中放频率特性要求。如不符合，可反复调节，直至符合要求为止。

（3）调中放增益　当 BT-3 输出衰减置“60”dB 时，中放曲线幅度显示应大于五格。

（4）调高放延迟量　中放在 60dB 开始起控，高放应该延迟 34dB 后起控。因此，中放曲线调好后，将输出衰减开关置于“26”dB（信号增强 36dB），调节高放 AGC 延迟电路中的可变电阻，使高放 AGC 的电压由 2.9V 上升到 3V 即可。

三、伴音调试

（一）技术要求

（1）灵敏度　预视放基极输入 1mV，频偏为±15kHz 的 6.5MHz 调频信号，鉴频器音频输出电压不应小于 50mV。

（2）伴音中放曲线

①测得的单峰曲线峰顶应在 6.5MHz 与 6.3MHz 中间（考虑仪器和接线等分布电容的影响）。

②测得的双峰曲线中点应在 6.5MHz。

③由鉴频输出点测得的 S 曲线在 6.5MHz±15kHz 内应线性良好，曲线上下对称。

（3）调幅抑制比　应不小于 30dB。

（二）调试准备

将 XFC-6 输出信号频率用 E312 校准在 6.5MHz 上，每两小时校准一次。

将 BT-8 垂直衰减置于“10”，输出衰减置于 0dB，用示波器校正 BT-8 输出 U_p=1V 时，荧光屏显示五格。

（三）调试步骤

（1）单峰曲线　BT-8 输出衰减置于“14”dB，垂直衰减置于“10”。输出接预视放的基极，输入用检波探头接伴音输入端。调节 6.5MHz 调谐回路，使单峰波符合技术要求且输出幅度最大。

（2）双峰曲线　BT-8 输出衰减置于“54”dB，垂直衰减置于“10”。输入用检波探头改接到伴音中放输出端。调节鉴频器初次级回路，使双峰波形符合技术要求且输出幅度最大。

（3）调 S 曲线　BT-8 衰减位置同上。输入用检波探头改接到鉴频输出端（音量电位器两端），S 曲线符合技术要求。

(4)测调幅抑制比　XFC-6 置于(1000Hz/s 内调幅)调幅度 30%,信号频率 $f=6.5$MHz,输出信号幅度 1mV。将信号输入到预视放的基极,微调鉴频器初次级回路使扬声器(或负载电阻),两端交流输出电压小于 24.5mV。

再将 XFC-6 置于(1000 Hz/s 内调频)频偏 15kHz,信号频率 $f=6.5$MHz,输出信号幅度不变。此时扬声器(或负载电阻)两端交流输出电压大于 0.775V。即调幅抑制比

$$20\lg\frac{\text{调频输出电压}}{\text{调幅输出电压}}\geqslant 30\text{dB}$$

(5)灵敏度　XFC-6 工作状态不变(1000Hz/s 内调频)。此时鉴频器负载(音量电位器)两端交流输出电压应大于 50mV,即鉴频灵敏度大于 50 倍。

四、整机调试和检测

整机调试步骤如下。

(一)检查外观

外壳、显像管等的表面有无烫伤、擦伤现象,频道开关及微调旋钮应转动灵活。

(二)检查整机功耗

将电视机电源插头按图 2-2 插到电源调节器的插座上,K_2 置 220V 位置。开机后接收图 2-3 所示的亮度适中(指对比度最小时,调亮度旋钮使灰度等级最佳状态)音量足够大的 HS-1 测试卡信号时,整机交流电流为 140mA 左右。

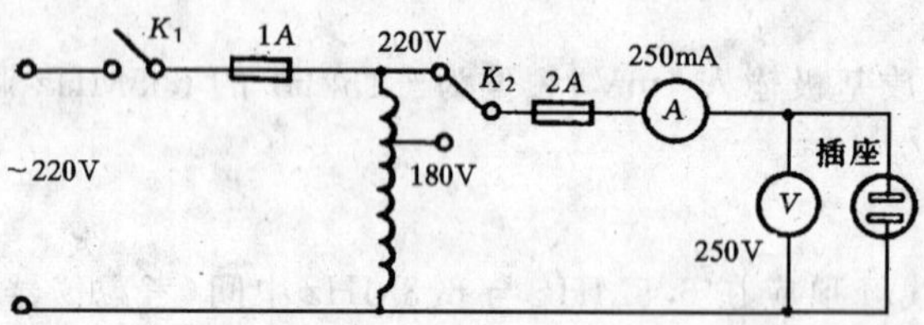

图 2-2　电源调节器

(三)空频道检查光栅

光栅上不应有明显阻尼条、行脉冲干扰、垂直白条、寄生辐射、明暗不匀、自激跳火、麻点飞火、跳跃、滚条等现象。亮度开至最亮时,帧回扫线不得多于 4 根,对比度最小时亮度能关得暗,关机后,屏幕中心不应有亮点。

(四)击机检查

用橡皮锤击印板时,空频道光栅上应无黑白条及其它不正常现象,扬声器应无"咯咯"声,接收 HS-1 测试卡信号时,图像上应无黑白条及其他不正常现象,图像不应晃动。

(五)检查电位器作用

亮度对比度、音调、音量电位器应起作用,各电位器缓慢转动时,屏幕上无明显噪声干扰及突跳,扬声器无杂音。

(六)检查图像质量

接收 HS-1 测试卡,在音量最小,亮度适中情况下,调节天线、频道及微调使图像最佳。此时,灰度应明显分出六级,分辨力应看清 5MHz 脉冲串,但不应有错格、扭格及第一格歪扭等现象。

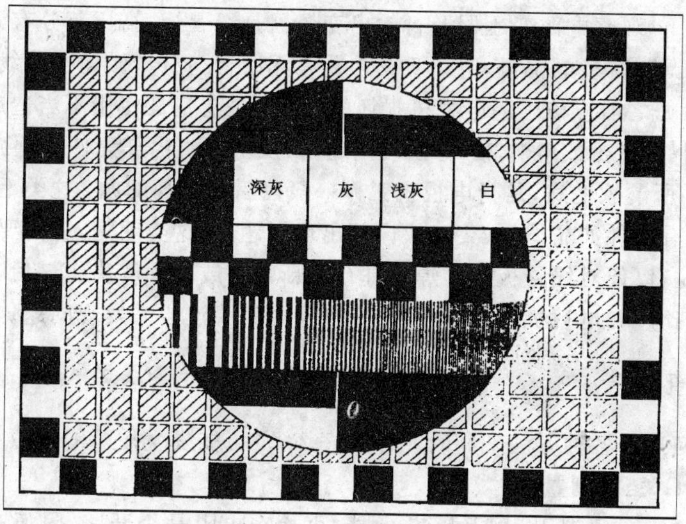

图 2-3 HS-1 测试卡信号

(七)检查伴音质量

音量开至足够大时,声音宏亮,无明显失真,无帧频声及杂声,图像上无伴音干扰。

(八)检查行消隐

调节行频时,图像左侧或右侧不应有雾状垂直白条或黑白条。

(九)调帧同步范围

将帧频电位器旋至最高端,调帧频内调电位器,使帧失步,检查帧同步范围,帧频电位器转角应小于或等于 90°。在帧同步范围内除少数位置外,图像不应有上下微抖现象。

(十)调中心

将音量及对比度调为最小,亮度适中。把偏转线圈向屏幕方向推足,使图像上电子圆的中心垂直线与上下围框边垂直,然后旋紧偏转的固定螺丝。

(十一)调聚焦

亮度适中时,调聚焦电位器,使边缘两格以内,对角线三格以内的行扫描线最清楚(以保证电子圆为主,兼顾边缘)。

第二节 黑白电视机维修

维修电视机是一项既要有理论知识,又要有丰富的实践经验的综合性工作。这就要求初学者首先要懂得黑白电视机的基本工作原理,并能根据工作原理和故障现象分析判断故障的大体部位,准确地找到故障元件。所以掌握维修电视机的基本方法并加以灵活运用,要不断地学习新知识,才能提高维修技术。

一、维修前的检查

要判断电视机的故障,首先要进行直观检查,就是在不用仪器的情况下,利用人的直观感觉看、听、问、调。对电视机进行外观检查,从而估计出故障原因及其范围。

观看机械固定件是否松动、脱落,导线是否碰断、脱焊,电阻是否烧焦,电容器是否漏液、胀裂。在通电的情况下，观察电源变压器及行输出变压器是否冒烟，高压部分有无打火现象，显像管灯丝是否发亮。调节音量电位器，听一听扬声器有无杂音、哼声，微调行频线圈或电位器是否能听到行频声。检修之前应该了解电视机损坏的经过。搞清楚是使用不当造成的，还是因为其它原因造成的。例如，雷击或电源220V出现问题，以及电视机内部元件老化而被损坏。主要问清是否是软毛病。所谓软毛病，是指电视机工作一段以后才出现问题。这类毛病一般是线路板虚焊所造成的，也有元件如晶体管、集成块内部出现问题。修这类毛病，首先要判断故障所在在机器内的准确部位，以便对线路板上的焊点进行重新焊接或换件解决。最后，维修人员通过调谐电视机亮度，对比度和电视机行、场同步旋钮以及高频头波段来发现问题。

二、故障检查方法

下面介绍如何通过各种方法来判断元件的好坏，及可能发生故障的部位。

（一）万用表"Ω"档的测量

在电视机不通电的情况下，用万用表Ω档，可检查电阻是否开路，阻值有无变化，电容是否击穿，容量是否变小。测量电感、变压器、中周线圈时，它们阻值很小不应断路。测量二极管三极管PN结的正反阻值，能初步判断好坏。

（二）测量电压

电压检查是维修电视机一个主要方法。因为某一级的工作正常与否，在大多数情况下是和该级的直流工作电压有关。即使是碰到最复杂的故障，也往往需要着重检查该级的电压情况，从而判断该级的工作状态。测量电压一般先从电源电压测起，然后再依据原理图所标称的标准电位测量。注意，有一些直流工作电压，在有信号和无信号时电压值是不一样的。

（三）仪器检查

常用仪器有示波器、扫频仪。用示波器可观察视频信号，同步脉冲及扫描电路各部分的波形。依据波形有无、波形形状、幅度、宽度、有无杂波混入。可以较为方便准确地判断故障部位。

扫频仪用来检查和调整高频头、中放级、检波级和视放级及伴音中放、鉴频器的频率特性增益大小情况。

用波形法检修电视机故障既直观精确，又迅速有效。但是要注意，当电视机没有电源变压器，而且是整流后同一地线（此线路板称热底板）时用仪器测量必须把它们用隔离变压器分开。两台机器不能在同一电网上。

（四）信号注入

这种方法是将一定的信号注入到电视机的有关电路中。通过显像管的光栅和扬声器的音量反应，来作出故障判断。信号注入，一种是用仪器产生的各种信号，如音频信号发生器注入低放听是否有声音；方格信号发生器注入视频接口及高频头前天线的输入端（注：方格发生器有视频输出和射频输出），通过显像管看有无图像。另一种用人体感应信号，手握金属镊子、螺丝刀等去碰触各级的输入端或晶体管基极。通过图像及伴音的反映来判断故障部位。这种方法主要检查公共通道及视频、低放部分。

（五）其它方法

（1）开路法　对于一些电流过大的短路性故障，如电源输出电流过大而形成电压下降，可以分别去掉电源某个负载，如场部分、行部分、中放部分。当发现电压值正常时，则故障就在此部分电路中。

(2)参照法　当资料不全，也没有图纸时又遇难度较大故障，此时，可参照同样机器，对比检测检修。一旦发现不一样之处，故障即可排除。

(3)替代法　如怀疑某组器件有问题，在条件允许的情况下，可直接替换，如高频头、电源板等等。通过这样替换，可以比较简单地发现组件部分的好坏。

三、维修中注意事项

更换元件要使用与原机同一规格的，例如电阻中所标的 W 数，电容中耐压值以及晶体管各项参数等，专用器件绝对不能替代。

焊接元件时，一定要焊接牢靠。特别注意焊接时绝对不允许同其它点连接一块。以免短路而出现更多的故障。

显像管的阳极高压帽在切断电源后，仍有充电电荷，在检修过程中要注意防止触电。

检修时不要随便调整一些不应调节的磁心、磁帽，以及可调电阻，使那些本来无故障的部分工作失常。

四、故障判断

(一)电源部分

稳压电源经常出现的故障有：

输出电压过低，甚至为零，造成电视机无光栅、无声音。

输出电压下降，造成屏幕光栅行、场幅度变小。

输出电压纹波太大，使伴音有交流声，同时在屏幕上看到滚动亮带。

造成输出电压不正常的原因，不一定都是稳压电路不正常。判断稳压电源的好坏，最好办法是断开负载。同时在输出端并上一只假负载(10Ω/20W)此时弄清楚是外部原因还是稳压电路本身故障。

稳压电源修理，首先要在断电情况下，用万用表 Ω 档测整流后两端阻值不能为零。通电检测此点电压应为 19V。根据这点电压大小，就能判断问题所在部分。19V 正常就说明问题在电源调整电路上，即可逐一检测发现损坏的元器件。低于 19V，可检测整流后滤波电容的容量是否变小，桥式二极管有无损坏，如没有直流电压，检测变压器初次级交流电压就能发现故障。

(二)高频头中放电路及 AGC 电路

故障现象：(1)无图像、无声音；

(2)图像淡，出现雪花；

(3)图像时有时无；

(4)图像扭动；

(5)图像与伴音失调。

这几部分是相互联系的，检修较复杂。最好用扫频仪检测，发现问题快。

用金属棒碰触各级晶体管基极，观察屏幕上有无杂波反应。一般从最后一级中放开始，直到高频头输入端。

下面根据电视机工作原理判断几种故障发生位置。无图像、无声音，但有噪声点，一般是本机振荡不工作。

图像扭动，往往是 AGC 电路失控，或是调整不当。当图像最佳时，伴音失真；伴音最佳时，图像不理想，原因是中放曲线偏移，在小于 31.5MHz 以外区域中，不应衰减太大。重新调整吸收点，使之提高一些，故障即可排除。

（三）帧扫描电路

这部分故障主要有，一条横线、幅度不足、线性不好、不能同步。检修时用万用表检测三极管电压，如没发现问题，一般就是电解电容的容量变小所致。调谐场同步电位器，能判断出不同步的原因。如图像向下滚动，调谐同步电位器不起作用，此时是因场振荡电容容量变小，而振荡频率变高。反之，振荡频率变低，图像向上滚动。如调谐电位器能瞬间同步，应检查积分电路。

（四）显像管电路

如在阳极电压正常情况下，打开电视机，亮度较暗，若调大亮度，则聚焦变坏，对比度调大也同样使图像散焦，则说明显像管已衰老。

（五）检查故障步骤流程

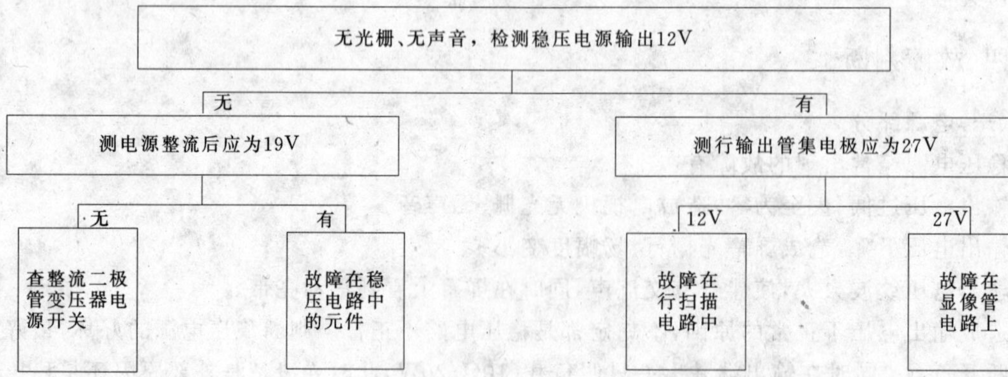

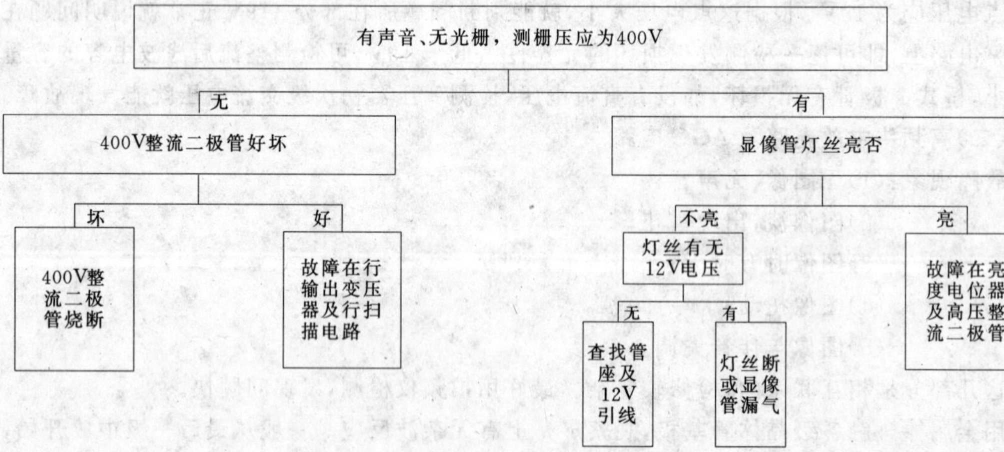

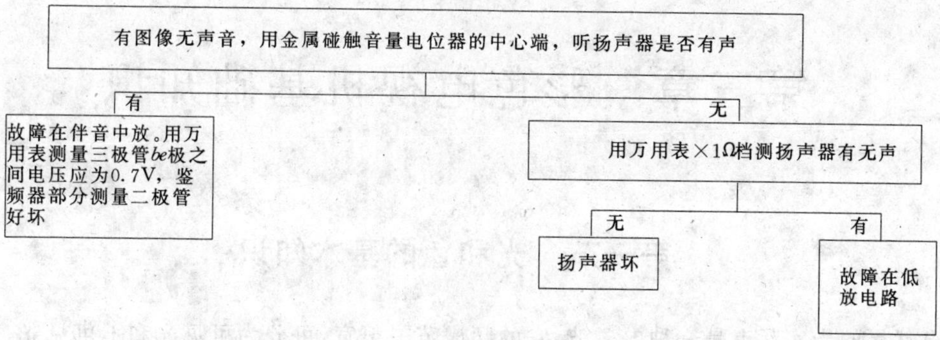

垂直一条竖线	——	查行偏转线圈
亮度大不可调	——	视放集电极电压太低
光栅缩小而稳定	——	电源稳压器低于 12V
行场都不同步	——	同步分离管坏
关机有亮点	——	消除亮点电容容量下降
图像模糊	——	聚焦电位器失调

小　结

黑白电视机的调试，根据电视机各部分的技术要求，准备好相应仪器设备，按其步骤进行，最后进行整机统调。

做好电视机检修工作，维修人员要具备理论基础知识，学会仪器、万用表的使用。能识别各种元器件。并能检测元器件的好坏。

在实践中用电压法，电阻法，仪器测量等，判断故障的轻重情况，以及现备条件。重要的是要注意在实践中探索，不断发现一些规律性的东西，这样就能不断提高维修技能。

习　题

1. 怎样用万用表 Ω 档判断元件好坏和电路中故障所在？
2. 调帧同步电位器能发现什么问题？
3. 电视机伴音时有时无应怎样修理？
4. 怎样判断显像管老化？

第三章 彩色电视机基础知识

第一节 光和色的基本知识

自然界的光实际上是一种电磁波，它的频谱范围很宽，可分为可见光和不可见光，其中红、橙、黄、绿、青、蓝、紫色光是可见光，低于红色光频率的光如红外光，高于紫色光频率的光如紫外光都是不可见光。从图 3-1 所示的光谱范围图可见，可见光只是光谱中的一小部分。

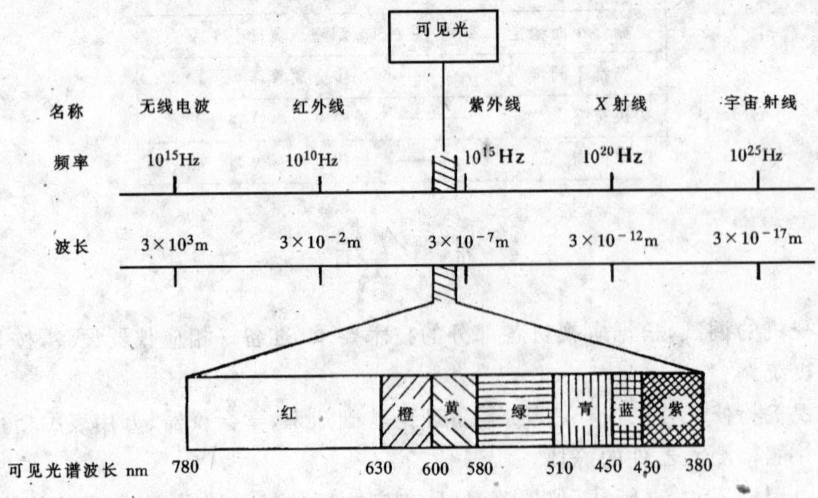

图 3-1 电磁辐射波谱

普通的白色光通过棱镜可以分解成红、橙、黄、绿、青、蓝、紫等七色光，而这七色光中之一再经过棱镜则不能再分解成其它颜色的光。这表明，白色光是由各种颜色的光合成的。见图 3-2。可见光的光谱是连续的，从一种颜色的光过渡到另一种颜色并没有明显的界限，从红逐渐变化过渡到橙，又从橙逐渐变化过渡到黄……，这样构成了千变万化的自然景色。

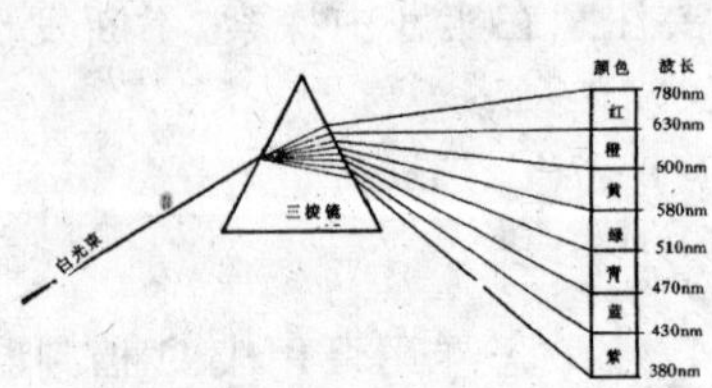

图 3-2 白光经棱镜折射分解成彩色

颜色是人眼睛对自然界各种景物的感觉，各种景物的颜色不同，实质上是不同景物对各种颜色的光吸收和反射的特性不同所致。我们在阳光下看到红色的花和绿色的叶，实质上是白色的阳光照到花和叶子上，花具有吸收红色以外的各色光只反射红色光的性质，所以人们所看到的花就是红色的；而叶子则具有吸收绿色以外的各色光只反射绿色光的性质。由于这种特性，景物在不同光源的条件下所感觉的颜色也是不同的。例如，树叶在阳光下看是绿色的，而在红光照射下则是黑色的，因为红光照到树叶时全被吸收，而没有光反射回来，所以是黑色的。

各种色光都可以用亮度、色调和色饱和度三种参量（特征）表示出来，这就是光的三要素。

色调由光的波长来决定，不同波长的光代表不同的色调。例如红、橙、黄、绿、青、蓝、紫，就分别代表红色调、橙色调、黄色调……，不同波长的光有不同的色调，但它们之间也可能互相配合而产生新的色调。例如在红色光中配入少量的绿光，红色调就会起变化，当绿光逐渐增强时，红光就渐渐变成橙色光。当绿光和红光相等时，最后成为黄色光。

色饱和度又称色度或色浓度，它是指颜色的深浅程度。它与彩色光中所含白色的比例有关，白光的比例越多，色饱和度越低，白光的比例越少，色饱和度越高。

亮度是指彩色光对人们眼睛作用后，人眼所能感到的明暗程度。当色调和色饱和度固定时指彩色光的能量增强，亮度就会增大；把彩色光的能量减少，亮度就会降低；色光的能量为零时，则亮度也为零。物体的亮度由被其反射的光的强度决定，反射光的强度大，物体的亮度就大，反射光的强度小，物体的亮度就低。

第二节　三基色原理和色的度量

一、三基色原理

自然界中任何一种颜色均会引起不同的色彩感觉，但相同的色彩感觉却可以来源于不同的光谱成分组合。例如，把适当比例的红光和绿光混合，可以产生与黄单色光相同的色彩视觉效果。又如，呈现连续光谱的白色日光，也可以由适当比例的红、绿、蓝三种单色光混合而得到。根据实验，自然界出现的各种颜色，几乎都可以由红、绿、蓝三种单色光以不同的比例混合而得到。

根据人眼色彩视觉的特性，在色彩复现过程中，并不要求恢复原景物反射光的光谱成分，重要的是应获得与原景物相同的色彩感觉。于是，可以选择三种基色，将它们按不同的比例进行混合，以引起不同的色彩感觉，即利用混色的方法来达到重现彩色图像的目的。所谓三基色原理，就是任何一种颜色都可以由三种独立的基色配成。红色、绿色、蓝色通常作为三个基色，分别以 R、G、B 三个字母表示。

三基色原理的基本内容有：

(1)所有自然界中能够见到的各种颜色，都可以用三个基色按一定比例混合得到；反之，任意一种颜色都可以被分解为三个基色；

(2)相加混色中，都选用红、绿、蓝为基色。作为基色的三种颜色，要相互独立，即其中任何一色都不能由其它两色混合来产生；

(3)三种基色之间的比例，直接决定混合色的色调与饱和度；

(4)混合色的亮度等于参与混色的各个基色分量的亮度之和。

三基色原理是对颜色实行分解、混合的重要理论。根据这一理论，任何一种合成颜色，它的光谱成分都是相同的红、绿、蓝三种，只是相对强度不同而已。但因视觉效果不同，故被认为是不同的颜色。这样，要传送和重现色彩千差万别的自然界景物，根本不需要寻求各种颜色的真实波长与强度，而只要混合三个基色来达到等效就可以。这大大简化了传送和重现彩色图像的技术措施，使近代的彩色电视成为现实。

二、混色法

利用三基色按不同比例混合来获得不同颜色的方法，称为混色法。彩色电视都是利用相加三个基色来获得彩色图像，称为相加混合法。用红、绿、蓝三种基色光部分重叠地投射到白色屏幕上将得到如图 3-3 所示的混色结果。重叠部分是两种或三种基色相加混合后的彩色效果。

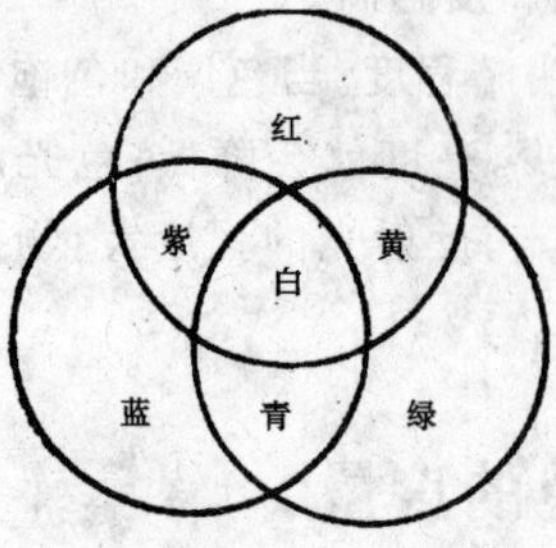

图 3-3 相加混色

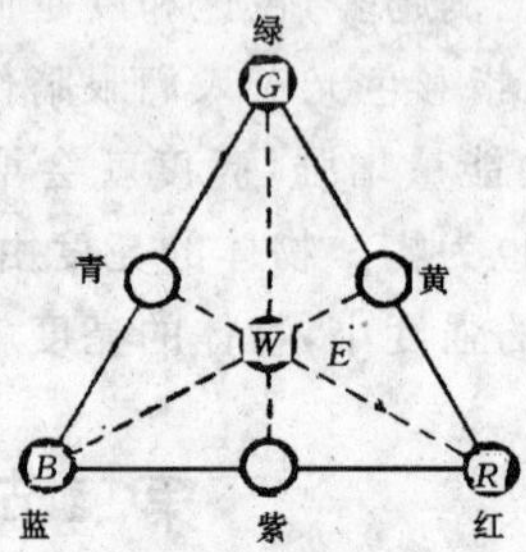

图 3-4 彩色三角形

这里红、绿、蓝是基色，而黄、青、紫是混合色，它们还是相应基色的补色。所谓补色，就是指相加得到白色的两种颜色。例如：黄与蓝互为补色；青与红、紫与绿也是互补色。

这是因为

红＋绿＋蓝＝(红＋绿)＋蓝＝黄＋蓝＝白

红＋绿＋蓝＝红＋(绿＋蓝)＝红＋青＝白

红＋绿＋蓝＝(红＋蓝)＋绿＝紫＋绿＝白

的缘故。

如果同时将三种基色光分别投射到同一表面的三个相邻点上，只要这三个点相距足够近，人眼就会产生三种基色光混合后的色彩感觉。这种空间混色法是目前彩色显像管中获得彩色图像的基础。除此以外，将三种基色光按一定顺序，以足够快的轮换速度投射到同一表面上，由于视觉惰性，也能获得相同的色彩感觉。这种方法称为时间混色法，用它也能获得彩色图像。

与彩色电视中采用的相加混色法不同，在彩色印刷、彩色胶片和绘画中采用的是相减混色法。在减色法中通常选用黄、紫、青为三基色，它们能分别吸收各自的补色光，即蓝、绿、红光。在白光照射下蓝、绿、红光也将按相应的比例被吸收，从而呈现出各种不同的颜色。

三、彩色三角形

彩色三角形是一种简单而直观的混色图形，它把所选定的红、绿、蓝三种基色放在等边三角形的三个顶点上，如图 3-4 所示。用它可直观地表示彩色合成时的色度关系，衡量出三个给定颜色进行相加混色时可能得到的颜色的大致范围。这有助于表明传送某种色彩时色度信号携带的是怎样的信息。图中，沿红—绿边表示的是由红色与绿色相加混合构成的颜色，黄色位于等量的红色与绿色相加处，是该边的中点。其余颜色，例如橙色位于红黄之间的一点上，而草绿色则位于黄绿之间的一点上。同样，等量绿色与蓝色相加所得的青色、等量红色与蓝色相加所得的紫色，分别位于相应两边的中点。彩色三角形三条边上的颜色是由两种基色相加混合而成，为饱和色，而三角形内部的彩色由三基色按不同比例混合而成，为非饱和色。三角形的中心，由等量的红、绿、蓝三种基色相加混合而成，所以中心 W 点代表了白色的位置。

彩色三角形还直观地显示下述关系：穿过 W 点任意一条直线，它与三角形边相交的点所代表的颜色为互补色。在三角形上一点(例如 R 点)是饱和度为100%的饱和红色,沿着直线 $R\text{-}W$ 向 W 移动,红色随着白色成分增加而逐渐变淡,成为粉红色,在 W 处红色完全消失而成为白色。这说明当沿着 $R\text{-}W$ 移向 W 时,彩色的饱和度逐渐下降,直至为零,而色调不变。

四、彩色度量

彩色度量建立在三基色原理基础上,为的是确定出一定的尺度标准对色彩这个物理量进行度量和计算。由三基色原理知道,按不同比例混合三种基色光,能获得某种混合色光。色度学中,以等能量 $E_{白}$ 光作为标准白光,将其中含有的红、绿、蓝三种基色光的光通量各定为一个单位量(也称基色量),并以此作为度量其它彩色光的尺度,基色单位量的符号分别用 (R)、(G)、(B) 来代表。根据国际照明委员会(CIE)规定 (R) 为波长700nm,光通量为1lm的红光;(G) 为波长546.1nm,光通量为4.5907lm的绿光;(B) 为波长435.8nm,光通量为0.0601lm的蓝光。采用上述基色单位量之后,配制 $E_{白}$ 光的表示式可写成

$$F_{E_{白}}=1(R)+1(G)+1(B)$$

如将上面方程式中 (R)、(G)、(B) 前面的系数,分别用 R、G、B 来表示。则对于任意一种色光 F 来说,它的度量公式可以写成

$$F=R(R)+G(G)+B(B)$$

方程式中的 R、G、B 称为三色系数,R、G、B 三者之间的比例关系决定所配色光 F 的色调和饱和度。例如,已知 $R:G:B=1:1:1$ 是饱和度为零的白光,则 $R:G:B=1:1:0$ 是饱和度为100%的黄光,因为此时的配色方程变为

$$F=R(R)+G(G)+B(B)=1(R)+1(G)+0=\text{黄色光}$$

这就是说,等量红基色与绿基色相加合成黄色。再例如,$R:G:B=1:1:2$ 应是浅蓝色,因为此时配色方程变成

$$\begin{aligned}F&=R(R)+G(G)+B(B)=1(R)+1(G)+2(B)=[1(R)+1(G)+1(B)]+1(B)\\&=\text{白光}+\text{蓝光}=\text{浅蓝色光}\end{aligned}$$

这表明蓝基色光被白光所冲淡,成为非饱和的蓝色光。

彩色光 F 的亮度可以根据格拉司曼定律来计算,即混合色光的亮度等于各个混合分量(三色分量)亮度之和。例 $F_{E_{白}}$ 的光通量为

$$F_{E_{白}}=1(R)+1(G)+1(B)=1\times1+1\times4.5907+1\times0.0601=5.6508(\text{lm})$$

任意彩色光的通量为

$$F=1\times R+4.5907\times G+0.0601\times B(\text{lm})$$

五、色度图

在彩色电视中,被传送的彩色景物的亮度信号和色度信号是分开的。在只考虑彩色光的色度情况下,起决定作用的是三色系数 R、G、B 的比例关系,而不是其数值大小,因而只要用三个相对色系数中的两个就可以明确表示色度。所以,各种彩色的色度可以采用平面表示法,色度图就是用直角坐标系来表示各种色度所画的平面图形,它比彩色三角形更加完备,因而也更加有用。

但是实践证明:对于彩色光的度量,如果用物理三基色 (R)、(G)、(B) 来进行的话,虽然物理意义清楚,但是使用起来却很不方便,因为在配制彩色时,三色系数会出现负值。即在配制彩

色光时，有时需要减去其系数为负值的某基色光才能获得待配的彩色光。这样，实施时有时需要用减色法。这在以加色法实现重现彩色图像的彩色电视中，就无法使用。为此，国际照明委员会使用 XYZ 计色制，采用虚拟的三基色(X)、(Y)、(Z)来进行彩色的度量及计算。在选择 XYZ 计色制的三基色单位(X)、(Y)、(Z)时，必须满足：

(1)配色方程中的三个色系数 X、Y、Z 均为正值。

(2)合成彩色光的亮度仅由 $Y(Y)$ 数值决定。即另两个基色不构成混合色光的亮度。合成色光的色度仍然由 X、Y、Z 的比值确定。

(3)当 $X=Y=Z$ 时，仍然表示等能量白光 $E_{白}$。

经过数学变换及运算，在 $x-y$ 平面直角坐标系统画出了表示各种色彩的色度，如图 3-5 所示，称为 XYZ 色度图。自然界所有可见光的谱色都位于图形内的舌形曲线上。曲线上的(R)、(G)、(B)即为物理三基色的位置。曲线上任意一点都对应一种波长的谱色光，舌形曲线内部各点所代表的是混合色。混合色只能用色度坐标来与之对应。

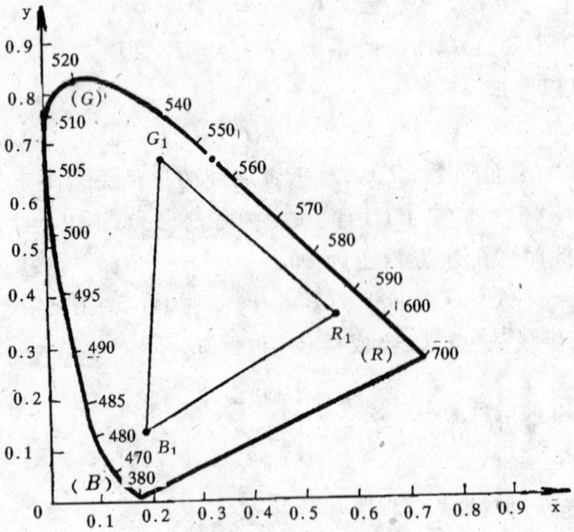

图 3-5 XYZ 色度图

如将色度图上任意三点(如 R_1、G_1、B_1)作为三基色，则相配后得到的所有色彩都包含在以这三点为顶点的彩色三角形内部，而三角形外各色不能由此三基色混合得出。由此，要求彩色显像管选择合适的三基色荧光粉，使它构成的三角形面积尽量大，能显示更丰富的彩色。

六、彩色的重现

(一)彩色的重现

根据三基色原理，自然界中绝大多数的彩色都可通过三种基色混合调制的方法仿制出来，混合配出的彩色与原彩色对人眼将引起相同的彩色视觉。因此在摄取景物时，可用三个摄像管分别取得代表景物的三个彩色光分量的信号，经过适当处理与传送，再通过彩色显像管利用空间混色法来重现彩色。

在彩色电视显像管中，都以荧光粉作为发光体，它们所发的色光，就是合成彩色图像的基色光。从 $x-y$ 色度图看，物理三基色(R)、(G)、(B)位于谱色曲线上，具有 100%饱和度，很难找到理想的荧光粉产生这种波长的光。所以，在实际的彩色重现技术中，必须找另外三种光作为重现彩色的基色光。选择显像基色有两点考虑：一是所选的三基色在混色时，应获得尽可能多的颜色，即在色度图中由显像三基色所构成的三角形面积要尽可能大；另一方面基色的亮度应足够大。所以，应尽可能选用发光效率高、色彩鲜艳的荧光粉。但这受到荧光材料限制。我国电视制式规定，三种显像荧光粉在色度图上的坐标值为：

红色：$x=0.64$　　$y=0.33$；

绿色：$x=0.29$　　$y=0.60$；

蓝色：$x=0.15$　　$y=0.06$。

由于显像三基色不很饱和，故它所组成的三角形面积比较小，但已包含了日常生活中常见到的大部分颜色。因而，重现的图像，仍令人感到彩色逼真、丰富。

（二）亮度方程式

在 XYZ 计色制中，只有 Y 代表亮度。由显像三基色配出的任意彩色光的光通量为

$$Y=0.30R+0.59G+0.11B \tag{3-1}$$

这就是常用的亮度公式。就是说，当送到显像管三路电压相等时，红、绿、蓝三种荧光粉所发出的亮度之比，应当符合公式中系数的比例关系。这时荧光屏上应呈现为标准白光。假设白光亮度为 100%，则红光亮度为 30%，绿光亮度为 59%，蓝光亮度为 11%。所以，根据亮度公式可直接由显像三基色含量导出亮度。

如果 3-1 式中 R、G、B 代表荧光屏上被扫描像素的显像三基色含量随时间的变化，即代表基色信号，则式中 Y 就代表被扫描像素的亮度随时间的变化，即代表亮度信号。所以只要用三只摄像管摄取了基色信号，就可不用另一只摄像管摄取亮度信号，而直接由亮度公式通过电路合成出亮度信号。

在彩色电视信号传输过程中，亮度信号以电压的形式来代表，则亮度方程式应改写成电压方程形式，即

$$E_Y=0.30E_R+0.59E_G+0.11E_B$$

这是彩电工程中进行计算的最基本公式。

第三节　彩色电视信号的传输

一、彩色电视广播的传输方式

我们在电视屏幕上看到的精彩节目、新闻、讲课和演出等内容丰富，千变万化。从中可获得各种知识和精神享受。这些节目都是由视频摄像机和话筒将现场的景物和声音变为电视信号再送到电视台，经过调制处理后由发射天线向空间传送。

在空间即天空传播的信号为射频信号，其频率在 50MHz～1000MHz 之间。它就像运载工具一样把图像和伴音信号带到很远的地方，数十公里至数百公里，只要天线发射塔足够高，就可以覆盖周围较大的面积。

电视广播，每套节目都有独立的频道，频道的亮度与采用制式有关，例如我国采用的 PAL/D 制其中 D 制规定了每个频道为 8MHz 宽，PAL 为彩色制式，规定了彩色信号调制方式。根据频率的不同，又划分波段，“*L*”段为 1 频道～5 频道，“*H*”段为 6 频道～12 频道，“*U*”波

段为 13 频道～57 频道。在有线电视传播中还设立了增补频道。

接收机对发射台发射的电视信号可以单独接收，也可以集中接收，在无线电波容易被遮挡的高楼林立地区，在每幢大楼内多台接收机可以共用一副架得很高的天线和一些附加设备来进行集中接收后再分配使用。

微波传输：为了向更远的距离传送电视节目，利用微波接力干线进行接力传输，依靠省际和省内的微波接力网可以及时的将中央电视台的电视节目送到各个地区，而省电视台的节目也可以回传给中央电视台。

电缆传输：在一个或部分地区内用电缆组成网来传送电视节目叫电缆电视，或称为有线电视(CATV)。它可以转播电视发射台发送的节目，也可以播送本台(本网)自办的节目。目前电缆电视在我国城镇已经普及，家庭中的彩色电视机可以通过电缆选择收看几十套节目。今后的发展电缆电视还可以是双向性的，用户可以通过电缆向电视台预定自己喜欢的节目，也可以把自己制作的节目提供给电视网供大家收看。

卫星传输：随着通讯技术的发展，卫星电视广播也越加普及和完善。用同步卫星或同步广播卫星作转发器，可以向地球面积的三分之一覆盖区内的地面站传输国际、国内电视节目。地面站将接收到的电视信号再通过电视台发射塔和有线电视网发送到用户的接收机中，用户也可以直接通过卫星接收天线和卫星接收机把卫星传输的信号转换成电视机所能接收的频率上收看电视节目。

二、彩色电视信号的形成和传输

(一)传输信号的选择

根据三基色原理，由彩色摄像机获得的三个基色信号 R、G、B 分别代表图像景物的亮度信息和色度(颜色)信息。构成图像基本内容的即传送黑白图像信息的称为亮度信息(亮度信号)。代表图像中景物色调和颜色浓度的信息称为色度信号。由于目前电视广播是采用兼容制，为了黑白电视机能接收彩色电视信号，必须把信号中代表亮度和色度的信息分开传送。

亮度信号需要用较宽的频带来传送，因为它能保证图像的细节，重现图像的清晰度，而色度信号是重现彩色图像的色调和饱和度(浓度)，由于人眼对彩色的细节分辨力较低，色度信号可用较窄的频带传送。所以在兼容的彩色电视制式中是采用传送一个亮度信号和两个色差信号的办法来完成压缩带宽的。

在传送中把色度信号插入亮度信号的频带中，也就是宽带的亮度信号和窄带的色度信号用频谱编织方法组成一个带宽与黑白电视相同的彩色电视信号。这个信号送到彩色电视发射机经调制处理后通过天线塔发射出去。

用户的彩色接收机通过天线把发射塔发射的彩色电视信号接收下来，还原成 R、G、B 信号送至彩色显像管重现彩色图像。黑白电视机接收到彩色信号后，由于没有彩色解码电路，利用其中的亮度信号在黑白显像管上显示出清晰的黑白图像。

(二)亮度信号

亮度信号一般用 Y 表示，它是从 R、G、B 信号中取出的，代表亮度成分的信息按一定的比例组合而成。它们之间的关系可由式(3-1)表示，即 $Y=0.3R+0.59G+0.11B$。

产生亮度信号的简单办法，把摄像机输出的 R、G、B 彩色信号直接送到一个混合器中，就可以得到。如图 3-6 所示。

图中 R_R、R_G、R_B 与 R_Y 的比例关系由式 3-1 求得：

$R_R : R_Y : 0.70 : 0.30$

$R_G : R_Y : 0.41 : 0.59$

$R_B : R_Y : 0.89 : 0.11$

当选定 R_Y 的数值后，就可以求出 R_R R_G R_B。

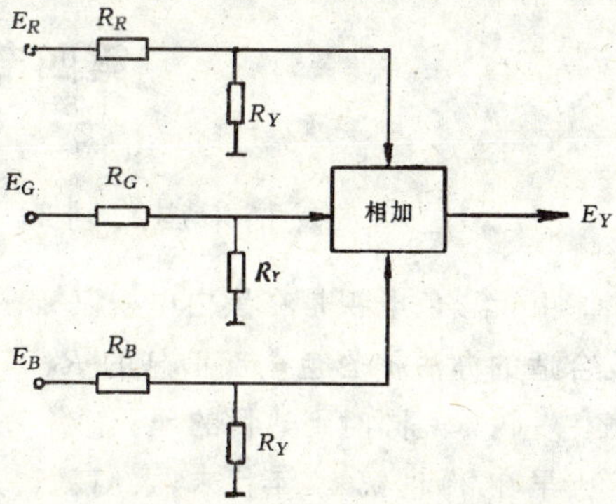

图 3-6 产生亮度信号的电阻矩阵电路

(三)色度信号和色差信号

从彩色摄像机获得的三个基色信号 R、G、B 并不需要全部传送。只传送通过编码后得到代表图像颜色的两个色差信号：$R-Y$，$B-Y$。两个色差信号正交平衡调制到一个负载波上（4.43MHz 或 3.58MHz）形成的色度信号，一般用 C 表示。

目前的彩色电视信号，包含有亮度信号 Y，红色差信号（$R-Y$）和蓝色差信号（$B-Y$）。在色差信号中，不选用绿色差信号（$G-Y$）的原因在于三个色差信号中绿色差信号的幅度最小，在传输过程中容易受到杂波的干扰。从理论上讲，三个色差信号中传送任何两个都可以，而第三个不必再传送，因为从所传送的两个色差信号和一个亮度信号中，可以复合出那个未传送的色差信号。目前世界上各种制式的彩色电视，都是取（$R-Y$）和（$B-Y$）作为色度信息的。

(四)彩色全电视信号

形成发射传送的全电视信号中即彩色电视机接收的信号。除以上讲的亮度信号、色度信号外还需加上彩色同步信号。在兼容的彩色电视机中，亮度信号的载频和色度信号的副载频同时传送，为了避免在图像上出现干扰，在传送前（形成全电视信号前）将彩色副载频抑制掉，仅传送边带信息，并取合成载波频率的形式，其相位取决于彩色的色调。当副载频不能连续存在时，接收机的彩色解码电路是无法知道边带部分跟原来的副载频之间的相位关系，因此发射台从调制前的副载频中取（8～10）周期放在消隐信号的后肩上发送出来供接收机恢复载频进行检波时相位的识别和 PAL 制的逐行倒相的识别。

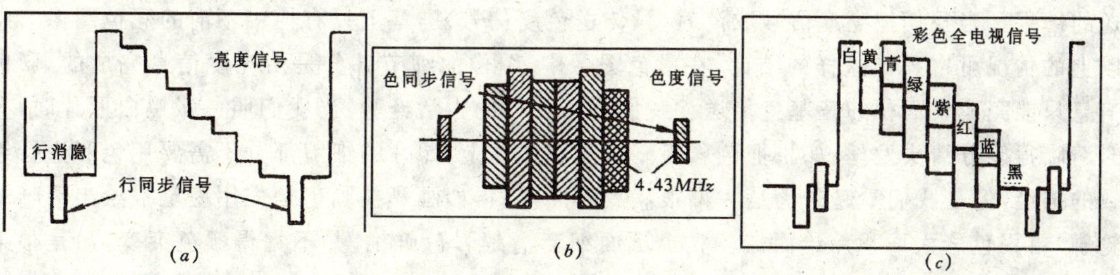

图 3-7 彩色全电视信号

全电视信号中的复合同步信号和伴音信号同黑白电视信号是一样的，见图 3-7。图中的信号形成是以标准的彩条信号为例的，(a)为亮度信号波形，(b)为色度信号和色同步信号波形，(c)在叠加后形成的彩色全电视信号。

第四节　彩色电视制式

一、彩色电视广播采用的制式

由于彩色电视是在黑白电视基础上发展起来的，实现两者“兼容”的关键在于找到一种比较合适的办法把彩色全部信息的 R、G、B 信号挤在黑白电视的带宽内一起传送，就像两个人挤在一辆车上同时到达目的地。

早在 20 世纪 40 年代末，人们就致力研究能实现“兼容”的彩色电视制式，提出了许多压缩彩色信号频带的办法，同时也研制出了彩色电视的一些专用器件，例如，摄像机用的干涉分色镜和彩色接收机用的三色显像管，从实践上解决了彩色摄像和显像的问题。在这样的基础上产生了第一个“兼容”的彩色电视制式——正交平衡调幅制（NTSC 制）。它是把彩色传送的三基色信号编码成一个亮度信号和两个色差信号（$R-Y$）和（$B-Y$）组成的色度信号。为了两者不互相串扰，又把两个色差信号调幅调制在一个副载波上。其相位相差 90°即正交平衡调幅制。该制式 1953 年被美国正式采用。

NTSC 制从研究人眼的彩色视觉性出发，对 R、G、B 信号进行重新组合，采用了频谱编织，正交调制，同步检波等技术措施，解决了在黑白电视的带宽内传送彩色信号的问题，实现了“兼容”，目前，世界各国采用的“兼容”制，如德国的逐行倒相制（PAL 制），法国的调频轮行传送制（SECAM 制）都是在 NTSC 制的基础上发展起来的。它们均依据 NTSC 制的基本思想，只是在色度信号的传送方式上采取了不同的办法。

我国的黑白电视广播开始于 1958 年，并同时开始生产黑白电视接收机，彩色电视广播开始于 1973 年，所采用的制式为 PAL 制，和黑白电视“兼容”为 PAL/D 制。

二、PAL 制式的编码

（一）大面积着色原理

我们看到的彩色电视一幅幅漂亮、鲜艳、真实的画面，都是由亮度信号和色度信号共同传送的结果。当我们把亮度信号取消时（只传送色度信号）屏幕上只有模糊不清的彩色图像。从以上的情况可以得出这样的结论，在彩色图像中，图像的细节部分是由亮度信息完成的，彩色信息只能完成大面积的三基色传送。我们都有这样的生活经验：当我们照一张黑白照片时，有时清晰得能分清头发丝；如果把色彩粗略地涂在照片上，照片的细节部分不需要用色彩进行细致的描绘，但是我们看起来仍是一幅很满意的照片。再如画彩墨画也是先用墨笔描绘出清晰的轮廓，再用色彩大面积涂绘而成。整个画面细节清楚彩色鲜艳，并不觉得颜色突变，而是很柔和，这就是大面积着色的原理。

在彩色信息传送时，根据大面积着色原理，三个基色的彩色信号的高频成分（图像的细节）可以抽出来，只传送剩余的低频成分这样有利于压缩频带。而图像本身的质量则是靠高清晰度的亮度信号来保证的。清晰度是和视频带宽成正比，可用宽频带传送亮度信号，而用较窄的频带传送色度信号。PAL/D 制的标准，色度信号的带宽选用 1.5MHz，亮度信号带宽选用 6MHz，见图 3-8。

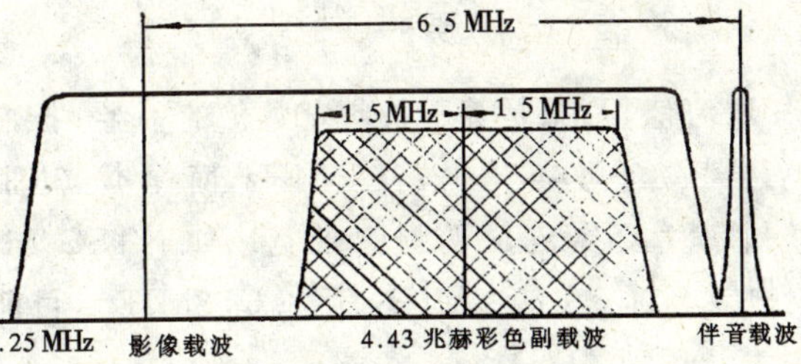

图 3-8　彩色电视发射机带宽特性

(二)频谱编织技术

在兼容的彩色电视机中,彩色的信息是采用和黑白电视相同的带宽传送的。由于亮度信号是保证图像清晰度的,已经占用了 6MHz 带宽,因此色差信号就只能插入到亮度信号的频带中进行传送。目前各种制式的彩色信息传送都采用了这种方法。那么用什么方法才能把色度信号插进去呢?

通过实验证明,亮度信号并没有把 6MHz 的频带占满,见图 3-9。从图中可以看出,亮度信号的频谱不是连续的,而是间断的。它的规律是以行频为间距的主频谱所构成。在每个主频的两旁,还有一些以场频为间距的边频分量。在主频谱之间都有一大块空白区。这些空隙正好用来传送彩色信息。

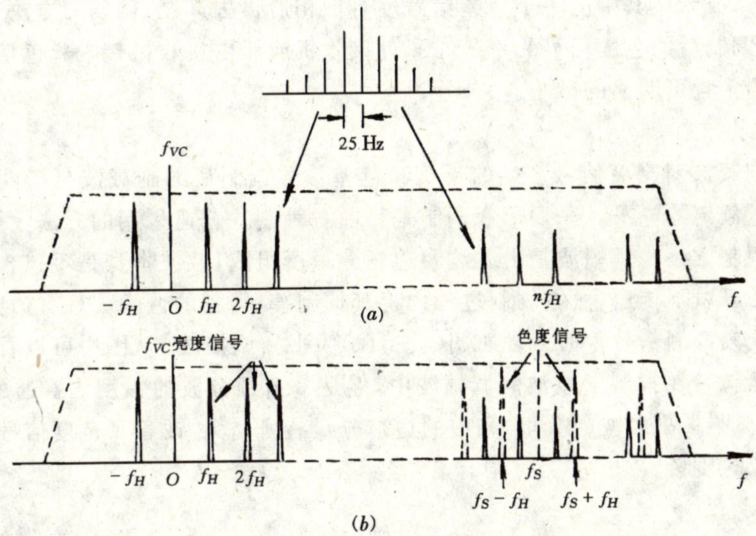

图 3-9　频谱交叉

但是,亮度信号和色度信号都是由 R、G、B 基色信号中得出的,它们的周期是一样的。这是因为采用同一个行频和场频的扫描系统。显然,不能简单地直接加在一起传送,如果把色度信号以适当的方式调制在一个副载波上,移动色度信号的频谱,使它和亮度信号的频谱错开,可实现插入。

为了把色度信号插到亮度信号中去,利用亮度信号的频谱空隙,选择一个副载波,再用色度信号对它进行调幅(为和亮度信号的载波区分开所以称为副载波)。所选副载波应该正好落在亮度信号的频谱的空隙中。如果用 f_{sc} 来表示副载波的频率,它和行频 f_H 之间的关系应为

$$f_{sc}=\frac{2n+1}{2}f_H \tag{3-2}$$

式中 n 为正整数。无论 n 取何值，f_{sc} 总是等于行频奇数倍的一半。按照我国 6MHz 的视频带宽标准，取 $n=283$，那么，$f_{sc}=283.5\ f_H=4.4296875$MHz，简称 4.43MHz，对不同的制式副载波的选择也有所不同，其频率主要决定于视频的带宽。如 NTSC/M 制式，其视频带宽只有 4.2MHz，所以色副载波的频率选 3.57954MHz，简称 3.58MHz。目前世界上主要使用这两种副载波。

采用了频谱编织虽然节省频带实现了兼容，但是也带来了副载波和亮度信号之间的相互干扰的问题。特别是在使用黑白电视机接收彩色电视节目时，常常会在屏幕上看到一些黑白相间的小点，由于选取的副载波是采用行频奇数倍的一半，每经过一行副载波反相一次，所以相临两行的副载波干扰具有相互抵消的作用。副载波频率选得愈高，干扰的显示就愈细，人眼就愈不容易察觉。在采用视频较宽的制式中，如 PAL/I、PAL/B、PAL/G……等均采用 4.43MHz 的副载波。

（三）正交平衡调制

采用频谱编织法（即一个载波传送亮度信号和一个副载频传送两个色差信号）解决了亮度信号和色度信号同一个带宽（6MHz）传送的问题，实现了“兼容”制。那么两个色差信号如何使用一个副载波呢？正交调制，就是把色度信号中的两个色差信号分别对相位相差 90°的同一个副载波进行调幅，或者把其中的一个色差信号逐行倒相后再去调制，调制的方法采用平衡调制（抑制载频法）。调制后的色度信号无论是在彩色接收机或黑白接收机接收彩色信号时，色度信号对亮度信号的干扰可明显的减小。

1. 平衡调制

为了克服副载波对亮度信号产生的干扰和色差信号调制后的副载波与亮度信号合成时，其振幅值不超过额定的电平。采用平衡调制是目前各种制式普遍采用的方法。平衡调制是一种抑制载波的调制方法。调幅波是由载波和边频分量所组成，载波本身是不包含信息的，为了“兼容”压缩频带可以不传送，故在调制过程中将其抑制掉，得到的调幅波只有边频分量。见图 3-10。图中(a)代表调制信号，(b)为普通调幅波，(c)为平衡调幅波。从图中可以看出，调制信号的变化规律仍然包含在抑制了载波的调幅波中，但是平衡调幅波的幅度比普通的调幅波幅度小了一半。由于抑制了副载波的分量，相应的边带分量有所增大，改善了色度信号的动态范围，提高了彩色图像的质量。

2. 正交调制

要在一个副载波上传送两个色差信号（也可以用两个副载波分别去完成两个色差信号的调制，但是需要占用两个色度信号的带宽，对亮度图像的干扰会加重，同时也难保证相同的传输特性和颜色的正确重现），并且互不干扰，它们之间就要有所区别。正交调制的基本原理是用一个色差信号($B-Y$)去调制这个副载波，再用另一个色差信号($R-Y$)去调制相位相差 90°的同一个副载波，“正交调制”的名称也就由此而得。

由于正交的两个分量是相互垂直的，可以认为它们彼此无关相互独立，能够把干扰压缩到最小。实现平衡正交调制的方法见图 3-11。由图可以看出，副载波由电视台的载波振荡发生器产生，它被放大后分两路，一路直接送给 $B-Y$ 平衡调制器，另一路经过 90°的移相后送给 $R-Y$ 平衡调制器。由矩阵电路产生的色差信号 $R-Y$、$B-Y$ 也分别送到两个相应的调制器，这样

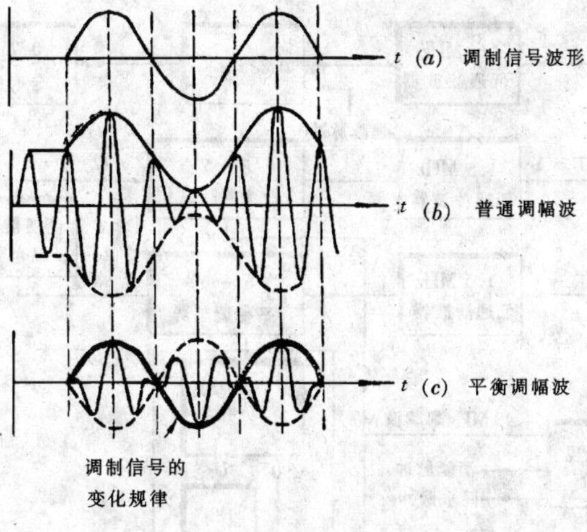

图 3-10　平衡调幅波与普通调幅波

就从两个平衡调制器中得到了相位相差 90°的调制后的信号，为了和调制前的色差信号相区别，分别用 U、V 来表示，即 U 代表平衡调制后的 $B-Y$ 信号，V 代表平衡调制的 $R-Y$ 信号，两者合起来称为色度信号用 C 表示。再和亮度信号编码合成向外传送的全电视信号。

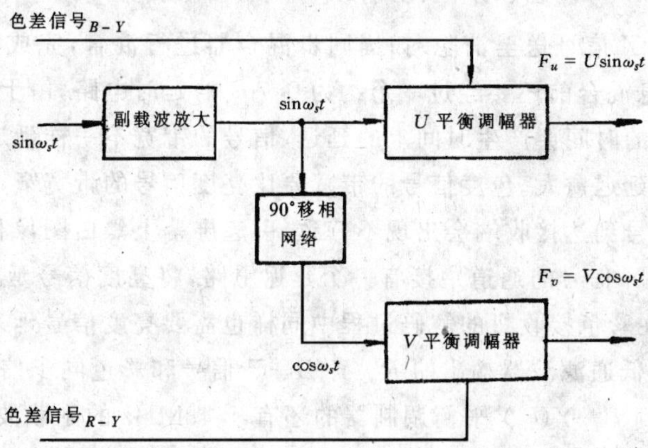

图 3-11　正交平衡调幅的方框图

(四)彩色信号编码

前面讨论的几个问题，概括地说，就是如何将彩色摄像机得到的三个基色信号 R、G、B 编成一个带宽和黑白电视相同的彩色信号传送出去，这个过程可以叫做编码。其目的是为了更好地理解彩色接收机中的解码电路的原理。在接收机中有一套与发射端的编码功能正好相反的电路，是从彩色全电视信号中解调出三个基色信号 R、G、B 送到彩色显像管重现摄像机拍摄的原始现场的画面。

图 3-12 画出了一个简化得到逐行倒相制(PAL 制)编码过程的方框图。这个过程主要包括从摄像机输出的三个基色信号 R、G、B 电压送入矩阵电路，编制成一个亮度信号 Y 和两个色差信号 $R-Y$、$B-Y$。Y 信号经过一个 6MHz 的低通滤波器，把 Y 信号中高于 6MHz 的分量滤掉，保持一个 0～6MHz 带宽的亮度信息。$R-Y$、$B-Y$ 分别经过两个 1.5MHz 的低通滤波器将高于 1.5MHz 的信息滤掉，将彩色信息的带宽限制在 1.5MHz 以内。

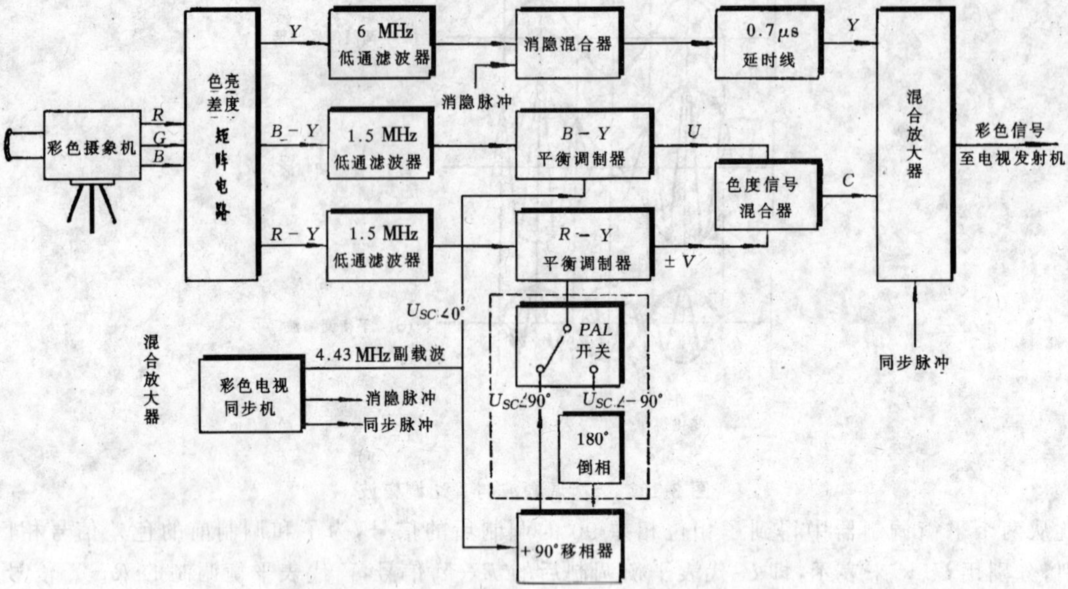

图 3-12 PAL 制彩色信号编码器方框图

由滤波器输出的 Y 信号送至消隐、扫描同步混合器进行混合，完成黑白电视接收机接收的内容。在和彩色信息混合前还要经过一个约为 0.7μs 的延时电路，由于信号在传送过程中如通过滤波器需要一定的时间会产生时间上的延迟。信号的带宽不一样延迟时间也不一样，带宽愈窄的引起时间上的延迟愈大。色度信号的带宽要比亮度信号的带宽窄，在电路中引起的时间延迟大一些。两个信号到达接收端会出现不一致，引起屏幕上黑白图像和着色的错位，就像颜色涂偏一样。所以在 Y 信号的通道中接有一个延迟电路，将亮度信号延迟约 0.7μs，克服两种信号的不一致现象，在彩色接收机的解码过程中同样也需要亮度信号延迟电路。

由两个 1.5MHz 低通滤波器输出的 $R-Y$、$B-Y$ 信号和彩色同步信号一起分别送到两个平衡调制器，同时送到 $B-Y(U)$ 平衡调制器的还有 4.43MHz 的副载波，送到 $R-Y(V)$ 平衡调制器的副载波因是 PAL 行应逐行倒相，所以是正负 90°，两行相差 180°。$R-Y$ 和 $B-Y$ 的色差信号对副载波进行平衡调制后，得到的色度信号 V 和 U 直接送到色度信号混合器混合成色度信号 C。再和 Y 信号同时送到混合放大器相混合。从混合放大器输出端输出的是一个带宽为 6MHz 的包括亮度信号、色度信号的彩色电视信号，通过发射天线传送出去。

小　结

光是一种以电磁波形式存在的物质。其可见光的波长为 380nm～780nm 之间。物体的颜色，实质上是白色光照在不同的物体上有选择的吸收和反射的综合效果。光的三要素是亮度、色调和饱和度。亮度是指色光作用于人眼引起视觉的明暗程度，它反映了彩色光能量的大小，能量越大，亮度越高。色调是由光的波长来决定的，不同的波长代表着不同的色调。饱和度即色浓度，也就是颜色的深浅程度。

彩色信号的传送需要三个信号分量，一个亮度信号和两个色差信号。为了和黑白机兼容，

用 $R-Y$ 和 $B-Y$ 两个色差信号对副载波进行平衡正交调制，产生色度信号后再和亮度信号采用同一个带宽发送。这实际上是最先实现彩色兼容广播的 NTSC 制。PAL 制、SECAM 制是 NTSC 制的基础改进型，PAL 制主要增加了逐行倒相，SECAM 制采用了调频轮行传送。它们有较强的抗色调失真的能力。

产生传送发射信号的过程为编码过程，和接收机中的解码过程正好相反。把传送的信号还原成基色信号（R、G、B），重现彩色图像。

习　　题

1. 我们日常看到的物体的颜色与哪些因素有关？
2. 在彩色电视技术中三基色原理的作用是什么？
3. 哪些光可以合成？哪些光不可以合成？
4. 太阳光可以分解成哪些彩色光？
5. 光的三要素与哪三种参量有关？
6. 电视信号是如何形成的？
7. 彩色电视主要使用哪三种制式？
8. 为什么要进行频谱编码？

第四章　彩色电视机工作原理

第一节　彩色电视机的构成

一、彩色电视机方框图

彩色电视接收机主要由调谐器(高频头)、中频放大器、视频检波与视频放大器、伴音中放及解调器、音频放大电路、亮度信号处理电路、PAL 制彩色解码电路、矩阵电路、视频末级放大输出电路、同步分离电路、行场扫描电路、高压产生电路、电源电路和彩色显像管等组成,见图 4-1。

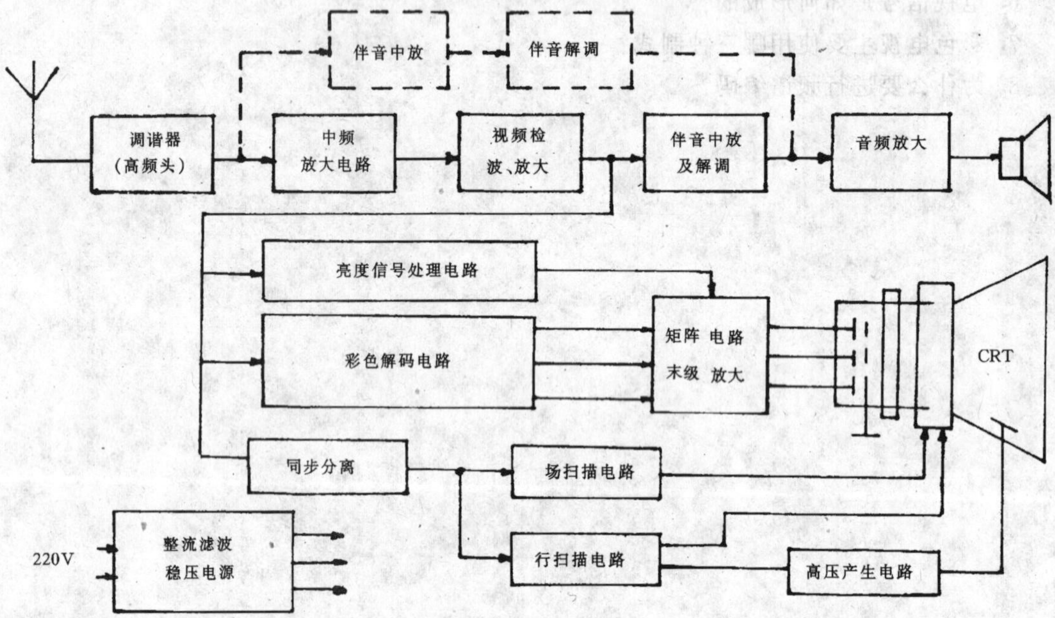

图 4-1　彩电原理方框图

调谐器:是电视机通过天线处理电视信号的第一个器件,要求增益高,噪声系数小。其功能是选择电视频道,并将选择的高频电视信号进行放大,然后与调谐器中的本振信号进行混频,输出中频电视信号送入中频放大电路。(我国规定图像中频为 38MHz,伴音中频为 31.5MHz)。

中频放大电路:是将调谐器输出的中频信号进行放大,要求其增益大于 60dB 并有良好的幅频特性,保证整机的选择性。具有自动增益控制(AGC)功能,它的好坏直接影响图像的清晰度,对比度,彩色的稳定性和伴音的好坏。中频放大电路有两种形式,一种是图像信号和伴音信号,在一个中频通道中放大,称为共用通道。另一种是在调谐器之后图像和伴音信号分开在两个通道中分别放大，见图 4-1 中的虚线部分。

视频检波与放大：它的任务有两个。一是把中频放大电路输出的信号进行检波，以便从调幅的图像中频信号中检出视频信号，放大后分三路，即亮度信号处理电路、同步分离电路和彩色解码电路。二是采用共用通道，电视机通过检波电路将图像中频和伴音中频进行混频，产生6.5MHz 的第二伴音中频信号送给伴音电路。

伴音电路：从检波电路取出的第二伴音中频(6.5MHz)进行伴音中频放大，限幅放大后进入鉴频检波电路取出音频信号，再经伴音末级放大推动扬声器(喇叭)。高档机还具有环绕立体声，超重低音和其它功能。

亮度信号处理电路(亮度通道)：它的功能是对亮度信号进行放大，延时，同时进行亮度和对比度的控制。

彩色解码电路：通过带通滤波器从视频检波电路输出的全电视信号中取出色度信号进行放大和解调出$(R-Y)$、$(G-Y)$和$(B-Y)$三个色差信号来。它主要有色度信号通道和色同步信号通道两部分。色度信号通道包括色度放大器、延时解调器(即梳状滤波器)、同步检波器矩阵电路和色饱和度控制电路。色同步信号通道包括色同步选通电路、副载波晶体振荡(副载波恢复电路)、鉴相器和 PAL 开关，其功能是恢复色副载波的相位。

同步分离电路：从彩色全电视信号中分离出行场复合同步信号，用于接收机的行场扫描电路，与接收的电视信号的行场扫描同步，以获得特定的图像画面。

行场扫描电路：与黑白电视机的行场扫描电路的工作原理类似。其功能是向行场偏转线圈提供线性良好，幅度足够的行频、场频锯齿波电流，使电子束发生有规律地偏转，以保证在彩色显像管屏面上形成宽、高比正确，而且线性良好的光栅，为重现图像打下基础。在屏幕较大彩电中还要附加枕校电路以保证良好的光栅。

高压产生电路：在彩色电视机中，利用行扫描的逆程进行升压，然后整流滤波产生 25kV 左右的直流高压，提供给显像管第二阳极，通过分压提供聚焦电压和加速极电压，满足显像管正常工作的条件。为了提高效率，同时还向视频放大末级提供工作电压(200V)及整机各单元电路使用的低压(12V)。

电源电路：在彩色电视机中，一般由开关电源电路完成交流电变为直流稳压电源提供给整机使用。开关电源由于效率高，稳压范围宽，电路功耗小，温升低，所用器件少等优点，目前已被广泛应用。

二、彩色显像管的基本结构和显像原理

在彩色电视机中承担显示图像的部件是彩色显像管。它的基本结构如图 4-2 所示，它是由屏幕、管径和电极(插脚)等部分构成的。再配上偏转线圈、会聚及色纯调节系统，加上各种电压，就可正常工作。由于彩色显像管阳极高压通常都在几十千伏，因此，将高压嘴(高压输入端)单独设置在显像管的上部，并有严格的绝缘措施，以防发生高压放电。在显像管屏幕的四周绕有一个大线圈——自消磁线圈，在每次开机的瞬间有 50Hz 信号电流流入线圈，然后此电流便逐渐减小。这样所产生的磁场对显像管有消磁作用，因为显像管内部某部件如果带有磁场，会影响电子束的正常扫描运动，会使图像局部偏色。

彩色显像管的结构较黑白显像管复杂而且精度要求很高。在显像管屏幕的内侧是由很多组涂有红、绿、蓝三色荧光粉的品字形或栅条形光点构成的。显像管的管座处设有电子枪可以

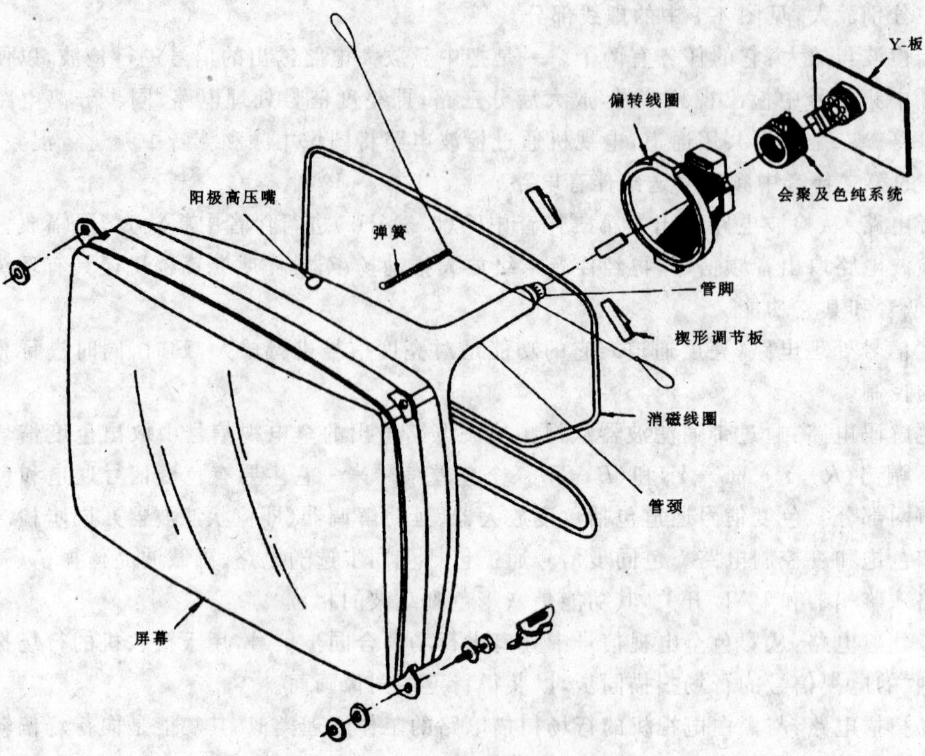

图 4-2　显像管的基本结构

同时发射三束电子流。当电子束投射到荧光粉点时，便会发光，电子束强则亮，电子束弱则暗，如电子束打到红色荧光粉点上，便发红光；打到绿色荧光粉点上便发绿光；打到蓝色荧光粉点上，则发蓝光。为了使各电子束准确地打到各自相应的光点，在屏幕上还设有一个荫罩，在荫罩上也设有很多相应的品字形或栅条形孔（槽），从而挡住多余电子，如图 4-3 所示。

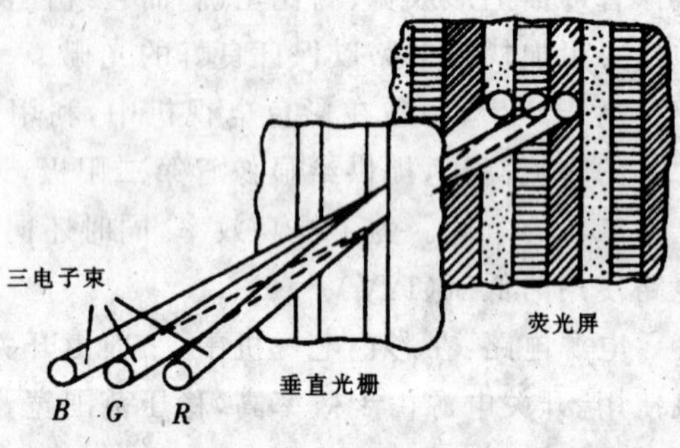

图 4-3　单枪三束彩色显像管电子枪示意图

彩色显像管如何再现五颜六色的自然景色呢？这里利用的是前面说过的三基色原理。

摄像机就是根据三基色的分色原理将入射光分解成三基色，然后进行信号处理和编码形成电视信号。电视机则是根据加色原理在荧光屏上合成出各种景色。

三束电子投射到荧光屏上的三个光点分别对应于红、绿、蓝三色荧光粉点上，如果三电子束同时打到各自对应的红、绿、蓝荧光粉点时红、绿、蓝三个光点都发光，这三个光点很靠近，由于人眼睛的视觉特性，从稍远的位置来观察，则是一种混合的效果，这实际上是空间混色法。由红、绿、蓝混合的效果是白色。如果只有红色和绿色光相混合（相加）其结果是黄色；如果只有绿色和蓝色相混合便得到青色；而蓝色与红色混合则得到品红色。根据这种原理，将三种基色光按不同的比例相加混合就可以得到任何不同的颜色。

从前述的黄色光、青色光和品红色（紫色）光分别为蓝、红、绿光的补色可知，任一基色光与它的补色光相混合都可得到白色光。

在制作彩色显像管时，红、绿、蓝三种颜色的荧光粉都已经涂在屏幕内侧了(按品字形或栅条形图案)。只要有三个信号分别控制显像管中三个电子枪，改变电子束流的强弱，这样就可以改变三色光的合成比例，就可以合成各种彩色图像。电子枪、束流和荧光屏的关系如图 4-4 所示，所以，传输电视信号，只需要传输表示图像明暗的电平信号和控制三个电子枪的信号。

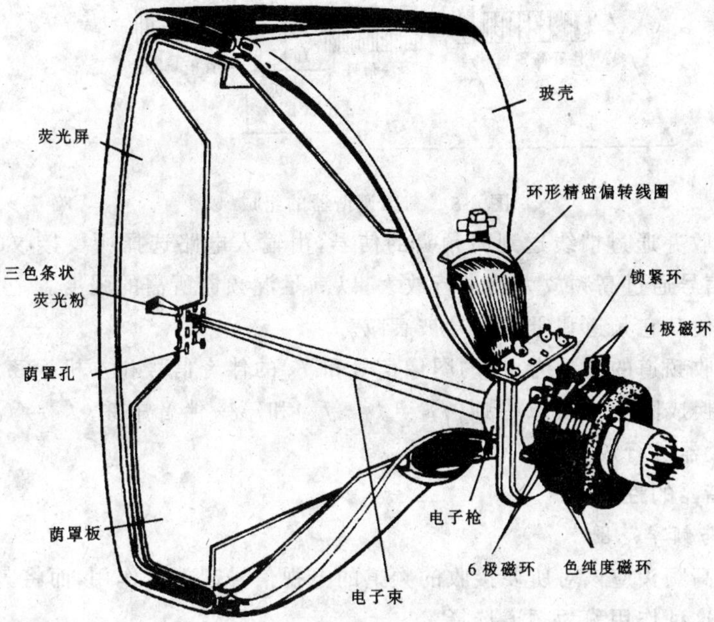

图 4-4 自会聚彩色显像管

彩色的三要素是亮度、色调和深浅度(即色饱和度)。其中彩色主要由后两者决定。在色度信号处理电路中，色调是由基色信号的相位变化来反映的，而饱和度是由基色信号的幅度来反映的。

电视图像是靠电子束在显像管屏幕上的扫描运动来实现的，电子束扫描的次序是从屏幕上方由左到右一行一行地扫描，扫描线从上到下一行一行排满屏幕。由此看来，一幅图像是由许多横条构成的，这就是行，每一行又是由许多像素构成的。

我国采用的 PAL/D 制电视信号是每秒传输 25 幅(帧)图像，每帧图像是由 625 条扫描线构成的，为了获得良好的视觉效果，电视图像采用隔行扫描的方法，和黑白电视是一样的。

第二节 高频调谐电路与频率预选电路

一、高频调谐器

(一)高频调谐器的功能

高频调谐器又叫频道选择器，俗称高频头，它是电视接收机接收天线或电缆输入高频信号(射频)的第一个器件，由输入回路、高频放大电路、本机振荡器和混频器等四部分组成，见图 4-5。其功能如下。

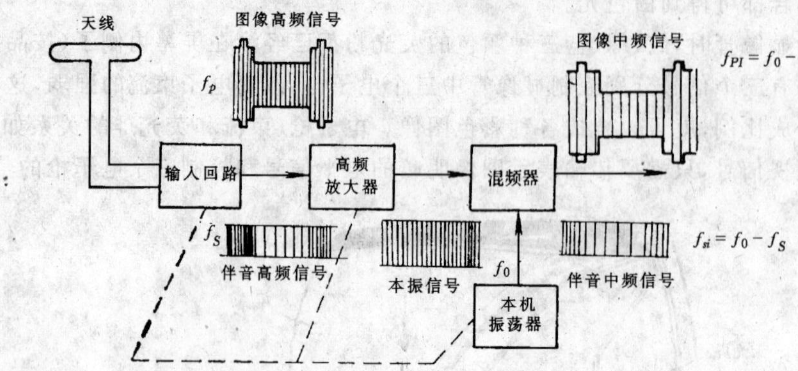

图 4-5 高频调谐器的组成

(1)由天线接收并通过馈线送到高频头的信号,由输入电路选择所要接收的频道,并将此频道的高频电视信号通过高频放大器进行放大,以满足混频器所需的强度。

(2)调谐回路使其它频道和干扰信号被衰减。

(3)将所要接收频道的载频为 f_P 的图像信号和 f_S 的伴音信号和本机振荡信号 f_0 在混频器中混频,分别变换成固定的图像中频($f_{PI}=f_0-f_P$)和第一伴音中频($f_{SI}=f_0-f_S$)信号,送到后面的中频放大器进行放大。

(二)高频调谐器的性能

1. 频道选择与频率范围

电视接收时,高频头应该对所要接收的频道的电视信号起放大作用,而将其它暂不接收的频道信号衰减掉,这种作用称为频道选择。

改变接收频道时,除了输入回路和高放输出端调谐回路的谐振频率必须改变外,本机振荡频率 f_0 也应相应地改变。这样才能保证本机振荡的信号频率 f_0 与高频图像信号的频率 f_P 和高频伴音信号的频率 f_S,经混频后产生为固定的图像中频 f_{PI} 信号(38MHz)和伴音中频信号 f_{SI}(31.5MHz)。

2. 通频带

高频头调谐器要有足够的频带宽度,使高频图像信号和伴音信号能顺利地通过。因此频带宽度一般要求不小于 8MHz(每个频道带宽 8MHz)。

但输入回路和高放级输出回路的通频带不能太宽,否则对于中频频率或相近的干扰信号及镜频干扰信号不能给予足够的衰减。即使中放级有良好的选择性,也难以抑制。一般要求中频抑制比≥40dB,镜像抑制比≥40dB。

3. 噪声系数和功率增益

电视接收机要求视频放大器输出端信号电压比噪声电压大很多倍,否则信号虽很大,噪声干扰仍将使图像模糊不清。所以电视机不但应该有很大的放大信号的功能,还应该具有低噪声性能。通常以噪声系数 N_F 来表示放大器或接收机的噪声性能,噪声系数表示信号通过放大器以后的信噪比变坏的程度。如果噪声系数 $N_F=1$,用分贝表示为 0dB,即表示为放大器的输入端信噪比和输出端信噪比是一样的,放大器本身不产生附加的噪声信号。这当然是理想的,实际上由于晶体管、电阻等都要产生噪声,使输出端的噪声功率增大,信噪比降低,所以噪声系数总是大于 1 的。由于信号放大时,和信号混在一起的噪声信号也得到放大,所以接收机的噪声系数主要由前面几级决定。在电视机中前面几级是高频头的输入回路、高频放大器和混频器，所以要求它们具有很小的噪声系数和尽可能高的功率增益。通常要求高频头的噪声系数 $N_F \leqslant$ 5dB，功率增益≥20dB，同时各频道增益差应小于 10dB。

4. 天线、馈线及高放级的匹配

如果馈线终端负载阻抗 Z_F 不等于馈线的特性阻抗 Z_O，那么在馈线终端将会产生反射线。天线感应到的高频电视信号一部分被反射而不能全部被高频头接收，反射波回到天线端再次反射到馈线，于是使电视机荧光屏上的图像出现重影。

（三）实用电路分析

图 4-6 是彩色电视机中常采用的 TDQ-3A 型全频道电子调谐器电路图，其外形结构见图 4-7。它是超小型电子调谐器，其中 95% 的电阻、电容和晶体管都采用贴装新工艺生产，与传统的穿孔插装工艺相比，具有重量轻、体积小、分布参数小等优点。

高频调谐器各引出脚的名称及作用说明如下：

IF 输出	中频信号输出端
TP	测试点（图 4-7）
BM	电源电压 12V 供电
VT	调谐电压输出端，在 0～30V 范围内调整，改变调谐电压，就能改变接收电视台的频道
AFT	AFT 电压输入端，由图像中频输出的 AFT 电压控制调谐器中的本振频率，以达到自动正确调谐(AFT 有时又写成 AFC)
BL	VHF(L)频段(1～5 频道)的电源供电端
BH	VHF(H)频段(6～12 频道)的电源供电端
BU	UHF 频段的电源供电端
AGC	高放 AGC(RFAGC)电压输入端

各引出脚与内部的连接及电源的供电如图 4-8 所示。BL、BH、BU 各端均为 12V，通过预选器频道开关切换供电；AFT 及 AGC 电压由图像中频电路供给。

1. VHF 部分电路分析

VHF 电路主要由下列几部分组成。

(1)滤波电路　在 VHF 频段，从天线输入的射频信号首先经过滤波回路，滤波电路如图 4-9 所示。图中包括两个滤波回路：一是由 $L002$，$L003$，$C003$ 及 $C004$ 组成的低通滤波器；二是虚线框内所示的滤波组件，它是一个复合中频滤波器，其带通特性是使 1 频道以上的高频电视信号能无衰减地通过，而对低于 1 频道的信号(如在图像中频范围内的各种干扰，包括广播、无线电通信及其它工业设备产生的各种干扰，及本机产生的中频干扰等)有很深的吸收能力。

(2)输入回路　接收频道的选择，由输入回路和高频放大电路共同完成。VHF 调谐器的输入回路如图 4-10 所示。通过调谐电压选择所需要的频道，通过 BL、BH 电源切换实现波段变换，在 1～5 频道时，输入回路的谐振电感为 $L401$、$L402$、$L403$、$L404$，而在 6～12 频道时，由于 BH 端接上 12V，开关二极管 $V21$ 导通，电感线圈 $L401$、$C401$ 组成的谐振回路与 $L403$、$C403$ 组成的串联谐振回路因 $V21$ 导通而并接。变容二极管 $V17$ 及 $V13$ 的负极通过电阻 $R403$、$R404$ 与调谐电压相连接，当调谐电压以 0～30V 变化时，可使输入回路调谐在 1～5 频道或 6～12 频道。

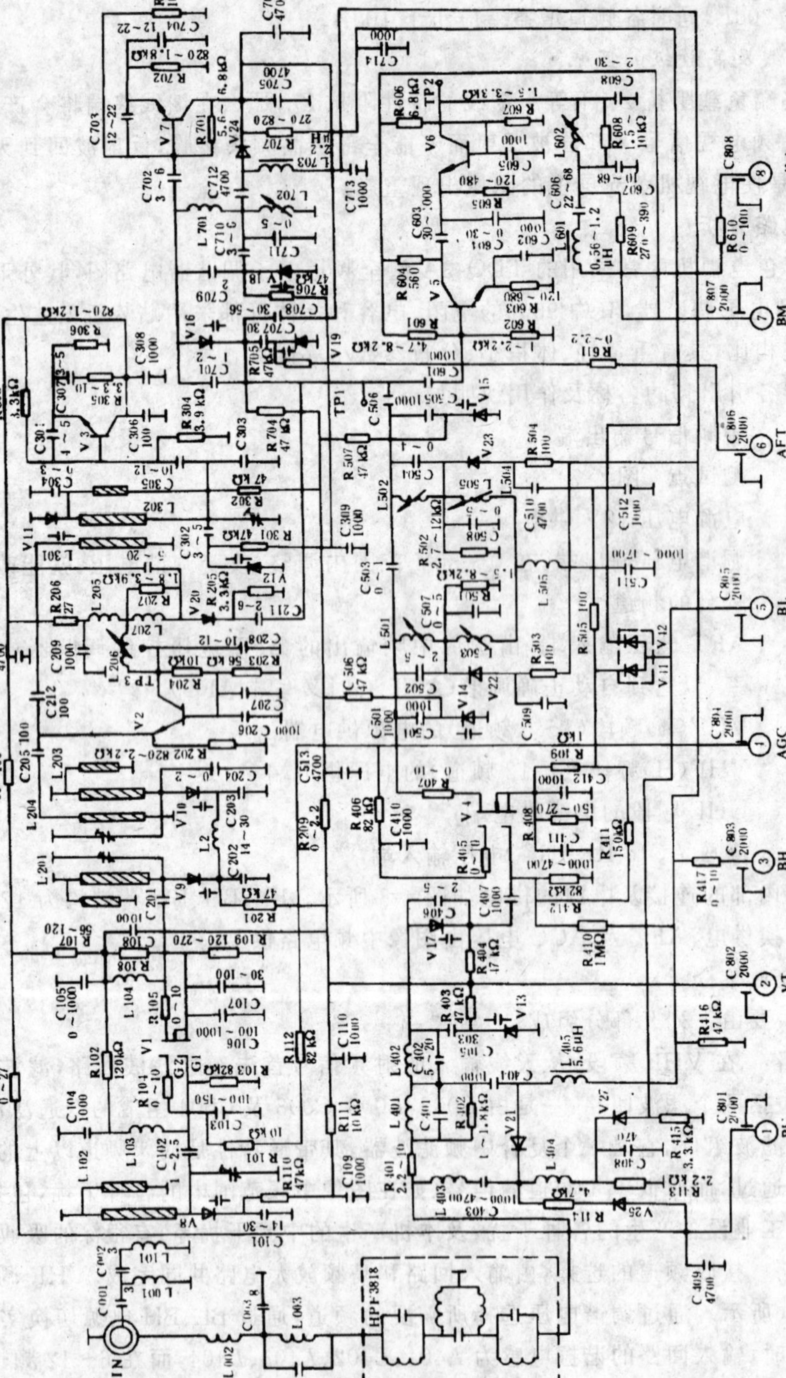

图 4-6 TDQ-3A型 VHF/UHF 电子调谐器电路

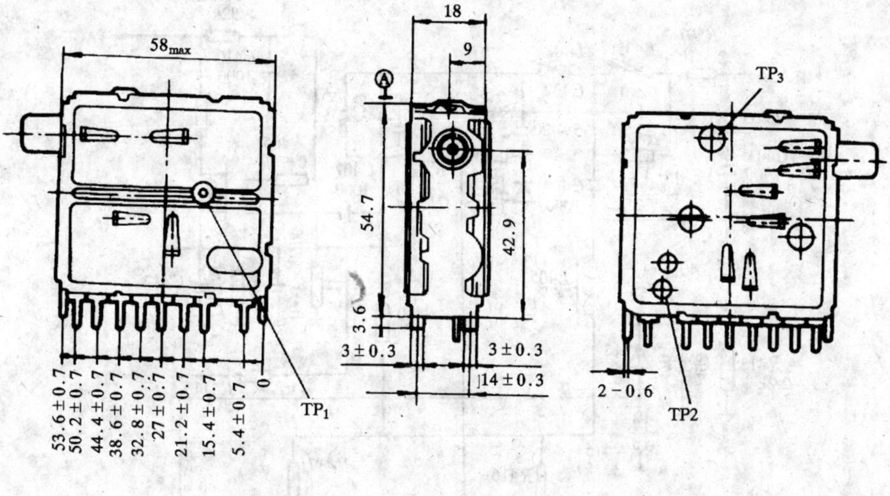

图 4-7　TDQ-3A 电子调谐器外形图

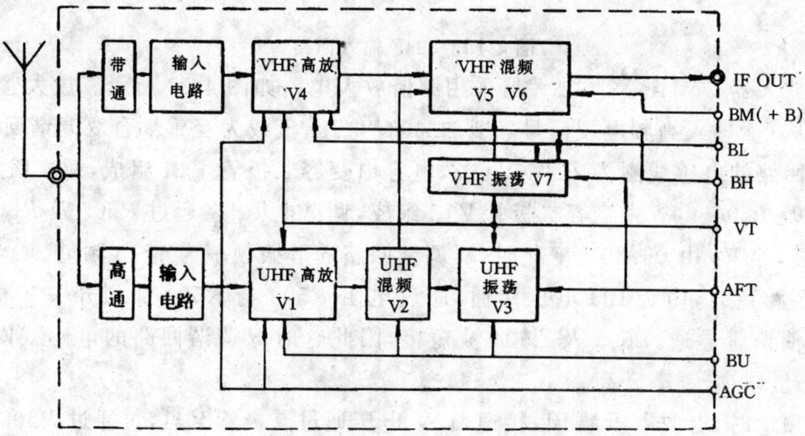

图 4-8　TDQ-3A 电子调谐器框图

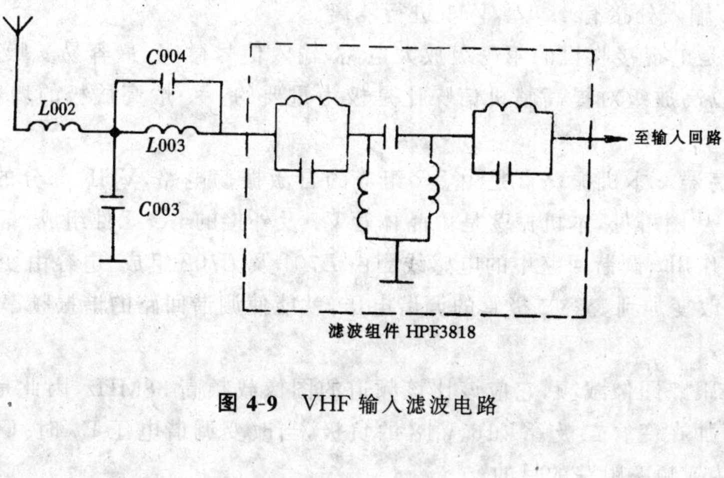

图 4-9　VHF 输入滤波电路

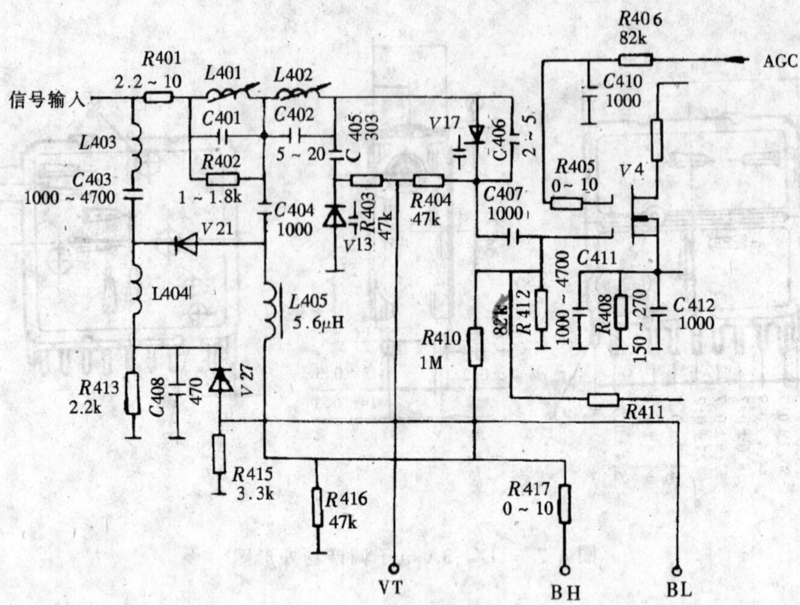

图 4-10 VHF 输入回路

(3)高频放大器　VHF 高频放大器采用调谐放大电路如图 4-11 所示。放大管 $V4$ 采用双栅场效应管，从 $G1$ 输入高频电视信号，$G2$ 加 AGC 电压，负载为互感耦合双调谐回路。在 1～5 频道时，初级回路的电感线圈为 $L501$、$L503$，电容由变容二极管 $V14$ 组成，而次级回路的电感线圈为 $L502$ 及 $L504$，电容由变容二极管 $V15$ 组成，调谐电压 V_T 通过 $R506$ 及 $R507$ 加到 $V14$ 和 $V15$ 的负极，当 V_T 由 0～30V 变化时，双调谐回路的谐振频率为 1～5 频道。

在 6～12 频道时，由于 BH 电压接通，通过电阻 $R503$ 与 $R504$ 加到开关二极管 $V22$ 及 $V23$ 的正极，使两管导通，$L503$ 及 $L504$ 被短接，因此这时双调谐回路的电感线圈仅有 $L501$ 及 $L502$，电感量减小，频率升高。

在 1～5 频道时，电源电压端 BL 接通，12V 电压通过二极管 $V41$，再通过 $R505$、$L505$ 及调谐电感加到高放管 $V4$ 的漏极。在 6～12 频道时，BL 端电源切断，BH 端电源接通，12V 电压通过 $R503$、$R504$、$V22$、$V23$ 及调谐电感 $L501$、$L502$ 加在 $V4$ 的漏极。为防止 BL 与 BH 电源通过电路串扰，在 BL 输入处接有二极管 $V41$ 进行隔离。

高频放大器是电视接收机的第一级放大电路，输入信号微弱，最容易受噪声杂波干扰，影响图像质量，所以高放级对提高整机信噪比是极为重要的。一般高放极的增益可达 20dB 左右。

(4)本机振荡器　本机振荡器是由 LC 组成的自激振荡电路，VHF 部分的本机振荡电路如图 4-12 所示。从图可见，本机振荡是由晶体管 $V7$ 及外接的 LC 元件组成。晶体管起放大和稳定振荡幅度的作用。调谐回路中的电感线圈由 $L701$ 及 $L702$ 组成，电容由变容二极管 $V16$、$V18$、$V19$ 提供。改变加到变容二极管的调谐电压，就能使调谐回路的谐振频率发生变化，也就能改变本振频率。

本振频率应跟踪图像载频，它应该比该频道的图像载频高 38MHz，因此是通过与高放级同一的调谐电压加在变容二极管 $V16$、$V18$ 的负极，当改变调谐电压 V_T 时，$V16$、$V18$ 的电容量相应变化，便达到频率跟踪的目的。

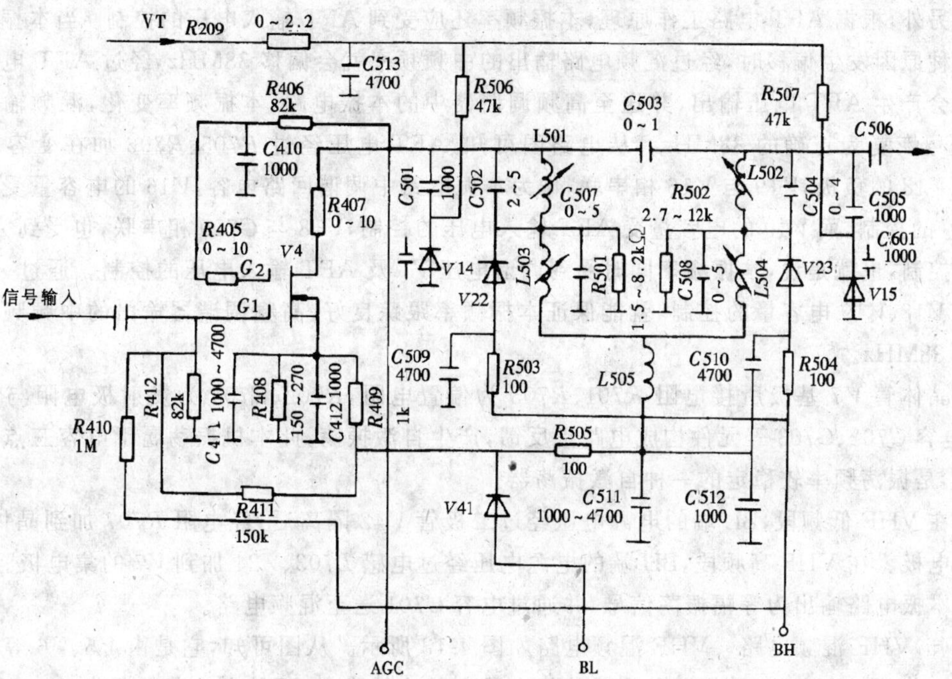

图 4-11 VHF 高频放大器

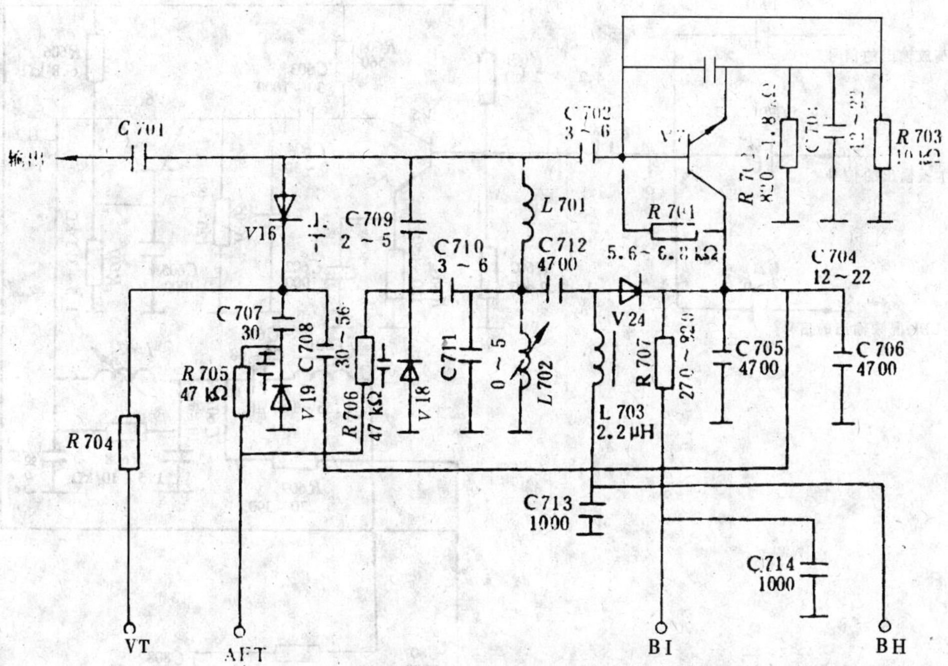

图 4-12 VHF 本振电路

在 1～5 频道时，电感线圈由 $L701$ 及 $L702$ 串联组成，因为当切换到 6～12 频道时，由于 BH 电压的接入，并通过电感 $L703$ 加到开关管 $V24$ 的正极，使 $V24$ 导通，$L702$ 被短路，故调谐回路的电感线圈只有 $L701$，电感量减小，谐振频率升高。

另外，根据 AFT 电路工作原理，本振频率还应受到 AFT 输入电压的控制。当本振频率由于某种原因发生偏移时，经过混频电路输出的中频频率就会偏移 38MHz，经过 AFT 电路鉴频后就会产生 AFT 电压输出，并送至高频调谐器中的本振电路，本振频率变化，混频输出的中频信号恢复为正确的 38MHz。从电路图可知，AFT 电压经过 *R*705、*R*706 加在变容二极管 *V*19、*V*18 的负极，*V*19 与 *V*16 相串联，作为本振电路中调谐回路电容，*V*16 的电容量受调谐电压 V_T 的控制，而 *V*19 的电容量受 AFT 输入电压的控制，*V*18 与 *C*709 相串联，也受到 AFT 电压的控制，也就是说，本振频率同时受到调谐电压 V_T 及 AFT 输入电压的控制。通过 AFT 电压对 *V*18、*V*19 电容量的控制，就能保证本振频率跟踪良好，高频调谐器输出的中频频率为正确的 38MHz。

晶体管 *V*7 基极所接电阻 *R*701、*R*703 为偏置电阻，*R*702、*C*704 为发射极电阻与滤波电容，电容 *C*702、*C*703 等元件构成电路正反馈，产生自激振荡，此本机振荡属于电容三点式振荡电路，是振荡频率较稳定的一种自激振荡器。

在 VHF 低频段，BL 端的电源电压经过二极管 *V*42 隔离后，经电阻 *R*707 加到晶体管 *V*7 的集电极。在 VHF 高频段，BH 端的电源电压经过电感 *L*703、*V*24 加到 *V*7 的集电极。

本振电路输出为等幅振荡信号，并通过电容 *C*701 送至混频电路。

(5)VHF 混频电路　VHF 混频电路如图 4-13 所示。从图可知，它是由 *V*5、*V*6 等组成的共射—共基组合电路，采用这种形式的优点是电路比较稳定，不易产生寄生振荡。

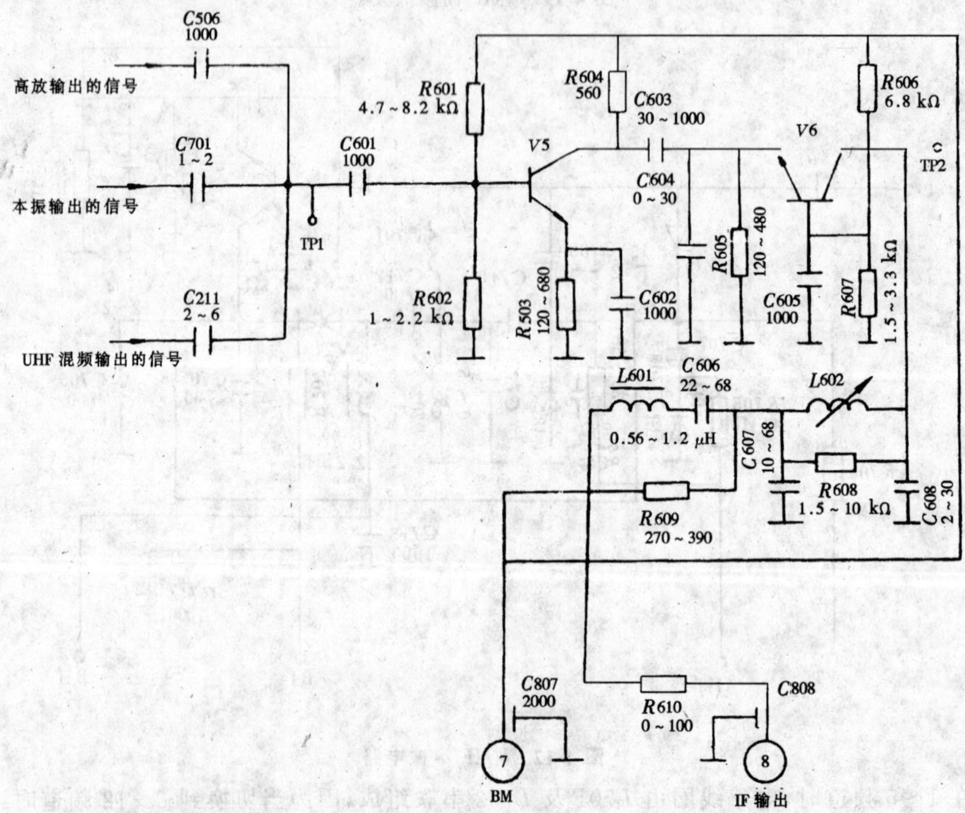

图 4-13　VHF 混频电路

混频电路有三个输入端，可分别作为VHF调谐器的混频电路和UHF调谐器的中频放大电路：第一路输入信号是通过$C506$输入的VHF频段高频放大器输出的高频信号；另一路是通过电容$C701$输入的VHF比较振荡信号。这两个信号通过$V5$发射结的非线性产生混频作用。产生本振频率与高频信号的差频分量，即中频信号，送至图像中频电路进行放大。为了取出中频信号，在$V6$的集电极回路中设置了由$C608$、$L602$、$R608$、$C607$、$C606$及$L601$、$R610$等元件组成的中频带通滤波器，滤去中频以外的信号，取出中频信号从⑧脚输出。

第三路信号是从UHF的混频电路输出经电容$C211$送到$V5$的基极。当高频调谐器工作在UHF频段时，由于频段预选器只对UHF部分提供BU端的电源电压，而VHF部分的BL端及BH端均被切断，VHF部分的高放及本振电路停止工作，这时送至$V5$基极的信号只有UHF混频输出的中频信号，$V5$、$V6$组成的共射—共基电路成为中频放大电路。

混频电路不论在UHF频段，还是在VHF频段，都要正常工作，因此其电源端BM不进行切换，始终接电压12V。

2. UHF部分电路简介

UHF部分的组成与原理和VHF是相类似的，也是由高放、本振、混频三部分组成，从图4-6可知，$V1$为高放管，$V2$为混频管，$V3$为本振管。UHF与VHF的主要区别是UHF频段的工作频率更高，不能采用LC集中参数调谐回路，而应采用分布参数调谐回路。在印制板上用一般铜箔作同轴谐振腔的芯线，外部屏蔽盒以及级间隔离板构成腔体。终端接一只变容二极管，通过改变加在变容二极管上的调谐电压V_T，就可以改变变容二极管的电容量。根据LC串联回路感性失谐时的特性，改变C，可以改变整个回路的等效电感量，如图4-14所示。利用这一特性就可实现回路的调谐。

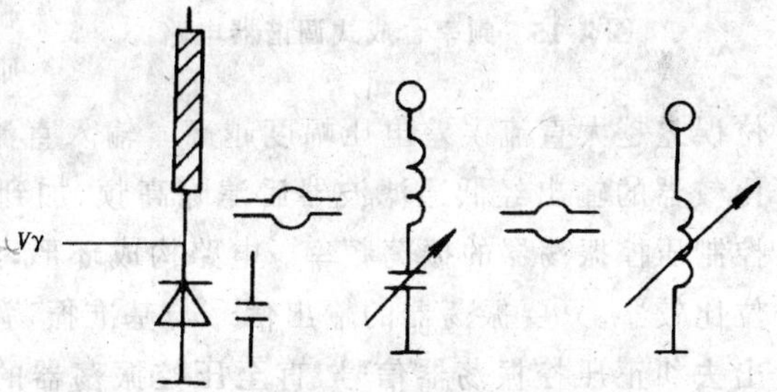

图4-14 谐振回路等效电路

从图4-6可知，UHF部分高放管$V1$采用双栅场效应管，$G1$栅极输入天线收到的射频信号，$G2$栅极则加上RF AGC电压（高放AGC），电路结构与VHF部分相同，$V1$的漏极负载为双调谐回路，它是由$L201$、$L203$及变容二极管$V9$、$V10$等组成。当改变调谐电压V_T时，变容二极管$V9$、$V10$电容量改变，就能改变高放级的调谐频率。

本振电路是由$V3$及其外围元件组成，本振频率由$L302$及变容二极管$V11$等决定，与VHF相同，在本振回路中还有变容二极管$V12$，它使本振频率还受AFT电压的控制。

UHF频段的高放输出信号通过$C205$加到混频管$V2$的发射极，本振输出信号通过$C212$同时加到$V2$的发射极，混频后得到的中频信号经电容$C211$输出，送至$V5$的基极。

需要说明的是：由于UHF频段的工作频率极高，从天线收到的射频信号不是采用电容耦合的方法输入高放管的基极，而是通过谐振回路之间的耦合将信号输入$V1$的栅极，在电路图中是找不到输入信号耦合电容及连线的。

（四）频率合成（f_s）调谐器

频率合成（f_s）式的调谐系统也被称为数字调谐系统。其电路方框图如图4-15所示。FS调谐系统的关键是一个锁相环（PLL），它控制频率可变的调谐器的本机振荡器，一般来说本振是由压控振荡器（VCO）构成的。在电压合成式调谐器中，本振频率是由其振荡回路中的变容二极管控制的，变容二极管控制电压是由中频通道的 AFT 电路提供的。

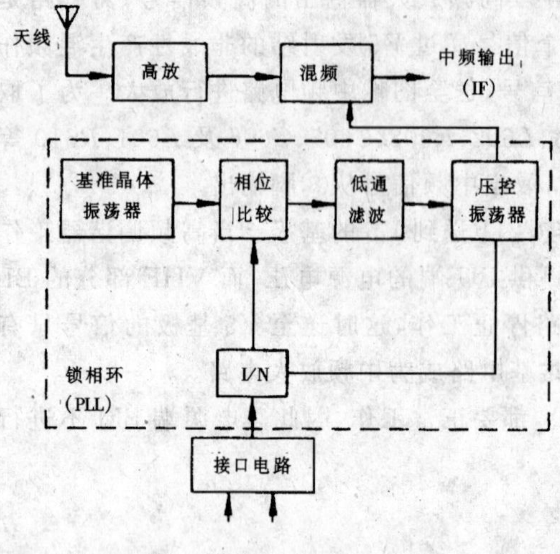

图 4-15 频率合成式调谐器电路

频率合成式的调谐器电路如图 4-15 所示，天线接收的射频信号经高放后送到混频器，与 PLL 锁相环送来的本振信号进行混频（差频），然后变成中频（IF）信号输出，再送到中频通道中去。在调谐状态（搜索电视信号），只要改变压控振荡器的输出频率，即可实现搜索。那么压控振荡器的振荡频率是怎样变化，输出的频率又怎样得到相当的稳定性呢？这就是锁相环电路的功能。

从图可见，在锁相环中设有一个基准晶体振荡器，它的信号稳定性是足够高的。将它的输出作为基准与压控振荡器的输出的分频（I/N）信号进行相位比较。若相位比较器的两输入信号频率是相同的话，那么它将无信号输出；若两信号不同，则将两输入信号的相位差变成直流误差电压，相位误差越大直流误差电压幅度越高。输入直流误差电压的极性与相位误差的方向有关。相位比较器的输出经低通滤波器后滤除高频，加到压控振荡器（VCO）中。也就是用此误差电压去控制压控振荡器的振荡频率。电路构成环形，经调谐后的振荡频率又经过分频器（I/N）送到相位比较器。只要振荡器的输出信号与基准振荡信号存在有相位差，相位比较器就有直流误差输出去纠正压控振荡器信号，直至压控振荡器的输出与基准信号的 I/N 同频，环路即进入锁定状态。这就是说，由于在电路中加了一个分频器（I/N），压控振荡器转出的 I/N 是与基准晶振同频同相的。

如果改变锁相环中的分频器的分频比，使分频器 I/N 中的 N 是一个变化的量，则压控振荡器的输出信号频率也是变量，这就能实现谐调搜索的目的。在该机的调谐器的调谐是由微电脑控制的。微电脑对调谐器的控制采用 I^2C 总线的控制方式，微电脑将控制调谐器的数据信号，以串行数据总线的形式送到调谐器的接口电路中，I^2C 总线是由两条数据传输线构成的，即数据线（SDA）和时钟线（SCL）构成的。接口电路就是将微电脑送来的控制数据转换成对分频器分频比的控制信号。当搜索到电视台站的信号时，中频通道的输出给微电脑一个视频信号（或同频信号）表明已收到节目。微电脑则保持这种状态，进行收看，并将此种接收条件的频道数据记忆下来。

二、频率预选电路

高频调谐器中选择频道是通过调谐电压改变变容二极管电压来实现的，选择频道的装置叫预选器，图 4-16 是长城牌 JTC472 型彩色电视机的预选电路。

在预选器中首先进行波段的选择，波段选择是由与 8 个发光二极管（频道指示灯）正极相连接的三挡开关（VL、VH、U）完成的。其中 VL 波段可选择 1～5 频道，VH 波段选择 6～12 频道，U 波段选择 13～57 频道。三挡开关又分别通过三个晶体三极管（*QA*03、*QA*04、*QA*05）与高频调谐器的三个波段的转换电压连接，当按下（接通）*SA*01 按键时，其中 *SA*01 的下边一组是接通波段转换电路的，波段的三挡开关放在哪个波段上就接通与其相对应的三极管，见图

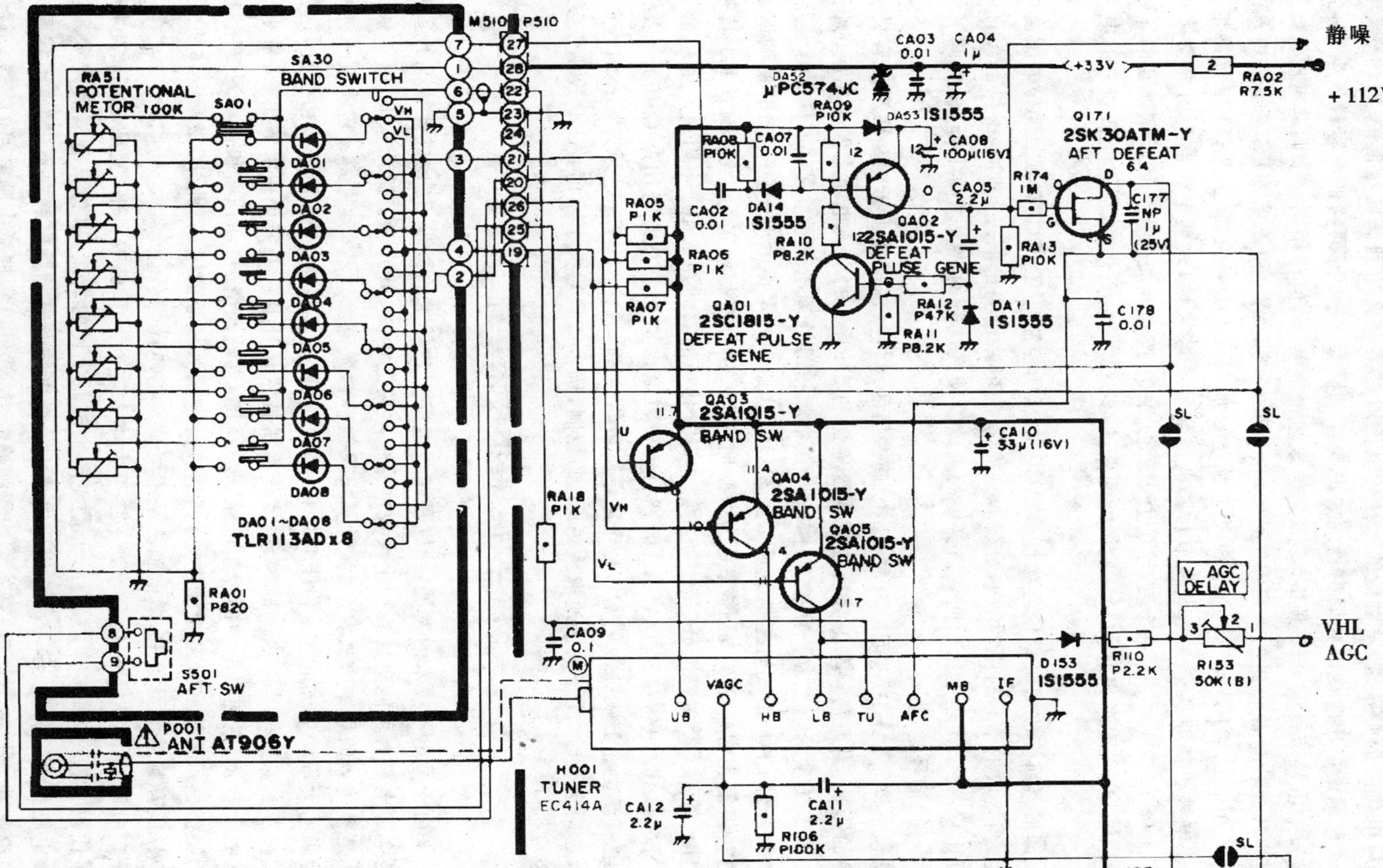

图 4—16 选台电路原理图

4-16。$SA01$ 按键接通 $DA01$ 的负极，其正极连接在 VH 波段上，通过②号转⑳脚连接线使 $QA04$ 基极电位降低而导通，发射极的 +12V 电压通过集电极加到高频调谐的 VH 波段电压上，这时通过调谐电压改变高频调谐器的内部变容二极管，使谐振回路的电容量发生变化，接收 VH 波段的电视节目(6～12 频道)。其它波段也同样转变，但使用同一个调谐电压。

调谐电压是由电源输出的 +112V 经 $RA02$ 电阻(7.5k/2W)和 $DA52$(PC574JC)30V 稳压管产生的，$CA03$、$CA04$ 是滤波电容。30V 直流电压加在 $RA51$ 电位器上，$RA51$ 电位器也有 8 个并联，该电视机能够预选 8 套电视节目。电位器另一端接地，改变电位器中的滑动接点使 30V 电压能从 0～30V 变化，这个变化的过程通过 $SA01$ 按键开关连接到高频调谐器的 TU 接点上，改变内部的变容二极管的容量使调谐回路的谐振点发生变化，收寻一个波段内的电视节目。

高频调谐器所接收的电视信号强度受 AGC 电压所控制，RFAGC(高频 AGC)电压由中放电路产生，当接收的信号过强时，中放级的 AGC 检测电路检测出的过高的电压和正常的标准电压进行比较，得出误差电压反回调谐器中的高放管使高放管的放大增益下降，保持调谐器输出的 IF(中频)信号稳定。

自动频率控制(AFT)也可以写成 AFC。调谐器的本机振荡电路由于振荡频率高容易受温度和环境的影响，当振荡频率偏移后混频器级输出的 38MHz 的中频也随之发生相应的偏移，使接收的图像质量下降。为了克服上述缺点，在中频信号处理电路设立了 AFT 检测电路，当检测到 38MHz 的中频不准时把信息反馈到高频调谐器中的本振电路，见图 4-16，使调谐器中的振荡电路恢复正常。$Q171$ 晶体管是为了瞬时停止 AFT 控制设立的，当按键 $SA01$ 转换时(变换节目)，即第一个按键断开，第二个按键还没有接通的瞬间在 $RA01$ 电阻上产生一个下跳的脉冲，通过 $CA02$ 电容接到 $DA14$ 二极管的负极，$DA14$ 二极管的导通引起 $QA02$ 三极管也导通，集电极产生的上跳脉冲使 $Q171$ 瞬时导通切断 AFT 的控制。$S501$ 开关设在预选门上，当打开预选门选台时，此开关接通取消 AFT 的控制，选台结束后关上小门，AFT 控制恢复。

第三节　遥控技术基础

近年来由于微电子技术的发展，特别是集成电路工艺技术的进步，使构成计算机的主要电路甚至是全部电路有可能集成到一个大规模集成电路之中，这就诞生了微计算机，由于微计算机的工作是模仿人的思维方式，因此微计算机又被称为微电脑。从外型上看，它就是一种具有很多引线脚的大规模集成电路。由于它体积小、重量轻、安装灵活方便，而且价格便宜，这使它很快地就普及到家用电器之中。同时，也使计算机技术从计算机专家手中解放出来，带来了计算机技术的大普及，遥控彩电中的控制电路，收录机的自动调谐、自动选曲和自动调整系统、录像机中的操作显示系统和系统控制电路，都是以微电脑为核心的电路。此外，摄录一体机、影碟机、激光唱机、音响系统设备中，微电脑更是不可缺少的电路器件。

一提到电脑技术，人们往往会想到书店里大本大本的计算机教科书、复杂的逻辑电路、繁琐的程序代码，以及多种多样的软件，于是便产生望而生畏的情绪，以为只有高级技术人员才能掌握微电脑技术。其实，学习维修家用电器中的微电脑及其相关电路并不难，也不需要多么高深的理论基础。只要了解它的基本结构和维修特点，就可以掌握微电脑电路的技术。逐步积累经验也可以摸索出很多有用的规律。

本节从最初级入手，以彩电产品为例，介绍彩电遥控技术的速成入门方法。

彩电中的微电脑，从外型上看，就是一种大规模集成电路，从功能上来说，它担负着控制功能、运算功能和信息处理功能。这就和通用的电子计算机有所不同。通用计算机有一个键盘，一个字符显示器和一个带有磁盘驱动器的主机机箱，而家用电器中的微电脑，只作为一个电路器件安装在其内部的电路板上，而且被专用化，只具有设计规定的有限功能，例如在遥控彩电中的微电脑，它的功能是自动调谐搜索电视台，以及代替人工进行亮度、色饱和度、对比度和音量等控制动作。

微电脑又不同于普通的集成电路。微电脑从制造工艺上和外型上同普通集成电路相同，但它们在功能上却有很大的不同。微电脑是一种智能化的功能单元，它的工作是根据程序一步一步进行的，微电脑中的程序是预先在工厂里编制好的，并存在存储器中。例如，编制一个模仿人工进行调谐的程序，微电脑就可以一丝不苟地按照程序模仿人的动作。它可以根据操作者的命令作不同的调整动作，而且在调整时还可以根据信号强弱及外界环境等因素自动变化调整量，使之达到最佳化，与普通的集成电路特点完全不同，例如彩电中的中频通道只能完成视频检波和伴音解调，输入中频信号，输出则变为视频图像信号和伴音音频信号，它的这种功能不能有任何变化，也不能用于其它场合，微电脑只要改变其内部程序，它还可以应用到其它的设备之中，如可以在收录机中或录像机中应用，也可以在摄像机和影碟机中使用。

微电脑的程序，就是它工作的步骤，尽管很复杂，但它们都事先在工厂里编制好了。而且大部分工作程序是不能由用户变更的。这些程序都存在微电脑的只读存储器中，即只能读出而不需更改。这种存储器简称ROM。因为程序不需要更改，就可以把它制成不可变更的固定程序，又叫固化程序。这些程序如果读取出来用字符表示，是相当复杂的，但是从初学者和维修者的角度来说，不必要了解程序的详细内容。在微电脑的相关电路中还有一些存储的数据内容是经常需要更改的，如彩电中调谐好的频道以及其它调整参数，每调整一次就要更改一次存储的数据内容，对这些数据信息也没有必要了解它的详细内容。而只需要判断这个完成存储任务的集成电路工作是否正常，电路是否损坏，以及新集成电路的代换方法。

微电脑从结构上说，是把构成计算机的主要电路或所有电路都集成到一个集成电路里了。这就是说，每个微电脑片子内都集成了几万至十几万只晶体管，有的甚至有几千万只晶体管。如此复杂的内部电路一般无法详细表示，对这种电路就不能用了解传统模拟电路的方法来认识。以往要学习收音机电路，需要了解收音机的高频放大、混频、本振、中放、低放一直到扬声器电路元件和信号流程，各电路的功能和结构很清楚。而对微电脑则不能像收音机电路那样去认识。因为微电脑的内部不可能也不必要将所有的晶体管和电阻、电容都画出来。只需要把它们看成是一个智能化的功能单元。在家用电器中应用的微电脑，它的每个引线脚的功能都确定了。只需要了解这些引线脚的功能和正常工作时的信号波形及直流电压，哪些引线脚在什么情况下输出什么样的信号。熟悉了这些功能，检测和判断故障就比较容易了。

一、遥控系统的组成

遥控系统按传递方式可分为有线遥控和无线遥控两种形式。早期生产的遥控电视机多数采用有线遥控，用导线传输控制信号，因此控制功能受到限制。随着科学技术的发展，目前运用得最广泛的是红外遥控方式。这种控制系统采用了高频调制，利用副载波的ON/OFF占空比传递数据，可靠性高，不易受到干扰。

红外遥控系统由发射部分、接收部分和控制中心部分组成。发射部分内设有振荡电路、时钟信号发生器电路、键盘控制电路和调制电路，由发光二极管向外发出控制信号。(内部还设有防自激和防止两个键同时按下而引起的误动作电路)

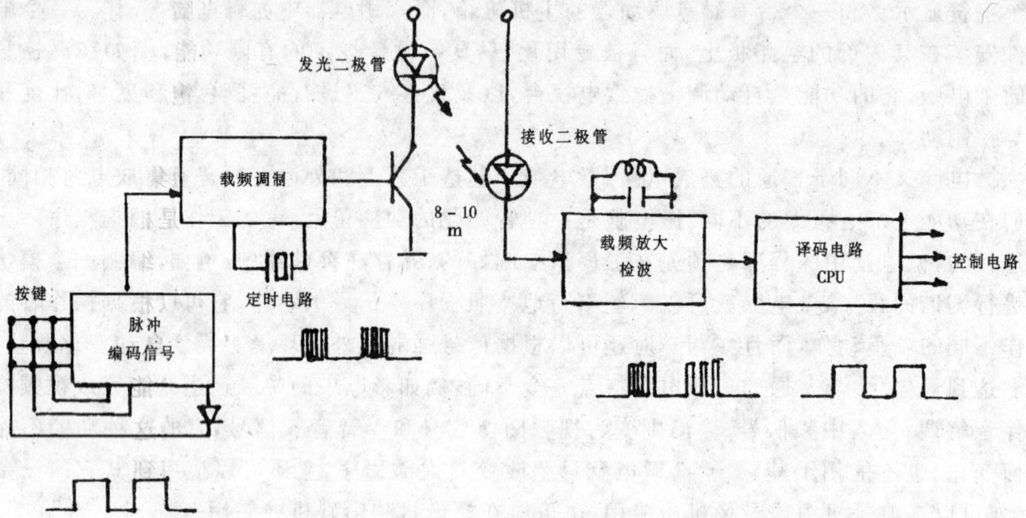

图 4-17　遥控原理方框图

接收部分由光电二极管将接收到的发射器传出的遥控编码信号，经放大、检波，整形后送到微处理器(CPU 控制中心)进行信号处理，执行各种指令的控制。遥控距离一般为 8m～10m。见图 4-17。

控制中心采用微计算机技术，它把接收器和随机键盘送来的各种功能控制信息变为二进制数码处理，通常控制中心由大规模集成电路完成。它输出多种控制信号，这些控制信号的数量和种类体现了遥控功能的多少。目前生产的遥控彩电具有以下控制功能。

1. 自动调谐

这是一个很方便很有用的功能，用来自动预置各信道的接收频道。按下"自动调谐"时，微处理器控制电视机转入预置状态，然后在选择的信道上，调谐电压由低到高自动变化，使接收频道由 1～57 自动搜索，屏幕上依次出现各频道图像，同时还有图形指示，如一条光带(彩色条)逐步变长，指示频道位置和编号。当选定需要预置频道时，放开"自动调谐"按键，此时该频道的调谐电压信息就会自动存入机内存储器中，记忆在这个信息位置上。然后可按同法在另一个信道进行频道选择。此功能简化了预置操作手续，保证预置准确。

2. 频道转换

遥控器上标有"频道升"(＋)和"频道降"(－)两个键。当按下此键时，微处理器即会自动控制预置信道由低至高，或由高至低依次选台。每个信道停留 1 秒～2 秒供选择。调谐电压随各信道预置频道不同而跳跃变化。

3. 音量控制

一般有两个按键：音量增(＋)和音量减(－)。控制电路输出信号为可变调整电压，使音量分为数十个等级，变化准确均匀。

4. 开机、关机和定时

一般也是两个按键。定时关机通常在睡眠前使用，故有"睡眠"功能之称。这种功能体现在对主电源供电的控制上。

5. 屏幕显示

按下此键时，微处理器即开始输出预先写在内部存储器中的字符信号，并在屏幕右上角部位逐行显示。内容有接收频道和音量等级。不用时再按此键一次，显示就会消失。屏幕显示字符在选台时自动出现，一般约3秒～5秒自动消失。

6. 对比度调节

其控制信号是可以高低变化的对比度调整电压，一般也是＋、－两个键。

7. 亮度调节

是控制亮度的可变电压信号，也有＋、－两个键。

8. 色饱和度调节

也分为＋、－两个键。改变彩色的浓度。

9. 静噪

按下此键伴音立即消失，屏幕显示音量为“00”。此功能用来暂时中断伴音，以便听取别人呼叫和谈话。再按一次，伴音恢复到原来等级。此功能在每次选台时都自动起静噪作用，以防噪声干扰。

10. 正常调节功能

符号表示为“－.－”。按下此键时，能使伴音处在30％位，对比度80％位，色饱和度为50％位，帮助用户从调乱状态迅速恢复到常备收看状态。

由于遥控彩色接收机，在选台和功能控制部分采用了新型电路，使整机的性能和寿命都得到了改善和提高。如早期生产的彩电，完成一个节目的选择要用手拨动两次开关(波段预置和选台电压的调节)。采用遥控和微计算机(CPU)技术后，只要按一下键盘的轻触选台键(AUTO)，由微处理器执行选台指令，很快就把三个波段的节目(几十套)一次性全部选出并进行了记忆。用户可以用遥控器任意选择所喜欢的节目和进行各种功能的调整(如定时开机、关机，频道的显示)。各种功能调节的质量也得到了改善，如音量控制，去掉了机械触点磨擦式电位器，改用轻触开关和导电橡胶，把音量从小到最大分成数十个等级(0～90)，使调整过程中变化均匀准确。在屏幕上还设有数字显示。关机时还能把关机前的工作状态进行记忆，再次开机收看时仍保持原来的状态。

综上所述遥控彩电在选台及功能控制部分采用了新型的电路，增加了功能，扩展了电视机的使用范围，延长了电视机的使用寿命，减少了故障的发生。在其它电路部分和一般不带遥控功能的电视是一样的。如信号放大电路，扫描电路，电源电路等。遥控彩电的整机原理构成如图4-18。

二、实用的遥控系统

图4-19是飞利浦公司生产的以微控制器(CPU)PCA84C640为中心，配合存储器PCF8581(或PCF8582A)的电压合成调谐方式，能够完成彩色接收机的全部功能控制。PCF8581记忆存储40套电视节目，PCF8582A能够存储90套。微控制器的⑬脚至⑳脚组成的键盘控制内容和遥控发射器的键盘是相同的，用户可以距接收机10米以内操作控制，也可以直接用接收机的键盘控制。

PCA84C640微控制器的①脚输出14位数/模转换器的脉冲宽度调制信号，经三极管放大

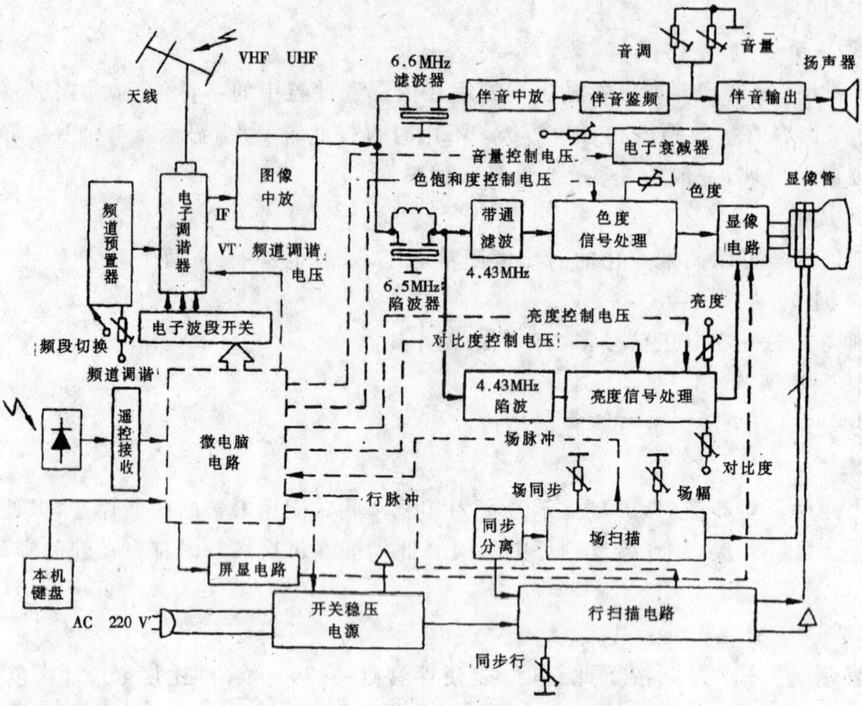

图 4-18 遥控彩电的基本构成

再由积分电路平滑后用于控制高频调谐器的调谐电压进行节目的搜寻。

由第②脚到第⑥脚输出的6位数/模转换器的脉冲宽度调制输出信号，由积分电路平滑后用于控制相应的模拟量、音量、亮度、饱和度、对比度和色调。

第⑦、⑧、⑩脚是调谐器的频段选择控制端，输出的控制信号通过放大驱动满足调谐器波段开关的要求。当⑦、⑧、⑩脚输出都是低电平时，可用来控制AC关机功能。

第⑨脚为AFT信号输入端。输入的AFT信号的要求为：振幅2.5V±2.5V，输出阻抗小于5k；AFT特性S曲线在1.3V到3.8V范围内，其陡度应大于200kHz，小于1MHz。输入的AFT信号仅在电台识别信号(IDENT)存在(高电平)时有效，显然，AFT信号是用来确定精确调谐的，而电台识别信号，则是用来大致发现一个电视台信号的。

第⑪脚为VTR时间常数选择输出端。

第⑫脚为AV控制输出端。遥控彩电设有视频输入(录像和摄像的视频输入)。

第⑬到⑲脚为本机键盘控制端。本机键盘共28个键，在实际应用中根据机型的要求和机型的档次(等级)可选择使用。图4-20是长城牌G8253YN型彩电的实际应用图。从图中可以看到⑯脚和⑰脚相交点，如按下轻触开关接通时，微控制器执行自动调谐(自动收台)功能。⑰脚和⑬脚的两个矩阵点为频率微调＋键和－键，按动该两个键，调谐的频率能向上或向下偏移，并在屏幕上有频率微调的显示。⑲脚和⑬、⑭脚构成的两个键为共用的模拟量控制键，使用前先进行预置和选择，选择控制的项目在屏幕上显示，如选定音量控制按模拟量＋键或－键可进行音量大或小的控制。其它功能也是如此。这样可以节省接收机的控制键的安装数量。存储键和清除键是用来存储节目和清除不想要的节目。

第⑳脚为系统模式选通输出端，用于在每次开机后对“功能选择”进行扫描检测。⑳脚和本

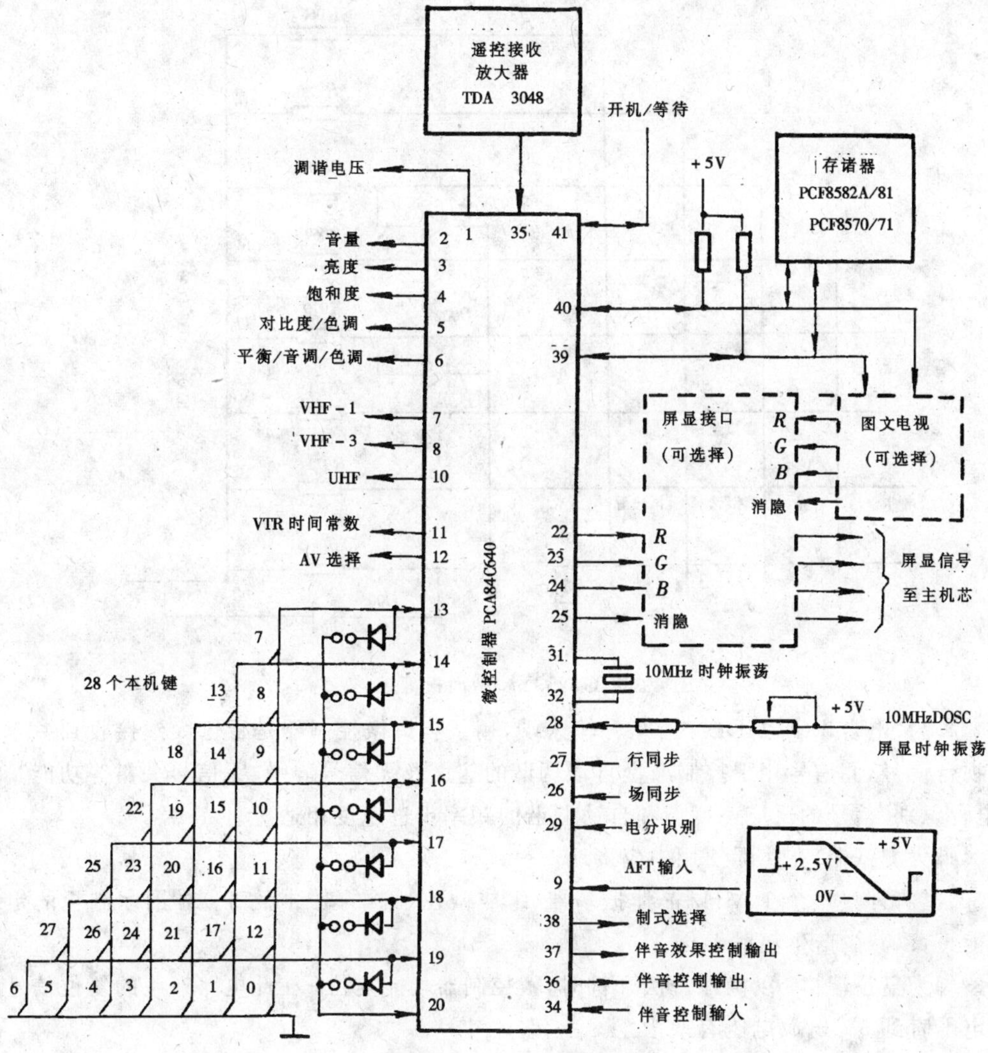

图 4-19 遥控系统的构成

机键盘控制脚⑬到⑲以及⑦、⑧、⑫、㊱、㊲和㊳脚等结合在一起，组成整机的"功能选择"硬件矩阵，可对系统的功能作不同的选择和变通，以满足不同的需求。

第㉑脚是接地端。

第㉒、㉓、㉔脚为屏幕显示 R、G、B 信号输出端，可直接与色度解码电路输入端相连接。

第㉕脚为屏幕显示高速消隐信号输出端。

第㉒至㉕脚均为高电平有效，也就是说，无屏显时，输出为零。

第㉖和㉗脚为屏显定位用的行同步信号和场同步信号输入端，可分别取自主机芯扫描电路的行和场的回扫脉冲。输入极性为正极性。脉冲幅度小于 5V，并要求高电平大于 3.5V，低电平小于 1.5V。

第㉘脚为屏显发生电路的振荡器输出端，和外接电路组成 RC 振荡器，振荡频率应调整为 10MHz，它决定了屏显字符的宽度。㉘脚的外围印制板走线应尽可能短，以防止产生辐射干扰。

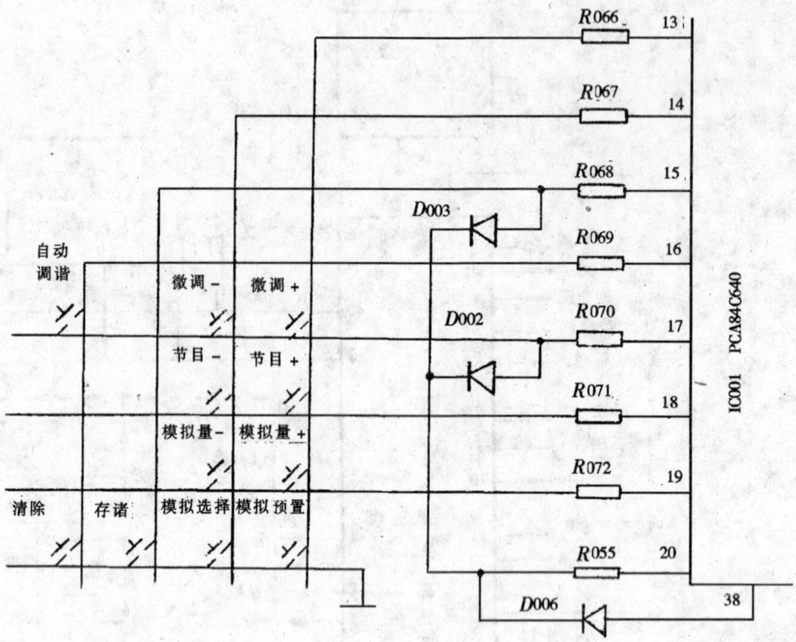

图 4-20 G8253YN 型面板键矩阵

第㉙脚为"电台识别"(IDENT)信号输入端，用于告诉微控制器是否已大致接收到一个有效的电视台信号，此信号用于控制减慢自动调谐的速度及无信号静噪、无信号关机等功能。不同的"电台识别"信号的反应速度应和自动调谐的频率步进速度相适应。

第㉚脚为测试端，在实际使用中应接地。

第㉛、㉜脚外接一个 10MHz 晶体振荡器，组成微控制器的时钟振荡。外围印制板的走线应尽可能短，以减少产生辐射干扰。

第㉝脚为复位端口。以确保每次开机时，微控制器均能复位。在此电路产生的复位信号应保持低电平直到 5V 电源电压有效为止。

第㉞脚为伴音控制信号的输入端，用于告诉微处理器目前的伴音接收状态(立体声/双伴音)，以便显示相对应的屏显信息。

第㉟脚为遥控信号输入端。发射器发出的控制指令通过接收器送到㉟脚。

第㊱脚为伴音控制输出端，根据遥控指令，有用于控制所需选择的伴音状态，比如双伴音时的语言 1 和语言 2，立体声时的立体声或强制单音等。

第㊲脚为伴音效果控制输出端，用于控制立体声扩展或模拟立体声功能。

第㊳脚是制式选择控制端，可用于两种电视制式之间的转换选择。

第㊴、㊵脚为 I^2C 总线的输出脚。第㊴脚是数据线，第㊵脚为时钟线。这是一个双线双向控制总线。此总线用于控制存储器，也用于控制图文电视解码电路和图文电视控制器。

第㊶脚为直流开关机控制输出端，也叫等待状态控制。在开机后的一个瞬间，㊶脚则作为一个输入端口用于"停电检测"功能的测试。如果此时输入是低电平，则主机芯开关电源直接开启，进入正常工作状态，如果此时输入是一个高电平，则直接进入"等待"状态。

第㊷脚为电源输入端口，其供电电压为：＋5V＋10％。

三、采用 I²C 总线控制的遥控电路

I²C 总线就是在微处理器和被控的集成电路之间连接两条线，一条用来传输控制信息的被称为串行数据线(SDA)。控制信号按数据结构的格式呈串行排列。数据传输往往是双向传输的，即微处理器可以将信息传输给被控电路，被控电路也可以将信息传输给微处理器，另一条是用来传输时钟信息的，被称为串行时钟线(SCL)。使用这种 I²C 总线就可以把控制中心(微处理器)和多个被控集成电路联接起来，而形成一个自动控制系统。这种控制方式要求信息的译码、识别处理设在被控集成电路内部，这就大大减少了接口电路和集成电路的外围元件，提高了整机的可靠性。

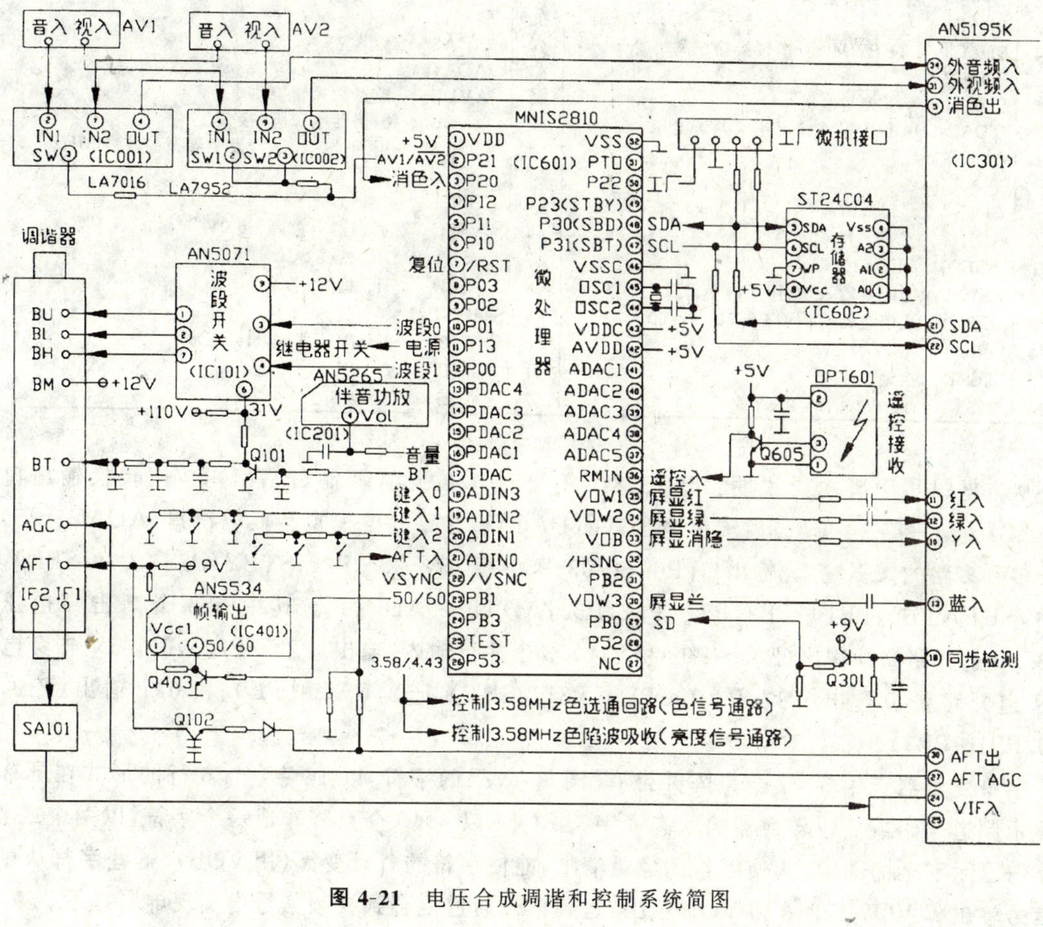

图 4-21　电压合成调谐和控制系统简图

图 4-21 是日本雅佳(AKAI)彩电(CT－21W8DS 型)遥控控制系统的原理图。该机型遥控电路选用松下公司生产的带 I²C 总线控制的电脑电路(MN152810)进行电压合成调谐和控制。

(一)微处理器功能

(MN152810)是 4 位 CMOS 具有屏幕显示电路的单片微处理器。它包含 8K(8192)ROM 和 320 字 RAM，具有 14 位数/模转换器，用于可变寄存器的 7 位数/模转换器和多路的 12V 高击穿电压开路漏极输出。图 4-22 是其内部方框图，表 4-1 是其引脚功能说明。

表 4-1 MN152810 引脚说明

引脚	名 称	描 述	引脚	名 称	描 述
1	VDD	接+5V	27	NC	不接
2	P21	AV1 和 AV2 转换,L=AV1,H=AV2	28	P52	
3	P20	消色 50/60/SECAM 检测	29	PB0	台检测端用于自动搜索
4	P12		30	VOW3	屏显蓝输出端
5	P11		31	PB2	输出
6	P10		32	HSYNC	行同步输入端用于内字符发生器
7	/RST	复位端子	33	VOB	此信号用于屏显亮度截止
8	P03		34	VOW2	屏显绿输出端
9	P02	四位并行数据输出接口	35	VOW1	屏显红输出端
10	P01		36	RMIN	遥控信号输入端
11	P13	数据 I/O 接口,L=开/H=关	37	ADA5	
12	P00	四位并行数据输出口	38	ADA4	6 位模拟数/模转换输出脚
13	PDAC4		39	ADA3	
14	PDAC3	7 位 PWM 数/模转换输出脚	40	ADA2	
15	PDAC2		41	ADA1	
16	PDAC1	音量控制输出	42	AVDD	模拟数模转换供电 5V
17	TDAC	14 位 PWM 输出用于调谐电压	43	VDDC	振荡器电源脚,接 5V
18	AD1N3		44	OSC2	用于微机和字符发生器振荡,接 6MHz 振子
19	AD1N2	键扫描输入	45	OSC1	
20	AD1N1		46	VSSC	振荡器电源脚,接 0V
21	AD1N0	AFT 输入端	47	/SBT	IIC 总线 SCL
22	VSYNC	场同步输入端,用于内字符发生器	48	/SBD	IIC 总线 SDA
23	PB1	从消色器脚检测 L=50,H=60	49	STBY(P2)	
24	PB3		50	P22	L=工厂方式,H=正常
25	TEST	接地	51	PTO	
26	P53	L=4.43,H=3.58	52	VSS	接地

从方框图和引脚功能说明:MN152810 有 4 路 7 位脉宽调制(PWM)数/模转换输出口(PDAC1~4)一路 14 位数/模转换输出口(TDAC)和 5 路 6 位模拟转换输出口(ADAC1~5)以及多种多路的数据输入/输出口[P00~P03,P10~P13,P20~P22,STBY(P23),P30(SBD),P31(/SBT),PB0,PB1~PB3,PT0,P52,P53,ADIN0~ADIN3]。其中有 5 个高击穿电压(12V)N 道开路漏极输出(P00~P03 和 P12),3 个并行输入/输出(P20~P22),6 个 5V 击穿电压 N 道开路漏极输出[P13,P30(/SBD),P31(/SBT),P52,P53 和 PB0]和 6 个输出(P13,PT0,PB1~PB3)。

字符发生器产生 5×7 个点阵并带有"圆角"效果的字符,以 16 字符×6 行的形式在屏幕上显示频道号码或 6 位转换器的状态。字符 ROM 以 6×9 个点阵作成一个字符,以两个或 4 个字符显示复杂的图案。为使字符图像更清晰,能使字符的背景变黑(用 VOB)。这些字符从显示信号输出脚 VOW1、2、3 和 VOB 输出,送到信号通道混合到视频信号中实现屏幕显示。

由于本机采用 I^2C 总线控制,在工厂生产时可以用微机对整机进行自动调试,维修时也可以用遥控手机进行有关相的调节。为进入手机调整,开机之前先同时按本机音量+/-两个键,然后接通电源开机。此后屏幕上就显示有调节菜单的图像。操作者可以根据欲调的项目要求选择"相应键"选出项目,然后用音量+/-键进行调节。新调整的值将存储在记忆中。

(二)存储器

本机的存储器选用 ST24C04,它是 4K(512×8)EEPROM。见图 4-21。ST24C04 能与 I^2C 标准兼容,具有两线串行接口(串行时钟和双向数据线),采用单一的供电。具有可进行单字节和多字节的写入，页写入；随机或顺序写入方式；自身计时编程循环；自动地址累加等功能。本机是由串行时钟同步的 I^2C 方案，ST24C04 为从属装置。

（三）调谐波段开关 IC101（AN5071）

当 CPU 送来的开关信号电压使③、④脚超过 2.1V 时，IC 内部的三级管接通，通过控制电路使输出引脚①、②、⑦动作，进行调谐器的波段转换。IC 的⑥脚内接有＋31V 的齐纳稳压管，可以提供调谐放大管 Q101 稳定的＋31V 供电，省去外接的稳压二极管。如图 4-23。

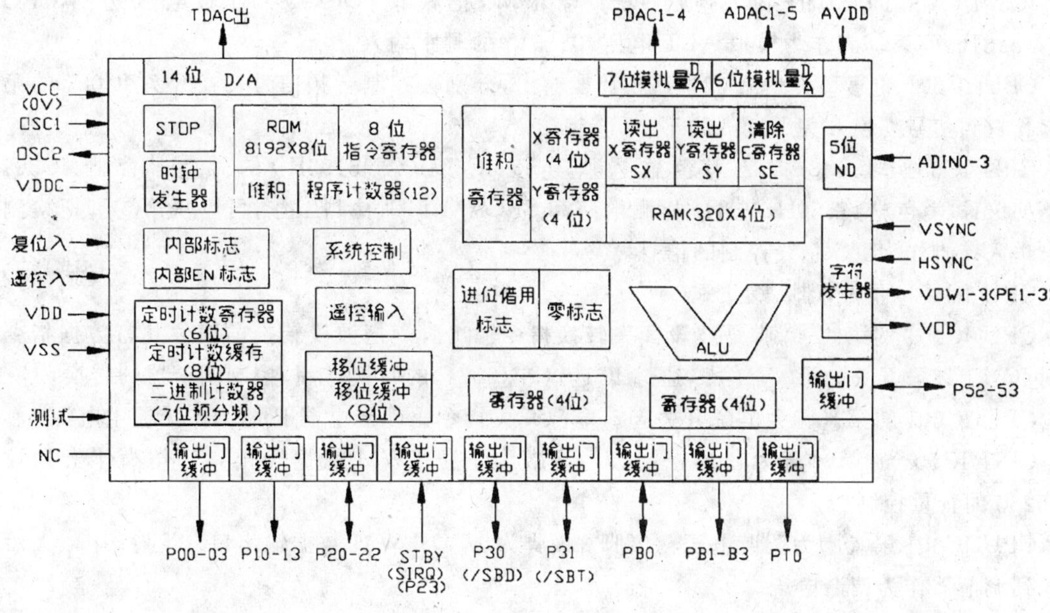

图 4-22 MN**152810** 内部框图

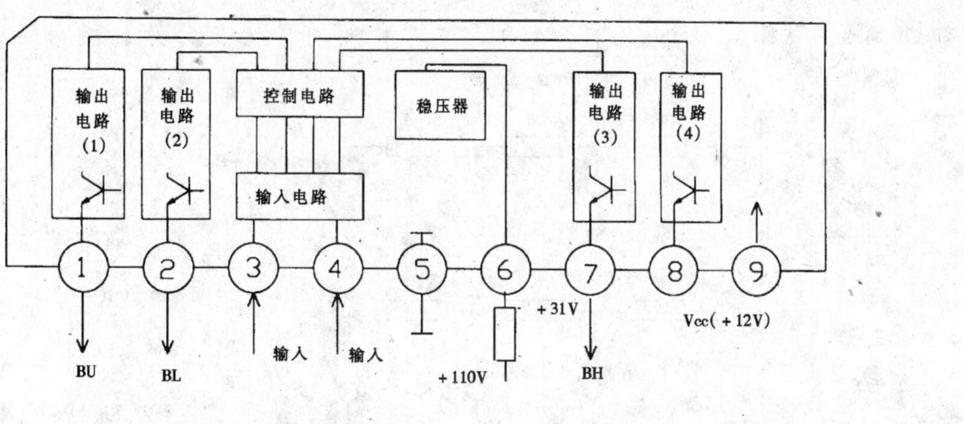

图 4-23 AN5071 方框图

（四）电压合成调谐和控制系统的电路

对电压合成调谐的电视机，自动搜索是很普遍的功能。确保自动搜索不丢台是 CPU 软件的设计和电路硬件参数选择的重要课题，必须给以重视。自动搜索实质上是对接收到的电视信号和其它信号进行区别（识别），并准确无误地将电视信号接收并存储的过程。在自动搜索的过程中，是一步一步地向上搜索，它实际上是测量 AFT 特性的斜率。因此 AFT 特性的斜率太陡或过缓均会影响正常工作，这是电路设计应满足的条件。

根据电压合成调谐原理，搜索调谐功能要求一个对接收信号的“识别”和模拟量 AFT 电压的测距判断。在搜索时，调谐系统连续地检测识别输入和模拟 AFT 电压。本机的 IC301(AN5195K)第⑱脚是同步分离检波输出脚，当接收到电视信号，(注：只要搜索调谐进入电视发射的残留边带频率内，通道就可以接收到电视的同步信号，尽管还没有调谐准确。)该脚就有信号输出，经 Q301 隔离放大后送到 CPU IC601(MN152810)的第㉙脚作为识别指令。

IC301(AN5195K)的第㉚脚是 AFT 输出脚，把模拟(0～9V)AFT 电压送到 CPU(AN152810)的第㉑脚作为模拟 AFT 电压(0～5V)的测距输入。

CPU IC601 的第②脚是 AV1/AV2 转换输出，分别去控制音频信号切换开关 IC001 的第③脚和视频信号切换开关 IC002 的第②、③脚。

CPU IC601 的第③脚是消色输入脚连接 IC301(AN5195K)的第⑤脚。当 IC301(AN5195K)消色电路、50Hz/60Hz 检测电路和 SECAM 识别检测工作，可以从第⑤脚把检测输出送入该脚作为 I^2C 总线控制的信息。

CPU IC601 的第⑦脚是复位脚。

CPU IC601 的第⑩、⑫脚是波段开关转换指令输出脚。把波段转换的四位并行数据指令送到 IC101 波段开关的第③、④脚，通过 IC101(AN5071)的转换作用，控制调谐器的转换。

CPU IC601 的第⑪脚为电源开关脚。电源开关指令驱动继电器 RLY401 接通主电源。

CPU IC601 的第⑯脚为音量控制脚。该脚为 7 位 PWM 数据输出口。作为伴音功放 AN5265 的音量控制。

CPU IC601 第⑰脚为调谐电压输出脚。该脚为 14 位 PWM 数据输出口。经 Q101 放大后再送到调谐器作为调谐电压。

CPU IC601 的第⑲、⑳脚为本机键输入端口，见图 4-24。

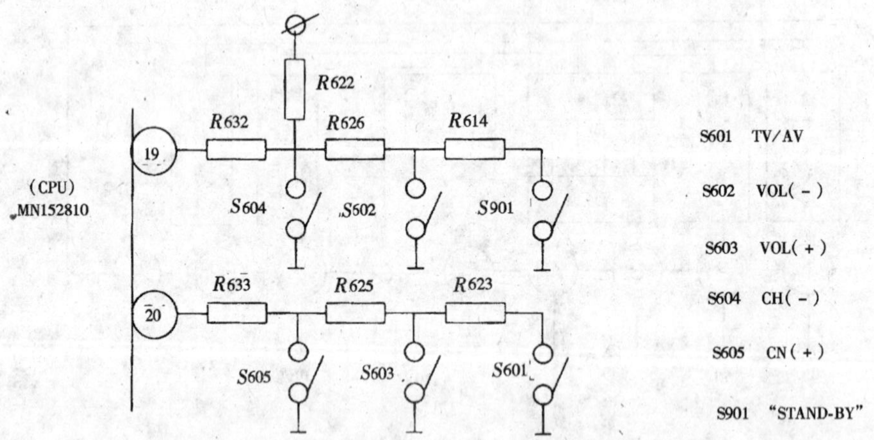

图 4-24 本机键

CPU IC601 的第㉑脚为 AFT 输入端口。

CPU IC601 的第㉒脚为场同步信号输入端口，作为屏幕显示垂直位置同步。

CPU IC601 的第㉓脚为 50Hz/60Hz 输出口，它是数据输出脚把 50Hz/60Hz 的信息输出经 Q403 放大倒相作为场扫描输出 IC401 第④脚 50Hz/60Hz 开关的控制使场幅度 50Hz、

60Hz 保持均衡。

CPU IC601 的第㉖脚为 3.58/4.43 输出口。作为色信号通道 3.58MHz 选通回路的选通开关和作为亮度通道 3.58MHz 色度陷波开关的控制。

CPU IC601 的第㉙脚为“识别”输入端口。

CPU IC601 的第㉚、㉞、㉟脚分别为屏显蓝、绿、红的输出口，送到 IC301（AN5195K）的第⑬、⑫、⑪脚作为字符显示。

CPU IC601 的第㉝脚为屏显消隐输出口，送到 IC301（AN5195K）的第⑩脚作为字符显示背景。

CPU IC601 第㊱脚为遥控信号输入口。把接收头 OPT601 收到的遥控信号经 Q605 放大后送入。

CPU IC601 的第㊹、㊺脚为微处理器时钟振荡和屏显振荡的外接晶体的端口，晶体频率为 6MHz。

CPU IC601 的第㊼、㊹脚为 I^2C 总线的时钟线和数据线端口，这两个口不仅与存储器、主芯片（AN5195K）、基带延迟 IC、SECAM 解码 IC 的相应脚连接，而且本机还有工厂生产中调试的微机接口。

CPU IC601 的第㊿脚是与工厂微机的接口脚，作为工厂调试的指令接口。

第四节　中频放大和视频检波电路

一、中频放大电路

（一）中频放大电路的作用和要求

中频放大电路的作用是把来自高频调谐器的混频级输出的中频电视信号进行放大使之达到视频检波器正常工作所需要的电平。在彩色电视接收机中，中频放大电路是重要的组成部分，电视接收机的灵敏度、选择性、通频带等性能指标，很大程度上决定于中频放大电路的性能。如果输入视频检波器的中频信号电压太低，则会使检波效率降低，非线性失真增加。在保证满足视频检波器对输入电压要求的情况下，中频放大器增益越高，电视机的灵敏度也越高。

为使电视接收机能较好地重显图像和伴音，中频放大器除了有足够的增益外，还对通频带内的幅频特性提出一定的要求。

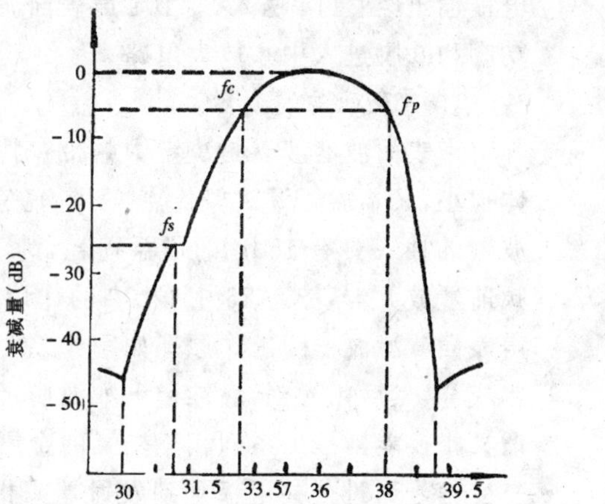

图 4-25　中频幅频特性

电视图像信号的传送是采用残留边带方式，图像的中频 38MHz 应位于中频幅频特性曲线右侧斜边的中点，见图 4-25 若最大幅度为 0dB 则 f_P 图像载频应在－6dB 处。这是无失真地接收残留边带图像信号的要求。彩色副载波中频 f_c＝33.57MHz 亦应在 50％，即－6dB 处。这一方面便于色度信号的恢复，另一方面是为了在 f_c

附近得到较小的相位失真以得到最佳的彩色图像质量。

采用共用通道的电视机，在中频放大器中如果将图像载频、色副载频，伴音载频三个中频信号均匀放大，则在视频检波电路中可能产生差拍干扰，其中伴音载频 31.5MHz 与色副载波中频 33.57MHz 产生的 2.07MHz 的干扰，因为这种干扰处于亮度信号频带内，信号处理电路不易从亮度信号带宽内加以滤除，造成屏幕上出现移动的色条纹干扰。为了减少这种干扰，通常在中频放大之前对伴音中频进行足够大的衰减，在共用通道中伴音中频信号不要求放大，在视频检波之后再进行第二伴音中频放大。所以在彩色电视机中也常采用图像通道和伴音通道分开进行放大，见图 4-1。

为了抑制邻近频道的干扰，中频放大电路还应具有良好的选择性。每个电视频道均占 8MHz 的频带宽度，如果电视机选择性不好，在收看某一频道电视节目时，邻近频道信号容易窜入造成干扰。为了防止邻近频道信号对本频道的干扰，中频放大器应对邻近频道的信号有良好的抑制作用，即对低频道的伴音载频(39.5MHz)和高频道的图像载频(30MHz)进行较大的衰减，见图 4-25。

为了满足图像中频系统的通频带和选择性的要求，在以前生产的分立元件的中频电路中，一般是按照零、极点的理论，安排若干个 LC 调谐回路来满足中频的幅频特性的要求。随着集成电路的发展，集成的中放电路各级之间采用直接耦合，不需要变压器，因而就将所有的 LC 调谐回路集中在一起，即所谓集总选择性滤波器，组成一个单独组件，便于单件安装和调试。集总选择性滤波器一般放在混频级与中频放大电路之间。声表面滤波器已代替分立元件的集总选择性滤波器，应用在彩色电视机上。

(二)实用的中频通道电路

图 4-26 是 G8253YN 型彩电的中频信号处理电路的原理图，从图中可以看到由高频调谐器输出的 IF(中频)信号经 *R*133 电阻，*C*112 电容把中频信号送到 *Q*102 晶体管的基极，再由集电极输出经 *C*114 送入 *SA*101 声表面波滤波器，滤波器的输出端再送入中放电路(*TA*7680)的⑦脚和⑧脚进入中频放大电路。

1. 声表面波滤波器

声表面波滤波器是决定中频带宽特性的主要器件。由于该器件制作工艺方便，重复性好，体积小，又不需要调试等优点。目前已完全取代分立元件集总选择性滤波器。但是声表面波滤波器的插入要有 15dB 的增益损耗，为了解决这个问题一般在滤波器前设置一级低噪声的中频前置放大器，图 4-26 中 *Q*102 的作用就是前置放大器，它的作用是用来弥补滤波器的损耗。声表面波滤波器的工作原理如图 4-27。它是在一块研磨抛光的压电晶体基片上蒸上一层金属铝或金，然后用光刻，腐蚀留下如图所示的发射端和接收端叉指换能器(两边端为吸声材料。所谓叉指换能器是一系列相互交叉的金属薄条状电极，而相邻电极分别接在两个共用电极上，当交变信号通过公共电极加到发射端叉指换能器上时，相邻电极间极性相反，由于逆压电效应，电极之间的介质发生形变。这个周期的形变向两个方向沿介质表面传播就形成了表面波。一个方向上的表面波由吸声材料吸收，另一方向的表面波沿基片表面传播，当到达接收端的叉指换能器时，由于正压电效应，声信号重新变为电信号，由输出端输出。

由于采用不同结构形状的叉指换能器，在输入不同频率时，有不同的传输效率，对应着一定的带通特性。改变叉指换能器结构形状，就能得到不同的带通特性。因此，按中频特性生产的叉指换能器，就能完成中频滤波的作用。

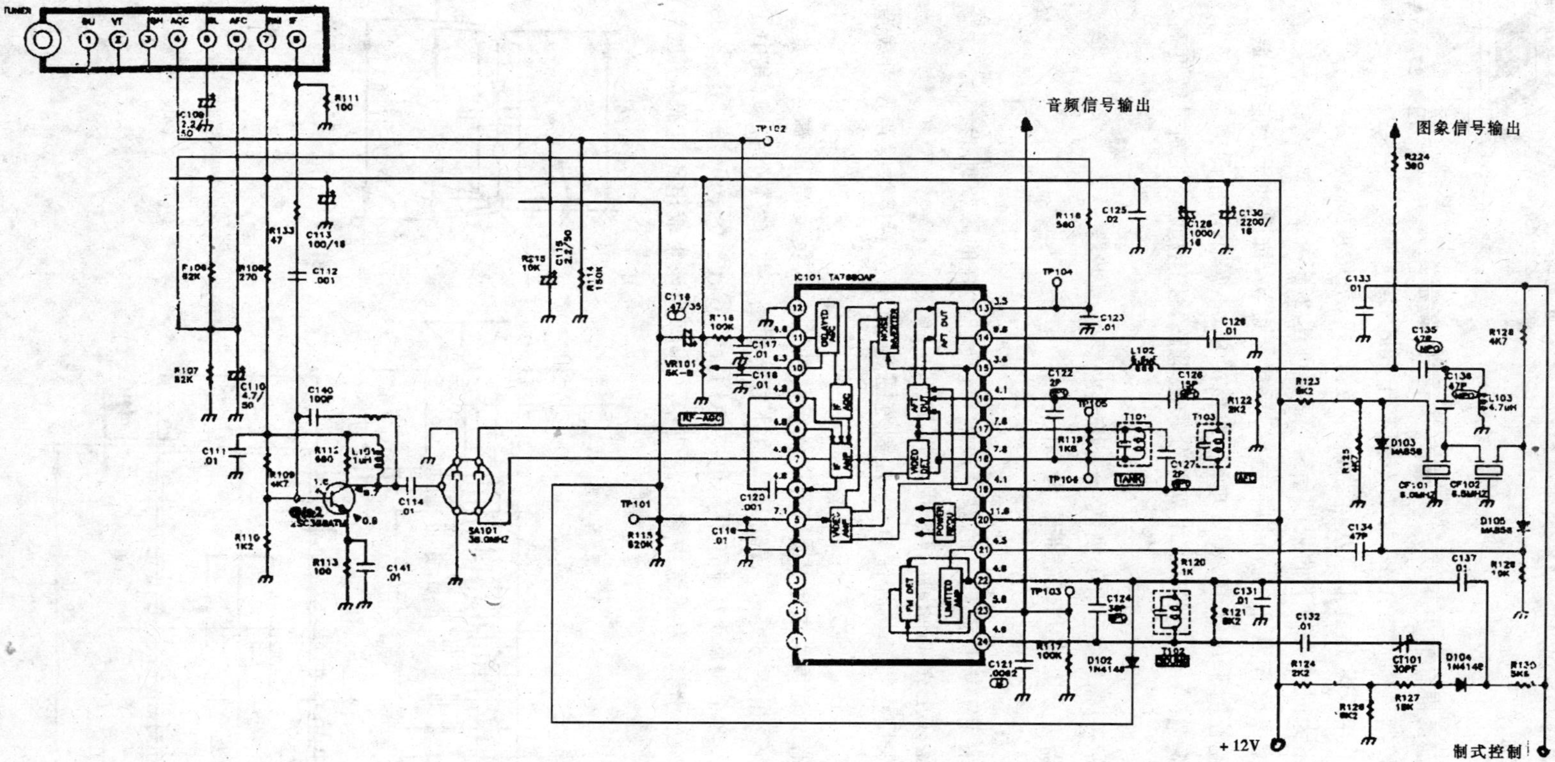

图 4-26 G8253YN 型彩电中频信号处理电路

2. TA7680AP(CD7680AP)彩色图像,伴音系统集成电路

(1)功能和特点

图像部分:

①具有三级直接耦合的中频放大器,中放增益高,频带宽。

②自动增益控制范围宽,(AGC 控制范围高于 60dB)。

③视频检波采用双差分模拟乘法电路,检波线性好,灵敏度高。

④预视放输出为同步头朝下的视频信号,幅度可达 2.5V_{p-p}。

⑤视频放大器中设有黑、白噪声抑制电路,反应速度快,抗脉冲干扰能力强。

⑥中放的增益控制采用峰值 AGC 电路,线路简单,不需作外部调整。

⑦自动频率微调(AFT 电路)采用双差分乘法电路,性能稳定,控制灵敏度高,可采用双端或单端输出。

⑧负向 RF AGC 输出,适用于高放级为场效应管的调谐器。

⑨视频放大器中设有 VTR(磁带录像)开关。

伴音部分:

①伴音中放采用三级直流耦合的差分放大器,具有良好的限幅性能。

②采用正交鉴频电路,引出脚和外接元件少。

③音量调节采用直流音量控制方式,控制范围宽,无电位器接触噪声及引线造成的感应噪声。

④音频放大器设有负反馈输入端,可以外接从功放引入负反馈,以减小失真。

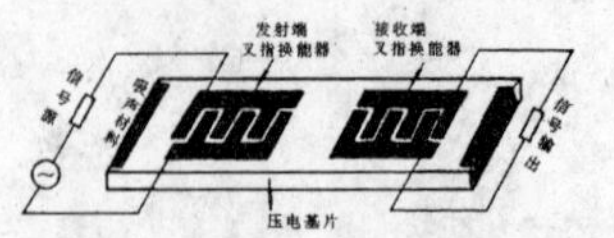

图 4-27 SAW 带通滤波器的结构

(2)外形结构 图 4-28 是 TA7680AP 的外形结构图。共有 24 个引脚,其中①、②、③、④、㉑、㉒、㉓、㉔脚(共 8 个引脚)为伴音中频电路使用。⑤、⑥、⑦、⑧、⑨、⑩、⑪、⑫、⑬、⑭、⑮、⑯、⑰、⑱、⑲脚(共 15 个引脚)为图像中频电路使用。⑳脚为该集成电路电源(+12V)引入脚。

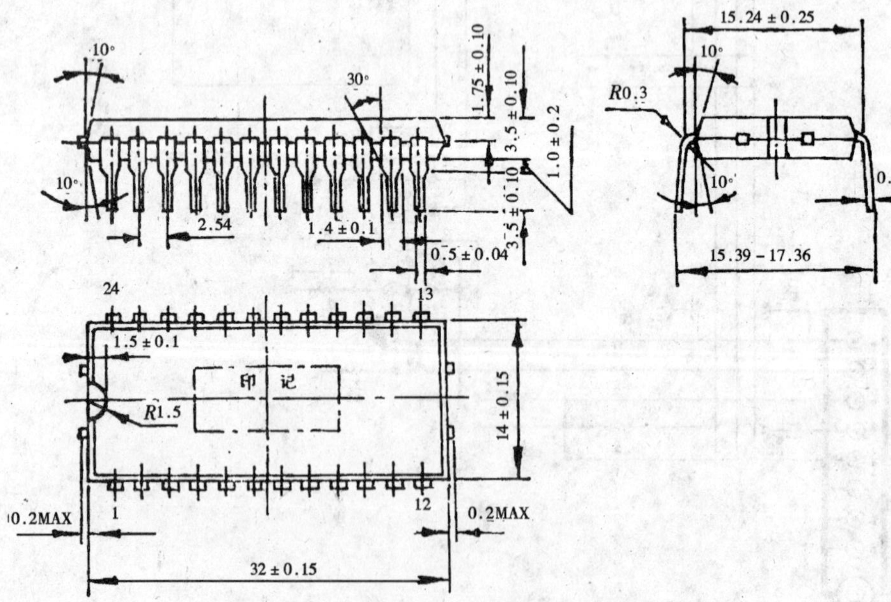

图 4-28 TA7680AP 外形图

(3)TA7680AP 电路框图　图 4-29 是 TA7680AP 电路的框图，表 4-2 是其各引脚的作用。从图中可知，右边为图像中频电路，它主要包括：三级图像中频放大电路、视频检波电路、视频放大、消噪电路、自动增益控制(AGC)及 AFT 电路。中频信号从⑦、⑧脚输入，经放大检波输出的视频信号从⑮脚输出。左边为伴音系统电路，它主要包括：三级伴音中频放大，鉴频电路，直流音量控制电路和音频放大电路，伴音中频信号从㉑脚输入，鉴频输出的音频信号经过放大后从③脚输出。

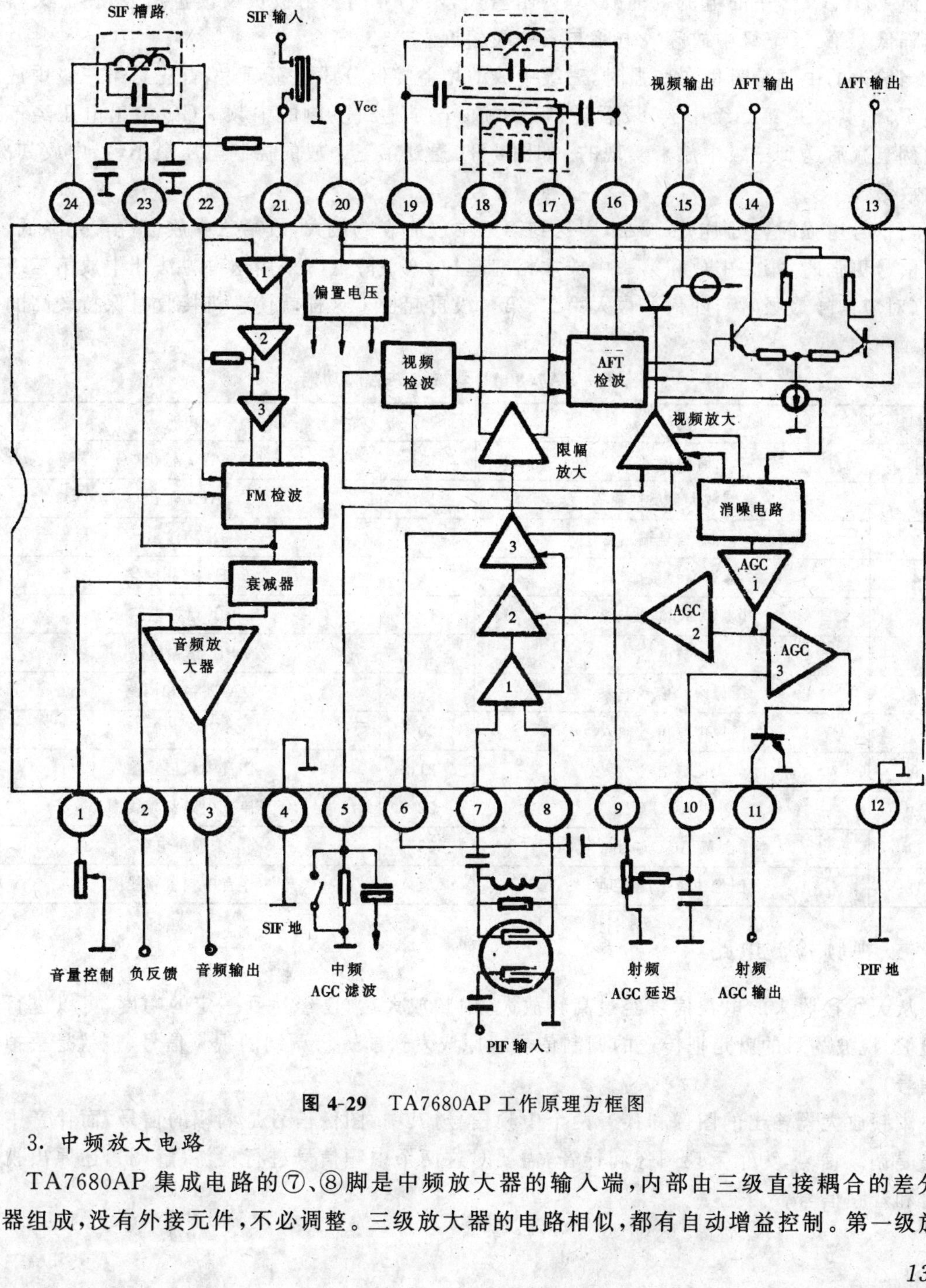

图 4-29　TA7680AP 工作原理方框图

3. 中频放大电路

TA7680AP 集成电路的⑦、⑧脚是中频放大器的输入端，内部由三级直接耦合的差分放大器组成，没有外接元件，不必调整。三级放大器的电路相似，都有自动增益控制。第一级放大器的等效电路如图 4-30 所示。

图中的 $V1$、$V3$ 为射极跟随器，$V2$、$V4$ 组成差分放大器，$VD1$、$VD2$ 为起增益控制而接入的，$V5$ 用来控制 $VD1$、$VD2$ 中的电流，从而改变 $V2$、$V4$ 的发射极阻抗。中频信号输入后，经 $V1$、$V3$ 隔离送至 $V2$、$V4$ 进行放大，从 $V2$、$V4$ 集电极输出，当 $V5$ 的基极电位提高时，其集电极电流及 $VD1$、$VD2$ 二极管的电流都增大，$VD1$、$VD2$ 阻抗减小从而使 $V2$、$V4$ 的发射极对地电阻减小，发射极负反馈也相应减小，此时放大器增益最高。当 $V5$ 的基极电位降低时，其集电极电流 $VD1$、$VD2$ 中的电流也都减小，内阻增大，$V2$、$V4$ 的发射极负反馈也增大，使放大器的增益降低。第二、三级中放等效电路与第一级相近。

当输入的中频信号由弱变强时，三级中放的增益控制分段逐级延迟，首先是第三级中放的增益下降，其次是第二级中放，最后是第一中放，这是通过⑤脚的中频 AGC 检出电压经不同的比例衰减后送到三级中放来实现的。如图 4-31 送到第三中放的控制电压最小，二中放其次，一中放最大。

当信号增强时，⑤脚电压减小，因送到第三中放的衰减最大，故第三中放增益首先降低，只有当信号更强时，第二中放和第一中放才相继起控，增益降低。采用这种方法让中放第三级先起控(对应信号最强时)，随信号最大第二、第一级再起控。这样就使整机接收时保持较高的信噪比。

表 4-2 TA7680AP 集成电路各脚功能

编号	功能	编号	功能
1	音量控制	13	AFT 输出
2	音频放大负反馈输入	14	AFT 输出
3	音频信号输出	15	视频输出
4	伴音系统接地端	16	AFT 移相网络
5	中频 AGC 滤波电容	17	PIF 谐振电路
6	滤波电容	18	PIF 谐振电路
7	图像中频信号输入	19	AFT 移相网络
8	图像中频信号输入	20	VCC 电源
9	滤波电容	21	伴音中频信号输入
10	射频 AGC 延迟	22	伴音中频鉴频线圈
11	射频 AGC 输出	23	去加重电容
12	图像中频系统接地	24	伴音中频鉴频线圈

二、视频检波电路

从天线接收来的电视信号经过高频放大，中频放大后，已经达到一定的幅度，可以进行视频检波，检波的目的就是把传送的调制信号还原成发送前进行调制的视频信号(也就是去掉载波信号)。

中频放大器输出的图像和伴音两个中频信号，其中，图像信号是调幅的信号，而伴音中频信号是调频信号，为了重现图像和伴音，需要对这两个中频信号进行检波(解调)，还原出视频信号和音频信号。

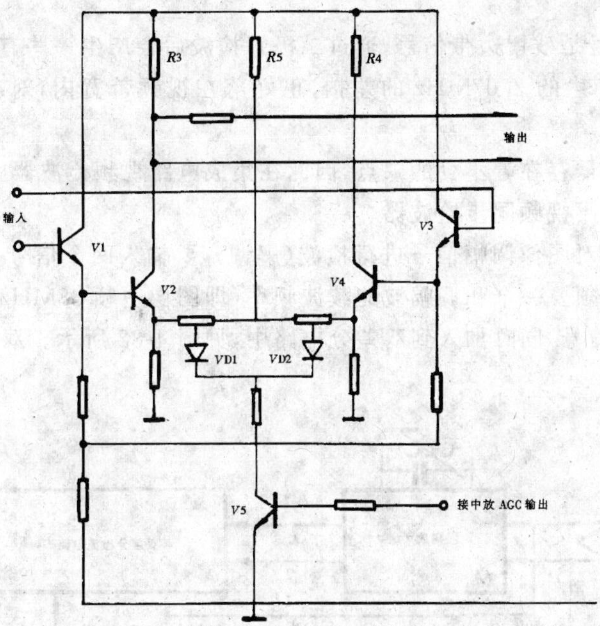

图 4-30 D7680 第一中放原理图

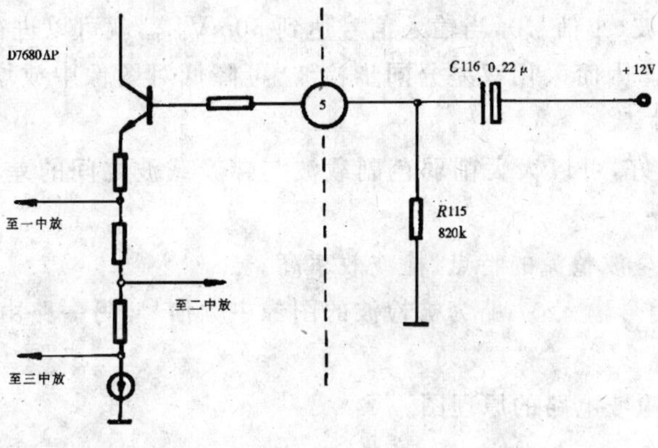

图 4-31 AGC 电路

(一)分立元件二极管检波器

在分立元件(早期生产的)电视机中,一般使用二极管检波器,二极管检波器电路简单,使用元件少,成本也低,无需调整,但它有不少的缺点。

(1)二极管检波器约有 6dB 的衰减,检波效率低。

(2)在小信号检波时,检波失真大,会引起白电平压缩,因而二极管视频检波都工作在大信号直线性检波状态。这就要求中频放大器应有足够大的信号电压输出。

(3)为了获得大于 6MHz 的视频带宽,检波器的负载电阻较小,因而检波器的输入阻抗也要小。对中频放大级提出了更高的要求,一般中频放大电路增益不能小于 70dB。否则图像质量会变差。

(4)二极管检波器是不平衡的检波器,检波器工作时产生大电流的中频信号及其高次谐波信号,通过辐射及地线造成图像中频放大器的不稳定性。因此对二极管检波器的屏蔽和接地提出了苛刻的要求。

(5)由于电视信号是残留边带信号，通过二极管检波后会产生一些有害的差拍分量。如彩色中频和伴音中频产生的 2.07MHz 的差拍，正好落在视频带宽内，对亮度信号图像造成干扰。

由于二极管检波器存在着不少的缺点，因此在集成电路视频检波器中不采用二极管检波。

(二)双差分低电平视频同步检波器

利用双差分电路对图像调幅信号进行检波(解调)，要输入两个信号，除了输入 IF(中频图像信号)信号外，还必须要一个和调幅波的载波频率(即图像中频 38MHz)相同、相位相同的等幅载波信号(或开关信号)同时加入到双差分电路中，见图 4-32 所示。双差分同步检波器具有以下优点。

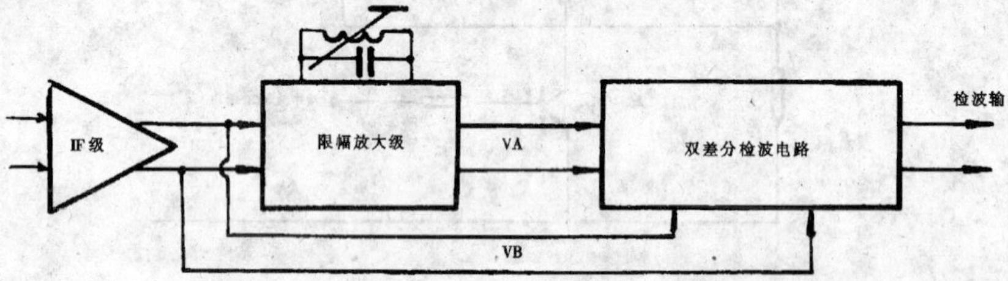

图 4-32　双差分视频同步检波电路方框图

(1)可作低电平检波(小信号)，当输入信号达到 $50mV_{p-p}$，就可以进行直线性检波，而普通二极管检波需要 $1V_{p-p}$，因而采用双差分同步检波，可降低对图像中放增益的要求，从而提高中频放大电路的稳定性。

(2)由于检波线性好，可以大大削弱色副载波与伴音载波之间的差频(2.07MHz)干扰及调制信号的二倍频成分。

(3)同步检波具有全波整流的特点，检波效率高。

此检波器的两路信号输入：一路为被检波的图像中频信号，另一路由被检波信号经限幅放大电路得到。

图 4-33 为双差分检波电路的原理图。

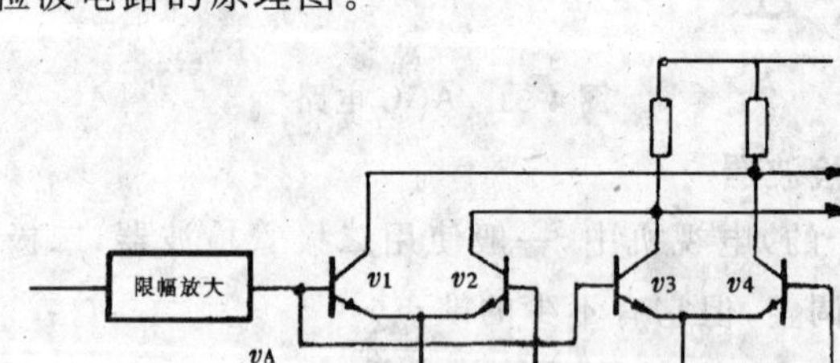

图 4-33　双差分检波电路原理图

从图中看到开关信号(VA)分别加到 $V1$、$V3$ 和 $V2$、$V4$ 的基极上。开关信号的产生是由中频 IF 信号经三极中频放大后通过限幅放大电路产生的，见图 4-29。限幅放大电路通过⑰、⑱

脚外接一个LC调谐回路，该调谐回路谐振在38MHz上，通过调整和加在双差分检波电路的VB信号（被检波的信号）同频同相，使检波效率最佳，见图4-32和图4-33。

被检波的信号VB加在$V5$和$V6$的基极上。当被检波信号的载波为正时，即$V5$导通，$V6$截止，开关信号的双差分电路$V1$和$V3$导通。当VB为负时，即$V6$导通，$V5$截止，同时$V2$和$V4$导通，它好像一个全波整流电路一样，在输出电流中产生一个与调幅包络成正比的平均分量，经过低通滤波器滤除二次中频及高次谐波分量后，即得出视频全电视信号，再经过视频放大及射极跟随器电路从TA7680AP的⑮脚输出，输出的视频幅度可达$2.5V_{p-p}$。

双差分视频检波器的检波增益约为20dB，比二极管检波器的效率高得多，目前彩色电视接收机一般均采用这种模式，使中频信号的处理有较大的改善和提高。

三、自动增益控制（AGC）电路

自动增益控制电路是保证电视接收机在各种不同的接收条件下稳定可靠地工作。当接收的高频电视信号强弱变化时，AGC电路能自动调节高频放大器和中频放大器的增益，使检波后送至视放的视频信号电压近似恒定。

为了保证接收机的灵敏度，接收机应具有较高的增益，当接收到的信号较强时，如果不及时降低放大电路的增益，将造成图像不稳定，或无法收看引起接收机不能正常工作。

（一）TA7680AP集成电路的AGC控制过程

⑮脚输出的视频信号受电路内部的中频AGC系统所控制，使中放的输入信号幅度在60μV～200mV的范围内变化时⑮脚输出信号的幅度不变，同步头电平始终保持为2.5V左右。中频AGC采用峰值型，它的反应速度快，线路简单。中频AGC的时间常数大小由⑤脚内部阻抗决定。

中频AGC是一个强烈的负反馈系统，由于是峰值型AGC，是按2.5V同步头电平来动作的。如果中放的输入信号突然增强，使⑮脚输出的信号的同步头电平趋向低于2.5V，中频AGC的强烈负反馈作用使中放增益降低，使⑮脚输出的同步信号电平仍保持在设定值的2.5V，这就是自动增益控制的过程。

当信号增强到很强，第一中放的增益都很低了，中放增益已经不能减小时，高频放大器的增益就应开始减小，高放增益的减小受射频AGC电压的控制，这个延迟的射频AGC电压从⑪脚输出，送至高放管的基极。⑩脚外接一个电位器用来调节射频AGC的延迟，此电路适应采用场效应管的高频头，故输出反向AGC电压。

图4-34是IC内部AGC电压检波电路的简化等效图。从视频检波电路输出的视频信号（同步头向下）一方面加到射随电路并通过⑮脚输出送到后面的亮度信号电路和彩色解码电路进行视频信号的处理，同时又作用到图4-34中的$V5$晶体管的基极上。由于$V6$偏置在2.5V，故当视频信号的幅度较小时，$V5$导通，$V6$截止，$V6$的集电极电压为8.5V，$V6$的集电极又作用到差分放大器$V7$、$V8$上，由于$V8$基极偏置在4.2V上，故$V7$导通$V8$截止。由于$V7$的导通在$R3$电阻上产生压降引起$V9$导通，$V9$的集电极电流通过⑤脚向IC外部的$C116$电容充电，使⑤脚电压上升接近电源电压值11.5V，当视频信号幅度增大时，使同步头电平下降到2.6V以下时，$V6$开始导通，其集电极电压开始下降，当下降到4.3V时，$V8$开始导通，当$V8$I放＞I充时，在同步头期间电容$C116$上的电压将通过$V8$放电，同时AGC电压下降。下降的AGC电压通过$V10$传送到$V4$的基极上，使$V3$导通减弱，中放电路的$V1$、$V2$发射极电阻增

大，因而产生负反馈也增大，迫使中放级的增益下降。在同步头过去后，$V8$ 仍然截止，电容 $C116$ 仍被 $V9$ 的电流充电。当 AGC 电压稳定后，一周期内对电容 $C116$ 充电电荷应等于放电电荷。当外加信号幅度越大时，$V8$ 导通越强，$C116$ 电容上的电压通过 $V8$ 放电也增大，作用到中放电路，使其增益下降得越多。但达到稳定后，对 $C116$ 电容的充电电荷仍是相等的。这样，就能使检波电路输出的视频信号的幅度保持在 2.5V_{p-p}左右，达到了自动增益控制的要求。

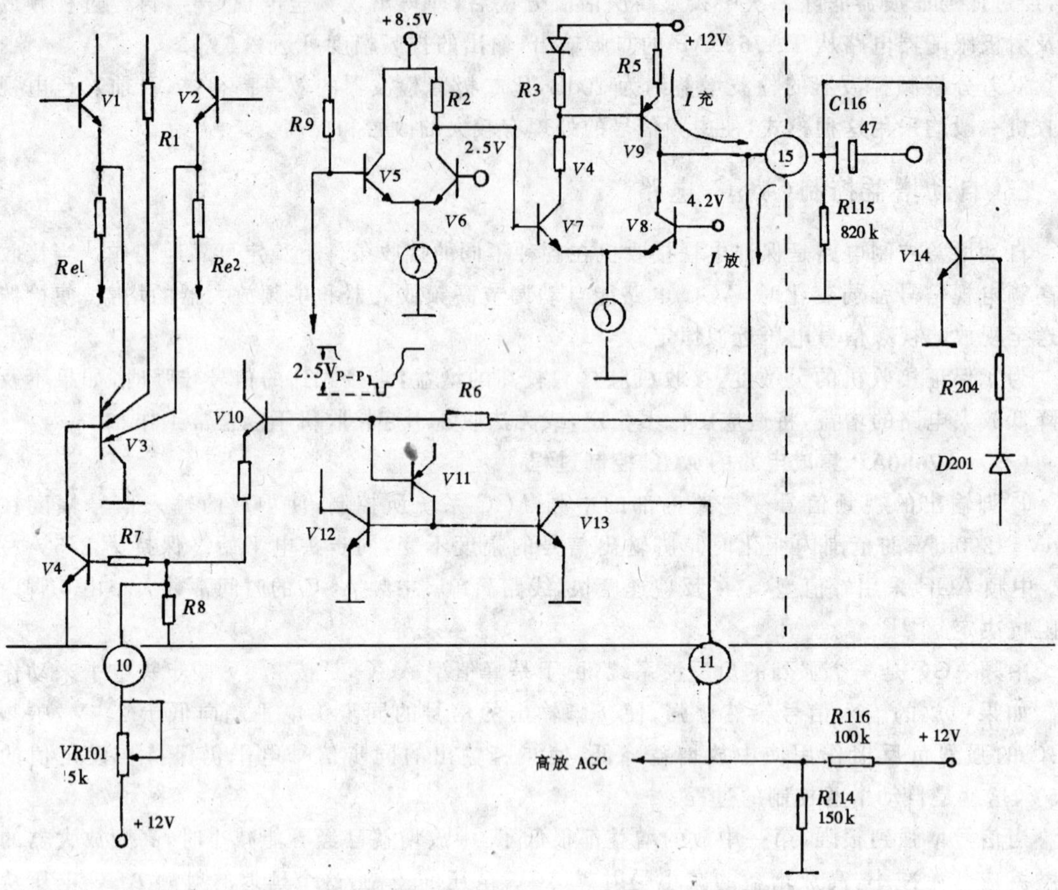

图 4-34 AGC 控制电路

(二)RF(高放)AGC 控制

当信号增强到中放级的增益已不能再减小时，高频放大器的增益才开始减小，这就是 RFAGC 的延迟作用。

在⑪脚输出的高放(RF)AGC 电压加至高频头的高放管 $V1$、$V4$ 的栅极上(见图 4-6)，当天线输入的信号不是太强，AGC 电压控制 IF(中放)级的增益下降就能满足视放级信号恒定的要求时，高放 AGC 电压由⑪脚外接电阻 $R116$ 和 $R114$ 分压获得，使高放管的 AGC 电压固定在一个值上(约 6V～7V)。当接收的信号太强，中放级的增益下降了 40dB 还不能达到要求时，(即视频检波信号输出超过 2.6V_{p-p})，控制电路 $V11$ 导通，引起 $V13$ 导通，$V13$ 的集电极电流引起 $R116$ 电阻的压降增大，电压降低(因此集成电路提供反向 AGC 电压输出)，送到高频头的 AGC 电压下降而引起高放级的增益下降。

⑩脚外接 $VR101$ 电位器(5K)是调整高放级 AGC 起控点的，当电位器向下调(电源方向)

使⑩脚电压上升，相当于 RFAGC 延迟减小。向上调增加。

四、自动频率微调(AFT)电路

(一)AFT 电路在彩色电视机中的作用

在彩色电视机中，为了得到色彩鲜艳的彩色图像，必须保证中频放大电路的幅频特性。信号从天线进入高频调谐器，经与本振频率进行混频后进入中频放大器，最后进行视频检波输出视频全电视信号。整个通道的带通特性主要取决于图像中频放大系统。如图 4-25 所示，图像中频系统的通频带特性要求图像中频(38MHz)及彩色副载波中频(33.57MHz)在－6dB 处，为了能在收看节目时，使其工作在最佳状态，必须把电视机频道调整得完全正确，使本机振荡频率和外接收来的图像载频混频后正好为图像中频 38MHz。但有时由于使用者在调节时不可能正好调在最佳状态，因此往往影响图像质量。另外，即使开始已调在最佳工作状态，但由于本振频率在工作时随环境温度的变化等将产生一定的漂移，因此也会渐渐远离最佳工作状态，引起工作不稳定，造成在收看节目时可能出现多次丢色等现象，影响彩色图像的质量。

在接收机中设立 AFT 电路就是为了克服这一缺点。图 4-35 为 AFT 作用的方框图。从图像中频载波中取出 38MHz 经过一级限幅放大，然后将此信号通过鉴频器电路。鉴频的主要作用是，当此中频载波频率和标准值(38MHz)一致时，就无 AFT 调整电压输出，若此中频偏离标准值时就输出一个正的或负的误差电压信号，再经直流电压放大器放大后去控制可变电抗本机振荡器进行振荡频率微调，使中频信号载频自动回到标准值 38MHz。这样 AFT 电路就能在收看节目时，对由于机内温度等变化所引起的本机振荡频率漂移进行自动的补偿。

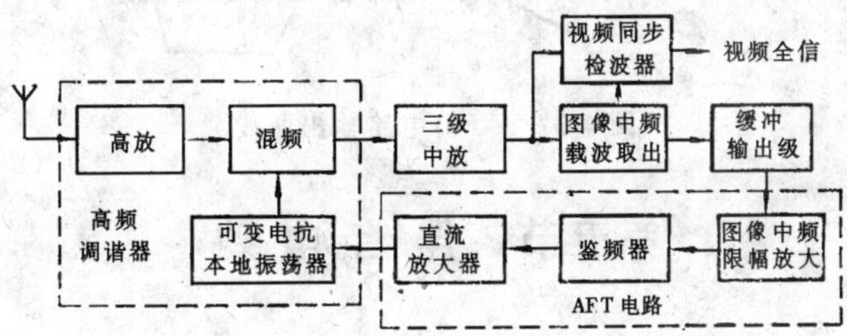

图 4-35 AFT 作用方框图

(二)TA7680AP 集成电路中的 AFT 电路

TA7680AP 的 AFT 电路采用双差分鉴相电路，电路形式与视频检波电路相似，但它的两路输入的中频信号(图像)相差 90°。其中一路直接取自视频检波电路限幅放大级，即⑰、⑱脚信号；另一路的信号由⑰、⑱脚的信号经外接 $L152$ 移相网络后耦合到⑯、⑲脚。AFT 鉴相系统的构成如图 4-36 所示。

从图中可以看出，AFT 的移相电路由 $C174$、$C175$、$C176$ 与 $L152$ 组成的 LC 电路完成，LC 移相电路对于 38MHz 中频信号移相 90°，此时 AFT 输出为 0，对于不等于 38MHz 的中频信号，移相也不等于 90°，则 AFT 电路就有误差电压输出。这个鉴相电压从⑬、⑭脚取出，送至高频调谐器本振回路的变容二极管两端以控制本振频率微调。

AFT 电路的接入使得本振频率稳定度大为提高，只要在收看节目时，将本振频率调谐准确，以后本振频率的变化，将由 AFT 电路进行自动控制。当本振频率偏离正常数值后，AFT 电路将改变本振电路的参数，使其回到正常的数值。(高出所接收的频率一个中频)AFT 电路输

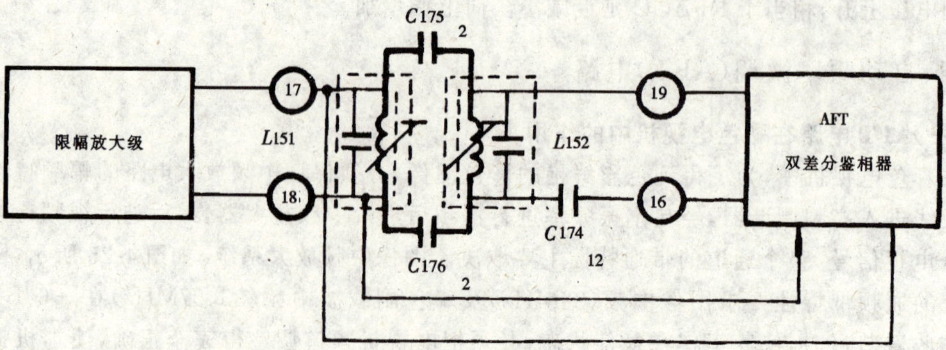

图 4-36 移相器原理

出的特性曲线见图 4-37，当本振频率变低时，AFT 输出电压就高，本振频率变高时，AFT 输出电压变低。

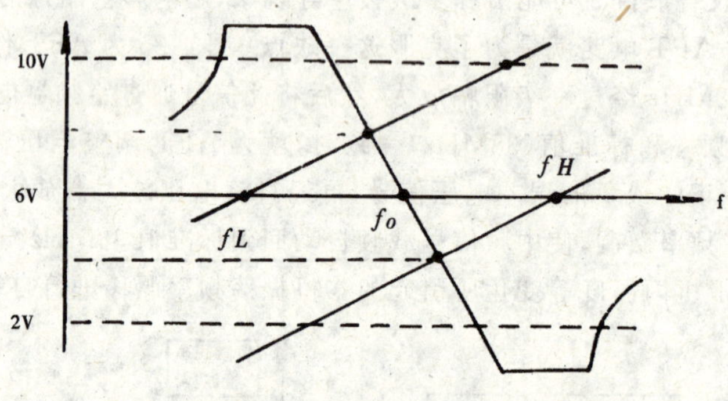

图 4-37 AFT 电路输出曲线

第五节 伴音电路

目前生产的彩色电视接收机大部分采用单通道内载波的方式接收伴音信号，也就是说，图像和伴音信号同时从天线接收后，一起送入高频头进行高频放大和变频，图像的载频变换成固定的图像中频 38MHz，伴音载频变换成固定的 31.5MHz 伴音中频。这两个中频信号一起进入中放电路后，图像信号得到放大，而伴音信号只是保留，在视频检波电路中利用和图像载波（38MHz）差频得到 6.5MHz 的伴音中频信号，称为第二伴音中频信号（第一伴音中频为 31.5MHz）。彩色接收机采用内载波方式接收伴音信号有很大的优越性，因为 6.5MHz 第二伴音中频信号只是与图像载波和伴音载波的差频有关，不会受到接收机和本振频率不稳定的影响，具有很高的稳定性，使伴音接收稳定可靠。

一、伴音通道的组成

所谓伴音通道是指第二伴音中频以后的电路，由伴音信号分离电路、伴音中放电路、限幅放大电路、鉴频检波电路及音频信号放大电路组成。如图 4-38 所示。

伴音信号分离电路的作用是在视频检波电路输出的全电视信号中取出 6.5MHz 的伴音中频信号，送往伴音中频放大电路。方法一般选用滤波器，即在全电视信号中滤除视频部分留

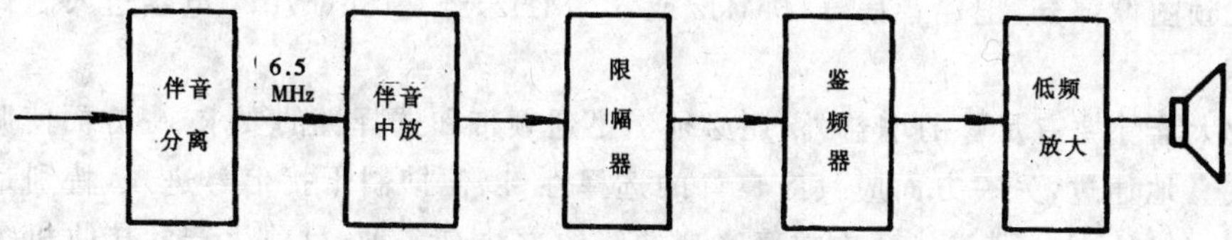

图 4-38　伴音通道框图

下伴音信号,因伴音中频信号在高端,也称高通滤波器。

为了减少图像和伴音信号之间的相互干扰,在信号通道的中频放大器中,必须对伴音信号进行适当衰减,见图 4-25。这样由检波器差拍产生的第二伴音中频信号的幅度是比较小的,不能满足伴音鉴频检波器正常工作的电平。因此,从伴音分离电路取得的第二伴音中频信号必须通过伴音中放电路进行放大。

我国的电视广播伴音信号是采用调频发送的,在传输过程中,受到的各种干扰源或电路的影响,会使等幅调频信号产生寄生调幅,这种带有幅度变化的调频波若直接输入鉴频电路,则鉴频器检波后的音频信号会出现失真或产生杂音。所以在鉴频器前面加入一级限幅电路来消除寄生调幅,使进入鉴频器的信号保持和发送端(电视台)同样的调频等幅波。

经过伴音中放电路放大的第二伴音中频信号,再通过鉴频检波电路解调出音频信号,最后由低频放大器(功率放大)加以放大推动扬声器还原出声音。

二、伴音中放电路

由于电视广播的迅速发展,世界信息的交流,彩色接收机为适应这一需要,在伴音中放电路中,除了起放大作用把第二伴音中频信号加以放大,得到鉴频器检波所需要的电平外,还在进入中频放大电路之前进行伴音制式的切换。前面已经讲过,在接收 PAL-D 制时,第一伴音中频为 31.5MHz,这是由"D"制决定的,伴音中频和图像中频相差 6.5MHz,因在中频电路中图像中频是固定的 38MHz。如接收 PAL-I 制时,由于"I"制规定伴音中频和图像中频相差 6MHz,即第一伴音中频为 32MHz。见图 4-39,这是由发送端(电视台和节目制作时)决定的,作为接收机为适应多制式的接收就必须设立制式切换电路。

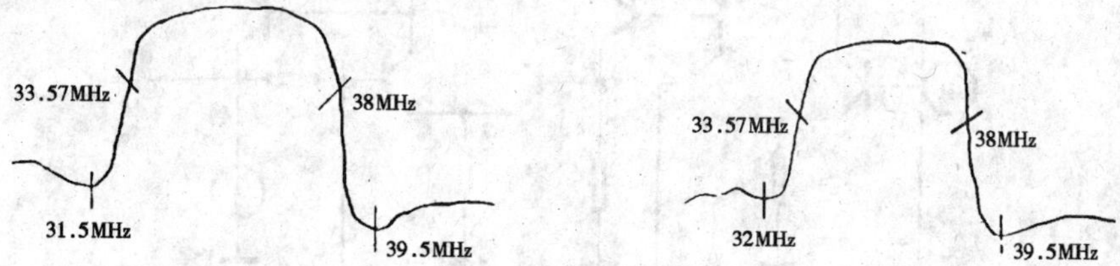

(*a*) D制中频幅频特性　　(*b*) I 制中频幅频特性

图 4-39　中频幅频特性

(一)伴音中频制式切换和放大电路

1. 伴音中频制式切换电路

从中频通道检波电路输出的全电视信号中,包括图像信号、伴音信号、复合同步信号和消隐信号。将其中的伴音信号取出送入伴音通道进行放大和检波产生音频信号,是采用滤波电路完成的,见图 4-26。从 *IC*101(TA7680AP)⑮脚输出的全电视信号经 *C*135、*L*103 组成的带通滤波器滤除低频图像部分，把伴音信号（6MHz 或 6.5MHz）经 $C$136（47pF）电容送入制式切换电路。

中频放大器除要有足够的增益外，还必须满足通频带和选择性的要求。一方面使调频波频带能够无失真地通过，另一方面应具有良好的选择性，以便抑制干扰信号进入，特别是彩色副载波信号（4.43MHz）。形成伴音中放级选择曲线的方法有多种，目前生产的接收机多数采用陶瓷滤波器作为选频网络，和集成电路内的中频限幅电路组成中放电路。陶瓷滤波器是一种固体元件，其中的陶瓷片具有压电效应，当高频交流电压加在陶瓷片两面时，陶瓷片将随信号的交变而产生机械振动，表现出与串联揩振回路相似的特性，且谐振曲线比较尖锐，利用压电陶瓷片可以做成多种谐振频率的滤波器。

伴音制式切换电路是由 $CF$101（6MHz）、$CF$102（6.5MHz）滤波器和开关二极管 $D$103、$D$105 组成。当控制电压（此电压由前面板控制键和 CPU 电脑电路产生）处于低电平时，开关二极管 $D$105 截止（关断 $CF$102）这时 $D$103 导通，由于二极管导通时，内阻是很小的，伴音中频信号（6MHz）通过 $CF$101 再经过 $D$103，$C$134 进入 $IC$101（TA7680AP）的㉑脚内部的伴音中频放大电路。当控制信号电压为高电平时，经 $R$126 加到 $D$105 的正极因而导通，同时关断了 $D$103。这时 6.5MHz 的伴音信号通过 $CF$102、$D$105、$C$134 进入 $IC$101 的㉑脚伴音中放电路。

2. 伴音中频放大及限幅电路（TA7680AP）

伴音中频放大电路的作用是把第二伴音中频信号（如果是两种制式的接收机伴音中频为 6MHz 和 6.5MHz）加以放大，得到鉴频器工作所需要的电压（约 1V）。

限幅器的作用是消除寄生调幅。在电视接收机中对伴音调频信号的限幅，通常不是采用专门的限幅电路，而是利用中频放大器的某一级工作在非线性状态来实现的。

集成电路的伴音中放电路采用三级直接耦合的差分放大器，第三中放一般工作在限幅状态，因送至鉴频的信号是要求经过限幅的（这样可以消除调幅信号的干扰），伴音中放电路没有加负反馈，以取得较高的小信号增益，使之达到限幅。三级中放电路基本相同。如图 4-40。

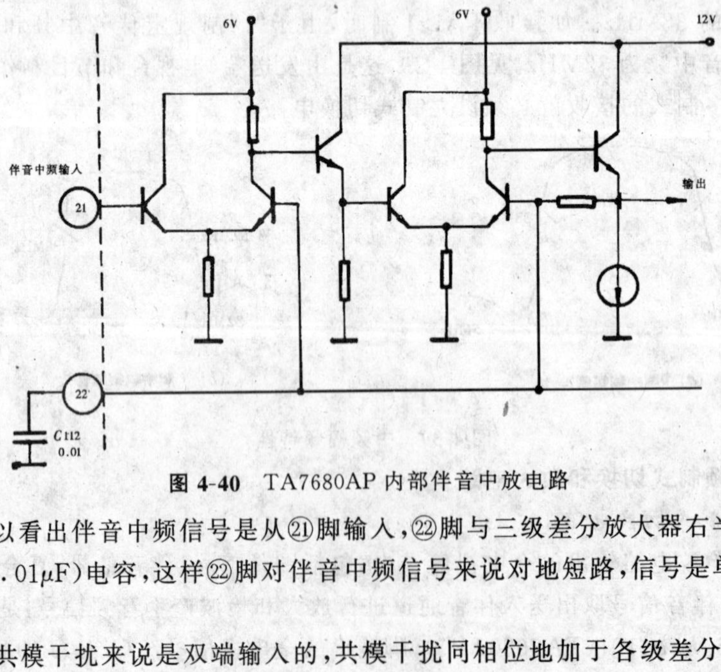

图 4-40 TA7680AP 内部伴音中放电路

从图中可以看出伴音中频信号是从㉑脚输入，㉒脚与三级差分放大器右半边的基极相联，对地接 $C$112（0.01μF）电容，这样㉒脚对伴音中频信号来说对地短路，信号是单端输入，单端输出的。

对于音频共模干扰来说是双端输入的，共模干扰同相位地加于各级差分放大器的两个基极，输出端没有干扰成分，因而这样联接可抑制调幅成分的干扰，提高调幅抑制比。

（二）鉴频检波

伴音电路的检波是由鉴频器从第二伴音中频调频信号中解调伴音音频信号的。鉴频器的解调过程是首先把等幅调频信号的频率变化变换成其幅度变化，成为调频调幅波，然后再采用幅度检波方式得到原调制信号，如图 4-41 所示。由于伴音通道目前已集成化，在分立元件中广泛采用的比例鉴频器因其外接元件多，调整繁琐，已被淘汰。目前电视机中采用的检波器常见的有两种，即差分峰值鉴频器和同步鉴频器。

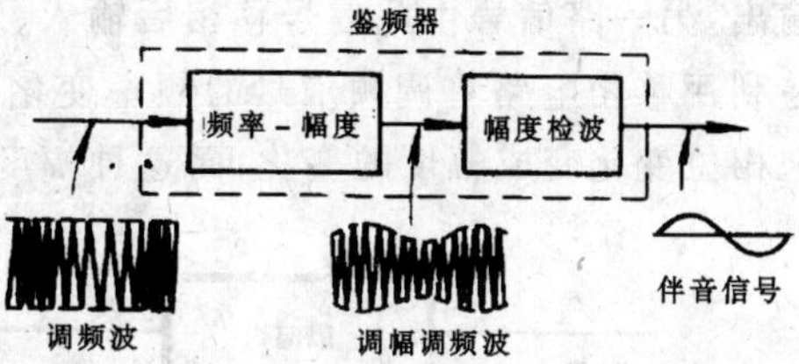

图 4-41 鉴频过程图

1. *差分峰值鉴频器工作原理*

差分峰值鉴频器的工作原理是先用移相网络把调频信号转换成调频调幅信号，再用峰值鉴频检波器把反映调频规律的调幅信号解调出来。这种电路只有一个外接电感需要调整，见图 4-42。图中 $V1$、$C1$ 和 $V4$、$C2$ 分别组成两个射极峰值检波器，$V2$、$V3$ 组成差分放大器，L、$C3$、$C4$ 为外接线性移相网络。当伴音中频信号加到 A、B 两端时，由于 L、$C3$、$C4$ 移相网络的作用，将等幅的调频信号变成调频调幅信号。

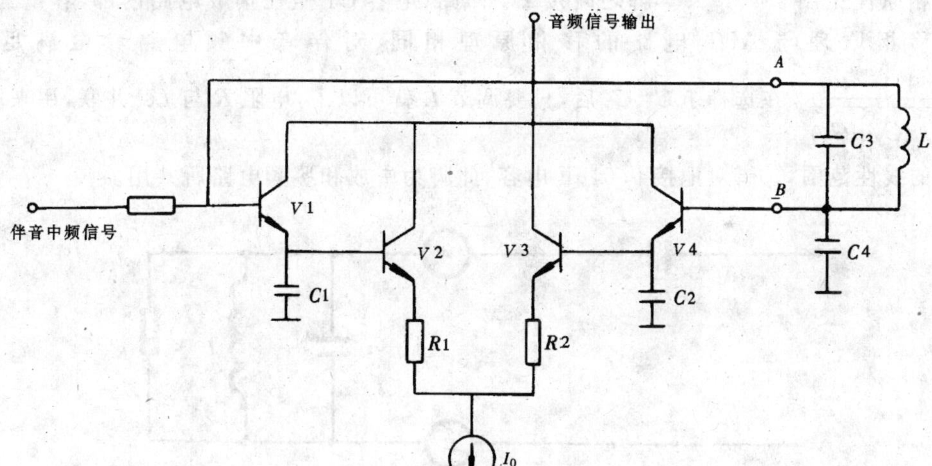

图 4-42 差分峰值鉴频器原理

调频调幅信号同时加入到 $V1$、$V4$ 基极，当信号为正半周时，它经 $V1$、$V4$ 发射结电阻 r_{be} 分别向 $C1$、$C2$ 充电，由于 r_{be} 很小，$C1$、$C2$ 两端电压 U_{c1}、U_{c2} 很快地升到峰值；当输入的信号变为负半周时，U_{c1}、U_{c2} 经 $V2$、$V3$ 组成的差分电路分别向 r_{be2}、$R1$、r_{be3}、$R2$ 及恒流源放电，因恒流源阻抗很高，故放电速度很慢，U_{c1}、U_{c2} 保持峰值电压。当在 $V1$ 基极加上伴音中频信号电压 UA 时，其发射极可得到它的峰值电压 U_{c1}，在 $V4$ 的发射极则可得到 UB 的峰值电压 U_{c2}，这两个信号作为 $V2$、$V3$ 的输入信号，利用差分放大器实现调频调幅波的解调。检波得到的音频信号从 $V3$ 集电极输出送往电子音量控制和末级音频放大电路。

2. 同步鉴频器（正交鉴频器）

TA7680AP 集成电路的伴音鉴频电路采用的是 90°移相鉴频器，此鉴频器是采用双差分鉴相电路，与中放电路中的 AFT 鉴相电路相同，有两路信号输入，一路信号取自限幅中放的输出，另一路信号由此信号移相后输入。两路信号相差 90°，因此也称为正交鉴频。这种鉴频器是利用移相电路将调频信号的频率变化变换成相位的变化，然后利用双差分电路的鉴频特性把相位变化变成幅度的变化，而这种幅度的变化就是所需要的音频信号。原理图见 4-43。

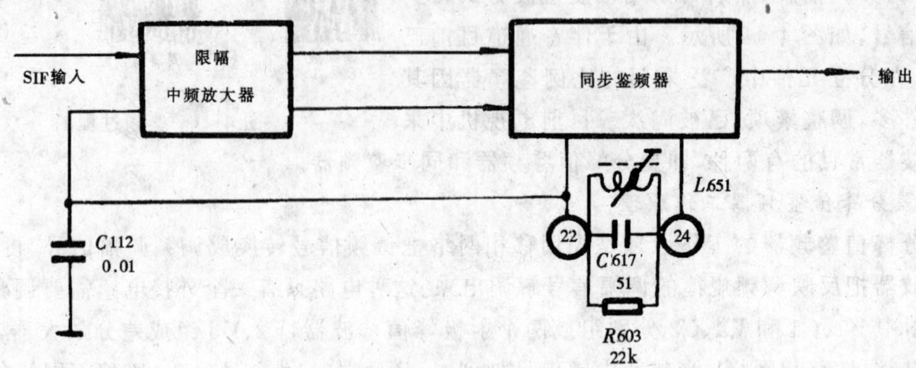

图 4-43　鉴频原理图

移相原理见图 4-44，㉒、㉔脚之间接 LC 回路，电容 $C1$ 做在集成电路内部，容量为 51pF 左右，移相原理与 AFT 电路的移相原理相同，对伴音中频电路参数满足 $f_0=\frac{1}{2\pi-\sqrt{L(C_1+C_2)}}$。在选择了 C_1、C_2 后，只要调节 L 就可以了，电阻 R 与 LC 并联，用来增大鉴频特性的线性范围，㉒脚对地接 0.01μF 电容，此脚为中放和鉴频电路所共用。

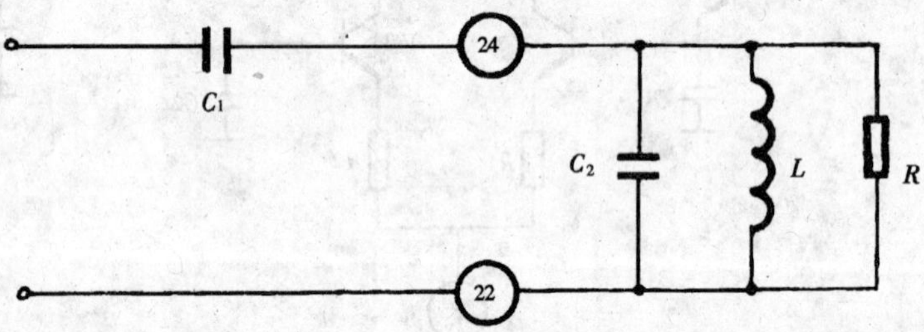

图 4-44　移相原理图

同步鉴频器的输出，除音频信号外没有伴音中频成分，只有幅度很小的第二次和更高的调波分量，因而伴音中频的寄生反馈可大大减小，提高了伴音中放的稳定性。

㉓脚的内部阻抗为 15kΩ 外接 $C604$(3300pF)去加重电容抵消发送端为提高信噪比而提升的高频成分。

鉴频检波器输出的音频信号的幅度特性曲线如图 4-45 所示。由于鉴频曲线的形状如字母 S，通常又称为 S 曲线。S 曲线的形状是判别鉴频器质量的主要依据，工厂在生产调试时，主要看 S 曲线，S 曲线的斜率越大，鉴频器的灵敏度就越高，曲线的线性范围越宽，鉴频器的非线性失真就越小。对 S 曲线的要求如下。

(1)调频信号的频带宽度为 130kHz，所以要求 S 曲线直线部分的频带宽度至少应大于

200kHz。

(2)鉴频的 S 曲线在带宽范围内线性要好,以免引起检波后的音频失真。

(3)伴音中频(6MHz/6.5MHz)应位于坐标的中心点,曲线上下要对称。

3. 鉴频器制式的转换

鉴频检波器和伴音中频输入制式的转换是一样的。也就是说,输入的中频要和鉴频电路结合起来,例如,伴音中频输入的是 6MHz,鉴频电路也要转换成 6MHz 谐振电路。见图 4-26。当从前面板上(有的机器是由电脑转换)的制式开关输出的转换电压送到中频转换电路的同时也接到了鉴频电路,如此电压是低电平时,$D104$ 导通,把 $CT101$ 电容(30pF)并接在 $T102$ 线圈上,使其谐振频率变低,由原来的 6.5MHz 降低到 6MHz 上。要注意的是,调试时先以 6.5MHz 的工作状态调整,再接收 6MHz 的信号二次调整,在二次调整时只能调节 $CT101$ 电容,不能再调 $T102$ 线圈,否则 6.5MHz 的谐振回路也受到了影响。如果转换电压为高电平时,通过电阻 $R130$(5.6k)加到二极管 $D104$ 的负端使其截止,断开了 $CT101$ 电容,使鉴频谐振回路工作在 6.5MHz 上。

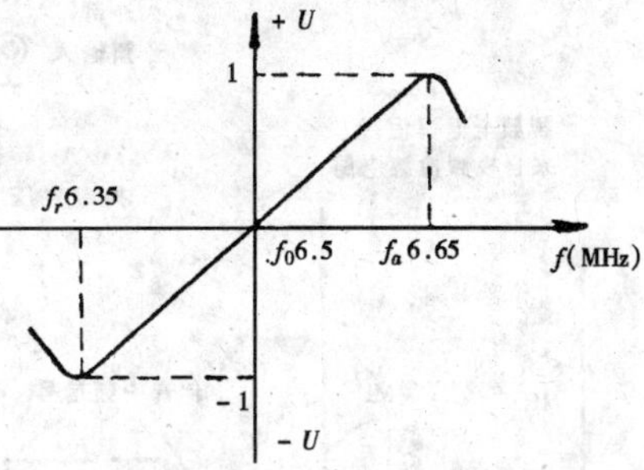

图 4-45　鉴频特性曲线

三、音频信号控制和放大电路

音频信号电路一般由音频信号转接、音量控制、功率放大电路组成。从鉴频器解调出的音频信号已还原成伴音信号,但它的功率小,不足以推动扬声器,所以这种小音频信号再经电子音量控制(ATT)电路控制后送给伴音输出功率放大电路,最后推动扬声器。音量控制的方法有多种,具体如下。

(1)电位器分压法　用电位器 $R1$ 做音频前置放大器音频输出的负载,调动滑臂取出信号送到功率放大级。

(2)直流电压音量控制　在音频前置放大器与功率放大器之间设立电子音量控制器。它是一个直流电压控制放大器,有一个信号输入端和一个直流电压控制输入端,输出衰减由这个电压高低控制。有的电路是电位越高输入信号衰减越大,输出信号电平越低,有的电路则与此相反。产生控制用直流电压的方法有两种:一是电位器调节,如图 4-46。+12V 电压加在电位器 $R2$ 两端,调节滑臂,取得直流控制电压。二是键控音量升或音量降,使微电脑控制电路输出音量控制模拟电压,去电子衰减器音量控制输入端。由于该控制级具有直流电压控制衰减功能,使伴音电路开发了伴音静噪和静音功能。静音功能是使微电脑控制电路产生一个静音控制电压,去衰减音量控制端,暂停伴音输出。电子音量控制一般随伴音电路做在集成电路里,直流电压控制端由引脚与外电路连接。

此外,有的电视接收机还设有附属电路,即 AV 接口电路。为了使电视机具有连接录像机等视频设备播放视频节目的功能,设置了 AV 接口电路,它的主电路是集成化的模拟信号电子开关,图 4-46 中给出了音频切换的示意图(视频部分未画)。伴音解调器(鉴频器)输出的音频信号先不送往音量控制电路,而送往 AV 接口电路模拟开关的一个输入端,外部来的音频信号送往另一个输入端,这两路信号可以切换一路去音量控制和音频放大电路。

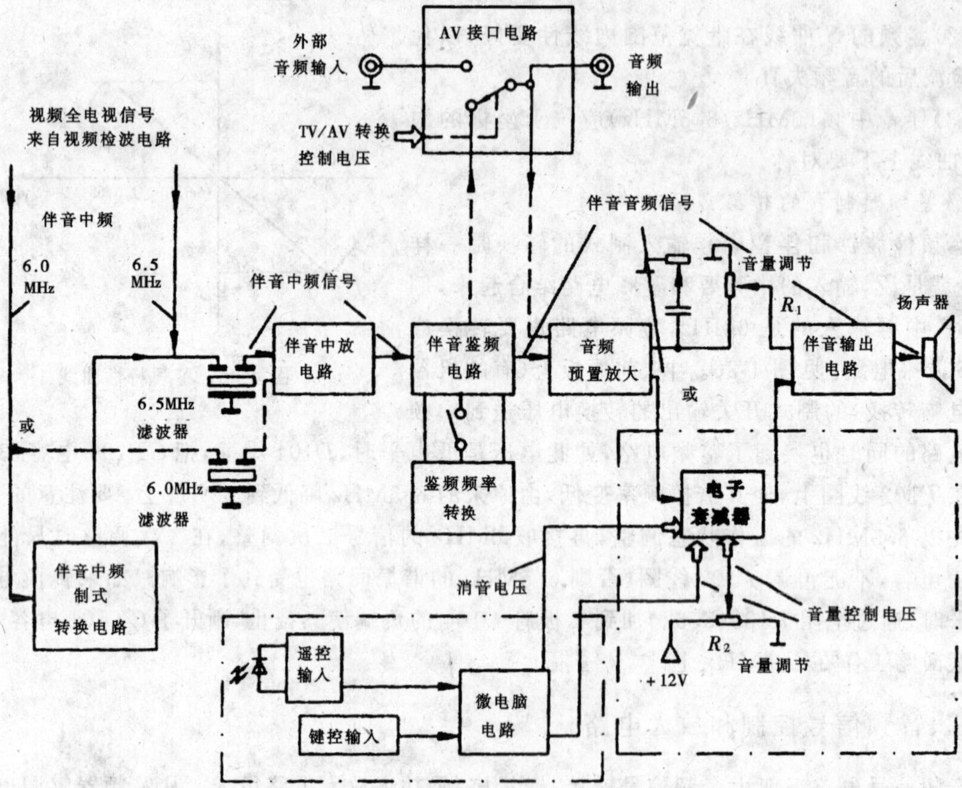

图 4-46　伴音电路方框图

(一)采用电位器分压式音量控制的低频放大电路

鉴频检波器输出的音频信号由⑪脚输入，见图 4-47，是 KC583C 集成电路的低频放大部分电路图。$V15$、$V16$ 复合 NPN 管射极跟随器缓冲放大。放大后的信号从⑤脚外接电位器 $VR1$ 做交流负载，再从中间滑臂上取出音频信号送入⑦脚进行末级的功率放大。滑臂向下滑动，音量向小的方向变化，电位器向上滑，音量向大的方向变化。当滑臂滑到顶端时，等于⑤脚输出的音频信号全部送入末级放大电路，音量最大。当滑臂滑到最下端时，⑦脚得不到音频信号，等于接地，这时无音频信号输出，即无伴音。

末级放大电路由 $V17$～$V23$ 组成，$V17$ 为前置放大级，$V20$ 为激励级，$V18$、$V21$ 及 $V22$、$V23$ 复合成互补推挽输出级。⑥脚外接电阻 $R4$ 决定负反馈深度及放大器增益，⑧脚外接电容 $C19$ 为自举电容。⑧脚通过大电容 $C21$ 接喇叭，它是 OTL 电路形式。末级由 17.5V 电源供电。在 16Ω 负载时(喇叭)，此功放电路最大输出功率可达 2W。

该电路的优点是结构简单，维修方便。其缺点：由于电位器是鉴频检波器音频信号的负载电阻，又是下级功放级的音频信号输入点，容易受到干扰，在接触不良时，常产生喀喀的响声，音量调整装在前面板上的机器由于引线较长更容易产生此种现象。

(二)采用直流电控制(电子音量控制)的低频放大电路

近年来生产的彩色电视接收机均采用这种方法，因为它是采用直流电压控制放大器的增益来改变音量大小的，改变直流电压高低的电位器可装在接收机的任何位置，一般都不会产生交流信号的干扰，电路工作稳定。

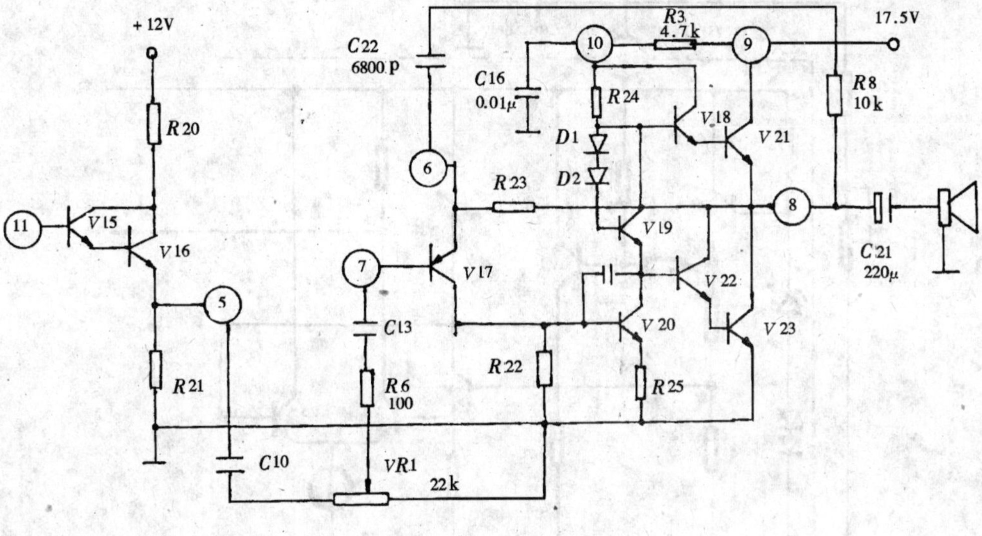

图 4-47 KC583C 音频电路部分

东芝公司的 TA7680AP 集成电路的伴音部分就是采用这种方法，见图 4-29。但该电路只完成低频小信号放大（衰减器和音频放大），末级的功率放大器需要外接。

1. 电子音量控制

鉴频器输出的音频信号经㉓脚外接电容 *C*604 去加重后，在集成电路内部送至音量控制电路，音量控制电路采用分流式控制，通过改变差分放大器的工作电流来改变它的增益，达到音量控制之目的。

电子音量控制采用双平衡差分放大器，见图 4-48。①脚外接 *R*651 电位器来控制 *V*4、*V*5 的基极电位差，也就是跟随器 *V*3、*V*2 的发射极的电位差，*V*1 基极接基准电压。当①脚电压上升时 *V*5 的工作电流大于 *V*4 的工作电流音量减小；当①脚电压下降时，*V*4 的工作电流大于 *V*5 的工作电流音量增大。本级最大控制范围约 60dB。

2. 音量前置放大级

由鉴频器输出的音频信号经电子音量控制后，送入前置放大级，本级的增益约 20dB，是由一级差分放大器和一级发射极跟随器组成。见图 4-49。图中 *E* 为差分放大器的偏置电源，Io 为差分放大器的恒流源。②脚为负极反馈接入，③脚输出音频信号送入功率放大器。

3. 功率放大级

从③脚输出的音频信号进入 *V*601 基极，见图 4-50。伴音信号经 *V*601、*V*602 低放后，输入 *V*603、*V*604 作 OTL 功放。*D*602 与 *R*607 使 OTL 功放有一定的静态电流，以避免交越失真，*R*612、*R*613 为负反馈电阻稳定工作点，减小失真，*R*608、*R*613、*R*614 和 *C*614 构成负反馈可减少失真，也有稳定工作点作用。

（三）键控式（遥控）音量控制的低频放大电路

图 4-51 是采用飞利浦 TDA1013B 集成电路构成的伴音音频放大电路，它是把音量控制电路和音频末级功率放大集成在一块 IC 内部。从图 4-51 中的 IC(TDA1013B) 内部的方框图中可以看出，音频信号从⑧脚引入首先送到音量控制（ATT）电路，⑦脚是音量控制引入脚，该脚电位高，ATT 电路的放大增益就高，对应的音量就大。如果⑦脚的电位低，ATT 电路衰减就

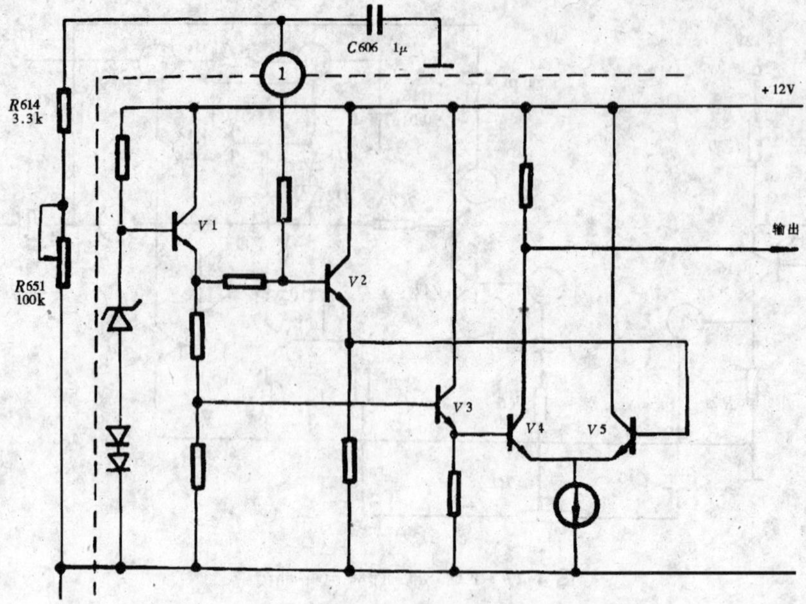

图 4-48 音量控制电原理图

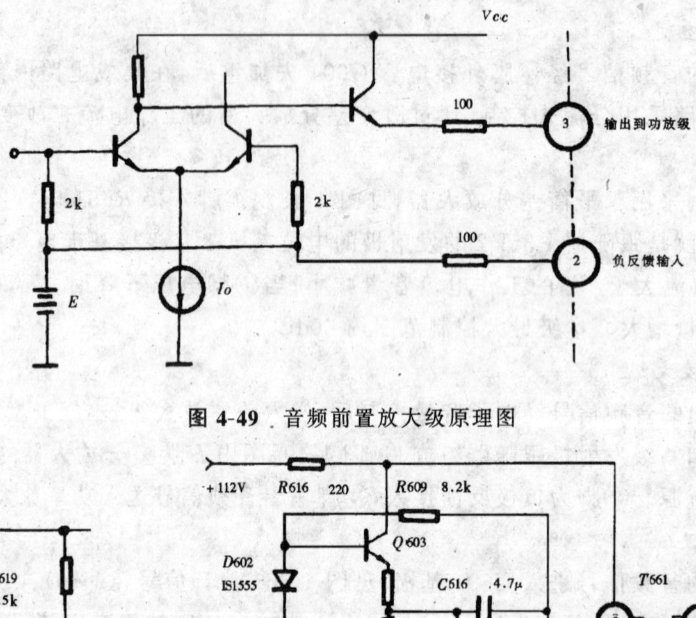

图 4-49 音频前置放大级原理图

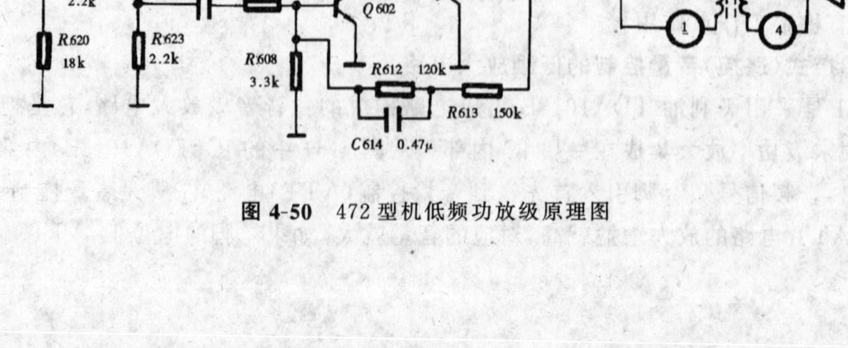

图 4-50 472 型机低频功放级原理图

大，相应的送到末级的信号弱，使输出级的功率小，扬声器的声音也就小了。

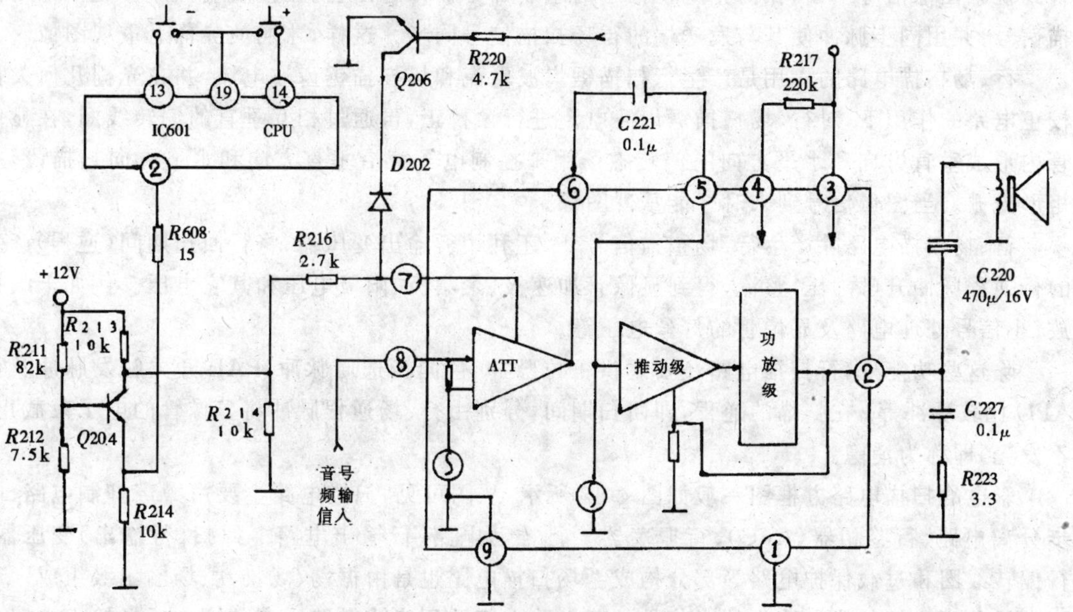

图 4-51 G8253YN 型音量控制电路

ATT 的控制电平由 CPU 进行转换，在接收机的前面板设有两个键，即音量（+）和音量（—）。转换电平从 CPU 的②脚输出，由 *Q*204 进行电平转换。*Q*204 是一个 NPN 型的晶体管，其基极通过 *R*211(82k)和 *R*212(7.5k)分压取得，为固定电位。CPU②脚输出的控制电平接在 *Q*204 的发射极上，当电平高时，*Q*204 导通就弱，从集电极送往⑦脚的电平就高，音量就大。当 CPU②脚输出的控制电平低即 *Q*204 的发射极变低，由于基极不变，所以 *Q*204 导通加强，集电极电流增大，在 *R*213 电阻上的压降也随之增大，送到⑦脚的电平变低，音量变小，于是完成音量控制的目的。

经过 ATT 电路控制的音频信号，从集成电路的⑥脚输出，经外接电容 *C*221 耦合到末级放大电路的输入脚⑤脚进入功率放大电路。末极功率放大电路由两级组成，即推动级和功放级。最后从②脚输出经隔直耦合电容 *C*220(470μ/16V)把音频电压送到扬声器产生出伴音信号。

*C*227(0.1μ)*R*223(3.3Ω)是为改善音质而接入的。集成电路的③脚④脚是为 IC 供电引入脚，内接电子滤波器和稳压电路。*Q*206、*D*202 是静噪和消声电路。当接收机在收看节目时，改换频道的瞬间失去同步脉冲使 *Q*206 的基极电位升高而导通，并通过 *D*202 二极管把 IC(TDA1013B)的⑦脚电位箝位到低电平(0V)使伴音电路瞬间完成静噪功能。

第六节　行场扫描电路

一、彩色电视行场扫描电路的基本结构和功能

在前面的章节里已经讲过，要想正确地重视电视图像，必须使显像管电子射束的扫描与摄

像机产生的图像信号同步。为此，在摄像机中设有专门的电路产生同步信号，并将同步信号混合到视频图像信号中去，作为全电视信号的组成部分被传送出去。在接收端，必须产生行、场扫描信号，并用同步脉冲使其与发送端的行场扫描信号同步。这样，才能使屏幕上重现图像。

行、场扫描电路的作用是产生行扫描锯齿波电流和场扫描锯齿波电流，并在光栅几何失真校正电路的作用下，对行、场扫描锯齿波电流进行预校正，再通过相互垂直的偏转线圈，在显像管内形成垂直方向和水平方向的偏转磁场用来控制电子束沿垂直方向和水平方向扫描，形成矩形光栅。当图像信号到来时才能重现图像。

行、场扫描电路除产生行、场扫描信号外，还利用行输出变压器，将行回扫期间(逆程)产生的行逆程脉冲升(降)压、整流，得到显像管加速极、聚集极、阳极电压和其它电压。例如末级视放、小信号处理电路及显像管的灯丝电压等。

除这些功能外，行扫描电路还要提供箝位脉冲、色同步选通脉冲、PAL 开关触发脉冲及行AFC 比较脉冲等。在扫描的逆程，即回扫期间，分别由行、场逆程脉冲将显像管的电子束截止，不发光，即称为消隐。

彩电的扫描电路方框图一般如图 4-52 所示，从图可见，扫描电路主要由噪声抑制电路、同步分离电路、行鉴相器(AFC)、行振荡器　行推动电路、行输出电路　回扫(行输出)变压器、行偏转线圈和过载保护电路等部分构成。场扫描电路也是由振荡、场推动、场输出级组成。

目前，行、场扫描电路中的小信号处理电路大都采用集成电路。(有的还包括场输出电路)。行推动(激励)电路、行输出电路工作在高频、高压和大电流状态，目前大都采用分立器件。

图 4-52 的电路中，行振荡电路是产生行扫描脉冲的，行频调节电位器可以微调行振荡电路的自由振荡频率。前面已经讲过，行振荡电路输出的行扫描脉冲，必须与视频图像信号同步，因此，需要将视频信号中的行同步信号取出并强迫行振荡器同步。场扫描电路也同样需要同步。同步分离电路就是从视频信号中分离出复合同步信号(行同步和场同步信号)的电路。噪声抑制电路是为消除视频信号中的窄脉冲干扰而设的电路。因为视频信号中如果有大幅度窄脉冲干扰存在就会破坏同步工作。

行鉴相器(行 AFC 电路)就是使行振荡器的输出与视频信号同步的电路。同步分离电路输出的同步信号送到行鉴相器作基准信号，由行输出电路返回到行鉴相器的行扫描脉冲作为比较信号。如果比较信号与基准信号之间有频率或相位误差，鉴相器就会将相位误差转换成直流误差电压，此误差电压送到行振荡器去控制振荡器的相位，使振荡器的输出与基准同步。

行振荡电路(有很多形式)产生 15625Hz 行频开关脉冲，经行推动电路得到放大后，以适当占空比的开关激励脉冲，控制行输出管的导通与关断，在行输出管集电极形成矩形电压脉冲。这一脉冲流过偏转线圈时产生锯齿波电流。行扫描幅度调整由并在行输出管集电极上的电容器容量大小完成。调整串在偏转线圈回路中的校正线圈的电抗或校正电容，完成 *S* 线性校正。行同步由行鉴相器(AFC)完成。

扫描电路在彩色接收机中占有重要的地位，除了为显像电路提供锯齿波电流完成屏幕的扫描外，还与下列电路有密切的关系：为信号通道提供＋12V 的工作电压，也就是说在行扫描电路工作正常后，信号通道才有工作电压加上；为亮度电路提供行消隐脉冲、ABL(自动亮度控制)控制电压；显像管束流过载时(产生 X 射线)、行输出管过流等压降，将被检测作为控制电压送往保护电路；接受保护电路输出的电压，停止行振荡或截止行推动输出，而中断行输出电路；接受遥控“等待”操作，使微电脑控制器输出控制电压关闭行推动电路，中断行输出，停止行电源，使接收机进入“等待”状态；为CPU(微电脑)电路提供基准的行脉冲信号；为整机的开关电源电路提供行频脉冲，作为电源开关管的开关脉冲或触发脉冲。

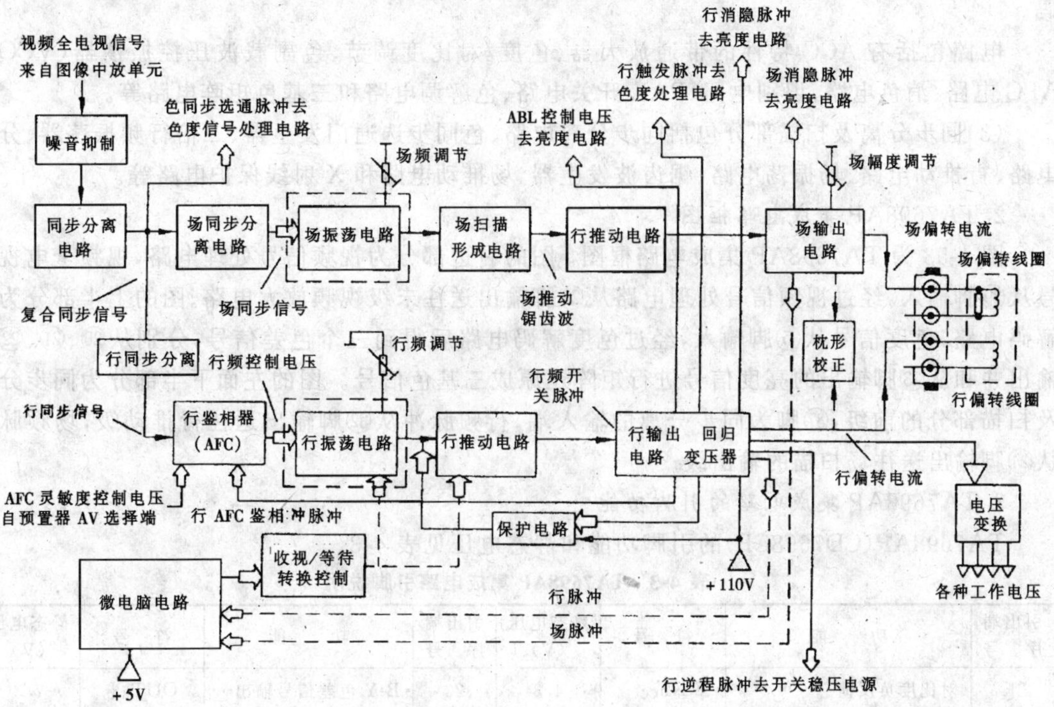

图4-52 扫描电路方框图

目前有的电视采用压控振荡器产生32倍行频(500kHz)信号，经再分频后取得行频脉冲和场频脉冲，这种电路振荡稳定可靠，不再设行、场频率调节电位器。

二、实用的行扫描电路

东芝两片机中的(TA7698AP)集成电路简介

东芝两片机是在20世纪80年代彩色电视正向大规模集成电路迈进的时候产生的。整机的可靠性及各项性能指标都有较大的提高。同期引进国外的产品还有日立、*NEC*、飞利浦等公司研制的采用两片集成电路的彩电。它们共同的特点是，用两片规模较大的集成电路担任所有小信号处理。在国内的品牌中采用东芝两片机的有长城JTC472；北京8306；西湖47CD4/4A；星海47CJ2；厦华XC-3718……等。现以长城JTC472型为例介绍实用的扫描电路。

(一)TA7698AP集成电路简介

TA7698AP(CD7698CP国产)具有视频放大、色信号处理、行场扫描等功能。用系统开关切换，可组成PAL制和NTSC制解码系统。与SECAM制解码及开关电路组合的话，就可简单地实现PAL/NTSC/SECAM多种制式的解码。与图像伴音通道集成电路组合起来就能组成二片CTV。因此这是一块大规模集成电路。整个芯片封装成双列直插式，有42个引出端子。

1. 电路功能与特点

(1)视频信号处理部分包括有倒相放大器、对比度控制放大器、黑电平箝位电路、亮度控制电路和视频信号放大电路。

(2)色信号解码电路部分除了完成PAL制解码外，还可以组成PAL/NTSC解码系统。如与SECAM制解码及开关电路组合时，就可简单地实现PAL/NTSC/SECAM多种制式的解码。

电路包括有ACC特性的带通放大器、色度/对比度调节、色副载波压控振荡器(VCO)、APC电路、消色电路、识别电路、PAL开关电路、色解调电路和三基色矩阵电路等。

(3)同步分离及扫描部分包括同步分离电路、色同步选通门发生器、二倍行频振荡器、分频电路、行推动电路、场振荡电路、锯齿波发生器、场推动电路和X射线保护电路等。

2.TA7698AP集成电路框图

图4-53为TA7698AP集成电路框图。图的右边部分为视频信号处理电路，视频全电视信号从㊴脚输入，经过视频信号处理电路从㉓脚输出送往末级视频放大电路。图的上半部分为色解码电路，色度信号从⑤脚输入，经过色度解码电路后得到三个色差信号，分别从⑳、㉑、㉒脚输出并和从㉓脚输出的亮度信号进行矩阵还原成三基色信号。图的左面下半部分为同步分离及扫描部分的前级，㊲脚为同步分离的输入端，行频脉冲从㉜脚输出送往行推动级，场频脉冲从㉔脚输出送往场扫描的输出级。

3.TA7698AP集成电路的引脚功能

TA7698AP(CD7698CP)的引脚功能和静态电压见表4-3。

表4-3 TA7698AP集成电路引脚说明

引出端序号	功能	符号	静态电压(V)	引出端序号	功能	符号	静态电压(V)
1	对比度负反馈	NF_{CC}	4.3	22	B-Y色差信号输出	OUT_{B-Y}	7.3
2	电源1	V_{CC1}	12	23	—Y输出	OUT_{-Y}	6.8
3	黑电平箝位输入	IN_{KB}	5	24	场激励输出	OUT_{-V}	0.8
4	亮度控制	CON_{Y}	5	25	场幅控制	CON_{V}	5.3
5	色度信号输入	IN_{C}	1.2	26	负反馈输入	IN_{NF}	6.8
6	自动色度控制滤波	FIL_{CC}	10	27	锯齿波形成	RAMP	6.7
7	色饱和度控制	CON_{CS}	0.6	28	场同步输入	IN_{SY}	0.2
8	色度信号输出	OUT_{C}	10	29	场同步控制	CON_{SY}	2.9
9	色调控制	CON_{CT}	6	30	X射线保护输入	IN_{XP}	0
10	色同步滤波	FIL_{BST}	8	31	地2	GNQ_{2}	0
11	地1	GND_{1}	0	32	行激励输出	OUT_{H}	0.5
12	消色识别滤波	FIL_{IK}	8	33	电源2	V_{CC2}	33
13	副载波振荡输出	OUT_{OSC}	10	34	行同步控制	CON_{SH}	4.7
14	-45°振荡输入	IN_{CW}(-45°)	4	35	自动频率控制输出	OUT_{AFC}	4.7
15	0°振荡输入	IN_{CW}(0°)	4	36	复合同步输出	OUT_{S}	3.7
16	自动相位控制检波滤波	FIL_{APC}	9	37	复合同步输入	IN_{S}	0.3
17	直接色度信号输入	IN_{CD}	4	38	回扫脉冲输入	IN_{FP}	0.3
18	自动相位控制检波滤波	FIL_{APC}	10	39	视频输入	IN_{VF}	3.5
19	延迟色度信号输入	IN_{CDY}	4	40	视频倒相输出	OUT_{RVF}	7
20	G—Y色差信号输出	OUT_{G-Y}	8	41	对比度控制	CON_{CC}	7.9
21	R—Y色差信号输出	OUT_{R-Y}	8	42	对比度输出	OUT_{CC}	7.9

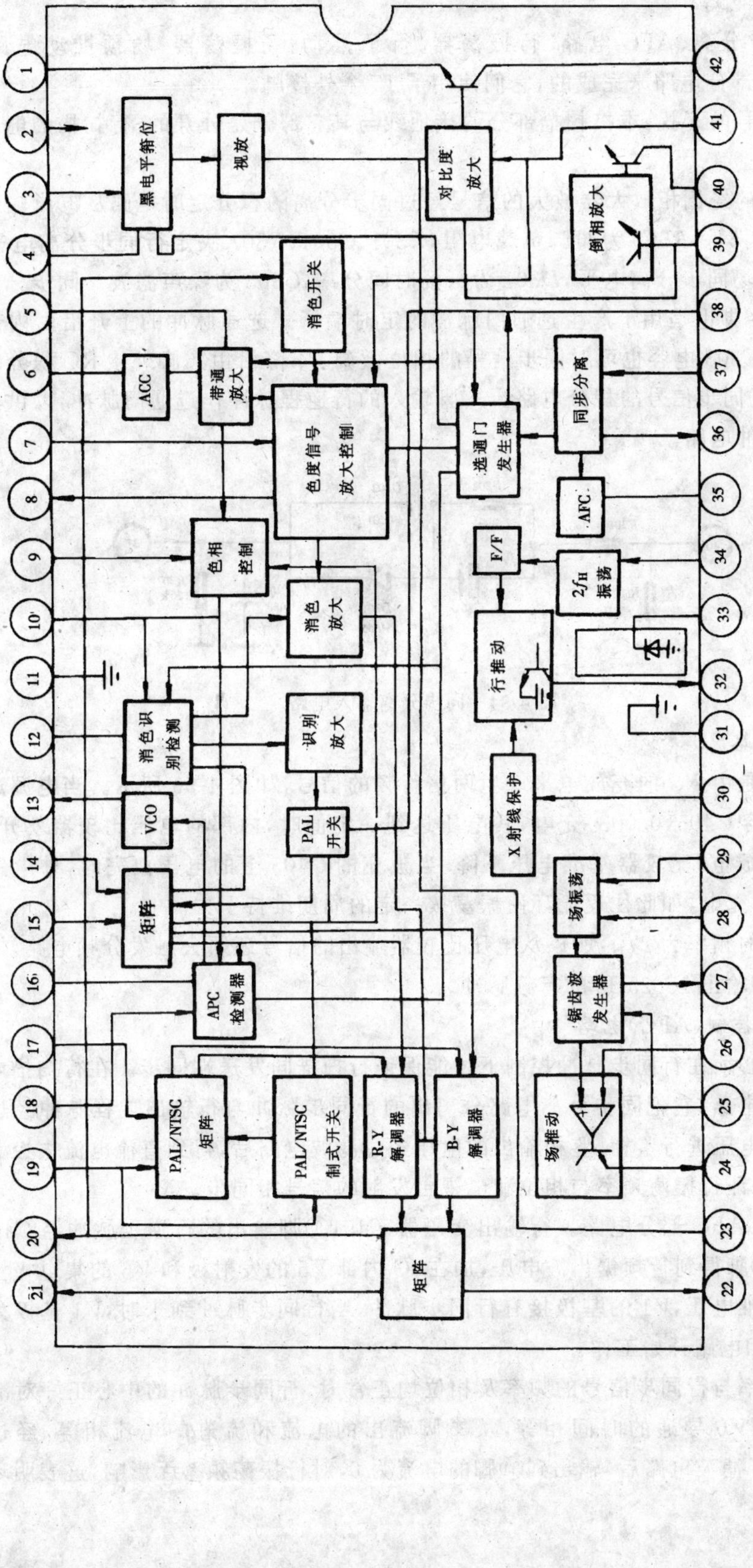

图4-53 TA698AP集成电路框图

(二)长城 JTC472 型彩电(TA7698AP)行扫描电路

1. 同步分离电路

本机的同步分离、AFC 电路、行振荡器、行预推动、场振荡器、场预推动电路也是由 TA7698AP 的一部分电路来完成的,它们使用了 15 个外接脚。

为了防止信号的干扰,本机扫描部分的接地线与其它部分是分开的。行扫描的电源也是单独外接。

从㊵脚输出的经倒相放大器放大的信号经过同步分离的积分定时电路从㊲脚输入到同步分离电路,见图 4-54。R502 为㊵脚负载电阻,R301、C301、R307 决定行同步分离电平,R301、C301、R302 决定场同步分离电平,D301 为行场时间分离,C303 为噪声滤波。同步分离电路的输出是㊱脚,这个脚也是用于产生选通门脉冲的定时端子。选通脉冲的上升沿由内部电路决定。㊲脚外接的 C303 电容也可对同步信号的相位微调。下降沿由㊱脚外接 RC 积分时间常数设定,同时也是场同步信号的积分电路。㊳脚输入的行逆程脉冲作选通门脉冲,以供黑电平箝位和色同步门脉冲电路。

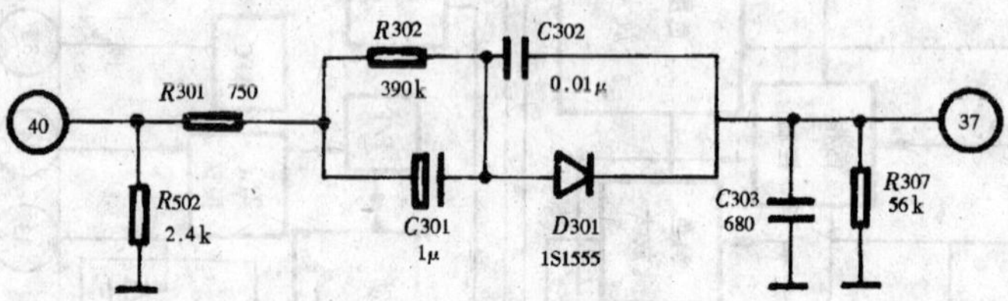

图 4-54 同步分离输入电路

2. 行振荡电路

行振荡电路是由 RC 的充放电来产生两倍行频的信号,如图 4-55 所示。当电源通过电阻 R410(15k)向电容 C405(0.003)充电,其电压达到一定值时,内部的电压比较器就开始动作,使电阻 RD 开始放电,比较器基准电压下降,当被充的 C405 上的电压放完时,外电路又通过 R410 再次向电容充电,如此往返循环使振荡按一定的周期维持下去。

由于振荡器的频率为 $2f_H$,所以从电压比较器输出的信号还须去触发分频电路,即双稳触发器,才能在㉜脚输出 15625Hz 的行频脉冲。

3. 自动频率控制(AFC)电路

行振荡频率必须在行同步脉冲控制下才能保证行扫描同发送端同步。在行扫描电路中都有自动频率控制电路,它把同步分离电路分离出的行同步脉冲与行输出逆程脉冲经过积分电路得到的锯齿波电压进行鉴相,鉴相输出的电压经过滤波电路后,得到直流电流去控制行振荡电路的频率,以保证行振荡频率与相位和电视台发射的信号相同步。

图 4-56 画出 AFC 部分电路。行输出变压器 T461①脚输出的行逆程脉冲经 C401、R452 的积分作用,在㉟脚得到行频锯齿波电压,加在 IC 内部 V5 的发射极和 V6 的集电极上,在 V6 的发射极接有基准电压,V1 的基极接有行同步脉冲,当行同步脉冲到来时,V1 基极为正电压而导通,AFC 鉴相电路开始工作。

当行振荡频率与行同步信号的频率及相位均正常时,行同步脉冲的中心正好对准锯齿波的中间轴,V5 及 V6 导通的时间相等,从㉟脚流出的电流和流进的电流相等,经过 R403、C403、R405、C405 滤波电路后,输出到㉞脚的电流为 0,对行振荡频率无影响,这表明环路已经

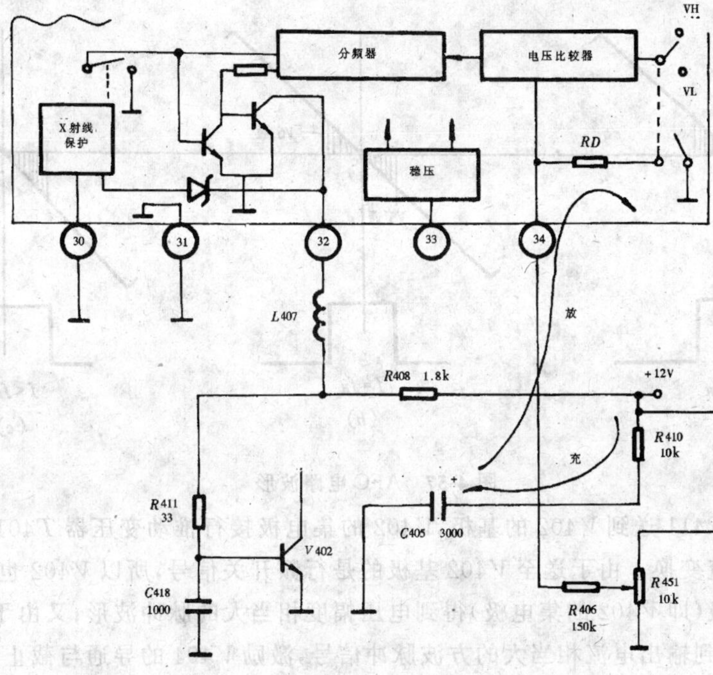

图 4-55 行振荡电路

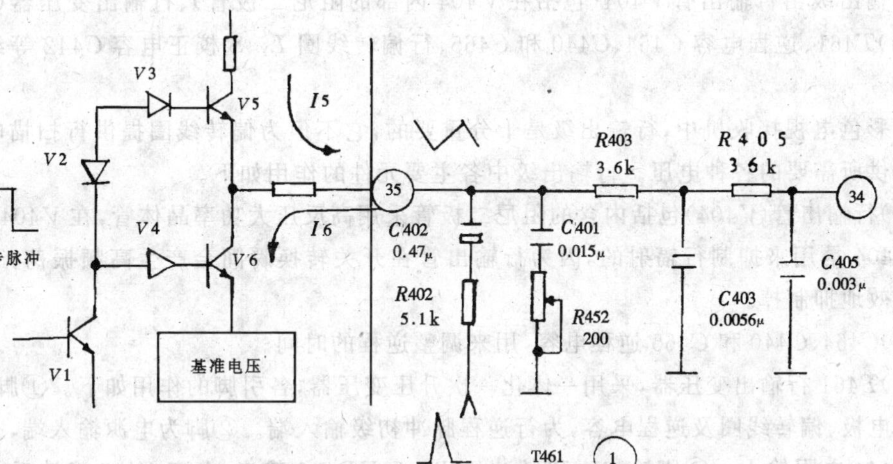

图 4-56 AFC 电路示意图

锁定，如图 4-57*b* 所示。若扫描频率偏低，则 *V*5 导通时间长，而 *V*6 导通时间短，经滤波后流向㉞脚的电流，使施密特电路提前翻转，振荡周期缩短，频率提高，如图 4-57*c* 所示。相反，若行扫描频率偏高，则 *V*5 导通时间缩短，而 *V*6 导通时间加长，流向㉞脚的电流减小，电路延迟翻转，振荡频率降低，如图 4-57*a* 所示。*C*401 和 *R*452 可以微调锯齿波的相位，用来调整图像在屏幕的中心位置。

4. 行推动（激励）电路

行振荡电路得到的行频信号在集成电路内部先进行放大，以保证有足够的功率去推动行推动级。行推动级是由晶体管 *V*402 及推动变压器 *T*401 等组成的，见图 4-58。㉜脚输出的行

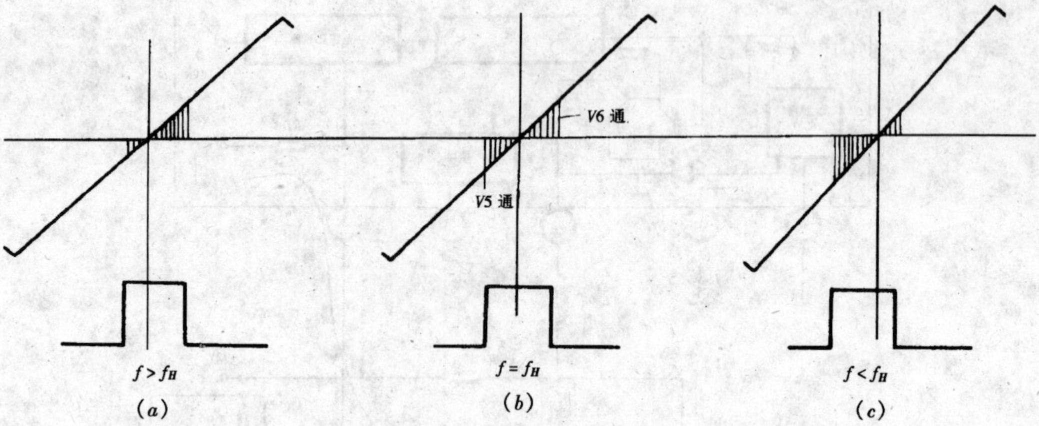

图 4-57 AFC 电路波形

频脉冲信号通过 $R$411 送到 $V$402 的基极，$V$402 的集电极接行推动变压器 $T$401 的初级，$T$401 的作用是进行电流变换。由于送至 $V$402 基极的是行频开关信号，所以 $V$402 也处于脉冲放大状态，$T$401 的初级(即 $V$402 的集电极)得到电压幅度相当大的脉冲波形；又由于 $T$401 为降压变压器，在次极得到输出电流相当大的方波脉冲信号，激励 $V$404 的导通与截止。

5. 行输出级

行输出级由行输出管 $V$404(包括在 $V$404 内部的阻尼二极管)、行输出变压器(也称逆程变压器)$T$461、逆程电容 $C$464、$C$440 和 $C$465、行偏转线圈 L_Y、S 校正电容 $C$442 等组成，见图 4-58。

在彩色电视接收机中，行输出级是十分重要的，它不但为偏转线圈提供行扫描电流，还为整机提供所需要的各种电压。行输出级中各主要元件的作用如下。

(1)行输出管($V$404)包括内含的阻尼二极管采用高反压大功率晶体管，在 $V$404 发射极上接的 $L$404 是用来抑制行辐射的，因为行输出管在开关转换瞬间会产生高频振荡，干扰图像，必须有效地抑制掉。

(2)$C$464、$C$440 和 $C$465 逆程电容，用来调整逆程的时间。

(3)$T$461 行输出变压器，采用一体化一次升压变压器，各引脚的作用如下。①脚接行输出管的集电极、偏转线圈及逆程电容，为行逆程脉冲初级输入端。②脚为电源输入端，+112V 电压经 $R$444 电阻输入。③脚输出逆程脉冲经 $R$449、$VD$406 整流，电容 $C$447 滤波后得到 180V 直流电压，作为视放输出级电源用。$R$449 为熔丝电阻，当视放输出级由于故障造成过流时，$R$449 会像熔丝那样熔断，保护行输出变压器不因过载而损坏。④脚接地。⑤脚输出逆程脉冲控制电源电路的开关振荡的频率使其和行频同步，消除因电源电路产生对图像的干扰。⑥脚经 $R$448(熔丝电阻)、$V$408 整流、$C$448 电容滤波后产生+12V 加至整机的各级小信号处理电路，作为低压供电电路。⑧脚行输出变压器次极高压线圈的负端，$C$445 为滤波电容，$R$440 和 $R$441 电阻并联接 ABL(自动亮度控制)电路，高压负载电流在 $R$440 和 $R$441 上产生的压降可通过 Y、Z 两点测得，作为调整亮度的参考值。⑩脚通过 $R$920 为显像管提供灯丝电压。$R$920 的阻值一般可以调整，控制显像管的灯丝电压在 6.3V 左右。⑦脚、⑨脚为空脚。

(4)行线性校正线圈 $L$405 是一只可饱和电抗器，串联在偏转线圈回路内。当扫描电流较

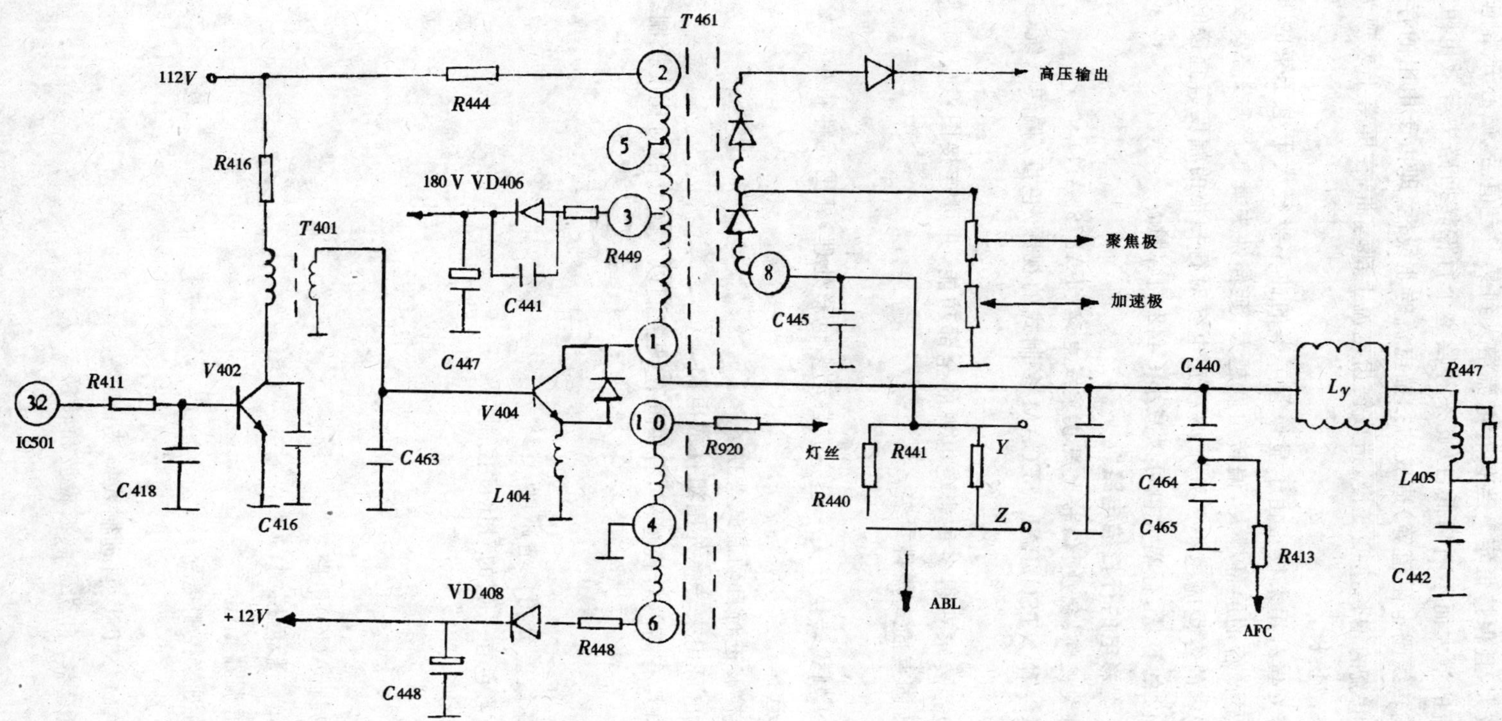

图 4-58 行推动及行运输出级电路

小时，它的电抗值较大，且保持恒定。当偏转电流增大到某一定值后，磁心开始饱和，电抗值开始减小，并随着电流的增大而不断降低，以此来补偿整个行偏转回路中等效电阻（包括晶体管导通的等效电阻、偏转线圈电阻值等）造成的扫描电流的非线性。即由于电阻的存在，电流增大时，压降增大，扫描电流的增长速度变慢，造成锯齿电流上部弯曲，在屏幕上表现为接收方格信号时，右面格子越来越狭长。

(5)S 校正电容 $C442$，用来校正由于显像管屏幕的曲率半径大于电子束的偏转半径所造成的延伸性失真。显像管的屏幕越大，偏转角度越大，延伸性失真越严重，需要校正量也越大。也就是说，S 校正电容的容量应越小。另外，S 校正电容对行扫描的幅度有直接的关系，如果行幅小，可以增大 $C442$ 的容量，行幅大也可以减小 $C442$ 的容量。

(三)G8253YN 型彩电的行扫描电路

1. 多种彩色制式视频、色度、偏转大规模集成电路(TA8759AN)

TA8759AN 是一种 NTSC/PAL/SECAM 多制式的视频/色度/偏转系统，并带有文字输入电路。

TA8759AN 包括要求获得多种彩色电视的全部功能，并可连接图像中频/伴音中频集成电路。采用双排 64 脚直插式塑料封装。

(1)性能

· 和 TA8615N 制式转换开关一起完成自动多色彩处理，外围元件很少。
· 强制型系统选择。
· 借助副载波检波进行自动制式变换。
· 模式变换输出可用来转换外围组件或电路。
· *R.G.B* 接口具有高的转换速率，有中间色调控制以及独立的对比度控制。

(2)功能

视频部分：

· 直流控制、二级差分图像清晰度；
· 具有和单一彩色在一起的对比度控制；
· 亮度控制；
· 机内场消隐。

色度部分：

· 自动色度控制(ACC)电路；
· 彩色控制/单一彩色控制；
· RGB 基色解调器输出；
· 无调整自动图像控制电路；
· 色度控制。
· PAL/SECAM/NTSC 自动制式检波；
· 强制型系统选择/自动副载波检波和转换。

偏转部分：

· 高性能的同步分离；
· 无调整行/场振荡器(借助分频系统完成)；
· 稳定的场同步。

· 锯齿型行扫频率自动控制(AFC);
· 行扫预驱动器;
· X 射线保护;
· 场 NFB 放大器(负反馈);
· 50Hz/60Hz 自动检波。

电视文字接口部分:

· RGB 输入;
· 电视/文字转换开关;
· 文字对比度控制;
· 中间色调控制。

2. TA8759AN 的各脚功能(见表 4-4)

表 4-4 TA8759AN 引脚说明

端号	功能	端号	功能	端号	功能
1	SECAM*B-Y* 信号去加重	23	SECAM 制识别	45	*G* 信号箝位
2	*R-Y* 信号输出	24	SECAM 制基准	46	*B* 信号箝位
3	SECAM*R-Y* 信号去加重	25	APC 滤波器	47	外部 *R* 信号输入
4	SECAM*B-Y* 信号检波	26	4.43 晶振	48	亮度控制
5		27	NTSC 制识别	49	外部 *G* 信号输入
6	色度系统电源(Vcc)	28	3.58 晶振	50	接地(GND)
7	彩色控制	29	垂直扫描驱动	51	外部 *B* 信号输入
8	SECAM*R-Y* 信号检波	30	压控振荡器	52	X 射线
9		31	场斜波	53	电视/外图像开关
10	开关 Ⅰ(SWⅠ)	32	垂直 NFB 输入(负反馈)	54	中间色调
11	开关 Ⅱ(SWⅡ)	33	同步分离输入	55	图像清晰度
12	延迟线输入(色度)	34	门脉冲滤波器	56	差动输入
13	偏压	35	行消隐输入	57	箝位
14	延迟线驱动	36	AFC 滤波器	58	视频信号输入
15	色调控制	37	压控振荡器(行)	59	对比度控制
16	ACC 滤波器	38	Ⅱ. AFC 脉冲输入	60	*R-Y* 信号输入
17	直流反馈	39	行推动出	61	视频系统电源(V. Vcc)
18	SECAM 信号输入	40	行电源(Ⅱ. Vcc)	62	*B-Y* 信号输入
19	接地(GND)	41	*R* 信号输出	63	RGB 电源(Vcc)
20	PAL/NTSC 信号输入	42	*G* 信号输出	64	*B-Y* 输出
21	开关Ⅲ(SWⅢ)	43	*B* 信号输出		
22	PAL 制识别	44	*R* 信号箝位		

3. AT8759AN 方框图(见图 4-59)

4. G8253YN 型彩电行扫描电路

图 4-60 画出了 G8253YN 型彩电的行扫描电路。

TA8759AN 的行扫描电路采用 32 倍的行频振荡,因此工作稳定,不需要再设行频的同步调整电路，同时兼做场频的振荡。由㊲脚外接的X301(503kHz)晶体和内部电路构成了行频振荡电路，其频率为15625Hz×32=500000Hz经分频后送入水平脉冲产生电路，再从㊴脚输出送到行推动电路。

行推动电路由$Q401$、$T401$等元件组成。从㊴脚输出的行频脉冲由$R409$(560)、$R410$(560)分压后加在$Q401$的基极上，其集电极由106.5V经$R412$(3k 3/5W)、$T401$的初级接入。$T401$初级得到的行频脉冲信号再经次级耦合到输出管$Q402$的基极上。$R411$、$C409$、$C412$是为消除杂波而接入的。

AFC(自动频率控制)电路是从行输出变压器的①脚引出行频逆程脉冲，经$R361$、$ZD301$限幅(20V)后，由$R357$、$C350$、$VR304$完成积分，把逆程脉冲变成锯齿波，通过$C351$送入㊳脚$IC301$的内部电路，和同步分离电路输出的行同步信号进行比较，产生误差电压去校正行频振荡电路达到和发送端一致。

$Q310$晶体管是为行频制式切换而设立的。当接收进的信号在$IC301$内部进行制式识别(通过计数器完成)，当识别是PAL-D制时，$IC301$的⑱脚为低电平(4V)，$Q310$不工作，当识别为$NTSC\text{-}M$制时，⑱脚为高电平(6V)，这时$Q310$饱和导通，把$R378$电阻(180)通过$Q310$对地接通，等效于并接在$VR304$回路中，使积分的时间常数周期变短，行频升高，由原来的15625Hz升高为15750Hz，完成制式的行频切换。

X射线保护电路是从行输出变压器($T402$)的⑤脚进行检测的。当电压升高(电源电路的直流供电106.5V)或是行频不正确(偏离过多)，从$T402$线圈的⑤脚输出的逆程脉冲就高，通过$D408$、$R424$、$ZD402$送到$IC301$的52脚的电位升高。当达到0.8V以上时(正常时52脚为0V)内部电路就切断，㊴脚输出的行脉冲使输出级停止工作，进入保护状态。这时，只有排除故障后才能重新恢复正常。

三、实用的场扫描电路

(一)长城JTC472型彩电场扫描电路

1. 场振荡电路

长城JTC472型彩电场扫描电路的前级是采用TA7698AP的部分电路完成的。图4-61画出场扫描集成电路内部方框图和外接的元件。

㉙脚外接有RC振荡定时电路，而放电电阻RD设在集成电路内部。当电源接通的瞬间，通过$R309$、$R351$、$R308$向$C306$电容充电，形成锯齿波上升的部分。放电回路在集成电路内部，由于放电时间是决定回扫的期间，一般放电电阻RD的阻值比较小(约2.7k)，可以做在集成电路内部。改变电位器$R351$的阻值，就能改变充电时间常数，从而改变场振荡频率。所以，$R351$为垂直同步调整电位器。为使用方便，此电位器安装在前面板上，用户可随时调整。

2. 锯齿波形成电路

场振荡只是产生场频脉冲，去控制场锯齿波形成电路产生偏转所要求的场锯齿波电压。在电路内部场振荡与锯齿波产生器是分开的，使场频调节与场幅调节分别设在两个电路中，这样就克服了场频与场幅调节之间的相互牵制，具体电路见图4-62。

图中$C308$为场频锯齿电压形成电容，它的充电与放电状态，受控于工作在开关状态的$V1$～$V3$，而$V1$～$V3$的开关工作又受控于振荡送来的场频脉冲。

当由场振荡级送来的场频正脉冲加到$V2$基极时，$V1$～$V3$导通，电容$C308$迅速充电，形

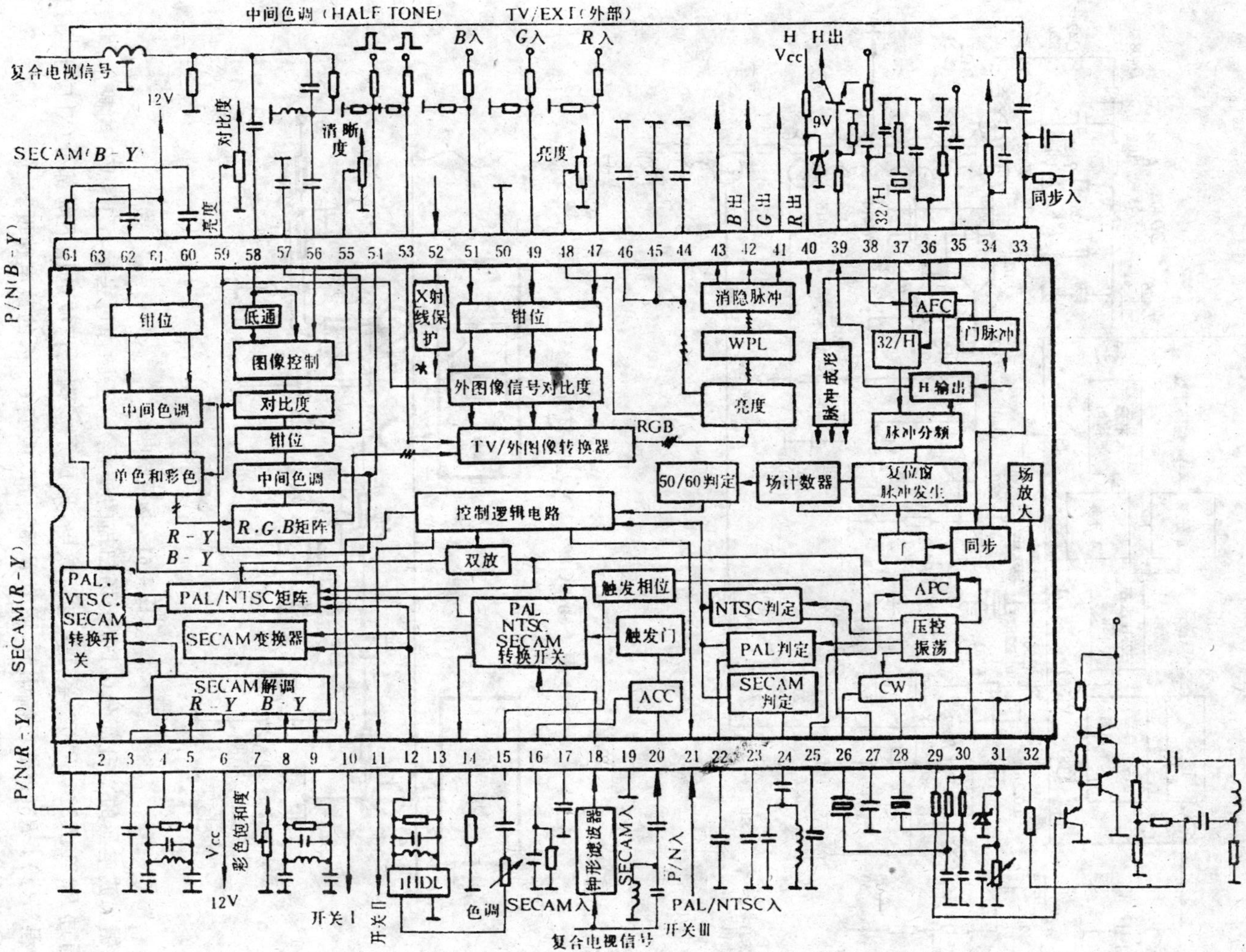

图 4-59 TA8759AN 方框图

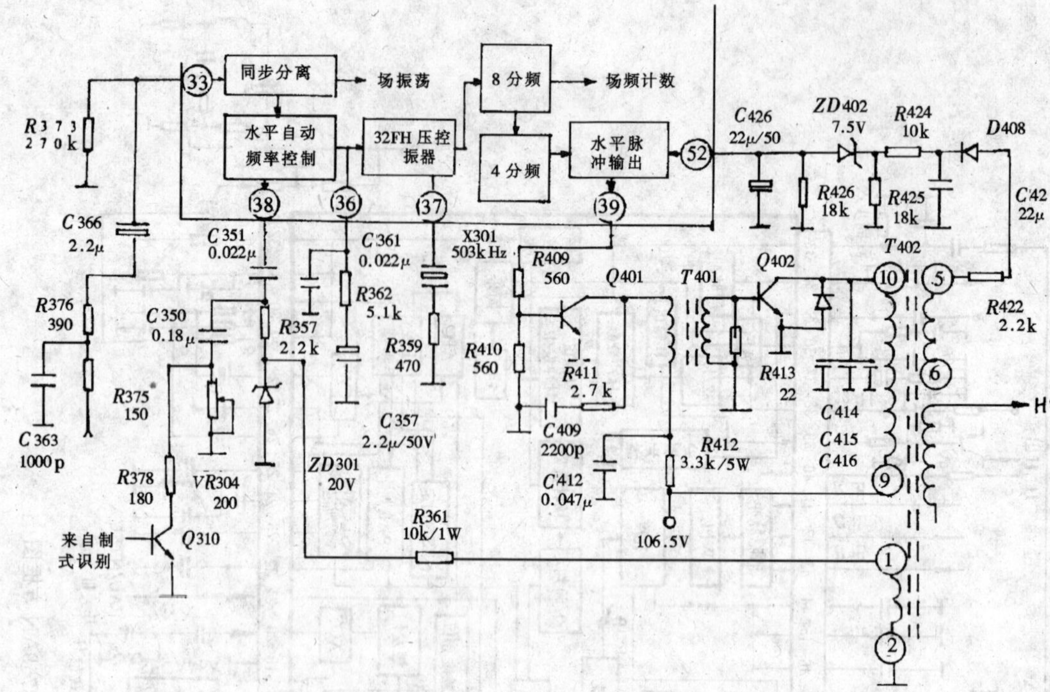

图 4-60 G8253YN 型行扫描电路

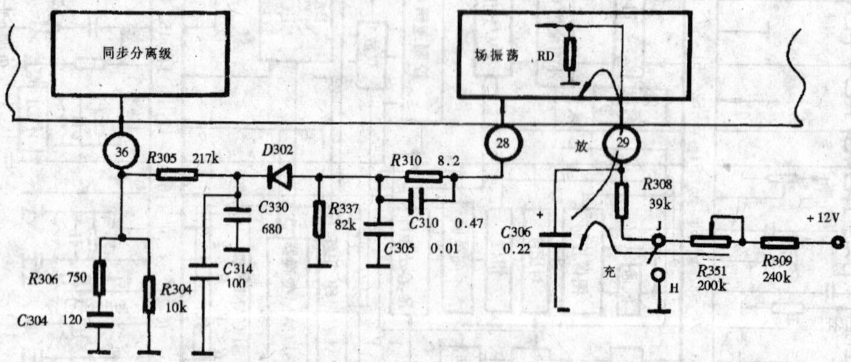

图 4-61 场振荡电路

成㉗脚锯齿波电压的上升部分(对应于场扫描的逆程)。正脉冲过去后,$V1$～$V3$ 被截止,电容 $C308$ 通过 $R311$、$R324$、$R352$ 等有关电路放电,形成了㉗脚锯齿波电压下降部分(对应于场扫描的正程部分)。$R352$ 是场幅调节,调节 $R352$ 可以改变 $C308$ 的放电速度。

由㉗脚产生的锯齿波电压,在集成电路内部送到场预激励电路,进行放大和线性补偿,由㉔脚输出到场激励管 $V303$。在修理时可用示波器检查此电路的波形。线性补偿分两路进行,一路由场输出电路中取出反馈信号经 $R320$ 从㉖脚输入,形成闭环深度负反馈。另一种是由输出级取出的反馈信号经积分电路 $R324$、$R352$、$R311$ 及 $C308$ 积分后叠加在场锯齿电压波形上,改善了场扫描线性。

3. 场输出电路

长城 JTC472 型彩电场扫描末级输出电路是采用分立元件组成的。从 $IC501$(TA7698AP

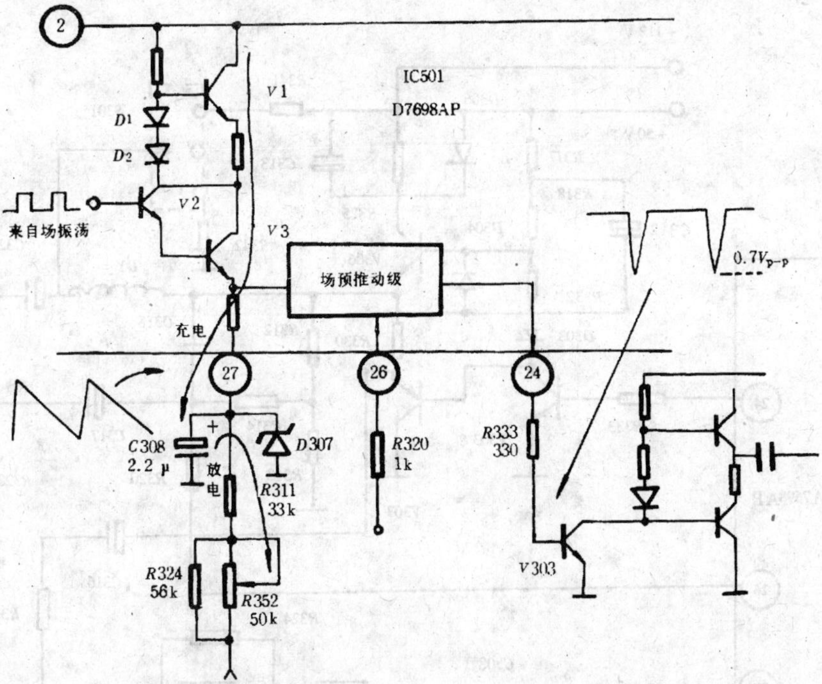

图 4-62　场锯齿波形成电路

国产为 D7698AP)㉔脚送来的场频激励信号加在 $V$303 基极上，作为场输出级的输入信号，其波形为正向锯齿波。经 $V$303 放大后，推动由 $V$306、$V$307 组成的互补推挽场输出电路。输出的场频锯齿波电流经偏转线圈 DY 及隔直电容 $C$321 反馈电阻 $R$323 接地。

场输出级的电源分两路提供，即＋50V 和＋112V，场推动级 $V$303 由低压供电。推挽输出级为了保证在逆程期间的幅度由电源＋112V 经 $R$325 提供，提高了输出级效率，见图 4-63。

在电路中还设有场中心调整 $S$301，通过它将输出端连接在不同的位置而实现整幅画面上下移动的调整。

(二)长城 G8253YN 型彩电的场扫描电路

1. 场扫描电路的前级

扫描电路的场频是在 $IC$301(TA8759AN)内部完成的，它也是利用 32 倍的行频进行 8 分频得到的。32 倍的行频振荡经 8 分频后送入场复位脉冲和整形电路。同时接受同步分离电路产生的复合同步脉冲，经垂直积分电路滤除行同步信号剩下场同步信号的控制。见图 4-64。

垂直计数器用来读所接受的场频脉冲的数量。如果读数是 60Hz 确认为 NTSC-M 制。把信息反馈到垂直电路和同步信号进行比较，进行同步控制。如果读数为 50Hz 时，那么就按 PAL/D 制的方式进行同步控制。

斜波的产生(锯齿波)受场频脉冲的控制。在斜波产生电路里通过 $IC$301 的㉛脚按场的频率向 $C$355(1μ)充电，其极性是上正下负。当 $C$355 电容被充满时，通过 $VR$303/50k 和 $R$377/33k 放电，形成场频锯齿波并经过放大后从㉙脚输出，送往场扫描的末级功率放大电路。㉜脚是斜波产生电路的负反馈引入脚，负反馈的信号从末级输出电路取出，并通过㉜脚引入内部放大电路，因而该电路工作稳定。但要注意的是，如果该信号通路中断，则㉙脚无场频脉冲输出。

场频的制式转换是由计数器通过⑱脚完成的。⑱脚有两个作用，一是 SECAM 彩色信号的

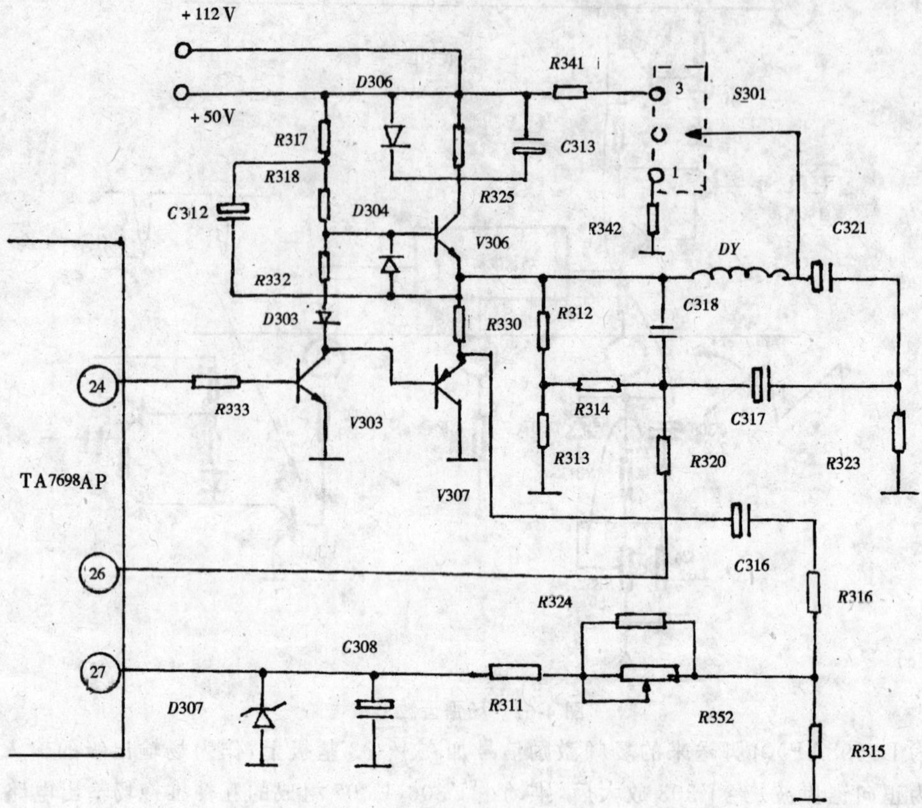

图 4-63　472 型场输出电路

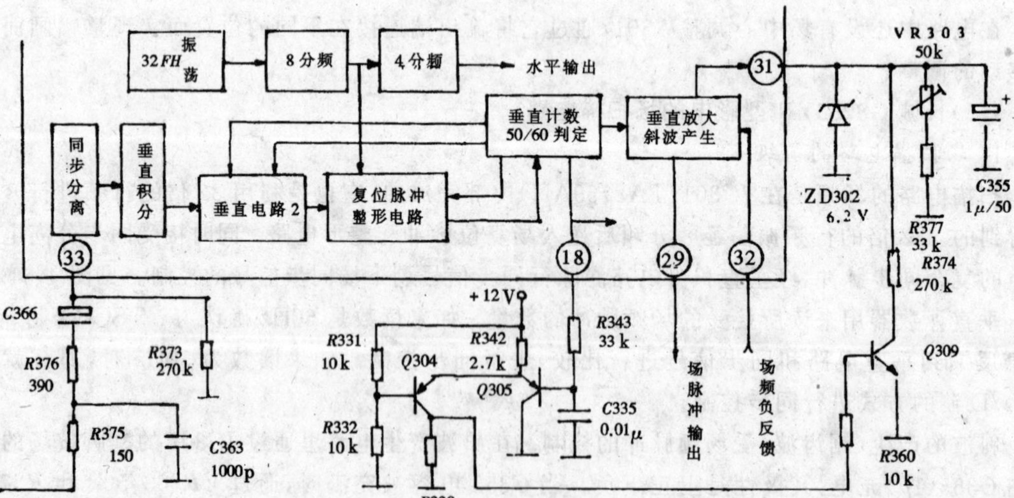

图 4-64　G8253YN 型场频和锯齿形成电路

输入脚，二是制式转换输出脚。

场频计数器确认通过同步分离电路读出的是 60Hz 时，⑱脚的电位由原来 PAL/D 制时的

4V 上升到 6V，因此引起 $Q305$ 导通减弱，导致 $Q305$ 的发射极电位上升，引起 $Q304$ 的射极电流加大，$Q304$、$Q305$ 两支晶体管均采用 PNP 型。$Q304$ 的基极电位是采用固定的方式，由 $R331$(10k)和 $R332$(10k)两支电阻平分＋12V，其基极电位固定在 6V 上。当⑱脚为 6V 时(NTSC/M 制)，$Q305$ 的射极约为 6.7V 高于 $Q304$ 的基极电位，$Q304$ 导通，集电极电位上升，使 $Q309$ 也饱和导通，把 $R374$ 电阻(270k)并接在 $VR303$ 和 $R377$ 的放电回路中，使放电的对地电阻减小，时间变短，场频升高，由原来的 50Hz 改为 60Hz，使场扫描的频率保持和正在接收的同步信号同步，达到整幅的画面和稳定的图像。

2. 场输出级

该机型的场输出电路是采用 $IC401$(LA7830)和外围元件组成，LA7830 内部有场推动电路和一个泵电源(脉冲放大)的 OTL 电路。从 TA8759AN㉙脚送来的场激励信号，加到 $IC401$ 的④脚，作为场输出级的输入信号，其波形为正向锯齿波。进入 $IC401$ 后，首先经推动级放大，再激励输出级电路进行末级功率放大。②脚为场锯齿波输出端，输出的场频锯齿波电流经偏转线圈 DY 及隔直流电容 $C404$(2200μ)、反馈电阻 $R408$ 接地。

场输出级的电源从③脚输入，在彩色电视机中，场扫描电路的输出级供电一般都是采用泵电源的方式，它是一种双电源供电，即在场扫描的正程期间，采用低电压供电，其电源来自行输出级逆程变压器的④脚，经 $D405$ 整流 $C408$ 滤波后，得到＋26V 直流电压。在正程的工作过程中，通过泵压源电路向 $C410$ 充电，当正程结束逆程到来时，③脚的电压与 $C410$ 电容上的电压形成串联供电，因此，场输出电源电压由 26V 上升到 52V。提高了场输出级的效率，保证了在逆程期间工作在高电压电源上，防止逆程期间的拉长。见图 4-65。

第七节　亮度信号通道

一、亮度信号通道的组成和作用

所谓亮度信号就是黑白电视接收机中的视频信号，不过在彩色接收机中亮度信号为了和色差信号配合形成三个基色信号即红(R)、绿(G)、蓝(B)，对亮度信号的要求提高了。亮度信号通道的作用就是从彩色全电视信号中抑制色度信号，分离出亮度信号并加以放大，与色度通道送来的三个色差信号同时到达末级矩阵电路还原出基色信号。

亮度信号通道由色副载波陷波器、视频放大、亮度信号延时和一些辅助电路组成，见图 4-66。

在传送彩色电视信号中，色度信号是利用频谱交错的方法安插在亮度信号的频谱空隙中传送的，如果亮度通道在放大亮度信号的同时也将色度信号一起放大，则会在荧光屏上产生色副载波的干扰条纹。为了抑制这种干扰，应将叠在亮度信号中的色度信号滤除。为此亮度信号通道中利用一个 4.43MHz 的窄带陷波器对色度信号进行衰减。加入陷波器后亮度通道的频率特性曲线如图 4-67 所示。

从图中可知，陷波器在吸收色度信号的同时，将 4.43MHz 附近的亮度信号也抑制掉了，以致图像清晰度下降。所以，通常采用窄带吸收回路，虽然在滤除色度信号时仍会抑制掉一部分亮度信号的高频成分，但由于彩色的弥补，重显的彩色图像质量仍会很高。

在用彩色接收机接收黑白图像时，由于吸收回路的存在，也会因亮度信号中的部分高频信

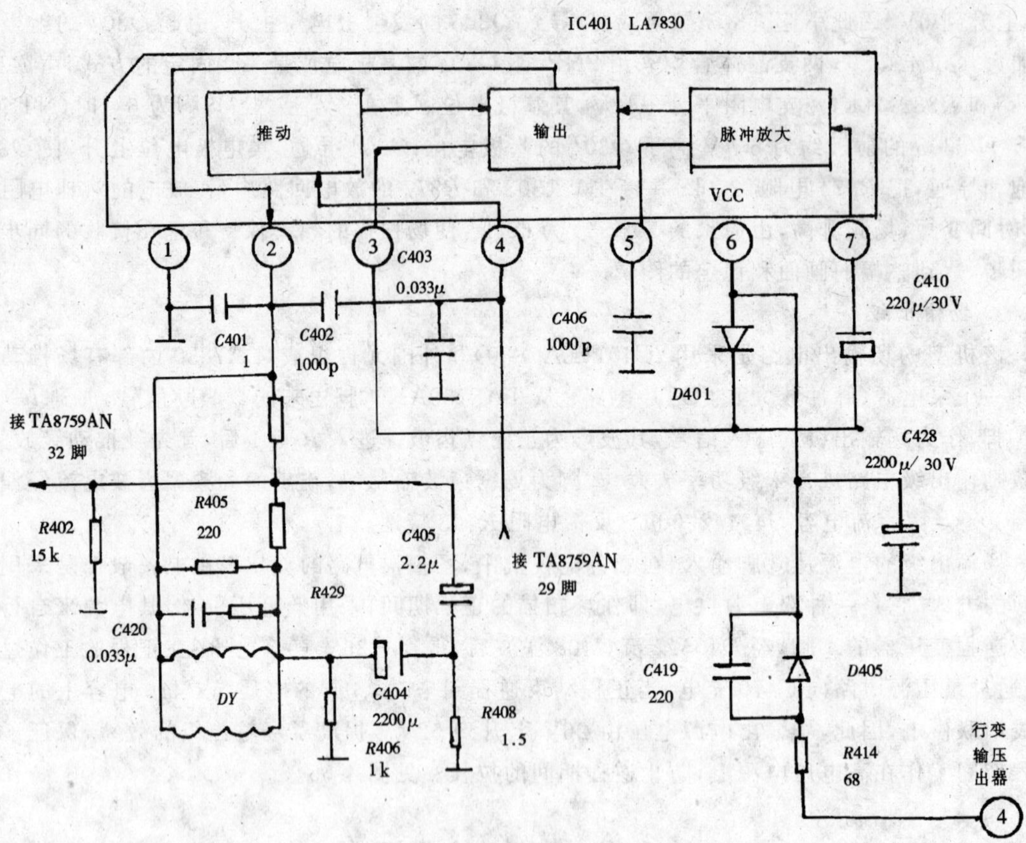

图 4-65 G8253YN 型场输出电路

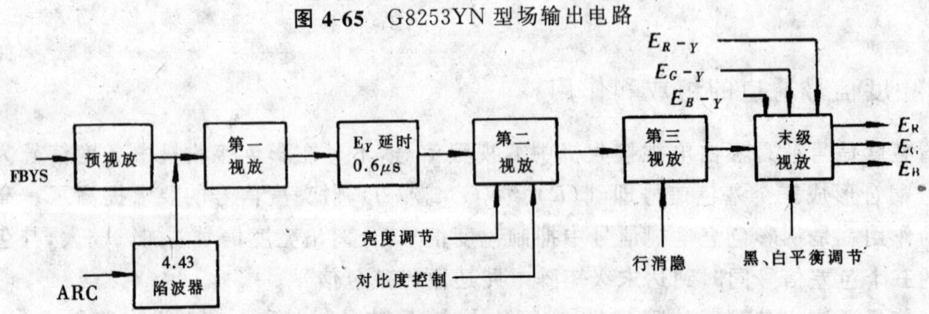

图 4-66 亮度通道框图

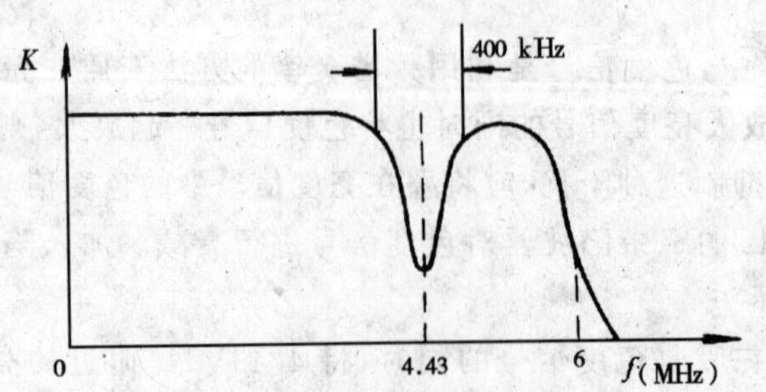

图 4-67 亮度通道频率特性曲线

号分量被滤除而使图像清晰度变差。为了提高黑白图像的清晰度，在接收黑白图像时，吸收回路应停止工作。为此，在亮度通道中加入自动清晰度控制(ARC)电路。它在接收黑白图像时，自动将陷波电路断开；而在接收彩色图像时，自动将陷波器接通。ARC 电路相当一个开关，开关的控制电压可由色同步信号或来自副载波恢复电路的 7.8kHz 半行频信号经检波取得。ARC 电路的工作原理如图 4-68 所示。当接收黑白图像时，由于没有色同步信号，7.8kHz 半行频信号也等于零。所以消色电压为零，受控开关打开，陷波器就等于不接；当接收彩色信号时，消色电压存在，受控开关合上，陷波电路起吸收作用。

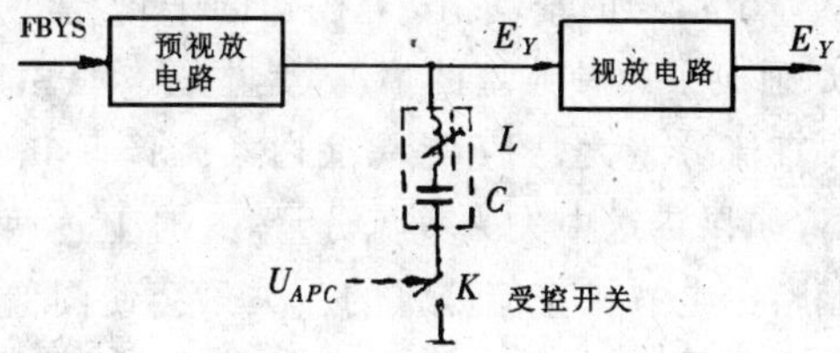

图 4-68 ARC 工作原理图

彩色全电视信号经 4.43MHz 陷波电路后取出了亮度信号，但由于亮度信号与色度信号是经过两个通道传送的，色度信号通道带宽为 2.6MHz，亮度信号通道带宽为 6MHz，所以色度信号比亮度信号晚到达基色矩阵约 0.6μs。这样会使屏幕上彩色和黑白轮廓不能重合，好像是一幅没套印好的彩色画。为了使色度信号和亮度信号能同时到达基色矩阵，在亮度通道中接入亮度信号延时电路。这种电路做成一个单体器件，叫“亮度延时线”。我国彩色电视所用的亮度延时线的延时时间为 0.6μs，特性阻抗为 1.5kΩ 左右，带宽为 4MHz～5MHz。

二、亮度信号通道中的辅助电路

(一)勾边电路

勾边电路也称图像轮廓校正电路。在图像中常常有许多从白色突变为黑色或有黑色突变为白色的亮度突变现象，这一突变现象对应的亮度信号波形如图 4-69*a* 所示。突变部分包含有亮度信号的许多高频成分，由于亮度通道中 4.43MHz 陷波器的存在，会使亮度信号中的高频成分受损，造成亮度信号的突变沿消失，显示出来的图像在黑白交界处会出现一个缓变过渡区，使重现的图像轮廓模糊不清，降低了清晰度，如图 4-69*b* 所示。为了使图像轮廓清楚就要缩短亮度信号前沿和后沿的过渡时间。为此，可以如图 4-69*c* 所示那样，在突变部分的前沿和后沿各加一个上冲和下冲，使图像黑白交界处出现比黑更黑和比白更白的分界线，好像给图像勾了一个边。这样，图像的轮廓便更清楚了，清晰度也得到了提高。

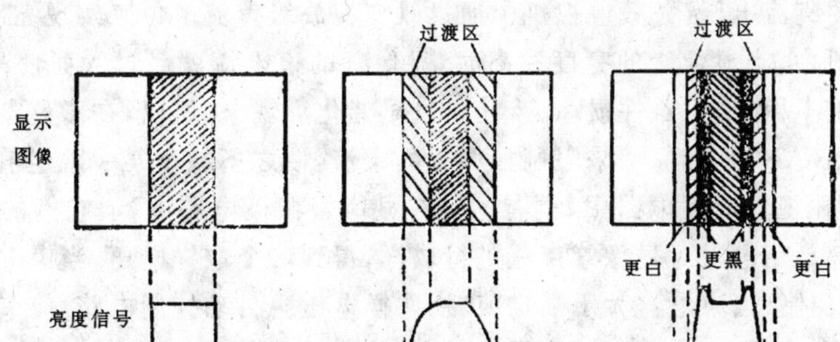

图 4-69 勾边原理

(二)直流恢复(箝位)电路

彩色电视信号是单极性的，亮度信号也是单极性的，这种单极性信号具有直流分量，其大小等于信号的平均值。当图像的平均亮度发生变化时，亮度信号的直流分量会随之变化。图4-70画出了两种典型的情况，其中图 a 是白底黑条图像及信号的波形。图像的平均亮度高，信号的直流分量大；图 b 是黑底白条图像及其电视信号波形，图像的平均亮度低，信号的直流分量小，如果传送中失去直流分量，这时上述两种信号的波形如图 c 所示，把暗场几乎变成亮场。对于黑白电视机直流分量的丢失只会使图像的背景亮度稍有变化，但是对彩色电视接收机，丢失直流分量，不但会使重现的彩色图像背景亮度发生变化，而且还会使彩色图像的色调和色饱和度发生变化。由于人眼对彩色的失真，特别是色调的失真是很敏感的，因此，在亮度通道的末级或前级视放电路中加入箝位电路。利用箝位电路把各信号的消隐电平箝位在给定的直流电位上，使原来的直流分量得到恢复。

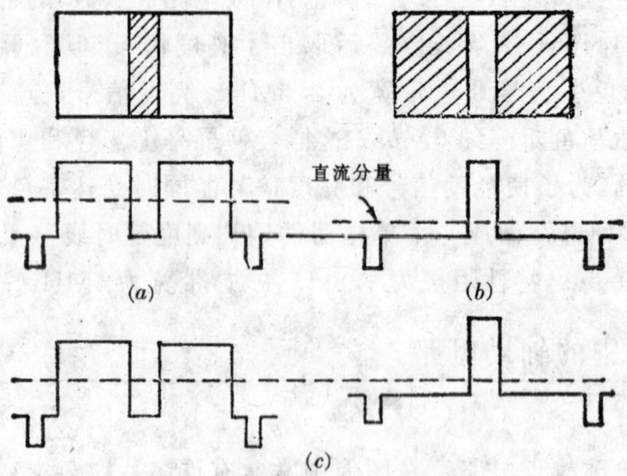

图4-70　丢失直流分量对图像亮度的影响

(a)亮场图像及其电视信号波形图(b)暗场图像及其电视信号波形图，

(c)经隔直电容后两种电视信号的波形图

(三)对比度及亮度的调整

由于电视接收机收看环境条件或电视图像的不同，在收看节目时，经常需要调整图像的黑白对比度及背景的亮度。调整对比度就是改变加至显像管图像信号电压的大小，一般电视机中都是通过改变视放级的负反馈量来改变其增益，从而达到调整对比度的目的。调整背景亮度就是改变栅阴之间的直流电压，一般电视机中通过改变视放级直流电位来实现亮度调节。

在电视接收机中，当显像管的亮度过高时，显像管的束电流就会过大而使高压电路过载，容易造成高压输出不稳定、元器件损坏、荧光粉过早老化等现象。所以，在彩色电视机中一般都采用自动亮度控制(ABL)电路，用来限制显像管的束流，使之不超过某一限定值。ABL电路的种类很多，有的设在视频放大电路中，也有的设在显像管栅极电路中，但它们的工作原理基本相同。ABL电路都是用电阻对显像管束流进行取样，得到一个取样电压，当束电流小于限定值时，不对电路进行控制；当束电流大于限定值时，取样电压会自动控制电路，使束流下降。显像管亮度越高，取样电压越大，束电流下降得也越多，从而起到限制束电流的作用。

另外，由于全电视信号中的消隐信号时间与本机扫描电路的逆程时间不完全一致，当对比度较小时，全电视信号中的消隐电平不能把电子束截止，此时屏幕上会出现回扫线，影响图像的质量。所以，通常在视放级加入消隐脉冲，当逆程时，消隐脉冲到达，视放管截止，使显像管阴极电位上升，栅阴之间电位差加大，电子束被截止，消除了回扫线。

三、实用电路分析

(一)东芝两片机中的亮度电路

该机型的亮度通道是由输入倒相放大器、对比度放大器、黑白电平箝位放大器和视频放大器组成。它是 TA7698AP 的部分功能,用了 TA7698AP 的九个脚,见图 4-71。

1. 输入倒相放大器

由视频检波器输出的全电视信号,经 $L105$ 电感 $R201$、$Z201$(6.5MHz 的陷波器),滤除伴音中频信号后,从 TA7698AP 的㊴脚输入到倒相放大器。㊴脚的偏置取自图像中放检波器的直流,其动态范围在 2V~6.5V 之间,是同步头向下的正极性全电视信号。从㊴脚输入后,分成两路,一路进入对比度放大器,另一路进入倒相放大器,经倒相放大器放大后的信号经过内部射极跟随器从㊵脚输出,推动作为外部负载的同步分离电路。㊵脚输出的信号除供给同步分离电路外,还经过带通电路 $R501$、$C501$、$L501$、$C502$ 进入色度放大器的输入端 TA7698AP 的第⑤脚,倒相放大器的增益为 30dB 左右。

2. 对比度放大器

对比度放大器的输入端也是㊴脚,输出端为㊷脚。在㊷脚输出前也通过内部射极跟随器,①脚为对比度放大器的发射极,在外部接有高频补偿电路,由 $R207$、$C202$、$R204$ 组成。㊷脚是输出器的集电极,从㊷脚输出后,通过亮度延迟线和 $C204$ 送到 TA7698AP 的③脚黑电平箝位放大器。㊶脚为对比度外接控制端,$R256$ 为对比度控制电位器,它使㊶脚可以从 2V~10V 之间变化,使本级有 40dB 的变化范围。

3. 黑电平箝位放大器和视频放大器

从㊷脚输出的电视信号经亮度延迟线和 $C204$ 送入③脚,亮度延迟线有两个作用,一是把亮度信号延迟 0.6μs 的时间和色度信号对齐,二是把色度信号滤除(内部带有 4.43MHz 陷波器),使进入③脚的信号只有亮度信号。进入③脚以后送入黑色电平箝位放大电路,经直流恢复和亮度控制等处理以后从㉓脚输出,经 $Q202$ 送到矩阵电路。

④脚外接 $R257$ 和 $R255$ 为亮度调整电路,$R255$(5k)为副亮度调整,在线路板上。同时自动亮度控制也通过④脚进行,通过 $R331$、$D313$ 接入。其次在④脚和③脚之间接入 $R209$(36k)是为直流再生使④脚也重叠上视频信号而接入的。

消隐信号是从 $Q202$ 晶体管的基极加入的,当扫描电路的逆程脉冲(行逆程脉冲通过 $D202$ 加入,场逆程脉冲通过 $D203$ 加入)到来时,$Q202$ 的基极出现高电平而截止,使显像管的阴极电位上升,栅阴极之间电位差加大,电子束被截止。

(二)长城 G8253YN 型彩电亮度信号通道电路

图 4-72 是长城 G8253YN 型彩电的亮度通道的原理图。它是由东芝 TA8759AN 集成电路和外接的分立元件组成的。

从视频检波输出的全电视信号经 $Q207$ 电流放大后,进入亮度信号通道处理。它的色副载波陷波器是通过 $DL301$ 完成的,$DL301$ 的作用有两个,一是延时 0.6μs 作为亮度信号延时线,二是滤除 4.43MHz 的色副载波。由于该机型为多制式接收,所以还设立了 NTSC 制式陷波,当接收的信号为 NTSC 制时,通过识别电路确认后,有一个高电平送到 $Q303$ 晶体管的基极,使 $Q303$ 晶体管饱和导通把 $CF301$ 接通。这时吸收回路的频率是 3.58MHz。

滤除色副载波后,剩下的亮度信号再经 $Q301$ 放大后送入集成电路内部的增益放大器,在

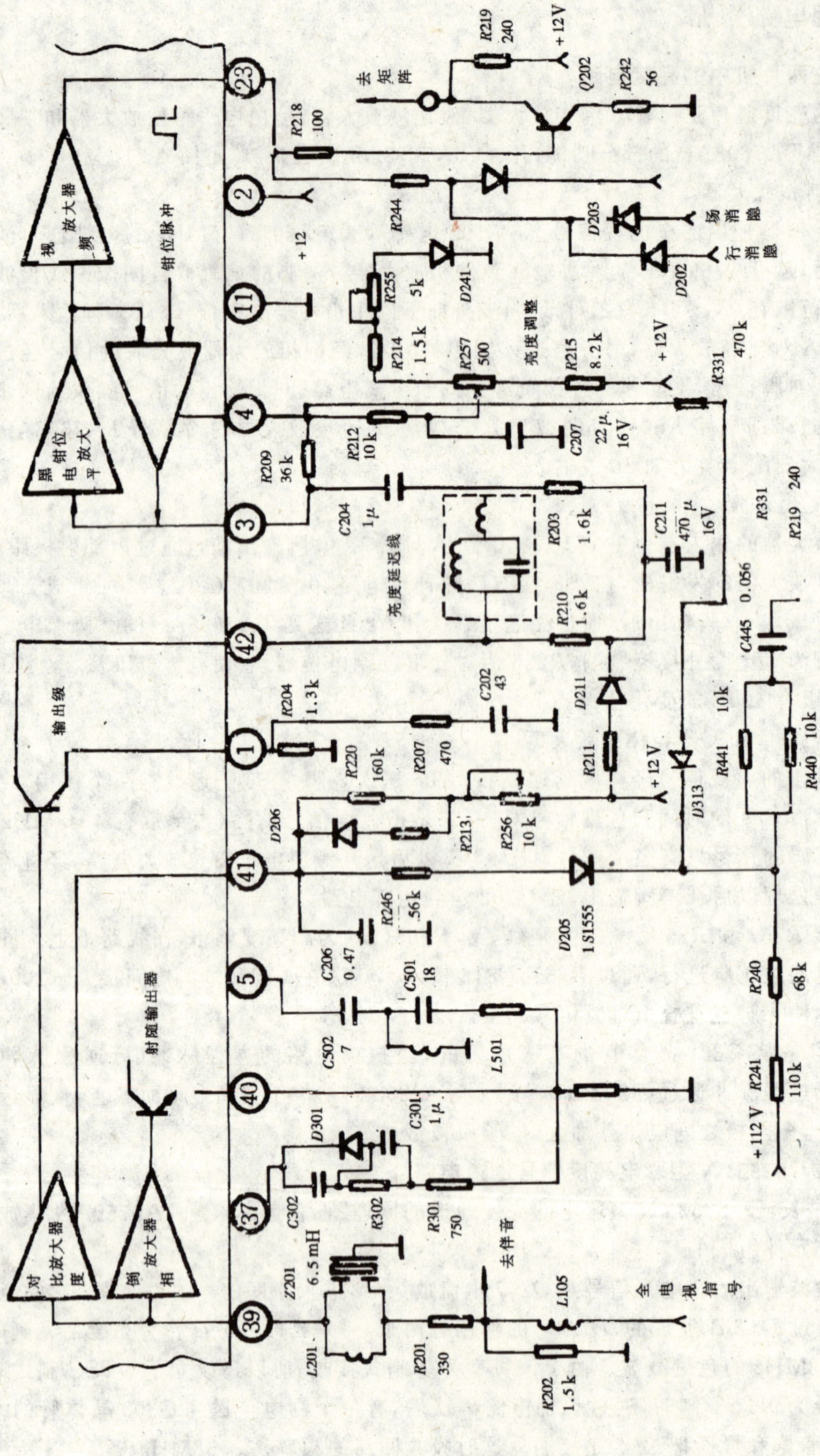

图 4-71 D7698A 亮度电路原理图

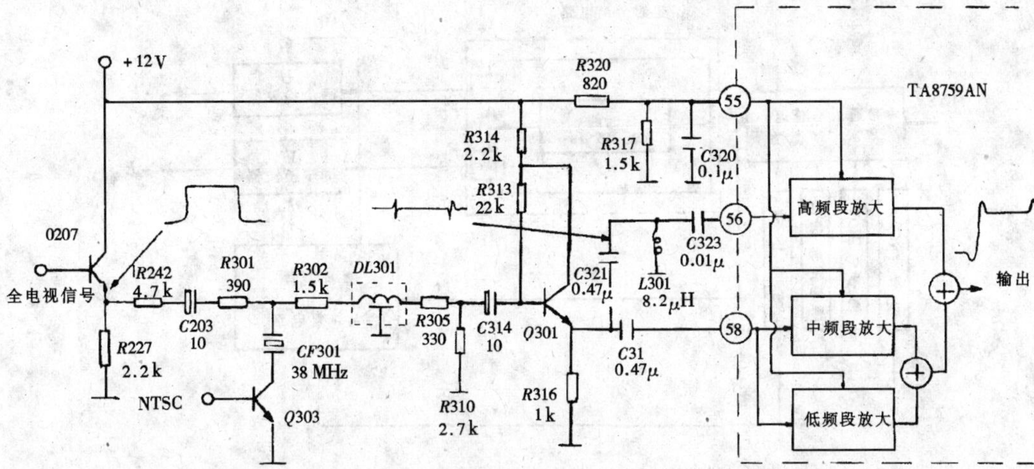

图 4-72 G8253YN 型彩电亮度信号通道

集成电路内部设有三种频率分别放大，即高频放大器、中频放大器和低频放大器。通过55脚电位的改变可以控制内部放大器的增益来改善清晰度，该机型采用固定的方式，由 $R320$ 和 $R317$ 电阻分压获得约 8V 左右的电压加到55脚上，使清晰度固定。

勾边电路是由 $C321$ 和 $L301$ 对高频成分进行微分，经高频放大后，在 IC 内部再和中频、低频成分叠加完成的。其它功能如对比度控制、直流箝位等也均在内部完成。

第八节 彩色信号通道

一、色度通道的组成及作用

色度通道的作用是从彩色全电视信号中取出色度信号进行放大，再从色度信号中取出两个色差信号，送至矩阵电路。色度通道包括带通放大电路、自动色饱和度控制(ACC)电路、色同步消隐电路、自动消色(ACK)电路、延时分离电路(梳状滤波器)和同步检波电路等。电路的组成框图如图 4-73 所示。

从视频检波器送入带通放大器的是彩色全电视信号。带通放大器从其中选出色度信号和色同步信号。由于色同步信号只在基准副载波恢复电路中起作用，而在色度通道中是无用的，所以一般彩色电视机在延时分离电路之前设有色同步消隐电路，用来去除色同步信号。自动色饱和度控制电路是用来自动控制色度信号增益的。在彩色电视机接收黑白电视信号或接收的色度信号很弱的情况下，消色电路能自动把色度通道关闭。

由带通放大电路输出的色度信号被送到延时分离电路，它把每一行的色度信号和前一行的色度信号分别相加和相减，就可以把色度信号中的两个分量 F_U、F_V 分离开来。F_U、F_V 被分别送往 U 同步检波器和 V 同步检波器，并从基准副载波恢复电路引来适当相位的基准副载波，解调出 U、V 两个色差信号，送往矩阵电路。

(一)带通放大器及其辅助电路

1. 带通放大器

色度放大电路的作用是从彩色全电视信号中取出色度信号并加以放大。由于色度信号在

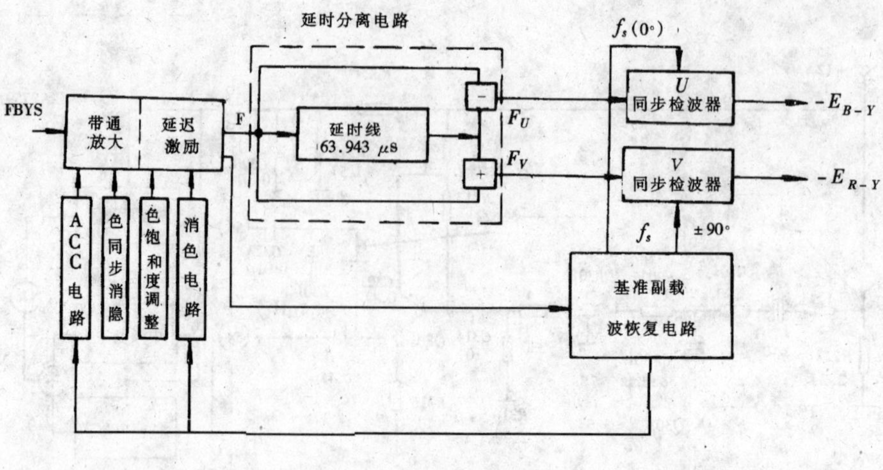

图 4-73　色度通道框图

彩色全电视信号所占据的 6MHz 频带中，仅占据了以 4.43MHz 为中心的 2.6MHz 的频带，所以色度放大器应具有选频特性，才能完成频率分离。为此，色度放大器应该是一个带通放大器，一般由 2～3 级带通放大器组成。带通放大器是一个输入端加有带通滤波器的调谐放大器，通常在它的输出端设有色饱和度调节电位器，用以调节彩色的浓度。

2. ACC 电路

为了正确地重现彩色图像，必须保持色度信号和亮度信号原有的相对幅度。在电视接收机中由于采用 AGC 电路，亮度信号幅度比较稳定，但色度信号处于中频幅频特性的边缘，当中放、高放和本振电路等稍有变化时，都会影响色度信号的幅度，其中以本振频率偏移的影响为最严重。

为了尽量减小色度信号的幅度受各种因素的影响，除了在高频头的本振电路中加入自动频率控制(AFT)外，还在带通放大器中加入自动增益控制，叫自动色饱和度控制(ACC)。ACC 电路的工作原理与 AGC 电路是一样的，即当色度信号的幅度增大时自动控制色度放大器的增益，使增益随信号的增强而下降。

ACC 电路需要一个与色度信号幅度成正比的控制电压来控制带通放大器的增益，但是这个电压不能从代表彩色图像内容的色度信号取得。因为图像中彩色内容是不断变化的，不能真正反映色度信号的强弱。最好的方法是用色同步信号，因为它的幅度与彩色内容无关。所以一些彩色电视接收机将色同步经过检波取得反映色度信号强弱的直流电压作为 ACC 的控制电压。也有许多彩色电视机用 7.8kHz 的识别信号经整流后作为 ACC 的直流控制电压。因为 7.8kHz 的识别信号是由色同步信号与副载波信号经过鉴相后产生的，它也能反映色同步信号幅度的大小，即色度信号的强弱。

3. 自动消色(ACK)电路

在电视台播送黑白电视节目时，没有色度信号。但是此时彩色电视接收机的色度信号放大器仍可能有干扰信号输出，这是因为亮度信号的频谱为 0～6MHz，在 4.43MHz 及其附近仍然有亮度信号的分量，这个分量被当作色度信号进行放大，解调后会在屏幕上产生彩色杂波干扰。为此，在彩色电视接收机色度通道中设有自动消色电路。它的作用就像装在色度通道中的一个自动开关。当接收彩色电视广播节目时，自动消色电路将色度通道接通；当接收黑白电视节目时自动把色度通道关闭；在色度信号很弱不能得到稳定的彩色图像时，也能自动关闭色度通道，只显示黑白图像。

消色电路所需要的控制电压与 ACC 电压一样，可以由色同步信号检波得到，也可以从 7.8kHz 半行频信号经整流滤波后作为控制电压。将 ACK 电压去控制色度通道中某一级或几级放大管的工作，使之在接收黑白电视信号或彩色信号太弱的情况下能自动关闭色度信号通道。

4. 色同步消隐

色度信号和色同步信号虽然处于相同的频带内，但时间上是互相分离的，色度信号出现行扫描正程，色同步信号在行消隐期间出现。因此，如果用一个与色同步信号同时出现的脉冲信号去控制带通放大器中色度信号的通路，使它在色同步信号到来时断开，这样就达到了消隐色同步信号的目的。

色同步消隐电路相当于一个定时开关，利用延时的行脉冲来控制它的闭合与断开。当同步信号到来时开关断开，使色同步信号不能通过；在其余时间定时开关合上，使色度信号顺利通过。

(二)延时分离电路

延时分离电路也叫梳状滤波器，它的任务是把色度信号中的两个分量 F_U、F_V 分离开来，并分别送到 U 同步解调器和 V 同步解调器。

PAL 制彩色电视采用逐行倒相的调制方法，它相邻两行的色度信号用矢量表示时分别为

n 行：　F_U+jF_V

$n+1$ 行：　F_U-jF_V

从上两式可以看出，如果相邻两行的信号相加就可得到色度信号的 F_U 分量，如果将它们相减就可得到色度信号的 F_V 分量。要实现上述设想必须借助于延时线，使 $n+1$ 行的信号到达加法器与减法器时，n 行的信号经延时线延时一行的时间后也到达加法器与减法器。图 4-74 为延时分离原理图。从图中可以看出，接入延时线后使色度信号分成两路，不经延时线的一路称为直通信号，经延时线输出的一路称为延时信号。由于延时线的延时作用，使上述两路信号在时间进程上相差一行时间，即如果直通信号是 $n+1$ 行色度信号，则延时信号便是 n 行色度信号。显然，相加电路输出相邻两行色度信号之和；相减电路输出相邻两行色度信号之差，即在相加端输出为：

$$F_{n+1}+F_n=F_U-jF_V+F_U+jF_V=2F_U$$

在相减端输出为：

$$F_{n+1}-F_n=F_U-jF_V-F_U-jF_V=-2jF_V$$

这就是第 $n+1$ 行经过分离并与它的上一行第 n 行信号相加、减所得的结果。当 $n+1$ 行过去后，接下来的是 $n+2$ 行色度信号，这时相加端输出为：

$$F_{n+2}+F_n+1=F_V+jF_V+F_U-jF_V=2F_U$$

在相减端输出为：

$$F_{n+2}-F_n+1=F_U+jF_V-F_U+jF_V=2jF_V$$

以后各行的输出与上述两行相同，如表 4-5 所示。

表 4-5 通过延时线相加、减后的色度信号

到达行顺序	直通信号	延时信号	相加端输出	相减端输出
n	F_U+jF_V	F_U-jF_V	$2F_U$	$2jF_V$
$n+1$	F_U-jF_V	F_U+jF_V	$2F_U$	$-2jF_V$
$n+2$	F_U+jf_V	F_U-jF_V	$2F_U$	$2jF_V$
$n+3$	F_U-jF_V	F_U+jF_V	$2F_U$	$-2jF_V$
⋮	⋮	⋮	⋮	⋮

由此可见，只要延时正确，梳状滤波器就能将色度信号分离成 F_U 和 F_V 两个分量。

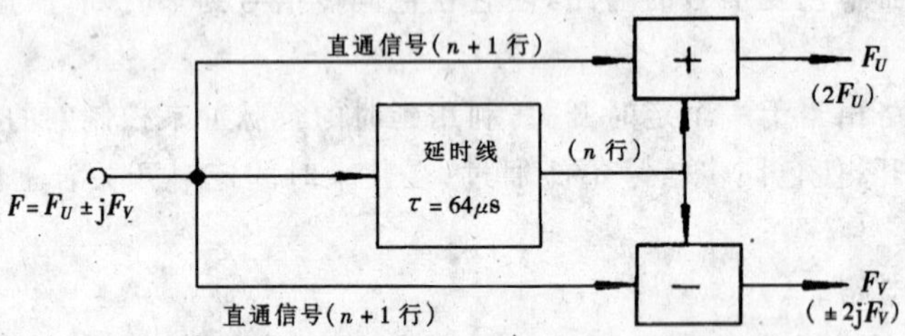

图 4-74 延时分离原理

但是，延时线对色度信号存在着移相作用，在一行时间（64μs）内延时信号比未延时信号超前 89°，如图 4-75 所示。由于延时信号与直通信号的 F_U、F_V 分量彼此间没有同相或反相关系，不能采用如图 4-74 所示的延时线分离 F_U 及 F_V。

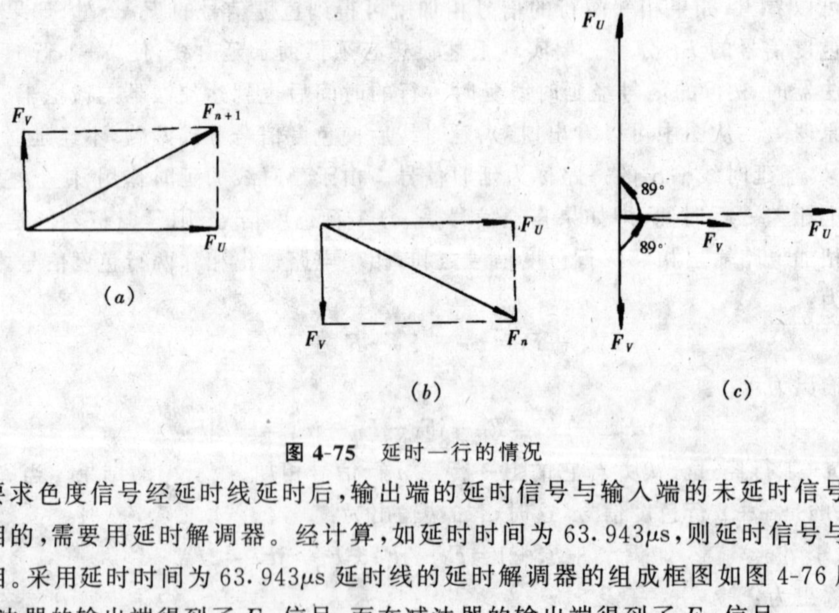

图 4-75 延时一行的情况

为了要求色度信号经延时线延时后，输出端的延时信号与输入端的未延时信号的相位是同相或反相的，需要用延时解调器。经计算，如延时时间为 63.943μs，则延时信号与未延时信号相位反相。采用延时时间为 63.943μs 延时线的延时解调器的组成框图如图 4-76 所示。从图可知，在加法器的输出端得到了 F_V 信号，而在减法器的输出端得到了 F_U 信号。

延时解调器的工作情况如表 4-6 所示，表中列出了连续 5 行的色度信号以及延时后与直通信号在加法器与减法器中所产生的结果。

由图 4-76 和表 4-6 可以看出，加在 A 点的色度信号中 F_U 分量是不变的，而 F_V 分量则是

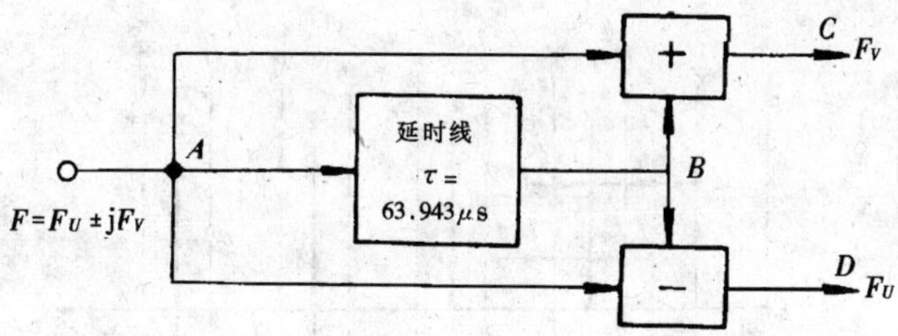

图 4-76　延时解调器框图

逐行倒相的。B 点出现的色度信号比 A 点出现的色度信号推迟了大约一个行周期(63.943μs)，且相位差 180°。C 点信号是加法器输出信号，是 A 点的直通信号与 B 点延时信号之和。由于 F_U 分量相位相差 180°，相互抵消，而 F_V 分量相位相同，所以相加后输出的信号为 $\pm 2jF_V$。D 点信号是减法器输出信号，为直通信号与延时信号之差。由于 F_V 分量相位相同，相减为零，而 F_U 分量相位相反，所以相减后输出的信号为 $2F_U$。

表 4-6　延时解调器工作情况

行数	输入信号 A 点信号	延时后的信号 B 点信号	相加输出 C 点信号	相减输出 D 点信号
n	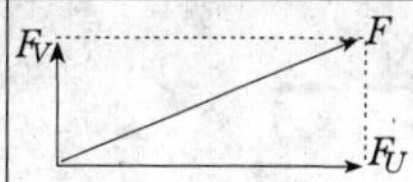 			
$n+1$	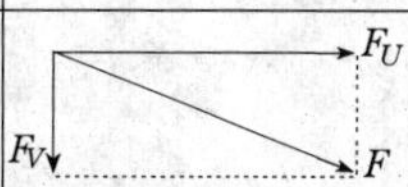 	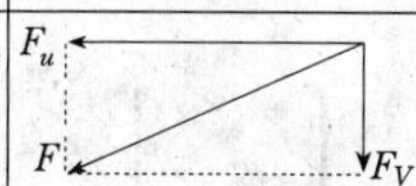 	$2F_V\downarrow$	$\overrightarrow{2F_U}$
$n+2$	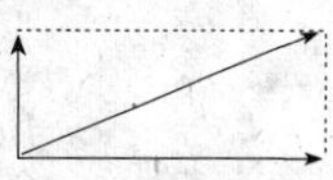	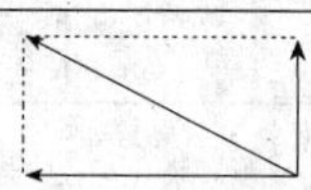	$2F_V\uparrow$	$\overrightarrow{2F_U}$
$n+3$	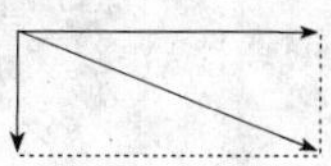	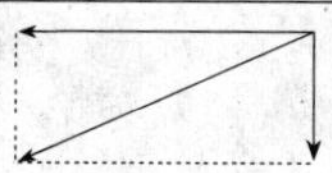	$2F_V\downarrow$	$\overrightarrow{2F_U}$
$n+4$	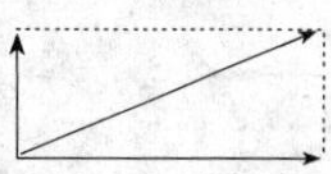	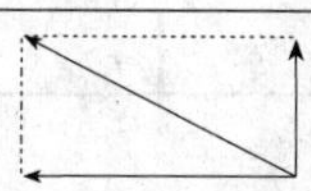	$2F_V\uparrow$	$\overrightarrow{2F_U}$

通过上述分析可以看出，延时分离器可以实现 F_U 与 F_V 的分离。在色度信号中，F_V 分量是逐行倒相的，分离后经加法器输出的信号也是逐行倒相的($\pm 2jF_V$)；F_U 分量是不倒相的，分离后经减法器输出的信号也是不倒相的($2F_U$)。

上面分析延时分离器的工作原理时，是对单一的正弦波而言，实际上色度信号的频谱是以副载波频率为中心的一些谱线簇，如图 4-77(a)所示。为了能分离出 F_U 和 F_V 信号，希望延时线和相加器的频率特性如图 4-77(b)所示，延时线和减法器的频率特性如图 4-77(c)所示。这样才能将色度信号频谱交错的色度信号分量 F_U 和 F_V 分离出来。

延时分离器由加法器、减法器和超声波延时线组成。它的频率特性曲线具有梳齿的形状，所以又称为梳状滤波器。它对于一些特定的频率成分具有最大的输出，而对另一些特定的成分输出则为零。如果将梳状滤波器中加法器的频率特性曲线最大值与色度信号中的 F_V 分量的

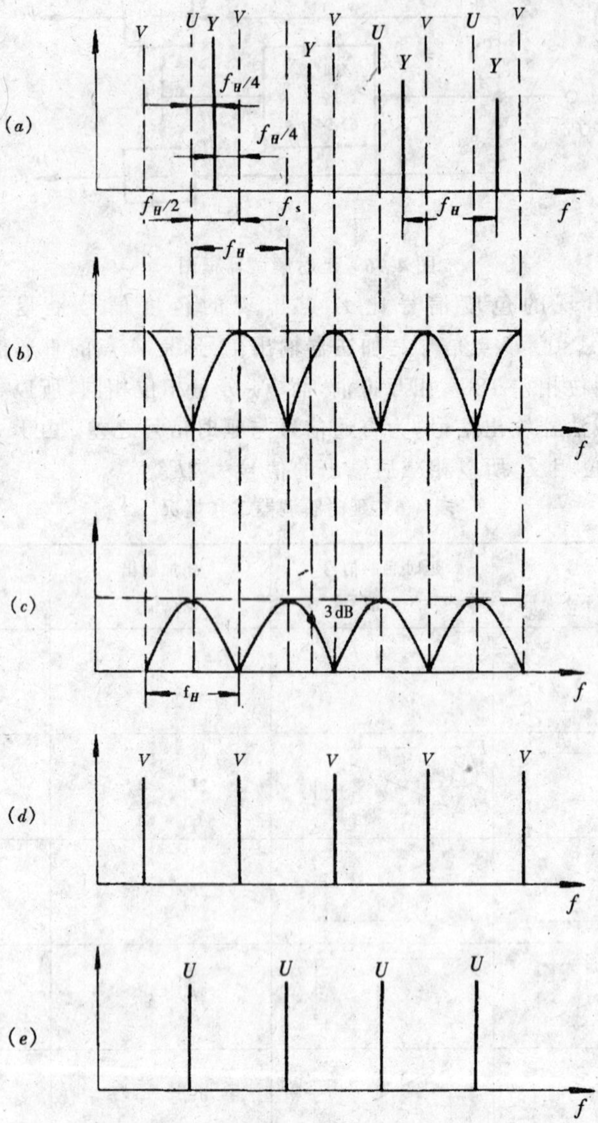

图 4-77 延时解调器的频率特性和色度信号的分离

(a)彩色电视信号的频谱 (b)加法器和延时线的频率特性

(c)减法器和延时线的频率特性 (d)加法器输出信号 F_V 的频谱

(e)减法器输出信号 F_U 的频谱

主谱线对齐,而减法器的频率特性曲线最大值与色度信号中的 F_U 分量的主谱线对齐,则通过延时分离器就可实现 F_U 与 F_V 的分离,如图 4-77d 和 e 所示。

需要说明的是,为了要使延时后的色度信号与直通色度信号的副载波相位相差 180°,所以延时时间 τ 不等于行周期 64μs,而是接近于行周期的 63.943μs,它比行周期小 0.057μs。因此,延时分离器频率特性的梳齿间距 $1/\tau$ 也不是严格地等于行频,而是稍大于行频。其结果是 U、V 主谱线出现的位置不是恰好落在频率特性曲线的峰点或零点上,而是稍有偏高,并且 U、V 主谱线偏离副载波频率 f_s 越远,偏差也越大,这将使延时分离器分离不完善,造成 F_U、F_V 分量的相互串扰,尤其是高频端更为严重。但是,由于人眼对彩色细节的分辨力较差,上述串扰所产生的影响可忽略不计。

(三)同步检波电路

同步检波电路也叫同步解调电路。其作用是从色度信号的两个分量 F_U、F_V 中解调出 U、V 两个色差信号。

由前述可知,同步检波器可以看成是一个受副载波控制的开关,因此同步检波器需要同时输入两种信号,色度信号和由基准副载波恢复电路产生的基准副载波。这个基准副载波必须与发送端平衡调幅过程中抑制掉的副载波同频同相。由于 U、V 两个色差信号在发送端采用正交调制,相位相差 90°,所以送入两个同步检波器的基准副载波的相位也要相差 90°。又因为 V 信号调制时是逐行倒相的,所以送入 V 同步检波器的基准副载波也应逐行倒相 180°。

同步检波电路实际上是一个鉴相器,它把已调色差信号的副载波相位与接收机内的解调基准副载波相位作比较,如果色差信号副载波相位与解调基准副载波相位相差 90°,同步检波器输出为零;如果相位相同,则同步检波器输出最大;如果它们相位相反,则同步检波器输出为负最大值。图 4-78 以 U 信号为例说明同步检波原理。从图可知,对黄条解调时,由于解调副载波相位与 F_U 反相,所以解调后的 U 信号为负值;对青条解调时,由于解调副载波相位与 F_U 同相,所以解调后的 U 信号为正值。同理,绿、红条经解调后为负值,紫、蓝条经解调后为正值,即通过同步检波能实现平衡调幅波的解调。

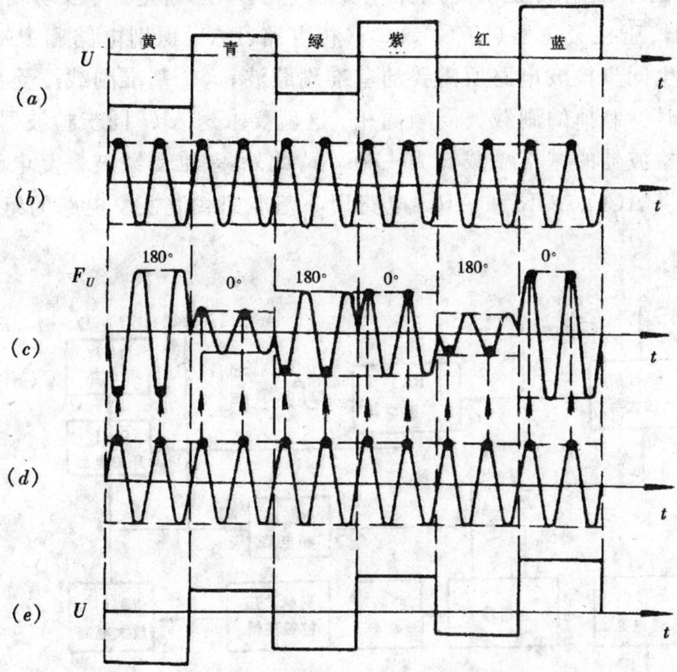

图 4-78　同步检波原理

(a)末调制的色差信号 U　(b)基准副载波　(c)调制后的色差信号 F_U

(d)解调基准副载波　(e)同步检波后得到的 U 信号

如果输入 U 同步检波器的已调色差信号 F_U 中含有 F_V 的成分,则经过同步检波后可对两个已调色差信号进行第二次分离。这是因为 F_U 与 F_V 之间的相位差为 90°,所以经 U 同步检波后输出信号中只含有 U 信号,而 V 信号为零。同理,经 V 同步检波后输出信号中只含有 V 信号,而 U 信号为零。

同步检波器的检波过程也可以用乘法器来完成。集成电路中采用双差分电路(也称模拟乘法器)来实现同步解调。模拟乘法器中的同步检波过程,实质上是用基准副载波去乘色度信号的过程。例如在 U 同步检波器中,用解调副载波 $E\sin\omega_s t$ 与色度信号相乘,得到

$$E\sin\omega_s t(U\sin\omega_s t+V\cos\omega_s t)=E(U\sin^2\omega_s t+V\sin\omega_s t\cos\omega_s t)$$

$$=\frac{E}{2}U(1-\cos 2\omega_s t)+\frac{E}{2}V\sin 2\omega_s t$$

$$=\frac{E}{2}U-\frac{E}{2}U\cos 2\omega_s t+\frac{E}{2}V\sin 2\omega_s t \tag{4-1}$$

式中,$\frac{E}{2}U$ 代表色差信号 U,其频带为 0～1.3MHz,其余二项为副载波的二次载频,频率为 2×4.43MHz。用一个低通滤波器(0～1.3MHz)就可取出 U 信号。

同样,在 V 同步检波器中,用副载波 $E\cos\omega_s t$ 与色度信号相乘,经低通滤波器后也可得到 V 信号。

二、基准副载波恢复电路

(一)电路的组成及作用

彩色接收机中的基准副载波恢复电路主要由色同步选通电路、自动相位控制鉴相电路(APC)、环路滤波器、压控振荡器(VCO)、90°移相电路、PAL 识别电路和 PAL 开关电路等组成。它的作用是产生同步检波电路所需要的基准副载波,这个基准副载波受色同步信号控制,使其与发送端调制时抑制掉的副载波同频同相。这就要求送入 U 同步检波器的基准副载波为 $\sin\omega_s t$,送入 V 同步检波器的基准副载波为 $+\cos\omega_s t$。此外,基准副载波恢复电路还输出 7.8kHz 半行频正弦波信号供 ACC、ACK 和 ARC 电路用。基准副载波恢复电路的组成框图如图 4-79 所示。

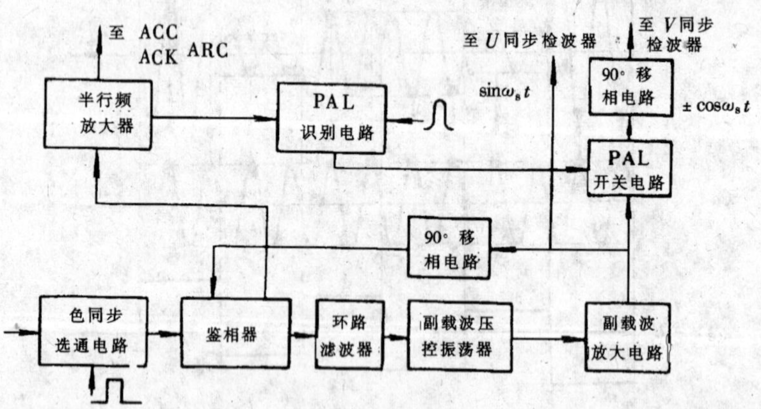

图 4-79 基准副载波恢复电路框图

由色度带通放大器输出的色信号(含有色度信号和色同步信号),经色同步选通电路后选出色同步信号并送至 APC 鉴相器。色同步信号与移相 90°的基准副载波在鉴相器中进行相位比较,鉴相器输出反映它们相位差的误差电压,这个电压经环路滤波器滤波后去控制压控振荡器的频率和相位,使基准副载波的频率、相位与色同步信号一致。这个基准副载波信号经副载

波放大电路后，一路送入 U 同步检波器，以解调出 E_{B-Y} 色差信号；另一路经 PAL 开关后变成逐行倒相的基准副载波（$\pm\sin\omega_s t$），再经过 90°移相电路成为 $\pm\cos\omega_s t$ 送往 V 同步解调器，以解调出 E_{R-Y} 色差信号。上述鉴相器、环路滤波器、压控振荡器、副载波放大电路和 90°移相电路等构成一个环路，叫锁相环路。锁相环路除了输出基准副载波外，还输出 7.8kHz 半行频识别信号。这个信号经放大后，一路送至 ACC、ACK、ARC 电路，另一路送至 PAL 识别电路去控制 PAL 开关。

（二）色同步选通电路

如前所述，为了实现彩色电视信号的同步解调，需要产生一个与发送端抑制掉的副载波同频、同相的基准副载波，为此发送端发送了一个能反映被抑制掉的副载波频率和相位的色同步信号，色同步选通电路的作用就是从带通放大器输出的色度信号和色同步信号中分离出这个色同步信号，再将它放大后送入鉴相器，作为鉴相器的基准信号。

色同步信号位于行消隐的后肩处，而色度信号出现在扫描正程，所以可以通过时间分离的方法取出色同步信号。色同步选通放大器实际上是一个门电路，它受延时后的行同步脉冲（选通脉冲）控制。在色同步信号到达时，放大器导通，色同步信号得以通过并放大；在其它时间里，色同步选通放大器截止，不输出任何信号，实现了信号的分离。

由于色同步信号、行同步信号及选通脉冲存在如图 4-80 所示的时间关系，只要将行同步脉冲经过适当延时，使它与色同步信号的中心位置对准，便可得到选通脉冲。色同步选通电路组成框图如图 4-81 所示，各方框输入、输出波形分别如图 4-82 所示。在图 4-82 中，分图 $a\sim e$ 按顺序分别表示图 4-81 中的 A、B、C、D、E 各点的波形。选通放大器是一个谐振放大器，因通频带不够宽，故输出的色同步信号包络线失真，成为菱形，如图 f 所示。

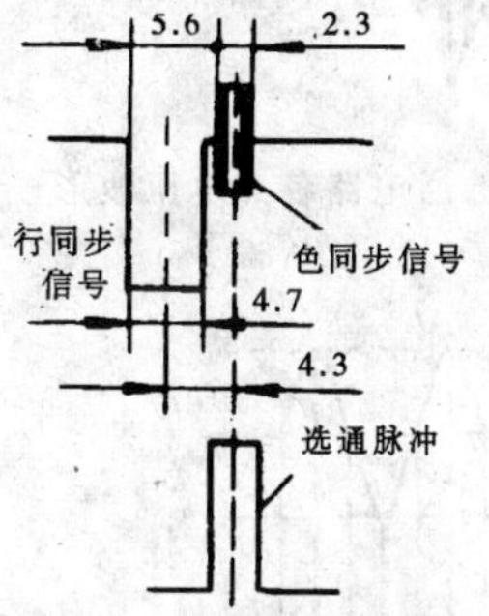

图 4-80 色同步与选通脉冲的相对位置

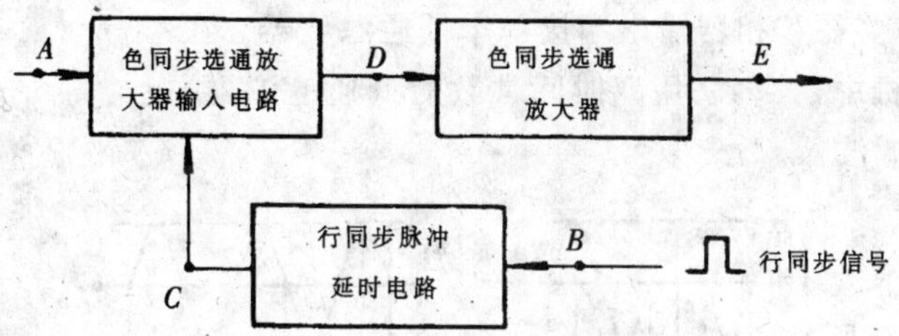

图 4-81 色同步选通电路框图

（三）锁相环路

在鉴相器、环路滤波器、副载波压控振荡器、副载波放大电路及 90°移相电路组成的锁相环路中，鉴相器是关键部分。

鉴相器是一个相位比较电路，它的输出电压能反映两个输入信号之间的相位关系，鉴相器的工作原理如图 4-83 所示，其中 u_1 为色同步信号，u_2 为移相 90°的基准副 载波信号。从图可知，当两个输入信号的相位差 θ 等于 90°时，鉴相器的输出电压 $U_{APC}=0$；当相位差大于 90°时，鉴相器的输出电压 $U_{APC}>0$；当相位差小于 90°时，鉴相器的输出电压 $U_{APC}<0$。从图 4-84 鉴相器输出电压与输入信号相位差的关系又可以看出，θ 角偏离 90°越大，鉴相器输出电压的绝对值也越大。

在 PAL 解码器中，色同步信号的相位是逐行交替变化的。NTSC 行色同步信号的相位为＋135°；PAL 行色同步信号的相位为－135°。色同步信号的平均相位为 180°。由于色同步信号具有上述特点，鉴相器输出电压发生正负周期性的变化，控制副载波振荡器的电压是它的平均值。当加至鉴相器的基准副载波信号相位，比色同步信号的平均相位落后的角度 θ 等于 90°时，在 NTSC 行色同步信号作用期间，鉴相器的输出电压与 PAL 行色同步信号作用期间鉴相器的输出电压大小相等、方向相反，在鉴相器输出端得到正、负半周内幅度相等的半行频信号，其平均分量为零，如图 4-85*c* 所示。此时鉴相器称为锁定。当两个输入信号的相位落后的角度 θ 大于 90°时，鉴相器输出的半行频信号的正半周幅度比负半周的大，其平均分量为正电压，如图 4-85*d* 所示；当两个输入信号的相位落后的角度小于 90°时。鉴相器输出的半行频信号的正半周幅度比负半周的小，其平均分量为负电压，如图 4-85*e* 所示。

从以上分析可知，在鉴相器所输出正负变化的半行频信号中，包含有高频分量和直流分量。为了滤除高频分量，并取出其中的直流分量去控制压控振荡器，需要在鉴相器输出端接一个低通滤波器。在彩色电视机中，大多采用双时间常数的低通滤波器，也称环路滤波器。

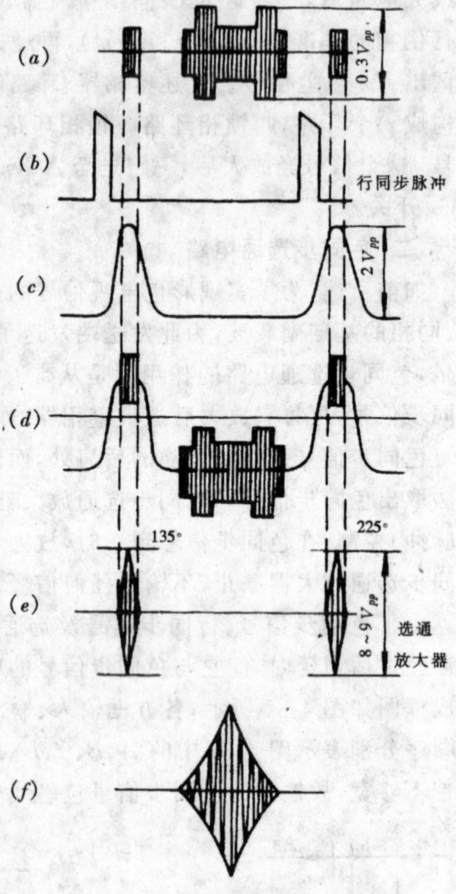

图 4-82 色同步选通电路各点电压波形

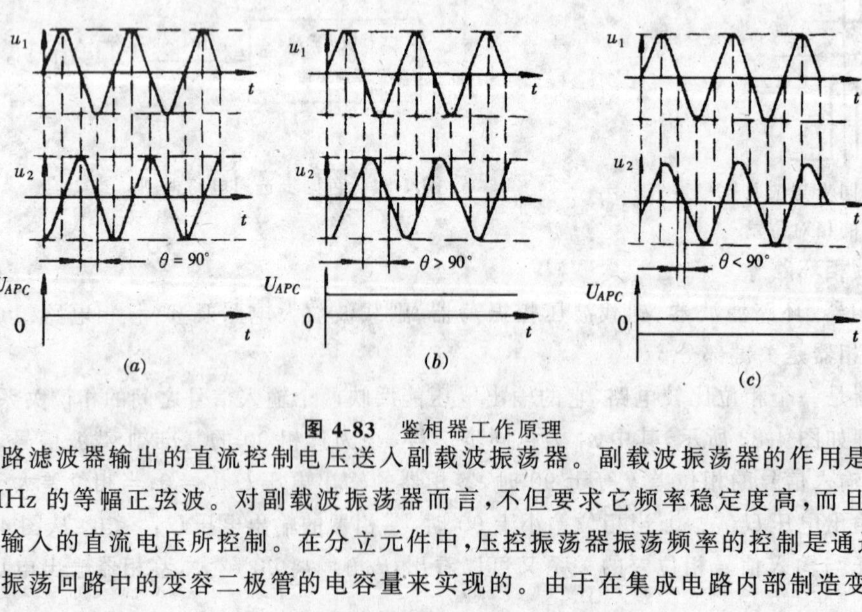

图 4-83 鉴相器工作原理

由环路滤波器输出的直流控制电压送入副载波振荡器。副载波振荡器的作用是产生频率为 4.43MHz 的等幅正弦波。对副载波振荡器而言，不但要求它频率稳定度高，而且它的振荡频率能受输入的直流电压所控制。在分立元件中，压控振荡器振荡频率的控制是通过 APC 电压去改变振荡回路中的变容二极管的电容量来实现的。由于在集成电路内部制造变容二极管较困难，所以在集成电路中，压控振荡器是采用集成电路内部的可变移相网络、正反馈放大器和外部的晶体移相网络共同组成振荡回路，用 APC 电压去控制内部移相网络，使振荡器的频率受 APC 电压控制。

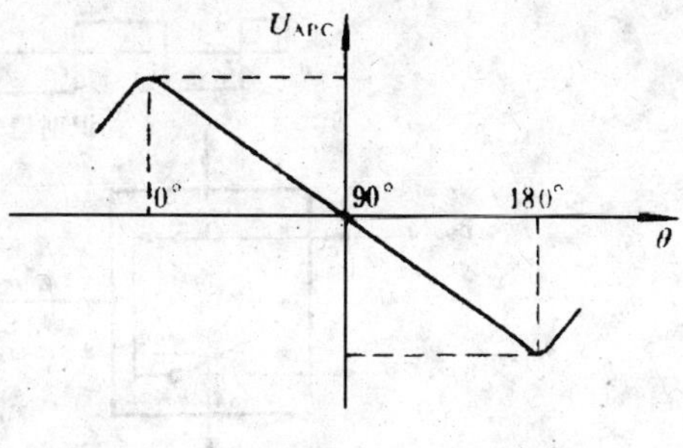

图 4-84 鉴相器输出电压与输入信号相位差关系

压控振荡器产生的基准副载波相位为 0°(即 $\sin\omega_s t$)，要使鉴相器正常工作，就需要输入一个比色同步信号平均相位落后 90°的基准副载波信号。为此，将压控振荡器产生的基准副载波移相 90°后送入鉴相器。另外，PAL 开关输出的 $\pm\sin\omega_s t$ 信号也需要移相 90°，以产生供 V 同步解调器使用的逐行倒相的基准副载波 $\pm\cos\omega_s t$。移相电路的种类很多，电阻、电容、电感能组合成各种类型的移相电路，但简单的 RC、RL 移相电路只能完成小于 90°的移相任务，要产生 90°的相移，需要两节移相电路配合使用。

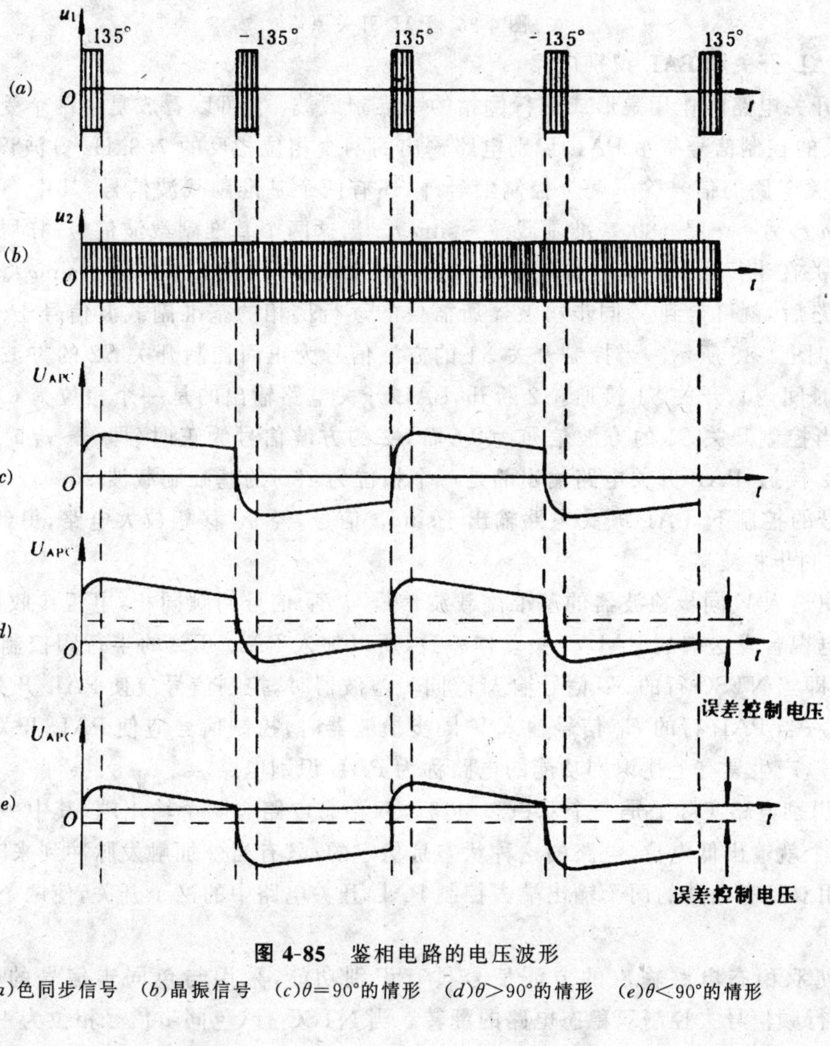

图 4-85 鉴相电路的电压波形

(a)色同步信号 (b)晶振信号 (c)θ=90°的情形 (d)θ>90°的情形 (e)θ<90°的情形

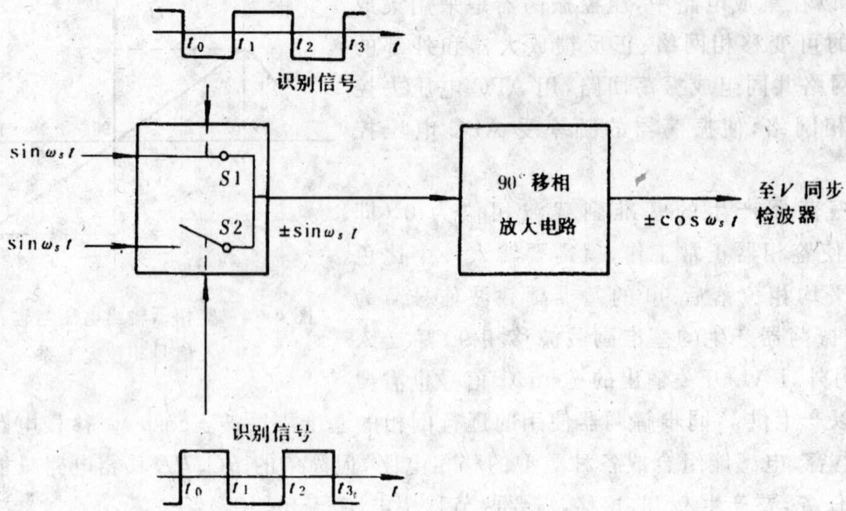

图 4-86 PAL 开关原理

(四)PAL 开关和 PAL 识别电路

PAL 开关电路的作用是形成逐行倒相的基准副载波。它可以看成是由两个受信号控制的开关。开关的控制信号是由 PAL 识别电路输出的两个相位相反的 7.8kHz 方波识别信号。加至 PAL 开关电路的信号除了两个控制信号外，还有两个基准副载波信号，其中一个是 0°基准副载波 $\sin\omega_s t$，另一个是 180°基准副载波 $-\sin\omega_s t$。当这两个基准副载波信号同时加入 PAL 开关时，该开关在半行频识别信号控制下，输出逐行倒相的基准副载波信号 $\pm\sin\omega_s t$。这个信号经 90°移相电路后，就可得到 V 同步检波器所需要的逐行倒相的基准副载波信号 $\pm\cos\omega_s t$。PAL 开关原理如图 4-86 所示。当控制开关 $S1$ 的方波信号为正而控制开关 $S2$ 的方波信号为负时(即 t_1～t_2 时间内)，开关 $S1$ 接通，$S2$ 断开，PAL 开关电路输出的是一个相位为 0°的基准副载波 $\sin\omega_s t$；当控制开关 $S1$ 的方波信号为负，而 $S2$ 的方波信号为正时(即 t_2～t_3 时间内)，开关 $S1$ 断开，$S2$ 接通，PAL 开关电路输出的是一个相位为 180°的基准副载波 $-\sin\omega_s t$。这样，在半行频识别信号的控制下，PAL 开关电路输出 $\pm\sin\omega_s t$ 信号，经 90°移相放大电路，得到 $\pm\cos\omega_s t$ 信号，送至 V 同步检波器。

为了使送入 V 同步检波器的基准副载波信号与 F_V 信号同频同相，电视接收机中的 PAL 开关应与电视台发送端的 PAL 开关动作一致，所以加入 PAL 开关的半行频控制信号应具有识别功能，即当 NTSC 行的 F_V 信号输入 V 同步检波器时，控制信号应使 PAL 开关输出 $\sin\omega_s t$ 副载波信号；当 PAL 行的 F_V 信号输入 V 同步检波器时，控制信号应使 PAL 开关输出 $-\sin\omega_s t$ 副载波信号，产生具有上述识别功能的电路称为 PAL 识别电路。

PAL 识别电路实际上是一个双稳态电路。双稳态电路有两个输出端，其中一个输出高电位时，另一个就输出低电位。电路的这种状态是稳定的，只有当外加触发脉冲到来时，它的状态才翻转。用双稳态电路的两个输出端去控制 PAL 开关电路中的两个开关，使两个开关交替地接通与断开。

为了使双稳态电路输出的方波信号具有识别功能，采用与色同步信号的确定关系的 7.8kHz 半行频信号去控制双稳态电路的翻转。当 NTSC 行(色同步信号相位为＋135°)时，控制信号为半行频信号的负半周波形；当 PAL 行(色同步信号相位为－135°)时，控制信号为半行频信号的正半周波形，如图 4-87*a*、*b* 所示。将鉴相器输出的半行频信号经 90°移相放大后，成为半行频正弦波信号，如图 4-87*c* 所示。把这个半行频正弦波信号与微分后的行逆程脉冲（图 4-87*e* 所示）相叠加，使 PAL 行脉冲正好叠加在正弦波的正峰上，NTSC 行脉冲正好叠加在正弦波负峰上，如图 4-87*f* 所示。将这个复合信号作为双稳态电路的触发脉冲时，它输出的方波信号具有识别功能。识别信号形成的原理如图 4-88 所示。从图 4-86 可知，当 NTSC 行信号到达 *V* 同步检波器时，*S*1 应接通，即 *S*1 输入为正方波；当 PAL 行信号到达 *V* 同步检波器时，*S*2 应接通，即 *S*2 输入为正方波。所以，图 4-87*g* 所示应为图 4-88 中双稳态电路 *B* 输出端的电压波形，图 4-87*h* 所示应为 *A* 输出端的波形。

三、实用的彩色信号电路分析

（一）东芝两片机的彩色信号电路

东芝两片机的彩色解码电路是采用集成电路 TA7698AP 的部分电路完成的。TA7698AP 的引脚功能见图 4-53 和表 4-3。它是东芝两片机的典型电路，与这同系列的产品还有 TA7698P，TA7699AP 等。

TA7698AP 的色度信号通道电路包括带通放大器，色度放大器，消色识别检波器，双稳触发器，APC 检波器，VCO 副载波振荡器及三基色矩阵电路。它共用了 TA7698AP 集成电路的 18 个脚，各电路的结构关系见图 4-89。

1. 带通放大器

从㊵脚输出的经过倒相放大器放大的信号，经 *R*501、*C*501、*L*501、*C*502 组成的带通滤波器，将色度信号送入⑤脚进入带通放大器。⑤脚内部接有固定的偏置。在带通放大器中包含有 ACC（自动色增益控制）电路，由⑥脚外接电容 *C*504 为 ACC 滤波电容。ACC 电路是从色同步脉冲门电路检出色同步脉冲信号的幅度来控制色度放大器的增益，使输出的色度信号为一恒定值。

2. 色度放大器

用色同步选通门电路去掉了色同步信号，得到的色度信号经色度放大器、色饱和度控制电路，从⑧脚的射随器输出。在⑦脚外接 *R*555 为饱和度控制电路的电位器，见图 4-90。电位器往上调时，⑦脚电位越高色信号的输出幅度越大，反之愈小。当消色器工作时⑦脚电位就固定在低电位了。

⑧脚输出的色信号经幅度调节分为直通信号和 1H 延迟信号，分别输送到⑰脚（直接信号）和⑲脚（延迟信号）。*R*551(1k)为幅度调节电位器，*X*502 为一行延时线。

3. 消色识别检波器，双稳态触发器

消色识别检波器和双稳态触发器都是在 IC 内完成，在行回扫脉冲的驱动下，使双稳态电路正确翻转。行回扫脉冲由㊳脚输入。⑫脚外接滤波电容 *C*514，正确翻转的识别信号电平可通过⑫脚来测量，当无彩色时，即消色器工作时此脚电位为 8.5V，而接收彩色时这点电位就会上升一些，一般为 9V 左右。⑩脚是接色同步脉冲净化电路，它衰减了除色同步脉冲以外的信号。

4. APC 检测器和压控振荡器

色度信号解码，必须有基准的副载波信号，这个副载波由压控振荡器产生。振荡的相位与色同步信号的相位差，由 APC 检测器检出通过⑯脚、⑱脚外接的平衡滤波器变成直流电压来控制压控振荡器，调节 APC 滤波器负载的可变电阻 *R*552(5k)可以进行 APC 平衡的调整。

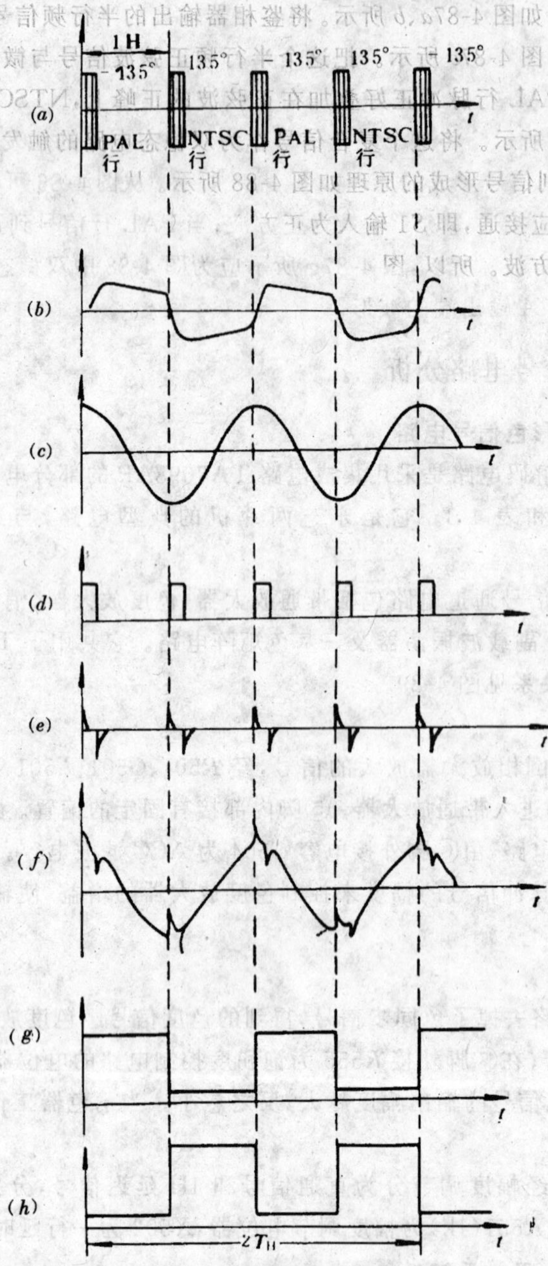

图 4-87　识别信号形成过程波形

(*a*)色同步信号　(*b*)鉴相器输出的半行频方波　(*c*)移相 90°后的半行频正弦波　(*d*)行逆程脉冲　(*e*)微分后的行逆程脉冲　(*f*)双稳态电路输入端的叠加波形　(*g*)双稳态电路 *B* 输出端方波　(*h*)双稳态电路 *A* 输出端方波

5. *R-Y*、*B-Y* 解调、三基色矩阵

由⑰脚直接输入的色信号和⑲脚输入的经延迟 1*H* 的色度信号，在 IC 内部电路进行幅度叠加后得到未调解的 *R-Y* 和 *B-Y* 的信号(相加产生 *R-Y* 相减产生 *B-Y*)并送入各自的解调器。

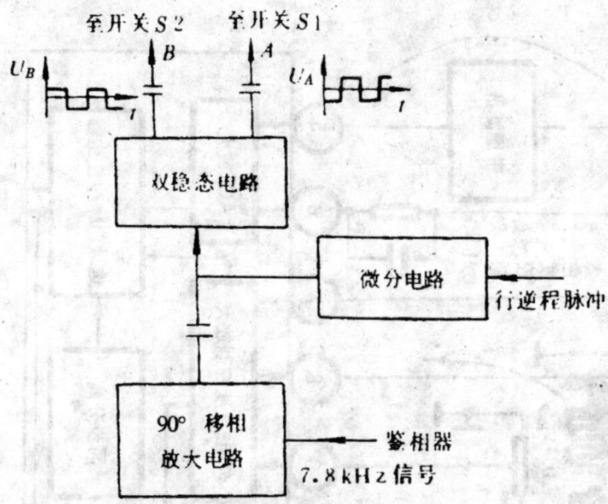

图 4-88　识别信号形成原理

经 $R\text{-}Y$ 解调器和 $B\text{-}Y$ 解调器进行解调以后输出到色差矩阵电路合成产生 $G\text{-}Y$ 以后，分别从⑳脚、㉑脚、㉒脚输出三个色差信号，再送到色度驱动器的输入端，与从㉓脚输出的 $-Y$ 信号合成后，得到 R、G、B 三基色输出信号，驱动彩色显像管显示出彩色图像。

（二）长城 G8253YN 型彩电的彩色信号通道

长城牌 G8253YN 型彩电是采用东芝近期生产的集成电路 TA8759AN 做彩色解码电路的。TA8759AN 的功能和引脚作用见图 4-59 和表 4-4。该集成电路能够完成三种彩色制式(PAL、NTSC、SECAM)的解调功能。

1. PAL 制解码电路

图 4-91 是东芝 TA8759AN 的 PAL 制式解码电路的原理方框图。色度信号从⑳脚进入内部的视频放大器，该放大器设有色度信号增益控制（ACC）电路，⑯脚外接的 $R341$(330k)和 $C333$(0.47μ)构成 ACC 电路的时间常数。当从⑳脚进入色度信号的幅度过强时，⑯脚的电位就往下偏，当信号弱时，⑯脚电位就往上升，一般在 6V～9V 之间变化。经过放大后的色度信号进入色同步信号选通电路进行色信号和色同步信号分离。分离电路的控制脉冲由㉞脚门脉冲发生器产生，㉞脚外接 $R372$(27k)和 $C364$(240p)构成时间延迟电路，它把从㊳脚引入的行逆程脉冲进行 4.35μs 的时间延迟，和接收进来的色同步信号时间一致在选通电路进行分离。

分离出的色同步信号送入副载波恢复的 APC 电路和压控振荡器产生的副载波进行相位比较，以便控制副载波和发送端同步。

副载波恢复电路由㉖脚外接的 $X302$(3.58MHz)和㉘脚外接的 $X303$(4.43MHz)晶体振荡器组成。㉕脚是 APC 电路的外接滤波元件。㉚脚是制式控制电路，在静态时，即不接收图像信号时，㉖脚的 3.58MHz 和㉘脚的 4.43MHz 轮流交替振荡，当 3.58MHz 振荡四个周期，这时没有色同步信号来同步时，4.43MHz 开始振荡，在四个周期间也没有色同步信号到来，再改为 3.58MHz 振荡，这样两种副载波轮流交替进行等待同步信号进行频率的确定。接收到彩色信号后，由色选通电路分离出彩色同步信号经自动相位控制（APC）电路，通过㉚脚确认是 3.58MHz 还是 4.43MHz 进行固定副载波频率振荡，再经消色检波器输出副载波送到矩阵解调电路，进行彩色信号的还原解调。

在选通电路分离出的色信号送入制式开关，制式开关接受制式识别电路的控制，当识别电

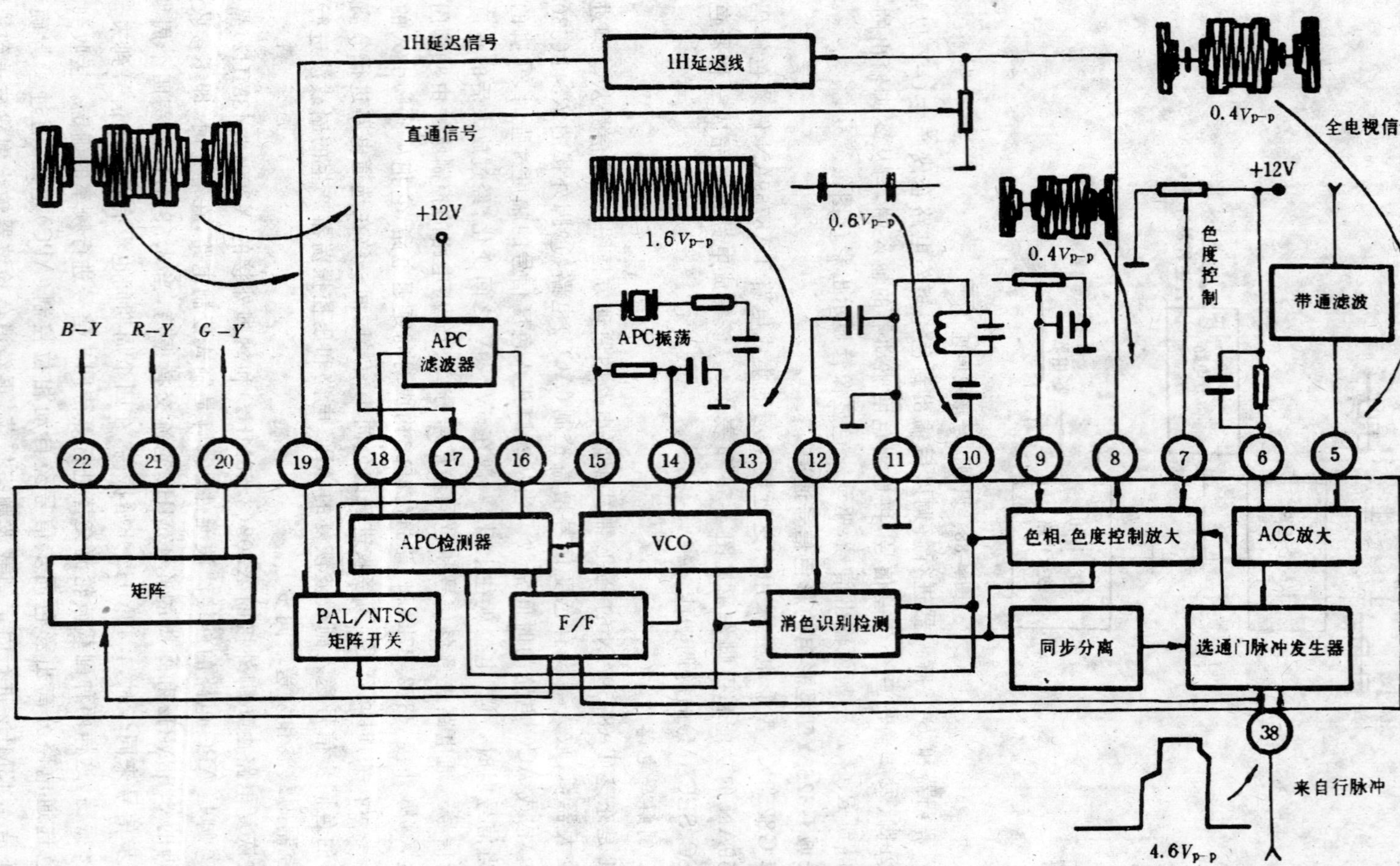

图 4-89 TA7698AP 的色信号解码方框图

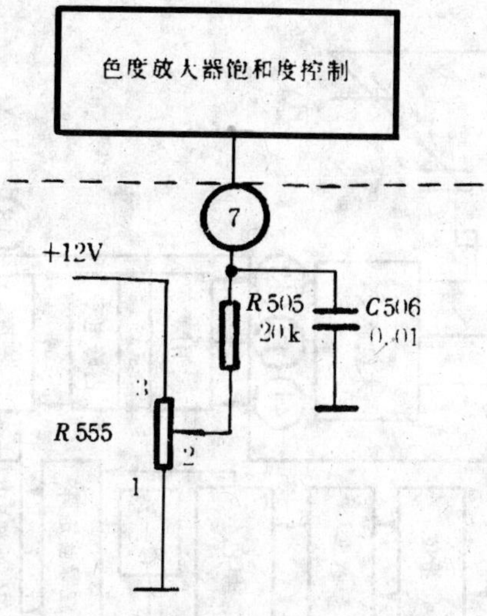

图 4-90 饱和度控制

路确认接收的信号是哪一种制式(PAL/NTSC/SECAM),制式开关就打开该制式的通路。通过制式开关电路的色信号,从 IC301(TA8759AN)的⑭脚输出到外接的一行延迟线,延迟的信号再从⑫脚回到 *IC*301 内部的解调电路。经过解调还原出 *R-Y*、*B-Y* 两个色差信号,再通过制式开关电路分别从②脚(*R-Y*)、㊹脚(*B-Y*)输出,经外接的箝拉电路从㊵脚、㊷脚进入 *IC*301 的色差信号处理电路,⑦脚为饱和度控制,改变⑦脚的电位,控制色信号电路的增益,达到彩色饱和度的控制,见图 4-92。

图中画出了 G8253YN 型彩电的色饱和度和色调控制电路,其中色调控制是在 NTSC 制式中使用的。饱和度控制是采用 *IC*601(PCA84 C444)完成的。由电脑 *IC*601 组成的键盘,和遥控发射器发出饱和度控制的指令后,经 *IC*601 内部进行运算后,从④脚产生控制电压。控制方式是采用分流的办法,在饱和度最强时,*IC*301 的⑦脚电位是由 *R*605(6.8k)和 *ZSD*603 决定的,正常状态在 4.7V 左右。控制时经 *R*602、*R*610 电阻电流流入 *IC*601 的④脚降低 *IC*301⑦脚的电位使饱和度减弱,当按动 *IC*601 的+键时,流向④脚的电流减小,使 *IC*301⑦脚电位升高,饱和度变强。

经过饱和度控制的色差信号 *R-Y* 和 *B-Y* 再进行矩阵产生 *G-Y* 信号。三个色差信号和亮度信号再进行矩阵还原出红、绿、蓝三基色信号即 *R*、*G*、*B*,完成解码的过程。

解码还原出的基色信号再送入内外信号转换开关(TV/外部 SW),TA8759AN 集成电路设立了内外转换电路。如果接收机工作在 TV 状态,彩色信号从内部直接送到视频信号的末级处理,也可以从外部输入信号,例如图文信息、字符显示,G8253YN 型只采用了字符显示输入。内部和外部输入由 *IC*301 的㊸脚进行切换,当㊸脚处于低电平时,为 TV 状态,高电平时为外部信号输入状态。

不管是 TV 信号还是外部输入的信号都经过亮度控制电路,㊽脚外接的元件是为亮度控制而设立的,分为两路,其中 *VR*302(50k)副亮度调节是为生产和修理时调节用的,收看中的亮度调整由 CPU 控制,其方式和饱和度调节相似,也是采用分流法进行的。

视频的末级信号处理包括白峰电平、消隐电路和末级视频放大电路。末级视频放大一般设在显像尾部的线路板上。

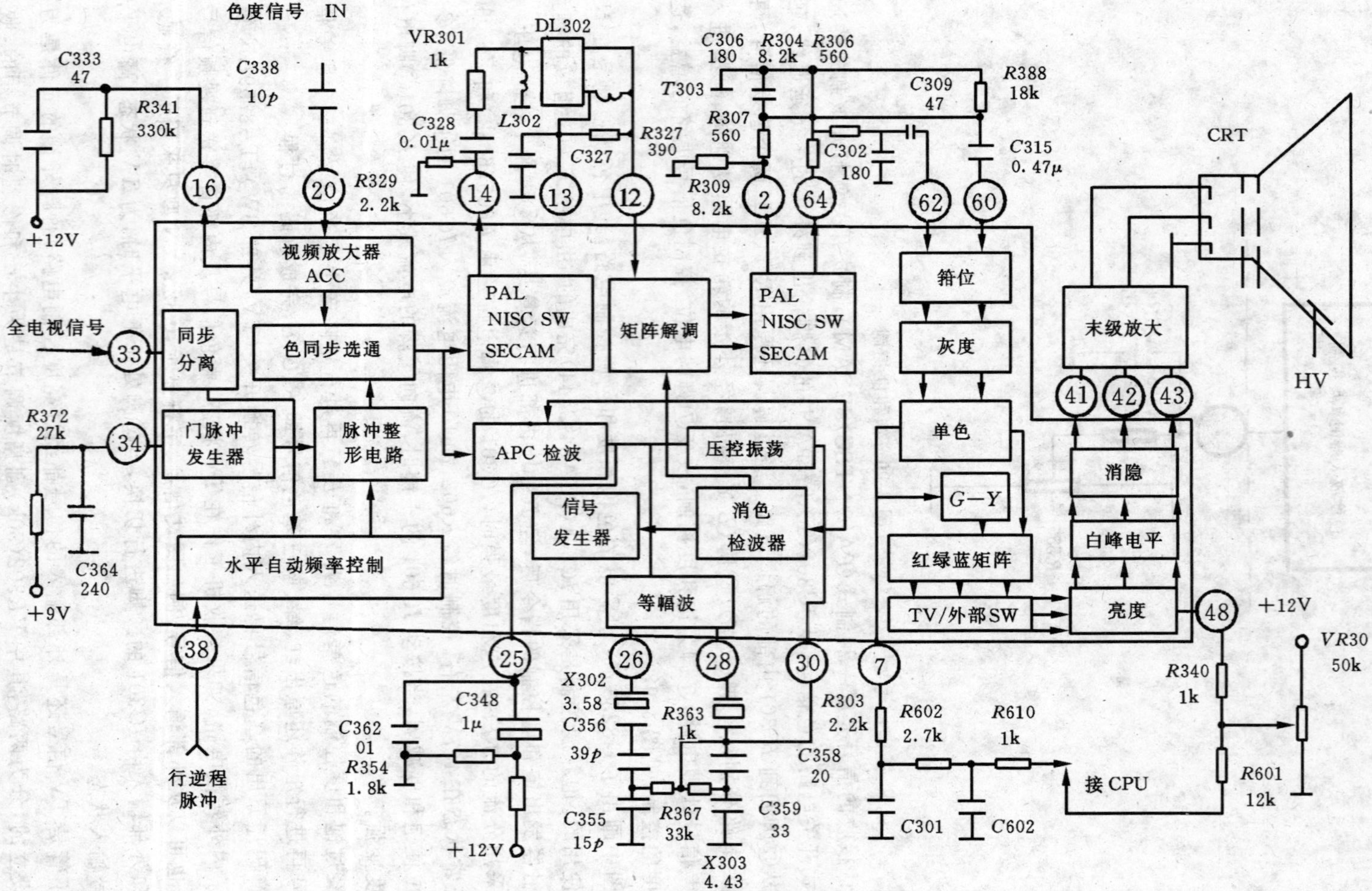

图 4-91 TA8759PAL 制解码方框图

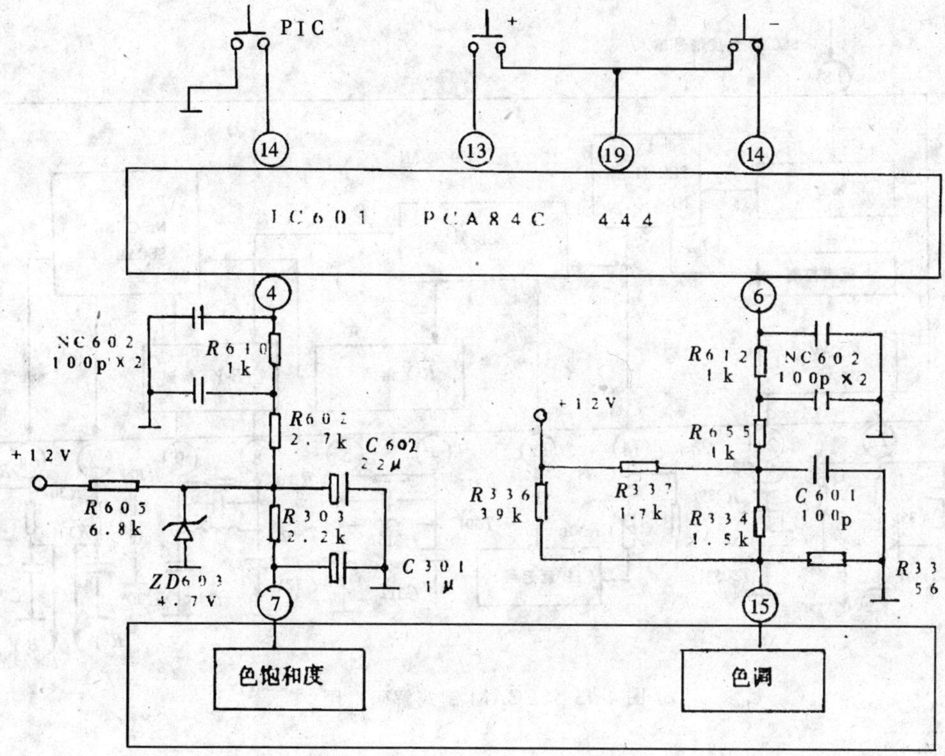

图 4-92 色饱和度和色调调整电路

2. NTSC 制解码电路

当接收的信号是 NTSC 制时，同样由⑳脚输入到 IC 内部，由于该制式解码时不需要经一行延迟线将信号延迟，在 IC 内部直接送到 PAL/NTSC 矩阵变换电路。这个 PAL/NTSC 矩阵变换电路被转换到 NTSC 状态时，可以进行 NTSC 制的平衡解调，解调后获得的 *R-Y*、*B-Y* 信号同样通过 PAL/NTSC/SECAM 转换开关分别从②脚和⑭脚输出，其色差信号后面的流程和 PAL 信号一样。

3. SECAM 制解码电路

SECAM 制式解码过程见图 4-93。SECAM 色度信号从⑱脚输入，在 IC 内部先进行限幅放大（因为 SECAM 是调频信号），再通过 PAL/NTSC/SECAM 转换开关的切换，和 PAL 制一样，也从⑭脚输出驱动一行延迟线 *DL*302 的同时，在 IC 内部把经－16dB 衰减的色信号直接送到 SECAM 变换器。从⑭脚输出的信号经过一行延迟线后，也从⑫脚返回送入 SECAM 变换器，这就完成了 SECAM 制的存储复用。SECAM 变换器输出的色信号再经 *R-Y* 调频解调器和 *B-Y* 调频解调器进行解调。④脚、⑤脚和⑧脚、⑨脚外接的 *T*301 和 *T*302 分别为两个解调器的鉴频回路，*T*301 谐振在 4.25MHz 上，*T*302 谐振在 4.406MHz 上。解调后可以获得 *R-Y* 和 *B-Y* 信号。这个 *R-Y* 和 *B-Y* 信号要经过 PAL/NTSC/SECAM 转换开关才能分别由②脚和⑭脚输出，后面的流程与 PAL/NTSC 相同。

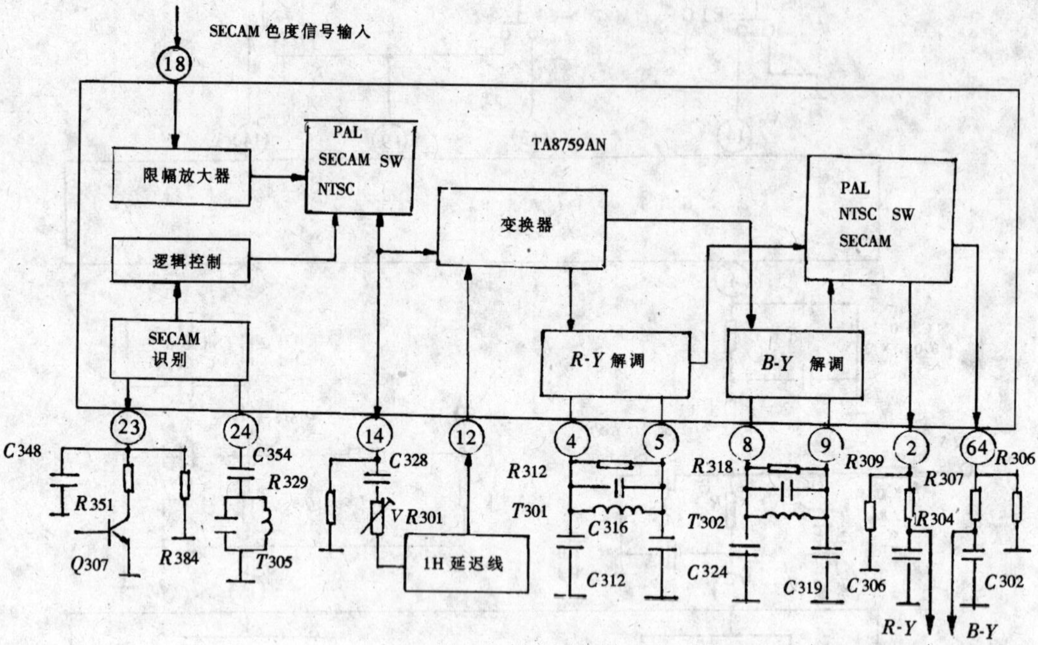

图 4-93　SECAM 制式解码框图

第九节　解码矩阵与末级视频放大电路

一、矩阵电路的组成与作用

矩阵是彩色解码电路的一部分，它包括色差矩阵和基色矩阵，它们和末级视频放大电路一起将色差信号和亮度信号变换成具有一定幅度的三个基色信号。

色差矩阵(G-Y)是将色通道解调出的 $E_{R\text{-}Y}$ 和 $E_{B\text{-}Y}$ 色差信号按一定比例组成 $E_{G\text{-}Y}$ 色差信号，基色矩阵是将亮度信号 E_Y 和色差信号 $E_{R\text{-}Y}$、$E_{G\text{-}Y}$、$E_{B\text{-}Y}$ 矩阵形成三个基色信号 E_R、E_G、E_B。末级视频放大电路的主要作用是放大三个基色信号，以及进行暗平衡和亮平衡调整。其电路的方框图见图 4-94。

二、色差矩阵(G-Y)

所谓色差矩阵(G-Y)，因为彩色信息的传送是以两个色差信号(R-Y)和(B-Y)为基础的，接收机通过解调而取出这两个色差信号，剩下的另一个色差信号(G-Y)则需要从这两个色差信号混合而得，即所谓(G-Y)色差矩阵。

根据三基色信号与色差信号的关系得知：

$$E_{G\text{-}Y}=-\frac{0.30}{0.59}(E_R-E_Y)-\frac{0.11}{0.59}(E_B-E_Y)$$

$$E_{G\text{-}Y}=-0.51E_{R-Y}-0.19E_{B\text{-}Y} \tag{4-2}$$

由于 $E_{R\text{-}Y}$ 和 $E_{B\text{-}Y}$ 两个信号的系数都小于 1，原则上可用简单的电阻矩阵(分压器)来合成 $E_{G\text{-}Y}$。但这种方法效果不好，通常采用电阻—晶体管矩阵电路来合成 $E_{G\text{-}Y}$。

图 4-95 表示电阻—晶体管矩阵电路合成 E_{G-Y}的方法。根据式(4-2)，只要电阻的分压系数是

$$\frac{R_3}{R_1+R_3}=0.51 \qquad \frac{R_3}{R_2+R_3}=0.19$$

就可在电阻 R_3 上获得 E_{G-Y}信号输出了。但是电阻 R3 在 E_{R-Y}、E_{B-Y}两个通道上提供了一个公共负载，因而在后面的 E_{R-Y}和 E_{B-Y}电路中两个信号会互相串扰。为了避免这种串扰，R_1 和 R_2 的值要取得大些，R_3 的值要取得小些。在 R_3 上分压的减小可以增加一级 E_{G-Y}放大来补偿。设 E_{G-Y}放大器的放大倍数为 K，则分压系数可减为

$$\frac{R_3}{R_1+R_2}=\frac{0.51}{K} \qquad \frac{R_3}{R_2+R_3}=\frac{0.19}{K}$$

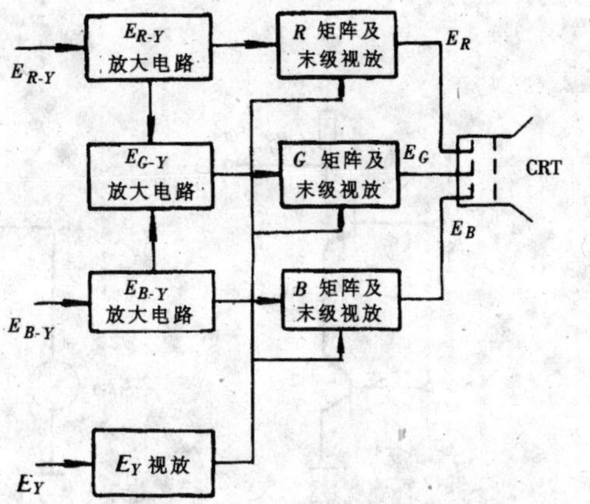

图 4-94 解码矩阵和末级视放电路框图

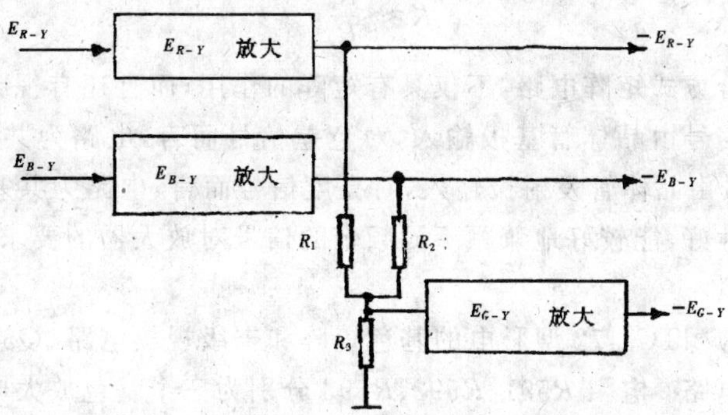

图 4-95 E_{G-Y}色差矩阵框图

在实际电路中，R_3 应为 E_{G-Y}放大器输入端的总电阻。

三、基色矩阵和末级视放电路

彩色电视接收机中的基色矩阵和末级视放电路经常是合为一体的，它们不仅将色差信号和亮度信号混合得出三个基色信号，而且还对三个基色信号进行放大。基色矩阵电路是将三个色差信号 E_{R-Y}、E_{G-Y}、E_{B-Y}分别与亮度信号 E_Y 直接相加而获得三个基色信号 E_R、E_G、E_B 即

$$E_R=E_{R-Y}+E_Y \qquad E_G=E_{G-Y}+E_Y \qquad E_B=E_{B-Y}+E_Y$$

彩色电视机中，目前都采用信号串联混合方式，从色差信号和亮度信号中获得基色信号，如图 4-96 所示。

色差信号(例如 E_{R-Y})加至晶体管 $V1$ 的基极，亮度信号 E_Y 加至晶体管 $V2$ 的基极，$V1$ 是 NPN 型管，$V2$ 是 PNP 型管，它们是相互串联的，如图 4-96a 所示。由于 $V2$ 基极加入了$-E_Y$信号，所以 $V2$ 发射极与集电极之间存在着一个等极性的亮度信号$-E_Y$，这时的等效电路如图 4-96b 所示。由图可知：

$$U_{be1}=U_{b1}-U_{e1}=E_{R-Y}-(-E_Y)=E_R-E_Y+E_Y=E_R$$

因此，在 $V1$ 集电极输出已放大的基色信号-KE_R，K 是本级视频放大器增益，如果在晶体管 $V1$ 与 $V2$ 之间串联电阻 R，如图 4-96 所示，由该级增益约为

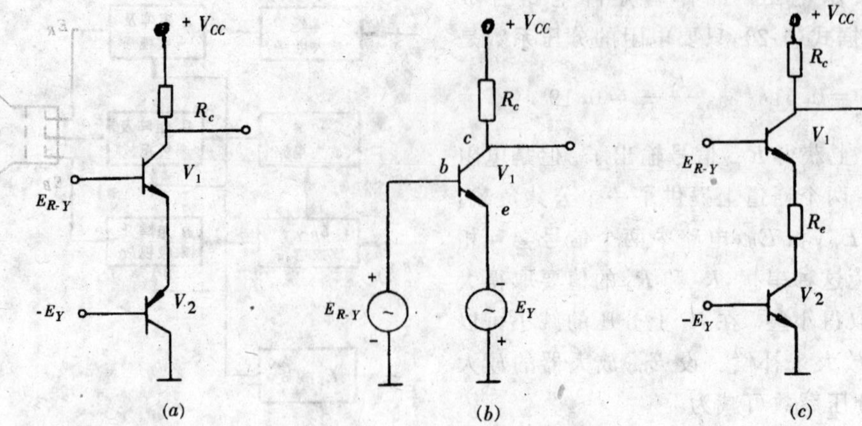

图 4-96 基色信号形成的矩阵电路

$$K\approx-\frac{R_c}{R_e}$$

采用两种信号混合方式矩阵电路，不仅具有矩阵的作用，而且还有视频放大的作用。具有1.3MHz 带宽的色差信号由晶体管基极输入，对色差信号而言，电路为共发射极放大状态；而6MHz 带宽的亮度信号由晶体管发射极输入，对亮度信号而言，电路为共基放大状态。由于共基放大电路的频率特性好，能较好地兼顾不同频带的信号对放大器的要求，降低对放大器进行频率补偿的要求。

图 4-97 画出了长城 JTC-472 型彩电的基色矩阵和末级视放电路。$Q$505、$Q$507、$Q$509 三支晶体管组成末级视放电路。电阻 $R$591、$R$592、$R$593 分别为三个基色放大电路的集电极负载电阻；$R$523、$R$525、$R$527 均为末级放大电路的偏置电阻；$R$366、$R$557、$R$533、$R$537、$R$558、$R$534、$R$538、$R$559、$R$535 为末级放大管的发射极负反馈电阻；$C$537、$C$538、$C$539 为发射极高频补偿电容，可以展宽放大器高频段带宽。亮度信号通过 $R$565、$R$540、$C$531、$R$252、$R$541、$C$532、$R$253、$R$542、$C$536 分别加到 $Q$505、$Q$507、$Q$509 的发射极，它们与加至基极的色差信号混合后产生基色信号，同时又被各级的电路放大。结果在 $Q$505、$Q$507、$Q$509 的集电极分别输出足够幅度的三基色信号，由隔离电阻 $R$901、$R$902、$R$903 加至彩色显像管的三个阴极，显像管在三路基色信号的激励下显示出彩色的图像。

由于末级视放管的输出电容，分布电容和显像管的输入电容对视频信号有分流作用，会使放大器高频特性变差，图像清晰度下降，所以在末级视放输出端与显像管阴极之间串接了高频补偿电感 $L$591、$L$592、$L$593。高频补偿电感与分布电容构成谐振回路，可提高末极视放的高频响应。

电路中的 $R$557、$R$558、$R$559 可调节三支晶体管的射极直流电位，用以调节暗平衡。调节 $R$252、$R$253 可以 $Q$505(红基色)为基准调节 $Q$507、$Q$509 的增益，用以调节亮屏幕光栅的白平衡。

随着集成电路的发展，近期生产的彩色电视机基色矩阵电路在 IC 内部完成。彩色信号解调电路输出的色差信号 R-Y 和 B-Y 在集成电路中通过色差矩阵首先产生 G-Y 信号，而后三个色差信号再和亮度信号进行基色矩阵。IC(集成电路)输出的信号已成三基色(R、G、B)，送到末级放大电路只是进行幅度放大，满足显像管的要求，所以，这样的视放电路也称为 R、G、B

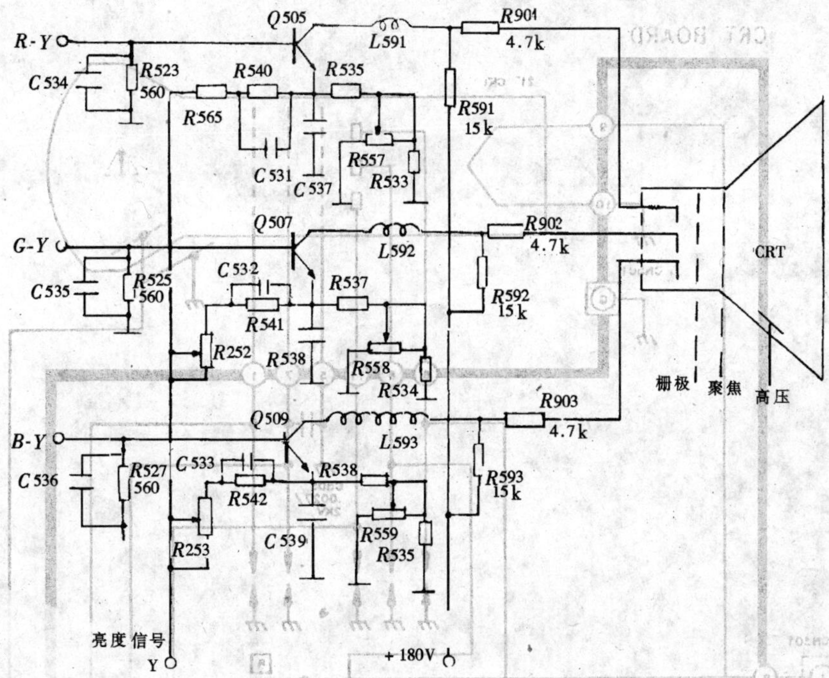

图 4-97 基色矩阵和末级视放电路

放大器。它与普通的基色矩阵放大电路相比，省去了基色矩阵作用，增加了字符显示和关机消光点功能，见图 4-98。

R、*G*、*B* 视放板从输入端引入的三基色信号为模拟信号，字符信号为数字信号(脉冲信号)。对 *R*、*G*、*B* 三基色信号是在放大状态下进行的，而对字符信号的放大是在开/关状态下进行的。

关机消光点电路是在正常工作时，＋12V 给 *C*507 充电，当关机瞬间＋12V 消失，*C*507 电容通过 *Q*508 形成放电回路，*Q*508 因此而导通，并通过 *D*502、*D*503、*D*504、*Q*508 集电极、发射极把 *Q*503、*Q*504、*Q*505 基色放大管的发射极电位瞬时拉低，这时显像管在关机的瞬间比平时工作时要亮得多，泄放了形成光点的能量。

第十节　开关电源电路

一、概述

在早期生产的彩色电视和黑白电视机中通常采用串联型稳压电源，这种稳压电源输出电压是依靠调节串联调整管的集—射之间的压降 U_{ce} 来达到稳定目的。由于调整管工作在放大区，所以管压降较大，而且全部负载电流要通过调整管，因此功率损耗大，效率很低，而且机内温升高，特别在输入电压升高时，多余的电压将全部降在调整管上，容易造成调整管的损坏，可靠性较差。

近年来，开关型稳压电源已逐渐应用在黑白与彩色电视机中，由于开关型稳压电源工作在开关状态，电路功耗小、效率高、温升低，实践证明它比传统的串联型稳压电源有更多的优越

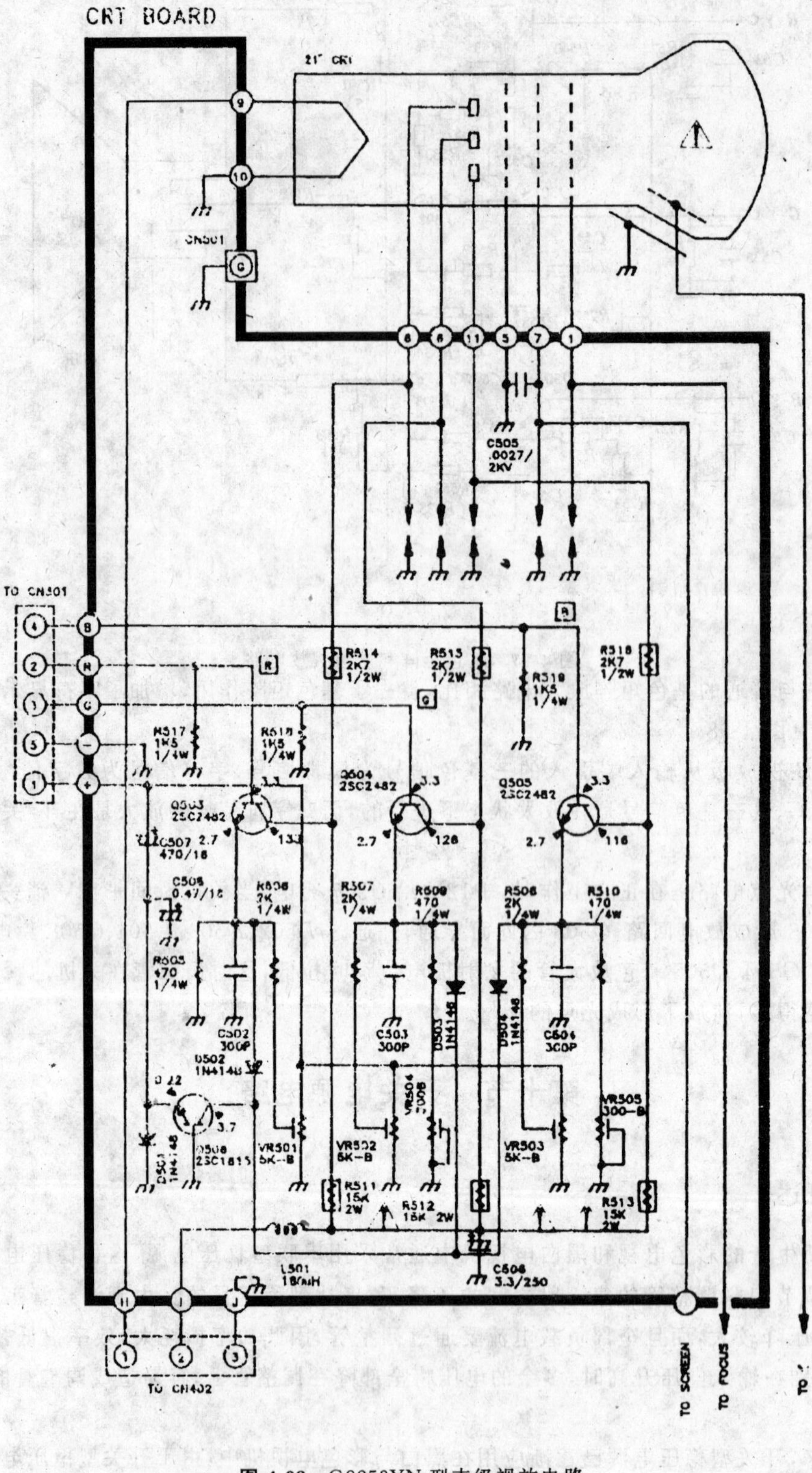

图 4-98　G8253YN 型末级视放电路

性。目前生产的电视机，特别是彩电基本上都采用开关电源。

(一)开关电源的特点

(1)效率高　开关型稳压电源的调整晶体管工作在开关状态，因此开关晶体管功率损耗很小，效率可大大提高，其效率通常可达到85%左右。

(2)重量轻　开关稳压电源常采用电网输入的交流电压直接整流，这样就革除了笨重的电源变压器，节省了大量漆包线和硅钢片，使电源的重量约减为原来的五分之一，而且体积也大大缩小。

(3)稳压范围宽　开关型稳压电源在输入交流电压从160V～260V(最宽90V～260V)变化时，都能达到良好的稳压，输出电压的变化在2%以下，而且在输入交流电压变化时，始终保持稳压电路的高效率。

(4)可靠安全　在开关型稳压电路中，具有保护电路。当稳压电路、行扫描输出电路及高压电路出现故障或负载短路时，能自动切断电源，保护功能灵敏可靠。

(5)滤波电容容量小　稳压电路中的开关晶体管采用行频脉冲作为其开关信号，电源的开关过程对电视图像所造成的干扰可减小至最小，而且由于电源开关频率高，滤波电容的容量可大大减小。

(6)功耗小　由于晶体管工作在开关状态，不需要采用大散热器，机内温升亦低，周围元件不致因长期工作在高温环境而损坏，因此开关型电源能提高整机的可靠性和稳定性。

(二)开关电源的种类

开关电源的种类有多种，按开关晶体管连接方式可分为串联型和并连型。按开关振荡启动方式来分，又可分为他激式和自激式。按稳压方式分，又分为脉冲宽度调制式和开关频率调制式。按输出电压，又分为低压小功率输出和高压大功率输出两种。

二、实用电路分析

(一)低电压输出的小功率开关电源

1．电路结构

图4-99所示，是一种自激振荡形式的脉冲变压器耦合的开关稳压电路。它不需要电源变压器，但为了防止机内底板带电，利用脉冲变压器作为隔离元件，开关电源的变压器初级电路与主底板无直流通路，也就是初次级无公共端。

脉冲变压器耦合的开关电源，使底板不带电有以下两种方法。

第一种方法，在脉冲变压器中专用一组次级绕组，作为取样绕组，它整流后的直流电压供给取样、基准电压以及比较放大器电路。取样绕组与初级电路之间有公共端，但它不与主底板(即输出直流电压)的地相连，而输出直流电压独立采用一个次级绕组，因此输出直流电压的接地端(底板)与初级电路无直流通路，这样，保证了底板不带电，确保电视安全可靠。

另一种方法，初级开关电路利用附加的脉冲变压器与机内电路隔离，即初级电路的公共端悬浮，初次级之间无公共地端。

图4-99开关电源是采用后者的电路结构，增加了起隔离作用的脉冲变压器$B2$，以达到隔离目的。

2．整流滤波电路

电网的220V交流电压直接加至整流电路，经二极管$D1$整流及$L1$、$C4$滤波取得不稳定

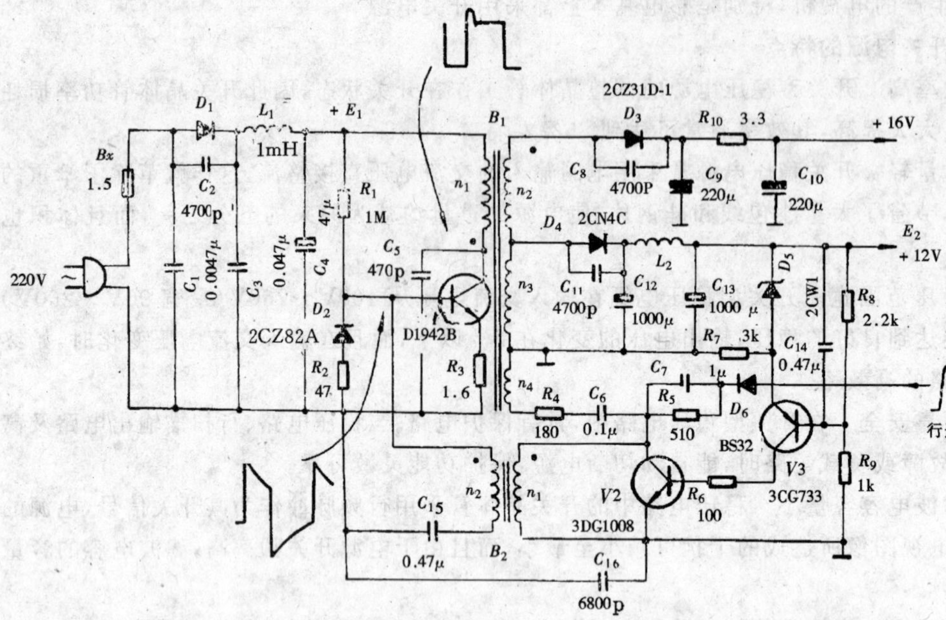

图 4-99 带隔离变压器的开关电源电路

的直流电压。因半波整流电路简单，不但比桥式整流省去三个二极管，同时减小整流电路的二极管的功率损耗，适合高电压低电流整流电路。

电容器 $C1$、$C2$、$C3$ 滤除由电网线路窜入的工业干扰及高频电波的干扰。开关电源的方框图如图 4-100 所示，它实际是一种电源变换器。电网电压 220V 先整流为直流电压，直流电压再经过脉冲调幅(开关变换)变换成脉冲方波，然后通过脉冲整流滤波得到直流电压。因开关电源的输出纹波主要是行频，由于行频的频率高，可以选取容量较小的滤波电容。

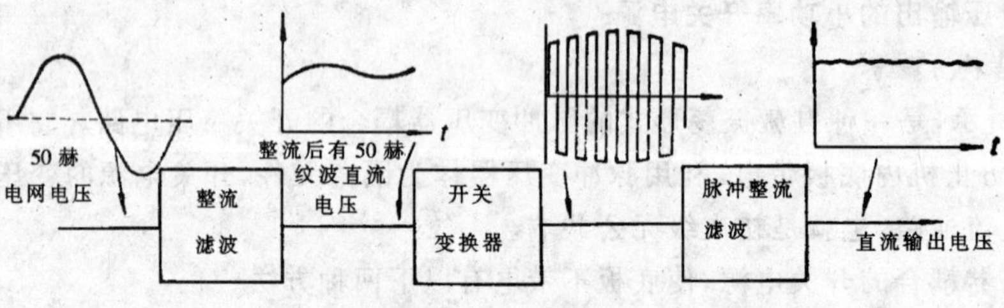

图 4-100 开关电源的方框图

3. 电路的自激振荡

由晶体管 $V1$、脉冲变压器 $B1$ 及隔离变压器 $B2$ 组成一个间隙振荡器，电阻 $R1$ 为自激振荡启动电阻。振荡等效电路如图 4-101 所示，振荡过程可分为四个阶段。

第一阶段：接通电源开关后，经半波整流后取得直流电压 $E1$ 通过 $R1$ 向开关晶体管 $V1$ 提供基极偏流，因而引起 $V1$ 的集电极电流，该电流在脉冲变压器初级绕组 $N1$ 中产生上正下负的感应电压。通过变压器耦合，在次级绕组 $N4$ 上感应电压为下正上负，这一电压经正反馈元件 $R4$、$C6$ 送到隔离变压器 $B2$ 初级 $N1$，根据脉冲变压器所标的同名端可知，耦合至 $B2$ 次线 $N2$ 的电压极性亦是上正下负，它反馈至 $V1$ 基极，使 $V1$ 基极电流变大，集电极电流也随之增大这一正反馈过程不断加强，最后使 $V1$ 饱和导通。

第二阶段：由于电容上的电压不能跃变，所以在正反馈过程中，电容 $C6$ 未来得及充电。当 $V1$ 饱和导通以后，$C6$ 开始充电，这一充电过程使隔离变压器 $B2$ 初级 $N1$ 的电压逐渐下降，$B2$ 次级 $N2$ 的感应电压也随着下降，从而引起 $V1$ 的基极电位下降，基极电流减小，而在 $V1$ 饱和导通期间，$V1$ 的集电极电流(即脉冲变压器 $B1$ 初级电流)是线性上升的，当基极电流 I_b 下降不足以维持 $V1$ 饱和时，$V1$ 退出饱和进入放大状态，这段时间为 T_e(即晶体管 $V1$ 导通时间)。

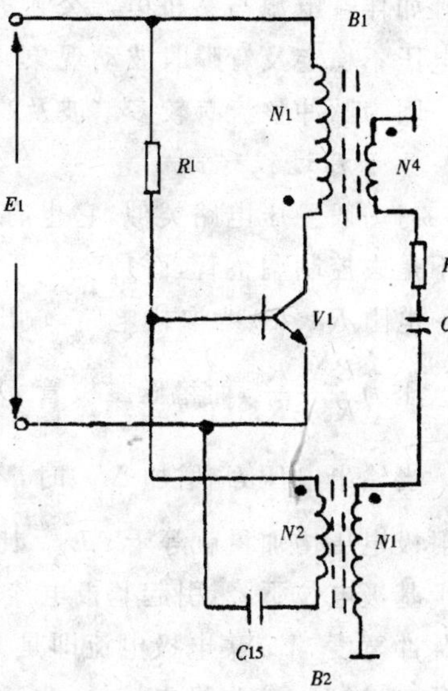

图 4-101　开关电源的振荡等效电路

第三阶段：由于晶体管 $V1$ 进入放大区，基极电流 I_b 再减小，集电极电流 I_c 随着减小，这一电流减小在脉冲变压器初级 $N1$ 的感应电压极性为上负下正，它通过变压器耦合在 $N4$ 绕组上的电压也是负值，经 $C6$、$R4$ 正反馈通路及隔离变压器 $B2$ 的耦合使 $V1$ 的基极电位进一步下降，基极电流 I_b 更加减小，又导致集电极电流更小，通过不断正反馈过程，最后使 $V1$ 截止。

第四阶段：当 $V1$ 截止后，电容 $V6$ 通过 $R4$、$B2$ 初级绕组 $N1$ 放电，使隔离变压器初级线圈 $N1$ 两端负电压逐渐减小，经变压器 $B2$ 耦合，$V1$ 基极的负偏压也逐渐减小，结果又会使 $V1$ 导通，再重复上述的振荡周期。

$C6$ 放电时间决定晶体管 $V1$ 截止时间 T_0。正常工作时，开关电源的自激振荡由行频同步，从行输出变压器输入的正极性行逆程脉冲，经过 $D6$、$C7$、$R5$ 加到隔离变压器 $B2$ 初级，通过隔离变压器耦合至 $V1$ 基级，即在正极性行脉冲来时，使 $V1$ 导通，但导通时间 T_e 仍决定 $R4$、$C6$ 充电时间常数。

$D2$ 为保护二极管，防止馈至基极负极性脉冲引起 $V1$ 的 be 结击穿，射极电阻 $R3$ 为限流电阻，限制 $V1$ 的电流，避免因开关管电流过大而烧坏。电容 $C5$ 并联在 $V1$ 的集电极与射极之间，抑制开关晶体管从导通进入截止所造成大幅度的反峰电压。

4. 脉冲直流滤波

脉冲直流二极管 $D3$、$D4$ 与开关晶体管 $V1$ 处于反极性激励状态。按脉冲变压器 $B1$ 的同名端可知，$V1$ 导通时，脉冲变压器次极感应电压上端为负，二极管 $D3$、$D4$ 截止，在此期间，变压器 $B1$ 储存能量。当开关管截止时，脉冲变压器次极感应电压上端为正，脉冲整流二极管 $D3$、$D4$ 导通，整流滤波后输出＋12V、＋16V 直流电压，此时所产生的电流由脉冲变压器释放能量供给。

采用脉冲变压器耦合的开关电源，输出直流电压值比较灵活，可以升压或者降压，只要改变初次级的匝数比即可，也可输出多挡直流电压。此电路采用二个次级绕组分别整流后输出二挡直流电压。$N2$ 绕组经 $D3$ 整流，通过 $C9$、$R10$、$C10$ π 型滤波器输出＋16V 直流电压供给伴音功放电路。$N3$ 绕组经 $D4$ 整流，$C12$、$L2$、$C13$ 滤波输出直流电压为＋12V，作为整机直流电源。

将伴音功放电路电源与整机电源由二挡分开输出，是因为伴音功放可采用适当高的电源电压，以提高伴音输出功率，另一方面，当音响大小变化时伴音输出功率会有较大变化，即伴音电路的电流起伏较大。

如伴音电源与整机电源公用，伴音电路的电流起伏，容易引起整机电源电压波动，造成电源电压不稳定及有瞬时波动现象，分挡输出可消除上述弊端。

因为脉冲整流有较多谐波及高频成分，所以采用π型滤波电路，能减少输出纹波。

5. 稳压过程

与一般稳压电路类似，它也有比较放大器、基准电压及取样电路，不同的是它输出误差电压不是去控制调整管，而是改变开关脉冲宽度，所以称为脉冲宽度调制。

电阻 $R8$、$R9$ 为取样电路，输出电压 E_2 经 $R8$、$R9$ 分压加至比较放大管 $V3$ 基极，$V3$ 的基极电压为 $\frac{E_2 \cdot R_9}{R_8+R_9}$，而稳压二极管 $D5$ 提供基准电压 E_Z，因此 $V3$ 射极电压为 E_2-E_Z。

当输出电压 E_2 增加 ΔE_2 时，$V3$ 基极取样电压增加量为 $\frac{\Delta E_2 \cdot R_9}{R_8+R_9}$。因基准电压 E_Z 不变，所以射极电压增加量就等于 ΔE_2。比较放大管 $V3$ 为 PNP 型管，由于射极电位上升比基极多，相当于基极电位下降，引起基极电流上升，集电极电流增加。晶体管 $V2$ 是一可变电阻器，用以调节脉冲宽度。$V3$ 集电极电流即是 $V2$ 基极电流，当 $V3$ 集电极电流增加的同时，$V2$ 基极电流也上升，造成 $V2$ 集电极电流增加，$V2$ 的 c-e 之间呈现电阻变小，即在变压器 $B2$ 初级 $N1$ 上并联较小电阻，导致 $V1$ 导通时间 $C6$ 充电时间常数减小，使 $B2$ 的 $N1$ 绕组上的电压更快下降至使 $V1$ 截止。结果开关晶体管 $V1$ 导通时间 T_c 减小，由于输出电压

$$E_2=E_1 \frac{n_2}{n_1} \cdot \frac{T_c}{T_0} \tag{4-3}$$

这就造成输出电压减小，抵消了原来的电压增加，保持输出电压稳定。

(二)采用集成电路控制的开关电源

长城 JTC-472 型彩电采用厚膜集成电路(STR-5412)控制稳压输出 112V 的开关电源。

1. 电路结构

该电路为串联型开关电源，由于电路简单元件少，具有转换效率高，耗电少，稳压范围宽，体积小，重量轻等优点。电路采用自激型，激励频率是固定的，等于行频(15625Hz)，通过脉冲宽度的调制稳定电压。输出直流电压 112V 和 44V 两种。电路的方框图见图 4-102，电原理图为 4-103。

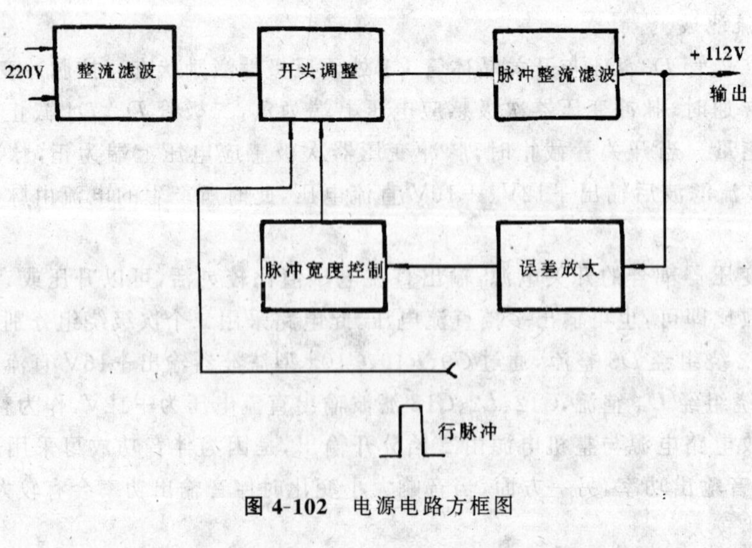

图 4-102 电源电路方框图

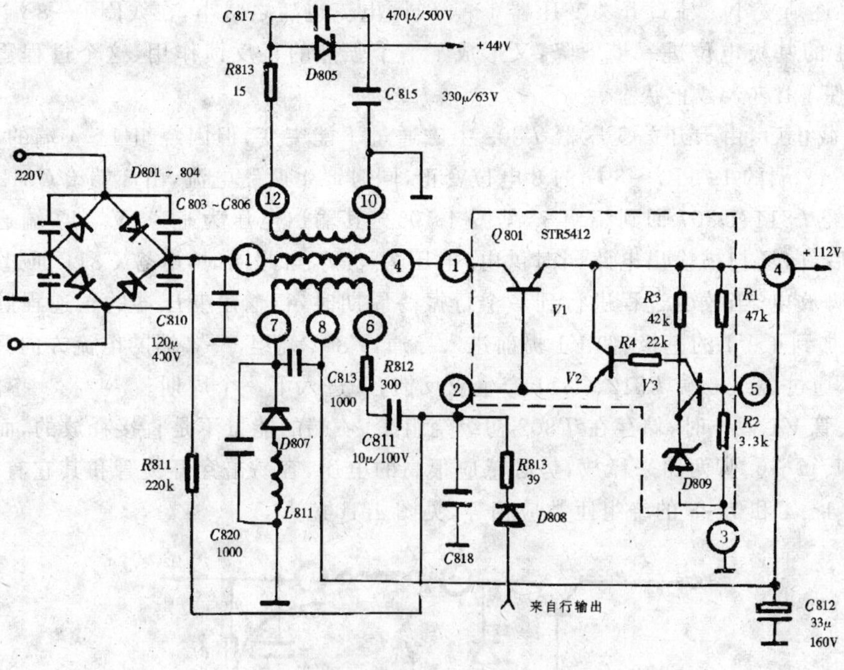

图 4-103 472 型开关电原理图

2. 电路的工作过程

当接通电源后，220V 交流电源经线路滤波后，由整流电路 $D801 \sim D804$ 完成整流，再经过 $C810$ 滤波后进入开关变压器的①脚，同时它还通过启动电阻 $R811$ 送到开关管的基极，开关管 $V1$ 开始导通，于是开关变压器 $T802$ 绕组 1～4 中开始有电流通过，方向是由 1 到 4 经 $V1$ 集电极后从发射极流向负载。这一电流在绕组 8～6 中感应出⑥脚为正的电压，由于⑥～⑧脚加到了 $V1$ 的基极与发射极，所以电流由⑥脚经 $R812$、$C811$ 进入 $V1$ 的基极，使其基极电流增

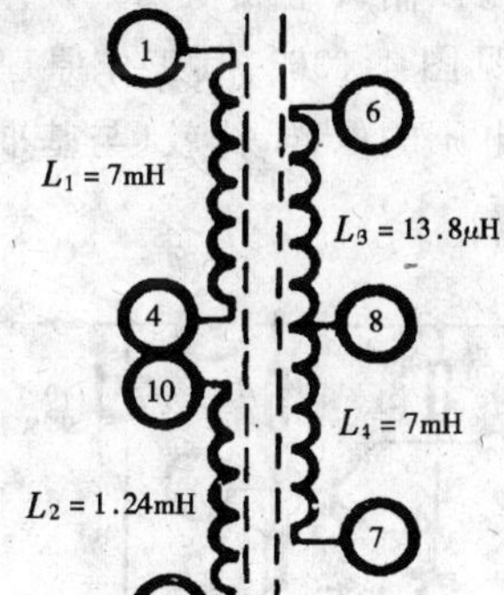

图 4-104 开关变压器参考数据

大，$V1$ 的 V_{ce} 进一步减小，而绕组 1～4 的流过电流进一步增大，绕组 8～6 感应电压也进一步增大，这个反馈过程迅速地使 $V1$ 进入饱和状态。在 $V1$ 电流增大期间开关变压器 $T802$ 的 7～8 和 10～12 两个绕组分别感应出⑦脚⑩脚电压为正，$D805$ 和 $D807$ 无法导通，两个绕组中此时没有电流通过。随着 $C811$ 充电过程的进行，使 $V1$ 的基极电位有所下降，I_b 也随之下降，当 I_b 下降到 $I_b = I_c/\beta$ 时，就会使 $V1$ 脱离饱和区而进入放大区，这时 V_{ce} 将增大，于是 $V1$ 的集电

极电流也将逐渐变小。流过开关变压器 1～4 线圈电流也随之减小，在线圈 6～8 端，⑥脚开始下降，使 $V1$ 的基极电位进一步下降，又形成了一个强烈的正反馈作用，这个过程雪崩似的进行，很快又使 $V1$ 进入截止状态。

当 $V1$ 截止后，由于开关变压器 $T802$ 中磁通量不能突变，但因绕组 1～4 端的电流变化，使绕组 10～12 端的 12 和 7～8 端的 8 电位变正，同时产生两路电流，由 8 端给 $C812$ 充电流向负载供电，经 $L811$、$D807$ 回到绕组 7，见图 4-105。其输出电压为＋112V。12 端通过 $D805$、$C815$ 滤波后，向场扫描输出电路同时供电，电压为 44V，与此同时，电容 $C811$ 通过绕组 6～8 和 $Q801$④脚放电，当放电过程进行到一个行振荡周期时，行输出变压器的正逆程脉冲通过二极管 $D808$ 加到了 $V1$ 的基极，使 $V1$ 提前进入导通，$T802$ 绕组 1～4 端的电流方向又开始流向 $V1$ 集电极，通过绕组 6 端 $R812$、$C811$ 产生正反馈，又进入下一个周期。

当开关管 $V1$ 截止时，储存在 $T802$ 初级绕组 1～4 端的能量不是直接释放的，而是通过次级⑦～⑧脚、⑩～⑫脚两路来释放，势必感应很高的电压，容易击穿开关管和其它有关元件，为此 $T802$ 的 1～4 和 7～8 的绕组匝数应相等，见图 4-104。

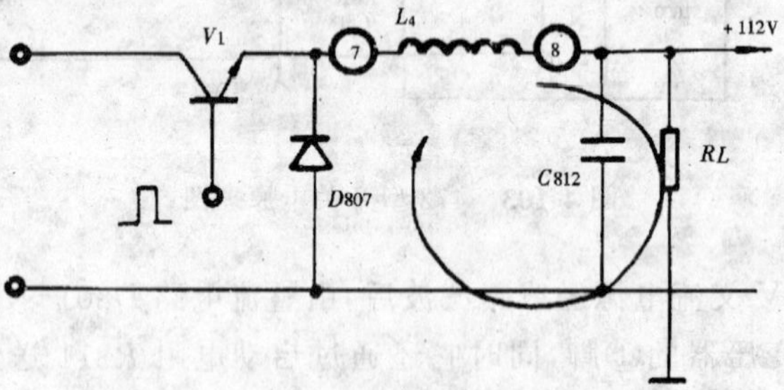

图 4-105 续流二极管 $D807$ 导通时等效电路

3. 控制电路

控制电路是由误差放大级和脉宽控制级组成。其中误差放大器是由厚模组件(STR5412)中的 $V3$、$D809$、$R1$、$R2$ 和 $R3$ 组成，见图 4-106。其工作原理与普通的串联稳压电源中误差放大器基本相同。它完成对直流输出电压的取样，比较(与基准电压)，并检出输出电压的误差进行放大。

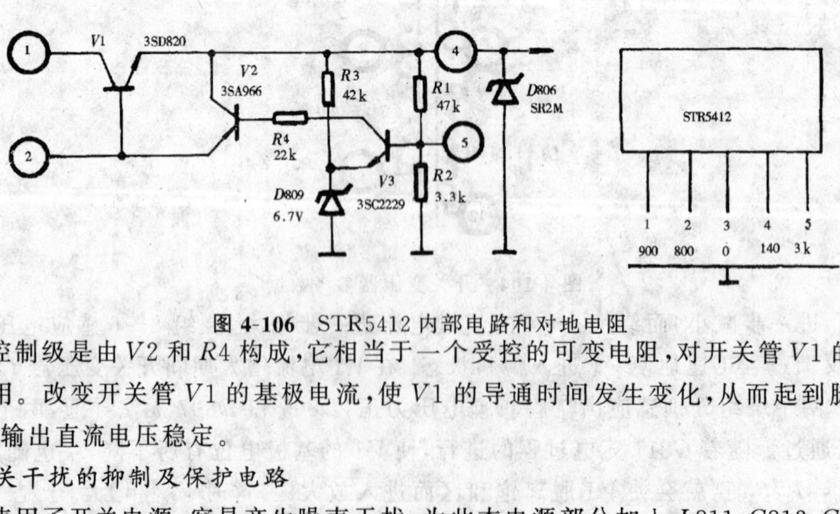

图 4-106 STR5412 内部电路和对地电阻

脉宽控制级是由 $V2$ 和 $R4$ 构成，它相当于一个受控的可变电阻，对开关管 $V1$ 的基极电流起分流作用。改变开关管 $V1$ 的基极电流，使 $V1$ 的导通时间发生变化，从而起到脉宽控制作用，可保证输出直流电压稳定。

4. 开关干扰的抑制及保护电路

由于使用了开关电源，容易产生噪声干扰，为此本电源部分加入 $L811$、$C813$、$C817$、$C818$、

$C820$ 以防止高次谐波辐射。开关周期采用与行周期相同，另外在设计时，合理地安排印制板布局，因此较好地解决了抑制干扰的问题。

为了防止因某种原因输出直流电压过高对本机造成的损坏，本机设有稳压管 $D806$ 作保护电路，当输出电压超过＋130V，$D806$ 击穿，输出电压对地短路，开关调整级停止工作，由于采取了稳压管损坏性保护，在检修时，故障排除后，$D806$ 亦需要更换。另外该电源为串联开关电源，即储能电感和负载相对于输入电压是串联性连接的，故整机底板带电。在维修时特别是用仪表测量时，需加 1∶1 隔离变压器，否则会出现损坏机器和仪表的事故。

（三）并联型自激振荡式开关电源

日本雅佳牌彩电（CT-21W8DS、CT2979DS）系列，采用的是并联型自激振荡式开关电源，此种电源由于电路简单，耗电功率小等优点是目前采用较多的一种。见图 4-110。

1．电路的组成和特点

CT-21W8DS 型彩电的电源电路是由整流滤波电路、取样放大电路、调频稳压电路、振荡开关电路、二次整流电路及控制电路组成。见图 4-107。

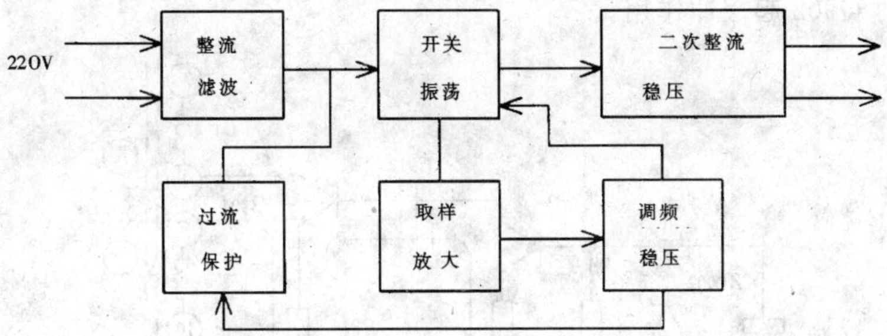

图 4-107 电源部分方框图

电路特点：

· 稳压范围宽，170V～270V（AC）；

· 自激式振荡，不需要外控，为并联式开关电源；

· 稳压方式采用调频；

· 波纹系数非常小。

2．电路工作过程

在开机瞬间，交流 220V 电压经桥式整流、$C908$ 滤波后，变为约 300V 直流电压加在 $T901$ 的⑦脚，经①脚接到 $Q904$ 的集电极，同时经启动电阻 $R913$（330k）给 $Q904$ 的基极加上一个正偏置，使 $Q904$ 有小电流导通，此时 $L1$⑦脚、①脚有 $Q904$ 的 IC 电流流过，并产生感应电位，极性为上正下负，同时在 $T901$ 的 $L2$ 即⑨脚、⑩脚也产生极性为上负下正的电动势。（见本书附整机原理图）使 $Q904$ 的基极电位升高，因此基极电流增大，集电极电流也增大，由于正反馈的作用 $Q904$ 迅速饱和。上述的过程是很快的，$C911$ 上的电压来不及充满，当 $Q904$ 饱和后 $L2$ 上的电压继续给 $C911$ 充电，随着 $C911$ 上的电压建立（极性为上负下正）使 $Q904$ 基极电位越来越低，其电流逐渐减小，直到 $Q904$ 退出饱和进入放大区，由于基极电流进一步减小，$L1$ 中的集电极电流也从大到小地变化，使 $L1$ 的两端感应的电位极性相反改为上负下正，$L2$ 也随之改为上正下负，使 $Q904$ 的基极电流进一步减小并迅速进入截止区。

在 $Q904$ 截止期间，$C911$ 得到 $L2$ 的反向充电，结果使 $Q904$ 基极电位逐渐上升，当越过

0.5V 时又重新导通,开始下一个振荡周期。在此期间 $T901$ 的次级线圈产生的电动势经 $D905$、$D904$ 整流分别有 110V 和 16V 直流电压输出。

3. 稳压过程

当 $T901$ 次级电压升高时,$L3$ 即⑪、⑫脚绕组感应的电位也升高,经 $D901$ 整流、$C901$ 滤波和 $R903$、$VR901$、$R904$ 分压使 $Q901$ 基极上升,集电极下降,$Q902$ 基极下降,$Q903$ 基极上升电流增大,其集电极对地电阻减小,通过 $C912$ 电容使 $Q904$ 的基极被分流,改变其振荡频率使输出电压稳定。

4. 保护电路

保护电路由 $R905$、$C909$、$R909$、$ZD902$ 组成。当输出负载过重时,反应到 $Q904$ 电流加大,即 $R905$ 上的交流压降上升,达到一定的电位后 $C909$ 的充电电压使 $ZD902$ 击穿导通,导致 $Q902$、$Q903$ 饱和,使开关管 $Q904$ 基极通过 $C912$ 交流接地,迫使其停振,从而保护整机电路不受高电平的冲击,见图 4-108。

$C912$ 是隔直电容,$D902$、$D903$ 是限幅二极管,$ZD902$ 是保护电路的箝位二极管,$R905$、$C909$ 在开机时对 $Q902$ 起缓冲作用。

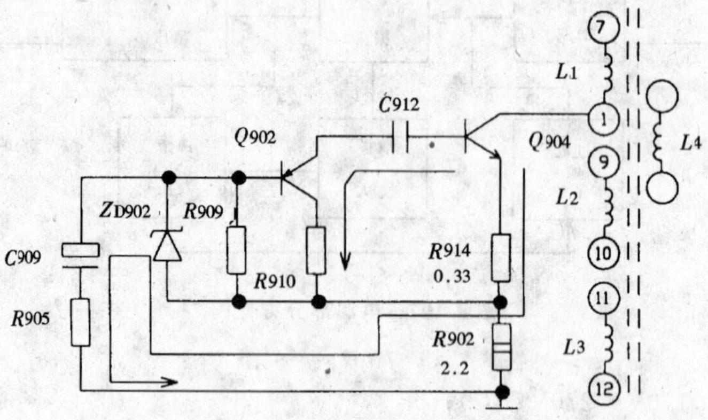

图 4-108 保护电路

5. 控制电路

电源开关机控制是配合 CPU 进行的。当按动 $S901$ 开关后,第一、二组接片先接通 220V 交流电源,电源稳压电路开始工作,由 $Q601$ 产生+5V 电压给 CPU 提供工作电压(因而该电源省去了供 CPU 工作的副电源电路)。当 $S901$ 第三组接通时,CPU 的⑪脚变为高电平,$Q606$ 导通,继电器吸合,从 $T901$①脚输出的脉动电压经 $D401$ 整流、$C403$ 滤波后输出 110V 电压提供给整机工作。见图 4-109。

第十一节 彩色电视机实用电路分析 ——长城牌 G8253YN 型彩色电视机

G8253YN 机是适合在家庭中配合其它电视信号来源(例如卫星接收机、录像机、放像机等)从视频输入的终端机。高频接收可以适应 PAL/SECAM-D/K、I 制式的要求,是一种简单多制式机种。本机采用东芝公司的三制式视频信号处理的 IC(TA8659AN 或 TA8759AN),中

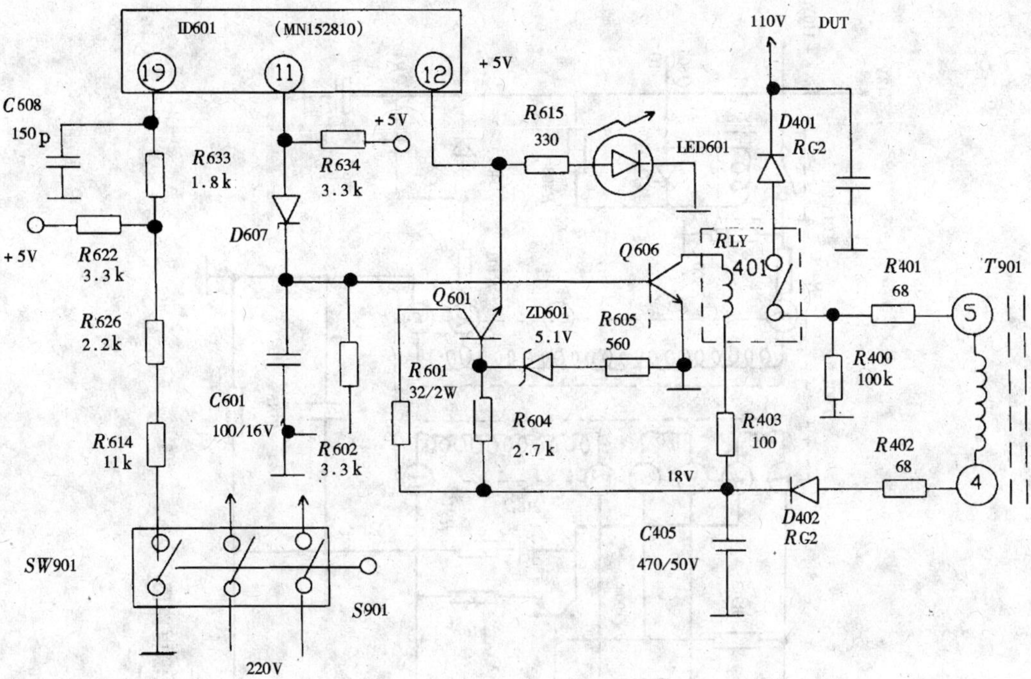

图 4-109 CT-21W8DS 遥控开关控制

频通道 IC(TA7680AP)、场输出 IC(LA7830)、伴音功放是两片(TDA1031B)做左/右声道,遥控和数字调谐选用飞利浦的 CPU 和存储器、波段转换用 LA7910,AV 电路是 M51326P。图 4-111 是 G8253YN 机电路原理方框图。其电路图见附图 2。

一、信号通道部分

(一)CPU 控制电路

1. 自动选台电路

G8253YN 型彩电的选台电路是由 CPU(微电脑)控制进行的。从 CPU①脚输出的选台控制电压接在 $Q602$ 的基极上,$Q602$ 的集电极接有 $30V$ 的选台扫描电压,此电压是由电源电路输出的 $106.5V$ 通过 $R105$ 电阻(22k)和稳压管 $ZD101$(稳压 30V)完成的。当 $Q602$ 晶体管的基极电压高时,$Q602$ 导通就强,集电极输出电压就低,$Q602$ 的基极电压低时,集电极输出的电压高。这个变化的电压加到高频头的 VT 端,改变高频调谐电路的谐振频率,使其对应所要接收的频道。

该功能命令的执行,是靠设在前面板的键盘,见图 4-112。当按动 AUTO(自动收台)键时,CPU 经内部的运算,从①脚输出控制电压改变 $Q602$ 的导通状态,使收台扫描电压从 0～30V 变化扫描。每变化一个过程(0～30V)完成一个波段的搜寻,把该波段正在工作的电视台所发射的信号全部接收进来。

通过天线接收的高频信号经过高放和混频后输出中频信号送入 TA7680AP 的⑦、⑧脚进行中频放大和检波后从⑮脚输出。从⑮脚输出的全电视信号经 $Q207$ 送入视频(AV)转换电路 $IC201$(M51326P)的⑤脚,经内部的 AV/TV 的转换,从⑫脚输出送入 $IC301$ (TA8759BN) 的

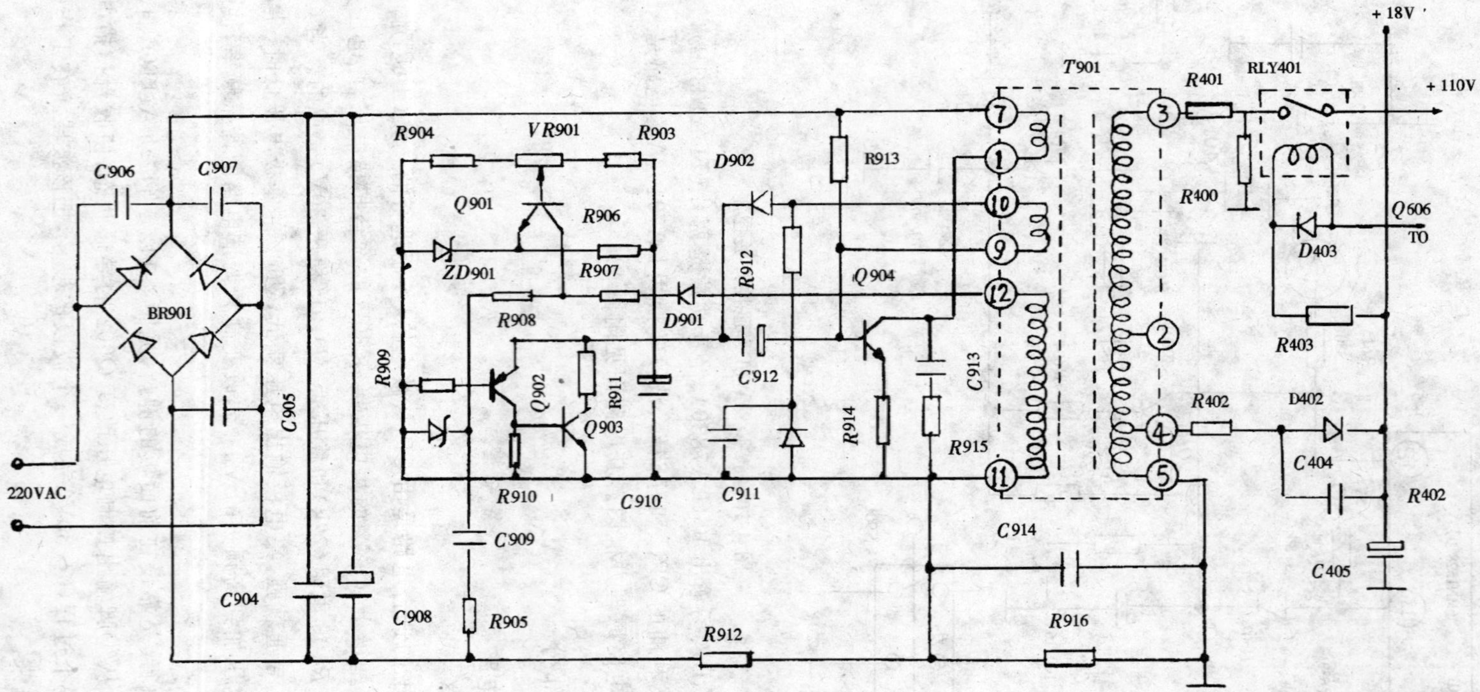

图 4-110 TACT－21W8DS 型电源电路图

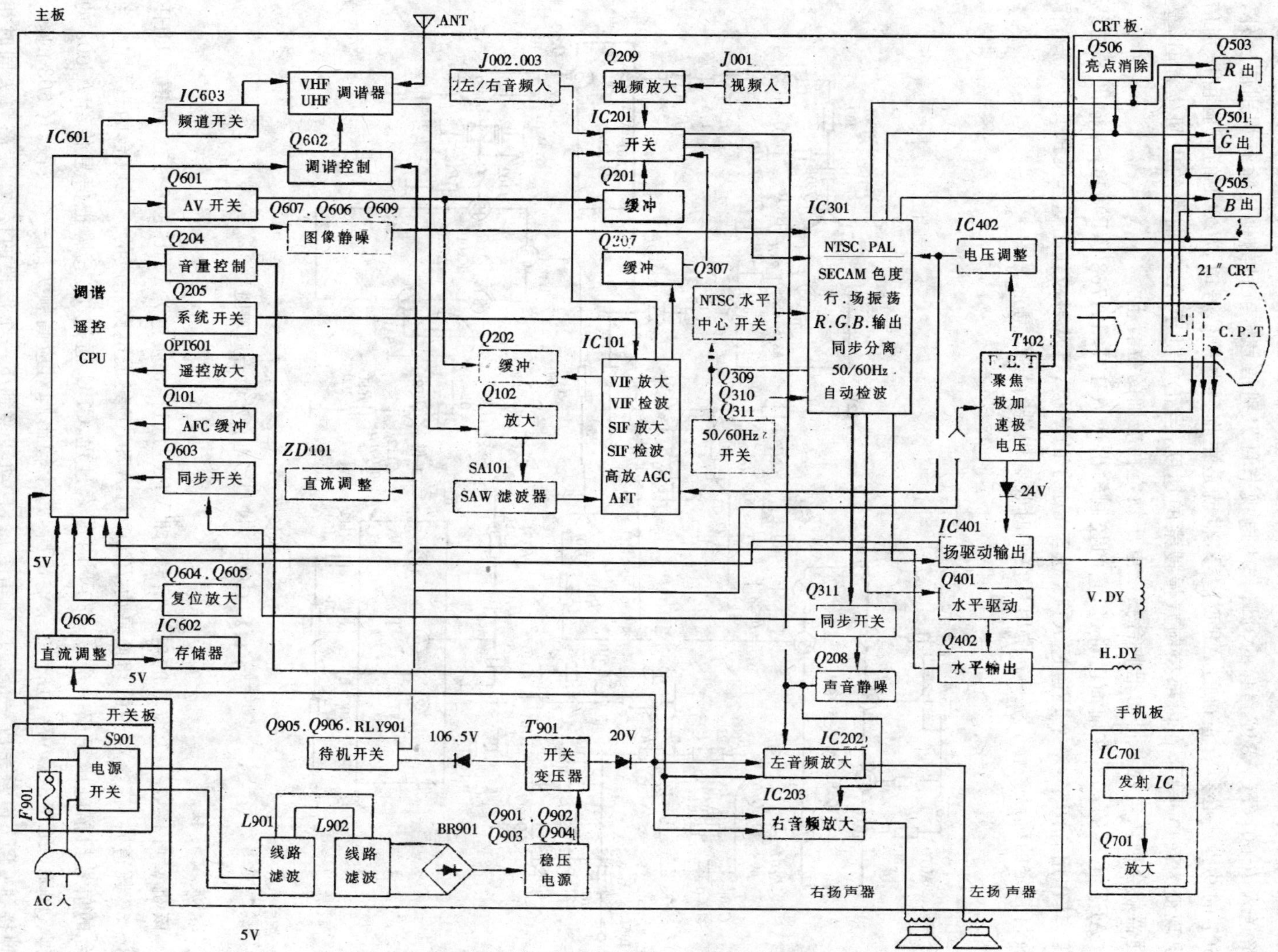

图 4-111 G8253YN 机电原理方框图

㉝脚进入同步分离电路，从 *IC*301(TA8759BN)的㉟脚输出的同步信号经 *Q*311、*Q*603 等整形电路送入 *IC*601(PCA84C444)的㉞脚作为电视节目识别信号。节目的锁定除有识别信号外，*IC*601 的⑨脚还必须有正确的 AFT 信号，也就是在收到电视信号时，*IC*601 的㉞脚由识别信号出现变为高电平后，在内部控制减慢搜索的速度，当正好处于 AFT 曲线的中间位置时，微处理器就会确认电视节目而把收台扫描电压锁定在准确的位置上。

AFT 电压的产生在前面已讲过，它的控制输出从 *IC*101(TA7680AP)的⑬脚输出 *S* 曲线电压，其作用有两个：一个是通过 *R*118 送至 *Q*101 的基极，再从射极输出送至 CPU 的⑨脚，作为节目锁定的确认条件；另一个作用是在平时收看中进行跟踪调整。

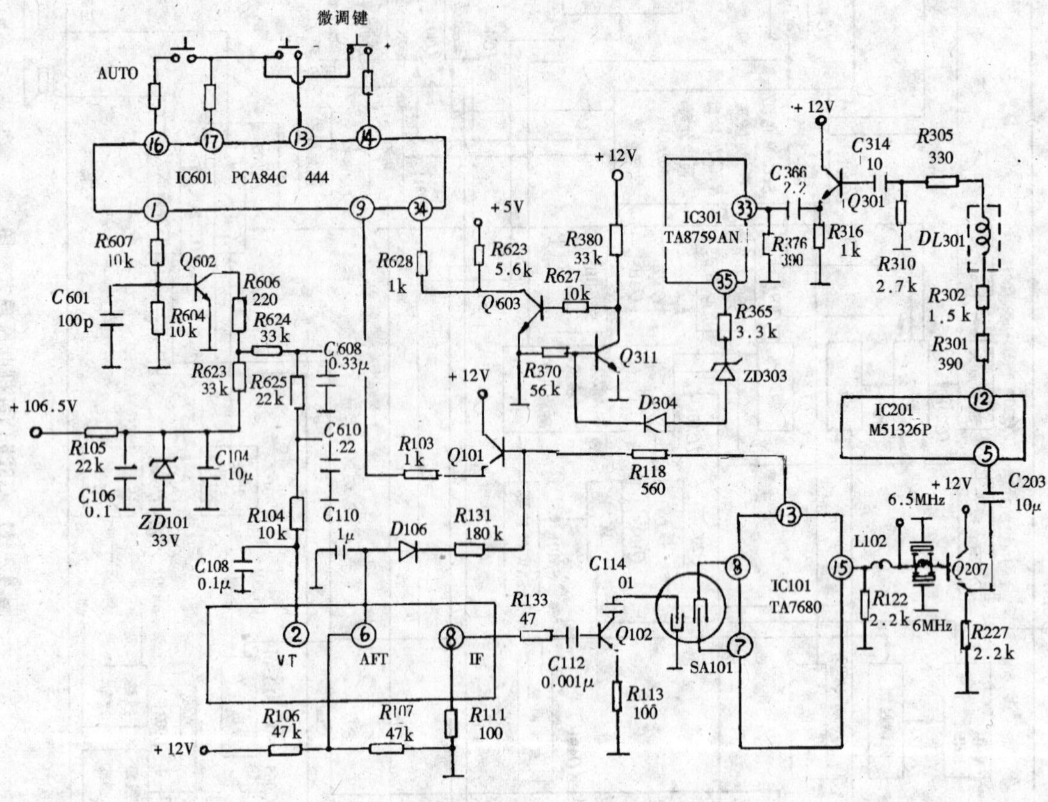

图 4-112 G8253YN 型彩电自动收台原理图

2. 波段转换

该机型可接收三个波段的电视信号，即 VHF-1(1～5 频道)、VHF-3(6～12 频道)、UHF(13～57 频道)。三个波段的切换是由 *IC*603(LA7910)集成电路完成的。在收台的过程中，当收台的信号扫描电压完成一个 0～30V 的搜索过程，CPU 通过⑦、⑧脚把信息传给 *IC*603 的③脚、④脚。*IC*603(LA7910)有 3 个输出脚，每个输出脚对应高频头的一个波段，*IC*603 的③、④脚接到 CPU 搜索完成一个波段的指令后，自动转换到下一个波段的接收，使高频头同时相应地转换。见图 4-113。

3. 储存记忆

把搜寻的电视台的信号以及亮度、对比度、饱和度和音量等调节的数据记忆下来备用和下一次开机使用。该机型还设有个人爱好键(PP)，如所有的功能都调到中位，然后进行记忆，当

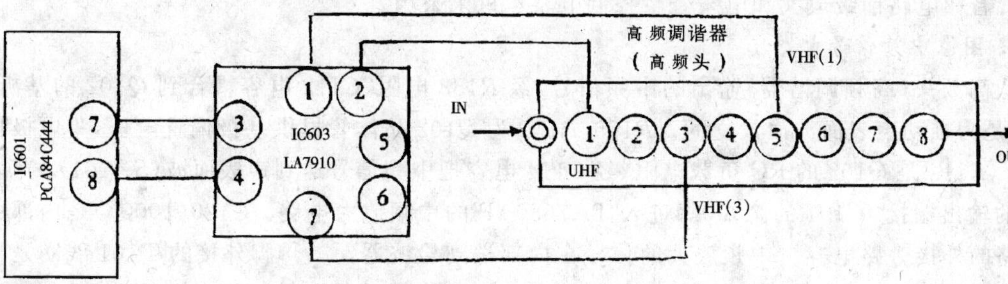

图 4-113 G8253YN 型波段转换电路

小孩或别的人任意调整使用后,只要按下"PP"键立即恢复原来的位置。

记忆功能是由 *IC*602(PCF8581P)完成的。该 IC 可记忆 40 套电视节目。这些数据由 CPU 的㊴脚和㊵脚把随机的状态送入记忆 *IC*602 的⑤、⑥脚,其中⑤脚(SDA)为串行数据线,⑥脚为串行时钟线,它们被称为 I^2C 总线。当总线不传送即不被占用时,数据线和时钟线都保持高电平。当数据线有一个由高到低的转变,时钟是高电平时被定义为起始条件。当数据线有一个由低到高的转变,时钟是高电平时被定义为停止条件。

4. 字符显示

该机型的显示电路可完成 4 种颜色 48 个字节,用户在使用中所调节的内容均有显示。如自动收台扫描电压的高低、波段的切换、节目号、伴音的音量等级以及饱和度、对比度、色相位的调节,定时关机的时间、记忆和清除的显示等。

显示电路的组成由 ROM(只读存储)的形式固化在 CPU 当中。当条件具备时,也就是行场逆程脉冲和字符振荡脉冲同时加至 CPU 时,CPU 内部的计数器开始对行场逆程脉冲进行计数,确定字符显示的位置,并同时输出用于字符显示的串行脉冲。为了字符显示的颜色不受画面颜色的影响,另外输出一路波形和字符信号相同但极性相反的消隐脉冲信号,用于消除字符背景的底色。

G8253YN 机型的显示振荡电路是由 CPU(*IC*601、PCA84C444)的㉘、㉙脚和外接的 *T*601 组成。行脉冲信号由㉖脚引入。场脉冲信号由㉗脚引入。字符信号脉冲由㉒、㉓、㉔脚即 *R*(红)*G*(绿)*B*(蓝)输出。消隐脉冲信号是由㉕脚输出送入 *IC*301(TA8759BN)的53脚执行显示时消隐字符背景原有的图像。

(二)中频信号电路

G8253YN 型彩电的中频信号电路是采用 TA7680AP(或 CD7680AP)集成电路做中频信号处理的。通过选台电路使高频头产生出中频信号送入中频放大电路,经过放大后进行视频检波,检波后视频信号分两路。一路经自动增益检测电路(AGC)检测出增益控制电压来控制中放、高放级的增益,使视频信号的幅度保持恒定;另一路从 TA7680AP 的⑮脚输出送往下一级视频信号切换电路。

伴音信号(第一伴音中频)在图像信号放大电路中保持一定的比例,增益不宜过大,否则会对图像信号产生干扰。在图像检波电路中,两个中频(38MHz 和 31.5MHz)产生差频即 6.5MHz(第二伴音中频),再通过 AV 转换电路送到伴音电路进行中频放大、限幅和检波处理,产生音频信号。

TA7680AP 集成电路只做小信号处理,在 G8253YN 机型中,伴音信号在检波后,从㉓脚取出。音频电路前级放大和电子音量控制电路本机未采用。

1. 图像中频信号电路

从高频头(高频调谐器)输出的中频信号,经 $R133$ 电阻、$C112$ 电容耦合到 $Q102$ 的基极,$Q102$ 是为推动声表面波而设立的。$R109$、$R110$ 为 $Q102$ 晶体管提供基极偏置电压,集电极接 +12V,$R112$ 是 $Q102$ 的 RC 负载电阻,经 $C114$ 电容把中频信号送到声表面波($SA101$)。声表面波的输出端接 $IC101$ 的⑦、⑧脚进入 TA7680AP 的中频放大电路。$C120$(1000p)是内部中放电路的外接旁路电容。中频放大的信号在内部送到检波器,⑰、⑱脚外接的 $T101$ 线圈是检波器的同步选频谐振回路,它为同步检波器提供 38MHz 的开关信号。该回路调整得是否准确直接关系到检波的效果。

2. 自动增益控制电路

由检波器输出视频信号的幅度若大于 $2.5V_{p\text{-}p}$ 的时候,AGC 电路开始起控,⑤脚外接的 $R115$ 电阻(820k)和 $C116$ 电容(0.47μ)组成 AGC 检测电路的时间常数,在正常的情况下,天线接收的信号越强,该脚电位越低,天线接收的信号越弱,⑤脚的电位越高,在不接收电视信号时,该脚电位约等于电源供电(+12V)。$IC101$ 的⑩脚外接 $VR101$ 电位器(5k)是用来调整中频放大电路增益的,一般来说,在信号弱的地区收看,该脚电位可以调高一点,使中放电路增益最高,在信号强的地区收看可以调低一点。生产厂在产品出厂时是用标准信号调整的,一般控制在 6.5V 左右。

$IC101$(TA7680AP)的⑪脚接高频头的高放管 AGC 控制输入端。$R116$(100k)是⑪脚的供电电阻,同时也是内部电路的负载电阻。

3. 自动频率控制电路

$IC101$ 的⑯、⑲脚外接的 $T103$ 线圈是 AFT 电路的移相网络,通过移相电路的信号和 38MHz 的信号进行相位比较,产生误差电压输出。该电路可以双路输出,也可单路输出。在该机型中采用的是单路输出,即⑭脚接地从⑬脚输出,并通过 $R118$ 电阻接到 $Q101$ 射随器的基极,再从射极把 AFT 的信息传送到 CPU 的⑨脚做自动收台时的锁定节目的确认条件。收台结束后,在正常收看时,做 AFT(自动频率)跟踪调整。高频调谐器的 AFT 输入端在该机型中采用固定的电位,不进行调整。自动频率的跟踪是通过 CPU 改变高频调谐器的 VT 电压完成的。

$Q101$ 的基极偏置是利用 $R106$、$R107$ 电阻分压产生的。由于两支电阻都是 47k,所以平分 +12V 得到 +6V 的电压加到高频头的⑥脚(AFT),同时经 $D106$、$R131$ 电阻送到 $Q101$ 的基极作为直流偏置。由于高频头的 AFT 输入点被固定在 6V,所以 AFT 的跟踪调整改在 VT 端。

4. 伴音中频电路

G8253YN 型彩电的伴音中频处理是由 $IC101$(TA7680AP)完成的。通过 $CF101$ 和 $CF106$ 把 6MHz 或 6.5MHz 的伴音第二中频信号耦合到㉑脚进入伴音中频放大电路,放大后的中频信号经鉴频检波器检波。㉒、㉔脚外接的 $T102$ 线圈和 $C124$、$CT101$ 电容组成的鉴频谐振回路。检波后的音频信号,从㉓脚输出,送往 AV/TV 视频和音频切换电路进行内外输入的转换。

该机型的音频信号前置放大没采用 TA7680AP 的内部电路,所以①、②、③脚是空着的。㉓脚原是去加重电路的外接引脚,去加重后送入 ATT 电路进行音量控制。在进行音量控制前，从㉓脚引出送到 $IC202$ 和 $IC203$(TDA1013B)做两路音频信号处理。

(三)视频信号和音频信号的 TV/AV 转换

图 4-114 画出 M51326P 的方框图和开关模式与输入控制关系。

接收电视节目时，从通道 $IC101$(TA7680AP)的视频输出端第⑮脚输出的视频全电视信号，经 $L102$、$L101$、$CF201$、$CF202$ 送到视频缓冲隔离级 $Q207$ 后从 $IC201$(M51326P)的视频输入 1 进入。同时通道 $IC101$(TA7680AP)的音频输出端第㉓脚输出的音频信号经 $C222$、$R245$ 和 $C232$、$R246$ 分别从 $IC201$(M51326P)的音频(1)的 1 和音频(2)的 1 进入。

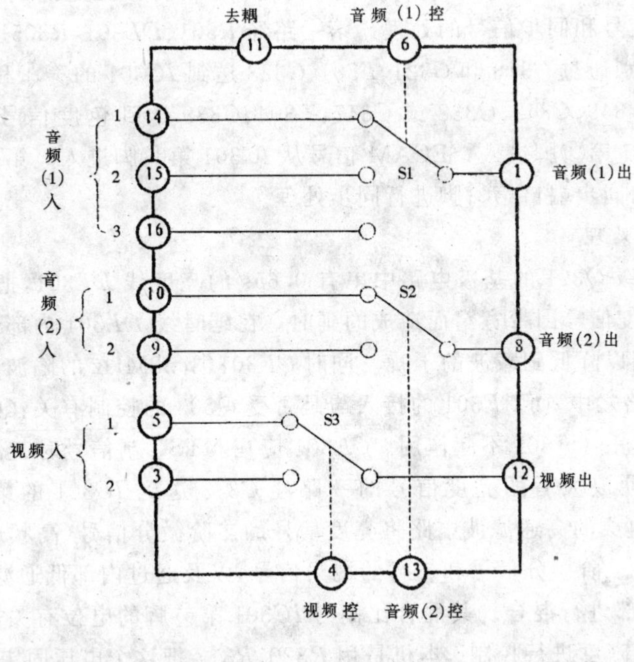

图 4-114 M51326P 方框图

当 CPU 的指令为 TV 状态时，CPU($IC601$)的第⑫脚为"高"电平，于是 AV 开关管 $Q601$ 导通，随之 $Q202$ 截止，对应 M51326P 的控制输入端⑥、⑬、④脚通过 $R205$ 接 V_{cc}，这样电视接收的视频全电视信号可以从 $IC201$ 的第⑫脚输出送到视频信号处理电路。同时，电视接收的音频信号从 $IC201$ 的第①、⑧脚输出送到 $IC202$、$IC203$ 去放大，推动左、右两扬声器。这就是 TV 状态。

(四)伴音电路(音频)

G8253YN 型彩电设计了双路音频通道，它可以从 AV 状态输入两路音频信号形成立体声的效果。两路音频小信号分别从外接输入端进入 $IC201$(M51326P)的⑨、⑯脚，经 CPU 控制和 $IC201$ 内部的切换又分别从①脚和⑧脚输出。在 TV 状态时，从 $IC101$㉓脚输出的音频信号经 $C222(10\mu)$ 和 $C232(10\mu)$ 分成两路经⑩、⑭脚输入。

①、⑧脚输出的音频信号分别送入 $IC202$ 和 $IC203$ 两个末级放大电路，$IC202$、$IC203$ 采用的是 TDA1013B 集成电路，该集成电路含 ATT(音量控制)和末级功率放大。音量控制由 CPU 通过 $Q204$ 完成。两路音频同步控制，(即音等级相同)两级功放分别接两路扬声器放在机

器的两侧。

静音电路是由 Q206、D202、D203 组成的。D202、D203 二极管的正极分别接 IC202 和 IC203 的⑦脚(音量控制),在不接收图像信号时,同步分离就检测不到行同步信号,因此,Q311 晶体管的基极电位变低,集电极电位升高,通过 R226 电阻传到 Q206 基极使其导通。通过 D202、D203、Q206 的集电极和发射极把 IC202 和 IC203 的⑦脚箝位到 0V,达到静音的目的。

(五)视频信号处理

从 AV 转换开关 IC201 第⑫脚输出的视频全电视信号分三路送到 IC301(TA8659AN)进行亮度信号、色度信号和同步信号的处理。第一路经 R301、DL301、R305、C314 送到缓冲放大级 Q301,隔离后分别通过 C318 和 C321、L301、C323 送到 IC301 的第㊿和㊿脚进行亮度信号处理。第二路经 R349、C342、C338 或 C347、T304、C339 送到色度信号处理电路(PAL 和 NTSC 信号从 IC301 第⑳脚进入,SECAM 信号从 IC301 第⑱脚进入)。第三路经 R367、R376、C366 送到 IC301 的同步端口第㉝脚进行同步处理。

1. 亮度信号的处理

视频缓冲放大级 Q301 的基极电路中串有 0.6μs 的亮度线 DL301,把亮度信号延时一段时间是为了平衡色度信号因带宽窄而造成的延时。在延时线 DL301 内部还有 4.43MHz 的色副载波陷波回路,用以降低副载波的干扰。同时 CF301(3.58MHz 的陷波用滤波器)也被设置在 Q301 的基极回路之中,而 CF301 的接入与是否受 Q303 的控制有关:Q303 导通,CF301 起作用;反之,Q303 截止,CF301 不起作用。CF301 应在 NTSC 制信号时起作用。

经过 Q301 缓冲放大后的亮度信号的一路经 C318 送到 IC301 的第㊿脚,另一路则经 C321、L301、C323 组成的高通滤波电路将亮度信号的二阶微分信号(高频成分)送入 IC301 的第㊿脚。来自㊿脚的二阶微分信号和㊿脚的视频信号,以及通过内部低通滤波器视频信号的低频成分在 IC301 内部进行混合。其混合比例与 IC301 第㊿脚的电位有关,如果变化㊿脚的外部电压,就可以对清晰度进行控制。本机是用 R320、R317 把这个电压固定在大约 7.8V 左右,保持较好的清晰度不进行调整。经过混合的亮度信号 Y 再通过中间色调控制电路送入 R、G、B 矩阵电路与色度信号处理系统送来的色差信号 R-Y、G-Y、B-Y(见后面叙述)相加输出 R、G、B 三基色信号。这三个基色信号在 IC301 内部被送到内部的电视/外部开关电路。此电视/外部开关电路可以把从第㊼、㊾、51脚进入(外部输入)的 R、G、B 三基色信号与 IC301 处理后得到的三基色信号进行开关选择。其选择开关由 IC301 的第㊿脚的电平控制,当 V53 小于 0.7V 时,为电视(内部)方式,V53 大于 0.7V 时,为外部 R、G、B 方式。经过选择的 R、G、B 信号再通过亮度控制、白峰限制后分别从 IC301 的第㊶、㊷、㊸脚输出。本机的第㊼、㊾、51脚分别进入的是 CPU(IC601)的红、绿、蓝三色的屏幕显示信号的输出,而选择控制端口(IC301 第53脚)是由 CPU 的屏幕 Y 信号作为控制脉冲。这样就利用电视/外部开关电路把屏幕显示字符很巧妙地混入电视信号之中。

IC301 的第㊽脚和第59脚是亮度和对比度控制端口,改变这两脚的电压可以进行相应的控制。本机的控制是由 CPU(IC601)的第③脚和第⑤脚输出的 PWM 信号经各自的平滑电路实现的。

2. 色度信号的制式识别和自动制式转换过程

由于彩色信号的不同,IC301 必须先进行信号制式的识别,然后根据接收的信号制式自动转换，以保证正确的色信号解调。本机的东芝三制式 *IC*301(TA8659AN)具有自动识别和转换的功能。

*IC*301 的第㉖和㉘脚外接有 3.58MHz 和 4.43MHz 的副载波振荡电路。在无信号时，3.58MHz 和 4.43MHz 的振荡是相互间隔重复进行的，而且在每次振荡中都是在中心频率附近作扫频变化大约四个周期(其目的是扩大副载波的引入范围)，每个扫频周期由第㉕脚的时间常数决定。

首先，在 4.43MHz 扫频振荡的 4 个周期中进行三制式的识别和判定，这个识别判定由第㉒、㉓、㉗脚对应的 PAL 识别滤波器、SECAM 识别滤波器、NTSC 识别滤波器的电压确定。这三个脚在自动模式下的识别逻辑见表 4-7。

如果 4.43MHz 的 4 次扫频期间制式不能确定，下一个 3.58MHz 的 4 次扫频将随之进行。在此期间当识别输出为表 4-7 状态，就可以判定 3.58MHz 的 NTSC 信号被接收。

如果 3.58MHz 的 4 次扫频振荡期间还不能确定信号的制式，则扫频振荡又重新从 4.43MHz 开始再次进行。对于黑白电视信号，4.43MHz 和 3.58MHz 的扫频振荡是交互重复进行的。

为进行 SECAM 信号的识别，在 *IC*301 第㉔脚外部接有 SECAM 制的 4.328MHz (4.328MHz 是 SECAM 制两个色副载波频率 4.406MHz 和 4.250MHz 的算术平均值)谐振回路。为保证识别准确，在调整时是监测 SECAM 制识别滤波器(*IC*301 第㉓脚)所恢复的直流电压为最大值状态(即当有 SECAM 信号时，㉓脚电平为“高”，这是识别 SECAM 信号的唯一重要依据)。

表 4-7 TA8759AN 自动模式的逻辑表

鉴别			晶振模式	SW Ⅰ	SW Ⅱ	SW Ⅲ	鉴别模式
PAL	SECAM	NTSC					
22 脚	23 脚	27 脚		10 脚	11 脚	12 脚	
H	L	H	4.43	H	H	M	PAL
L	H	L	4.43	H	M	M	SECAM
L	L	H	4.43	L	H	M	NTSC
L	L	H	3.58	L	L	M	NTSC
L	L	L	4.43/3.58	L	M/L	L	R/W
H：Vcc L：6V			—	H=6.0V(1/2 Vcc) M=2.0V(1/6 Vcc) L=0(通过 30k 接地)			—

可以说色度信号是同时能从 *IC*301 的第⑱脚(SECAM 信号的输入端)和第⑳脚(PAL/NTSC 信号输入端)进入的。当接收的 SECAM 信号输入时，SECAM 识别滤波器第㉓脚为“高”电平，而 PAL 和 NTSC 滤波器第㉒和㉗脚均为“低”电平。*IC*301 内部的 PAL/NTSC/SECAM 转换开关可以让 SECAM 信号输入端第⑱脚的 SECAM 信号进入并进行解调(见后面叙述)，同时关闭 SECAM 信号从第⑳脚进入的通路。而当接收的 PAL/NTSC 信号输入时，则关闭第⑱脚的信号通路，PAL/NTSC 信号从第⑳脚进入。

*IC*301 内部的逻辑控制电路将识别的结果由逻辑输出端口 *SW* Ⅰ、*SW* Ⅱ、*SW* Ⅲ(对应为

第⑩、⑪、㉑脚)输出,作为制式的自动转换控制电压。G8253YN 机是视频输入三制式的机型,不须对图像和伴音通道机型制式转换控制,故 *SW* Ⅰ的第⑩脚可以空接不用,仅使用 *SW* Ⅱ和 *SW* Ⅲ的组合逻辑进行控制就可满足要求。

*IC*301 第⑪脚(*SW* Ⅱ)和第㉑脚(*SW* Ⅲ)的输出分别控制着 *Q*302、*Q*303 和 *Q*308、*Q*306 的工作状态。从表 4-7 知:在除黑白信号外的 PAL、SECAM、NTSC 各种制式的信号被接收时,㉑脚均为中电平 *M*(=2.0V),于是 *Q*308 为导通状态,随之 *Q*306 基极为低电平。但由于 *Q*306 和 *Q*302 的集电极共用电阻 *R*328 只有 *Q*306、*Q*302 两只管都截止,*R*328 才能保持高电平。(不难看出,仅在接收 3.58MHz NTSC 信号时,第⑪脚为低电平,才可满足要求)随之,*Q*303 导通且 *D*301 也导通,3.58MHz 的陷波器 *CF*301 被接入亮度通道的电路中;电容器 *C*344 被并联在 4.43MHz 的输入选频回路 *C*342、*L*303 中,使其频率变成 3.58MHz 的选通回路,这正好对应为 3.58MHz NTSC 的信号接收状态。

*IC*301 的第⑱脚不仅是 SECAM 信号的输入端口,而且也是 50Hz/60Hz 识别逻辑的输出端口。当 50Hz 被识别,第⑱脚的直流电压约为 4.5V;当 60Hz 被识别,第⑱脚的直流电压变为约 7.5V。这个识别是通过 *IC*301 的第㉝脚进入的全电视信号进行同步分离后,在内部经积分得出场同步脉冲送到场计数电路进行判定后,由逻辑控制电路使第⑱脚的电压产生变化来完成的。

PNP 管 *Q*304、*Q*305 为共用发射极电阻(*R*342)受 50Hz/60Hz 识别控制的差动开关管。*Q*301 的基极由 *R*331、*R*332 分压固定在大约 6V 的电位上。当 60Hz 被识别,*IC*302 第⑱脚为 7.5V,*Q*305 截止,*Q*304 导通,其集电极电位上升,随之 *Q*307、*Q*309、*Q*310 均导通,对应 *R*351 接入电路,使 *IC*301 的 SECAM 识别滤波器㉓脚的电压下降,关闭 SECAM 通道;*R*374 并联接在 *R*377、*VR*303 的串联电路上,使场幅度在 60Hz 情况下也可以满幅;*R*378 并联在 *VR*304 上使行中心位置满足 NTSC 制行频 15734Hz 的扫描情况。当 50Hz 被识别,*IC*301 第⑱脚为 4.5V,*Q*305 导通,*Q*304 截止,其集电极电位为零。随之 *Q*307、*Q*309、*Q*310 均截止,对应 *R*351、*R*374、*R*378 均不参与电路,正好满足 50Hz 的 PAL/SECAM 信号的识别、场幅、行中心位置的要求。

3. 三种制式色信号的流程

PAL/NTSC 信号由 *IC*301 第⑳脚输入,⑳脚外接 *C*342、*L*303、*C*338 组成的 4.43MHz 的色信号通道。如前所述,当输入 3.58MHz 色信号时,*D*301 导通,色选通电路并接 *C*344 变成 3.58MHz 的选通。从⑳脚进入的 PAL/NTSC 色信号经具有自动色度控制(ACC)的色放大电路达到恒定的幅度。然后,通过 PAL/NTSC/SECAM 转换开关选择信号的不同通路。

(1)PAL 色度处理　接收 PAL 色度信号时,PAL/NTSC/SECAM 转换开关把色度信号送到驱动一行延迟线 *DL*302 的第⑭脚输出的同时,在内部把经-16dB 衰减的色信号直接送到 PAL 矩阵变换电路。从⑭脚输出的信号经过一行的延迟线后又从第⑫脚返回也进入 PAL 矩阵变换电路,可以得到直通信号和延迟一行的信号的和与差(即 *U* 与 *V* 信号),再经过平衡解调可获得 *R-Y* 和 *B-Y* 信号经过 PAL/NTSC/SECAM 转换开关分别从第②脚和第64脚输出。然后分别经 *C*315 和 *C*309 耦合从第60脚和第62脚返回。在 *IC*301 内部对 *R-Y*、*B-Y* 信号进行箝位和对比度控制,最后进入 *R*、*G*、*B* 矩阵电路与亮度信号 *Y* 相加获得 *R*、*G*、*B* 三基色信号,经过电视/外部开关电路,亮度控制等处理,最后通过41、42、43脚输出 *R*、*G*、*B* 三基色信号。

(2)NTSC 色度处理　接收 NTSC 信号时，不需经一行延迟线，在 *IC*301 内部直接送到 PAL/NTSC 矩阵变换电路。这个 PAL/NTSC 矩阵变换电路被转换到 NTSC 状态时，可以进行平衡解调(其解调增益是 PAL 状态的 2 倍)，获得 *R-Y*、*B-Y*，同样，通过 PAL/NTSC/SECAM 转换开关分别从第②脚和第⑭脚输出。

(3)SECAM 色度信号处理　SECAM 色度信号从第⑱脚输入。这个输入经限幅放大(因为是调频信号)后通过 PAL/NTSC/SECAM 转换开关的转换，在从第⑭脚输出驱动一行延迟线 *DL*302 的同时，也在 *IC* 内部把经 −16dB 衰减的色信号直接送到 SECAM 变换器。从⑭脚输出的信号经过一行延迟线后也从第⑫脚返回送入 SECAM 变换器，这就完成了 SECAM 制的存储复用。SECAM 变换器输出的色信号再经 *R-Y* 调频解调器和 *B-Y* 调频解调器解调后可以获得 *R-Y* 和 *B-Y* 信号。这个 *R-Y* 和 *B-Y* 信号要经过 PAL/NTSC/SECAM 转换开关才能分别由第②和㊹脚输出，后面的流程与 PAL/NTSC 相同。*IC*301 第⑧、⑨脚和第④、⑤脚外接的 4.406MHz 和 4.250MHz 检波回路 *T*302 和 *T*301 应分别调准在各自的频率上。

4. 视频末级放大电路

从 *IC*301(TA8759AN)的㊶、㊷、㊸脚输出的 *R*、*G*、*B* 信号，虽已是三基色信号，但是要推动显像管电路，幅度不够大，还需要经末级放大后才能满足显像管的要求。

末级放大电路由 *Q*503、*Q*504、*Q*505 三只晶体管组成。其集电极电压取自行输出的⑧脚，经 *D*407 整流，*C*418 滤波，通过 *CN*402 接线脚的②号线接末级视放板的 *L*501，再经 *R*511、*R*512、*R*513 负载电阻(12k/2W)送到三只末级放大管的集电极，其电压值约 200V，因此，视频信号的幅度可达 $70V_{p-p}$～$80V_{p-p}$，图像质量好，是一种较好的机型。

在末级视放电路中还设立了一只 *Q*506 晶体管。它起到关机的瞬间消除亮点的作用。在正常收看时，*C*507 正极充有 12V 的正电位，当关机时，+12V 消失，*C*507 电容的正极通过 *Q*506 的基极，发射极放电形成回路，固 *Q*506 维持导通，其集电极通过 *D*502、*D*503、*D*504 把三支末级放大管的发射极箝位在低电平上，因此，关机瞬间显像管很亮，把管内的高压泄放掉，不能形成集中的光栅，完成消除关机时亮点的作用。

二、行场扫描电路

(一)行扫描电路

G8253YN 型彩电的行场扫描振荡是采用 32 倍行频晶体振荡完成的。*IC*301㊲脚外接 *X*301(503kHz)为行频振荡晶体。它和㊲脚内部电路组成振荡器，其频率为 15625Hz 的 32 倍，通过分频器再分成所需的行频，如果是工作在“D”制时行频为 15625Hz，如接收的信号是“M”制时其频率变为 15750Hz，制式的转换接受 *Q*310 的控制。㊳脚是 AFC 控制电路，从行输出①脚取出的行逆程脉冲信号，通过 *R*361(10k)*ZD*301 稳压管限制幅度在 $20V_{P-P}$，再经 *R*357、*C*350、*VR*304 积分变成锯齿波输入到㊳脚内部电路和同步分离送来的同步信号进行比较，产生控制电压去校正行频达到同步的目的。㉝脚是同步分离的输入脚，全电视信号从㉝脚输入到内部电路进行幅度分离，分检出的行同步信号在 IC 内部直接送到水平自动频率控制电路进行相位比较和控制。当制式识别电路确认是 NTSC-M 制的信号时，*Q*310 的基极电位变为高电平，因而饱和导通，把 *R*378 电阻并接在 *VR*304 上，使积分的时间常数变短，行频升高，由原来的 15625Hz 变为 15750Hz，制式也由原来的 PAL-D 制转变为 NTSC-M 制。当识别电路识别出所接收的信号属于 PAL-D 制时，*Q*310 截止，切断 *R*378 电阻的通路，使行频恢复到 15625Hz。

扫描电路由于采用了 32 倍行频振荡进行分频使用，所以该机型的行频很稳定，不需要再设行频调整钮，只是在生产时转换制式统调设立了一个可调电阻 *VR*304。

分频后的行频脉冲从㊴脚输出，经 *R*409、*R*410 分压后传送到 *Q*401 的基极，*Q*401 为行推动级，其负载 *T*401 线圈的次级耦合到行输出管 *Q*402，*Q*402 是采用的高频大功率晶体管，工作在行脉冲的开关状态，通过偏转线圈产生锯齿波加在显像管上，完成水平方向的扫描。

(二)场扫描电路

场扫描电路正如前面所讲过的一样，是由振荡、推动、输出三部分组成。在该机型中，振荡电路是由 32 倍的行频通过分频产生的场频脉冲信号。这个场频脉冲信号受同步分离电路检出的场同步信号所控制，使它和电视台发出的信号保持同步。场频脉冲信号在 *IC*301 (TA8759AN)内部产生后，经过计数器送往锯齿波形成电路。锯齿波形成电路由 *IC*301 的㉙、㉛、㉜脚外接电路组成，㉛脚外接电容 *C*355(1μ/50V)和 *VR*303、*R*377 电阻形成场频的充放电的时间常数，每秒 50 次，工作在 PAL-D 制状态。制式的改变，是由内部的垂直计数器对接收来的信号的场同步脉冲进行计数，当计数是 60Hz 时通过 *IC*301⑱脚反映出高电平(6V)，⑱脚即是 SECAM 信号的输入脚，也是制式切换的控制电压输出脚。当⑱脚是高电平时，外接的 *Q*305 晶体管导通减弱(因 *Q*305 是 PNP 型晶体管)，发射极电位上升导致 *Q*304 导通加强，集电极电位上升，引起 *Q*309 饱和导通，把 *R*374(270k)电阻并接在 *VR*303 和 *R*377 回路中，使 *C*355 充放电的时间常数变短，把场频由原来的 50Hz 转换成 60Hz NTSC-M 制的场频。*VR*303(50k)是为了微调场频同步而设立的。

由㉛脚产生的垂直斜波(场频锯齿波)经内部电路放大和整形后从㉙脚输出，送到场频末级放大输出电路(场偏转电路)进行放大。末级放大电路采用 *IC*401(LA7830)集成电路完成。其④脚为场脉冲信号输入脚，②脚为放大后的输出脚，通过偏转线圈和 *C*404 大电容(2200μ/25V)、*R*408 电阻(2.2Ω/2W)接地完成偏转交流信号的回路，需要指出的是，*IC*301 (TA8759AN)的㉜脚是场扫描电路的负反馈输入脚，该脚从输出电路经 *C*405、*R*370 电阻取出的负反馈信号，从㉜脚输入到内部电路，对场推动(放大)电路起稳定作用，但是此回路信号出现断路和丢失时，㉙脚输出的信号立刻中断，使偏转回路失去场频锯齿波电流，产生水平一条亮线的故障。在维修时应引起重视。

另外该机型还设立场频电路维修开关 *S*301，此开关安装在主电路板上当此开关接通时等于㉜脚接地，失去反馈信号，出现一条水平亮线，用于调整白平衡中的暗平衡的一种方法。

小　结

1. 彩色电视接收机主要由高频通道、中频通道、伴音通道、解码器、扫描电路和电源电路等部分组成。其中高频通道、中频通道、伴音通道、解码器中的亮度通道、扫描电源电路与黑白电视接收机的基本相同。彩色电视接收机与黑白电视接收机的主要区别是：彩色电视机有解码电路，采用彩色显像管及一些显像管的附属电路。

2. 高频调谐器由输入回路、本振电路、高放及混频电路等组成，分成 UHF 和 VHF 两部分。它的作用是选频、放大和变频。采用电子式调谐回路，将变容二极管作为调谐电容，利用开关二极管实现高低频道转换。采用自动频率微调(AFT)电路，保证本振频率的稳定性，提高彩色图像的质量。

3. 中频放大器的作用是放大中频信号和抑制干扰信号。它的电路形式多种多样，目前一般都采用具有标准中频特性的声表面波滤波器与宽带低 Q 放大器的组合。中放电路是决定接收机灵敏度和图像质量的主要环节，它的幅频特性应满足一定要求。

4. 接收机的自动增益控制(AGC)电路能根据接收信号的强弱，自动调整中放和高放增益，使检波后送至视放的视频信号电压稳定不变，保证图像和伴音的质量。为了保证整机通道的信噪比，采用延迟式 AGC，且中放 AGC 先起控，高放 AGC 后起控。

5. 视频检波器的作用有两个：一是解调出视频全电视信号，进入图像信号通道；另一是将图像中频载频与伴音中频载频进行混频，获得 6.5MHz 第二伴音中频信号。送到伴音通道进行放大处理。

6. 接收机的色度通道包括带通放大器、自动色饱和度控制(ACC)电路、色同步消隐电路、自动消色(ACK)电路、延时解调电路和同步检波电路等。它的作用是从彩色全电视信号中获得 E_{R-Y}、E_{B-Y}两个色差信号，供给解码矩阵电路。其中带通放大器的作用是从彩色全电视信号中取出色度信号并加以放大；ACC 电路能自动控制色度信号增益，使色度信号与亮度信号幅度的比例保持不变；在接收黑白图像时，自动消色电路能自动关闭色度通道；梳状滤波器是利用加法器、减法器和延时线来完成相邻行色度信号的相加和相减，从而从色度信号中分离出 F_U、F_V 两个分量；同步检波电路的作用是从 F_U、F_V 中解调出 E_{R-Y}、E_{B-Y}色差信号。

7. 基准副载波恢复电路是由色同步选通电路、鉴相器、环路滤波器、副载波压控振荡器、副载波 90°移相电路、半行频放大器、PAL 识别电路和 PAL 开关电路等组成。它的作用是产生 U、V 两个同步检波电路所需要的基准副载波。其中，鉴相器、副载波压控振荡器、90°副载波移相电路和环路滤波器等组成锁相环路。当环路锁定时，输出 0°基准副载波 $\sin\omega_s t$ 供 U 同步检波器使用。PAL 识别电路、PAL 开关电路和 90°移相电路产生$\pm$90°的基准副载波$\pm\cos\omega_s t$ 供 V 同步检波器使用。

8. 亮度通道是由 4.43MHz 陷波器、亮度信号延时电路、视频放大电路、自动清晰度控制电路、勾边电路、箝位电路、自动亮度控制电路等组成。它的作用是从彩色全电视信号中取出亮度信号并加以放大，与三个色差信号同时到达基色矩阵。

9. 从色度通道输出的 E_{R-Y}、E_{B-Y}两个色差信号通过 E_{G-Y}矩阵电路恢复出 E_{G-Y}色差信号，然后这三个色差信号与亮度信号一起送入基色矩阵，形成 E_R、E_G、E_B 三个基色信号，并在末级视放电路中放大，控制显像管的三注电子束，在屏幕上重现彩色图像。

10. 伴音通道由伴音中放、限幅器、鉴频器和低频放大电路组成。它的作用是从 6.5MHz 第二伴音中频信号中解调出音频信号，并加以放大，推动扬声器还原出伴音。其中，伴音中放电路除了要有足够的增益外，还必须满足通频带和选择性要求，目前都采用谐振频率为 4.5MHz、5.5MHz、6MHz、6.5MHz 的陶瓷滤波器作为选频元件，保证放大器所需的选择性和通频带。

11. 同步分离电路的作用是用幅度分离方法从全电视信号中取出复合同步信号，然后再采用频率分离方法实现行、场同步信号的分离。

12. 行扫描电路由 AFC 电路、行振荡、行激励、行输出及高压电路组成。它的作用是提供行偏转线圈一个频率为 15625Hz 的线性锯齿波电流，使电子束从左至右线性扫描。同样，为了得到良好的线性扫描，电路中要采取各种补偿措施。另外，行扫描电路还产生显像管所需要的高压。

13. 场扫描电路由场振荡、场激励、场输出电路组成。它的作用是提供场偏转线圈一个频率为 50Hz 的线性锯齿波电流，使电子束从上到下线性扫描，为了获得良好的线性扫描，在电路中要采取各种补偿措施。

14. 场输出电路是一个功率放大电路，而行输出电路是一个开关电路。

15. 开关电源的特点是调整管工作在开关状态，功耗小、效率高。它的工作原理是通过控制电路改变开关调整管的导通和截止时间，把未经调整的直流电压变换成矩形脉冲，再经整流、滤波获得稳定的整流电压。

习　题

1. 组成彩色电视信号的各信号成分有什么特点？如何将它们分离出来？
2. 彩色电视接收机由哪些电路组成？各部分的作用是什么？
3. 画出高频调谐器的框图，简述各部分的作用。
4. 彩色电视接收机中为什么要设置 AFT 电路？
5. 画出中频放大器的频率特性曲线，说明对中频幅频特性有什么要求？
6. 色度通道由哪些电路组成？这些电路的作用是什么？
7. 亮度通道由哪些电路组成？这些电路的作用是什么？
8. 解码矩阵电路由哪些电路组成？这些电路的作用是什么？
9. 画出 PAL-D 解码器框图及各方框的输入输出波形。
10. 为什么延时解调器中延时线的延时量为 $\tau=63.943\mu s$？$\tau=64\mu s$ 是否可以？为什么？
11. 用矢量法分析延时解调器的工作原理。
12. 伴音通道包括哪些电路？这些电路的作用是什么？
13. 场扫描电路包括哪些电路？这些电路的作用是什么？
14. 行扫描电路包括哪些电路？这些电路的作用是什么？
15. 行输出电路和场输出电路的工作状态有什么不同？为什么？
16. 为什么要进行黑白平衡调整？
17. 彩色电视机近旁存在强磁场后会对电视机造成什么影响？
18. 开关电源有哪些特点？为什么它比串联稳压电源的效率高？

第五章 彩色电视机调试与维修

第一节 彩色电视机调试

与其它电子线路一样，彩色电视机性能的优劣与调试准确有着非常紧密的关系，调试不当，方法不对都影响整机的声、光、电的性能。工厂生产中对调试的工艺要求是很严格的，由于机型及生产厂家不同，电路各有特点，调试方法也有所不同，但调试的基本内容是相似的。

整机调试一般分生产调试和维修调试两种。生产调试是彩电在生产流程线上所进行的调试，它是使产品达到指标的重要手段。近年来由于电视技术和新器件的不断出现，以及集成电路集成度和制造工艺水平的提高，电路的一致性及稳定性不断提高，许多器件实现了无调整，不少电路的调试已大大简化，给生产带来极大的方便。检修调试是修理人员在电视机修复后所进行的某些必要的调试，一般没有专用仪表，往往只依靠简单的测试仪表，如三用表，示波器等。检修调试一般只须进行局部电路的调整。

本节介绍的调试以长城牌 G8253YN 型彩电为例，其电路可参考本书第四章的内容。

一、中频电路的调试

G8253YN 型彩电中放电路采用 TA7680AP 集成电路，其中放部分是三级直接耦合的，不需要调整，只是在中放的末端即进行视频检波电路中调整中频 38MHz 为检波的开关信号。因为该中频电路图像通道的视频检波器是采用双差分电路构成的同步检波器，要求开关信号与被检波的信号保持同步。开关信号来自限幅放大器，由于限幅放大器中的晶体管集电极的分布电容与负载电阻的影响，使限幅放大后的开关信号产生延迟。为此，集成电路⑰、⑱脚外接可调电感($T101$)与分布电容构成的谐振电路，调整该谐振电路目的是为使开关信号与被检波信号的载波同步，以求得最佳检波效果。

在中频信号处理电路中除了对检波电路中的开关信号调试外，还要对 AFT 电路、AGC 电路以及对中放电路总频响的调整。

(一)同步检波器的调整

此项调整有四种方法。第一种方法是采用扫频仪，将扫频仪输出的扫频信号(中心频率为图像中频)加至图像中频输入端即 $C112$ 电容上，断开 $R133$ 电阻，与高频头的信号断开。扫频仪的输入端接 TA7680AP 的⑮脚输出的视频信号 $TP201$ 的测试点上。调节 $T101$ 线圈中的磁心使图像中频在幅频特性曲线幅度的 85%处，见图 5-1。

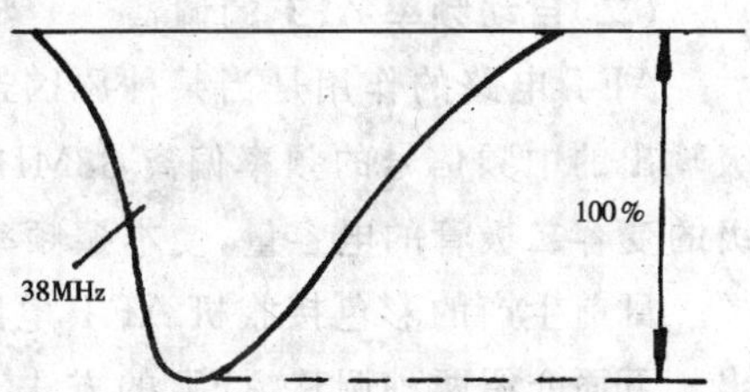

图 5-1 中频幅频特性曲线(一)

第二种方法：是将扫频仪输出的扫频信号由第一种的中频通道输入端接入改为中频放大器的输入端，即 TA7680 的⑦、⑧脚。扫频仪的输入端不变，这时得到的谐振曲线调节 $T101$ 使图像中频在幅频特性曲线的顶峰，如图 5-2。

第三种方法：采用中频信号放大器调试，连接方法如图 5-3 所示，调整步骤如下。

(1)将图像中频信号发生器的中频输出接到 $C112$ 电容上(中频信号 IF 输入端)。

(2)用外接＋12V 直流稳压电源，接至中频放大电路供电输入端上。调节 $VR101$ 可调电阻使中放电路处于正常的工作状态。

(3)将万用表(直流档 10V)接至 $TP201$ 的测试点上(视频输出端)。检查视频输出电压值。

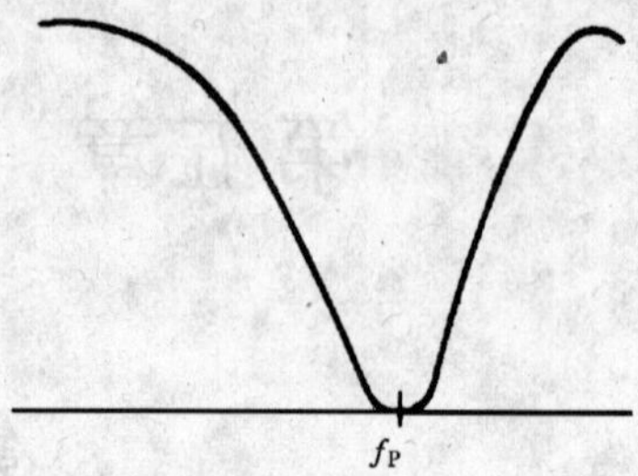

图 5-2 中频幅频特性曲线(二)

(4)调节 $T101$ 线圈，使万用表的电压值最小(一般在 3.5V 左右)。

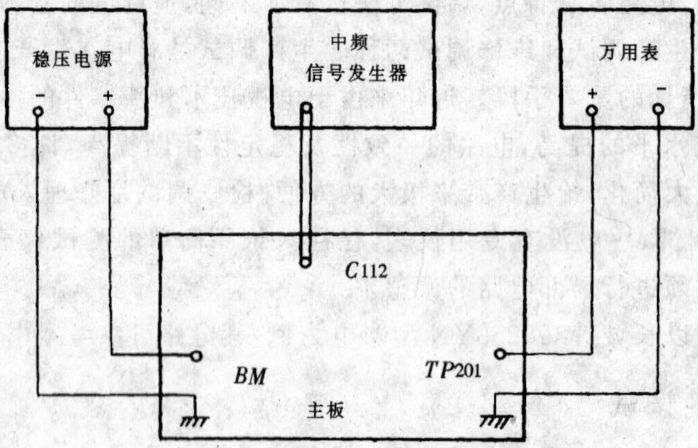

图 5-3 采用信号发生器的调试连接图

第四种方法：使用万用表调试。在进行中频维修后，可以不进行复杂的仪表调试，只使用万用表接至视频输出端 $TP201$ 与地之间。接收一个比较强的电视节目，使用接收机的微调键(手动键)调出电视节目至最好点。调节 $T101$ 线圈的磁心，使万用表的读数最低并记录下此次调整的电压值。然后再将微调键向＋方向微调，或向－方向微调，调节 $T101$ 线圈使万用表的读数最低，此项调整可反复进行，直至找到最低电压值为止。

(二)自动频率 AFT 的调整

AFT 电路的作用是当某种原因造成调谐器中的本机振荡电路的频率发生漂移同时混频级输出的中频信号的频率偏离 38MHz 时，AFT 电路能检测出误差电压返回调谐器改变振荡级的变容二极管的电容量，使本振频率恢复到准确值，保证输出中频为正确的 38MHz。

目前生产的彩色接收机 AFT 电路的输出一般有两种：一种是双端输出；另一种是单端输出。下面介绍两种调整 AFT 的方法。

1. 使用中频信号发生器与万用表的调试方法(G8253YN 型为单端 AFT 输出)

其连接方法如图 5-3，此项调整必须在同步检波器调整之后，即 38MHz 调准确之后进行。调试方法如下。

(1)将万用表(或直流电压表)改接在 AFT 输出端上。红表笔接 $TP104$，黑表笔接地。

(2)调节 AFT 线圈($T103$)使万用表的读数为所加电源电压的一半，如果中放电源为＋12V，取 6V 中间值(对于中放级供电为 9V 的机型取 4.5V)，调整时，先调节线圈，这时万用

表一般出现 2V～10V 的变化范围，再取 6V 值。否则中放电路有故障，排除故障后再调整。

(3)对于采取双端输出的 AFT 电路，可将万用表先接在双端输出的两端，应先调整静态平衡，即在不加中频信号时，调节 AFT 静态平衡电位器，使 AFT 输出为零(两端电压值相等)。在加入中频信号后(38MHz)再调节 AFT 线圈也为零为止。

对于接入的万用表应选取内阻较大的，否则选取的 AFT 电压值会产生误差和不准确。

2. 使用中频信号发生器与示波器的调试方法

这种方法是利用中频信号和调谐器输出的中频信号产生差拍信号来调整 AFT 电路，其优点是比较直观、准确。也是目前使用较多的一种方法。

从 AFT 电路工作原理可知，在中放电路产生的 AFT 电压信号未加到高频调谐器上去时，设定调谐器混频级输出的中频信号的频率是正确的(38MHz)。调整 AFT 电路，处于正常状态，使 AFT 输出电压加至调谐器 AFT 输入端时，本振频率应保持不变。也就是说，调谐器输出的图像中频不受 AFT 影响。根据以上的原理来调整 AFT 电路，这样调整后，如收看中振荡频率发生偏移，中放电路中就产生误差电压送回调谐器使之保持中频(38MHz)不变。调试方法如下。

(1)接收标准的彩条信号。

(2)若 RF AGC 未调整好，应调节 RFAGC 电位器，使画面上无异常现象。

(3)将 AFT 开关拨至 OFF(关)位置。

(4)将中频信号发生器输出的中频信号，通过高频电容连接于图像中放电路的输入端。

(5)将示波器接于图像中频集成块的视频输出端，示波器置于 0.5V/cm，有的示波器没有水平同步，用其它挡也可以。

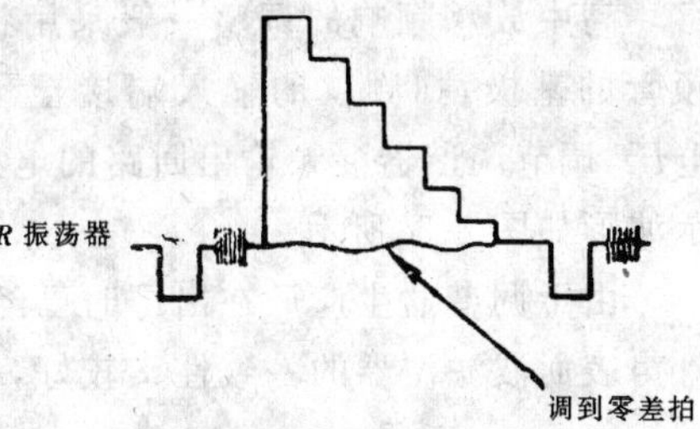

图 5-4 零差拍状态

(6)调节中频信号发生器的输出幅度，使之能容易看出示波器上显示的差拍信号。

(7)调节预选器上的调谐电位器，使之成为如图 5-4 所示的零差拍状态。

(8)置 AFT 开关于 ON(通)位置。调节 AFT 电感线圈 $T103$，将示波器上的差拍调至零差拍状态。显然以上步骤中 1～7 步是为了使调谐器输出为准确的图像中频信号。8 步是使 AFT 在准确的图像中频时输出为零。

这种方法与 AFT 电路是单端输出还是双端输出无关。

(三)高放 AGC(RF AGC)电压的调整

高放 AGC 设定电压的调整就是 RF AGC 延迟起控点的调整，当 IF AGC 使图像中放增益下降到接近于零时，RF AGC 开始起控，从而提高整机的信噪比。最常用的 RF AGC 调整方法是测量规定输入信号增强下 RF AGC 输出电压的方法。

这种方法是在调谐器的天线输入端输入一个规定增强的高频测试卡图像信号，用万用表测量 RF AGC 输出电压(即调谐器 RF AGC 端子电压)。调节 RF AGC 电位器($VR101$)，使此点电压为要求的值。

RF AGC 起控点的选定，决定于图像中放增益的大小，不同的彩色电视机其图像中放增益有所差异，但差异不大，一般在 45dB～55dB 范围内。通常规定输入至调谐器天线端的信号电压为 52dB 左右 RF AGC 起控，以 55dB 输入时的 RF AGC 输出电压为调试依据。

在业余条件下(不使用仪表)调整也可以进行。其方法如下。

(1)把电视机调到本区域里最强的频道(UHF、VHF)。

(2)把"主电路板"上的"U AGC DELAY"(自动增益控制延迟)调节旋钮($R151$)反时针方向转到底。

(3)顺时针方向调整"U AGC DELAY"调节旋钮,直到雪花噪音在荧光屏上消失为止。

(4)把"主电路板"上的"V AGC DELAY"(自动增益控制延迟)调节旋钮($R153$)反时针方向转到底。

(5)顺时针方向调整"V AGC DELAY"调节旋钮,直到雪花噪音在荧光屏上消失为止。

(四)高中放总频响的调整

在目前生产的彩色电视机中频通道电路中由于采用了声表面波滤波器,中放电路的频率特性不需调整。但是中频通道与高频调谐器相连接后,由于调谐器的混频器也是一个中频放大器,它的集电极输出电路是一个中频带通滤波器,也是整个中频信号通路中的一个选频电路。因此,如果此选频电路调谐不正确,会使整个中放特性不符合要求。所以,高中放总频响的调整实际上是调整调谐器中混频输出回路。

高中放总频响的调整一般采用将扫频信号加至调谐器混频管的基极,扫频仪的输入端接至预视放输出端,外加 AGC 电压,调节调谐器混频输出回路的电感 $L602$,(见图 4-6)。使显示波形如图 5-5,所示。

由于调谐器生产厂在出厂时已经把此电感线圈调整好,而且声表面波滤波器的一致性又较好,一般可不进行调整。

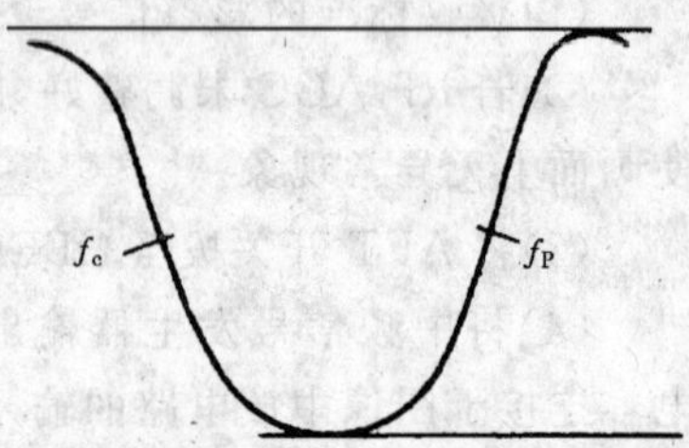

图 5-5 通道总幅频特性曲线

f_c—5.5±2.5dB

f_p—5.5±2.5dB

二、伴音鉴频特性的调整

G8253YN 型彩电的伴音中频处理是在 TA7680AP 的集成电路中完成的,它的伴音鉴频检波是采用双差分鉴频电路,其工作原理与图像中放中 AFT 的鉴相电路相同,利用移相电路将调频信号的频率变化变成相位的变化,然后利用双差分电路的鉴相特性把相位的变化变成幅度的变化,而这种幅度的变化就是所需要的音频信号。

调试方法通常采用扫频法,即将扫频仪输出的信号接伴音的输入端,鉴频输出端接扫频仪的输入,如图 5-6。调 $T102$ 线圈使扫频仪的波形如图 5-7。

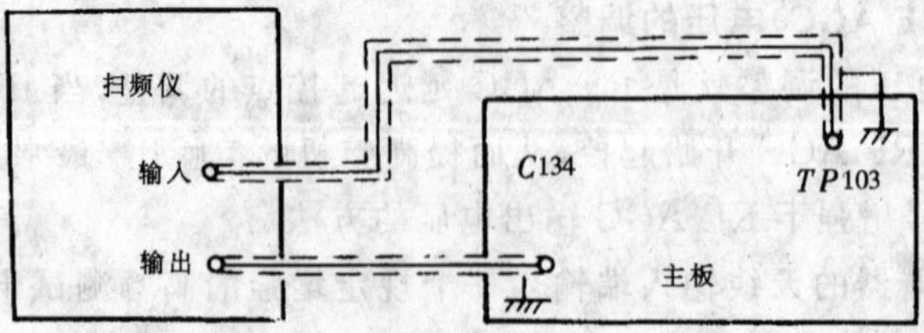

图 5-6 伴音鉴频特性调试接线图

此项调整在维修中可进行简单调试,其方法是接收正常电视节目,把图像调节在最佳状态后,再调 $T102$ 线圈,使伴音输出功率最大为止。

三、彩色电路的调试

(一)PAL 制的调试(延迟线)

1. 示波器调试

(1)接收标准的彩条信号;

(2)把饱和度控制调整到最大位置;

(3)将示波器接在 $TP305$ 测试点(B 输出)上;

(4)调整 $VR301$ 和 $T303$ 电感使示波器的波形如图 5-8 所示。

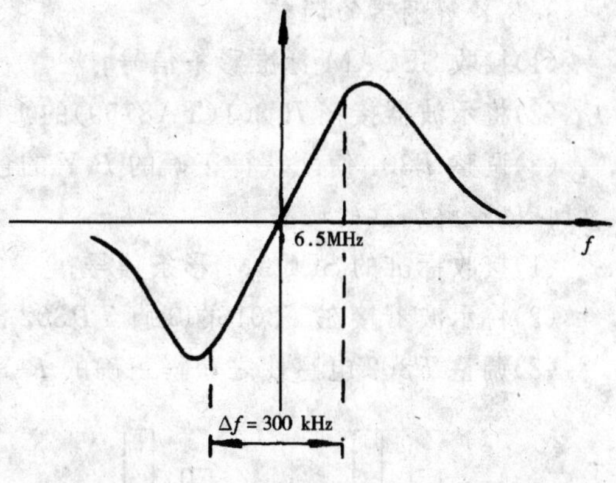

图 5-7 伴音鉴频 S 曲线

2. 简易调试

在缺少仪表的情况下,可采用简易调试法。

(1)接收彩色信号(最好是测试卡或彩条信号);

(2)调 $VR301$ 和 $T303$ 线圈使彩色图像无爬行现象。

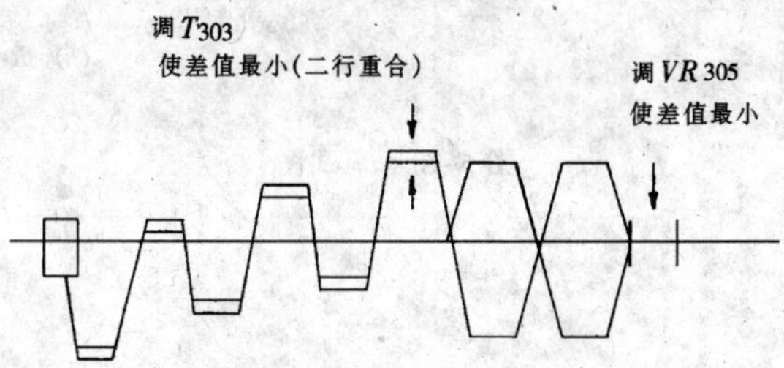

图 5-8 PAL 彩条波形的调整

(二)SECAM 制调试

1. SECAM 识别电路调试

(1)接收 SECAM 标准彩条信号;

(2)用高阻抗的直流电压表接 TA8759 的㉓脚;

(3)调节 $T305$ 线圈使 SECAM 识别滤波器㉓脚电压最大值超过 9V。

2. SECAM 钟形滤波器的调整

(1)接收 SECAM 标准彩条信号;

(2)将示波器接在 TA8759 的⑭脚上;

(3)调节 $T304$ 使彩条信号的包络成为平的曲线,见图 5-9。

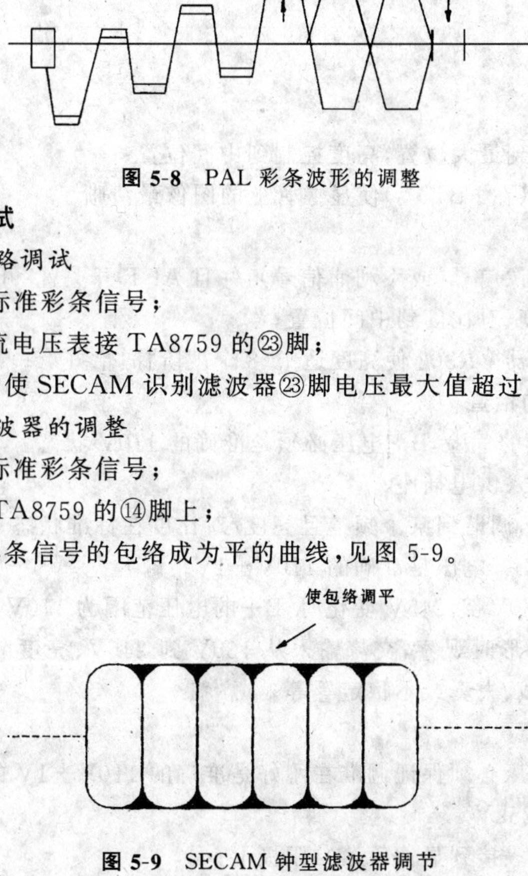

图 5-9 SECAM 钟型滤波器调节

3. B-Y 解调器的调整

(1)接收 SECAM 标准彩条信号；

(2)将示波器接在 IC301(TA8759)的①脚 TP301 测试点上；

(3)调整 T301 使之获得正确的 B-Y 的色度输出，见图 5-10(a)。

4. R-Y 解调器的调整

(1)接收标准的 SECAM 彩条信号；

(2)将示波器接在 T301 的③脚 TP302 测试点上；

(3)调整 T302 电感使之获得正确的 R-Y 色度输出，见图 5-10(b)

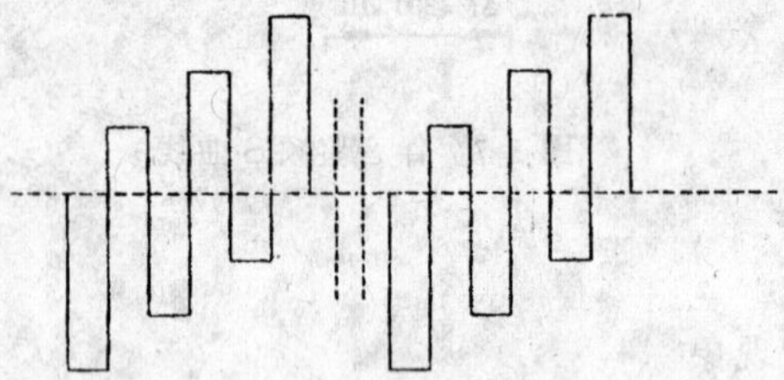

(a) B-Y 波形

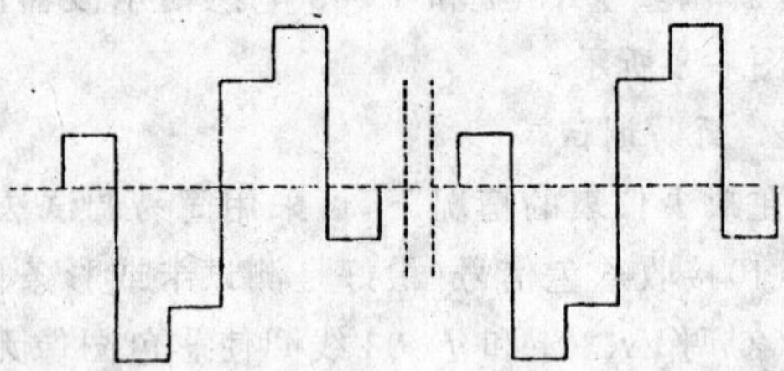

(b) R-Y 波形

图 5-10 调试图

四、整机的调试

(一)聚焦的调试

(1)设定对比度控制到最大位置，亮度控制到中间位置；

(2)调节聚焦电位器(在 FBT 上)使显像管上的图像最清晰。

(二)副亮度的调试

(1)接收黑白测试图像信号(或飞利浦信号)，并且 AFT 开关置“开”状态；

(2)调节饱和度、亮度、对比度到中间位置；

(3)调节副亮度电位器 VR302 使亮度适中(8 个度阶梯，恰好有一半可见)。

(三)电源电压 B+的检查

注意：为避免 X 射线的危险，B+电压必须是准确的 110V 状态。

(1)将交流电源线插入供电插座；

(2)接通电视接收机，调谐到某个频道且亮度/对比度在标准状态；

(3)检测 C916 上的 B+电压是准确的 110V±1V；

(4)在交流供电从 160V 到 245V 变化时，B+的电压范围为 110V±1V；

(5)在接收飞利浦图形时观察，交流输入从 160V 到 245V、亮度/对比度控制和音量控制调整到最大也不出现过载、失真或不稳定等等。

(四)阳极高压的检查

注意：本机机心的高压必须保证调准在刚好是准确的 110V±1V 的 B+电压值，以保证在任何情况下高压不超过 25kV。

(1)把精度高的高压表接到显像管第二阳极上；

(2)打开电视机，把亮度和对比度调到最小(零束流)；

(3)测量高压值确实低于 25kV；

(4)确认在亮度、对比度和色度控制到最大或最小的任何情况下都没有超过 25kV 发生。

(五)白平衡的调整

(1)亮度、对比度控制到中位，把 TV 转为 AV 并断开 AV 的输入；

(2)调节红、绿和蓝的暗平衡电位器($VR503$、$VR504$、$VR505$)到最小，且亮平衡驱动电位器($VR501$、$VR502$)调到中间位置；

(3)设定加速极电压(在行输出变压器上)在低状态，且副亮度控制($VR302$)调到中间位置；

(4)将维修开关 $S301$(SERVICE)拨到"维修"位置；

(5)顺时针慢慢旋转加速极(SCREEN)使刚好有水平亮线，并在 CRT 板上检测加速极电压(用高压探针)以保证白平衡校准应该修定为 400V±30V；

(6)调 $VR503$ 使显像管呈现红色水平线；

(7)调 $VR504$ 使显像管呈现黄色水平线；

(8)调 $VR505$ 使显像管呈现白色水平线；

(9)恢复维修开关到"正常"位置；

(10)调电视机为高频接收黑/白图像信号(上/下或左/右各一半的黑/白信号)；

(11)调节亮度、对比度到正常图像；

(12)用亮度计(CA100)的传感器测量显像管屏的黑/白图的色温。

(13)细调 $VR503$、$VR504$ 和 $VR505$ 使黑色部分亮度在 8cd/m^2-10cd/m^2 时获得所要求的色温值；

(14)调整驱动电位器 $VR501$、$VR502$ 使白色部分获得同样的色温。

(六)色纯度的调整

(1)将电视机屏面朝南或北；

(2)接收电视信号；

(3)电视机接收信号的时间应超过 30 分钟(预热显像管)；

(4)用消磁器将电视机进行充分的消磁；

(5)接收十字窗口图形且对静会聚进行粗调整；

(6)松开固定偏转线圈的夹紧螺钉，且将偏转线圈移后；

(7)将红和蓝的暗平衡电位器 $VR503$、$VR505$ 逆时针旋到底(使光栅仅有绿色)；

(8)调节纯度磁体使屏的中心获得绿色场面；

(9)慢慢地推进偏转线圈朝向显像管的颈锥，且可以获得均匀的绿色光栅；

(10)紧固偏转线圈的固定夹紧螺钉。

(按照"白平衡"的办法再进行白平衡调整)

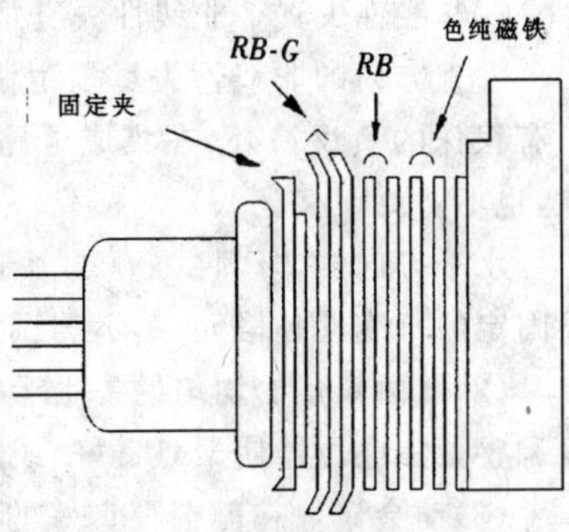

图 5-11 色纯调整结构图

(七)会聚的调整

(1)接收点子图形；

(2)松开会聚磁体的夹子且用旋转(R、B)静会聚磁体进行屏中心的红和蓝点的调校；

(3)用旋转($RB\text{-}G$)静会聚磁体进行屏中心的红/蓝和绿点的调校,见图 5-11;

(4)用旋转夹固定静会聚磁体;

(5)去掉偏转线圈的楔块,且轻微地水平和垂直方向倾斜偏转线圈以获得较好的全面的会聚(四周);

(6)用楔块固定好偏转线圈;

(7)如果色纯有误差(不良),可按照“色纯调节”再调整。

五、彩色电视测试卡及其应用

在生产过程中,为了保证产品的调试质量和整机的综合指标,常采用彩色测试卡做依据,它是一种包含丰富信息的图像。在日常的彩色广播中,播发正式节目之前,电视台也先播送测试卡作为直观检测彩色图像的标准。目前使用的彩色电视测试图有多种形式图案。归纳起来可以划分成两类:一类是用于广播的测试图案,用户可以利用它调整彩色接收机,判定所接收的图像质量。另一类是包含有更多的彩色图案,除了用于调整彩色电视外,还可以进行测试和检验,又称为测量测试图。

无论是广播,生产和维修调试都离不开测试卡,因此,了解和熟悉测试卡的内容是十分必要的,下面就常使用的飞利浦公司生产的测试卡各部位的内容和作用进行介绍。

(一)圆外图案

1. 灰底白线方格图案

测试圆四周有水平方向 18 条竖条与垂直方向 14 条横条正交组成水平方向 17 格、垂直方向 13 格的方格图案,见图 5-12。竖条线和横条线都是白色直线,构成一个 4∶3 矩形光栅,每一方格均为正方形。可作以下几项检查。

(1)图像的几何失真

①枕形失真　现在彩色电视机采用了新型的自会聚彩色显像管及精密的偏转线圈,上下枕形失真已被补偿。主要检查左、右枕形失真。检查时可目测左右两边的白线条是否为直线。

②几何失真　圆外的方格应为正方形,如果不是正方形,则说明行、场扫描的幅度比例不对,可调场幅及行幅,使方格成正方形,并使方格数基本符合 17×13 格。

③非线性失真　非线性失真可分垂直方向非线性失真和水平方向非线性失真两种。

垂直方向的非线性失真是由于场扫描锯齿电流非线性引起的,目前彩电中场扫描电路除了有很深的负反馈外,在集成电路内电路设计时都保证场扫描线性良好,一般都不设调节元件,也不需要调整。

水平方向的非线性失真是由于行扫描锯齿波电流的非线性引起的,目前彩电中行线性只设固定的行线性补偿元件,不需调整就能满足行线性的要求。

(2)画面聚焦的均匀性　由于格子线较细,可以用来鉴别画面的聚焦性能,如聚焦不良,可以调整聚焦电位器使聚焦良好,线条最细。

(3)动会聚　在静会聚良好的前提下,如果动会聚失聚,则在图像边缘部分组成的格子图像亮线上带有某种色调镶边,动会聚失聚严重时,每根亮线将展开成红、绿、蓝三根基色亮线。

(4)通道的阶跃响应　方格竖条的右边不应出现亮度渐暗的垂线,如果出现渐暗的垂线,说明电视机的阶跃响应不良,有振荡现象。

2. 方格的灰底

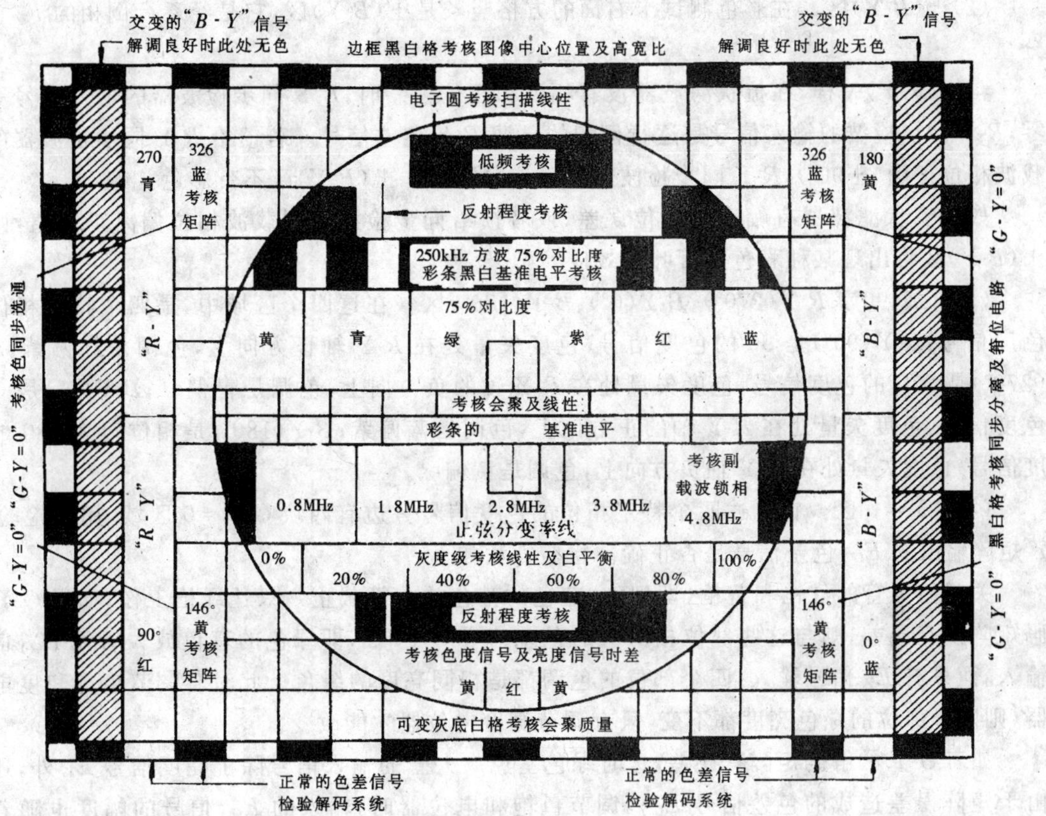

图 5-12 飞利浦测试卡

方格图案的背景是低亮度的灰色(通常置于视频幅度的30%左右)。灰底可以用来检查彩色显像管的色纯度,色纯不良时,会使灰底带有不规则的彩色区域。

3. 黑白格护边框

在灰底白线条方格图案的四周,有"城墙"状黑白边框,顶部与底部黑白格的垂直高度各占场幅的3.5%,左右边框更宽一些。它的作用有以下三个。

(1)检验图像的中心位置和行、场扫描幅度大小,如光栅宽与高之比为4:3,光栅的大小及中心位置合适时,四周的边框对称出现。

(2)检验同步分离的性能。如果同步分离性能不良,则右边的边框垂直线将变成曲折线。

(3)检验色同步选通的性能。左边的边框黑白格从顶部往下数,第二和第三格上带有特殊的 R-Y 信号,它的色度分量在彩色矢量图上位于 R-Y 轴上,并且在编码时未经逐行倒相。所以正常情况下只显示亮度的黑白变化,不呈现任何颜色。但色同步选通不良时,这两格即带有某种色调。

4. 色差信号区

(1)+(R-Y)区　是逐行不倒相的 F_u 色度分量。如果梳状滤波器有幅度或相位误差时,则在+(R-Y)区就出现明显的百叶窗效应。如果梳状滤波器无幅度和相位(延时)误差,而馈给 B-Y 同步检波器的基准副载波相位为0°(正确),则+(R-Y)区不带彩色(灰底白格图案);若此时馈给 B-Y 同步检波器的基准副载波相位不是0°(不正确),则将使+(R-Y)区带有某种色调。

(2)±(*B-Y*)区　在彩色测试卡右面的方格竖条是±(*B-Y*)区，它是经逐行倒相的 F_v 色度分量。

与±(*R-Y*)一样，在梳状滤波器没有幅度和相位误差时，*B-Y* 同步检波器的输入信号等于零，*R-Y* 同步检波的输入信号是逐行倒相的已调 *B-Y* 色差信号。若馈给 *R-Y* 同步检波器的副载波相位正确(±90°)，*R-Y* 同步检波器也无信号输出。±(*B-Y*)区不带彩色。

如果梳状滤波器有幅度或相位误差，或者馈给同步检波的副载波相位偏离正确值，则在±(*B-Y*)区将出现某种彩色或百叶窗效应。

(3)*R-Y*(90°)、*R-Y*(270°)、*B-Y*(0°)、*B-Y*(180°)区　在这四个区域中，是四个特定相位的色度信号：*R-Y*(90°)是 90°的色度信号，色度矢量处在 *R-Y* 轴正方向上，色调是红偏紫；*R-Y*(270°)是 270°的色度信号，色度矢量处在 *R-Y* 轴的负方向上，色调是青偏绿；*B-Y*(0°)是 0°的色度信号，色度矢量处在 *R-Y* 轴的正方向上，色调是蓝偏紫；*B-Y*(180°)是相位角为 180°的色度信号，色度矢量处在 *B-Y* 轴负方向上，色调是黄偏绿。

(4)*G-Y*＝0 区　在上述四个特定相位的色度信号旁边有四块 *G-Y*＝0 区域，用来检验 *G-Y* 矩阵输出的 E_{G-Y}色差信号是否正确。检验方法如下。

关闭显像管的红枪和蓝枪(即把红、蓝色的基色放大管截止)，只让绿枪工作，如果 *G-Y* 解码矩阵没有误差，则与这些部位相对应的色差信号 *G-Y*－0，即绿色的基色放大管无 E_{G-Y}信号输入，而只有 E_Y 信号输入，四个部位的色调都是相同亮度的绿色。此时若调节色饱和度电位器，则四个部位的绿色亮度都不变，只有调节亮度电位器才能改变。

如若 *G-Y* 的解码矩阵有误差，这时绿色基色放大管的输入信号除了亮度信号 E_Y 外，还有由于矩阵误差造成的色差信号 E_{G-Y}，调节色饱和电位器时，输入的 E_{G-Y}信号的幅度也随着改变，致使四个区域的亮度随色饱和度调节而改变。目前，*G-Y* 矩阵电路都在集成电路内完成，一般不会出现误差，此项检验实用意义不大。

5. 电子圆

测试卡中心大圆的圆心即为图像的几何中心，可用来检验下列三个内容。

(1)检验图像的几何失真程度和屏幕中间部分的行、场扫描线性。

(2)检验图像的宽高比，若宽高比正确，此圆是正圆，否则为椭圆。

(3)检验隔行扫描是否良好，隔行扫描良好时，圆周线应是光滑的，否则圆周上相邻两行的白点就会错开，出现锯齿毛刺，水平白格子线条也会变粗或变细。

(二)电子圆内部图案

1. 黑色矩形方块

在圆内顶部有一个黑色方块，垂直宽度占一个方格，水平宽度占四个方格(12μs)。此黑色方块用来检验图像通道的低频响应。如果低频响应差，黑色矩形方块的右边沿会出现拖尾现象。

2. 黑色针形线

在黑色矩形方块下面有一高度为一方格、宽度为 5 方格的白色区，在白色区的左面有一条针状垂直黑线，此黑色针状线主要用来检验电视信号的反射情况。例如，天线与信号通道之间的阻抗不匹配，或者接收条件处于多径反射时(周围建筑物所造成)，黑色针状线的旁边会出现重影。

3. 黑白方块

在圆内上半部有一条14格黑白相隔的图案。产生这个图案的信号是一串周期为$4\mu s$(频率为250kHz)的方波信号。由于黑白方块不带有彩色,因此形成黑白方块的电视信号没有色度信号,仅是亮度信号。在设计这个测试卡时,使这个方波亮度信号的幅度与组成彩条图像的三基色信号的幅度相等。这样,可以通过对黑白方块与彩条图案的比较,来检验加到彩色显像管三个阴极上的基色信号电压u_R、u_G、u_B的幅度比例是否正确。检验方法如下。

使绿色和红色的末级视放输出管截止,显像管的红、绿电子枪被关闭,此时,黑白方块图案的黑色部位仍是黑色,而白色部位为蓝色,对于彩条图案,也因红、绿电子枪截止,彩条信号的色调从左到右变为黑、蓝、黑、蓝、黑、蓝。调整色饱和电位器,使彩条图像中蓝条的亮度与白方块部位蓝色的亮度相等。这表明,作用到蓝枪阴极的黑白格图像信号的幅度与彩条图像信号中蓝基色信号的幅度已相等。

然后,改为蓝色和绿色的视放管截止,此时黑白方块的白色部位变成红色,若红色的亮度与彩条图像中的红条亮度有差别,则表示输到显像管阴极的u_R及u_B的比例不对。用同样的方法,关闭红枪和蓝枪。此时,黑白方块的白色部位呈绿色,它的亮度应当与彩条中绿条的亮度相同,如果不相同,则u_G与u_B的幅度比不正确。

4. 彩条

在黑白方块的下面有一组三基色和三补色组成的六个彩色方块,自左至右的顺序是黄、青、绿、紫、红、蓝。这是一组75%幅度、100%饱和度的标准彩条。用标准彩条的照片或测试卡与电视机显示的彩条作比较,可以直观地分析色通道的质量和故障。

5. 黑底白色十字线

圆的中心部位有一条水平黑条,长度等于圆的直径,宽度等于一个方格。在黑条的中间部位有一条经过圆心的水平亮线,并有若干条垂直亮线,这些亮线组成黑底白色十字线条图案。中间一条垂直亮线与水平亮线的交点是圆心,也就是图像的几何中心,此中心应当落在显像管屏幕的几何中心上,也就是说,可以用圆的中心来检验显示图像的中心位置。

黑底白色十字线条中央部位的十字线主要用来检验静会聚。如果静会聚失聚,则组成白色十字线的三基色将相互错开,即显示的不是白色十字线,而是相互错开的基色十字线。这样,可根据中央部位的十字线调整静会聚,使三个基色十字线重合在一起,成为白色十字线。

6. 栅状脉冲串条图案

在黑底白色十字线图案的下面,有五组不同间距的竖条图案,这一图案部位是不同频率的正弦波串组成的亮度信号。每个正弦波形成相邻的一根黑条和一根白条,这五个方块中的正弦波频率,从左至右分别是0.8MHz、1.8MHz、2.8MHz、3.8MHz、4.8MHz。观察这些垂直线条可用来检验两个内容。

(1)清晰度和视频带宽　对于合格电视机应能清晰地看到这五组不同间隔的垂直条纹,最后(4.8MHz)可能稍模糊一些,如若最后第二块的条纹看不清,则说明图案的清晰度较差。视频带宽不足是造成清晰度差的主要原因。

(2)色通道带宽　3.8MHz和4.8MHz正弦波频率正好落在色通道的频率范围内(色通道的中心频率为4.43MHz),因此,此二种频率的正弦波群便通过色通道,又在同步检波器中经副载波取样,输出信号将是副载波频率与3.8MHz和4.8MHz的差频信号。这两个信号将在上述的两块栅状黑白竖条图案上,添上波动的彩色花纹。如果这两个方块上没有这种彩色花纹,说明色通道的频带太窄,致使3.8MHz和4.8MHz正弦波受到很大的衰减。由于4.8MHz

比 3.8MHz 离副载波频率 4.43MHz 要近，在 4.8MHz 方块内的彩色花纹应比 3.8MHz 方块内的彩色花纹强一些。如果不是这样，就说明色度通道的频率特性不对称。

7. 灰度阶梯

在圆内还有一条水平排列的六级灰度图案。这六级灰度的亮度信号的幅度分别是 0%、20%、40%、60%、80%和 100%。这个阶梯形的亮度信号使相邻两阶梯之间具有一个固定的亮度差，可以用它来检验下述两项性能。

(1)信号传输通道的线性度。如果通道的线性良好，则各方块的灰度将是等亮度递增的。

(2)白平衡。在白平衡良好时，各级灰度都不带颜色。如果高亮度方块或低亮度方块带有颜色，则表示黑白平衡未调整好。

8. 圆下部的黑长方块

在灰度图案的下面有一条黑色长方块，左端有一条垂直白线，其功能与电子圆内上部的白底黑色针形线相同。

电视台在播送彩色测试卡图像时，常在黑长方块内填入白字，例如填入电台名称或时间。

9. 黄一红一黄图案

在圆内下部有三个彩色方块，按黄一红一黄排列，在红与黄方块之间有垂直黑线作为分界线。这个图案主要用来检验到达显像管的亮度信号与色差信号之间的时差。

在正常情况没有时差时，红色与黄色之间的分界线与黑线重合。当存在时差时，红色与黄色的分界线便与黑线错开。

第二节　彩色电视机维修

一、仪表的使用

彩色电视机的检修是一项技术性较强的工作。有些故障的原因不能直接观察到，而是需要测量后才能有结论。常用的仪表主要有万用表、信号发生器、示波器、扫频仪和频率计数器等。

(一)电视信号发生器

近几年生产的彩色接收机和 VCD 机多数属于多制式型，例如我国使用的 PAL-D 制，日本、美国使用的 NTSC-M 制，和法国的 SECAM 制。选用信号发生器时最好也是多制式的。在维修和调整接收机时，电视信号发生器具有多种用途，通过直接观察电视机屏幕显示的图像好坏来调整机器是很方便的。其具体用途如下。

(1)用垂直条图像检查聚焦。如水平方向模糊，说明聚焦需要再调整。正确聚焦时，垂直条边沿应是清晰的。

(2)用方格图像检查线性。方格应等距离分布于整个屏上，否则应分别调整行与场线性。

(3)用方格加圆复查线性。应保证画面的中心位置正确、大小合适，电子圆应处在画面正中，圆应当端正。

(4)用方格图像可以直接观察枕形失真和彩色图像的会聚调整情况。

(5)用红、绿、蓝三个单色画面观察和调整色纯度。

(6)灰度图像用于调整灰度等级。

(7)用四矢量图检查 PAL 开关。四矢量图是顺序为$-(B-Y)$、$-(R-Y)$、$+(R+Y)$、

$+(B-Y)$的四条色带图像，颜色顺序为黄、绿、红、蓝。若 PAL 开关有故障，中间两色条（绿、红）就会出现不正确色彩；在屏幕上应能保持恒定的正确颜色顺序。

（二）示波器

示波器在维修中，主要用来检测彩色电视机中各电路关键点的信号波形。通常工作频率应在 20MHz 以上，在检修中用来检测视频图像信号、色度信号，同步信号及音频信号。射频和图像中频等信号由于频率过高一般示波器是不好测的。

在日常的检修中示波器是使用最多的仪器，它对快速变化的周期性电压波形或变化极为缓慢的非周期性电压波形，都能比较真实而且清晰地显示出来，以便对波形精确地进行定性、定量的分析和研究。示波器之所以应用广泛，是由于它能把原来非常抽象的，用眼看不见的电过程，变换成了具体的，看得见的波形。具体地说，使用示波器可以测量电信号的波形、幅度、周期、相位等各种参数，为准确判断故障提供依据。

（三）扫频仪

扫频仪是用来测量频率响应特性的仪器。频率响应一般是指幅频特性和相频特性，是描述高频电路的重要指标。例如：电视机高频头有 12 个频道，各占一定的频率范围，这是有严格规定的，而且有一定的幅度（增益）要求，调试准确与否直接影响高频头的质量指标。又如图像中放幅频特性曲线的各频率所在位置以及幅度等，都有明确的要求，如图 5-13 所示。

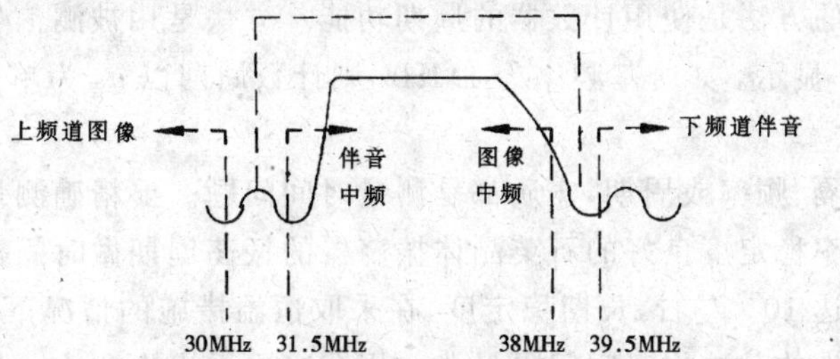

图 5-13 中频通道的频率特性

电路调整得好坏对图像质量有很大的影响。调试各种滤波器、带通放大器和鉴频特性等等，都需要准确地确定电路的频率响应特性。

1. 幅频特性的逐点测试法

幅频特性的测试目前常用两种方法：逐点法和扫频仪法。逐点法是一种基本的方法。

使用可变频率信号源给出一个恒定的信号电压加在被测电路的输入端，同时用高频毫伏表测量电路输出端的输出电压值。然后改变输入信号频率，由低到高，逐点测得输出电压，最后绘成曲线。这种方法比较慢，但容易实现，只要用一台合适的信号发生器和一个高内阻高频毫伏表就可以进行测量，且测量精度较高。

2. 用扫频仪测量幅频特性

目前测试频率特性大都使用扫频仪，它速度快，调整方便，可以边调整边观察。扫频仪种类很多，有视频扫频仪、高频扫频仪等，统称“频率特性测试仪”。

扫频仪测量法的基本原理是：由扫频振荡器产生一个频率随时间周期性变化的正弦信号，用以取代点测法中的“可变频率信号源”。它的频率可以自动地、周期性地从 f_1 变到 f_n，但是输出幅度不变。通过被测电路后，被测电路的输出在不同频率上幅度是不同的，通过检波器，把被测电路输出的扫频信号包络检测出来，并送到示波器显示出曲线，这样便可直接看到被测电路的频率特性曲线了。

从上述可知，一部扫频仪主要应包括下述三部分。

(1)扫频信号发生器　它产生一个幅度不变但频率在所需范围内能自动周期性变化的扫频信号。

(2)频标发生器　它产生频标信号，在显示的频率特性曲线上打上频率标志，可以直接读测曲线上各点对应的频率。

(3)显示部分　包括一个检波器和示波器的主控部分。主控部分的作用是使示波器的水平扫描与扫频振荡器的扫频完全同步。同步的过程是：从电源变压器次级取出 50Hz 交流电压，移相 90°后送到示波器作为水平扫描电路；另外又经一可调移相器送到电流放大器产生调整电流，使扫频信号与水平扫描同步。

(四)频率计数器

要承担彩电的大修工作，频率计数器是不可缺少的。用它能检查或调整彩色电视机电路中的各种振荡器，如 PAL 制中的 4.43MHz 振荡器和 NTSC 制的 3.58MHz 振荡器，要求计数器有足够的频率范围，即从扫描电路中的同步信号 50Hz(或 60Hz)到色副载波信号 4.4MHz(或 3.58MHz)，而且要有足够的准确度。普通计数器的准确度在 100Hz 以内，测量低频信号显得不准确。注意，计数器的准确度与分辨率不同，分辨率是由显示数字的位数表示的。

克服计数误差的方法是使用计数器的周期功能。方法是用被测信号控制计数器的时间闸门，计数以时基频率显示。如时基频率为 1MHz，则计数周期以 μs 为单位。周期的倒数即为所计数的频率。

无论测时间间隔、频率或周期，实质都是测量时间问题。要精确测量时间首先要有一个时间标准。一般用频率稳定度良好的石英晶体振荡器的振荡周期做时间标准，称“时基振荡器”。它的短期稳定度可达 10^{-9}左右，长期稳定度，在采取恒温措施的情况下可达 10^{-8}/日。用这种石英晶体振荡器产生的脉冲将时间间隔量化并用数字显示出来。

石英晶体振荡器的振荡周期是 τ，在被测时间间隔 T 内包括 N 个 τ，则 $T=N\tau$。用这种量化方法测量时间的误差是 $\pm1\tau$。因为 T 可能在晶振给出振荡的任意相角打开，而在另一个任意相角下关闭。由此可见，测量同样一个时间间隔 T，其中包含的晶振脉冲个数越多，晶振的频率越高，τ 越少则测量的精度越高。

二、彩色电视机维修的基本技术

(一)维修注意事项

彩色电视机是价格较高的电子产品，检修是一项细致和技术性很强的工作，在检修前应首先了解被检修机器的电路结构，熟悉各部件在印制板上的位置，提高对故障的分析和判断的准确性。尽量做到不误判，不随意调整各种元件，以免扩大故障。

为了保证人身与机器的安全，避免因操作不当引起意外事故，在检修中还应注意以下事项。

(1)在检查机内电路时，应先关断电源，再把测试仪器探针(如示波器探针或万用表表笔)的地线端与电视机的地线接好，然后通电，再用“高电位”探针接到测试点测试，这样可以预防短路和触电。测量显像管第二阳极高压(20kV 以上)时，应用高压仪表测量。测量时，将仪表负端固定在电视机接地点，测试点用高压线连到仪表正端，然后再开启电源，绝不容许在带电情况下用两只手握正、负两根表笔直接跨在高压两端去测量高压，这是相当危险的。对高压测量也可用“取样电阻法”测量，但不可用“放电法”测量，否则会损坏行输出管和其它部件。

(2)要装、卸、挪动或处理显像管时必须带上不碎玻璃做的护目镜，不带护目镜不要接近显像管。处理显像管期间人体应尽量离显像管远些。这说明显像管是有爆炸危险的器件，因此拆卸、处理、挪动都应该特别小心。当需要把彩色显像管从机壳内拿出时，应该先切断电源，拔除高压帽和显像管座，然后用起子把显像管高压对外面的导电敷层进行放电之后，用粘接带(最好是绷带型，带宽 19mm 左右)卷绕显像管颈部。以便固定偏转线圈。然后用一只手托住荧光屏，一只手托住管颈，慢慢地取出。

(3)当把电视机底板(印刷电路板)拔出来检查各点电压时，应把印刷电路底板用绝缘材料托起，以防与修理台面上的东西接触造成短路。

目前生产的彩色电视机大都是由电网电源 220V 市电直接整流进入开关稳压电源，因此机器的底盘可能局部或全部带电，在检修时由于底盘带电会导致人身触电，所以应特别注意。另外，如与其它底盘不带电的电子仪器相连接时(如示波器等)会造成电源短路，导致机内元件的严重损坏，因此修理前必须加接隔离变压器。所谓隔离变压器就是初、次级的比例为 1∶1 的电源变压器，如无现成正规的隔离变压器，则可以自制。对变压器的初、次级比例要求并不严格，但必须绝缘良好，输出功率足够电视机的功耗。

(4)维修场地必须保证安全。由于彩色电视机有 22kV 以上的高压，地面必须铺有绝缘的橡皮板，维修人员应站立在绝缘板上进行操作。在工作台上也必须覆盖绝缘板，不能有任何金属材料露出，以免在把电视机底板取出测量、检修时与台面金属测量接触造成短路。

(5)修理时除了必须具备有通用的仪表外(如示波器、万用表等)，还必须有一些专用工具，以保证修理工作顺利进行。专用工具为调整电感线圈磁性的专用调试棒，调节小型微调电位器的微型螺丝刀，装、卸小型元器件的勾针，印制板上除去元件插脚孔中焊锡的通针，以及拆、卸集成电路的专用工具(一般可用医用针头改制，或者备有用涂有松香的金属编织线，把集成电路引脚上的焊锡逐点进行吸除，全部吸除后再卸下集成电路)等。

(6)在检修过程中当屏面仅出现一个亮点或一条亮线时，应将亮度关小以免毁坏荧光粉。

(7)在更换高、中频回路电容时，应保持它与相连回路线路位置和元件参数不变，特别是带“!”符号元件。检修人员在未弄清情况之前，不可随意调整机内各微调元件，变动机内连线，尤其是中压和高压部分连接线，以免调乱或引起干扰和电路不稳定。

(8)在检修前应了解电视机损坏的经过，这对正确有效地诊断故障是非常重要的。

(二)检测故障的一般程序

当遇到带有故障的电视机，首先观察电视的故障症状，看有无光栅，有无图像，图像是否正常，色彩是否正常，听声音是否正常。根据故障的现象进行初步的分析判断。

根据故障的特点寻找故障线索，判断故障的大体范围，探寻跟踪故障的入手点。例如开机后发现既无光栅也无伴音的情况，多为电源的故障，或行扫描电路故障。而有光栅无图像无伴音则表明电源和行扫描电路基本正常，原因可能出在调谐回路或中频通道。有图像无彩色则可能是色解码电路的故障。但也不能完全排除公共通道的故障。例如幅频特性不好，增益不足也可能造成无彩色。

能迅速确定故障的位置，就必须对彩电的结构和电路功能有深切的了解，熟悉各单元电路的基本功能和在整个电路中的位置作用。判断出故障的大体范围后，再进一步缩小故障的点，在这个过程中需要借助于检测和试验等辅助手段。例如怀疑某集成电路有问题，可对它进行静态测量、动态测量。静态测量是指在工作时测量各集成电路引脚的直流工作点。因为集成电路内部电路的损坏往往会引起外接引线脚电压值的变化。测量后根据测量结果对照图纸、资料上提供的正确参数即可发现问题。这种方法比较简便只使用三用表就可以做到。如果使用这种方法还不能确切地判断故障点，可以进行动态信号跟踪测量。这是指使彩色电视机处于接收信号时的工作状态（最好是自加彩条信号），测量可疑部分的各点信号波形。将示波器观测的波形同图纸资料上提供的标准波形进行比较，即可找到故障点。对高频头和中频通道的故障若经动态测量仍找不出故障点，还可以进行单元测量，如利用扫频仪测量其频率特性，找到故障点也就找到了故障的元器部件，即可进行更换。但有时一个故障与几个元件有关，难于确认是哪一个，这种情况可利用试探法，代替法分别试验某一元件。在遇到怀疑某集成电路部分有故障时，应先注意检查集成电路的外围元器件及其供电电路。外围电路中的某个元器件不良或供电不正常也会使集成电路不能正常工作。证实外围元器件及供电问题后才可拆代集成电路本身。

更换电路中的元件应注意安全，先关掉电源，检查烙铁不能漏电，元器件引线脚要除去氧化层，烫锡、焊牢，不要使印制板过热。焊后要注意清洁板面，不要存留腐蚀性物质。不要使用腐蚀性强的焊剂。

（三）故障检修的基本方法

1. 测量法

此法是指用三用表测量故障怀疑点的电压或电阻，用测出值与标准值进行比较，以便判断是否出现故障的方法。这种方法一般在检修中用得比较多。因为它的条件要求不高，有一只好些的三用表即可。

例如，用三用表的直流电压挡可以测量电视机电源电路的直流输出电压、各晶体管和集成电路的工作电压，也可以测量显像管的各脚供电电压（在测阴极高压时应加高测试笔或用高压表）。将测得的电压值与电原理图上标注的正常电压值进行比较，从而找出故障部位，如果电原理图上未标注正常电压值，这就需要维修人员在平时修理中利用工作正常的彩电测试这些正常电压值。在测量中要注意有的管脚电压有静态电压和动态电压之分，所谓静态电压是指无电视信号的工作电压，动态工作电压就是指有电视信号的工作电压。在电路图中括号内表示动态值。

用三用表的欧姆挡测量电阻或其它元件的电阻值来寻找故障部位或元件，测量时注意元件的在路电阻值和元件本身的电阻值是不一样的。测量在路电阻值时，还要注意正负表笔的连接。当连接方法不一样时，由于电路中有二极管等单向导电元件，故电阻值也是有差异的。对于集成电路，最好用电压法。若用电阻法时，欧姆挡只能用“×100”或“×1k”两挡，以免损坏集成电路。这里也需要自己收集积累正常机器各点对地的电阻值作为参考，以便于寻找和判断故障点。

2. 信号注入法

信号注入法是判断故障的一种有效的方法之一。它是把信号源的信号注入到故障机的电路某点，然后用示波器在该点以后按信号流程逐点进行检查，这样便可探测到故障部位。这种方法要求维修人员一定要熟悉彩电原理及其信号流程，还应明白电路上的哪一点应该注入什么信号，多大幅度，输入点的阻抗以及如何注入。在业余情况下，往往没有标准电视信号发生器，这时可利用一台工作正常的彩电作信号源。在这台机器上可从调谐器输出端取出电视中频信号作电视中频信号源，从中频通道输出端取出全电视信号作视频信号源，从中频通道输出的6.5MHz 信号作第二伴音中频信号源，根据需要，分别注入故障机的中频通道、视频通道和伴音中频通道，用以检查和判断这些电路的故障部位。但这时应注意必要的隔离和适当的耦合，否则会烧坏机器。对于视频放大电路和伴音放大电路，也可用人体感应的 50Hz 信号注入来检查。方法是手拿调整用起子，手指要接触金属部分，去碰上述电路放大器输入端，这就把感应的50Hz 信号注入进去了。如果视频放大电路工作正常，屏面上会出现明显的黑白相间条纹。如果伴音放大输出电路工作正常，扬声器会发出 50Hz 交流嗡声。这种利用人体感应 50Hz 信号的注入法检查伴音放大输出电路和视放输出电路是很方便的。在做这种注入法时应注意注入点电压，且应用单手操作，否则易受电击。

不管使用哪种方法检测彩色电视机，都必须注意人身安全和设备安全。一般彩电因使用无电源变压器的开关电源，常使印制板地线带上市电电压，因此在维修时需要使用电源隔离变压器将其与市电隔离开来。但有些彩电的主电源开关变压器已将市电隔离，主印制板已不带市电电压，无需隔离，但电源接地线仍带市电电压。所以在维修中不要将电源地与主印制板地直接相连。

3. 波形检查法

波形检查法就是通过示波器直接观察故障可能发生处的有关信号的波形，与正常时相比较，分析和判断出故障部位。波形检查法一般分两种：一种是利用扫频仪观察频率特性和增益；另一种是在注入彩条信号或接收电视台信号时用示波器观察电路各测试点的电压波形。无疑这是一种比较直观形象的方法。很多彩电原理图上标出了各关键测点的正常电压波形，这是波形检查法的有利条件，即使没有也可根据一般原理推断出大体正常波形。有的彩电原理图未标出测试点的正常电压波形，这就需要自己去收集和测绘，或利用同型号的另一台正常彩电测试点的电压波形作参考。通过比较，会发现彩电测试点的安排都是大同小异的，也就是彩电中需要检测的波形基本上都是类似的(差的多半是幅度)。了解了这一点，并熟悉了各点应出现的正常电压波形是非常有用的，它可以使你在用波形法时大大提高效率。

例如：利用示波器观察电视机场行振荡器或输出器的波形，就可以很方便地判断出振荡器是否振荡，输出波形是否失真(即线性不好)，从而迅速地找到故障部分。又如从彩电屏幕上看到彩色出故障时，首先就怀疑色解码电路可能有故障。利用示波器可首先观察送到色解码电路的色信号是否正常，由此可以判断是色解码电路之前还是之后的电路出故障。若此点波形正常，再观察提供给解码电路的色同步信号和 4.43MHz 的振荡信号是否正常。若也正常，再观察解码器输出的色差信号是否正常。若不正常，就可判断是解码器损坏(设供电是正常的)，需更换。可见，波形法是检修彩电的一种行之有效的方法。

小　结

本章主要介绍彩色电视机的调试方法与检修原理。

彩色电视机的调试方法可分为主机板调试与整机调试二部分。主机板调试是对各部件的调整，它主要包括：视频检波的调整，高、中频总频响的调整，自动频率调谐(AFT)的调整，高放 AGC 延时调整，伴音鉴频特性调整，副载波振荡频率的调整，色同步相位调整，延时解调器(梳状滤波器)的调整。

整机调试是对显像管显示质量指标及光栅尺寸及位置的调整，主要包括：行频、行幅及行中心调整，场频、场幅和场中心调整，聚焦调整，黑、白平衡的调整，色纯调整，会聚调整等。

为了学会通过彩色电视测试卡调试和检验彩色电视机的质量情况，本章以飞利浦测试卡为例介绍图案各部分的内容、意义和功能。

本章还介绍了彩色电视机的基本维修技术，彩色电视机就是伴音和图像信号的接收机，处理伴音和图像信号的电路是它的主要部分。随着多功能、全制式、大屏幕等新技术的开发，彩色电视机的电路也日趋复杂，维修的难度也越来越高。

彩电的故障总起来说，不外乎电路的失调或元器件的变质、损坏等。但彩电的整体元器件数量很多，且安装紧凑，能迅速地找出不良元器件也是不容易的。因此学习对故障的分析和判断能力是很重要的。

彩电内部不同电路部位的故障与外部的症状表现有着密切的内在关联。也就是说，不同的外部症状表现就反映出相应的电路故障，这就是故障部位与症状表现的规律。一般来说，我们可以从彩电显像管屏幕上的图像和扬声器发出的声音情况来大致判断彩电的内部故障。对于维修人员来说，熟记彩电各种不同电路所引起的故障现象是非常重要的。不过还必须指出：由于各型号电视机的电路结构不同，同样的故障现象对不同电视机来说，其原因不一定相同；反过来说，同样的故障原因在不同的机型中，其故障现象也不一定完全相同。

第六章　彩色电视新技术

第一节　大屏幕多制式彩色电视机

一、什么叫大屏幕多制式彩色电视机

通常把荧光屏在64cm(25英寸)以上的电视机称为大屏幕电视机。大屏幕彩色电视机不仅因屏幕大、视野广、临场感强，而且增加许多新的功能，如遥控功能更完善、方便；增添了画中画、画外画功能；加入图文电视解码器，使之成为能接收显示多种文字广播节目的终端设备；以及加入多路AV输入、输出功能和*R.G.B*输入端子，方便与各种视、音频设备及计算机连接等；在音频方面采用了双伴音、立体声、环绕立体声等使音质与现代组合音响效果相当。在性能方面利用一些新技术新器件和新电路，使图像清晰、稳定且立体感强，加之增加多制式功能——这里所说的多制式是指红、绿、蓝三基色信号按不同的方法分解、传送和组合的方式。它与以前电视原理部分彩色制式的概念(PAL制、NTSC制、SECAM制)是不同的。目前市场上常见的多制式电视机有双制式、四制式、十九制式、二十一制式、二十八制式等。使大屏幕电视成为人们追求高质量视、听要求的热点之一，倍受各界人士的青睐。目前大屏幕电视是电视新技术的宠儿。大屏幕电视的突出优势表现在：视野宽广、图像清晰稳定、浑厚而又透明的音质使观众有身临其境之感。可见，大屏幕电视实际上就是"高质量、多制式、多功能电视"的代名词，标志着电视发展的水平，它可以与计算机一样，作为社会发展的文明标志。大屏幕电视领导电视新潮流是必然趋势。

二、大屏幕多制式彩色电视机基本电路组成

大屏幕多制式彩色电视机，除了具有普通电视机的各个单元电路外，还要设置一些新的电路系统，如图6-1所示。

尽管一般遥控电视机也设置遥控电路系统，但大屏幕多制式电视机的遥控功能更多、更完善也更方便。它以微处理器为核心，除了完成选台、调谐、音量、对比度、亮度、色饱和度的控制及AV/TV转换、定时开关机外，还能输出更多的控制信号，实现多种控制功能，如：对整机的保护电路复位，图像、伴音多制式的设定和控制，立体声、环绕声效果的设定和控制，画中画的选择切换和控制，图文电视的选择控制等，除此之外还设有图像、伴音设定菜单的自检等。而且，可将各种控制内容及控制程度显示于荧光屏。因此，大都采用超大规模集成电路的微处理器并配以相应的存储器等完成。

由高频头输出的中频信号，分别并列的图像通道和伴音通道，分别处理图像和伴音信号。伴音信号是立体声或双伴音，经过伴音中频处理、立体声解码，取得双路伴音信号，再经双声道音频电路作进一步处理后，由扬声器输出立体声或双声道伴音。

图像中频信号经过中放及检波后，得出视频全电视信号，送到AV切换电路，图文处理电

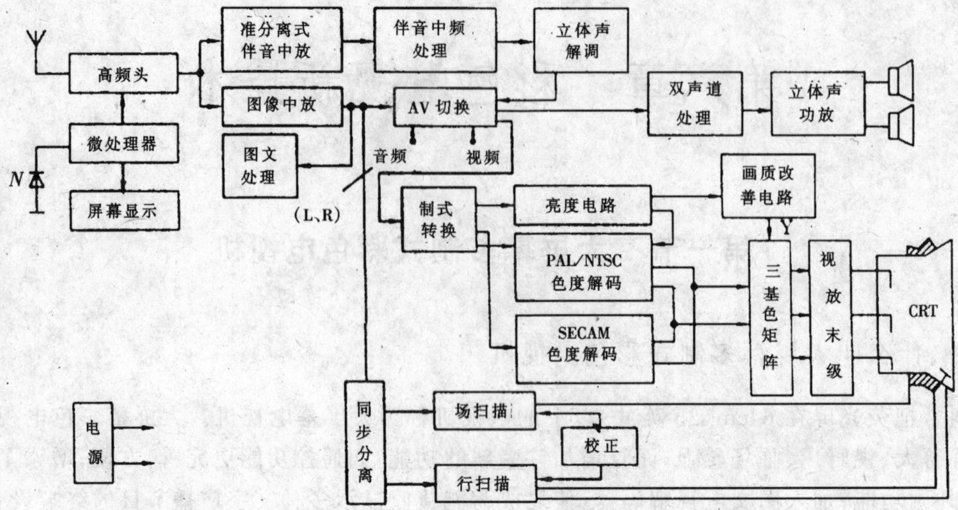

图 6-1 大屏幕多制式彩色电视机基本电路组成

路及同步、扫描电路。AV 切换电路是若干个电子开关组成的信号转换电路，可以把广播电视节目或外来的视频、音频节目切换选择后送到后级电路去进一步处理。

视频信号送到制式转换电路，利用判别电路、自动电子开关电路或手切操作电路进行彩电制式的转换。将亮度信号单独分离出来，由亮度通道专门处理，在亮度通道上设置多种优良电路，可以改善图像质量，使图像更清晰，彩色电视图像更具有艺术魅力。经矩阵电路将亮度信号和三个色差信号恢复为三基色信号，经视放后（包括字符显示信号）加到显像管阴极，视放末级也设置了一些新型优质电路。

视频全电视信号还送到同步与扫描电路，行、场扫描电路输出扫描信号使荧光屏呈现优质光栅，大屏幕电视机对电源电路和行、场输出电路提出了更高的要求，除改善电路质量外，也要设置一些校正电路及过压、过流、短路保护电路。

三、大屏幕多制式彩色电视机的特点

（一）准分离式伴音系统和 PLL 完全视频同步检波

1. 准分离式伴音系统

传统的电视机采用普通内载波还原伴音系统，由高频头输出的中频图像信号和伴音信号经过同一个声表面波中频滤波器（SAWF），再经过同一个公用中频电路，甚至于还要经过同一个视频检波器，取出视频图像信号和第二伴音中频信号。这种方式电路简单，但须将伴音中频电平给以很大的衰减，否则将产生伴音中频与色度中频之间的差拍干扰。

为克服上述伴音方式的缺点，新型电视机采用了准分离式伴音系统。它采用两个声表面波中频滤波器（SAWF1、SAWF2），设置各自独立的图像中频和伴音中频两个通道，分别检出视频图像信号和第二伴音中频信号，使得声、图信号之间的串扰大为减少，提高了信噪比，展宽了图像信号带宽，并可获得鲜艳的图像和清晰的伴音。即双通道传送图像和伴音方式。图 6-2（*a*）是该伴音方式的电原理方框图，图（*b*）是两个 SAWF 的振幅特性，可见 SAWF1 和 SAWF2 振幅特性有明显的不同。在实际电路上，也可把两个 SAWF 放在一起，使用共同的输入端，两

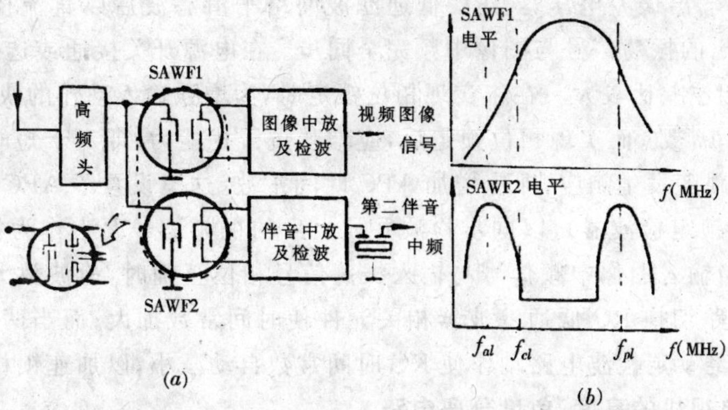

图 6-2 准分离式伴音电路及 SAWF 的振幅特性

路输出端分别为图像中频输出和伴音中频输出。

由图可见，SAWF1 对本频道伴音中频信号 f_{a1} 吸收很深，以最大限度地减小伴音对图像的干扰，特别是减少 2.07MHz 的声—色差拍干扰，其它中频范围的幅频特性满足中频特性的要求，用以专门放大图像中频信号，而后由视频检波器检出视频全电视信号。SAWF2 使 f_{p1} 和 f_{a1} 输出高电平，而色度中频 f_{c1} 给以充分的衰减，以便输出高电平的第二伴音中频信号，而大大衰减 2.07MHz 的声色差拍干扰，这样处理后伴音中频幅度可提高 20dB 以上，信噪比得到明显改善。而后由伴音中放电路对 f_{a1}、f_{c1} 作同等放大，由伴音检波输出第二伴音中频信号，输至伴音通道。

2. PLL 完全视频同步检波

传统电视机中的视频检波器采用的二极管包络检波器，其失真大、效率低且无用频率分量多，辐射干扰大。而集成双差分检波器或称准同步检波器，因不能保证检波中频与电视信号中图像中频严格的同频同相，故还存在有检波失真，不能保证高质量检波输出的缺点。许多大屏幕电视机都改用更为先进的 PLL(相位锁定环)完全同步检波电路进行视频检波。完全同步检波电路由双差分同步检波电路、38MHz 压控振荡(VCO)电路及 90°移相器、APC 检波电路和锁定检波电路等组成，如图 6-3 所示。该检波方式能保证再生中频与图像中频同频同相，检波后输出的图像质量高而声音失真小，性能优于普通二极管包络检波和准同步检波器。

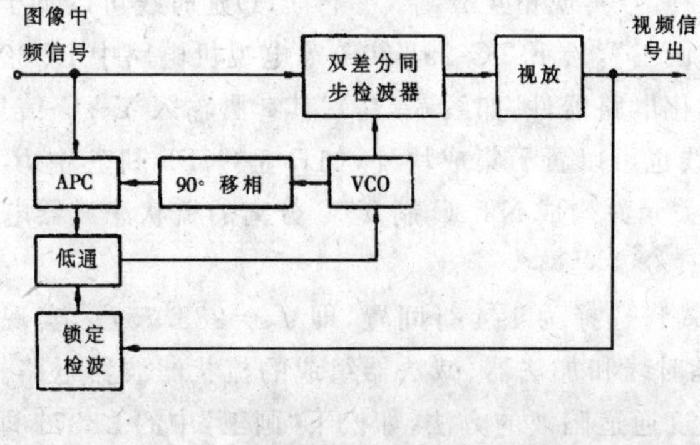

图 6-3 完全同步检波组成方框图

图中，VCO 输出频率和相位稳定的 38MHz 正弦振荡信号，经 90°移相后加到 APC 检波器；APC 检波器还要输入图像中频信号；在 APC 中图像中频信号与移相后的 38MHz 振荡信号进行相位比较，输出误差电压，经 RC 低通滤波网络平滑滤波后以直流控制电压形式控制 VCO，使 VCO 输出的振荡信号与图像中频完全同步。在电源开关接通或选择频道时，APC 检波器两输入信号相位差比较大。在未实现相位锁定时，为增强输入动作的快速反应，应当减小 APC 检波器的时间常数；而实现相位锁定后，应增强抗干扰能力，即对于短时间输入信号的变动，振荡电路不应跟随发生响应，即应增加 APC 时间常数。这里设置了 APC 同步检波电路（或称锁相检波电路、锁定检波器），以同步检波并放大后的视频信号大小作为检测信号，APC 切换电路动作。如当输入图像中频信号与输入振荡信号相位正确时，检波放大后视频信号幅度大，经锁定检波电路切换 RC 低通滤波器相关元件使时间常数加大；而当两者相位不正确时，视频信号幅度小，经锁定检波电路动作使 RC 时间常数自动减小，以加速锁相稳定过程。

（二）大屏幕电视机的亮度、色度分离电路

为将彩色全电视信号中的亮度和色度信号分离开，普通彩色电视机中长期采用了在色度通道设置色度带通滤波器，取出色度信号而抑制亮度信号；在亮度通道中设置彩色副载波陷波器，抑制色度信号而取得亮度信号的电路，这种作法电路简单，但将降低图像的水平清晰度，由于亮、色分离不完善，容易发生"亮串色"、"色串亮"现象，使彩色分辨率也下降，这些缺点对大屏幕电视图像的损伤更为明显。因此，解决亮/色（Y/C）完善分离，是大屏幕彩色电视机改善图像质量的一个重要课题。实现 Y/C 分离的技术有很多种，主要分为模拟型和数字型。模拟型有使用玻璃延时线或 CCD 电荷耦合器件的梳状滤波器 Y/C 分离电路，数字型的梳状滤波器 Y/C 分离电路有自适应 Y/C 分离电路、动态自适应三维 Y/C 分离电路等，数字型技术在 IDTV、EDTV 电视电路中已被采用。

1. NTSC 制亮度、色度分离电路

目前在普通大屏幕彩色电视机中，对 NTSC 制通常使用的梳状滤波型 Y/C 分离电路的原理图及频谱特性示于图 6-4 中。NTSC-M 制色度与亮度信号频谱为半行频间置，将色度信号穿插到亮度信号频谱的高频端，设计一个由一行延时线及加法器、减法器组成的梳状滤波器。因为色度副载波频率 3.58MHz 为 $227.5f_H$，故经一行延时后，Y 信号相位不变，C 信号的相位被反相，经延时的信号与直通信号相加、相减，加法器输出 Y 信号，而减法器输出 C 信号。通过数学分析可证明，加法器、减法器的频率特性都为梳齿状，梳齿的频率间隔为行频。加法器的梳齿峰值频率对应 Y 信号各谱线，谷值频率与 U、V 即色度信号 C 的谱线对应，因此比较彻底的使色度 C 信号与亮度 Y 信号实现相互分离。一行（1H）延时线可以置于集成块内与加法、减法器做成一体化，如松下"画王"，松下 TC-29V30R 等电视机电路中 LC3001 即为 NTSC 制 Y/C 分离的梳状滤波器一体化电路器件，如图 6-4(c)，其②脚输入 Y+C 信号③脚输出 C 信号⑤脚输出 Y 信号。1H 延时线也可以置于集成块外，如日立 G7PL 机芯中 *IC*3501 M51386L 与外围的 1H 延时线和其他相关元件构成 NTSC 制 Y/C 分离的梳状滤波器电路。

2. PAL 制亮度、色度分离电路

由于 PAL 制的副载频选择为 1/4 行间置，即 $f_S=283.75f_H$，实现 Y/C 分离不能采用上述 NTSC 制中的一行延时线和加法器、减法器组成的梳状滤波器电路。实际中可采用前述通常采用的色度带通和亮度通道陷波的方法，如松下"画王"中的 L3371 即是完成 Y/C 色度带通和亮度陷波并延时的一体化器件，如图 6-6(*b*)所示。也可采用一个由两行延时线和加法器、减法器组成的梳状滤波器分离 *Y*/*C*，其电路原理方框图如图 6-5(*a*)，频谱特性示于图 6-5(*b*)。可见，色度信号经两行延时后输出副载波相位落后 180°，即色信号反相，则与直通信号相加后，

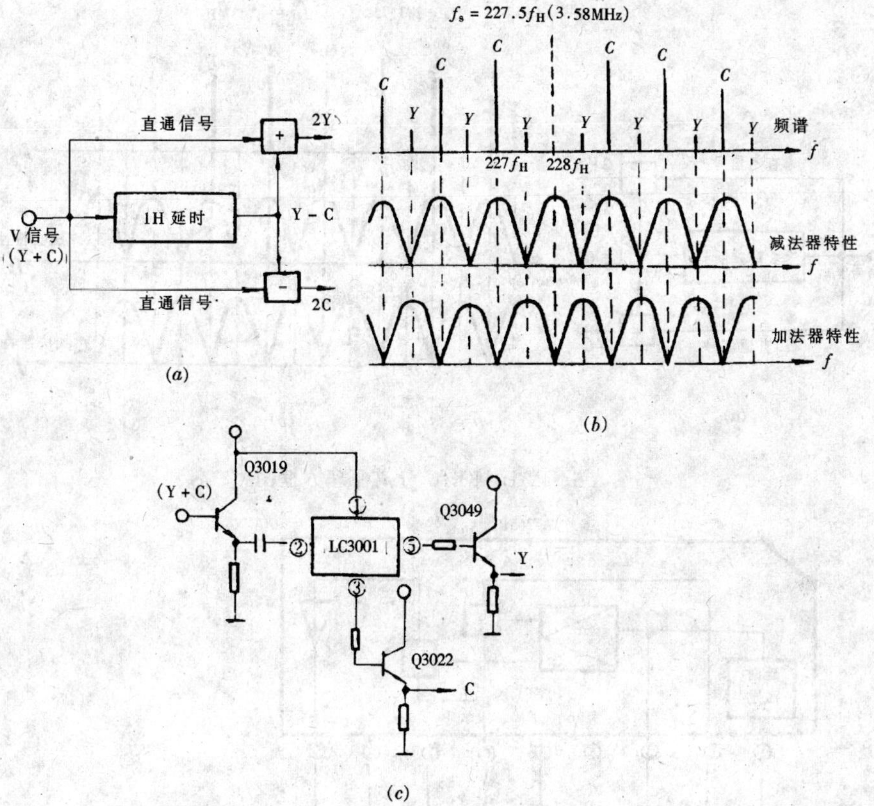

图 6-4 NTSC 制 Y/C 分离示意图

色信号抵消，而亮度信号相加输出；延时信号与直通信号相减后，色度信号叠加后输出，亮度信号相减抵消。故加法器输出 Y 信号，减法器输出 C 信号。从加法器和减法梳齿状的频谱特性也可看出，梳齿间隔为 $f_{H/2}$，加法器的梳齿峰值对应亮度信号谱线，谷值与色度信号 U、V 的谱线对应；减法器的梳齿峰值对应 U、V 信号的谱线，谷值对应亮度信号的谱线，故可实现 Y/C 分离。图 6-6(a)为日立 G7PL 机芯中的 PAL 制 Y/C 分离电路图。全电视信号从 TA7365P 的③脚输入，一路放大后为直通信号，另一路经块内延时激励放大后由①脚输出，经 DL3801 2H 延时线后的延时信号块外放大后由⑥脚送入集成块。在块内与直通信号相加后由⑨脚送出 Y 信号，在块内与直通信号相减后由②脚送出 C 信号。采用两行延时线的梳状滤波器进行 Y/C 分离，将使重现图像信号的垂直清晰度下降，这也是到目前为止 PAL 制 Y/C 分离没有广泛采用这种方案的主要原因。

(三)大屏幕电视机的画质改善电路

大屏幕电视图像比中小屏幕电视图像看起来行结构比较明显，大面积闪烁感增强，噪波亦相对明显一些。同样的图像质量，大屏幕会感到质量低，甚至变得不能容忍。另外，大屏幕电视机属高档产品，用户理所当然会对图像质量、伴音质量提出更高要求，于是各种画质改善电路应运而生。

在提高声像质量方面，几乎所有大屏幕电视都采用了数字式梳状滤波器实现亮色度分离，数字式扫描提高扫描准确性，使清晰度大大提高；准分离接收机和 PLL 视频同步检波大大减

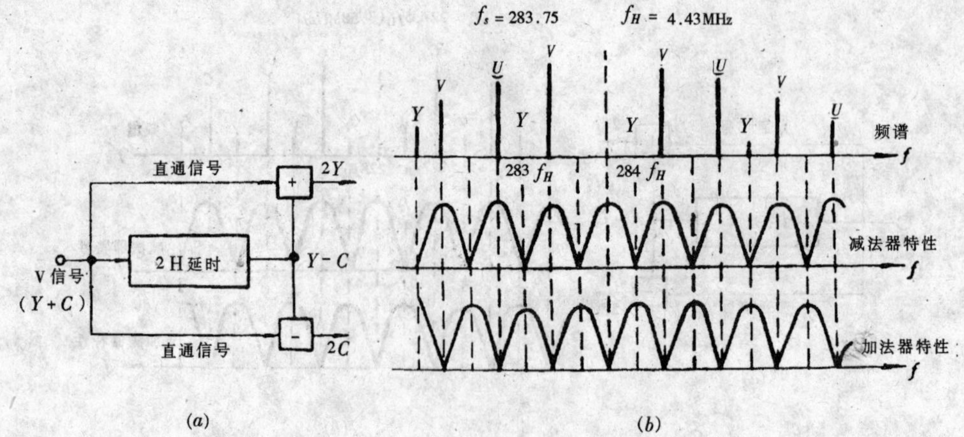

图 6-5 PAL 制 Y/C 分离原理方框图

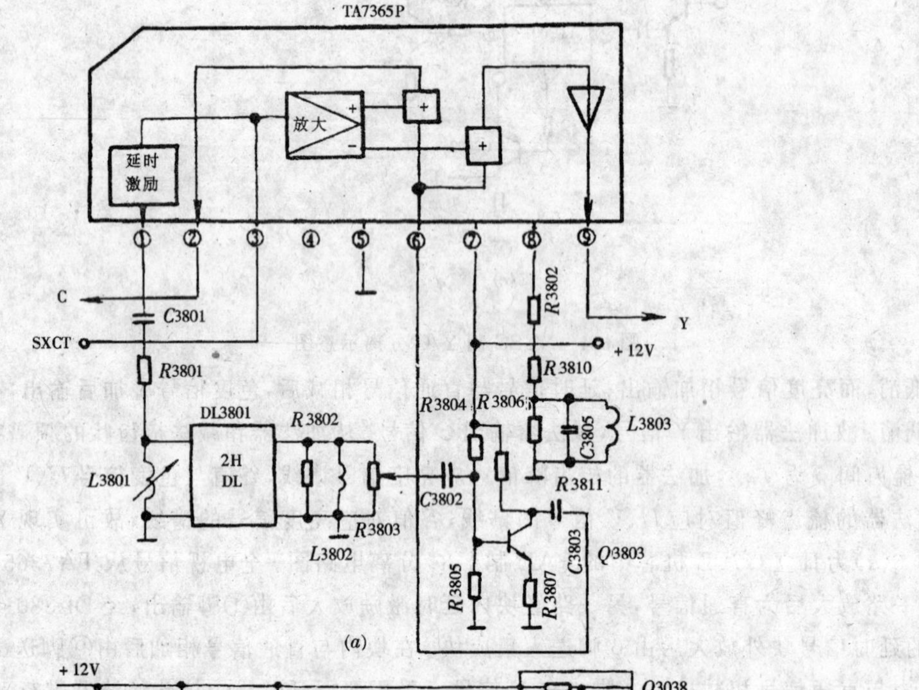

图 6-6 PAL 制 Y/C 分离电路

小失真；扫描速度调制以校正枕形失真；各种过压过流保护电路，像松下 M16M 达 21 项之多。

设置动态噪声抑制（简写为 DNR）电路，可以降低混入图像信号的噪声，又不影响画面质量，明显地提高信噪比。

设置黑电平扩展电路，通过控制亮度信号中黑色部分的伸张程度，改善画面的清晰度和灰度级，提高图像质量。又称动态黑电平电路。

利用延时线可以增强图像轮廓，它优于普通用二次微分电路对图像"勾边"的效果。如设置延时线水平轮廓补偿电路，边缘校正电路也称时间轴压缩电路，细节校正电路也可称动态尖波平衡电路等可明显改善图像轮廓，增强图像的鲜明度。利用延时线进行垂直轮廓校正，可提高图像垂直轮廓的鲜明度及图像边缘的对比度。

采用速度调制（VM）电路，同样可对图像进行"勾边"，而且效果更佳。

设置自动亮度、色度限制（ABCL）电路，提高图像黑色的重现性，确保从黑到白稳定的灰度，它比单纯设置 ABL 电路的效果更胜一筹。以上这些电路在中小屏幕电视机中是鲜见的甚至于是不具有的。

（四）新型大屏幕彩色显像管

一般新型大屏幕彩色显像管具有以下特点。

1. 超平面玻璃外壳

为了保证电视画面真实，屏幕四周图像不丢失和畸变，大屏幕彩色显像管几乎都做成平面直角形，称 FS 管；根据曲面感视觉试验结果，曲面感主要决定于边缘处的弯曲程度，近年来又开发出一种更先进的超平面化的方形屏，称 HS 屏。HS 屏幕是非球面体的复合曲面屏，在屏幕边角处曲率半径由 1.7R 增大到 3.5R，比平面直角屏更平坦，更接近平面，如图 6-7 所示。这些显像管的荧光屏的尺寸大了，但观看最佳距离并不需要按比例增大。

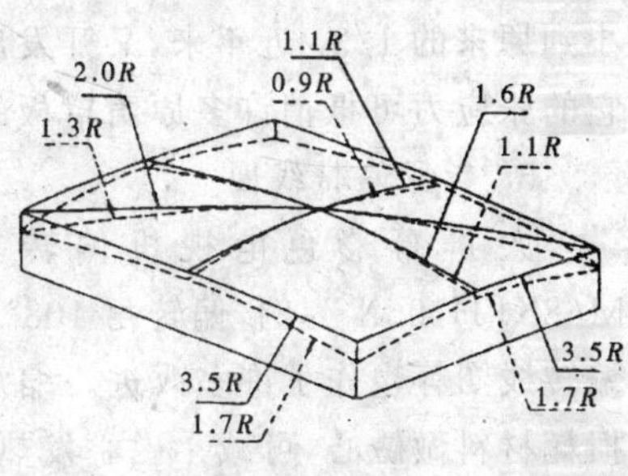

图 6-7　屏幕曲率半径图

普通球面管图像失真较大，但其屏面应力分布比较均匀，防爆性能好。屏面的曲率半径越大越接近平面，则图像失真越小，但玻壳应力分布越集中于边角部位，会影响玻壳的防爆性能，为确保大屏幕彩管的安全，在显像管屏幕侧边需捆扎一条防爆钢带，甚至再加数毫米厚的钢化玻璃。

既然曲面感及图像失真主要决定于边缘处的弯曲程度，因此通常采用边缘处特别是四角适应平面化而整体仍具有一定曲率的非球面形玻壳来解决平面化与防爆性能的矛盾。目前，松下公司采用的 SF 型超平面玻屏就是为了解决这一矛盾的。

2. 超黑色屏和荧光粉着色

为了在明亮的室内正常观看电视节目，荧光屏透光率日益减小，以防止外界环境光影响图像亮度。现已普遍使用着色玻璃，荧光屏透光率由 86％减为 50％左右，再减为 36％；另在屏上做特殊的着色镀膜，减小对外光的反射。这种超黑色荧光屏，可提高对比度，在明亮环境下仍可收看图像。

还使用新的高发光效率的荧光质，使发光亮度高，彩色鲜艳。并采用了荧光粉着色技术，即发红色光的荧光点再涂红色，发蓝色光的荧光点再涂蓝色，可以充分吸收环境光，仅能反射环境光中与着色相同的光色，对荧光粉本身发光效率没有影响，从而进一步提高了图像的对比度和彩色效果。

3. 更新电子枪

大屏幕彩色电视机中，由于屏幕尺寸加大，在行、场频不变的情况下，电子束扫过一个荧光粉条(像素)的时间变短，屏幕亮度会降低。为了保证并提高荧光屏亮度，应当增加电子枪阴极电流，加大发射电流密度至 $3A/cm^2 \sim 4A/cm^2$。采用浸渍阴极代替传统的氧化物阴极后，发射电流可大为提高，保证了彩管的工作性能和寿命，灯丝功率提高一倍。另外，提高阳极电压，使电子束轰击荧光屏的能量加大，可提高发光效率。阳极电压提高还可使主透镜的聚焦作用加强，对改善图像清晰度和偏转像差均有利，但阳极电压的提高会引起整机功耗的增加。

电子束流密度增大，使电子间排斥力加大，引起聚焦性能下降。故采用大口径多极预聚焦(MPF)电子枪，可使荧光屏中心的聚焦提高 20%，边角处提高 15%。

4. 改进荫罩板

荧光屏内侧的荫罩板，又称分色板，是实现彩色会聚与分色的关键部件，为提高彩色显像管的分辨率，荫罩板中相邻小孔之间的距离(称节距)越来越小，小孔数量越来越多，使显像管的水平分辨率达到 750～1000 电视线。

为了减少由于电子射束击中荫罩板使其受热变形，造成电子束击错荧光点，出现彩色镶边或色纯误差，现已采用热变形甚小的殷钢板做荫罩，取代了原来的铁合金材料，可使热变形减小到原来的 1/3。近年来，又开发出预应力荫罩板，在荫罩板面向电子枪一侧涂敷一层陶瓷粉，它的张应力可抵消许多原荫罩板的热变形。

5. 新型偏转线圈

大屏幕彩色电视机偏转功率明显加大，以 74cm(29 英寸)松下"画王"显像管 M68KPH195X 为例，偏转角 108°，阳极工作电压 29.5KV，行偏转功率 $42.5mH \cdot A^2$。所以对偏转线圈等也作了许多改进。缩短线圈与磁心之间的距离，可提高偏转效率。选用高电阻、低损耗材料做磁心，可减小磁心发热。改用椭圆形偏转线圈，可进一步减小电子束击中荧光屏的光点，提高聚焦性能。由于屏幕大且玻屏为超平面式，因此需采用复杂的上下、左右枕形失真校正电路。

最近几年，国外已开发出各种无枕形失真的自会聚偏转线圈，其中以动态控制光栅失真的偏转线圈较为先进实用。它们都是通过动态控制某一失真量来自动校正会聚和枕形失真，不需要在整机电路中增设复杂的校正电路，其控制部分与偏转线圈是一体的，看起来与普通自会聚偏转线圈一样。采用这种新型偏转线圈后，显像管的会聚质量与几何失真都可得到进一步改善。

(五)宽电压范围的开关稳压电源

1. 对大屏幕电视机开关稳压电源的要求

大屏幕彩色电视机的电源和中小屏幕电视机的电源一样，都是采用开关稳压电源把交流转换成各种直流电压。不同的是，大屏幕电视机显像管的工作电压高，偏转角大，因此对电源提出了更高的要求。

(1)电源效率要高　因显像管的高压高，偏转角大，所需的偏转功率相应增大；伴音输出功率也加大，所以电源供给的功率要增加。所以设计电路时要重视提高电源电路的效率。

(2)宽电压范围　高档大屏幕电视，一般为多制式，为适应世界各地使用，要求电源电路能适应交流 110V、127V、220V 和 240V 等的需要。一般要求对市电的稳压范围为 AC90V～270V。且对 50Hz 和 60Hz 的市电频率都能适用。

(3)冷底盘机芯　要求大屏幕电视应多功能化，能和多种视频、音频设备相连接，故机芯应为冷底盘即底板不带电。为适应负载重时稳压电路有较快的动态响应，应直接从开关电源输出的直流电压中取样，故一般采用光电耦合器件使隔离更安全且抗干扰性能更优越。

(4)保护措施良好　大屏幕电视体积大，重量重，可靠性更显重要。为此，要求电源电路有良好的过压、过流、短路保护以及复位功能。

(5)工作频率较高　为减小开关变压器的体积且整流后滤波方便，可选开关频率高于行频。

2. 宽电压范围的开关稳压电源

当前国内彩电常见有两种技术方案。其一是设置桥式/倍压整流自动切换电路方案，在AC90V～270V 范围内，能作到经整流滤波后的非稳压值大体保持在某一很窄的变化范围里。其二是给开关管加恒流驱动电路的方案。由于增加了恒流驱动电路，使开关管的注入基流摆脱了交流输入电压变化的影响，在 AC90V～270V 变化范围内，仍能保持开关电源正常工作。

(1)桥式/倍压自动切换电路　松下大屏幕彩色的 TC-29V2H 桥式/倍压切换电路如图 6-8 所示。图中 $D812$ 为双向可控硅，它有 3 个电极：阳极 $T2$、阳极 $T1$ 和栅极 G。$T2$、$T1$ 加交流电源，只有当 G 电压低于 $T1$ 电位 0.6V 以上时，$D812$ 便可触发导通。当 $D812$ 导通时本电路为倍压整流方式，而 $D812$ 断开时变为桥式整流电路。

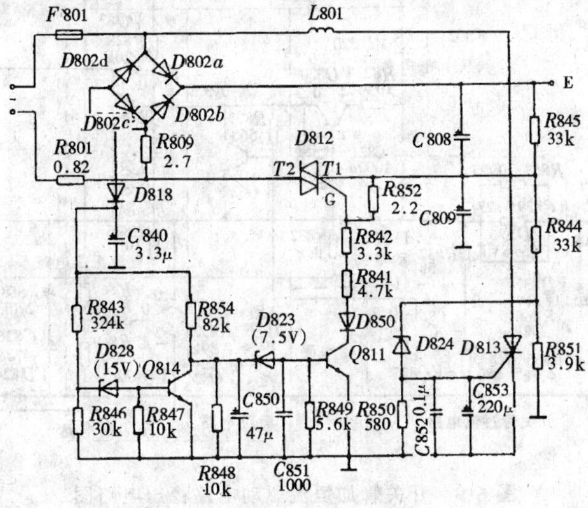

图 6-8　桥式/倍压自动切换电路图

$D812$ 的断开与导通由 $Q811$ 和 $Q814$ 控制。交流电压取样电路由 $R809$、$D818$、$C840$ 组成。$R809$ 上取样的交流市电经 $D818$ 半波整流，在 $C840$ 上产生直流电压。$C840$ 上电压与交流市电电压值成正比。当 AC 输入在 145V 以上时 $C840$ 上电压值比较大，经 $R843$、$R846$ 分压后的电压击穿稳压二极管 $D828$(15V)。$D828$ 导通使 $Q814$ 饱和导通，从而使 $D823$ 和 $Q811$ 截止，$R852$、$R842$、$R841$ 支路无电流通过，造成 $D812$ 的 $T1$ 与 G 间电压相同，$D812$ 处于断开截止状态。此时为桥式整流方式。

当交流市电电压在 145V 以下时，由于 $C840$ 上交流取样电压值较小，不足以击穿 $D828$，致使 $Q814$ 截止，而 $D823$(7.5V)被击穿导通，造成 $Q811$ 饱和导通，它的集电极支路有负载电流通过，使 $R852$ 两端有 0.6V 以上的电压降触发 $D812$，$T2$、$T1$ 双向导通，于是整流器工作于倍压状态。

由于本电路可工作于倍压整流方式，因此当有 AC220V 输入时，由于某种原因使电路出现故障时，很可能造成高出正常值二倍的直流电压输出（非稳压）送往开关电源电路，这是非常危险的，有可能烧坏某些元器件。为此本电路还设计了直流过压保护电路。当 $C$809 上电压异常超出 280V 时，稳压管 $D$824 击穿导通，致使单向可控硅 $D$813 触发导通。$D$813 导通将使交流电源短路，保险丝 $F$801 熔断，从而得到保护。$L$801 为限流电感，当发生交流瞬时过压时，它能确保 $D$813 的工作不受干扰。

（2）开关管加恒流驱动电路　国产大屏幕彩电长虹 C2919P 机的开关电源采用了开关管加恒流驱动电路。它是自激振荡、恒流驱动、调频调宽、变压器式开关电源系统。这种开关电源除有恒流驱动电路外，还有超低压和过压限制电路及开关管过流保护电路。它们共同配合下使开关电源系统在 AC90V～270V 范围内，给整机提供稳定的工作电压。

长虹 C2919P 开关电源的原理电路如图 6-9 所示。图中 $VQ$83 为开关管。$R$828 为启动电阻。$T$803 为开关变压器，其中 6、1 为储能绕组，7、9 为正反馈绕组，7、8 为恒流驱动电源绕组，12、15 为次级绕组。7、9 绕组、$R$826、$C$820 组成正反馈电路。$VQ$83、$T$803、$R$828、$C$820 等组成典型的自激式振荡电路。

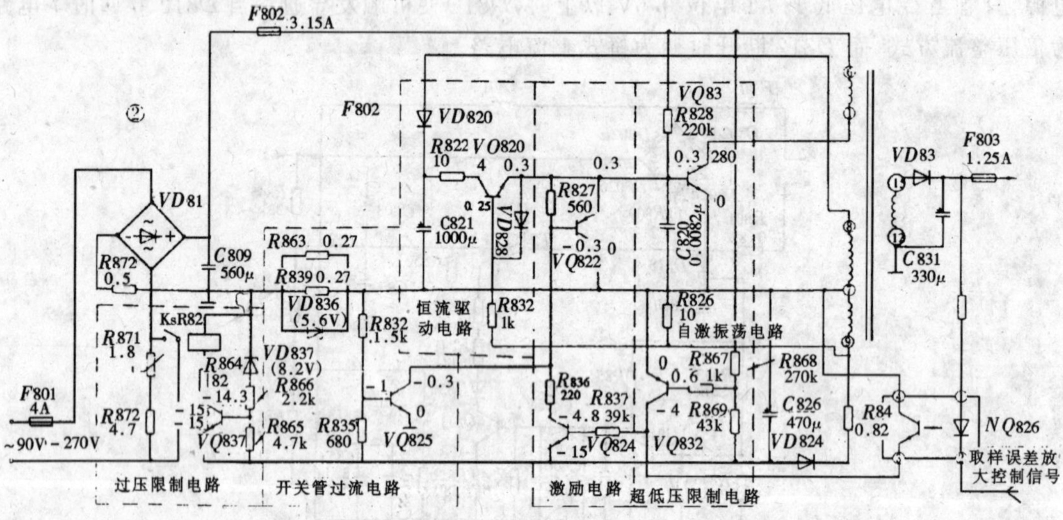

图 6-9　开关管加恒流驱动电路稳压电路图

激励器由 $VQ$822 和 $VQ$824 两级组成。$VQ$822 接于 $VQ$83 的基极与发射极之间，$VQ$824 的集电极负载电阻 $R$836 接到 $VQ$822 的基极。$VQ$822 的工作状态由 $VQ$824 所决定。$VQ$824 截止，$VQ$822 也截止，这时它们等于不接，对 $VQ$83 的工作无影响。但是 $VQ$822 导通时，它将 $VQ$83 的基极电流分流掉。当开关管的过荷保护管 $VQ$825 和超低压限制管 $VQ$832 导通时，均能使 $VQ$822 导通，进而造成 $VQ$83 的基极电流减少，甚至造成 $VQ$83 截止。

$VQ$820 为恒流驱动管。恒流驱动电路主要由 $VQ$820、$R$822、$C$821、$T$803 的正反馈绕组 7、9，恒流驱动电源绕组 7、8 等组成。开关电源正常工作后，当 $VQ$83 截止时，8 端为正、7 端为负；而 9 端为负，7 端为正。9 端负电压经 $R$823 加到 $VQ$820 基极使 $VQ$820 截止。而 8 端的正电压通过 $VD$820 向 $C$821 充电，这时 $C$821 上的电压就成为 $VQ$820 工作时所需的电源电压，因此我们称 8、7 绕组为恒流源驱动电源绕组。当 $VQ$83 导通时，8 端电压由正变负，它使 $VD$820 截止，相应 9 端电压由负变正而使 $VQ$820 饱和导通。流过 $VQ$820 的射极电流就是注入 $VQ$83 开关管的基流。$VQ820$ 射极电流通路由 $C821$ 上端⊕开始，经 $R822$、$VQ820c$、e，$VQ83b$、e，回到 $C821$ 下端⊖。从这里可以看到，如能保持 $C821$ 两端电压不改变，且由于 $R822$ 为一固定值，便可保持 $VQ820$ 的射极电流值恒定，亦即保持 $VQ83$ 的注入基流恒定而不受交流电压的变化影响。保持 $C821$ 两端电压不变的条件有二：其一，要选用大容量 $C821$，利用它两端恒定电压来稳定 $VQ820$ 的射极电流，实际电路选用了大容量 $1000\mu F$ 电容值；其二，要保持 $T803$ 的 8、7 绕组的感应电压值不变。8、7 绕组和 15、12 绕组的匝数比是固定的，为此当在交流 90V～270V 变化范围里，由于开关电源的稳定输出值不改变，故可推知 8、7 绕组的感应电压也是不改变的。从上述亦可看到，$VQ83$ 的基极注入电流不受交流输入电压波动的影响，其大小只取决于电阻 $R822$ 的大小，而 $R822$ 是一只固定电阻，因此在交流 90V～270V 变化范围内 $VQ83$ 的基流可保持恒定。总之，由于恒流驱动电路的加入，就展宽了交流输入电压的适应范围，在 AC90V～270V 之间可保持开关电源工作正常。

$R868$、$R869$、$R867$、$VQ832$、$R837$ 组成超低压限制电路。当交流电压大于 90V 时，$VQ832$ 管基极电压较高，故 $VQ832$ 截止。但当交流电压小于 90V 时，$VQ832$ 管的基极电位下降将导致 $VQ832$ 导通，使 $VQ824$、$VQ822$ 导通，由 $VQ822$ 分流造成 $VQ83$ 截止，使自激振荡电路停止振荡。

过压限制电路由 $VD837$、$R866$、$R865$、$KSR82$、$VQ837$、$R871$、$R872$ 等组成。$VQ837$ 为过压限制开关管，$KSR82$ 为控制直流继电器，$R871$ 为正温度系数的热敏电阻，$VD837$ 为稳压二极管(8.2V)。当 AC 电压小于 270V 时，电容 $C826$ 上的电压不足以击穿 $VD837$，故 $VQ837$ 截止而 $KSR82$ 不动作；当 AC 电压大于 270V 时，$C826$ 上的电压击穿 $VD837$，致使 $VQ837$ 饱和导通，继电器 $KSR82$ 得电，其常闭接点断开，交流电源经 $R871$ 和 $R872$ 降压后接入桥式整流器。由于 $R871$ 为正温度系数的热敏电阻，它的阻值将随电流的增大而增加，故使进入桥式整流器的交流电压降低，从而起到了限制作用。

$R838$、$R839$、$VQ825$、$R832$、$R835$ 等组成开关管过流保护电路。不管任何原因，导致开关管电流接近最大极限电流时，电阻 $R838$ 和 $R839$ 上得到一很高的电压，它将使 $VQ825$ 导通，随之 $VQ822$ 导通，开关管 $VQ83$ 截止，从而保护了开关管免遭损坏。

四、彩色电视机的制式与转换电路

(一)彩电制式

随着卫星电视及激光视盘的不断普及，近年来出现了功能更全的多制式电视接收机。现在市场上常见的有双制式、四制式、十九制式、二十一制式、二十八制式等。这里所说的多制式接收中的制式概念与以前电视原理部分彩色电视制式中的制式概念(PAL 制、NTSC 制、SECAM 制)是不同的。彩色电视制式是指红、绿、蓝三基色信号按不同的方法分解、传送和组合的方式。而这里所说的多制式则是指电视机能用多少种方式接收，是指一台电视机所具备的某些功能。如双制式电视机是指能接收 PAL-D/K 和 PAL-I 两种伴音信号的电视机；二十一制式是指能接收 6 种电视广播(PAL-B/G、I、D/K、SECAM-B/G、D/K、K1、NTSC-M)，8 种特殊录像机放像(NTSC-4.43/5.5、6.0、6.5、NTSC-3.58/5.5、6.0、6.5、SECAM-I.L)，7 种激光视盘放像功能(NTSC-3.58/50Hz、PAL-5.5、6.0、6.5/60Hz、SECAM-5.5、6.0、6.5/60Hz)的电视机，而二十八制式接收则在二十一制式的基础上又增加了 CATV7 种方式的接收功能。可见，接收的制式越多说明电视机所具备的功能越多，其适应性也越强。从总体上看目前广播电视系统可组合成数十种不同的电视制式,但使用更多的是 PAL-B/G、NTSC-M、SECAM-K 三种。

(二)彩电制式转换内容

为了接收多种彩电信号,必须设置自动或手动的彩电制式判别转换电路,使电视机电路转换为相应的彩电制式工作方式。多制式电视机除电源电路要能自动适应 110V/220V、60Hz/50Hz 的电网、高频调谐器也要能适应世界各地电视发射台的频率覆盖范围和频段划分外,图像中放频率特性、色度中频和伴音中频、第二伴音中频、彩色副载频、场频、行频等,都需能跟随彩电制式的转换而更换数据。为适应多制式彩电信号自由转换的要求,对整机不同单元电路也提出了不同的具体要求。多制式工作时,转换内容大致有以下几方面。

1. 中频电路的频率特性

通常图像中频电路具有如图 6-10 所示的"草垛形"中放曲线,否则会引起明显的声—图干扰和声—色干扰。但是,不同彩色电视制式系统的 f_{p1}、f_{c1}、f_{a1} 值不同,从一种制式转换为另一种制式后,f_{p1}、f_{c1}、f_{a1} 的电平高度不应有明显改变,须通过转换电路才能完成中放曲线的变换。实际多制式彩电的图像中频电路中,图像中频 f_{p1} 统一选取固定的 38MHz,转换制式时 f_{p1} 值不变,电平高度也不变,而色度中频 f_{c1} 和伴音中频 f_{a1} 必须随着制式改变而改变。

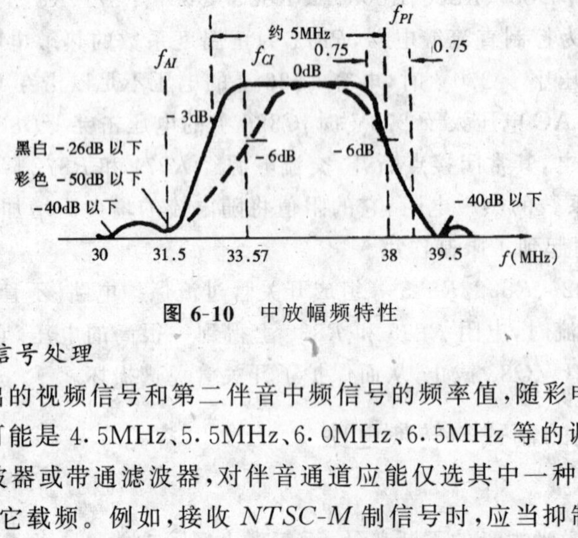

图 6-10 中放幅频特性

2. 第二伴音中频信号处理

由视频检波器输出的视频信号和第二伴音中频信号的频率值,随彩电制式不同而不同。其中第二伴音中频信号可能是 4.5MHz、5.5MHz、6.0MHz、6.5MHz 等的调频波,应当在电视机内设置这些频率的陷波器或带通滤波器,对伴音通道应能仅选其中一种频率进入后面的伴音中放电路,而抑制掉其它载频。例如,接收 *NTSC-M* 制信号时,应当抑制 5.5MHz、6.0MHz、6.5MHz 信号,仅选通出 4.5MHz 第二伴音中频信号至伴音通道;接收 PAL-D/K 或 SECAM-D/K 制信号时,应当抑制 4.5MHz、5.5MHz、6.0MHz 信号,仅选通出 6.5MHz 第二伴音中频信号至伴音通道。对视频电路输入端也要进行频率选择,对多余的频率进行抑制。例如,接收 NTSC-M 制信号时,应当抑制 4.5MHz 信号;接收 PAL-I 制信号时,应当抑制 6.0MHz、6.5MHz 信号等。

3. FM 鉴频器可适应四种载波频率

第二伴音中频信号载频可能是 4.5MHz、5.5MHz、6.0MHz、6.5MHz,多制式电视机的鉴频器应能满足四种频率的要求。根据输入信号的不同,通过制式选择及切换电路自动转换到适应于该输入信号频率的工作状态,对各种载频的调频波,FM 鉴频器均能正确解调。

4. 彩色副载波振荡电路的振荡频率

目前 PAL 制和 NTSC 制的彩色副载波频率可使用 4.43MHz 或 3.58MHz;而 SECAM 制

采用行轮换调频制，即 $f_{OR}=4.40$MHz 及 $f_{OB}=4.25$MHz，彩色副载波振荡电路(VCO)必须能够输出这些振荡信号，应使晶振频率、相位符合电路要求。

5. 色度信号的解码

对三种彩电制式，色度解码电路彼此不同，对不同制式的色度信号应当通过制式选择电路控制相应的解码电路解调还原，故解码器应当能满足不同制式的要求。在解码电路中某些单元电路对三种制式可以共用，如色度放大器、ACC 及 ACK 控制电路、色差信号放大器和 G-Y 矩阵电路等。但有许多不能共用的电路，必须单独设置，对任何一种制式的色度信号，解码电路都能手动或自动转换到相应的工作状态，转换为正确的色度处理电路。

NTSC 制色度解码器，不需要设置 PAL 识别与倒相电路，也可以不设置色度延迟线装置，但需设置色调调整电路。NTSC 制电路可用 1H 梳状滤波器分离 Y/C。可与 PAL 制共用色度与色同步分离电路、色度信号同步检波器、APC 锁相环等。

PAL 制色度解码电路，可在前者基础上加置梳状滤波器、PAL 识别与 V 副载波逐行倒相电路等。

SECAM 制色度解码电路用来处理、解调色度调频信号，需要单独设置色度信号鉴频器、行轮换识别电路等。可与 PAL 制共用 1H 延时器件。

6. 行频、场频信号处理

彩色制式系统不同，也表现为扫描电路的行频、场频不同。其中关键是 50Hz 与 60Hz 场频的识别与转换。应设置一套行频、场频转换电路来满足不同制式的要求。

五、提高图像清晰度——5D 电路

大屏幕电视图像比中小屏幕电视图像看起来结构比较明显，大面积闪烁感增强，噪波也相对明显一些。同样的图像质量，大屏幕会感到质量低，甚至于变得不能容忍。为了提高图像的清晰度，使再现的图像更加清晰和明亮，色彩更加艳丽生动，采用了先进的 5D 画质提高电路，5D 是动态数字梳状滤波器(DDCF)、动态彩色锐度增强器(DCAI)、动态亮度瞬态增强器(DLTI)、动态景色控制器(DSC)、动态扫描速度调制器(DSVM)的简称。

图 6-11 示出该电路的方框图。

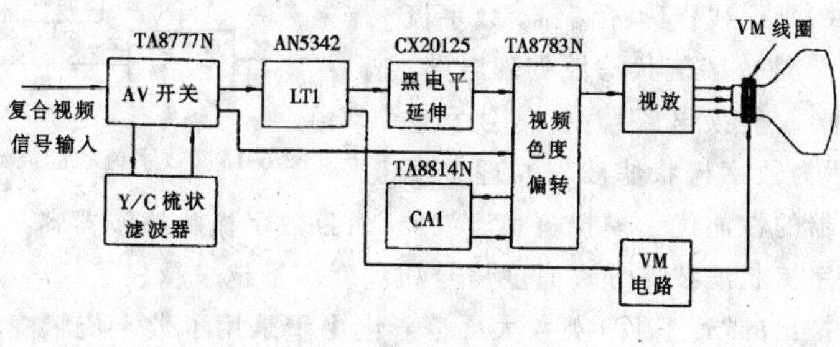

图 6-11 5D 电路方框图

(一)动态数字梳状滤波器(DDCF)

1. 梳状滤波器原理

彩色信号中的亮度信号 Y 与色度信号 C 在频域中是间置在一起的，基于 Y 信号和 C 信号的频谱交错分布，利用梳状滤波器梳齿状的幅频特性，就可以从复合视频信号中把亮度和色度信号分离出来。图 6-12 所示为 PAL 制梳状滤波器的幅频特性。

色度信号 C 的两个正交分量 C_U 和 C_V 是以 $f_H/4$ 间距分布于亮度信号 Y 频域上端的间隙中。根据这样的特性设计一种梳状滤波器，使其幅频特性的峰点对准行频（f_H）各次谐波，恰好取出亮度主频谱，谷点对准色度主频谱进行最大的衰减，如图 6-12(a)所示。同理，使梳状滤波器幅频特性的谷点对准行频的各次谐波，对亮度主频谱进行最大的衰减，这时色度信号的两个分量处于幅频特性的峰点，恰好选出色度信号的主频谱，如图 6-12(b)所示。

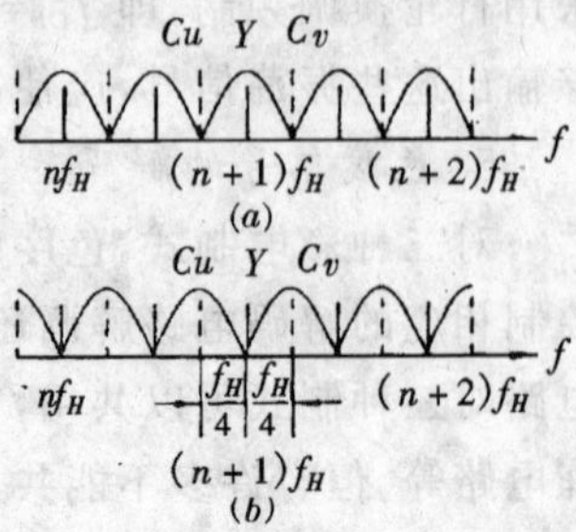

图 6-12 PAL 制梳状滤波器幅频特性

PAL 梳状滤波器原理方框图如图 6-13 所示。PAL 梳状滤波器是由 2H 延迟线，加法电路和减法电路组成。对 PAL 制，色度信号是每行期间含有 283.75 个周期，通过 2H 延迟线延时，2 行后的色度信号与直通色度信号相位相反（两者相位差 180°），所以在加法电路中延迟信号与直通信号相抵消，在加法器输出端没有色度信号输出，只有 2 倍的亮度信号输出。而在减法电路中，延迟色度信号与直通色度信号相减，在减法器输出端有 2 倍的色度信号输出而无亮度信号输出。由此可见，亮度信号与色度信号得到彻底分离，有效地克服了亮度与色度之间的互串干扰，另外，由于在亮度通道中不需要 4.43MHz 陷波器，恢复了亮度带宽 0～6MHz，从而提高了图像水平清晰度。

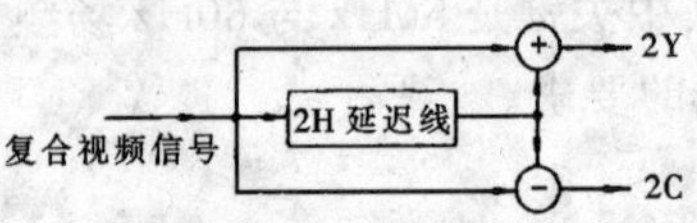

图 6-13 梳状滤波器原理方框图

用频率分离方法，从复合视频信号中分离 Y 信号和 C 信号，造成水平清晰度下降，而且在色度信号中含有亮度信号的高频成分，产生串色干扰，在亮度信号中含有彩色副载波，形成点状干扰。上述分析说明，梳状滤波器分离方法优于带通、带阻式的频率分离方法。

NTSC 制色度信号的两个正交分量是以 $f_H/2$ 间隔分布在亮度信号频域上端的间隙中，所以梳状滤波器比较简单，只需要用 1H 延迟线、加法器和减法器就可以了。

2. 数字梳状滤波器

Y、C 分离用的梳状滤波器有模拟方式和数字方式。模拟梳状滤波器是采用超声延迟线或 CCD（电荷耦合器件）延迟线作为存储器。数字梳状滤波器的核心部分是数字梳状滤波处理电路，其它部分有 A/D、D/A 转换电路、时钟信号发生器等。图 6-14 所示为数字梳状滤波器原理方框图。数字梳状滤波器的性能优于模拟梳状滤波器，而且数字梳状滤波器容易实现。因此，在大屏幕彩电中选用数字梳状滤波器分离亮度信号和色度信号越来越多了。

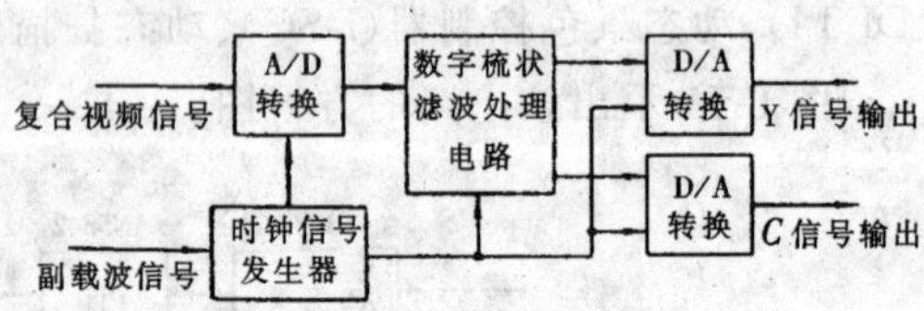

图 6-14 数字梳状滤波器原理方框图

日本三洋公司推出的“帝王”29 英寸大屏幕彩电由于采用了数字梳状滤波器，Y、C 分离效果较好，亮度分离水平明显提高。亮度信号对色度信号通道的干扰 PLA 制：≥30dB，NTSC 制：≥30dB。色度信号对亮度信号通道的干扰 PAL 制：≥30dB，NTSC 制：≥30dB。充分显示了动态数字梳状滤波器的优越性。

图 6-15 所示为“帝王”29 英寸彩电中实际数字梳状滤波器方框图。该数字梳状滤波器主要由 MC141625 集成电路及视频放大器、低通滤波器、时钟信号发生器、$4f_{sc}$ 晶体振荡器等外围电路组成。其中 MC141625 是美国 MOTOROLA 公司开发的新产品，该电路是高水平的

CMOS 超大规模集成电路，有 48 个引出脚，塑料封装。MC141625 电路主要包括：1 个数字梳状滤波器，1 个 8bit 高速率的 A/D 转换器，2 个 8bit 的 D/A 转换器，2 个(或 4 个)行延迟线及箝位电路、稳压电路、数字接口电路等。

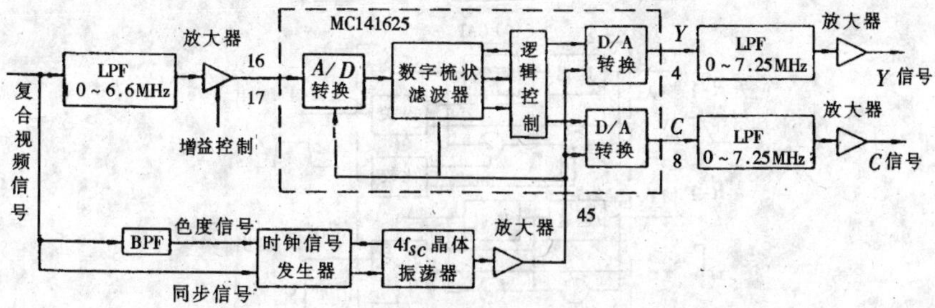

图 6-15 “帝王”29 英寸彩电梳状滤波器方框图

从图 6-15 可以看出，复合视频信号通过 0～6.6MHz 的低通滤波器输入到宽带视频放大器，放大后的视频信号经由 MC141625 的脚⑯、⑰进入 A/D 转换器，把模拟信号转换为数字信号，从 A/D 转换器输出的数字信号在数字梳状滤波器中经数字处理后分离出 Y 信号和 C 信号，Y 和 C 分别进入各自的 D/A 转换器，把数字信号还原为模拟信号。Y 信号从脚④输出，通过 0～7.25MHz 的低通滤波器进入视频放大器，并输出放大了的 Y 信号。色度信号从脚⑧输出，经 0～7.25MHz 低通滤波器及视频放大器，输出放大了的 C 信号。振荡频率为 4 倍彩色副载波频率(f_{sc})的晶体振荡器被时钟信号发生器与色同步信号锁相后产生的误差电压控制，输出频率准确的时钟信号(PAL 制：17.7MHz；NTSC 制：14.3MHz)，经放大后的时钟信号输入到 MC141625 的脚㊺，作为基准信号控制 A/D 转换器、D/A 转换器和数字梳状滤波器。

日本东芝公司生产的第二代、第三代“火箭炮”大屏幕彩电中用 SBX1692-01 型数字梳状滤波器 SB×1692-01 集成电路有 30 个引出脚，内含 1 个数字梳状滤波器，1 个 A/D 转换器、2 个 D/A 转换器和 2 个行延迟线等。工作原理与上述数字梳状滤波器基本相同。

(二)动态彩色锐度增强器(DCAI)

1. 动态彩色锐度增强器原理

动态彩色锐度增强器电路把输入的两个色差信号(R-Y)和(B-Y)的上升沿与下降沿锐度加强，使彩色图像和水平边缘得到改善，从而得到更加清晰鲜艳的彩色图像。

2. 动态彩色锐度增强器电路

动态彩色锐度增强器电路包括彩色瞬态增强器(DCTI)及图像锐度两部分。图 6-16(a)所示为 DCAI 电路的原理方框图及输入、输出波形图。

在东芝公司推出的“火箭炮”2929DXH 型 29 英寸大屏幕彩电中采用集成电路 TA8814N 来实现动态彩色图像锐度增强。在 TA8814N 电路中对输入的(R-Y)和(B-Y)色差信号进行延迟及运算处理，使输出的色差信号水平边缘(前沿和后沿)变得陡峭，图 6-16(b)示出 CTI 框图及输入、输出波形。在该电路中同时对亮度信号进行了延迟和处理，如图 6-16(c)所示，亮度信号的边沿也得到了改善，提高了图像的水平清晰度。

(三)动态亮度瞬态增强器(DLTI)

1. 动态亮度瞬态增强器原理

DLTI 电路是一种新的水平清晰度增强电路。为了得到低噪声的清晰的动态图像，附加边

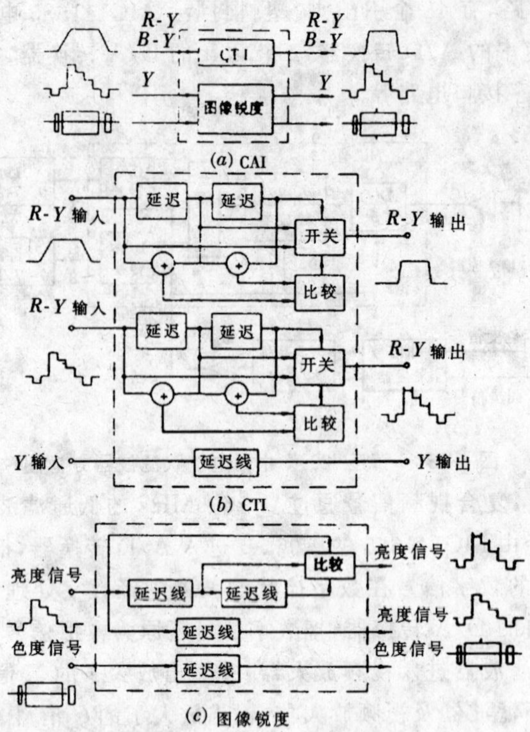

图 6-16　动态彩色锐度增强器电路原理方框图及输入输出波形图

缘校正信号，对位于视频信号的前沿和后沿的大振幅部分（边缘）和低振幅部分（细节）分别进行校正。该附加的校正信号跟随输入的亮度信号大小相应变化。例如，对大振幅输入信号的校正信号的幅度是大而窄，以便比输入信号上升更快；当输入信号是小振幅时，校正信号的幅度则跟随图像细节而改变，以便得到细致的图像。图 6-17 示出了输入信号前沿部分校正信号和校正后的信号前沿部分的波形图。图 6-18 示出了 DLTI 方框图。

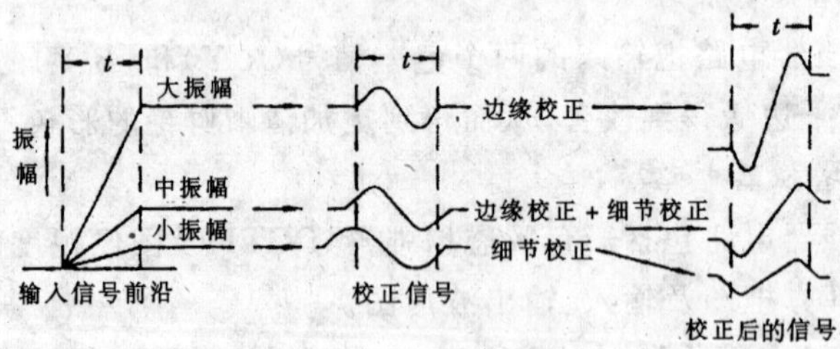

图 6-17　输入信号、校正信号、校正后信号波形图

DLTI 电路是由 AN5342 及其外围电路组成。AN5342 集成电路是双列直插塑封，有 30 个引出脚，它包括亮度信号边缘校正和细节校正等部分。亮度信号 Y 通过耦合电容输入到 AN5342 的脚㉕，在该电路中经过边缘校正和细节校正后的信号送入加法电路，叠加后的信号与经过延时的 Y 信号相加形成校正后的亮度信号，并经脚⑭输出至速度调制电路，脚⑮输出至黑电平延伸电路。

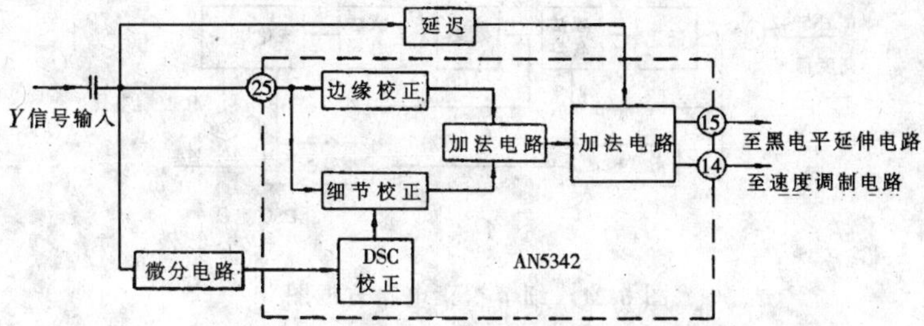

图 6-18 动态亮度瞬态增强器原理方框图

2. 边缘校正电路

图 6-19 和图 6-20 分别示出边缘校正电路方框图和各点波形图。亮度信号 A 送入 AN5342 的脚㉕,通过延迟电路变成波形 B,从减法电路输出波形 A 和波形 B 之差的波形 C,减法电路输出之一经延迟后变成波形 D 并送入 AND 电路;输出之二直接进入 AND 电路。在 AND 电路中形成波形 E 和 F,波形 E 是波形 C 和 D 的逻辑“与”,波形 E 经全波整流形成波形 F。AND 电路分三路输出,其一送到微分电路形成波形 G,并馈至开关电路;其二直接送入开关电路;其三经反相后加到开关电路。开关电路输出的波形 H 就是边缘校正信号。

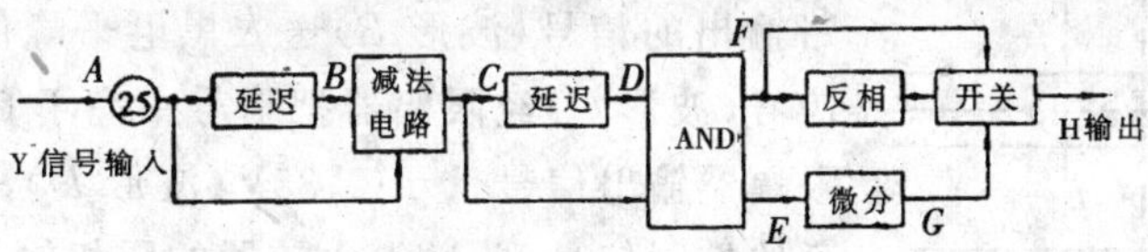

图 6-19 边缘校正电路方框图

3. 细节校正电路

图 6-21 和图 6-22 分别示出细节校正电路方框图和各点波形图。细节校正电路输出的校正信号用作小振幅和中振幅输入信号的校正。细节校正电路的动作过程与边缘校正电路基本相同。

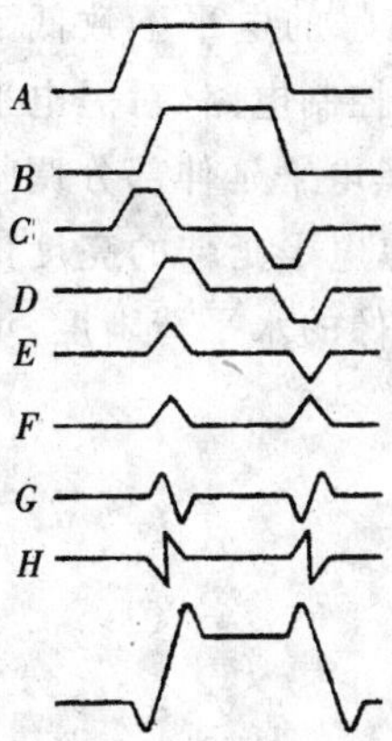

图 6-20 边缘校正电路各点波形图

延迟电路将由 AN5342 脚㉕输入的亮度信号波形 A 变成 B,波形 C 是波形 A 和 B 之差,波形 C 再经过延迟变成波形 D,而校正波形 E 是波形 C 和 D 之差。波形 E 通过核化电路后形成波形 F。经由 AN5342 的脚㉖输入的 NR 电压对核化电路进行控制。当 NR 电压为低电平时,核化电平被加宽,波形 F 变为几乎不含噪声分量的校正波形,起到阻止属于小振幅信号的噪声分量的作用。当输入的 NR 电压为高电平时,核化电平变窄,核化电路输出窄而小的校正波形。DSC 电路的作用在于给出一个能够反应图像细节的控制电压,该电压送入增益控制电路。增益控制电路可以改变校正信号(波形 F)的幅度,并控制 DSC 电压和亮度检测电压的大小。亮度检测电路使细节校正波形的幅度增大。

(四)动态景色控制器(DSC)

1. 动态景色控制器原理

动态景色控制器将亮度信号的灰电平(图像的浅黑部分)检测出来,并把它往黑电平方向延伸,经与消隐电平相比较,如果没有达到消隐电平,则把灰电平延伸 1.7 倍;如果达到了黑电

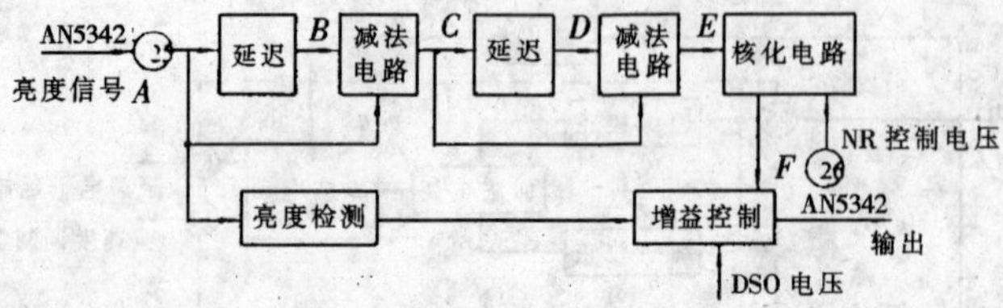

图 6-21　细节校正电路方框图

平就不再延伸，从而使浅黑部分变暗，但又不超过消隐电平。由于动态景色控制采用了黑电平延伸的方法，所以又称为黑电平延伸电路。黑电平延伸电路波形变化示意图如图 6-23 所示。

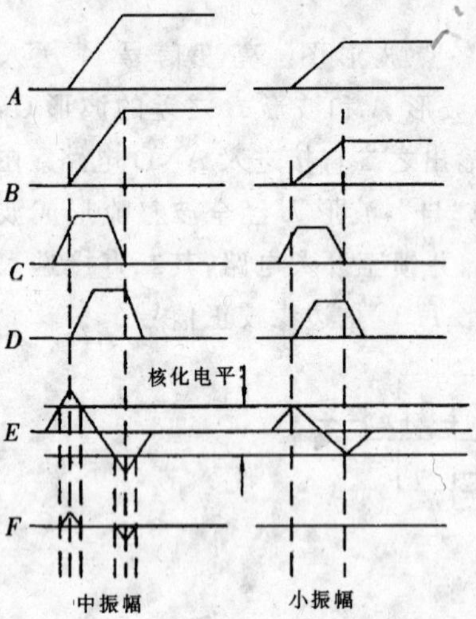

图 6-22　细节校正电路各点波形图

2. 黑电平延伸电路

图 6-24 示出了黑电平延伸电路。该电路是由 CX20125 集成电路及外围元器件组成。来自水平轮廓校正电路 AN5342 脚⑮输出的亮度信号 *A* 输入到 CX20125 的脚⑦，同步信号和行脉冲分别从脚③和脚②进入逻辑电路。逻辑电路的输出信号对消隐箝位电路进行箝位。另外，行脉冲还输入到消隐电路，用来消除亮度信号中的同步脉冲。消隐电路输出的信号（波形 *B*）送入黑电平峰值保持电路，其输出信号（波形 *C*）经限幅器把信号中高于 0.35V 的部分去掉，限幅器输出信号低于 0.35V（波形 *D*），该信号作为黑电平延伸控制信号，并送入比较器的同相输入端，而消隐箝位电路输出的直流电平送入比较器的反相输入端。黑电平控制信号与消隐电平比较，使黑电平控制信号的电平不致低于消隐电平。比较器的输出信号馈至增益控制电路，对黑电平检测电路输出的亮度信号中的浅黑部分进行控制。在增益控制电路中，把黑电平延伸部分调整到对输出放大器控制所需要的电平。最后，从 CX20125 的脚⑤输出经过黑电平延伸的亮度信号（波形 *E*）。经黑电平延伸电路处理后，扩展了图像的浅黑部分，提高了图像的水平清晰度，增强了动态景色层次感。

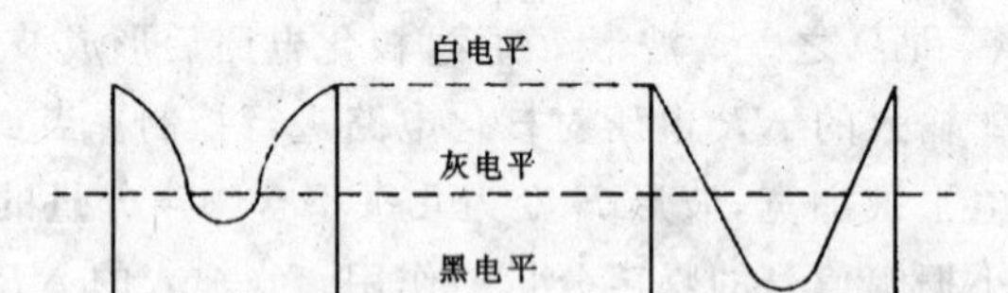

图 6-23　黑电平延伸电路波形变化示意图

（五）动态扫描速度调制器（DSVM）

1. 动态扫描速度调制器原理

使水平偏转的扫描速度跟随亮度信号的变化而加速或减速，导致亮度信号的前沿和后沿形成急剧变化，实现图像水平边缘锐化，提高水平清晰度。动态扫描速度调制器又简称速度调制（VM）电路。

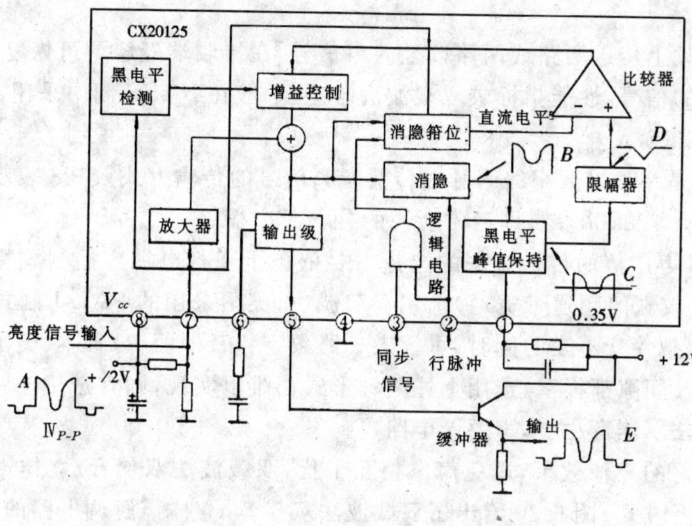

图 6-24 黑电平延伸电路方框图

2. 速度调制电路

图 6-25 示出了 VM 电路方框图。由轮廓校正电路 AN5342 的脚⑭输出的亮度信号，通过微分电路及限幅、放大形成边缘校正信号。该信号加到位于彩色显像管管颈上的速度调制线圈 VM 上，则流过 VM 线圈的电流产生附加磁场，从而改变了电子束的水平扫描速度，结果使电子束的偏转跟随正常偏转（等速偏转）和附加磁场的合成磁场的共同作用，这就形成了电子束扫描速度的加速或减速，使亮度信号的水平边缘（上升沿和下降沿）产生急剧变化。在荧光屏上的显示是加速期间变得更黑，减速期间变得更白，提高了图像的水平清晰度。

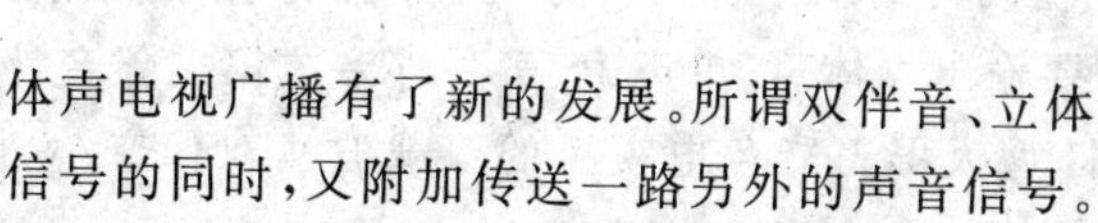

图 6-25 扫描速度调制电路方框图

六、双伴音/立体声系统

近年来，双伴音、立体声电视广播有了新的发展。所谓双伴音、立体声电视广播是在传送常规电视节目图像和伴音信号的同时，又附加传送一路另外的声音信号。即同一个电视图像有可能配两种不同的语言，称为双伴音；也可用两个伴音通道来传送立体声左、右两路信号，就是立体声电视广播，它可以明显改善伴音质量。当然，声音通道也可能是与图像内容无关的声音信号，这给多语种地区的观众带来了很大的方便。因此，双伴音/立体声接收成为近年来电视发展的热点之一，尤其是在大屏幕彩色电视机中，已成为必备功能之一。

（一）双伴音/立体声广播常用的几种方式

1. 双载波法

用两个伴音载波，由两路伴音信号分别对两个伴音载波调频传送。在接收端分别对两个载频解调，得到两路伴音。这种方法是由德国开发的，其特点是性能优越、成本较低、接收端电路简单、可与普通接收机兼容，尤其适合于 PAL 制。

2. 多路传输法

可在一个载频上传送两路或两路以上的声信号。在接收端经解调可恢复传输的声信号。采用这种方法传送的信号,性能指标较双载波法略差,一般在 NTSC 制中采用。

3. NICAM728 方式

NICAM728 是一种以数字编码脉冲传播音频信号的传输方式。728 表示数据信号的传输信号的传播速率为 728kbit/s。即通常所说的"丽音"广播。

双伴音/立体声广播的传送方法的选择主要依赖于现行电视广播制式特点。我国采用的 PAL-D 制式具有较宽的频道带宽,宜选用双载波法;英国采用的 PAL-I 制式具有较宽的频道间隙,在保留原模拟伴音不变的同时,可插入一路数字伴音即丽音;日本、美国等采用的 NTSC 制式的频道带宽及间隙都很窄,选用上述两种形式都难以实现,则宜选用多路传输法。

(二)双载波法双伴音/立体声解调电路

为了获得较好的声像效果,避免声像相互干扰,双载波法双伴音/立体声电视接收机一般都采用准分离伴音方式。图 6-26 给出了双载波法双伴音/立体声解调电路的原理框图。其工作过程如下。

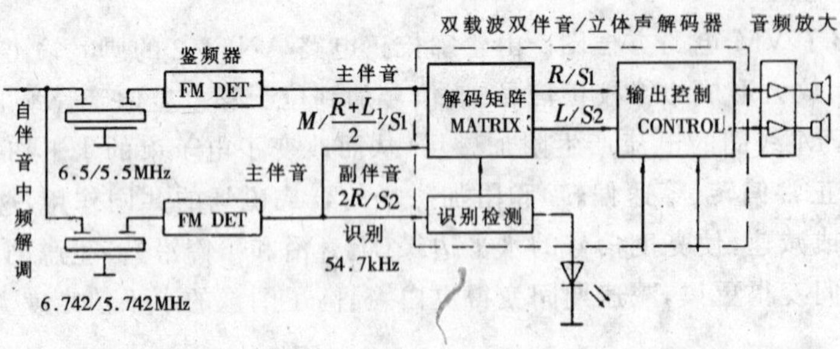

图 6-26 双载波法双伴音/立体声解调电路原理方框图

准分离伴音中频经检波后得到 6.5MHz/6.742MHz 两个伴音中频信号。其中,6.5MHz 一路经鉴频解调后得到主伴音〔即第一伴音或立体声的和信号$(R+L)/2$〕;6.742MHz 一路经鉴频解调后得到副伴音(即第二伴音或立体声的 R 信号)。两路伴音分别送入立体声解码器得到立体声信号。另外,副伴音信号中还有一载有识别信号的 54.7kHz 的调幅导频载波信号,这一信号经调谐放大和 AM 检波得到双伴音/立体声识别信号,用于控制解码矩阵的状态。输出选择电路可根据观众的需要输出立体声、单声道、第一伴音或第二伴音。

东芝公司 2929DXH 型大屏幕彩色电视机的双载波法双伴音/立体声解调电路如图 6-27 所示,它采用了西门子公司开发的总线控制(IIC－BUS)专用 IC－TDA6620,该 IC 内部含有带宽滤波器、立体声识别与解码矩阵及输出控制电路。

松下公司 M16M 机心"画王"系列大屏幕彩色电视机中采用了飞利浦公司研制的双载波法立体声/双伴音电视伴音处理专用 IC－TDA3803A,图 6-28 是其电路原理图。

需要说明的是,目前带有双载波法双伴音/立体声解调电路的进口电视机多为 PAL-B/G 制,其主副伴音载频分别为 5.5MHz、5.74MHz,与我国采用的频率(6.5MHz/6.742MHz)不同,须进行改动并进行适当的调整后才能接收我国双伴音/立体声电视伴音广播信号。

由于我国双伴音/立体声电视伴音广播采用双载波法。而香港地区采用 NICAM728 丽音方式,因此,电视机应具备两种双伴音/立体声接收功能才能满足国内观众的需要。

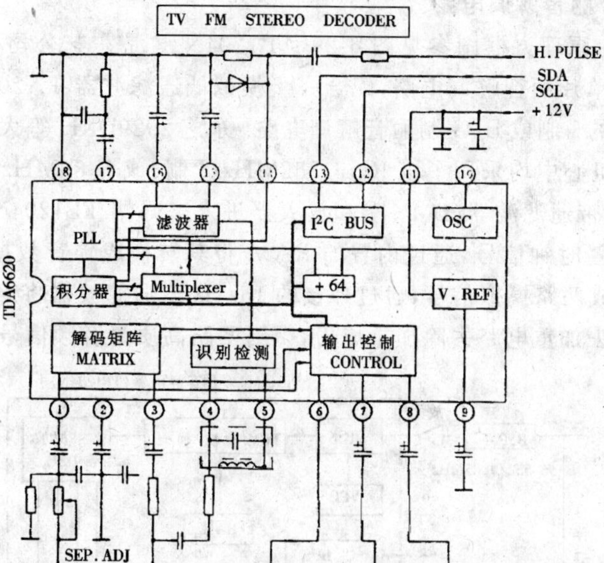

主伴音输入	副伴音输入	辅助输入	输出 1	输出 2	状态
Mono.	/	L 制式(SECAM)	Mono.	Mono.	单声道
Sound 1.	Sound 2.		Sound 1.	Sound 2.	双伴音
$(R+L)/2$ LEFT	R RIGHT		LEFT	RIGHT	立体声

图 6-27 东芝 2929DXH 型大屏幕彩电双载波法双伴音/立体声解调电路图

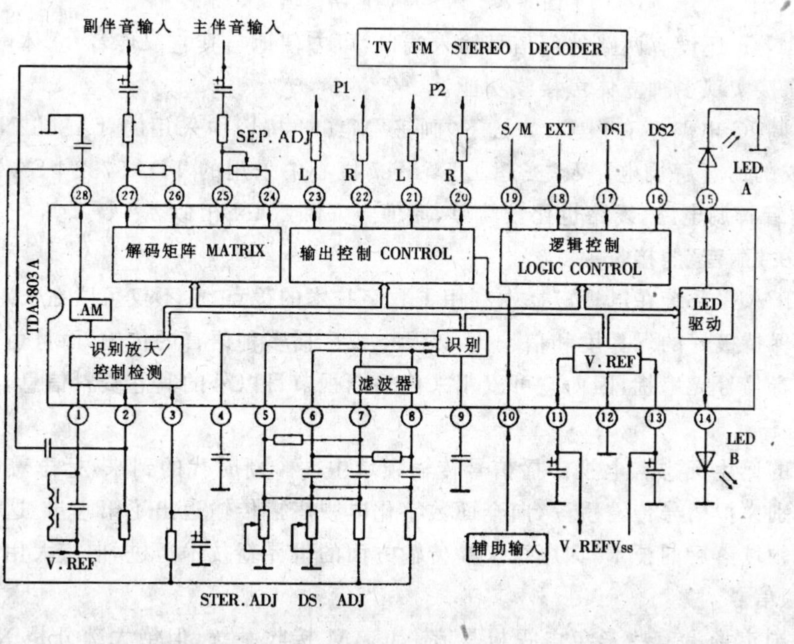

图 6-28 松下 M16M 机心"画王"系列大屏幕彩电双载波法双伴音/立体声解调电路图

(三)NICAM728 丽音解调电路

丽音解调电路的原理方框图参见图 6-29,TB1204N/F 是东芝公司研制的目前较先进的总线/非总线兼容的单片丽音解调电路,配合一个模拟低通滤波器 TA2009P/F 及一去加重电路,可组成一个完整的 I 制或 B/G 制丽音解调电路。东芝 2929DXH 等大屏幕彩色电视机及松下"画王"M16MV3 机心中均采用了该 IC,6.552MHz(I 制)或 5.85MHz(B/G 制)的数字伴音载波信号经过 LD01 带通滤波器(B、P、F)和放大器进入解码器 TB1204N,完成 QPSK 解调及 PCM 数码解调并恢复时钟信号,通过内置的 RAM 将其转换成伴音数据码,该数据码由内置的 D/A 转换器转换成两路模拟信号,通过外接的 15kHz 低通滤波器将声频(40Hz~15kHz)外的杂波滤除,并通过去加重电路去除加重成份,得到两路高质量音频信号。

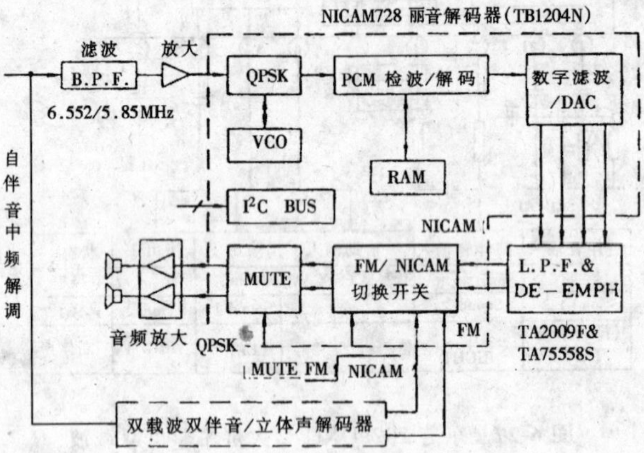

图 6-29 丽音解调电路原理方框图

TB1204N/F 还设有两路外部信号输入端口,可方便地与其它双伴音/立体声(如 FM 双载波法)电路连接实现多种立体声接收功能。

丽音解调 IC 电路还有很多,如松下"画王"M16M 机心中采用的 TA8662N+SAA7280P 两片 IC 组成的丽音解调电路及"三超画王"*M*17 机心中采用的 TDA8732+SAA7282ZP 两片 IC 组成的丽音解调电路,线路也比较简单,原理与 TB1204N 相似。

(四)有关"丽音"的接收

由于 NICAM 系统在电视广播中利用了数字技术的优点,它不仅可以在长距离传输之后,使音频信号保持极好的保真度和信噪比,以及电视广播多种语言的传输,而且由于 NICAM 信号与模拟伴音信号无串扰,因此它可以用来传输电视节目以外的其它资料信息,得到更广泛的应用。

"丽音"的诞生标志着电视广播信号传输领域中一个新时代的到来,标志着电视广播信号传输开始告别模拟信号传输手段,向全面数字化电视广播传输迈出了第一步。这将逐步改变电视广播传输领域落后的技术,向电视广播传输方面的世界新技术迈进,向广大用户提供高质量的视频,音频信号。

目前我国市场上有些彩色电视机具有 NICAM 接收系统,但绝大部分是 NICAM I 制或 NICAM B/G 制,不能接收 NICAM D 制,因此,若要使它们能够接收 NICAM D 制电视广播,则必须对这些彩色电视机的 NICAM 系统进行改动。国产"牡丹王"74C1 型彩电具有 NICAM D 制接收功能就可直接收听 NICAM 数字伴音。

近期北京电视台的“北京一套”电视节目成功地实现了“丽音”的视播，试播只限在“北京一套”节目直播的接收地区范围内。其它地区接收或转播“丽音”的研制工作尚在进行中。

七、环绕立体声和超重低音系统

大屏幕彩色电视机是满足人们视、听双重享受的产品，一台好的电视机不但要有清晰逼真的图像质量，而且也要有悦耳的音质。现在生产的大屏幕彩色电视机大都采用环绕立体声电路，以增强临场感。此外，由于低频能体现声音的气势、力度和节奏，低音不足则对画面要求的一些具体声音(如炮声、脚步声等)就无法真实地再现出来。因此，大屏幕彩色电视机又都设置有不同的超重低音电路。

(一)环绕立体声

1. 环绕立体声原理

普通的所谓立体声均指双声道立体声，即放置在视听者前方左右两个对应的扬声器发声。它所建立的声场是在两个扬声器之间的平面上，视听者置身于这个平面上确有立体声效果，但缺乏环绕声的临场感。而环绕立体声是以人的听觉特性为基础的声场再现技术，它所产生的声场除保留原声的声源方向感外，还产生一种被声包围的环绕感，而且还能听到声源发出的声音向四周扩散或被其它物体反射回来的那种扩散感，尽管再现的环绕声可能与原声大不一样，而视听者却觉得顺应了心理上的愿望，甚至可以逼真地重现如音乐厅或电影院的整体空间的混响过程。再与高质量的图像配合在一起，根据不同的图像内容选择不同的、由电子线路模拟而成的不同环绕声，这种临场感会觉得更逼真和生动，因而更具感染力。目前，大多数大屏幕彩电均采用将原信号在重放过程中用环绕声处理器，采用人工的方法处理出一种能产生环绕声效果的附加环绕声信号，送给环绕声道及环绕扬声器中，产生模拟环绕声的效果。

环绕立体声是将原立体声的左、右($L.R$)两路信号分别经过一定的处理得到的，其形成电路可分为移相式和反射式两种。这里以常见的移相式立体声形成电路说明环绕声的形成过程。

我们知道，人是利用双耳效应来对声像定位的，即通过声音到达两耳时所具有的强度差(声级差)和时间差(相位差)定位，也就是说左右声道之差(R-L)，可使人产生声像所在位置的感觉。如果人耳在感觉到差信号的同时，还感觉到一个经过移相处理形成的移相信号$\Phi(R-L)$那么两个信号不同相位的差别将使人产生如下感觉：R-L 信号产生直达声的定位感(直接发出来的声音)，$\Phi(R-L)$信号则产生经扩散、反射声的定位感，从而使人产生被声音环绕的效果，突出了定位好和临场感强的特点。图 6-30 是环绕声形成电路的原理框图。

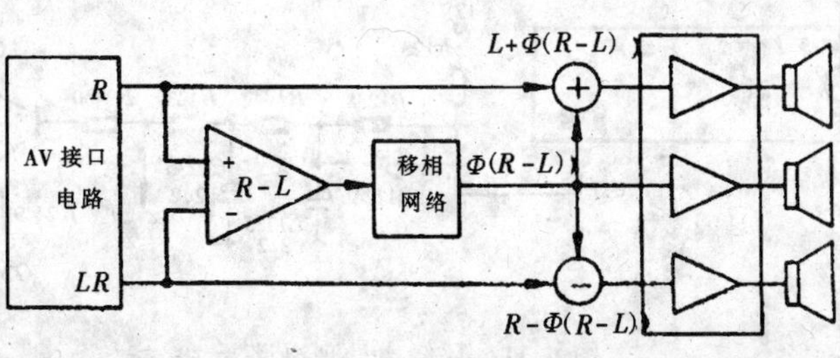

图 6-30 环绕声形成电路原理框图

通常，环绕声形成电路都处于 AV 接口电路的输出与伴音控制电路输入之间。由于 AV 接口电路输出的左右两路伴音信号再各分两路：一路直接加至加法器与减法器的一个输入端，作为伴音的主信号；另一路送到由运算放大器或差动放大器构成的减法器进行信号相减，获得两者的差信号(R-L)，再通过由多节 RC 电路组成的移相网络移相，产生环绕声信号 $\Phi(R$-$L)$，分别加至加法器和减法器的另一个输入端。于是，加法器输出 $L+\Phi(R$-$L)$ 信号，减法器输出 R-$\Phi(R$-$L)$ 信号，它们与环绕声信号一起经过伴音控制及功率放大后在各自的扬声器中再现。

目前国外已研制生产出性能优良的环绕声专用集成电路，如日本 NEC 公司的 μPC1891ACY，东芝公司的 TA8776 等，这些专用集成块都含有环绕方式和环绕效果控制功能。环绕方式用来选择环绕声的通断，环绕效果用以选择差信号 R-L 移相角度的大小，以产生不同的音响效果，适应收看不同节目的需要。例如，收看教学节目时为使语音更清晰，可以关掉环绕声；收看电影节目则可接通环绕声。

2. 环绕声处理电路

图 6-31 是由专用环绕声处理集成块 μPC1891ACY 及外围电路组成的环绕声处理电路。

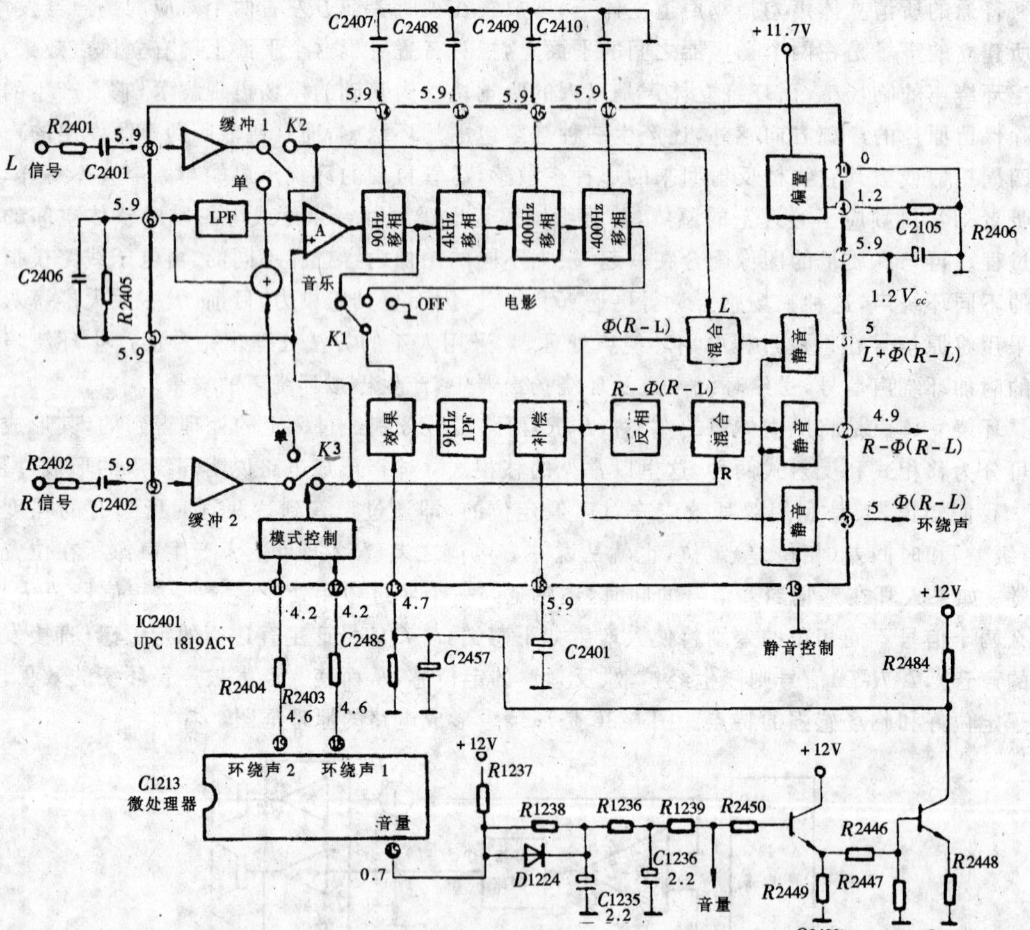

图 6-31 环绕声处理电路

μPC1891ACY 具有下列功能。

(1)立体声信号输入时，可产生模拟音乐厅环绕模式或电影院环绕模式的音响效果。

(2)当单声道信号输入时，可产生模拟立体声效果。

(3)当处于环绕声关断状态时,信号直通,不影响原音响效果。

μPC1891ACY 环绕声模式由其⑪、⑫脚模式控制电平控制,而⑪、⑫脚与微处理器⑱、⑲脚直接相连接。

在 L、R 立体声信号输入 μPC1891ACY 的⑧、⑨脚后,L、R 信号分别经缓冲放大,然后分两路输出。一路作为 L、R 主信号送往各自的混合器,另一路 L、R 信号分别送往运算放大器 A 的同相及反相输入端,形成 $\Phi(R\text{-}L)$ 环绕初始信号。此时,与⑤、⑥脚相联的高通滤波器(IPF)及低通滤波器(LPF)不起作用。而 $\Phi(R\text{-}L)$ 信号经 90Hz 移相、4kHz 移相及两次 400Hz 移相后,又经模式开关 K_1 及效果控制、9kHz 低通及补偿电路,然后分三路输出。第一路从⑳脚直接输出,不过本电路中⑳脚为空脚,不送出信号。第二路与 L 信号相加混合后,从③脚输出 $L+\Phi(R\text{-}L)$ 信号。第三路经倒相放大后与 R 信号相加混合,从②脚输出 $R\text{-}\Phi(R\text{-}L)$ 信号。⑲脚为静音控制脚,利用该脚电平的高低变化,可控制②、③、⑳脚输出信号幅度的大小,也可截断信号的输出,以达到静音的目的。本电路中⑲脚接地,故静音功能未采用。如果模拟切换在环绕声关断(OFF)位置时,则内部开关 K_1 接地,此时 $\Phi(R\text{-}L)$ 信号被切断,②、③脚输出的是 L、R 直通信号,使原音响效果不受影响。如果模式切换在音乐厅位置,则 $\Phi(R\text{-}L)$ 信号仅经 90Hz 移相后产生,能重现音乐厅的现场效果。如果模式切换在电影院位置,此时不但对 $\Phi(R\text{-}L)$ 信号进行 90Hz 低音移相,而且也进行 400Hz 中低音移相及 4kHz 中高音移相,则能产生空间广阔的环绕声效果,充分体现出不同音源的立体感及回响感。

当单声道伴音输入,且模式置于模拟立体声位置时,则 L、R 信号先混合在一起,经低通滤波后加到运放 A 的反相输入端,经⑤、⑥脚高通滤波后加到运放 A 的同相输入端,由 A 输出的信号也进入环绕立体声移相电路,开关 K_1 也置于电影院端子上,所形成的模拟立体声信号与 L、R 主信号混合后,再从②、③脚输出。虽然这不是真正的立体声,但声音被展宽,表现出宽调感。

μPC1891ACY 的⑬脚为环绕声效果控制脚。⑬脚电平高低变化能改变 $\Phi(R\text{-}L)$ 信号幅度的大小,从而改变环绕声效果,该脚电平与微处理器㊺脚相连接,也就把环绕声效果强的与声音音量的大小联系起来了。

(二)超重低音技术

大屏幕彩电除采用环绕立体声电路外,还特别重视高音质的扬声器系统,因彩电受机箱空间尺寸的限制,不可能把高质量的音响系统搬进空间狭窄的彩电机箱中去,故对大屏幕彩电中的扬声器提出了特殊的要求。

1. 高音质扬声器

可以容纳在彩电机箱内的超重低音扬声器系统,是国内外彩电制造厂开发的重点。目前在此领域已形成两大流派:一个是以松下、NEC、三菱、夏普公司为代表的采用松下公司 Dome 扬声器系统。另一个是以东芝、三洋、索尼公司为代表的采用独立分离的重低音系统,也称 3D 方式。

(1)松下 Dome(多梦)系统　Dome 系统的扬声器采用独立箱体结构。它的安装方法及内部结构如图 6-32(a)、(b)、(c)所示。

Dome 系统的原理是应用了声响管的共振现象。对于一个一端闭合的声响管,在其全长 L 所决定的几个特定频率点上会产生共振现象,这些频率点为:

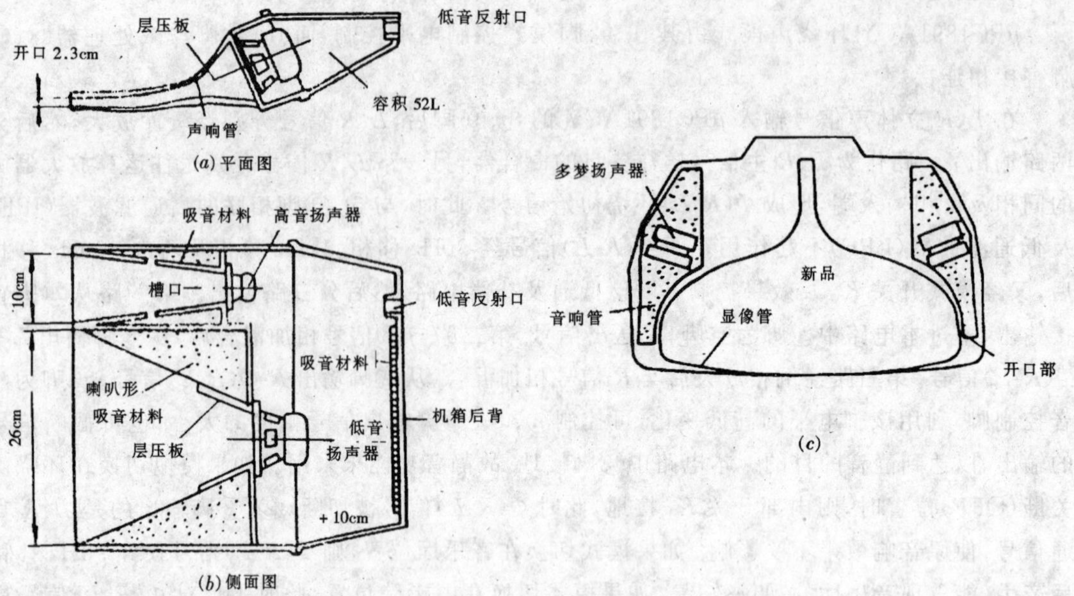

图 6-32　Dome 系统安装方法及内部结构

$$f_n=\frac{C}{4L}(2n+1)\qquad(n=1、2、3\cdots\cdots)\tag{6-1}$$

式中 C 为声速。当 $n=0$ 时，1/4 波长等于声响管长度的某个频率的声波就会产生共振；同样，$n=1$ 时，3/4 波长等于声响管长度的另一个频率的声波也会产生共振，以此类推，会产生许多共振点。如果在声响管的闭端安装一个扬声器，并将第一个共振点设计在感兴趣的频率上，这个频率点的声辐射功率将明显增强。Dome 系统的声响管长度设计在 25cm，则第一个共振点的频率为 $f_1=340$Hz，因此在 f_1 附近的声频响有了很大程度的提高。压层板是为抑制声响管内的驻波，吸音材料起到对频响的平抑作用，使中高音段的频响变得平坦。Dome 系统为了加强低频辐射还采用了倒相式助音箱，既取得较好的倒相作用，又使低频段频响有所提高。该系统中低音采用日本松下公司生产的 EAS-10PL602A 型布浸橡胶折环式扬声器，其额定灵敏度为 89dB，谐振频率为 72Hz，阻抗为 8Ω。

(2)东芝 BAZOOKA 系统　日本东芝公司在彩电上采用一种叫 BAZOOKA 的扬声器系统，该系统由前方左右两侧的主扬声器和 BAZOOKA 超重低音扬声器两部分构成。主扬声器置于电视机箱前方屏幕左右两侧，各配置两个小扬声器，外表呈柱状形式，由功率放大器提供 2×7W 的输出，如图 6-33(*a*)所示。BAZOOKA 超重低音扬声器，如图 6-33(*b*)所示，是一个具有圆筒形构造的声响管式扬声器系统，一个低音扬声器装于圆筒型结构的中间，该扬声器口径不大，将它和一个密闭形构造和声响管组合在一起成为一个圆柱形整体，利用声响管的共振作用，使扬声器背面发出来的声音像通过一个声学滤波器一样，截断了高音频响应，形成一个声学上的子低音系统，其频率特性如图 6-33(*c*)所示。这样一个系统，根据其形状，东芝公司叫它为 BAZOOKA，即“火箭炮”。BAZOOKA 采用了扬声器面向密闭部，则可用较小的低音扬声器制成整个系统。其扬声器口径为 4 英寸，谐振频率为 67Hz。

BAZOOKA 圆筒结构装在电视机后背上部，横方向配置，其目的是为了声响管振动时不影响显像管的工作，声响管的开口位于机箱的左侧，声音只从左侧出来，因人的耳朵对 200Hz

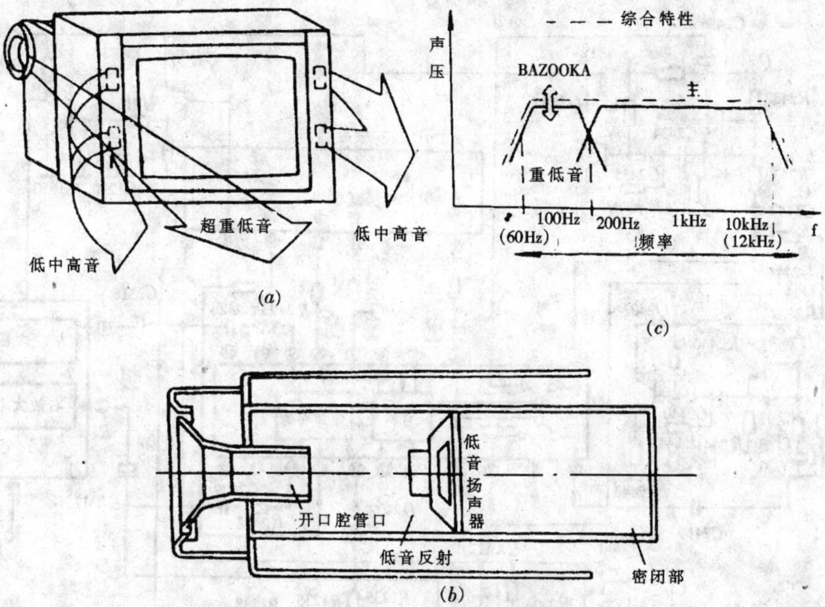

图 6-33 BAZOOKA 系统结构及频率特性

以下的低音的方向性不敏感，所以超重低音扬声器与前方主扬声器相配合就可获得良好的音响效果。

2. 新型超低音(XBS)电路介绍

松下 TC-29V2H 型彩色电视机中超低音(XBS)系统电路如图 6-34 所示，由 XBS 切换电路、高音/低音/均衡控制电路、音量控制电路、伴音静噪控制电路等组成，功能由集成电路 CXA1279S 及外围电路组成，各功能受微控器输出信号控制。

(1)XBS 处理电路　由图可见，由环绕声处理集成块 μPC1891ACY 的②脚输出的 R 信号，③脚输出的 L 信号，分别经 $C2411$、$C2412$ 耦合到音调、音量控制集成块 CXA1279S 的①脚和㉒脚。$Q2404$～$Q2407$ 等为超低音处理电路，其中 $Q2404$、$Q2406$ 分别为 L、R 信号的放大管，放大后的信号分别由 $C2441$、$C2436$ 耦合到 CXA1279S 的③脚和⑳脚。$Q2405$、$Q2407$ 及有关元件组成 XBS 提升电路，它实际上是由等效模拟电感 L 组成的谐振提升电路。现以 L 声道为例，模拟电感的电感量 L 计算公式为：$L=C_{2435}\cdot R_{2435}\cdot R_{2437}$，模拟电感再与 $C2434$ 组成串联谐振回路，谐振频率计算如下：

$$f_o=\frac{1}{2\pi\sqrt{C_{2434}\cdot L}}\approx 67\text{Hz} \qquad (6\text{-}2)$$

上式计算可知，以 67Hz 为中心频率的超低音信号获得了明显提升。超低音提升等效电路及频率特性如图 6-35 所示。

从 CXA1279S 的①脚、㉒脚输入的是普通音频 L、R 信号，而③脚、⑳脚输入的是 XBS 提升后的 L、R 信号，两路信号在 CXA1279S 内部进行选择切换，其④脚实施切换控制，该④脚与微处理器⑱脚(环绕 1)相连接。当伴音为立体声或音乐节目时，微处理器的⑱脚为低电平，故 CXA1279S 的④脚为低电平，则内部开关接通①、㉒脚，为不加 XBS 的 L、R 立体声伴音；当大屏幕电视收看电视电影或电影录像节目时，微处理器⑱脚给出高电平，则 CXA1279S 的④脚为高电平，内部开关接通③、⑳脚，可听到有超重低音效果的伴音信号。

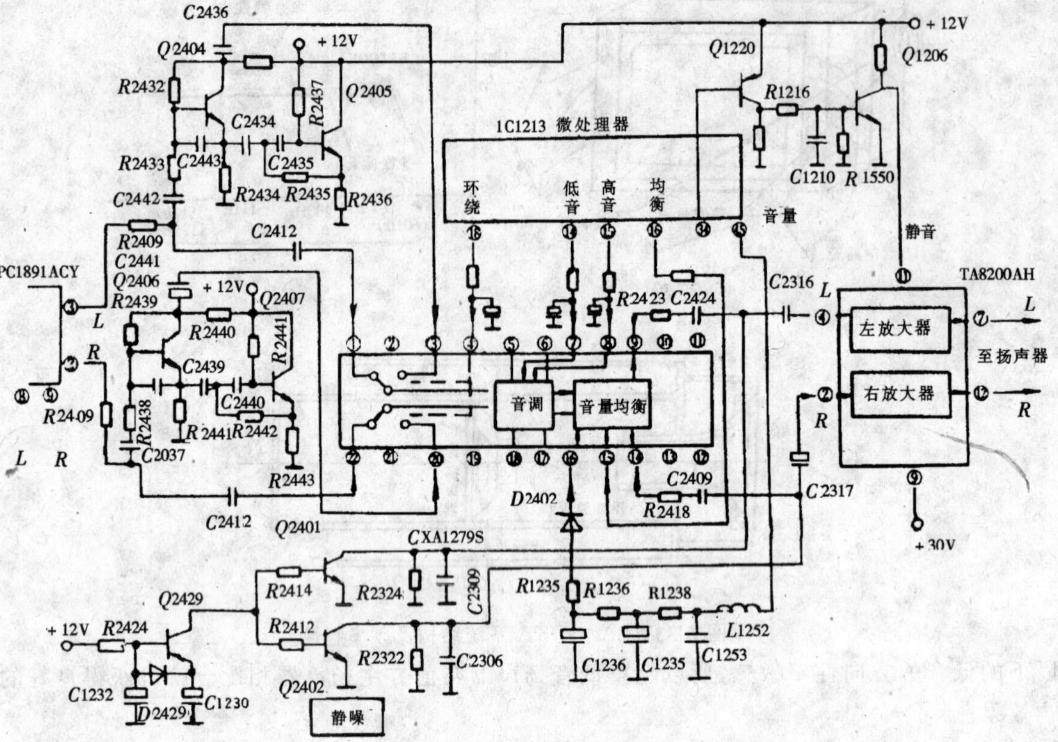

图 6-34　超低音(XBS)处理电路

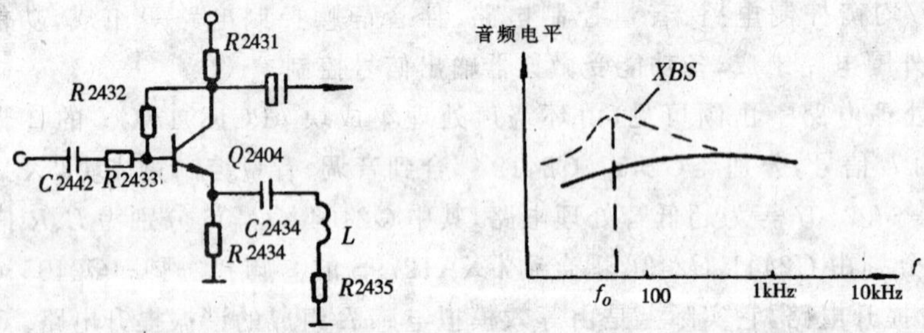

图 6-35　XBS 等效电路及频率特性

(2)低音/高音/均衡控制　低音/高音/均衡控制分别从微处理器⑭、⑮、⑯脚输出直流电压信号控制，分别加至 CXA12795 的⑦、⑧、⑮脚。双声道的均衡、低音、高音成份大小根据控制电压大小决定。

(3)音量控制　音量控制信号由微处理器的㊺脚输出脉冲调宽信号(PWM)，经低通滤波器平滑滤波变成直流电压加至 CXA1279S 的⑯脚实现音量调节。

(4)伴音噪声抑制功能　当电源开关通、断或无信号时或进行功能选择操作时，都不希望有声音(噪音)出现，即电路中需有静音控制电路。图中 TA8200AH 为音频功率放大集成电路。⑪脚为静音控制脚，两集成块之间的 *Q*2429、*Q*2401、*Q*2402 为静噪电路，如当主电源断开时，12V 电压开始下降，*C*1232 放电。当 *Q*2429 的基极电压低于射极电压时，*Q*2429 导通，*C*1230 放电电流流经 *Q*2401、*Q*2402 的基极，两管均会导通，使 TA8200AH 的②、④脚交流接地，此时噪音被抑制。从图中看出,当进行 TV/AV 选择、声道选择、预置操作、多伴音选择、待机结束选择、环绕立体声选择及伴音制式选择等操作时,微处理器的㉞脚输出低电平信号,经 $Q1220$、$Q1226$ 给 TA8200AH 的⑪脚送入低电平,从而抑制噪声出现。

八、大屏幕彩电的 I^2C 总线控制

飞利浦公司推出 I^2C(INTER-IC)总线已有十多年了,90 年代初,I^2C 总线才应用到彩电中。日本东芝公司的 2518 型、2918 型等大屏幕系列彩电成功地实现了 I^2C 总线控制,目前国际上高档次的大屏幕彩电也正在向 I^2C 总线控制的方向发展。

一般说来,大屏幕彩电应是高画质、高音质,并具有多功能、多制式。为了实现这些要求,采用 I^2C 总线控制使得各电路之间的连接变得很简单,省掉了控制系统中的许多 I/O 端口,减少了大量元器件和连接线,提高了整机的可靠性,降低了成本。由于 I^2C 总线具有多重控制能力,使得产品的调整和测试可以很方便地由生产线上的计算机来完成。在彩电中应用 I^2C 总线控制,是彩电设计方面的一大突破。

近年来,国内有些电视机生产厂家,也相继把具有 I^2C 总线控制的大屏幕彩电投向市场。如北京牌 64cm 和 74cm 大屏幕彩电就是采用了 I^2C 总线控制方式。下面简单介绍 I^2C 总线的基本概念及在大屏幕彩电中的实际应用。

(一)什么叫 I^2C 总线

I^2C 总线是一种双线双向的串行数据总线,具有多端控制能力。它有两条线,一条叫串行数据线(SDA),另一条叫串行时钟线(SCL)。总线上的各种器件或模块通过 SDA 和 SCL 两条线,并按照一定形式的约定进行信息的传输。

(二)I^2C 总线有什么特点

(1)总线上信息的传输只需要 SDA 和 SCL 两条线。

(2)总线串行双向传输。

(3)I^2C 总线是多主控器总线。

(4)在总线上经常存在着主从关系。

(5)在总线上每个器件以单一不同的地址用软件来存取。

(6)所有 I^2C 总线兼容的器件都有标准的接口,这些器件之间经由总线可以互相直接通讯。

(7)连接到同一总线上的最多器件数只受总线电容最大值 400pF 限制。

(8)具有总线接口的各电路单元,可以直接在总线上接入或分离,因此,通过总线上某些电路单元的更新,可很方便地实现产品的升级换代。

(三)I^2C 总线上的数据传输

在 I^2C 总线上为传输每一个数据比特位,都应产生一个相对应的时钟脉冲。且在时钟信号为高电平期间数据线上的数据必须保持稳定,时钟信号为低电平期间,数据线上的高电平或低电平才允许变化。I^2C 总线具有一定的数据传输格式,如图 6-36 所示。

在总线上数据是以字节传输的。输出到数据线上的每一个字节必须是 8 位(8 比特长),但每一次传输的字节数不受限制。数据传输总是从最高有效位(MSB)首先发出,每一个被传输的字节后面必须跟随一个应答位,而与应答信号相对应的时钟脉冲由主控器产生。发送器在应答时钟脉冲期间,释放数据线,使其处于高电平状态,以便接收器在该位上发出应答信号。接收

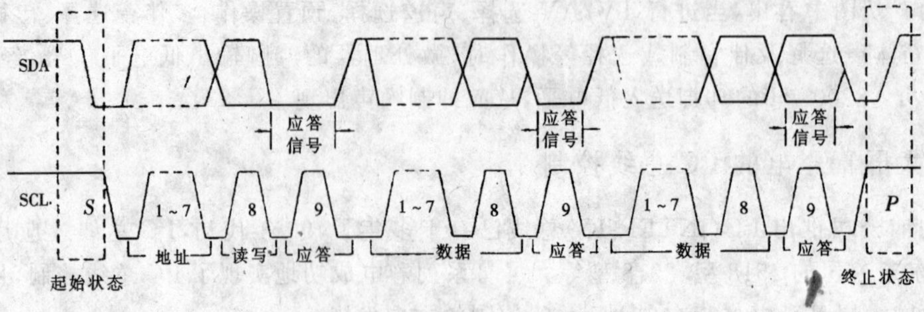

图 6-36 I²C 总线数据传输格式

器在应答时钟脉冲期间，必须在数据线上输出一个低电平信号，使数据线稳定在低电平状态。

按图 6-36 数据传输格式，在总线上进行数据传输时，首先是由主控器发出起始信号(*S*)，随后传送一个被控器的地址，该地址共 7 比特(1～7)位，第 8 位是读/写位，用来确定数据的传输方向，其中"0"表示主控器发送数据(写)，"1"表示主控器接收数据(读)。第 9 位是应答位。被寻址的接收器每收到一个完整的字节后，就产生一个应答信号；如果接收器不对相应的被寻进行应答时，该接收器必须释放数据线，使其处于高电平。最后由主控器产生的终止信号(*P*)结束每次的传输。

在总线的传输过程中，有两个特定状态，分别定义为起始状态和终止状态。当时钟线在高电平期间，数据线从高电平变化到低电平的这一状态叫作起始状态；而当时钟线在高电平期间，数据线从低电平变化到高电平的状态叫作终止状态。起始和终止状态，分别由主控器产生的起始信号(*S*)和终止信号(*P*)确定。在起始信号产生后，总线处于占用状态，终止信号产生一定时间后，总线处于空闲状态。

接入到总线上的各器件或模块，在进行数据传输时，根据它们的工作状态可分为主控发送器、主控接收器、被控接收器和被控发送器。一些智能电路如单片微控制器(MCU)可以处于上述的任一状态。而一些存储器(RAM 或 E^2PROM)可以是被控接收器或被控发送器。但有些集成电路则只能是被控接收器。

当多个主控器同时去占用 I^2C 总线时，则仲裁过程将最终判定只允许其中的一个主控器占用总线。而被裁决失去总线主控权的主控器应立即关闭其数据输出，必须立刻进入被控接收器状态。

(四)彩电中的 I^2C 总线控制

下面将以北京牌 8340 型 64cm 彩电(以下简称 8340 机)为例进行简要分析。

8340 机的 I^2C 总线结构如图 6-37 所示。

微机(CPU)及其外围电路(存储器、红外接收器等)组成的中心控制部分是 8340 机的控制中心。连接到 I^2C 总线上的所有集成电路都有约定的地址，数据的传输格式都符合 I^2C 总线的规约要求。微机和各信号处理集成电路之间数据传输都是通过 I^2C 总线进行的。在该总线控制系统中的集成电路都具有 I^2C 总线标准接口(译码器、D/A 转换器等)，因而不需要其它接口电路，这些集成电路可以直接挂在数据和时钟两条线上。

数据线和时钟线通过上拉电阻连接到 5V 正电源上。当总线空闲时，数据线和时钟线均为高电平。

在 8340 机总线控制系统中包括主控器和被控器、发送器和接收器。其中 CXP80420 微机

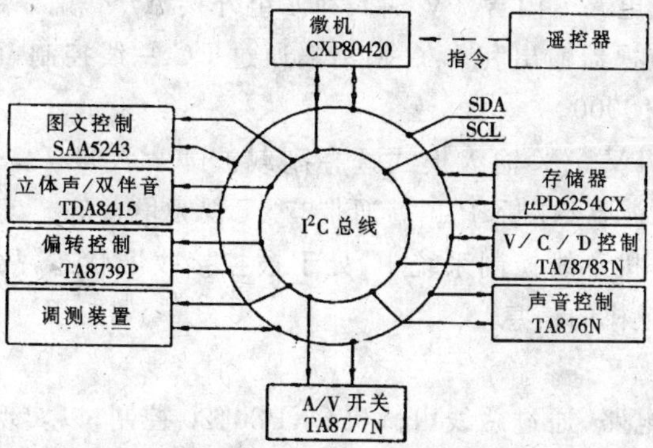

图 6-37 北京牌 8340 机 I^2C 总线结构图

作为主控器(主控发送器或主控接收器);μPD6254CX 存储器及 TA8783N、TDA8415、SAA5243 等集成电路作为被控器(被控接收器或被控发送器);TA8739P、TA8776N、TA8777N 等集成电路只能作为被控接收器。

在本控制系统中,也可以把具有 I^2C 总线接口的调测仪器挂在 I^2C 总线上,这样在生产线上能够很方便地进行整机调试,这些调整数据通过总线送到存储器中,从而实现了彩电出厂前的预调整。8340 机有两个彩色图像预调设定值和一个手动图像设定值。由于在该系统中的每一个集成电路都是 I^2C 总线控制型,因此,使用遥控器通过总线控制,可以很容易地完成图像等多项内容的维修调整。这也是 8340 机所特有的功能。

1. CXP80420

8 位微机集成电路。内含只读存储器(ROM)和随机存储器(RAM),还有 14 比特的 PWM 信号输出。

该微机以电压合成方式进行频道选择控制。通过遥控器能够自动(或手动)搜索电台并记忆,可以预选 40 个频道。CXP80420 微机通过 I^2C 总线对系统中的各信号处理集成电路进行控制。这些被控集成电路中都含有一些 RAM,每个 RAM 又都有自己的地址(即被控器件中的副地址)。所有这些集成电路中的副地址也都受控于微机,显然,通过改变电路中的副地址,微机就可以从这些集成电路的 RAM 中写入或读出数据,从而控制了 8340 机的视频、音频、偏转、图文、A/V 开关等全部系统。

2. μPD6254CX

可编程存储器集成电路,由 518(字)×8(比特)组成。它可以作为被控接收器,通过 I^2C 总线写入来自 CXP80420 微机的数据;也可以作为被控发送器通过总线发送数据由微机读取。

3. TA8783N

彩色多制式 V/C/D 信号处理集成电路。通过 I^2C 总线自动识别 PAL/SECAM/NTSC 彩色制式、4.43MHz/3.58MHz 副载波和 50Hz/60Hz 场频,并对视频/色度/偏转处理等功能进行控制。

4. TA8776N

电视声音处理集成电路。音量、音调、平衡、环绕声电平等内容的调节都是通过 I^2C 总线进行的。

5. TA8777N

电视 A/V 开关集成电路。内含 TV 输入和 4 组外接 A/V 输入端口,声音有左、右输出端口、视频输出端口包括监视器输出和 Y/C 输出。通过 I^2C 总线控制,可以从中选择任一模式。TA8777N 的地址是 10010000。

I^2C 总线功能包括:TV、AV 输入模式选择副载波 4.43MHz/3.58MHz 识别、黑白/彩色识别、抹音通/断、梳状滤波器通/断、PIF 高通带有/无视频增益等。

由于该电路在 8340 机总线控制系统中,处于被控接收器状态,故只能接收经由总线来自主控发送器 CXP80420 微机的信息。

6. TA8739P

电视偏转处理集成电路。通过总线由微机 CXP80420 控制,以实现图像幅度、垂直线性、垂直中心、S 校正、枕形失真、梯形失真等各种内容的调整。

7. TDA8415

电视立体声/双伴音处理集成电路。该电路具有集中滤波器和 I^2C 总线控制。TDA8415 是被 CXP80420 微机控制通过 I^2C 总线可以被写入或读出。

写入(接收主控发送器 CXP80420 传来的数据)有三个字节,其中第一个字节是主地址(10000100)、第二个字节是副地址、第三个字节是数据。读出有地址和数据两个字节。

8. SAA5243

图文数据处理集成电路。SAA5243 是标准的 I^2C 总线被控器。内含静态 RAM。它是具有“写”或“读”的被控器。

第二节　数字电视机

一、什么是数字电视机

电视机的发展经历了由黑白到彩色、由电子管到晶体管和集成电路等几代变革,但对电视信号的处理、传输到控制均没有本质的变化,仍是沿用模拟电路实现的。近年来由于数字技术及超大规模集成电路技术的迅速发展,在广播电视领域里出现了一种用数字方式对电视信号进行处理的新型电视机——数字式彩色电视机。它的出现不但大大提高了电视图像的质量,还为电视机增加更多的功能开辟了新的途径。

由于电视载波频率很高,为 50MHz～1000MHz 的高频电视信号,若直接在高、中频进行数字化处理,即使在技术上能实现,也因电视机价格太贵,难以推向市场。目前所谓数字电视机,是在不改变现有模拟电视传输体制的前提下,把接收机视频检波后的模拟视频信号、鉴频后的基带伴音信号和同步扫描电路小信号处理部分,分别进行 A/D 变换,使之数字化后,再按不同的要求分别进行各种数字处理,最后经 D/A 变换恢复成模拟信号送到显像管、扬声器及扫描偏转等大功率输出电路。也就是说,在电视机中、高频放大,视频检波和大功率输出级,仍采用模拟电路,而只是对检波以后的信号包括数字化电子选台电路均进行数字处理和控制。所以目前流行的数字电视机实际上是一种数字/模拟混合式电视机。还不是全数字式电视机。

数字电视机的基本构成如图 6-38 所示,从图可见,调谐器,图像和伴音中频通道、各末级输出电路仍为模拟电路。数字电视机与传统的模拟电视机的不同之处,在于视频信号处理、扫描信号处理和伴音信号处理均改由数字化处理电路取代,这三个数字处理部分和高频调谐器的选台电路一起统一由微处理器组成的中央控制器进行控制,完成各种功能。数字电视机对基带信号的处理采用了与模拟电路概念和原理完全不同的数字电路进行,这在电视技术上是一个很大的变革,是向完全数字化电视机目标前进了一大步。

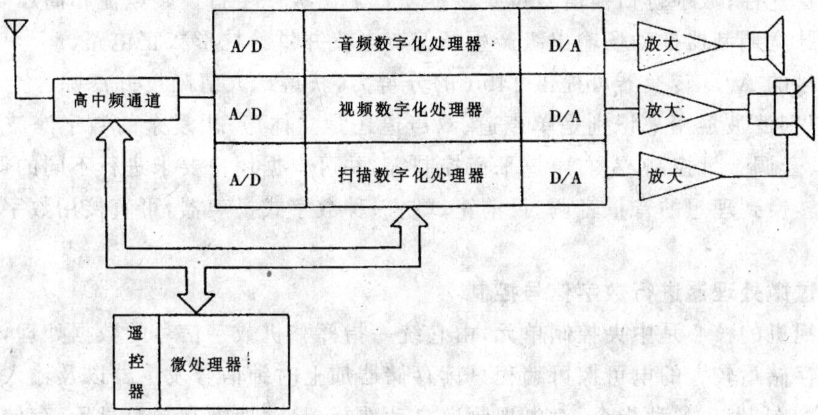

图 6-38 数字电视机的基本构成

二、数字电视机的特点

数字电视机由于采用了超大规模集成电路、微处理器、存储器,使用了数字图像处理的理论和技术,使电视图像质量和声音质量得到很大改善,增加新的功能,便于与多种外围设备连接,可成为多种信息的传播媒介,如卫星电视、图文电视、高清晰度电视、视盘及个人计算机等的终端显示设备。所以数字电视机与模拟电视机相比具有许多新的特点。

(一)由 A/D 转换器完成电视信号的数字化

A/D 转换一般分取样、量化和编码三步完成。取样是指对一个连续变化的模拟信号按一定时间间隔周期性地抽取幅值的过程,模拟信号经取样后变成一个个离散的脉冲信号。奈奎斯特(Nyguist)定理规定了取样信号的频率至少应为被取样信号最高频率成分的两倍,否则将会产生频谱混叠,使复原后的信号失真。实际中为了减少彩色副载波与取样频率之间的串扰,取样频率通常选为副载频的 3 倍～4 倍,即 13.29MHz 或 17.72MHz。量化是指取样后的信号按大小值分成若干等级的归类化过程,显然量化级越多即分层数越多,复原后的信号越逼真;分层少了,在电视图像灰度缓慢变化的区域会出现虚假轮廓和量化杂波。编码是对取样及量化后的电平用二进制代码表示的过程。编码后即完成了 A/D 转换,此时模拟信号变成了用一组组二进制数表示的,即由一组组脉冲代表的数字信号。其二进制代码的位数(bit 数)表示了 A/D 转换的精度或分辨力。理论和实践表明,为使数字信号能还原成高保真的模拟信号,视频信号需要 8bit 的分辨力,色度信号需要 6bit,伴音需要 12bit～14bit,偏转信号需要 13bit。当然,取样值越多,量化层数越细,精度越高,所需的硬件数目也越多,它不仅带来技术上的复杂,集成块体积增大,也会使成本增高,故设计时须根据实际情况综合考虑。

(二)通过各种数字电路进行信号处理

对数字全电视信号的处理包括:用数字滤波器实现梳状滤波进行亮度和色度信号的分离,使分离完善,降低色亮串扰;用数字横向滤波器消除电视重影;用存储器实现行场内插,变隔行扫描为逐行扫描;用二维轮廓加强电路对亮度信号进行处理等,使图像的清晰度得到很大提高。

对扫描信号的数字化处理包括：用数字同步分离电路实现行、场同步信号的分离；用存储器实现倍场即变每秒50场为100场，以减少图像闪烁。数字电视机还可自己产生行场信号以提高图像的稳定性；数字行扫描信号可直接推动行输出级产生行偏转电流和高压，数字场扫描信号则通过脉宽调制器推动场输出级产生场偏转电流并供给枕形校正电路。

伴音信号的A/D转换器可提供14bit的分辨力，获得最大清晰度并滤除噪声而且不需调正；数字式识别滤波器用来识别是单声道、双声道还是立体声；用复杂的数字滤波器实现调频信号去加重、音调音量控制、左右声道平衡控制等，并可根据用户要求进行不同的调节，可从一般音量音调转换到理想的音量音调。目前正试制一种数字式扬声器，可直接用数字信号推动发出声音。

（三）通过微处理器进行数字信号控制

数字电视机的核心是中央控制单元，由它统一指挥整机数字信号的数据处理，通常由8位微处理机和存储量较大的电可擦可编程只读存储器加上时钟信号发生器以及输入译码器等组成。主要功能有：发出各种指令，对电视频道自动选择、自动搜索和频道显示；存储和调整电视频道和亮度、音调、音量、对比度、色饱和度、色调等数据；还可在电视机生产时根据实际情况存入最佳图像质量的调节数据和程序，供用户随时调整和维修，这是模拟电视无法实现的。

三、数字电视机的优点

（一）图像和伴音质量高

影响电视图像和伴音质量的因素主要有两个：一是失真，二是信噪比降低。模拟信号经过各种有源和无源电路不可避免地会产生非线性失真和相位失真，不可避免地会引入噪声。而这种失真和噪声是逐步积累的，传输的环节越多，失真和噪声越严重。对数字信号来说，由于只有“0”和“1”两个状态，可以在取样点对接收到的信号进行判断，只要判断不出差错，再生的信号与始发端是完全一样的，从而去除了噪声和非线性失真、相位失真的影响。因此数字电视信号经远距离传输、多次切换和反复录制，图像质量和伴音质量不会降低。特别是在采用各种相应和滤波技术后，使图像的清晰度和伴音立体声效果更好。如在视频通道中采用数字滤波器进行数字Y/C分离，可把Y/C分离得较彻底，从而提高了图像的清晰度，减轻了串色干扰。数字亮度信号经过数字水平和垂直轮廓加强电路，使行、场扫描变隔行扫描为逐行扫描等图像处理措施进一步提高图像垂直清晰度及消除闪烁，用自适应消重影横向滤波器消除多径干扰等。

对音频信号进行数字化处理使音质明显改善，噪声明显抑制，音响效果较好。

数字电视机还可以自己产生的行、场同步信号来提高图像的同步稳定性和工作可靠性，使在接收微弱信号或有较大干扰的情况下，图像仍能稳定工作。

（二）功能多、用途广

数字信号本身是一种数据，数据可以用于图像传输，也可用于控制。数字信号带来了融图像信号与控制信号于一体的方便性，从而带来了模拟电视不可能实现的新功能，如画中画、静止画、画面变焦放大等多种特技功能以及多种制式的自动转换。

数字电视机处理的是数字信号，所以容易实现同外部媒介及信号源的联接，例如可与录像机、摄像机、视频光盘机、卫星电视接收附加器、个人计算机、电子游戏机、视频检索装置以及宽带综合数字传输网络（ISDN）联接。它将集电视、电脑、电信的功能为一体，使电视用途由单一性向多元化发展，成为千家万户进入信息高速公路的便捷通道，实现电视机的多功能、多用途化。

(三)便于生产和维修

数字电视机由于采用了超大规模集成电路，使外围元件明显减少，几乎没有什么可调元件。在生产中易于采用流水操作，实现生产过程全自动化。另外，在生产中一般不需要进行人工调试，而是通过计算机控制进行自动调试，便于自动化生产。

数字电视机采用了高集成度的微处理器，实现频率合成选台，多参量控制，还可通过机内预置的程序来控制电视机的工作，并自动调整机内有关性能参数，进行“自维修”，使电视机性能永远保持在出厂时的质量水平。

总之，数字电视机与模拟电视机相比，不仅具有较高的图像质量和伴音质量，而且具有诸多新的功能和用途，因此数字电视机将是电视技术今后一段时间内的主要发展方向之一。

四、数字电视机基本原理

(一)数字式彩色电视机的基本组成

图 6-39 为数字式彩色电视机的基本组成框图，下面简述各部分电路的结构及工作原理。

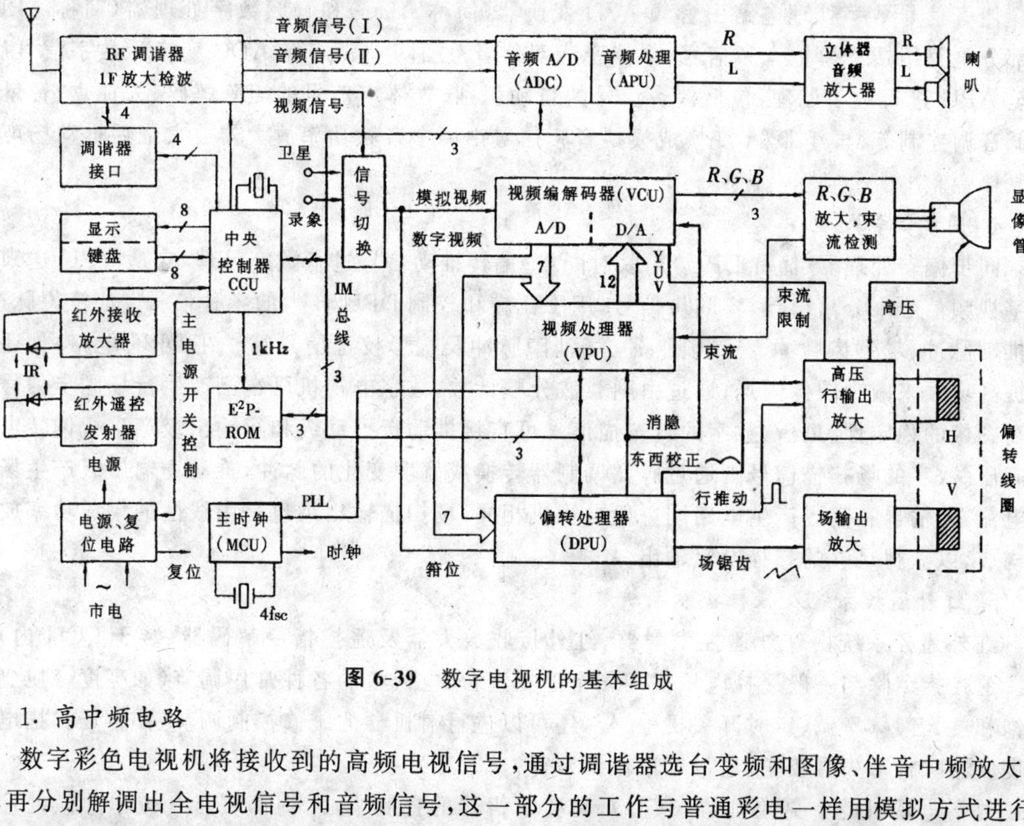

图 6-39 数字电视机的基本组成

1. 高中频电路

数字彩色电视机将接收到的高频电视信号，通过调谐器选台变频和图像、伴音中频放大以后，再分别解调出全电视信号和音频信号，这一部分的工作与普通彩电一样用模拟方式进行，其选台控制是由机上键或红外遥控器及机内的中央控制器(CCU)担任，一般采用带有锁相环(PLL)的频率合成数字调谐方法，通过数模变换接口电路控制高频调谐器实现频道选台调谐。

2. 图像信号处理

图像信号的数字处理电路，主要由视频编解码器(简称 VCU)和视频处理器(简称 VPU)

两大部分电路组成。

VCU 主要完成视频图像信号的 A/D 变换、D/A 变换及由 Y、U、V 至 R、G、B 的矩阵变换等。此外 VCU 还可实现对显像管的亮度控制，黑电平及白平衡调整及束流限制等功能。由视频检波器输出的模拟视频图像信号，经 VCU 的 A/D 变换后成为数字图像信号，它被送往 VPU 及 DPU（同步偏转处理器）进行处理。经 VPU 数字处理后的图像信号 Y、U、V，再送往 VCU 进行 D/A 变换和矩阵解码，最后变换为 R、G、B 三基色模拟图像信号，经放大后送往视频输出放大器。

VPU 对数字图像进行数字处理，包括用数字滤波器进行 Y/C 分离，亮度通道中对数字 Y 信号进行峰化处理、对比度控制、数字水平和垂直轮廓加强及消噪波等处理以进一步提高图像的清晰度。在色度通道中对数字 C 信号进行 ACC 放大，色度解码和色饱和度控制等，VPU 最后输出经过处理的数字 Y、U、V 信号送往 VCU。

这里视频放大器除放大 R、G、B 信号外，还利用内装的显像管束流检测器将束流信息通过 VPU 传给 CCU，与设定标准值比较后自动地对输出视频信号电平进行调整，使显像管重显图像不受器件老化的影响。

3. 音频信号处理

伴音信号数字处理电路由音频 A/D 变换器（简称 ADC）和音频数字处理器（简称 APU）两部分电路组成。模拟音频信号（单伴音或双伴音/立体声信号）经 ADC 变换为数字信号后，送至 APU 进行数字处理，包括伴音信号的自动识别、立体声信号的矩阵解码、去加重、音量和高低音调控制等，再经 D/A 变换成模拟音频信号由两个音频功率放大器放大最后推动扬声器还原伴音。

4. 同步偏转处理

同步偏转处理器（简称 DPU）用以对同步、偏转推动信号进行数字处理，它从 VCU 送来的数字视频信号中分离出行、场同步信号，用于比较和控制 DPU 产生的各种信号。如箝位脉冲、行推动脉冲、场锯齿脉冲、行消隐脉冲、场消隐脉冲及枕形校正信号等。在 DPU 电路中，还通过提高场频来减少图像闪烁；通过由副载波分频计数，数字电视机可自己产生行场同步信号来提高图像的稳定性。最后，数字的行扫描信号可直接推动行推动级和行输出级产生行偏转电流和高压。数字的场扫描信号则通过脉宽调制器转换成宽度变化的脉冲，推动场输出级产生场偏转电流。行输出和高压产生电路同一般电视机相同，场扫描输出级也是由线性的集成功率放大器构成，以获得足够的扫描电流输出。

5. 红外遥控系统及微机控制系统

红外遥控系统由红外遥控发射器、红外接收放大器及遥控指令解码器（装于 CCU 内）组成。遥控指令除与一般遥控电视机相同有遥控选台、电视机的各种常用调节（如亮度、对比度、色饱和度、音量、音调、定时开关机等）外，还可以进行对机器的维修控制调节（如行场扫描电流幅度、线性、枕形失真校正、显像管束流调节等）。

数字电视机的中央控制器（CCU），是整个机器的控制中心，内部装有 8 位单片微处理器及存储机器控制程序、工作参量数据的 ROM 和 RAM、高频调谐器的 PLL 电路、红外遥控指令解码器、时钟振荡器、机器主电源触发器及复位电路和各种输入输出接口。CCU 通过控制总线发生各种工作指令和控制参数，对数字电视机进行各种操作，也可通过键盘进行操作，并可把机器的各种工作状态、接收频道号码、维修机器调整控制的内容在显示器或荧光屏上显示。

6. 电源供给

机器的电源采用开关电源供给各种数字电路及大部分模拟电路所需的各种电源，部分模拟电路电源及显像管高压供电则由行输出电路提供。与一般遥控电视机相同，除主电源外，另设一路副电源，它在主电源未工作前为红外接收器、遥控指令解码器、数码显示器、微控制器等电路供电，使机器处于待机状态。

（二）视频信号的数字处理

视频信号的数字处理，包括视频信号的模数（A/D）变换、数模（D/A）变换、亮度色度信号分离、色度信号解码和信号放大等。

图 6-40 为数字彩色电视机中彩色复合视频信号处理系统的方框图。图中，空心箭头代表数字化的信号，与其有关的电路均为数字电路，而单线箭头代表模拟信号，与其有关的电路即为模拟电路。

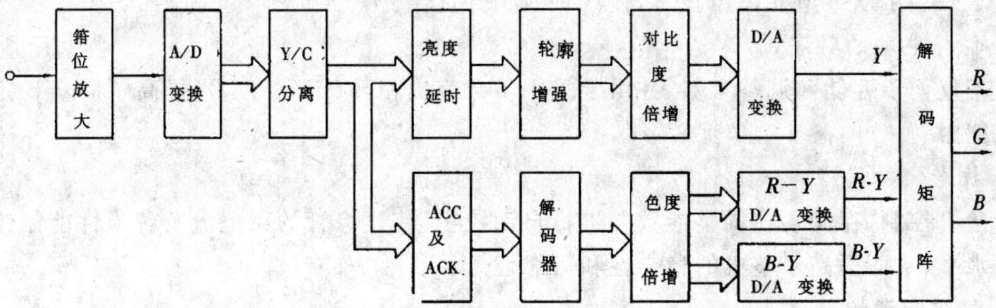

图 6-40 视频信号数字处理系统基本组成

图 6-40 中，从电视机视频检波器电路或录像机、电视摄像机等送来的模拟复合视频信号，经箝位放大后，首先在 A/D 变换器中变换为数字复合视频信号，然后送至代码变换器（Code Converter）将 A/D 变换器输出的数字信号变换成合适的码型，再分别送往亮度处理电路和色度处理电路。

在亮度通道中，将数字复合视频信号通过数字滤波器进行亮度色度分离后得出的亮度信号，经过数字峰化电路进行高频提升或轮廓补偿等画质改善，从而提高了图像的水平清晰度，然后将数字亮度信号延时，在对比度倍增器中放大，最后送到亮度信号 D/A 变换器，重新变换成模拟亮度信号后，再送入 R、G、B 解码矩阵电路。

在色度通道中，将亮度色度分离后的数字色度信号，经自动色饱和度控制（ACC）和自动消色电路（ACK）后，送到解码器解调出（R-Y）、（B-Y）数字色差信号，两色差信号经色饱和度倍增器放大后，送往各自的 D/A 变换器变换为模拟色差信号（R-Y）、（B-Y），最后送往 R、G、B 解码矩阵电路。

R、G、B 解码矩阵是个模拟电路，将模拟的 Y、R-Y、B-Y 信号矩阵变换后得出 R、G、B 基色信号，送往三基色的视放输出电路。

五、数字电视机

由于数字电视机视频处理的数字化可以提高重现图像的质量，但因它是家用产品，必须尽可能简化电路和超大规模集成化，使制造成本降低到与模拟电视机可竞争的水平，方可进入市场。

ITT(国际电报电话)公司研制成功了定名为DIGIT-2000系列的VLSI(超大规模集成电路)数字电视专用器件,并由原西德罗兰士公司研制成数字电视机于1983年在西柏林展览会上展出。后来日本和欧洲各国也推出各种规格的数字电视机,并增加了诸如画中画、图像冻结等功能,但基本上都以采用ITT和VLSI组成主要电路,因此这里仍以DIGIT-2000型机为主介绍数字电视机的组成、信号变换处理及工作过程。

采用ITT-2000系列VSLI的电视机,具有以下特点。

1. 视频处理全数字化

由于亮度滤波器和色度带通滤波器采用线性相位的横向滤波器,滤波特性优于模拟接收机,且亮度通道的轮廓增强也是无相位畸变的横向滤波器,性能比模拟接收机的勾边电路为好,因此图像清晰度有一定的改善。

2. 音频基带的数字化

由于采用了双声道立体声技术,使得音质十分优美。

3. 偏转电路的数字化

这不仅便于存储和调整参数,并由于采用了数字锁相环(PLL)技术,提高了同步稳定性和抗干扰能力。

4. 抗老化功能

由微机控制、存储各项调整参数并进行自动校正,使显像管的束电流及各项性能始终保持在出厂水平,从而提高了整机的稳定性和可靠性。

5. 程控和遥控

该系统采用IM总线控制方式,还通过CCU(中央控制单元)进行红外遥控和自动选台。

6. 可接收和自动转换PAL、NTSC和SECAM三种制式,并具有录像机,视频唱盘输入端和*R*、*G*、*B*外输入。

7. 具有接收文字广播的功能

在附加存储器后,可具有画中画及子画面冻结功能。

图6-41是整机的方框图。从图可见,它是由5块主芯片(VCU视频编解码器2100、VPU视频处理2200、DPU偏转处理器2500、音频模数转换2300和APU音频处理2400)以及时钟发生器MCU2600、中央处理单元CCU2001组成。此外尚有外围集成电路MEA2901(调谐器接口)、TBA2800(红外前置放大)。至于调谐器、中放以及音、视放和偏转的三个输出级仍用模拟电路。

数字处理的基本流程如下:

中频后经视频检波得到的视频全信号送到视频编解码器,PAL时在此编码器中的7位A/D以17.7MHz($=4f_{sc}$)的取样频率模数转换为7bit的数字信号(视觉上可近似为8bit的分辨力),分别送到视频处理器和偏转处理器。在视频处理中经亮度滤波得亮度信号并轮廓增强,经色度带通滤波得色度信号并色度处理后,把8bit的Y信号和两个4bit的$(R-Y)$及$(B-Y)$信号送到视频编解码器的D/A中,变换成相应的模拟信号,并由模拟的矩阵电路和视放输出级转换成R、G、B基色信号送去激励显像管。在偏转处理器中,视频全信号经同步分离得到行、场同步信号,其中场同步信号同步场振荡器并形成场锯齿波电压去激励模拟的场输出级。行同步信号则与行逆程脉冲在鉴相器中进行相位比较,以两者的相位差控制由17.7MHz主时钟分频出1.5625Hz的分频器实现锁相,所输出的行脉冲去激励模拟的行输出级。在伴音通道

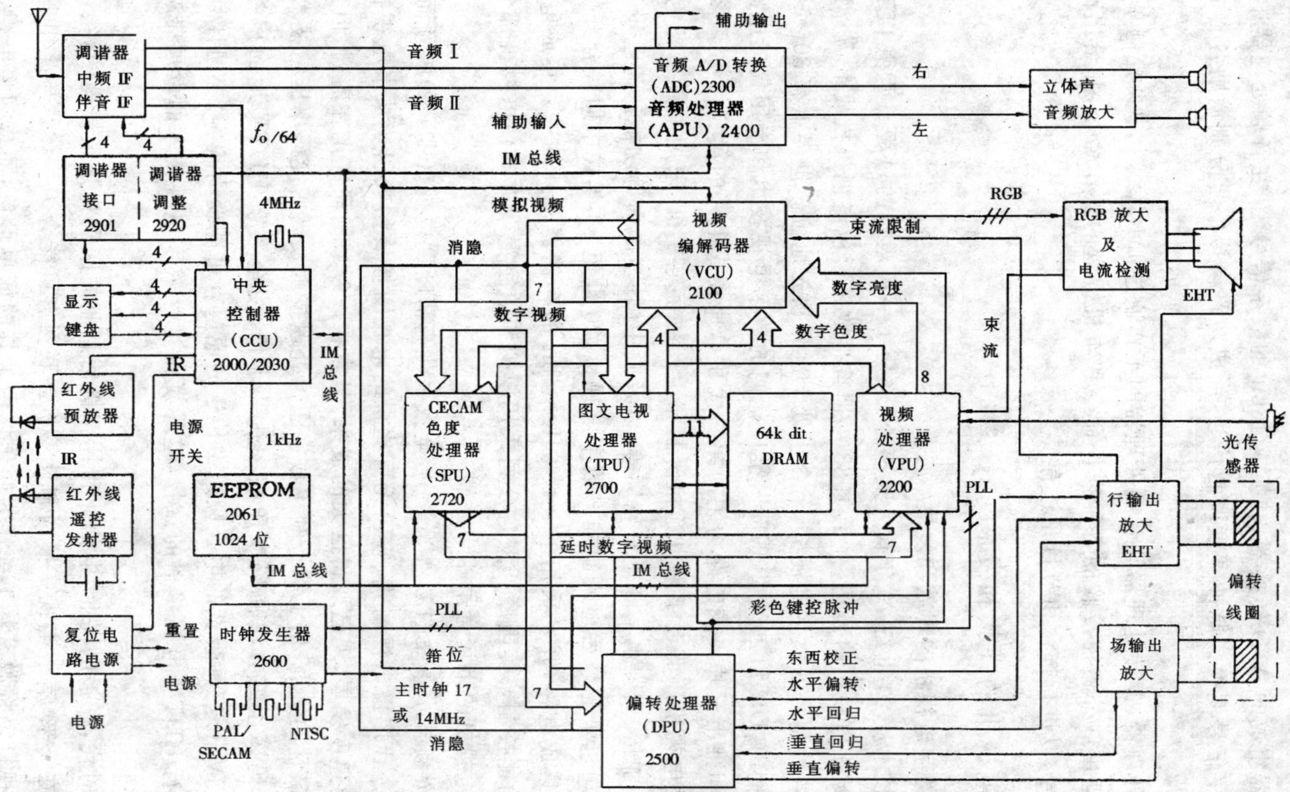

图 6-41 DIGIT—2000 数字电视机方框图

中,由伴音解调的两路音频信号(主声音与副声音或左声道与右声道)送到由脉冲密度调制器和由变换滤波器组成的 A/D 转换器,转换成 16bit 的数字信号,并在音频处理器中处理,最后将处理后的数字信号变换成脉冲宽度调制信号,形成两路模拟信号分别激励各自的音频功率放大器。

上述视频处理器、偏转处理器和音频处理器的工作通过 IM 总线由中央控制单元 CCU 控制,CCU 还处理由红外遥控接收的各种操作命令和本机键盘的操作命令,并给出高频调谐器的各种控制信号,以进行选台和节目预选存储。

六、数字电视机的现状和发展

(一)世界数字电视机的现状和发展

数字电视技术从 20 世纪 70 年代发展至今,经历了一段艰难的过程。西德 ITT 公司是世界上最早研制数字电视机的公司,并于 1983 年把首批数字彩色电视机投放市场。到目前为止该公司已生产各种型号的数字电视机,至今仍处于世界领先地位。世界上有 30 多个大电视机厂家参加了他们的“DIGIT2000 俱乐部”,推广他们的数字电视技术和专用集成电路。最近该公司正在研制和推出三片集成电路为主的第二代和单片集成电路的第三代数字彩色电视机。此外,日本各大电视机厂商近年来也竞相研制和生产数字电视机,采用了数字亮色分离技术,逐行显示、场频加倍、增强水平和垂直轮廓等,以及画中画、多画面等功能。荷兰飞利浦公司及欧洲西门子公司也争先恐后地研制推出数字电视机,20 世纪 80 年代中期联合开发了多种数字电视机专用集成电路,开发采用了 9 片 64K×4bit 的存储器及外加三片集成电路的“功能盒”以实现多功能控制。美国摩托罗拉公司采用模拟和数字混合方式使电视机部分电路数字化。可见数字电视机的市场竞争相当激烈。

在这场世界新技术革命的激烈竞争中,全数字化高清晰度电视(HDTV)脱颖而出,已成为世界公认的新一代广播电视制式,它以无可比拟的电视图像质量吸引了从事电视技术的研究者,并以惊人的速度发展,现已取得巨大的成果。日本在该领域的研究走在前列,但美国在该领域已取得了突破性的进展。由于综合利用数字图像处理技术及高密度码率压缩技术的发展,可同时采用几种码率压缩方法使码率压缩率达几十倍,使全数字 HDTV 地面广播在现有的 6MHz、7MHz、8MHz 三种带宽的电视频道中传送的愿望有可能变为现实。美国计划在 1995 年一步到位地进行 HDTV 电视广播的试播,这无疑给世界数字电视技术的发展带来不小的冲击。

在数字化时代,广播电视业、电信业和计算机信息业的区别将是很模糊的,很可能融合成一个大系统。在未来,有线电视广播网和计算机互联网有可能合为一体。与此相适应,消费者家中的数字电视机也将脱离其单纯作为娱乐休闲工具的简单形象,而成为集电视、电脑、电信三大功能为一身的家庭多媒体中心。这是数字电视最大的魅力所在。

(二)我国数字电视机现状与发展

我国对发展数字电视给予了相当的重视,并努力探索一条适合我国国情的有效的研制和开发数字彩色电视机的路子。1989 年 8 月成立了中国数字电视与高清晰度电视俱乐部,开展了把德国 ITT 数字电视国际俱乐部有关数字电视技术和专用集成电路的购买权提供给国内,节省了外汇。举办了数字电视技术培训班,介绍和交流最新技术,并集中介绍了 DIGIT2000 数字电视集成电路的原理。从 1990 年开始我国开始了数字彩色电视机Ⅰ型和Ⅱ型机的研制,争取在 2000 年市场上有我国自主设计的数字彩色电视机产品。

虽然数字电视技术的发展最终将被全数字化高清晰度电视 HDTV 取代，这是一场大规模的技术及产品更新，但对我们这样一个大国，全数字的 HDTV 电视机要成为商品进入家庭，还需要一段较长的过程。许多专家认为在我国实现 HDTV 广播不可能一步到位，因此须根据我国国情，一方面等待引进发达国家的技术和元器件，同时开展我国国产数字电视集成电路和整机的研制，争取“九五”期间商品化。

虽然当前数字彩色电视机的价格还比较贵，但数字电视机取代模拟电视机的趋势与当年彩色电视机取代黑白电视机一样势不可挡。数字电视机的价格主要取决于大规模集成电路和帧存储器的价格，而它们的价格近年来下降很快，所以数字彩色电视机的价格也会以较快的速度下降，可望在今后的几年内降至模拟彩色电视机的价格水平，将来定会比模拟电视机更便宜。所以，数字电视进入家庭已为期不远了。

第三节　画中画彩色电视机

一、概述

(一)画中画电视机的基本概念

随着科学技术的不断发展和人们物质、文化欣赏水平的不断提高，近年来出现集录像机、卡拉 OK、视频光盘、双伴音/立体声、图文电视、画中画等功能于一身的大屏幕彩色电视机，这不仅给人们的生活增添了无穷的乐趣，也为人们的学习和工作带来了许多方便。

所谓画中画(简称 PIP)电视，就是在一般电视机(模拟电视机或数字电视机)屏幕上显示的主画面中再插入一个或数个子画面。插入一个子画面的大小可以是主画面面积的 1/16 或 1/9，这样在电视机的荧光屏上，除了显示一个大的主画面图像外，同时还能显示来自其它信号源的子画面图像。这种能在主画面的电视图像中，同时显示出来自其它信号源的子画面图像的电视称为画中画电视，具有这种显示功能的电视机称为画中画电视机。画中画电视机可以是模拟式的电视机，也可以是数字式的电视机。不管是模拟电视机还是数字电视机，接收到的都是电视台发射的经调制的模拟电视信号，在电视接收机中的高放、中放等公共通道以及伴音功放和视频放大都采用模拟信号的处理方式。虽然上述两种机器解调出的伴音基带信号和图像视频信号也都是模拟信号，但数字电视机和模拟电视机的主要区别就在于：数字电视机对伴音基带信号、图像视频信号以及行场扫描信号都采用数字信号处理方式。

对于画中画模拟电视机和画中画数字电视机来说，其子画面的处理和控制大都采用数字信号处理技术和微机控制技术，以完成对子画面信号的压缩、变换、存储和控制。

(二)画中画电视机的功能

画中画电视技术于 20 世纪 70 年代起源于欧洲，当时欧洲人在电视机上增加画中画功能，主要是想通过置于家庭门口和小孩子房间里的摄像机，来监视来访者和小孩子的生活情况。所以画中画电视机刚问世时，功能比较简单。随着科学技术的不断进步，广播电视事业的迅速发展，录像机、摄像机的不断普及以及人们对文化生活日益增长的需求，作为家电产品之一的电视机，增加功能，实现一机多用，不但是在现代科技条件下能够实现的，也是人们盼望已久的。

画中画电视机由开始的视频画中画电视机画面只能显示一个来自另一视频信号源的(录

像机或摄像机)固定不变的子画面图像,现在已出现双高频调谐器画中画电视机,能同时在荧光屏上利用子画面显示出几个不同频道的电视节目。由于采用了数字信号处理技术和微处理机控制技术,对显示的子画面还可以作各种变换。一般来说画中画电视可实现如下一些功能。

1. 监视不同频道的电视节目

双高频调谐器画中画电视机一般都具有视频画中画的功能,所以当人们在利用主画面观看某个电视台的电视节目或者在观看自己录制的其它节目时,可利用子画面(一般不要影响观看主画面,将子画面设置在靠荧光屏的四角或两边的地方)来监视其它一个或几个电视台的电视节目。当你喜欢某个电视台的节目时,可以通过遥控器将你要看的电视台的电视节目图像变为主画面,以利观看,这就是主、子画面切换功能。

2. 子画面的显示和消匿

在荧光屏上显示的子画面虽然比较小,且一般又处在荧光屏的四角或两边,但子画面毕竟会占去主画面的一部分,所以当要观看宏伟的大场面图像时,可以用遥控器将子画面消匿掉。在需要时可再用遥控器使子画面重新显示出来,即子画面显示、消匿功能。

3. 子画面的静止显示

根据需要,或者你对某个时刻子画面显示的图像感兴趣,要仔细观察它,这时你可以通过遥控器使子画面静止地显示在显光屏上,或者说将子画面"冻结"在荧光屏上。当观察完后,双可通过遥控器恢复子画面的正常显示状态。

4. 子画面的放大或缩小显示

一般来说子画面只用来起监视作用,不希望子画面太大,故通常将子画面取为主画面的1/9或1/16。根据需要,可将子画面缩小到正常时的1/4或将子画面放大到正常时的4倍。

5. 多个子画面显示

在扩大子画面存储容量的情况下,根据需要,有时可在荧光屏上同时显示三个、六个或九个画面。这些子画面可以是不同电视频道的图像,也可以是同一电视频道不同时刻的图像,即可以显示出某一动景的连续动作,使人看上去有动画的感觉,能将这一动景的过程逼真地显示在屏幕上。

6. 子画面的移动

一般情况下,为了不妨碍观看主画面,通常都将子画面置于荧光屏的四角或两边。但有时根据需要,可利用遥控器将子画面移到荧光屏的任何位置上显示。

7. 主、子画面的互相切换

前面已经提及,子画面主要用来监视其它电视频道的电视节目,当你从某个子画面上观察到你欲看的某个电视台的节目时,可以用遥控器将这个子画面变为主画面,而将原来的主画面变为某个子画面。

8. 子画面边框颜色的选择

子画面的边框有多种颜色可供选择,边框的不同颜色代表子画面显示的图像是来自电视台、录像机和摄像机等不同的信号源。

目前画中画电视机已经开始进入家庭,这不仅给人们的生活带来许多方便和乐趣,而且也由于画中画电视机有上述特点和功能,从而可将这个技术用于交通管制、工厂的生产管理、海关、机场、车站、边防等部门。

二、画中画电视机的基本原理

(一)画中画电视机的基本结构

不管是画中画模拟电视机还是画中画数字电视机,都是在原来普通电视机的基础上再加上子画面信号的处理系统而构成的。为了有效地、经济地、合理地构成画中画电视机,一般子画面信号处理系统和主画面信号系统的结合采用两种方式:一种是单独处理方式(又称STAND-ALONE方式),另一种是数字插入方式。前者适合构成画中画模拟电视机,后者则适合构成画中画数字电视机。下面我们就上述两种画中画电视机的电路结构作一简要的分析。

图6-42所示的是画中画模拟电视机的电路框图。从图可以看出,在虚线的外面部分就是一般模拟电视机的电路结构,为了构成画中画模拟电视机,增加了虚线框内的子画面处理电路。

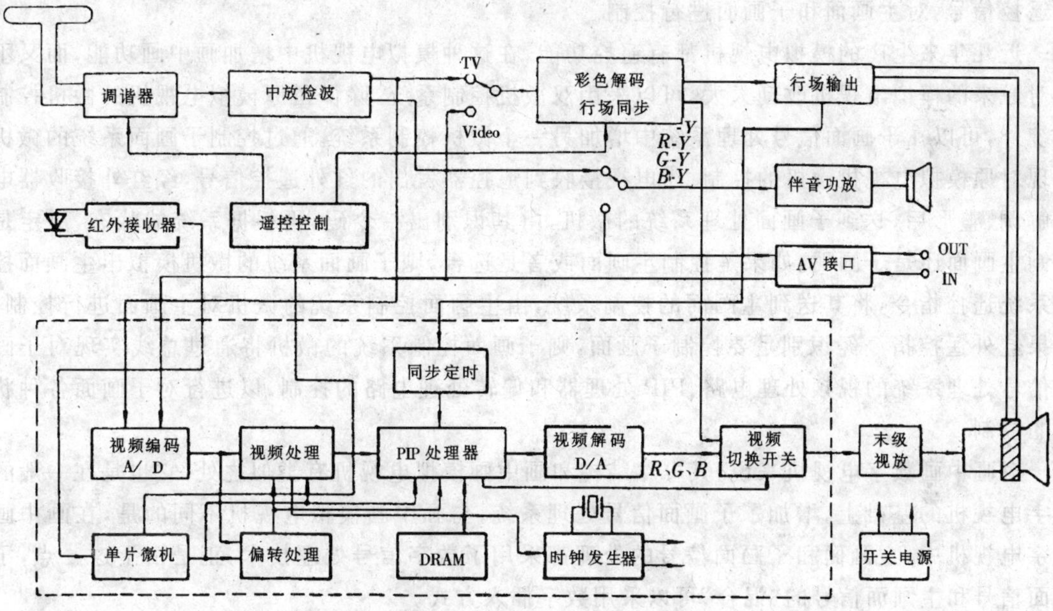

图6-42 画中画模拟电视机电路框图

由天线接收到的电视信号,先经调谐器放大和变频,输出38MHz的中频信号,送到中频放大器放大,然后检波得到复合视频信号。再把复合视频信号送到彩色解码电路,完成彩色解码和视频处理后,就得到了亮度信号和三路色差信号。*Y*信号和*R-Y*、*G-Y*、*B-Y*信号经视频切换开关、末级视放矩阵电路,最后将得到的*RGB*信号加到显像管的阴极,即可在荧光屏显示出主画面的图像。主画面信号可以是来自天线的信号,也可以是从AV接口输入的复合视频信号,如录像机信号或摄像机信号。

对于子画面信号的处理主要靠虚线框内的电路来完成。主画面的视频信号和经AV接口输入的视频信号同时加到视频编码电路,由单片微机控制其电路中的视频开关,选择其中一路视频信号进行A/D变换,得到的数字视频信号经视频处理电路,进行*Y*/*C*分离和解调,得到数字的*Y*信号和*C*信号,然后将数字的*Y*、*C*信号送到PIP处理器主要完成对数字*Y*、*C*信号的滤波、抽取和压缩,将压缩后的子画面信号存入数字随机存取存储器DRAM中。根据需要,如果要观看子画面，利用遥控器通过微机控制，在主画面行场同步信号的作用下，将子画面信号的数据从 DRAM 中读出，送到视频解码电路，把压缩后的数字 Y、C 信号经 D/A 变换成模拟的 Y、$R\text{-}Y$、$B\text{-}Y$ 信号，再经 RGB 矩阵电路，最后变成子画面的 RGB 信号。子画面的 RGB 信号送到视频切换开关，在切换信号的作用下，实现和主画面信号的"混合"，这样就可以在荧光屏的某个位置显示出子画面。偏转处理电路完成子画面通道的行场同步定时处理和箝位信号的产生。

时钟发生器在视频处理电路输出的 PLL 时钟和相位误差数据的作用下，产生频率和相位合适的时钟信号，去同步子画面处理系统的视频处理电路、PIP 处理器和偏转处理电路，使其协调工作。

子画面信号处理系统采用了通用的单片微机，它通过总线对子画面信号处理系统的视频处理电路、PIP 处理器和偏转处理电路进行控制和数据传送。另外，单片微机还不停地检测红外遥控信号，对主画面和子画面进行控制。

近几年来生产的模拟电视机都有遥控功能，在这种模拟电视机中增加画中画功能，而又不要对原来的模拟电视机改动太大，可以采用双微机控制系统，除保留原模拟电视机的微机控制系统外，可以在子画面信号处理系统中增加另一个微机控制系统。通过控制子画面系统的微机实现对原模拟电视机微机的控制。当电视接收到遥控器发出的红外遥控信号，经红外接收器电路解调、整形后，送到子画面处理系统的微机，由其识别出指令码，再根据系统的状态，决定是控制主画面还是子画面。如果是控制主画面或者是选台，则子画面系统的微机模拟出主画面控制系统遥控指令，将其送到主画面的控制系统，由主画面控制系统的微机对主画面进行控制；如果红外遥控指令经识别是要控制子画面，则子画面控制系统的微机将通过总线实现对子画面信号处理系统的视频处理电路、PIP 处理器和偏转处理电路的控制，以进行对子画面各种状态的控制。

对画中画数字电视机来说，其电路结构和画中画模拟电视机有类似之处，它也是在一般的数字电视机的基础上，增加了子画面信号处理系统，与画中画模拟电视机不同的是，在画中画数字电视机中，主画面和子画面信号的处理都采用了数字信号处理技术，正是由于这一点，子画面信号和主画面信号的"混合"可以采用数字插入方式。

图 6-43 所示的是一种画中画数字电视机的电路结构框图。从图中可以看出，虚线方框内子画面信号处理系统的电路结构和图 6-42 中的子画面信号处理系统的电路结构基本上是一样的。这里的所谓中央控制器是由单片微机加上其它电路组成的一个专用超大规模集成电路。子画面的各种参数，如色饱和度、亮度、对比度、边框尺寸等参数都存在电可擦除只读存储器(EEPROM)中。根据需要可通过遥控器对子画面的亮度、色饱和度、对比度等进行调整。

图 6-43 的上半部分是一般数字电视机的电路结构。从图中可以看出，数字电视机与一般模拟电视机的不同之处在于它的音频基带信号和视频信号及偏转扫描信号都采用了数字信号处理技术。子画面处理后的信号是在主画面的视频通道中和主画面的信号"混合"。同时由图可以看出，子画面信号和主画面信号的"混合"是采用了单独处理方式。在主画面通道，同样设有一个中央控制器，它是由单片微机和一些外围电路组成的超大规模集成电路，各种功能的控制程序固化在它的内部只读存储器 ROM 中。中央控制器通过调谐器接口来控制调谐器，以达到改变频段和选台的目的。主画面的各种参数，如亮度、对比度、色饱和度、音量、频道表、维修参数等也存放在 EEPROM 中。当需要调整电视机的某些参数时，可将从 EEPROM 中读出并

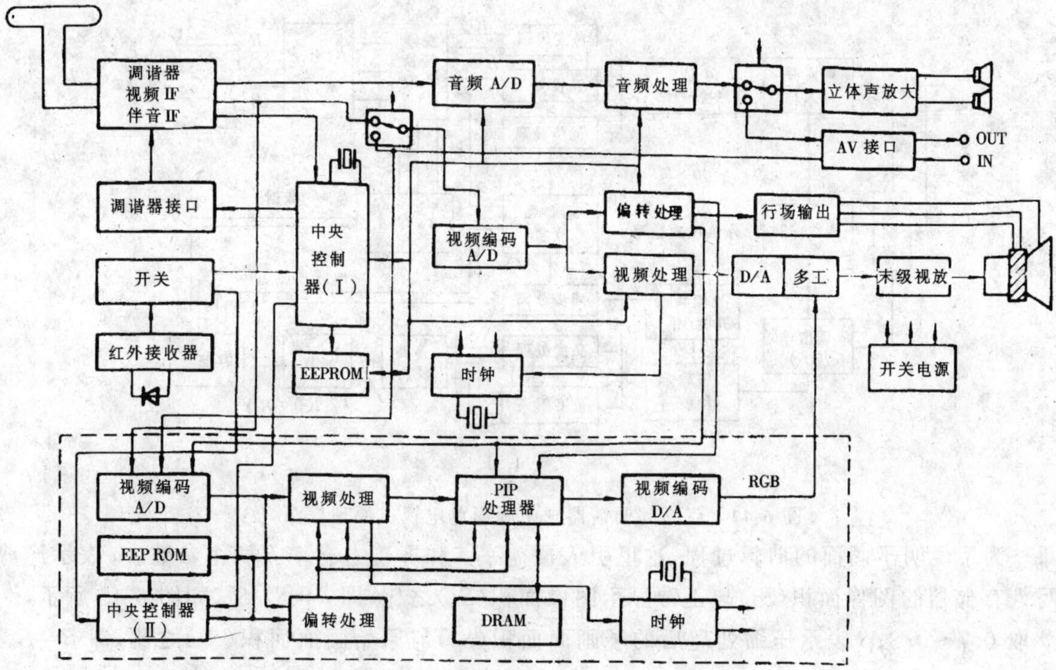

图 6-43 画中画数字电视机电路框图

存放在中央控制器的 RAM 中的有关参数进行修改，然后送往有关部分的控制电路，以实现对电视机各种参数的控制。在主画面通道中，中央控制器也是通过总线实现对视频处理、偏转处理和音频处理等电路的控制的。

图 6-44 为双高频调谐器画中画彩色电视机的原理方框图。图中上半部分与一般彩色电视机相同，所增加的下半部分是子画面信号的接收变换处理和插入控制电路。可见画中画电视所需解决的问题主要有两方面：一是选出作为子画面显示的子画面一路的视频信号，在水平和垂直两个方向分别压缩为原来的 $1/K$（K 称为压缩率）；二是按要求的位置将压缩后的子画面信号插入到主画面的图像中去，一般由称为画中画处理器的电路及控制部分共同完成。

（二）子画面的形成处理

1. 子画面的压缩比

子画面是将子画面信源在水平和垂直两个方向都压缩 $1/K$ 形成的，压缩处理需借助于帧存储器或场存储器实现。这样做虽然子画面的空间分解力下降为正常显示时的 $1/K$，但画面的尺寸也相应的缩小了，所以仍可基本满足人眼分辨力的要求。其形成过程是，首先是对子画面信源进行在垂直方向每 K 行选取一行，在水平方向每 K 个像素选取一个像素的处理，得出子画面信号写入存储器，然后按主画面的规律逐行逐像素从存储器中读出，最后进行显示变换。这里压缩率 K 值的选取关系到显示效果，选取时要权衡主、子两个画面的分配比例。因为若 K 值取得过大，会使子画面过小而没有足够的清晰度；K 值过小又会影响主画面应有的显示范围；另外还须考虑尽量减小存储器的容量。通常在保证子画面有一定清晰度的前提下 K 值以取 3 或 4 较为适宜，这时一幅画面上有近 1/9 或 1/16 的面积用以显示子画面。

2. 原始子画面剪辑

剪辑的目的是为了切去图像四周无关紧要的内容，突出子画面中心部分，获得更好的观看

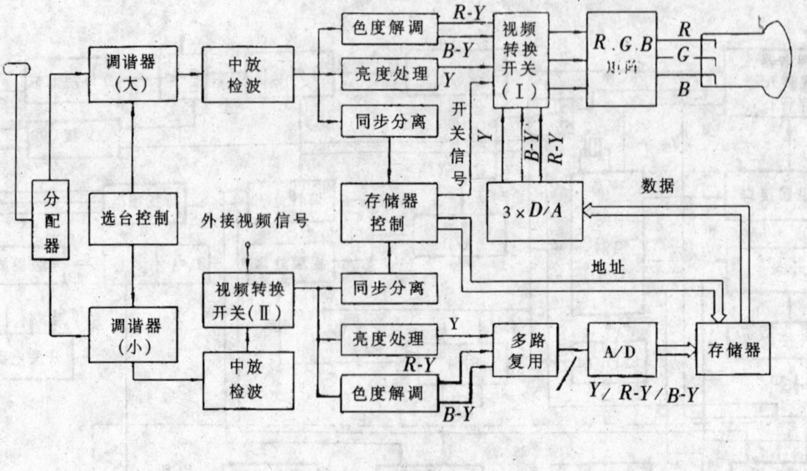

图 6-44 双高频调谐器画中画彩色电视机原理框图

效果。为了说明子画面的剪辑过程，这里引入覆盖率 α 和屏幕占有率 β 两个参数。α 表示经剪辑写入存储器的图像面积(S_2)与正常显示图像面积(S_1)之比，即 $\alpha=S_2/S_1$，如图 6-45 所示，一般 α 取 0.7～0.8；β 表示压缩处理后的子画面面积(S_3)与原始画面面积(S_1)之比，即 $\beta=S_3/S_1$。上述压缩率为 $K^2=S_2/S_3$，即将子画面信源压缩成子画面的压缩程度。

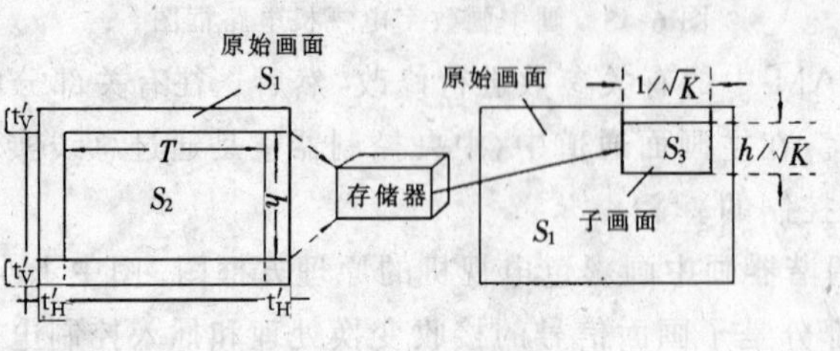

图 6-45 子画面剪辑过程

3. 子画面的压缩取样和存储

为获取子画面信号并记忆在存储器中，首先需要进行取样处理。写入存储器的取样频率较低，为正常图像信号的取样频率的 $1/K$。为减小和抑制取样时造成的频谱混叠，取样前须进行滤波以限制视频带宽，一般限制在 3～3.5MHz，取样频率为 1.5MHz～2.5MHz，这样做的附加好处是可避免色度信号对亮度信号的干扰。为了减小和消除垂直方向的频谱混叠，可采用由几个 CCD 一行延时线和加权电路组成的数字滤波器。

取样后的子画面信号既可直接存储于模拟存储器如 MOS 型斗链型器件(BBD)和电荷耦合器件(CCD)中，也可采用数字存储器存储。用模拟存储器进行存储的优点是直接对模拟信号存取，不需变换，故技术简单，成本也较低。其缺点是，由于这类存储器实质上是一个模拟样点的移位寄存器，记忆内容是与模拟信号电平成正比的电荷量，在信号存取过程中，电荷会发生传输损耗和扩散损失，限制了存储量和取样频率的提高；另一个较大的缺点是，所寄存的电荷量要不断刷新，屏幕上不能显示静止("冻结")的子画面图像，且也不易彩色化。再者模拟存储器读与写不能同时进行。若要保证主子画面在任何相位关系下都能正常读写，实际中至少要设置两个一场存储器交替动作，一个写入另一个读出，且每场用切换开关转换一次，为实现写入和读出过程中子画面信号奇偶场的空间位置关系正确而恒定，对主子两画面都要进行帧识别等等。其它还存在一些难以克服的缺点。

采用数字存储器则可以克服上述缺点，既可获得满意的图像质量，又可实现子画面的“冻结”、“动画”等具有特技效果的处理，灵活又方便。数字存储器对子画面的处理过程与一般数字信号处理过程相同，首先须把未经压缩的模拟子画面信号经 A/D 转换器进行取样、量化、编码后转换为子画面数字信号，再经一场存储器和缓冲存储器处理后，得出经压缩后的子画面数字信号，最后由 D/A 变换器转换为已压缩的子画面模拟信号。子画面的量化等级以 6～8bit 效果较好，但考虑到子画面主要用于监视，为节省存储器容量，通常可取 5bit～6bit。画中画电路中采用的数字存储器有两种形式：两场数字存储器系统和一场数字存储器系统，前者子画面图像质量较好，但所需存储量大，成本也较高；后者既能减少存储器的存储量，也能基本保证子画面的图像质量，仅在显示静止画时垂直清晰度有所降低。故实际中经济实用、便于商品化。

图 6-46 示出了一场存储器系统的原理框图。数字存储器具有可以随机存取的特点，写入和读出可以采用时间分割共用一个 RAM，若存取速度不够可借助缓冲存储器。这里以 $K=3$ 为例说明，这时子画面的取样频率为每三行中选一行，在每 3 个像素中选取一个样值写入，但读出时应按原图像取样速度即是写入时钟频率的三倍，所以一个写入周期可以以“写一读三”方式进行时分复用，并行读写互不重叠。由于读出的像素每 3 个一组在时间轴上被压缩了，因此需要一个三像素的缓冲存储器。经过这样处理的子画面信号在规定的时间插入到主画面中去。由于数字存储器稳定性好，信噪比高，具有随机随意存取的特性，比模拟存储器有无可比拟的优点，尽管目前价格尚高，但在画中画电视机中仍广泛应用。

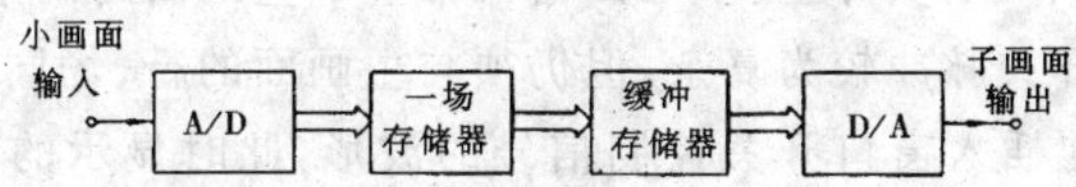

图 6-46 一场存储器系统原理框图

4. 子画面的彩色比

对于彩色子画面，色差信号的带宽大约为亮度信号的 1/4，但实际上不宜用亮度信号取样频率的 1/4 对色差信号取样，那样会造成严重的频谱混叠，会导致严重的色调失真。为节约存储器的容量，色差信号的取样频率可选为亮度信号的一半。当子画面亮度信号的取样频率为 2.4MHz 时，色差信号的取样频率为 1.2MHz，垂直方向上每 6 行取一行（$K=3$ 时）。这样，每一色差信号（*R-Y* 或 *B-Y*）的存储容量为亮度信号的 1/2。由于子画面亮度信号的 A/D 转换器每隔 K 行工作一次，在（K-1）行空闲行可插入色差信号的 A/D 转换信号，实现 A/D 转换的时分复用。时分复用时两个色差信号不能同时取样量化，可将 *R-Y* 和 *B-Y* 信号在两个不同行期间取样并写入存储器，读出时再用一行数字延时线及行频脉冲控制的切换开关将它们合二为一，如图 6-47(*a*)。

R-Y 与 *B-Y* 信号取样行的配置基本上有两种方法：一种是取自同一亮度取样空闲期间中相邻的两行，如图 6-47(*b*)；另一种是分别取自两个亮度取样空闲期间，如图 6-47(*c*)。前者 *R-Y*、*B-Y* 两行距离很近，相当于每 6 行取相同一行的色度信号；后者 *R-Y* 行、*B-Y* 行均匀拉开，使垂直方向上的取样频率有所提高，对抑制频谱混叠有利。

（三）子画面的插入处理

1. 子画面的插入

彩色画中画电视机的信号处理须设置两套，但扫描和显示系统只能一套，即是主画面的

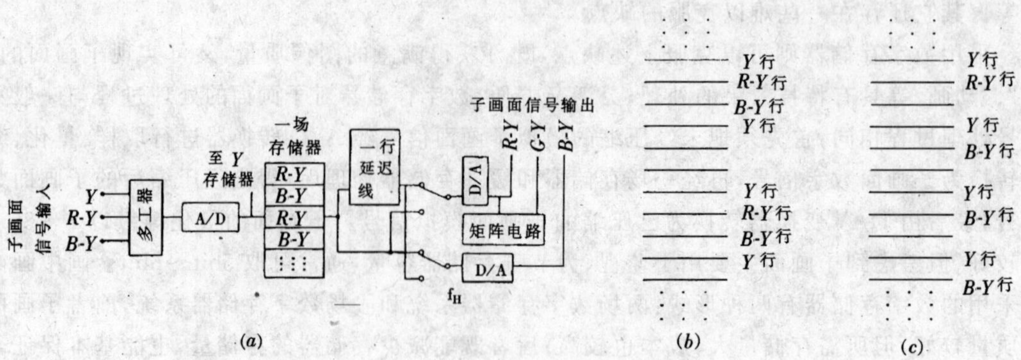

图 6-47　子画面的取样方式

行、场扫描和显示系统。为了将压缩后的子画面插入到主画面中去,须确定主、子画面的切换信号,通常选用 R、G、B 信号或 Y、R-Y、B-Y 信号;须设置一个视频电子开关适时地接入主、子画面的信号。如在某一特定时间内切断主画面信号而接入子画面信号,相当于在主画面某一位置开一个插入窗口,把子画面信号镶嵌在主画面的窗口内,插入的窗口开关信号须与主画面的行、场同步信号有严格的关系。如图 6-48 所示,在场扫描的第 a 行至第 b 行建立场窗口;在 a 至 b 行中行扫描时刻 c 至 d 期间建立行窗口。插入子画面的窗口脉冲由存储器的读出地址控制电路产生,要改变插入窗口的位置,只须由画中画控制器产生的控制信号去改变行延时 Δt_H 和场延时 Δt_V 两个参数即可。实际上,子画面窗口常置于主画面的四个角上。若要显示多个子画面时,其插入的窗口开关脉冲较为复杂,但仍须与主画面的行、场同步脉冲严格同步。图 6-49 给出了四个子画面的插入窗口开关控制信号的波形,此时显示的子画面面积为原图像的 1/9。

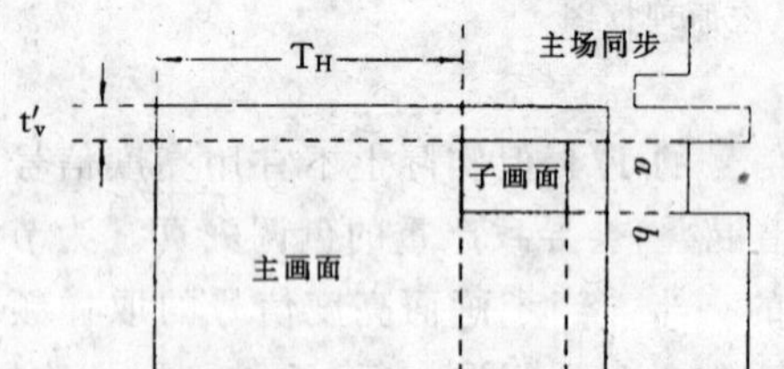

图 6-48　子画面重显时读出地址的产生过程

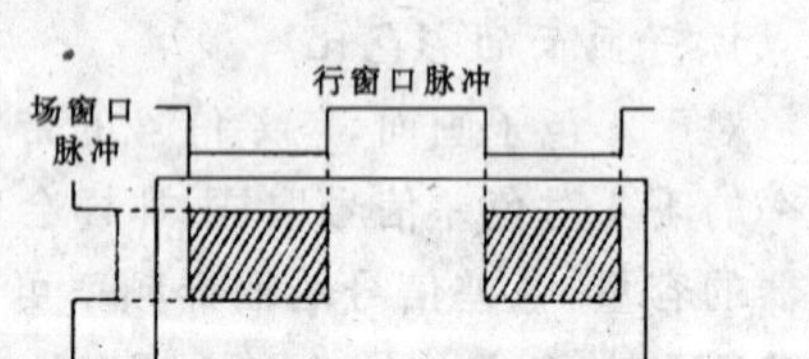

图 6-49　子画面插入窗口开关控制信号波形图

2. 子画面的剪辑

子画面的剪辑窗口尺寸决定后,由选出处理子画面的场同步前后沿各提前和延时 t_V' 产生场地址,由其行同步前后沿各提前和延时 t_H' 产生行地址,窗口之外 t_V'、t_H' 期间子画面信号被剪除不取样显示,如图 6-45 所示。故该剪辑地址控制信号须与子画面的行、场同步脉冲同步,由画中画处理器产生。

除此以外,如子画面的 A/D 转换的取样脉冲,存储器的写入地址、读出地址,Y 信号的串/并、并/串变换的时钟脉冲,R-Y、B-Y 缓冲寄存器的写入和读出控制脉冲及数字处理所需的其他脉冲等均由画中画控制电路产生,所以画中画控制电路是画中画插入和控制的中心。

3. 子画面的特殊功能

(1)子画面的“冻结”,若存储器停止写入,只重复读出存储器一场的图像信号,屏幕上的子画面出现静止即“冻结”图像。

(2)子画面的“动画”效果,若重复读出存储器若干场的图像信号(如 4 场或 8 场等),再写入一场新信号,这时子画面图像便呈现动画效果。

(3)子画面的消去,若存储器停止读出,则屏幕上不显示子画面图像。

上述控制均由画中画电视机的遥控器发出指令通过画中画控制电路实现的。

三、画中画彩色电视机电路简介

(一)NEC 画中画彩色电视机电路简介

当前大多数画中画系统都由视频存储器和画中画控制器为主构成。但是有些系统不能同时对 PAL 制和 NTSC 制兼容,而且子画面图像不能 100%地显示,没有改善图像质量的垂直滤波器以及集成电路数和元件数多等缺点。为此 NEC 开发了画中画专用的超大规模集成电路 μPD42272A,它包含了画中画存储器、处理器及控制器等,是 *NEC* 画中画系统的核心部件。

NEC 画中画系统由下列基本器件构成:

(1)μPD42272A　画中画处理器;

(2)μPC661　视频 6bit A/D 变换器;

(3)μPD6901 或 μPC666　视频 6bit D/A 变换器;

(4)μPC1423　PAL 彩色处理器;

(5)μPC1377　同步信号处理器;

(6)μPC1364C2　SECAM 彩色处理器;

(7)μPD4528　双单稳态触发器。

由这些集成电路构成的 NEC 画中画系统的方框图如图 6-50 所示。

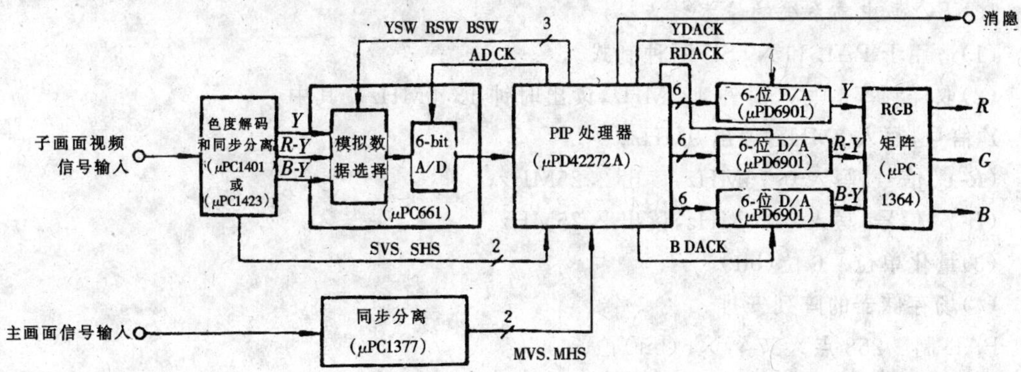

图 6-50　NEC 画中画系统方框图

NEC 画中画系统包括六个主要部分:

(1)子画面图像信号输入电路;

(2)A/D 变换器;

(3)画中画信号处理器;

(4)D/A 变换器;

(5)RGB 变换器；

(6)主图像信号行/场同步信号分离电路。

由图 6-50 可知，用于画中画的子画面图像视频信号输入到色度解码集成电路 μPC1423(PAL)或 μPC1401(NTSC)，经色度信号解码得到亮度信号分量和色差信号分量(*Y*,*R-Y* 和 *B-Y*)，子画面的行与场同步信号。场同步信号送到画中画处理器 μPD42272A 作为它所要求的了画面场同步信号 SVS，而解码所得的行同步信号送到单稳态触发器 μPD4528 作为触发脉冲，形成脉冲宽度可调整的行同步脉冲，然后送到 μPD42272A 作为子画面的行同步信号 SHS。

由解码集成电路 μPC1423 送出的 *Y*、(*R-Y*)和(*B-Y*)信号并联送到视频 A/D 变换器 μPC661。这些信号经 μPC661 输入端的模拟多路开关进行串联取样，按 *Y*→(*R-Y*)→*Y*→(－)→*Y*→(*B-Y*)→*Y*→(－)→*Y*→(*R-Y*)……的顺序切换，由 A/D 变换器转换成 6 位(bit)的数字信号，以串行方式送给 μPD42272A。A/D 变换器的工作由数据开关信号 YSW、RSW 和 BSW 控制。

从 A/D 变换器送到 μPD42272A 和 6 位(bit)数字信号，在 μPD42272A 中进行处理——压缩和存储。其写入存储器的控制信号与子画面图像信号同步，读出的控制信号与主画面图像信号同步。

经 μPD42272A 处理后的数字信号输出送到三个 D/A 变换器 μPD6901，转换成模拟的 *Y*、(*R-Y*)和(*B-Y*)信号。这三个模拟信号送到 RGB 矩阵电路 μPC1364，变换成 *R*、*G*、*B* 基色信号。子画面图像的基色信号与主画面图像基色信号混合形成画中画组合信号。

图 6-50 中另一路输入信号是主画面视频信号，输入到 μPC1377 进行同步分离，输出主画面的行、场同步信号。场同步信号直接送到 μPD42272A 作为 MVS(主画面的场同步信号)，行同步信号经双稳态电路变换宽度后送给 μPD42272A 作为 MHS(主画面的行同步信号)。

(二)NEC 画中画系统的特点和功能

1. NEC 画中画系统的技术特点

(1)适用于 PAL 和 NTSC 两种制式。

(2)取样频率　写入时钟 4.5MHz，读出时钟 13.5MHz。其中：

Y 信号，写入 3MHz，读出 9MHz；

(*R-Y*)信号，写入 0.75MHz，读出 2.25MHz；

(*B-Y*)信号，写入 0.75MHz，读出 2.25MHz。

(3)量化单位　6 位(bit)。

(4)场存储器的阵列安排。

PAL 制　258 点×87 行×6(bit)；

NTSC 制　258 点×74 行×6(bit)。

(5)行存储器容量。

PAL/NTSC 兼容　258 点×2 行×6(bit)。

(6)具有改善子画面图像质量的垂直滤波器，滤波器系数为：

n-1 行　加权系数 1/4；

n 行　加权系数 1/2；

n+1 行　加权系数 1/4。

2. NEC 画中画系统显示控制功能

(1)子画面图像的出现或消除。

(2)子画面图像画面尺寸选择　可选择显示范围为原图像的100％或80％两种尺寸，其对应时间关系见下表。

(3)子画面可选择四个显示位置之一　在主图像的左上、左下、右上或右下。

(4)子画面边框有四种颜色可供选择　白、黄、浅蓝和绿色。

(5)子画面图像可按需要选择静止或活动图像。

	100％显示	80％显示
PAL 制	49.3μs×87 行	41.3μs×73 行
NTSC 制	49.3μs×74 行	41.3μs×62 行

(三)三菱画中画彩色电视机电路简介

用三菱画中画集成电路套件，再加上一些附属的外围电路，可以组成用于电视机的、具有画中画功能的独立部件。将此部件装入电视机后，可以在电视机屏幕上插入一个缩小的，尺寸为主画面的1/9的副图像即画中画图像。

1. 三菱画中画电路组成

三菱画中画系统包括下列集成电路及其它必要的外围元件，主要集成电路有九种

(1)M51285BFP　画中画编码器；

(2)M50541FP　画中画存储控制器；

(3)M5M4C500AL　视频场存储器；

(4)M52686AFP　视频 A/D 变换器；

(5)M52682FP　视频 D/A 变换器；

(6)M51271FP　色度解码器；

(7)M52684AFP　具有行 AFC 电路的同步分离器；

(8)M74HCU04FP 及 M74HC02FP 或 2 片 M74HC02FP 构成的时钟发生器。

由这些集成电路可以构成 PAL 及 NTSC 两种制式的画中画电路板。

2. 画中画部件的功能

由三菱画中画集成电路构成的画中画部件具有如下控制功能

(1)子画面的出现或消除(图 6-51)。

(2)子画面在主画面四角移动显示(图 6-52)。

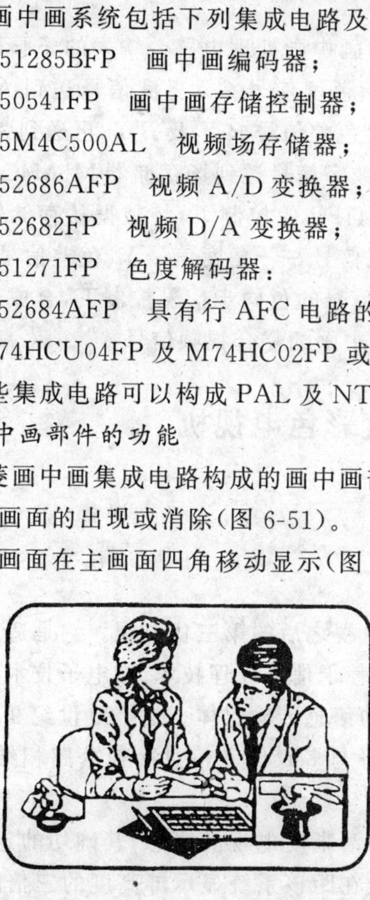

图 6-51　画中画显示方式

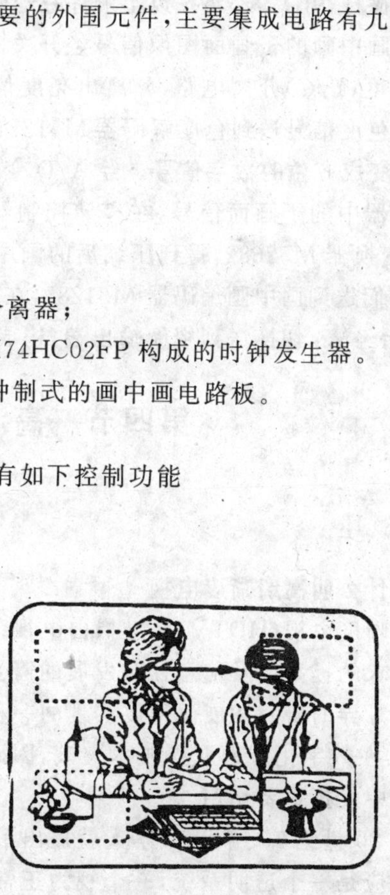

图 6-52　画中画显示位置

(3)子画面为活动图像或静止图像。

(4)在屏幕四角同时显示四幅小画面(图 6-53),其中三幅静止,一幅活动。

(5)主、子画面切换。

3. 画中画工作原理

图 6-53 四幅子画面的显示方式

三菱画中画系统的框图如图 6-54 所示。若视频输入 1 为主画面视频输入信号,则视频输入 2 为子画面视频输入信号。通过控制 K_1 和 K_2 的切换,可以实现主、子画面对调。

视频输入 1 的主画面图像信号经开关 K_2 的接点 3 转接到开关 K_3 的接点 5,将主画面视频信号送到视频输出端,这时电视机显示的是主画面图像。视频输入 2 的子画面图像信号经开关 K_1 接到画中画处理电路。经过画中画处理电路处理后的子画面图像信号送到开关 K_3 的接点 6。当显示子画面图像时,开关 K_3 切换到接点 6,视频输出端送出子画面图像信号,这时电视机显示的是子画面图像。子画面图像显示结束后,开关 K_3 又切换回到接点 5,继续输出主画面图像。在电视画面中有画中画位置的扫描行,开关 K_3 将按以上顺序往返切换。

用于画中画的子画面图像信号经开关 K_1 送到画中画处理电路。输入的子画面视频信号经亮度色度(Y/C)分离电路,分离出亮度信号 Y 和色度信号 C。亮度信号送到 A/D 变换器 M52686。色度信号送到色度解码器 M51271 解调出色差信号 R-Y 及 B-Y,再送到 A/D 变换器 M52686,变成 6 位的数字信号。经 A/D 变换后的数字信号送到场存储器 M5M4C500AL。缓存在存储器中的子画面信号,在存储控制器 M50541FP 的控制下,将数据从存储器中读出送到 D/A 变换器 M52682,得到压缩后的画中画模拟信号——亮度信号 Y、色差信号 R-Y 及 B-Y,再把它们送到画中画编码器 M51285,在主画面信号的色同步信号控制下,合成子画面视频信号,然后经 K_3 切换送到视频输出端,构成具有画中画的复合视频信号。

第四节 高清晰度彩色电视机

一、概述

(一)什么叫高清晰度电视

高清晰度电视(HDTV)是继黑白电视和彩色电视之后的第三代电视。它是适应人们对电视观赏要求的提高以及信息社会发展的需要,并依赖于信号处理技术、微电子技术和光电子技术的日新月异的研究发展而得以实现的一种崭新的信息传输媒体。进入 20 世纪 90 年代以来,HDTV 已在数字化方面取得技术突破,因而它将可与多媒体和信息高速公路相结合,在社会信息服务中发挥重要作用。

早在 20 世纪 70 年代,日本人就提出了所谓高清晰度电视的概念,其确切的定义是:高清晰度电视应是一个透明系统,一个视力正常的观众在距该系统显示屏高度的三倍距离处所看到的图像质量应具有观看原始景物或表演所得到的印象。也就是说,高清晰度电视,其目标是达到 35mm 胶片电影的水平。且要求接收端在三倍图像高度的距离上观看时看不出清晰度下

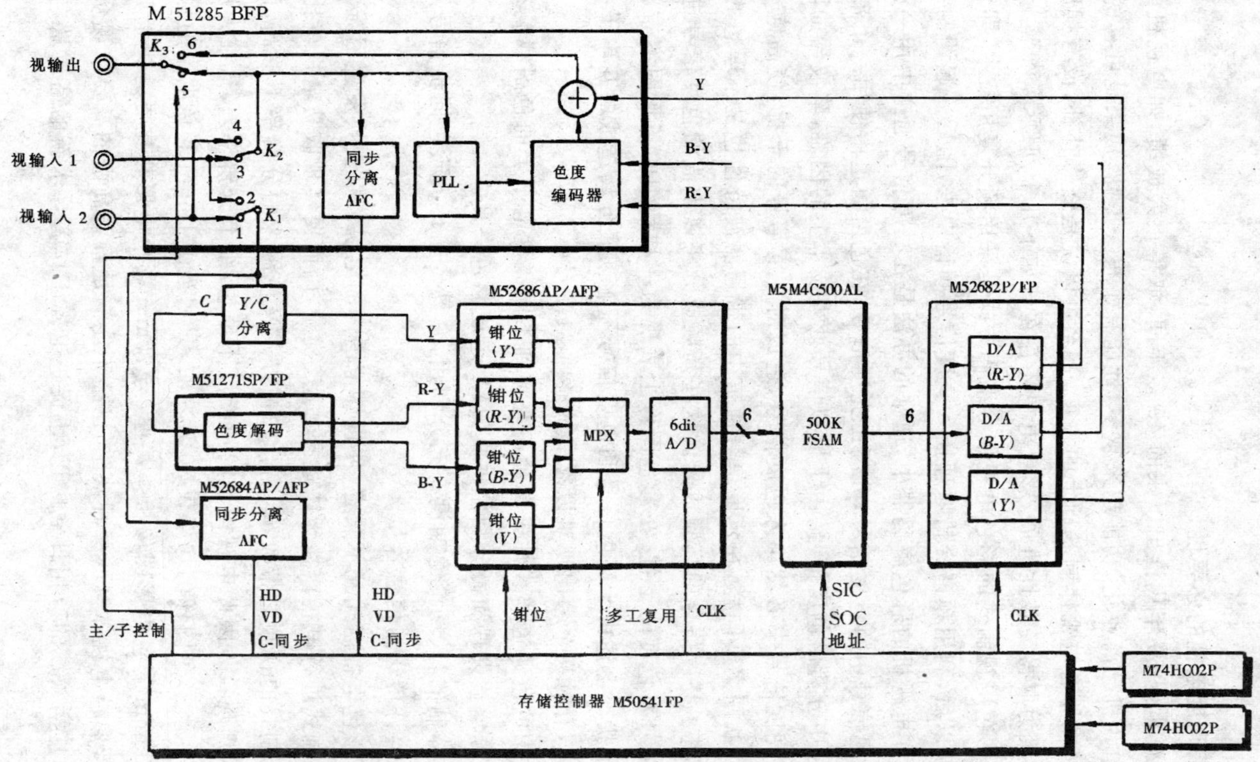

图 6-54 三菱画中画系统框图

降和传送中引入的失真，即能与演播室中图像质量相当。再者是要增加临场感，因此屏幕一定要足够大。

（二）开发高清晰度电视的必要性

彩色电视自20世纪50年代推出以来的40多年间，取得很大成绩，如电视机的集成度大大提高，两片机、单片机已商业化，功能越来越多，性能有了很大提高。成果是可喜的，但从根本上说这些成果只是在原有电视体制基础上的改良，甚至可以说是修修补补，没有摆脱原有电视体制的约束，可以认为取得突破性进展，彩色电视还存在着如下几个问题。

(1)由于现行彩色电视制式的彩色电视信号编码方式是采用频分复用技术，即色度信号被调制到彩色副载波以后，利用频谱交错原理插入亮度信号频谱中去，随后一起调制到主载波后进行传送的。因此在电视机的彩色解码器中，通常的办法是在亮度信号通道中用一个色度陷波器，抑制彩色全电视信号中的色度信号，分离出亮度信号；在色度通道中使用一个带通滤波器，从彩色全电视信号中分离出色度信号。由于模拟信号处理技术上的困难，陷波器的陷波特性是不理想的，因而在亮度信号中必然串入色度信号，造成对亮度信号的干扰，使高饱和度彩色图像的过渡处产生网状图案。同样，在色度信号通道中的带通滤波特性也是不理想的，在取出色度信号的同时，混进了亮度信号的高频成分。这些高频成分将以虚假的色度信号进入解码器，由此造成了亮度信号对色度的干扰，在彩色图像上表现为一种精细的条形图案布料上所见到的独特的“彩虹”干扰。上述由于亮度信号和色度信号不能彻底分离造成的互串干扰使彩色图像的重现质量下降，有时甚至会出现难以忍受的感觉。

(2)现行制式中的色通道非线性失真会使叠加到不同亮度电平上的色副载波有不同的增益和相移，导致微分增益失真和微分相位失真，最后造成彩色失真。

(3)现行电视体制的行、场消隐期没有充分利用，它只传输行、场、色同步信号及一些测试信号，浪费了通道容许传送的信息容量。

(4)现行三种彩色电视制式互不兼容，使世界范围内的电视节目交换发生困难。

(5)现行电视制式进行电视广播无法进行加密、扰频，因而要实现收费电视就比较困难。

(6)现行电视制式的视频通带较窄，隔行扫描方式又使图像的分辨率不够高，而且还存在着25Hz的光栅闪烁现象。因此电视图像的清晰度不理想，细节分辨率差，这在大屏幕彩色电视机中反映尤为明显。彩色图像的像素仅30万左右，只相当于16mm彩色电影的水平，而与像素达200多万的35mm彩色电影图像相差甚远，与70mm彩色电影相比更是望尘莫及。

鉴于以上现行彩色电视体制的种种缺陷，已经不能满足日益高涨的高要求观众的需要，另外，电视技术的非广播领域的应用日益广泛，也促进电视工作者寻求新的高质量电视体制，于是HDTV便应运而生了。

（三）如何提高清晰度

(1)提高清晰度最根本的措施是增加行数。目前HDTV中所取的扫描行数高达1150行、1125行、1250行等都是现在扫描行数的两倍，这使垂直分解力提高一倍。为了与垂直分解力相适应，以改进摄像管的性能并增加带宽等措施使水平分解力也加倍。加之高清晰度电视帧型比定为16∶9，比普通电视4∶3大4/3。这样，一幅画面的像素数大大增加，是现有电视制式的$2\times2\times\frac{4}{3}\approx5$倍。使提高清晰度得以保证。

(2)为增加临场感，HDTV的电视屏幕对角线尺寸应在80cm(33英寸)以上，且观看距离规定为画面高度的 3 倍。

(3)为克服闪烁，采用逐行扫描方式。行数足够多时也可采用隔行扫描，但在接收机中须采用场频加倍措施，有时行频也加倍，使闪烁效应消除。

二、高清晰度电视技术

就目前世界上一些国家对高清晰度电视的研究和进展情况来看，大致分为以下几种系统，现作简单介绍。

(一)提高扫描行数和扩展信号频带

从 20 世纪 50～60 年代开始采用的现行 NTSC、PAL 与 SECAM 制彩色电视，为实现与黑白电视的兼容性，基带信号均采用频分复用的复合信号方式，即将副载频色度信号叠加在亮度信号上同时传送，这就导致亮、色互串以及在调频卫星广播中彩色信噪比差等缺点。另外，由于场频偏低(时间取样率低)，行数不足(空间取样率低)和采用隔行扫描，又使复原图像信号中存在着各种频谱混叠干扰，使得实际清晰度下降，并伴随有行蠕动、边缘闪烁、大面积闪烁等现象。这些弊病在大屏幕显示下格外明显，从而促进了一种图像质量可与 3.5mm 宽银幕电影相比的新一代电视——高清晰度电视的开发。它应具有约两倍于现行电视的水平和垂直分解力，不存在频谱混叠干扰与亮色互串。

为实现上述高质量图像的要求，直接而有效的措施自然是增加扫描行数和信号带宽。NHK(日本广播协会)基于对视觉心理等方面进行的理论研究和实验测试，首创了 1125 行标准，即：1125 行/60 场/2：1 隔行、幅型比 5：3(后改为 16：9)。在 20 世纪 70 年代末曾进行过卫星传输试验的是一种半行频偏置的 PAL 制——HLO－PAL 制。当时占用的射频带宽高达 100MHz。可见，此阶段研究的 HDTV，其基本模式仍未脱离频分复用方式，而影响其实用的主要困难就在于所需频带过宽。

(二)时分复用方式的采用

1980 年，美国电影与电视工程师学会(SMPTE)的 HDTV 研究小组曾建议："采用分离发送或时分复用技术来传送色度信息"；而英国独立广播公司(IBA)于 1981 年为卫星常规电视广播研究的 MAC 制就实现了用时分模拟分量方式来代替复合信号方式。在 MAC 制中，亮度信号和逐行轮换传送的色差信号沿时间轴压缩后，合占一行正程时间，后者所占时间为前者之半。这样，就彻底解决了各信号成分之间的相互串扰，并克服了复合信号在调频制卫星广播时彩色信噪比低的缺陷。后来，MAC 制曾成为欧洲采用渐进路线发展 HD-MAC 制的基础。差不多在同一时期，NHK 为解决亮色分离传输时占用两个信道的问题，又研究了 TCI(时间压缩组合)信号方式(其组成原理类似 MAC 信号)。TCI 成为后来正式用于试播的 MUSE 制编码的重要组成部分。可见，改用时分复用的亮色信号传输方式是发展 HDTV 技术中的一个重要进展。

(三)MUSE 传输方式——非兼容 HDTV 系统

NHK 技术研究所从 1970 年最早开始了高清晰度电视的研究工作，经过一段曲折的过程，于 1984 年提出了压缩频带的 HDTV 编码方式，称为 MUSE——多重亚奈奎斯特取样编码制。MUSE 是一种高效的频带压缩技术，其编码器和解码器使用了大量的数字信号处理电路，而最终仍是以对射频载波的模拟调制形式传送图像信息的，故实属数字/模拟混合式的高清晰度电视。

MUSE 信号的措施之一是用时分复用代替频分复用组成亮、色两个信号。MUSE 信号的措施之二是用多重亚奈取样编码压缩频带。对信号的静止图像部分和运动图像部分用两种不同的处理方式，静止部分实行两次亚奈取样，运动部分只进行一次亚奈取样。此外，还采用了运动补偿技术以达到改善内插恢复图像的效果。MUSE 制的伴音采用了在场消隐期间传送两个准瞬时压扩差分 PCM 的音频信号的方式。

该方式把 HDTV 全信号基带带宽压缩到 8.1MHz，能在一个 12GHz 的卫星电视频道中传输，并于 1991 年 8 月 25 日在 BS-2b 直播卫星上发射成功，其中一个专用的转发器于同年 11 月用 HDTV-MUSE 进行每天 8 小时的卫星广播并一直持续至今。

（四）兼容渐进的 HD-MAC 制的 HDTV 系统

欧洲自 20 世纪 70 年代末开始研究 HDTV，并在 80 年代中确立的 EU95（尤里卡 95）高技术发展计划中列入了高清晰度电视项目，其确定的制式为 MAC 制——模拟分量复用制，也采用直播卫星方式。MAC 是多工复合模拟分量信号制式，适于在调频信道中传输，具体有 B-MAC、C-MAC、D_2-MAC 等，它们对图像信号处理都一样，差别在于声音/数据信号与图像信号的复用方式不同。1982 年欧广联确定以 MAC 制为基础按兼容逐步向宽屏幕 HDTV、HD-MAC 过渡。HD－MAC 的参数为 1250/50/2∶1，画面宽高比为 16∶9，长期目标为 1250/50/1∶1。

HD-MAC 信号编码系统要将 1250/50/2∶1/16∶9 的信号变换成 625/50/2∶1/16∶9 的信号，须实现 4 倍的频带压缩，压缩方法是亚取样法，在发送端将一帧像素进行隔点、隔行及隔场、隔帧传输，实现将原频带压缩成 1/4。具体是根据人眼分辨力的特性，将图像模式分成静止的、慢运动的和快运动的三类情况，进行不同的编码操作，即采用不同的取样点阵进行亚取样。接收端根据三种不同模式进行相应的内插升行变换，以恢复出未传输的像素，从而使恢复出的图像达到高清晰度质量。MAC 制的数字伴音和数据信息经过时间轴压缩后，插在行、场逆程期间传送。

（五）全数字式 HDTV 系统

美国在 1987 年以前一直赞同并支持日本的 HDTV 演播室规范，但在 1987 年转而探讨自己的能与 NTSC 制有一定兼容性的高级电视（ATV）。美国将 HDTV 归属 ATV 标准，并对已提出的四套全数字方案的 ATV 系统进行全面的测试，由于测试后各有所长，最后决定组成大联盟共同确定一种统一的美国的 ATV 制式。美国不像日本和西欧那样考虑的是通过卫星通道来广播高清晰度电视，而是要通过已有的 6MHz 地面频道来广播 HDTV，与地面频道实现"同播"，即在已有的地面电视广播频道规划下，通过使用空闲频道或原来禁用的频道来广播与现行 NTSC 制相同节目内容的 ATV 节目。要保证 NTSC 信号、ATV 信号与 ATV 信号之间干扰很小。通过同播方式逐渐由 ATV 取代 NTSC，直至全部取代 NTSC 制电视广播。这里的 ATVA-1 方案为例介绍其特征。

这种方案的数字总码率为 536.5Mb/s。但在实际上还要传输多路伴音信号、同步信号、误码校正信号及可能的加扰密锁信号等，总码率还要加一定的数值，因此要在现有的电视频道带宽内直接发射数字信号，必须采用先进的码率压缩技术。对于约 540Mb/s 码率要在 6MHz 带宽的频带中发射，码率压缩要在 40∶1～50∶1 之间。首先用预测编码技术，通过 DPCM（差分脉码调制）方式将输入的新图像信号和预测图像信号在主通路中相减，只传送差值图像信号，从而减小了信号的时间冗余度，这里采用的是运动补偿的帧间预测编码，使需要传送的差值信息最少。第二步是将差值信号进行变换编码，把图像分割为若干个二维子图像块，通过变换编码降低样值间的相关性，以减少空间冗长度，提高编码效率。第三步为自适应量化，通过基于人眼视觉特性的自适应量化器进一步优化编码效果。第四步为进一步利用变换系统中的冗余度，引入了不等长编码的熵编码(如 Hattwan 编码)和缓存器，使平均码长缩短，最大限度地利用通道传送信息。

美国 HDTV 大联盟的标准中，将图像处理分为 4 层，第一层是图像层，包括扫描参数、取样频率、取样结构等。码率压缩即信源编码，属第二层即压缩层。再下面是第三层即传输层，也即信道编码或数据打包层。最后第四层是发射层。信源编码的目的是去除信号的空间和时间冗余度，提高信源数据效率。

全数字 HDTV 发送端最后一个环节是数字调制即数字流对射频载波信号的数字调制方式，即第四层。尽管对总数据率已尽可能进行码率压缩，但要达到已调波带宽 6MHz 的要求，在射频调制时还要引入码率压缩技术，一般至少要有 3 倍的压缩率。实际采用的调制方式有正交平衡调幅(QAM)、残留边带调幅(VSB)和编码正交频分复用(COFDM)。

由此可见，和日、欧相比在数字技术上走得更彻底的是美国，它连传输体制也实现了数字化，一跃成为当代广播电视技术的急先锋，它正在或即将为用户提供一种全新的高质量的高清晰度画面。

(六)综述

高清晰度电视是为了克服传统电视的种种缺陷而开发的，所以无论在电视技术本身，还是在它的应用领域都将大大超出传统电视体制。特别是在 20 世纪 90 年代全球范围内掀起的信息高速公路计划，作为用户终端，高清晰度电视技术也将受人注目。现在虽然大家都公认全数字式 HDTV 是比较理想的，但日本和欧洲共同体目前尚未宣布放弃它们现有的模拟/数字混合型 HDTV。所以不管是哪一种 HDTV 它们的共同特点如下。

(1)HDTV 的扫描行数是现行电视标准的两倍左右(其中日本的 MUSE 制用 1125 行、欧共体 MAC 制用 1250 行、美国制用 1050 行)，其信息量是现行电视的 5 倍，从而使图像清晰度提高了一倍，可与 35mm 彩色电影媲美。

(2)HDTV 采用了先进的数字技术，避免了传统模拟电视中常见的重影、噪声(雪花点干扰)；提高了彩色图像质量。

(3)HDTV 系统中采用亮度信号和色度信号的时分复用技术(日本的 MUSE 制和欧共体的 MAC 制)或数字化(美国)传输技术，在接收机中能较彻底地分离亮度信号和色度信号，克服了现行电视制亮度信号与色度信号的相互串扰，而且不存在微分增益失真和微分相位失真，从而提高了彩色图像的清晰度和保真度。

(4)HDTV 的显示屏幕均采用宽高比为 16∶9 格式，使观众能够获得更佳的观看视角。

(5)加强了图像与伴音之间同步效果的感染力。HDTV 采用三合一，四个声道的环绕立体声伴音系统，通常在观众前面设三个喇叭(左、中、右各一个)三个声道，在观众后面设两个剌叭一个声道。这样，稳定了声音与图像在屏幕上的同步作用，减少了观众对声图的“错位”感，增强了临场感。其伴音效果大大优于现行电视的伴音效果，配以高清晰的彩色图像，使观众陶醉在身临其境的艺术享受之中，这是传统电视无法比拟的。

鉴于以上 HDTV 的独特优点，因而它将成为新一代电视，在国际上已形成共识。

诚然，HDTV 目前还存在一些问题，如开发投资大；HDTV 接收机屏幕尺寸在 36 英寸以上才能显示其优越性，而它的性能价格比较高且笨重(1994 年日本一台 32 英寸 HDTV 接收机售价大约 85 万日元，合 1 万美元左右，重 100 多千克)，所以还不能为广大观众所接受。另一个问题是各 HDTV 系统与现行的电视系统是绝然不同的，尽管采用了图像压缩技术，所占频带也较宽，不能与现行电视直接兼容。尽管现已开发了能与现行电视兼容的变换器，无疑又增加了投资。目前已实用化的日本 MUSE 制和欧共体的 HD-MAC 制只能用卫星广播。美国的全数字化 HDTV 系统目前还未实用化，他们的计划是用于地面广播。并实现与现行 NTSC 制的兼容。

尽管如此，专家们对 HDTV 的未来市场仍持乐观态度，这不仅表现在 HDTV 在广播领域，而且将扩大到非广播领域，诸如电影、印刷制版、医疗、文化艺术、科学研究、军事、国防、安全部门、民间商业业务及其它产业，其市场潜力是非常大的。故目前不仅日本、欧共体各国和美国都在加紧发展 HDTV，而且包括中国在内的其它国家和地区，如韩国、新加坡、台湾等都在研制 HDTV。可见 HDTV 的前程似锦。

三、高清晰度电视接收系统

高清晰度电视目前已经较成熟的有日本的 MUSE 制 HDTV 和西欧的 HD-MAC 制 HDTV，尽管它们都属于数字/模拟混合方式，其发展前景受到美国全数字化 HDTV 的挑战，但它们毕竟已经在正式广播(MUSE)或多次试播成功(HD-MAC)，而美国的大联盟 HDTV 制式标准已定，虽还未正式播放，但它代表着当前最先进的 HDTV 方向。

(一)MUSE 制 HDTV 系统

虽然日本于 20 世纪 80 年代初推出的高清晰度电视(HDTV)引起了世界许多国家的关注，但这种 HDTV 所占用的频带太宽，不能与现行制式兼容，因此 HDTV 标准没有成为世界统一标准。为此，日本 NHK 技术研究所于 1984 年 6 月推出了 MUSE 制 HDTV 系统。该系统采用时间压缩合成(TCI)技术，将高清晰度电视信号的基带压缩到 8.1MHz，从而实现了与现行日本 NTSC 制相兼容的目标。在经过几年的试验性广播以后，于 1991 年 11 月 25 日正式以 MUSE 制 HDTV 方式(或称 Hi—Vision)向全日本广播。目前日本的松下、东芝、三菱等公司，已经相继开发了 MUSE 制的高清晰度摄像机、录像机(HD-VTR)、视盘机(MUSE-LD)、监视器、LSI 化 MUSE 解码器接收机、MUSE-NTSC 转换器等一系列配套硬件，并已投放市场。

1. MUSE 制 HDTV 接收机的基本组成

目前日本各大电子公司出售的 MUSE 制高清晰度电视接收机就电路结构来说大致是相似的，这里以松下公司推出的 TH-36HDI 为例来作介绍。图 6-55 是该机的基本组成框图。

该机不仅能接收 MUSE 制高清晰度电视信号，而且还能接收或处理多种传播媒体提供的各种 NTSC 制的视频和音频信号。

首先，BS 调谐器接收到的 NTSC 制卫星电视广播以及由 UHF/VHF 调谐器接收到的现行 NTSC 制陆基电视广播和 CATV 的视频、音频信号，还有外接端子输入的 NTSC 制 VTR，NTSC 制 LD 提供的视频音频信号，输入到(NTSC)切换电路，由此电路切换成主副信号或称母子信号。这些信号在 ED/WD 变换器中进行图像质量的优化(具体措施是利用三维分离技术，将亮度信号 Y 和色度信号 C 彻底分离，从而克服 Y 信号与 C 信号因分离不彻底而产生的互扰，并将隔行扫描交换成逐行扫描，以克服扫描行的闪烁现象，提高垂直清晰度)，以及画中画和幅型比变换(即将 3：4 变换成 9：16)，再输出两倍的基带信号，然后经逆矩阵电路变换

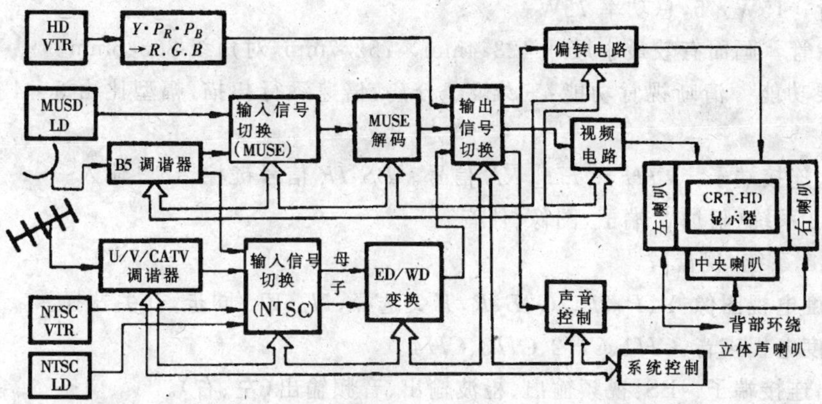

图 6-55 MUSE 制 HDTV 接收机

成 R、G、B 信号，输到信号切换电路。

其次，MUSE 制 HDTV 卫星广播信号经 BS 调谐器检波后，输出的第二中频高清晰度电视信号和 MUSE-LD 的 MUSE 信号输入(MUSE)切换电路，在 MUSE 解码器中恢复高清晰度基带信号(带宽 21MHz)。

对于输出三电平同步的亮度信号 Y 和两个色差信号 P_R,P_B 的外接基带信号源(例如 HD-VTR 等)，此处配备有同步分离电路和矩阵电路，可将三电平同步的 Y、P_R、P_B 变换成 R、G、B 和行场同步信号 H_D、V_D，然后加到输出信号切换电路。

输出信号切换电路对来自 HD-VTR，MUSE 解码器和 ED/WD 变换器的三路基色信号进行选择，将其中一路三基色信号送到视频信号处理电路，在此进行孔阑校正，进行亮度和对比度调整，放大后推动高清晰度显示器。

输出信号切换电路输出的行场同步信号去偏转电路，实现行、场扫描同步，确保图像稳定。

为了与高清晰度电视的 3-1 方式立体声伴音相对应，本机内设左右高级流线型罩扬声器和中央扬声器，并设有外接两个环绕立体声扬声器插座。5 路伴音输出，总功率达 75W。杜比环绕和 AV 环绕电路将使音质进一步提高。由输出信号切换电路输出的伴音信号在声音控制电路中进行音调控制和均衡控制。再经放大后推动扬声器。

这些视频和音频信号经过输入切换和调整，使现行的日本 NTSC 制电视同样能进行多功能、多重遥控操作。整机的各种电路的功能控制均受控于系统控制(内设微机)部分。

显示器采用新开发的 36 英寸、110°偏转角的高清晰度显像管，其水平分辨率大于 800 线，一字形阴极，倒置阴罩。其辉度比普通的显像管高。

2. MUSE 制 HDTV 接收机的基本特性参数

(1)接收频道

VHF　1～12 频道

UHF　13～62 频道

CATV　C13～C35 频道

BS　1～15 频道

(2)选台方式　频率合成方式。

(3)消耗功率　450W(AC100V、50/60Hz)。

(4)声音　15W×5,总功率75W。

(5)显像管　画面有效最小尺寸423.4mm×752.7mm,对角线863.6mm。

(6)主要功能　清晰视觉功能:三维YC分离,倍速逐行扫描,幅型比由3∶4变换成9∶16。

(7)输入连接端子　VHF/UHF,RF信号。BS-IF信号键控AFC输入。

NTSC:2系统(附加S端子,图像、伴音)。

MUSE:1系统(视盘)。

高清晰度电视图像:Y、P_R、P_B/G、B、R,开关选择;H_D、V_D/同步,开关选择。

高清晰度电视声音:$CH1$、$CH2$、$CH3$、$CH4$。

(8)输出连接端子　BS:视频输出、检波输出、音频输出(左、右)。

NTSC:附加S端子,视频输出,音频输出(左、右)。

高清晰度电视视频:Y、P_R、P_B(MUSE)。

高清晰度电视音频:$CH1$、$CH2$、$CH3$、$CH4$(3-1立体声时,通过开关切换可以4→2CH混合输出)。

数字音频(光):$CH1/2$,$CH3/4$。

数据信息流(比特流)。

用作重影衰减调谐器连接端子。

(9)外形尺寸　699mm(高)×1002mm(宽)×659mm(深)

(10)重量　131kg

(二)HD-MAC制HDTV系统

欧共体以MAC制为基础的HD-MAC制HDTV系统的发展是一种与现有彩色电视制式兼容,逐步提高分辨率实现HDTV的方案。该方案计划分三步跨入HD-MAC。第一步引入D_2-MAC的卫星广播制式,在现有接收机(PAL和SECAM制)上配置卫星接收设备和MAC附加器可接收D_2-MAC信号。第二步引入宽屏幕形式(宽高比16∶9)的D_2-MAC时期,基带加宽到11.5MHz,(其中Y信号带宽为7.5MHz)。由于D-MAC、D_2-MAC解码器中都设有4∶3和16∶9两种宽高比的转换功能,故原有的MAC接收机仍能使用。现有的电视机通过MAC附加器才能使用。第三步最终引入HD-MAC传输方式(1250行、50Hz、逐行扫描、8声道)。此制式传输的图像质量,接收机复杂程度均与日本的MUSE制HDTV相当。图6-56表示HD-MAC与D_2-MAC的交叉兼容示意图。图6-57表示HD-MAC制HDTV系统方框图。

由图可见HD-MAC制HDTV系统在发送端和接收端均采用了数字化技术,但发射和接收信号还是模拟信号,故它也属于数字模拟混合式HDTV系统。

由法国、德国、意大利、西班牙等国广播机构参加的350人大型采访转播组,在1992年2月的冬季奥运会期间首次用HD-MAC制式进行了转播。他们投入了各种转播车、摄像机、录像机,转播了约200小时实况。在欧洲16个国家、50个地点安置了HD-MAC制接收机,兼容的D_2-MAC接收机数万台,用德语、英语、法语和西班牙语4种语言进行广播。在1992年的夏季奥运会上,又以多辆转播车的特大型采访组进行转播。在1992年12月5日到7日的“申办2000年北京奥运会发展HDTV研讨会”上,飞利浦公司展示了西欧的HD-MAC设备系统,表明其传输质量不亚于日本的MUSE制HDTV系统。

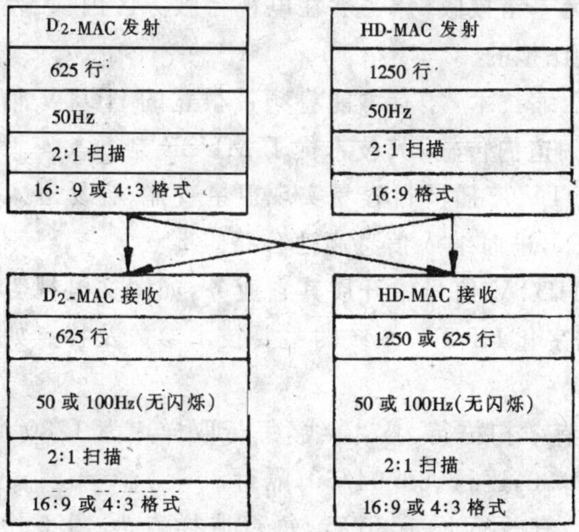

图 6-56 HD-MAC 与 D_2-MAC 的交叉兼容

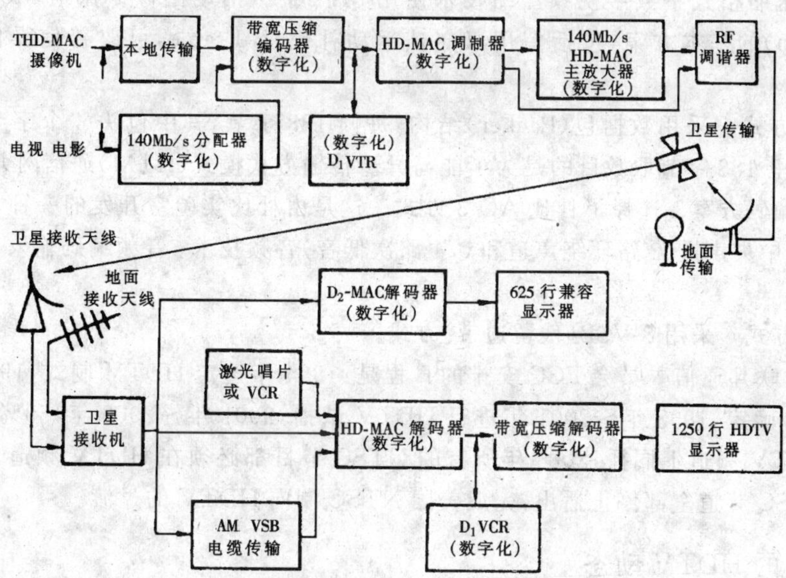

图 6-57 HD-MAC 制 HDTV 系统

(三)全数字化 HDTV 系统

美国大联盟数字陆上 HDTV 系统现已成型,它的基本特点是从信号的传输到接收都采用数字化处理,所以它具有以下一系列优点。

(1)全数字化 HDTV 收看到的图像质量可达到或接近演播室节目源的图像质量,这是观众所期待的也是最理想的。因为全数字化 HDTV 系统的 HDTV 信号(图像和伴音),不仅在信源编码时采用最先进的数字压缩编码技术,而且在信道的传输过程中也采用最先进的数字通信技术,在信号接收端也采用数字化处理技术,所以可做到信号的损失最少,错误最小,干扰也最少,信号传输质量也就最高。测试表明,在全数字 HDTV 电视台服务区域边缘地区,当信噪比(C/N)降至 20dB 时,家用接收机 24 小时才可能出现一个不可纠正的传输误码。这时大约需要 0.5s～1s 时间来"更新"整个画面,恢复正常收看,这是观众容易接受的。因为其余

99.999%的时间内都是“无差错接收”。当然在电视台服务区内“无差错接收”的比例更高。这是传统电视广播质量无法比拟的。

(2)由于采用全数字压缩技术,才有可能将频带很宽的 HDTV 信号(大于 20MHz)压缩到基带仅为 8(6,7)MHz 的频道内传输,其技术优于 MUSE 制。

(3)陆上全数字化 HDTV 广播节目容易实现卫星直播、容易进入有线电视网,便于发展宽带综合数据服务网 B-ISDN,进而纳入信息高速公路。

(4)便于在全数字化 HDTV 信号中开展其它业务,如图文电视等。

目前美国大联盟全数字化 HDTV 系统的主要技术参数及特点如下。

(1)扫描格式分两种。

1280(*H*)×720(*V*),有效扫描行为 720 线,每行取样点为 1280 个。扫描频率(场频)分别为:23.97/24,逐行;29.97/30,逐行;59.94/60,隔行。

1920(*H*)×1080(*K*),有效行长 1080 行,每行取样点为 1920 个。场频:23.97/24 逐行;29.97/30,逐行;59.94/60,隔行。

(2)视频压缩格式　数字视频压缩技术使用 MPEG-2(活动图像专家组 Moving Picture Experts Group)的基本方案,包括使用双向帧运动补偿(B-Frame,可改善信噪比 0.03dB～1.96dB)。

(3)传输方式　采用数据包(Packer)结构,每帧 188 字节,其中包头 4 个字节,有效数据 184 字节。这里 188 字节取数目的是为了能与异步传输方式模式(ATM)通信网兼容。

(4)音频编码方案　选择了杜比 AC-3 方式。这是由杜比实验室开发的一种 5.1 声道(左声道、右声道、中央声道、2 路环绕声道和 0.1 路次低音)音频技术。音频编码输入、输出是专用数据包结构。

(5)调制方式　采用 8-VSB(残留边带)方式。

根据美国联邦通信委员会 FCC 安排的日程是:1994 年选定 HDTV 制式,1995 年～1998 年申请频道的确定,1998 年～2001 年进行 HDTV 试播,2001 年～2002 年,50%的 NTSC 节目必须在 HDTV 频道上同播,2004 年所有的 NTSC 节目都必须在 HDTV 频道上同播,2009 年所有的 NTSC 频道全部停止播出,完成美国 NTSC 制向 HDTV 的过渡。

四、我国的 HDTV 动态

我国在“八五”期间,已经开展了数字 HDTV 的技术攻关,初步战略目标也已确定。但是由于国情不同和受市场竞争的影响,各国所采用的技术政策和体制标准仍不会是完全统一的,因此我国充分借鉴国外先进技术和经验教训,开展自主研究是必要的。继续紧密跟踪国际数字电视发展动向,对卫星、有线、地面、网络电视等进行全面规划,重视标准工作,实行有效的统一组织和领导,进一步明确重点项目并加大投入,提高开发效率,以求能在这个具有诱人前景的跨世纪市场上占有一席之地。

据报道,我国重大产业工程项目之一——数字高清晰度电视功能样机已于 1998 年 9 月由我国一批科研单位联合研制成功,并在中央电视塔上进行广播试验,这标志着我国继美国、欧洲之后已系统掌握了数字高清晰度电视技术,奠定了国家电视产业升级换代的技术基础。

据专家认定,我国开发的数字高清晰度电视功能样机系统已达到国际“90 年代”的技术水平,在世界上继美国、西欧、北欧之后第四个完整拥有数字高清晰度电视地面广播传输系统,而且兼备欧美两种主要的传播技术体制，并获得 26 项国家发明专利，证明了我国在这一高新技术领域的技术实力。

第五节 16∶9 宽屏幕彩色电视机

一、概述

宽屏幕电视机是相对于传统的普通电视机而言的，顾名思义，其屏幕宽度增加了。普通电视机图像画面横与高之比为 4∶3，宽屏幕电视机横与高之比为 16∶9。

对人眼视觉的研究结果表明，16∶9 是最佳的屏幕宽高比，它已确定为未来 HDTV 的统一屏幕标准。

普通电视机收看宽银幕电影节目时，荧屏上、下部分都有空余，造成了电视屏幕的浪费。如果把普通电视画面的宽度扩大 1.5 倍，而垂直方向稍压缩，这样，图像画面与宽银幕电影相似，这也就是 16∶9 宽屏幕电视诞生的背景。

宽屏幕电视具有宽银幕电影的视觉效果，这是显然的特点。宽屏幕电视机收视普通电视节目，其图像有效面积比 1∶1.3，而图中人物面积比则提高到 1∶1.8。收视的水平视角也明显增加。在 4 倍屏幕对角线长度收视距离上，32 英寸普通电视机水平视角为 19°，而 32 英寸宽屏幕机则为 25°。因此，宽屏幕电视收看节目给人以宽阔的视野，它扩大了电视艺术的新鲜感，增加了电视观众的临场感。宽屏幕电视机的出现，促进了电视与电影事业的相互渗透，互相争妍斗艳。宽屏幕电视将成为高清晰度电视普及之前取代传统彩电的最佳选择。

二、宽屏幕彩电与普通彩电的节目兼容

16∶9 宽屏幕电视机首先要解决与传统的 4∶3 节目源的兼容问题，因为 4∶3 节目源在将来的广播中仍要播出，如果不作处理，在 16∶9 的屏幕上会产生图 6-58 所示的几何失真，水平方向被拉宽。为了消除这一失真，须将信号转换成 16∶9 格式。转换的方式有下述两种。

图 6-58 16∶9 彩电直接接收普通彩电节目的几何失真图形

一种方法是压缩水平方向或扩展垂直方向的幅度。如果扩展垂直方向的幅度，会使图像的上下边缘部分信息丢失，不过边缘部分一般并不是图像的关键部分，并不会影响图像的收视效果；如果压缩水平方向的扫描幅度，会使扫描电路变化较大，水平扫描逆程结束时产生的振铃等也会显示在屏幕上，影响收视效果。通过调整水平或垂直扫描幅度的方法，虽然消除了图像

的几何失真，但无法得到完美的图像。

另一种方法是在水平方向上压缩视频信号，即时间压缩法，这种方法可不改变水平扫描电路，而在视频信号处理电路中完成，如图 6-59(*a*)、(*b*)、(*c*)所示。

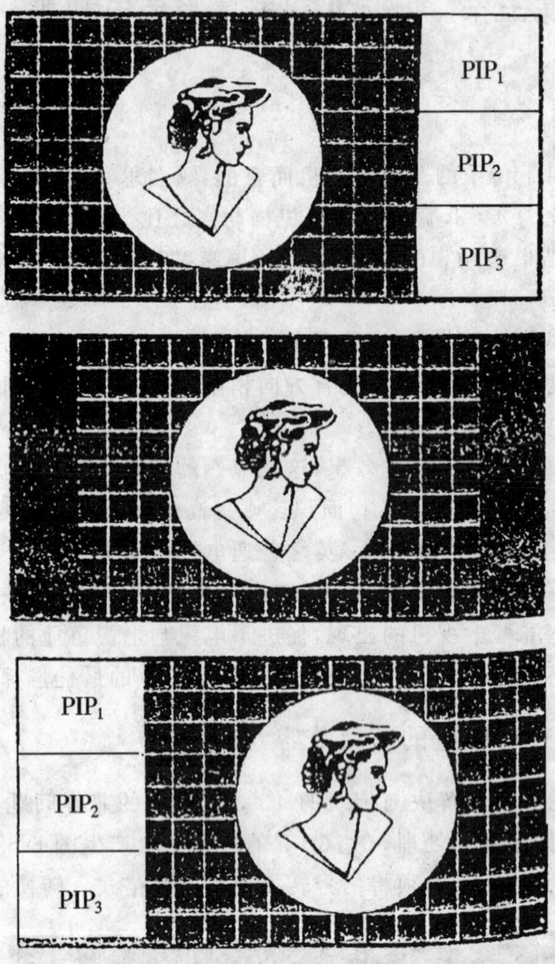

图 6-59 视频信号压缩后的无几何失真图形

通过信号处理电路，不仅能完成信号的压缩，而且还可调整压缩图像的左右位置，在无信号的边块区，可方便地插入一至三个小画面，即画外画，实现多画面重现，这是它的另一优点。

为了使 4∶3 编码的视频信号在 16∶9 屏幕上显示时图像不产生几何失真，同时又不丢失图像内容，必须将信号在水平方向上作 3∶4 压缩，一般是采用行存储器来实现的。图 6-60 是电路的原理方框图。用时钟频率 f_{in}将视频信号写入存储器，一个周期后，用时钟频率 $f_{out}=4\times f_{in}/3$ 将视频信号读出，则视频信号被压缩 3∶4，每个信号用两个行存储器并行输入/读出，每行交替读入/读出周期，就可输出图 6-59 所示的没有几何失真的视频信号。由于视频信号按 3∶4 比例压缩，频率会按 4∶3 系数升高，如图 6-61 所示。

为避免全电视信号(CVBS)中的已调色信号及同步信号产生误差，一般在色度解码后的基带信号中进行压缩。经压缩后的视频信号会产生边块区并显示在屏幕上，可用视频信号的黑电平箝位信号填满消除。一般将时钟及控制处理电路等都集成于一个集成电路中。如飞利浦

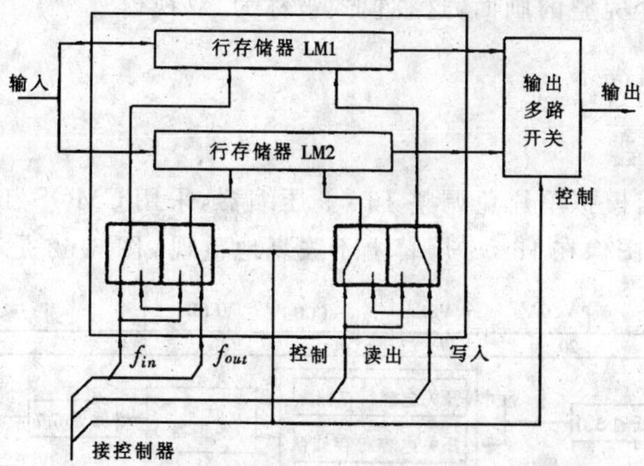

图 6-60 行存储器原理框图

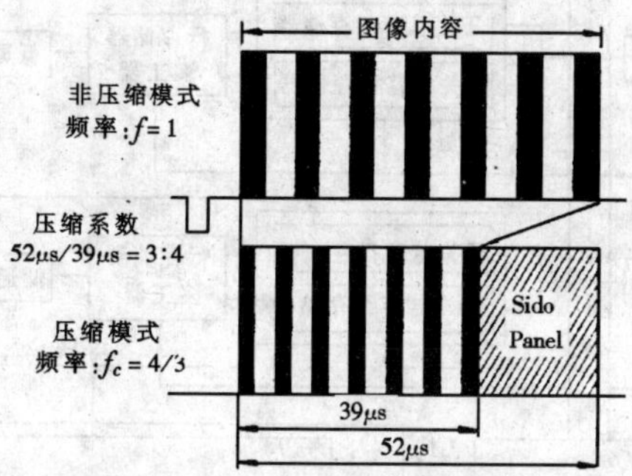

图 6-61 视频信号按 3∶4 压缩，频率按 4∶3 系数增高示意图

公司的 SAA4981，东芝公司的 TC9078F/9097F 就是单片 16∶9 压缩器。

还有一种视频信号时间压缩法是采用插入滤波器法。这种方法采用单一的时钟（一般用 4 倍色副载波频率）。原理是将数字化的信号 Y、U/V 插入滤波器处理，产生新的样点，从而使先入先出存储器进行时间轴上压缩。采用这种方法 Y、U/V 仅各需一个行存储器，就能完成压缩，节约了存储器，但由于同时增加了插入滤波器，且样点较前述方法少，水平清晰度不及前者高。

目前，即使在电视发达国家，电视广播仍以 4∶3 画面的节目为主。因此，各电视机厂家推出的宽屏幕电视机，与普通电视机相似，大小以显示屏对角线尺寸为依据，每 4 英寸为一级，主要规格为 16 英寸～36 英寸，39 英寸～43 英寸等级别。它不仅可以收视高清晰度电视广播，而且能观赏普通电视节目。

宽屏幕电视不仅汇集了普通电视机的优良性能，而且开发了多种新的功能。

画中画（PIP）是在电视机的主画面中插入缩小的节目图像，而画外画（POP）则是宽屏幕电视机独有的功能。日本东芝公司 32DW2E 宽屏幕电视机具有双调谐三种画面选择功能。荧屏左侧是主画面，观看 4∶3 的普通电视节目，而它的右面还可以收视其他电视节目，副画面质量稍低于主画面，画面还可以进行“动态”和“静止”的选择。日本索尼公司的 KV-W32MH11 彩电可将整个屏幕分成 9 个小画面进行闪镜操作，如同摄影的连续暴光一样，把连续画面显示在 9 个小画面中，同时显示 9 个频道的节目。此外还能将主、副画面以同等大小排列于屏幕的左右两旁，可以看到两个完整的画面，这种模式被称为“双视窗”。

三、16∶9压缩器简介

(一)SAA4981压缩器

SAA4981是飞利浦模拟单片免调整16∶9压缩器，采用CMOS工艺，可完成基带视频信号的水平压缩，使4∶3图像在16∶9屏幕上不失真地重现。图6-62是SAA4981原理方框图。

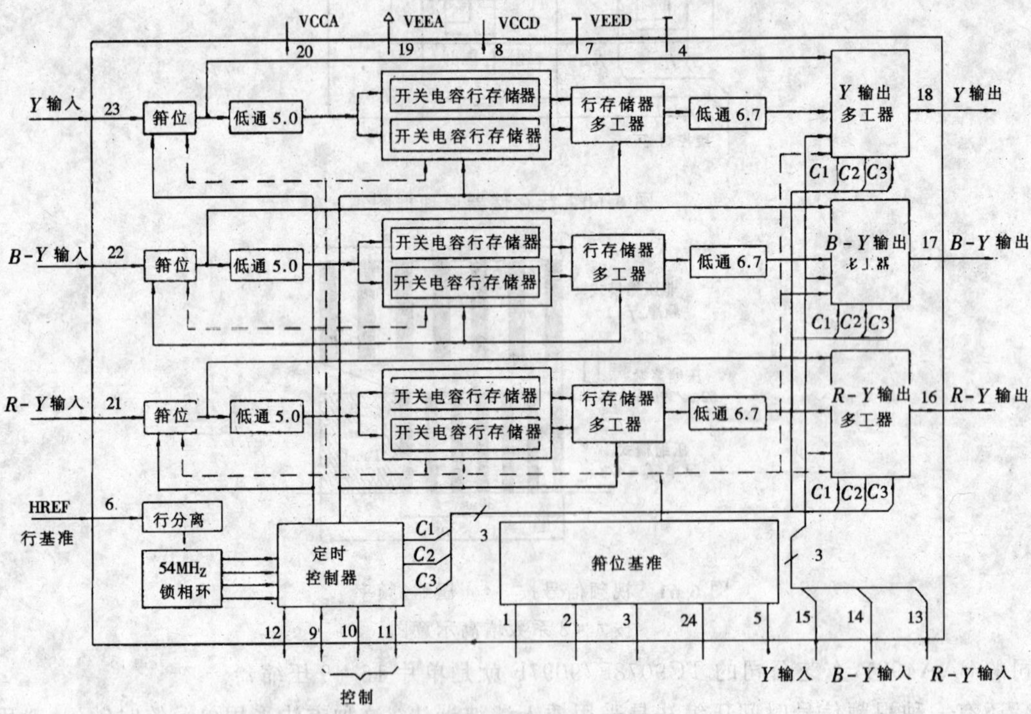

图6-62　SAA4981压缩器原理方框图

该压缩器采用双列直插式24DIP塑封型式。其主要部分有行存储器，时钟及控制处理电路等。SAA4981的行存储器采用标准CMOS工艺及开关电容技术，整个处理过程都是在模拟信号下完成的。

(二)TC9097F压缩器

TC9097F是东芝公司最新推出的单片16∶9数字式时间压缩器。用于4∶3编码的图像在16∶9屏幕上显示处理。具有I²C总线控制接口，其功能和结构与SAA4981大致相同，不同之处在于该IC采用了数字式，内有两个8bit模数转换器和三个8bit数模转换器。由于I、Q信号频带较窄，可分时复用一路模数及行存储器，以降低成本。TC9097F压缩器系双列直插式64脚或方形贴片式80脚塑封型式。与飞利浦SAA4981相比，体积较大，成本较高，在设计上也不如SAA4981灵活。图6-63给出了TC9097F内部电路方框图。

四、宽屏幕电视的现状与发展

自1991年日本JVC公司推出首台宽屏幕电视机以来，日本、荷兰、美国、法国等国家的电视机制造商纷纷推出各自的产品，目前正以惊人的速度增长。

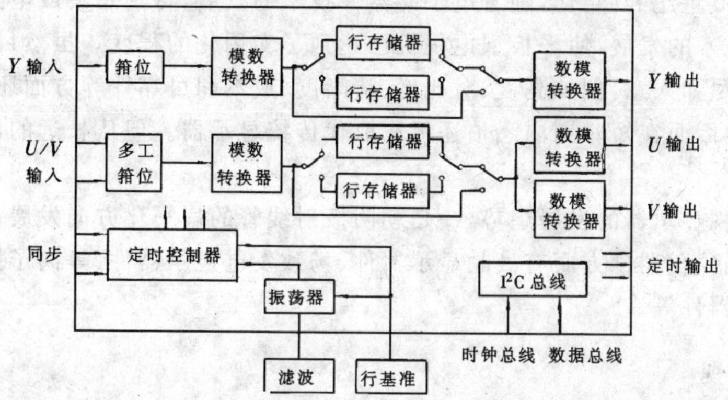

图 6-63 TC9097F 电路原理方框图

在日本宽屏幕彩电倍受青睐，1994 年日本市场销售宽屏幕彩电达 150 万台，占整个市场销售量的 15%。目前，日本的电视机市场几乎成为 16∶9 宽屏幕的天下，据日本工业协会的调查报告指出，从现在到 2000 年，电视机市场将经历一个巨大的转变，普通彩色电视机的销量将大幅度下降，宽屏幕、壁挂式和高清晰度电视将取而代之。宽屏幕电视以其较低廉的价格会在近期内先于高清晰度电视流行，并最终向高清晰度电视过渡。

随着宽屏幕电视制造成本的下降，以及各种宽屏幕影音软件的迅速增加，宽屏幕电视将被越来越多的消费者接受。目前宽屏幕彩电的售价正努力与普通彩电接近，如松下 TC-28WG1228 英寸宽屏幕彩电的售价已接近普通 29 英寸进口彩电价格的水平。目前我国已普及的有线电视网播放着大量的宽屏幕式遮幅宽银幕电影，尤其是中央电视台通过卫星开播电影频道并与各地方有线电视联网，以及各种宽屏幕模式影碟的增多，预计宽屏幕电视将很快被中国的广大消费者所接受。

第六节 平板电视机

一、概述

平板电视机是指与板的薄厚相类似的电视机，这当然是有些夸张的说法。它所表明的意思是与传统电视机相比，其纵深尺寸要小得多。这种电视机大屏幕的可实现壁挂式，屏幕尺寸小的则可放在手提包内，甚至可放在口袋里，故也称便携式电视机，显然，要实现电视机的平板化，其关键是显示屏幕的平板化。

众所周知，迄今人们所使用的电视机基本上都是阴极射线型显示器，不管是黑白的或彩色的均属此类。这是由于这种显示器件具有历史悠久、技术成熟、亮度和发光效率高、显示速度快、对比度高、价格相对低廉、寿命长等优点，所以自电视机问世以来，大家所熟知的电视机几乎毫无例外地采用阴极射线型显示器，似乎没有什么其它形式的显示器能与它分庭抗礼，几十年来它独霸视坛。但是，传统的阴极射线型显示器因其笨重、体积大、电压高等弱点一直是电视工程技术人员感到需要革新的动力。随着电视机屏幕的不断增大，一台电视机非一人能搬动；体积也越来越大；电压高达 30kV 以上，X 射线辐射量的增大等，导致显示屏幕薄型化的呼声越来越大。进入20世纪80年代，随着电子元器件技术的发展，特别是集成电路技术、液晶显示技术、等离子体技术的发展，使平板型电视机已达到了实用化的程度。虽然目前各种平板显示器在性能上还不尽如人意，例如亮度、对比度、清晰度、成本和可靠性等方面还没有达到传统阴极射线管的地步，因而在短时期内恐怕还无法取代传统显示器。但从长远的目标来看，这种取代将不可避免。

目前平板电视显示器的发展趋势，一是朝阴极射线管的扁平化方向发展；二是向固体化器件方向发展。在固体化器件方面有液晶显示器件、场致发电显示器件、等离子体发光显示器件、发光二极管显示器件等。

二、液晶电视

液晶电视(LCD-TV)是目前国际上投资最多、发展最快、应用最广的一种平板电视，其中以日本为最。日本的精工一艾普逊、松下、卡西欧、西铁城等公司在20世纪80年代中期都已推出了各自的袖珍LCD电视机，并实现了商品化。在80年代的后5年中，液晶显示器件的平均年增长率为35%，而液晶电视的增长率高达45%，可见液晶电视方兴未艾。

(一)液晶显示机理

液晶显示机理是利用液晶的光电效应。液晶(LC)是一种特殊的有机化合物，其特性介于液体和晶体之间，具有液体的流动性，但其分子排列呈晶体结构，是液态晶体的简称。液晶显示(LCD)是基于液晶的透光率随其所施加电压大小而变化的特性。液晶本身不发光，它在显示器中起光阀作用，所以需要外光源才能显示图像。因此，液晶彩电是一种采用液晶显示方式的平板电视。它是一种类似于板一样薄的电视机(通常将深度小于显示器或电视机对角线尺寸1/4的显示装置称为平板显示器)，屏幕尺寸小的可以放在口袋里或手提包里，成为袖珍式电视机；屏幕尺寸大的可以挂在墙上，称为壁挂电视机。

目前，LCD-TV的驱动方式有两种：简单矩阵和有源矩阵方式。前者有高质量矩阵(HQM)和交叉开关矩阵(CSM)；后者有金属—绝缘物—金属(MIM)二极管和薄膜晶体管(TFT)等。在LCD-TV发展的初始阶段采用简单矩阵方式，随着技术的发展和图像质量要求的提高，采用有源矩阵方式的比例正在不断增长，特别是TFT有源矩阵方式，它把TFT直接集成在液晶板内，用来驱动各个像素单元。它具有很高的清晰度和对比度、良好的彩色和宽视角，其图像质量已达到阴极射线管的水平。目前，在TFT有源矩阵液晶显示中常用的材料为非晶硅或多晶硅，两者各有优缺点。多晶硅TFT的驱动能力和稳定性都较非晶硅TFT要好些，无需设置遮光层，而且还可把液晶屏的驱动电路与TFT阵列集成在同一基板上，从而可以省去上百个引线端的连接。但是，制作多晶硅需用600℃左右的高温工艺，必须使用NA-40之类昂贵的石英玻璃。而制作非晶硅TFT的全过程可在300℃以下的低温条件下完成，可以使用较廉价的玻璃基板。因此尽管多晶硅TFT有着各种优点，但非晶硅TFT阵列以其适合于低温工艺、成本低，受到广泛的重视，发展很快，成了当前TFT有源矩阵液晶显示的主流。多晶硅TFT有源矩阵液晶显示也占有一定比例。虽然当TFT有源矩阵液晶板的尺寸加大时，其成品合格率及成本问题会更突出。但是，随着液晶、薄膜工艺、半导体微电子和精密加工技术的发展，它定能引导液晶显示技术的新潮流。

(二)液晶显示器的优点及其特性

1. 液晶显示器的优点

(1)驱动电压低,一般只有几 V。

(2)功率损耗小,仅几个 $\mu W/cm^2$。

(3)由于是被动显示,屏幕本身不发光,因而观众长时间观看也不会引起疲劳或其它不适,不感到刺眼。

(4)其屏幕平又薄,所占体积小,重量轻,适合于袖珍式或壁挂式显示装置。

(5)液晶显示屏是由两片玻璃片中间夹十几 μm 的液晶制成,故其显示面积取决于玻璃片面积的大小。这样就可以利用玻璃拼接技术制成超大屏幕液晶显示装置。日本索尼公司已制作出几 m^2 大小的彩色液晶显示屏,用于产品介绍等场合。

(6)一般阴极射线显像管在室外阳光下观看时会使图像对比度下降,因而显得有些模糊不清。液晶显示器是基于反射或透射的被动原理,即使在阳光下观看效果也很好,故它也适于作室外显示装置。

(7)因为工作电压只有几 V,故不会产生 X 射线或紫外线辐射,对人体无害。

(8)易与大规模集成电路技术兼容,制造简便,节省材料。尤其是液晶制造工艺技术的新突破,新材料、新工艺和新元器件的应用,驱动方式的改进,采用高效背光源使液晶彩电的视角、亮度、对比度、清晰度和色纯度皆有大幅度的改善,愈益受消费者的青睐。

2. 液晶显示器特性

作为液晶电视机的液晶显示板,是图像显示性能好坏的关键,因此它还必须具备下列特性。

(1)对比度和渗透率高。使显示的图像具有透彻感。

(2)具有快的图像信号响应特性,使图像具有锐度而显得清晰。

(3)要有足够的观看视角,可使众多的观众观看。

(4)能显示出微小的中间色彩,灰度等级的检测范围要宽,因而液晶显示板的显示单元之间的不均匀性及特性差要小。

(5)工作寿命要长。

早期的液晶显示器由于温度范围窄,响应慢等缺陷,只能限于简单应用,如电子手表、计算器等。进入 20 世纪 80 年代中期,液晶显示屏已从适用于手表、计算器的段显示,发展到点阵显示,特别是有源矩阵液晶显示器的开发,其分辨率高、可进行多色显示。重量轻、功耗低、尺寸小等优点,使液晶电视技术取得了突破性进展。有源矩阵技术,把薄膜晶体管直接制作在显示组件内,用它来驱动各个像素单元。它具有很高的清晰度,良好的彩色和宽的视角,其图像质量已达到甚至超过阴极射线管电视机,成为传统电视机潜在的竞争对手。

(三)液晶电视接收机

图 6-64 和图 6-65 分别为简单矩阵液晶电视和有源矩阵液晶电视方框图。

液晶电视机往往指的是两个极端:一种是屏幕尺寸为 2 英寸～3 英寸的袖珍式液晶电视机;另一种是屏幕尺寸为几 m^2 的超大型液晶电视机。

表 6-1 和 6-2 分别列出了已商品化了的两类彩色液晶电视机的规格性能。

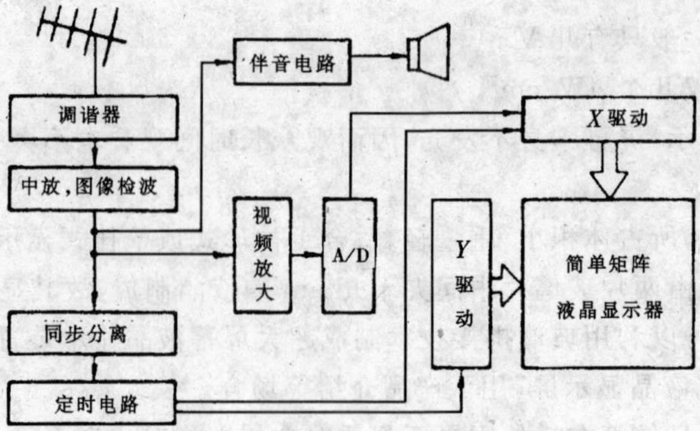

图 6-64　简单矩阵液晶电视方框图

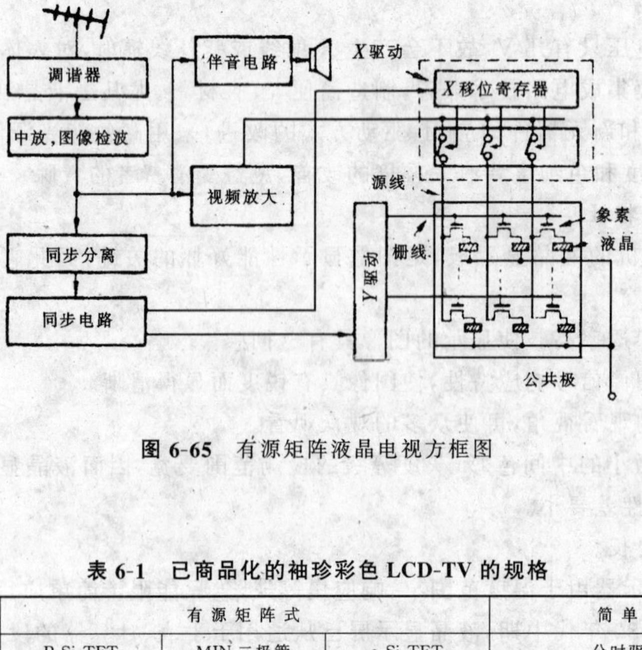

图 6-65　有源矩阵液晶电视方框图

表 6-1　已商品化的袖珍彩色 LCD-TV 的规格

方　式	有源矩阵式			简单矩阵式	
	P-Si-TFT	MIN 二极管	a-Si-TFT	分时驱动 TN 型	
厂　家	精工-艾普逊	松　下	卡西欧	西　铁　城	
型　号	ET-303	ET-506	TR-3LT2R	TV-1200	TC-53
画面特性					
尺寸(对角线)英寸	2	2.6	3	2.7	2.5
像素数(H×V)	220×320	220×256	240×372	220×432	109×480
对比度	30:1	30:1	55:1	10:1	20:1
视角　上 下	+30° −20°(10:1以上)	+20° −30°(8:1以上)	+30° −30°(20:1以上)	+10° −20°(5:1以上)	+10° −20°(8:1以上)
左右	±30°(10:1以上)	±45°(8:1以上)	±35°(20:1以上)	±40°(5:1以上)	±40°(8:1以上)
整机特性					
电　池	5号×4	5号×6	4号×6	5号×4	5号×4
功耗(W)	1.7	1.7	4.2	3.8	2
外形尺寸(mm^3)	129×77×31	86×145×35	119×125×71	132×87×36	85×145×26
重量(g)	320	330	550	270	300

表 6-2 超大型 LCD 电视的主要规格

项目 \ 型号	B	C	D
图像尺寸	1.6m×2.1m	2.2m×2.9m	3.2m×4.3m
图像面积	3.4m^2	6.4m^2	13.8m^2
像素数	99,840	188,760	399,360
幅型比	3∶4	3∶4	3∶4
显示周期	60 次/s	60 次/s	60 次/s
功耗	8kW	14kW	30kW

下面以袖珍式彩色液晶电视机为例加以说明。

袖珍式彩色液晶电视机所采用的液晶显示屏格式如表 6-1 所示，但其基本结构是相同的，如图 6-66 所示。

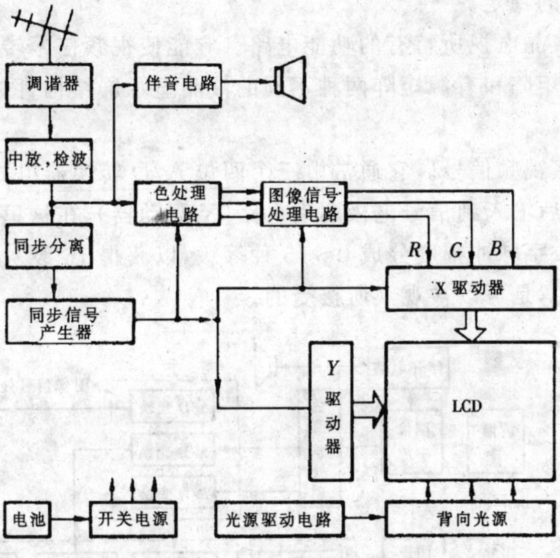

图 6-66 袖珍彩色液晶电视方框图

由图可见这种电视机的构成与传统的彩色电视机的主要区别表现在以下几方面。

(1)由于这种电视机是以液晶为显示屏，故它有属于液晶电视特有的电路部分。它们是：液晶屏组件，包括液晶显示屏、X 驱动器和 Y 驱动器；控制电路(同步电路)，用来提供各驱动器的一切控制信号，它是液晶电视的神经中枢；图像信号处理电路、包括偏置补偿，r 校正、电平调整、场频翻转以及公共电极极性翻转电路等；接口电路；背光源灯管及其驱动电路。

(2)虽然方框内的功能与传统彩色电视机相似，但由于是袖珍式液晶电视机，就要求采用低电压、低功耗和小型化，其电源电压在 3V～5V；高频头体积一般在 5cm^3～10cm^3，功耗小于 100mW，高频头高放管采用双栅场效应管，以确保一定的放大倍数，提高信号噪声比；中放和色处理电路功耗也应小于 200mW。另外，这里的同步信号发生器和视频信号处理电路也是与传统彩色电视机不相同的，具体电路则根据所采用的液晶显示管的类型而各有不同。

同步信号发生器的方框图如图 6-67 所示。

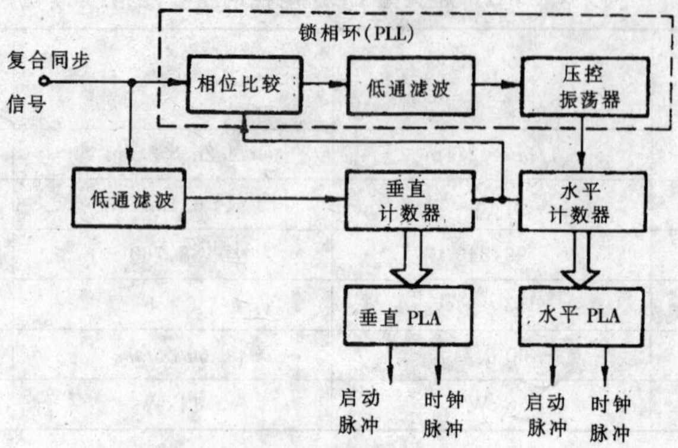

图 6-67 同步信号发生器框图

同步信号发生器的作用是为驱动液晶显示屏提供所需特殊的寻址信号，即为水平方向和垂直方向的液晶驱动电路提供时钟脉冲和启动脉冲。锁相环路的设立可获得较稳定的时钟频率，从而确保电视图像的稳定。

图像处理电路是液晶电视所特有的功能电路。它能使视频信号转换成适合于驱动液晶显示屏的特点。对于简单矩阵和有源矩阵两种不同的液晶显示屏结构，图像处理电路的结构也不一样。

简单矩阵采用数字视频信号。它通常由三个四位 A/D 转换器组成，由它们将模拟视频信号转换成数字信号，然后输入到信号电极驱动电路(X 驱动器)，在这里进行调幅。如图 6-68 所示。调幅之目的是将数字脉冲幅度分成 0～15 种等级，以获得 16 级灰度。这个灰度等级对于袖珍式彩色电视机来说，是可以被观众所接受的。

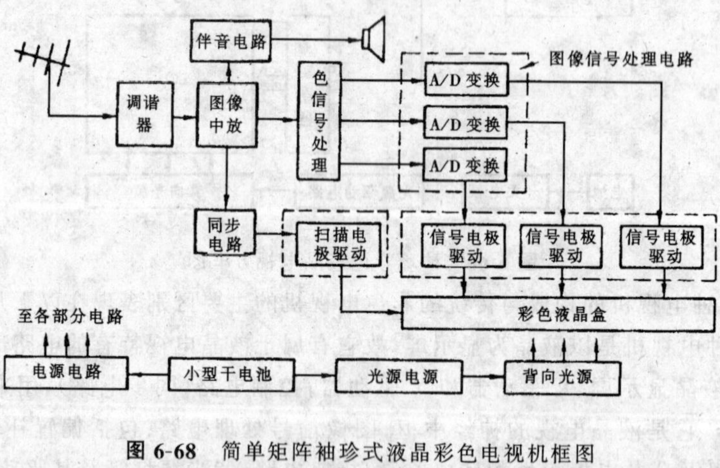

图 6-68 简单矩阵袖珍式液晶彩色电视机框图

对于有源矩阵来说，通常采用模拟视频信号。为了避免液晶材料的电化学分解而影响器件的寿命，液晶显示屏的驱动电压必须是交流方波。使得液晶显示屏上所加电压在一定周期内极性反相。图 6-69 就是能实现上述功能的图像信号处理电路方框图。视频信号首先被放大，然后加到相位分割电路形成正负极性的视频信号，最后再由输出转换电路将每一场的极性反相变成交流视频信号。其中双稳态电路就具有极性反相变化的功能。

液晶显示屏是将大规模集成电路的驱动器安装在其周围构成的一个整体，在输入视频信

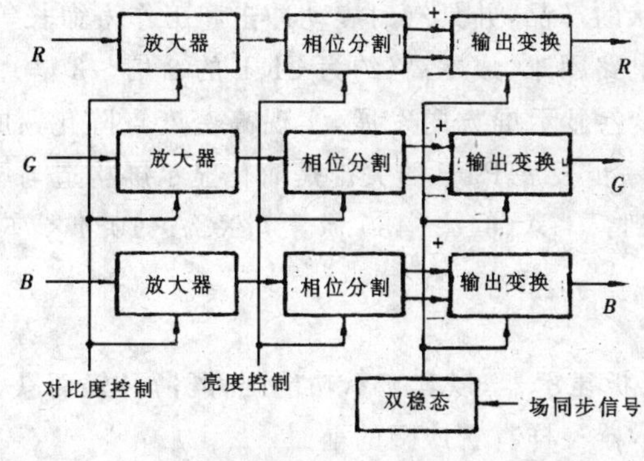

图 6-69 有源矩阵液晶电视中的图像信号处理电路

号、同步信号，并加上电源后便可显示彩色图像，如图 6-70 所示。X 驱动器和 Y 驱动器配置在液晶显示器周围，其数据信号(源极)总线和栅极总线交互排列(见图 6-65)。由于分两组同时驱动，故实际的驱动频率为像素的一半。

垂直方向的像素数即扫描线数为 220 线～240 线，它仅为 NTSC 制中有效线数的一半，但因为隔行扫描，每场对液晶显示屏进行的是极性相反的交流驱动，而奇、偶场的视频信号可认为是相同的，故正负极性信号合成一帧图像，其帧频为 30Hz。

为实现彩色显示，液晶显示屏上要形成三基色彩色滤光膜，图 6-69 中是三角形排列色素配置，分辨率可达 250 线。X、Y 驱动器的启动脉冲和时钟脉冲均来自同步信号发生器，见图 6-70。

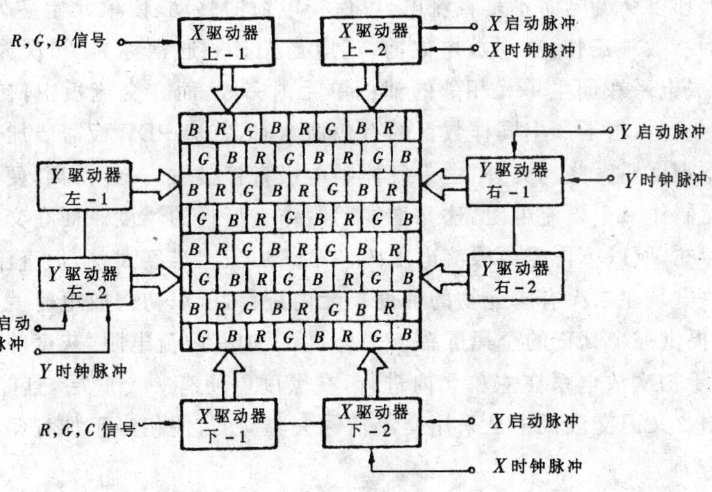

图 6-70 袖珍式彩色液晶电视显示屏结构

三、等离子体显示器

等离子体显示屏(PDP)是用约 100V 电压在气体中放电，使荧光粉发光的一种显示方式。驱动方式有交流型(AC)和直流型(DC)两种类型。ACPDP 具有存储功能，构造简单，但驱动电路复杂。DCPDP 具有寻址功能，可实现自动扫描，驱动电路简单，但显示屏的构造复杂。

PDP 与其它平板显示器相比亮度高、对比度佳，在显示屏幕的全区域内无失真，屏幕薄且轻，可制成任意大小和形状的产品，并具有耐震动冲击和工作寿命长等优点。其缺点是驱动电压较高，生成驱动用集成电路困难，成本高（约为 CRT 的 2 倍～3 倍）。

PDP 主要朝大屏幕彩色显示屏方向发展，实现高密度点阵化，如 1344×800 像素的大屏幕彩色全点阵显示器。进一步发展 PDP 的关键是简化显示屏构造与驱动电路及降低成本。目前实用样机的水平可达到：VGA（640×480 像素）；XGA（1024×768 像素）；SXGA（1280×1024 像素）。

（一）PDP 工作原理

PDP 属于自发光型平板显示器，以其显示功能强，既薄又轻而获得颇高好评，在办公自动化设备市场上，与液晶显示器一样有着广阔的前景。

PDP 中充有一种通常为氖的气体，当对像素所在的位置施加电压时，气体电离并发光。再生型 PDP 采用交流或直流电流（通常为 60Hz）来保持气体在每个单独的像素点发光。另一种交流存储型 PDP 实际上属于电容性的，每一像素都会持续性发光，直至有另一个信号将其切断为止。

PDP 有交流和直流驱动两种。交流驱动又分为存储效应型和刷新型，直流驱动式又分为刷新型和自扫描型。按其结构又可分为开放式单元结构和封闭式单元结构。

图 6-71 为 PDP 直流和交流示意图。直流板 PDP 中，电极直接跟气体相接触而直接电离，只要加有直流电压，气体便将始终处于游离状态。交流 PDP 板中，电极跟气体之间则隔以一层介电层，于是每一单元的两个电极间便有一小的电容，气体通过电容器的电荷转移进行游离。因此，当单元被直流电压激励后，因电容器的充电，辉亮就会暗淡下来，为了维持辉亮的不变，必须在电容器上加以交流电而不是直流电，以保持电荷的移动，使单元始终辉亮。实践表明，为了让单元尽快而有效地工作，在主放电之前，还应当先有一通常称为“初次放电”的微弱放电。直流板中，初次放电系在同主单元相邻的辅助单元内完成，而在交流板中，初次放电系由每一单元自行完成。显然，由于产生同样数目的有效像素时，直流 PDP 板需要加倍数量的单元，所以直流板的制作难度要大些。另外，由于气体跟电极直接接触，一经游离，便等效于短路，所以必须为每个单元制作一个限流电阻，这又增加了制作直流板的难度。而在交流板中，由于电容器本身有容抗存在，所以不再需要限流电阻阵。虽然加工上难度大些，但直流板仍有其可取之处。由于初次放电系在未涂有磷光物的辅助单元内进行，所以初次放电时就不会发出辉光，这样，直流板即可提供一个真正的全黑屏幕。另外，由于加有限流电阻，灰度等级范围也要大些。至于交流板、由于初次放电系在主单元内进行，在黑度上便有一个底层，且能达到的对比度也会受到一些限制。又因交流板中是采用交流信号去驱动的，便相当于加有偏置电压，自然会消耗一些电流。

（二）PDP 特点

等离子体显示器的特点如下：

（1）明亮而便于观看；

（2）对比度佳；

（3）薄而轻；

（4）画面大（40 英寸～60 英寸）；

（5）响应速度快；

（6）视角宽；

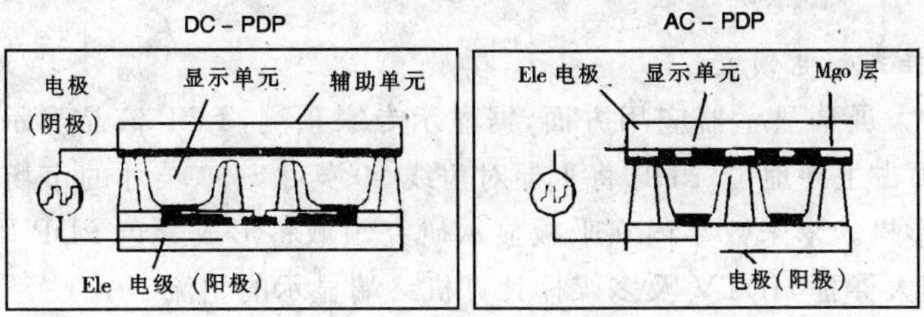

图 6-71 PDP 直流和交流示意图

(7)灰度等级多(8 级、16 级、64 级、256 级)；

(8)可靠性高。

等离子体显示器属于一种平板型固态显示器件，其体积小、重量轻，可与平板式封装相组合。等离子体显示器无需 CRT 的高压电源，与计算机组合进行数字式存取方式较 CRT 模拟存取方式更为方便。但与 CRT 相比，等离子体显示器还仅是初露锋芒，在不少技术性能方面还比不上 CRT。等离子体显示器驱动电路复杂，工作电压较高，难以集成，这也是它的不足之处。此外，成本太高也限制其进一步广泛应用。

(三)PDP 应用

PDP 的一个主要优点是易于增大屏幕尺寸。目前，在液晶显示尚未能加大尺寸以及另外一些新的替代技术尚未成熟之时，作为唯一能直接替代笨重的 CRT 和投影显示器的大屏幕 PDP，将瞄准壁挂式彩电市场。PDP 不仅可挂于居室和酒吧的墙壁上，而且还有多种应用，如公共信息标牌，会议室演示系统，台式计算机监视器、证券交易金融行情终端显示，医疗诊断、游戏机等。

(四)PDP 发展动向及前景

目前世界各国在 PDP 技术上正在作如下几项工作。

(1)提高分辨率、灰度等级及增大显示容量。

(2)提高显示亮度、对比度与发光效率并降低功耗。

(3)提高响应速度、改进驱动方法、薄而轻及降低成本。

(4)彩色化。

(5)延长工作寿命(30 000 小时以上)。

PDP 发展前景如下。

1. 最终取代 CRT

液晶显示(LCD)可以说是平板显示器的第一次浪潮，它虽然未能取代阴极射线管(CRT)，但却建立了一个崭新的市场。在平板显示器第二次浪潮唱主角的将是大屏幕等离子体显示屏。

2. 新颖等离子体显像管

日本索尼公司与美国泰克罗尼克斯电子公司合作开发的等离子体寻址液晶技术，研制成一种新颖等离子体显像管。该新型管的显像特点是：

(1)利用矩阵式液晶激活；

(2)将等离子体用作寻址的电子开关。

该管综合了液晶显示器和等离子体显示器之优点。制造工艺较两者简便，而画质却优于

PDP。

3. 称雄于壁挂式彩电领域

展望未来，在大屏幕显示器应用方面，据显示专家预测，TFT 液晶显示器将在对角线 20 英寸以下应用方面占主导地位；PDP 将主导对角线 20 英寸～70 英寸的市场；而屏幕更大的显示则属于液晶投影机。未来数年内在平板显示研究领域将形成彩色 PDP 研制热，可以预计，PDP 将是 21 世纪大屏幕 HDTV 及多媒体计算机终端显示的主流。

(五)全数字等离子平面显示彩色电视机

据报导，在上海召开的"雅佳 98 新科技展示会上，富德(天津)实业有限公司推出了目前世界上最新型的全数字等离子平面显示彩色电视机，此产品的问世提前将我国彩电制造技术带进了 21 世纪。

该产品屏幕尺寸为 106cm，厚度只有 8cm，可壁挂，又可置于桌上，它依靠电极间气体放电的等离子体产生紫外线，轰击荧光粉发出红、绿、蓝三种基色，构成千万种自然界颜色，色彩鲜明，视角可达 160°，重量轻，体积小，无地磁干扰，使彩色电视机实现了跨跃性的升级换代。

第七节　图文电视接收机

一、概述

图文电视(TELETEXT)是一种利用现有电视广播网进行点对面快速数据传输的新型电视多工数据广播技术。它将文字和图形信息以数字信号的形式叠加在电视广播信号中传送，用户可以利用电视机附加的图文电视解码器在电视机屏幕上显示图文信息，用户也可以利用插在微机内的图文电视接收卡(简称 PC 卡)接收通过图文电视传输的大量公众或专业信息。

图文电视广播主要利用电视的场逆程期间(VBI)，可不另外占用电视频道，而直接利用现存的普通电视广播系统。也可以将图文数字信息全程插到电视信号的各行中，如有线电视中的图文电视专用频道。数据信号一般插到场逆程期间的若干电视行中，用这种方式在正常电视节目播出期间，通常每 10 秒钟可以传送 250 页图文电视节目。若利用全频道插入图文电视数字信号，则可达到 10 秒钟内传送 6 000 页图文电视节目。

图文电视既可传送面向广大电视观众的诸如天气预报、金融信息等图文电视节目，也可以传送面向专业用户的数据信号，即电视信道数据广播。用户信息可以是文稿、计算机文件、计算机软件、广告和电子印刷品等。

图文电视广播有如下特点。

(1)可与普通电视兼容　普通电视机附加图文电视解码器，既可收看电视节目又可收看图文电视信息。

(2)覆盖面广　利用现有的电视传送通道点对面覆盖全网，从而也节省了投资。

(3)信息传递迅速及时　一个图文电视数据行一秒钟就可以传送 1 万个字符，比传真的速度快十倍～几十倍，因此能做到信息传递迅速及时。信息的时效性高。

(4)随时服务性　由于信息可循环发送，可随时接收，故随时服务性好。

(5)加密管理　对图文数据信号可进行加密管理，有条件地接收。

(6)可以与可视图文相互配合，实行双向数据检索。

图文电视自1976年在英国问世以来，由于它传递信息的高效快捷，产生了明显的经济效益和社会效益，因而被世人所关注和重视。法国、加拿大、美国、日本等国也研制了图文电视系统。1986年国际无线电咨询委员会(CCIR，现改称国际电联ITU)在653建议中向世界推荐了四种制式，即A. Antiope(法国)；B. WST(英国)；C. NABTS(加拿大)和D. Hybrid(日本)。目前国际上图文电视的应用很广，约有几十个国家和地区有图文电视广播。欧洲现在已有4000余万台图文电视接收机；美国、加拿大图文电视接收机约数万台；日本现有图文电视接收机数百万台。欧洲一些国家把调频多工数据广播与图文电视技术结合实现全国范围内的传呼业务和交通调度。

我国历经十余年的科研工作，1989年10月在北京成功地进行了中文图文电视系统的开路试验，1993年确定了中文图文电视制式CCST制，CCST制参照采用CCIR 653建议的B制式，并与WST兼容，CCST对于B制式的汉字扩充提案也被国际电联采纳。香港的ATV和TVB电视台也决定采用CCST制。

二、图文电视接收机

(一)图文电视广播系统

图文电视广播系统是将文字、图形信息经过一定形式的编码，以数字信号方式叠加在正常电视信号的场消隐期的某些行上，并且和电视信号一起传输的一种信息服务系统。它在传输广播电视信号的同时，可提供更多的社会、经济信息及群众服务，如股票证券行情、市场供求信息、电视节目预报、天气预报、交通旅游信息等，整个系统如图6-72所示。

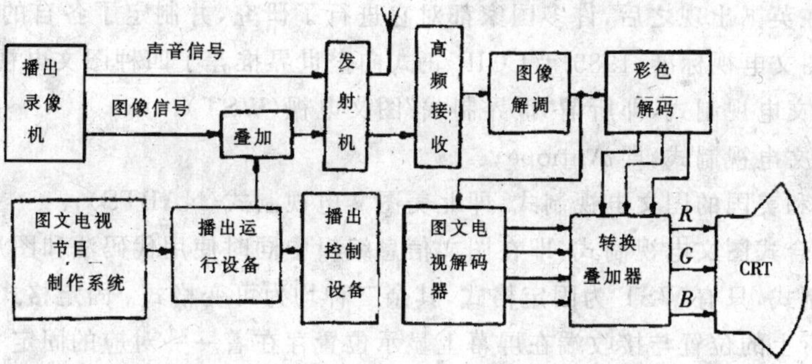

图6-72 图文电视广播系统

在发送端有节目编辑制作及多工叠加装置，对于用户来讲，只需配备一台具有图文电视解码功能的图文电视接收机，或在普通电视机外附加一图文电视附加器，即可收看图文电视节目，同时可接收正常的电视节目。

目前，全世界有4种图文电视制式。我国目前采用代码制图文电视，称为CCST。CCST制是参照英国的WST制而形成的，故与WST能较好地兼容。它采用的固定格式，即叠加在电视行上的图文电视广播数据字节与其在电视屏幕上的显示位置有着一一对应的关系。特点是可靠性好，产生误码不会扩散，不会造成显示格式的混乱，解码器成本较低，不足是传输效率较低，控制不够灵活。

(二)图文电视接收机

1. 图文电视数据行的插入

电视图像信号两场之间留有一段不传送图像信息的空隙，即场消隐期，插入场消隐期的那些带有图文信息的行称为“数据行”或“多工行”。一页图文电视广播画面需要经过若干数据行传送才能实现，接收机中必须设有相应的存储装置，把在场消隐期间断续收到的数据行信号及时地逐行“写”进去，经过适当处理后，在显示时再不断地从中“读”出来，就可以显示出一幅完整的静止图像。图 6-73 给出了图文电视数据行的插入位置。

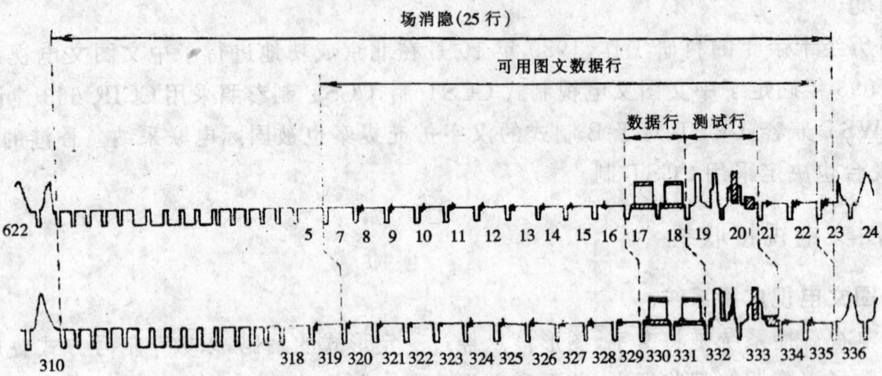

图 6-73 图文电视数据行的插入

2. 图文电视制式

图文电视在英国出现之后，许多国家都对它进行了研究，并制定了各自的图文电视标准。为统一各国的图文电视标准，1985 年 CCIR 正式向全世界推荐了四种图文电视制式：

(1)英国图文电视制式，即所谓“世界制式”图文电视(WST)；

(2)法国图文电视制式，即 Antiope；

(3)加拿大和美国的图文电视制式，即北美图文电视制式(NABTS)；

(4)日本混合式图文电视制式，即在图文信息编辑中同时使用代码法和图形扫描法。

以上 4 种制式，只有 WST 为固定格式，其余三种均为可变格式。固定格式是指字符、图形的代码在数据行上的位置与接收端在屏幕上显示位置存在着一一对应的固定关系。我国的中文图文电视系统 CCST 是以 WST 为基础并扩充的。现将 CCIR 推荐的 4 种制式及我国 CCST 制的技术标准列表说明如下，见表 6-3。

表 6-3 图文电视制式表

方式 项目	Antiope (法国)	WST (英国)	NABTS (美国、加拿大)	混合方式 (日本)	CCST (中国)
电视制式	L/SECAM	I/PAL	M/NTSC		D/PAL
视频带宽(MHz)	6.0	5.5	4.2		6.0
时钟频率(Mb/s)	6.203125 397f_H	6.937500 444f_H	5.727272 364f_H		6.9375
插入位置(行)		7～22 320～335	10～21 273～284	10～16、21 273～279、283	7～22 320～335
信号振幅(%)	A/S=7/3	66	70		66
信号形式	不归零制(NRZ)				二制不归零码(NRZ)
频谱滚降率(%)	100	66	100	60	70

续

项目＼方式		Antiope（法国）	WST（英国）	NABTS（美国、加拿大）	混合方式（日本）	CCST（中国）
数据行(比特)		320(40B)	360(45B)	288(36B)		296(37B)
时钟同步		101010……10(16 比特)				1010101010101010(5555H)
字节同步(送出顺序)		11100111	11100100	11100111	11100101	11100100(27H)
前缀(比特)		16～40	16	40	14	
数据块(比特)		240～280(30～35B)	320(40B)	224(28B)	176(22B)	320(40B)
误码保护	控制码	(8,4)汉明码			BEST CRC	每字节奇校验,H(8,4), H(24,18)纵向奇校验 CRC
	文字	奇偶校验(PTY)				
所显示的像素数目		400×240	320×240	256×200	A:248×204 B:496×408	480×250
显示的文字数(字)×(排)	页头	40×1			31×1	西文:40×1
	正文	40×24		40×20	A:15×8 B:31×16	西文:40 字(横)×24 排(纵); 中文:20 字(横)×8 排(纵)
文字		英文字母、数字、符号 221 个、DRCS			汉字、非汉字、假名、 英文字母、数字和符号 总共 3662 个字符、DRCS	汉文:GB2312 中的 6763 个汉字 字母:符号、数字等 682 个
着色	单位	10×10 像素块	6×8 像素块	1×1 像素	A:4×4 像素块 B:1×1 像素块	12×10 点阵
	种类	前景、背景、8 色	前景、背景、8 色	512 色中 16 色	A:前景、背景、16 色 B:4096 色中 16 色	前景 8 色　背景 8 色
显示控制		闪烁 隐匿 叠加		变换颜色 隐匿 叠加	闪烁 隐匿 滚动 叠加 变换颜色	闪烁、固定、倍高、倍宽、倍体、 叠加、隐匿、开窗、插框、下划线、 反转、半灰度
图形		镶嵌 DRCS	镶嵌、DRCS 几何图形		镶嵌、DRCS 照相、几何图形	块状镶嵌、平滑镶嵌、DRCS
伴音		无			电子音乐	

实际所利用的行数,各国不太一样。

3. 内装型图文电视接收机

内装型图文电视接收机是图文电视接收机最基本的形式,也是应用最广的形式。该方式是将图文电视解码板置于电视机内,即可构成图文电视接收机;取出解码板,则成为普通彩色电视机。由于内装型图文电视接收机在整机设计时就考虑了普通彩色电视接收和图文电视接收功能的整体设计。因此显示效果好,使用方便,成本低廉,是图文电视机发展的最基本形式。内装型图文电视机根据图像解码和显示驱动电路的不同又可分为 RGB 切换型及色差切换型两种,图 6-74 为 RGB 切换型方框图。

4. 附加型图文电视接收系统

这种形式的图文电视机通常称为电视解码器或图文电视附加器。由于图文电视发展初期,对大量现有用户的普通电视机进行改造比较困难,因而采用图文电视附加器形式,将图文电视解码板作为电视接收机的一种附加功能设备置于电视机外,并以电缆与电视接收机相连,可实现图文电视图像的重现。

5. 图文电视解码器

图文电视解码器用以对视频检波后的信号进行处理、采集及解码,最后输出图文电视 R、G、B 信号。它包括:视频处理电路、时钟再生电路、数据处理(包括数据采集及数据缓存)电路、

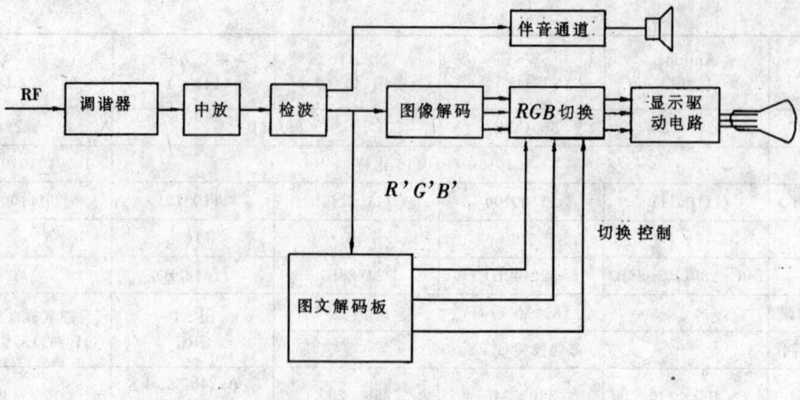

图 6-74 内装型图文电视接收机组成方框图

显示控制电路及存储器电路等。详细内容见下面的实例介绍。

三、韶峰 SFTC-1 图文电视接收机简介

这里介绍一种独立型图文电视接收机——韶峰 SFTC-1 型,其示意框图如图 6-75 所示。

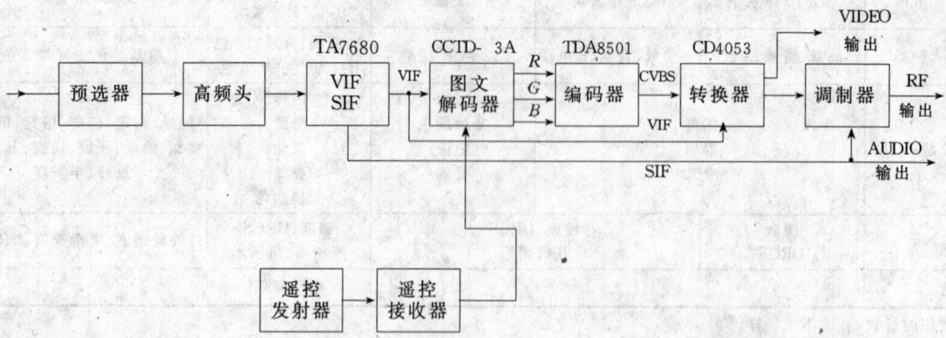

图 6-75 韶峰 SFTC-1 型方框图

图中主要部件是图文解码器。由于图文电视制式不同,故图文解码器类型也不一样,有字符发生器和 Bit-Map 两种。

Bit-Map 型图文电视解码器一般用于可变格式图文电视系统,同时也用于固定格式的图文电视系统,我国目前采用此类解码器,其框图如图 6-76 所示。

(一)Bit-Map 型图文电视解码器工作原理

视频处理器在 CPU 的控制下,将所要接收的节目数据截获出来并存入数据存储器。数据接收完后,由 CPU 对其进行解码,例如要显示某个汉字,根据解码所获得的汉字代码,计算出该汉字在汉字库中的位置地址,从汉字库中读出该汉字点阵,并按显示规律存放于显示缓冲区。显示控制器将该数据(信息)按电视扫描规律读出,经并/串转换得到 R、G、B 信号,显示在荧光屏上的对应位置。

(二)CCTD-3A 图文电视解码器

CCTD-3A 图文电视解码器如图 6-77 所示。

它是由集成电路 8031(CPU)、两片 62256(存储器)、5007D(汉字库)、SAA5231(视频处理器)、SAA5243(图文数据解码)、9410(中文图文电视处理器)和 27256(EPROM)等组成,是在

WST 解码器基础上的扩展。

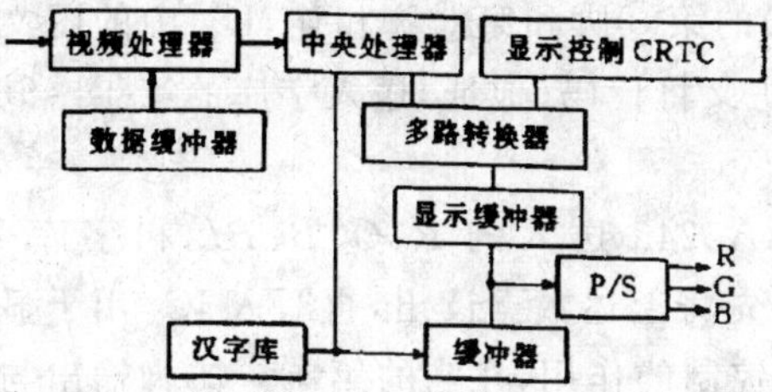

图 6-76　图文解码器方框图

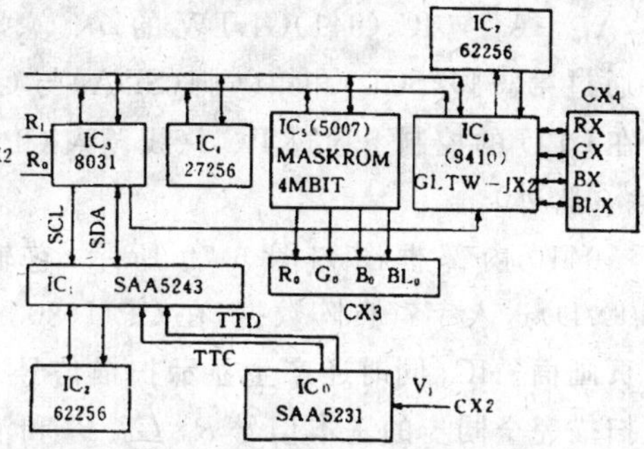

图 6-77　CCTD-3A 电路框图

WST 解码器的基本单元框图见图 6-78。

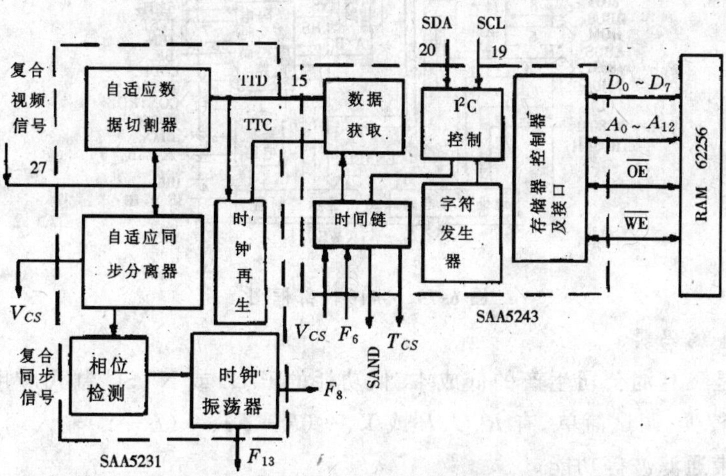

图 6-78　WST 解码器基本单元

它由 SAA5231、SAA5243、RAM62256 组成。

视频信号输入到 SAA5231 的㉗脚，经内部处理后从⑮脚输出图文数据 TTD，再生出与图文数据同步的数据时钟，分离出电视同步信号，此电路特点是利用切割后的数据控制自由振荡器的移相反馈，使时钟发生器输出锁存数据的最佳时钟，不用锁相环是因为锁相环实现锁定需要一定的时间，使用该电路比调谐电路误差小。

SAA5243 主要功能是完成 WST 解码器的全部数据逻辑功能。SDA 第⑳脚、SCL 第⑲脚两根线是芯片与主机遥控系统微处理器联系的 I^2C 总线。SAA5243 以视频处理器 SAA5231 提供的显示时钟为基准，产生"沙堡"脉冲信号，供 SAA5231 实现同步锁相振荡。通过 SAA5231 分离出的复合同步信号 VCS 产生显示定时信号，SAA5243 有 4 个不同的数据获取电路，可同时接收 4 页信息。SAA5231 输出的 TTD、TTC 和时钟(6MHz)送入 SAA5243 的第⑥、⑦和第⑨脚，经内部的数据处理获取，时序控制和 I^2C 总线，所得数据和地址等信号通过存储器接口送到数据存储器 62256，将数据存储起来。在 WST 中，这些数据将同时以字符发生器方式显示出来。而在 CCST 中，这些数据在 CPU8031 控制下，从数据存储器 62256 中读出送入 SAA5243，经并/串变换再经 I^2C 总线送入 8031 中，8031 根据代码得到字符点阵，送入字符点阵发生器，字符点阵输出的 R、G、B、BL 送入 IC_6(GLTW)的第⑨①、⑧⑨、⑧⑧和第⑧⑦脚。

解码器的汉字库用4MB ROM(IC_5),包括国标一、二级字库,其地址线A_0~A_{14}与8031相连,A_{15}~A_{18}与IC_6(941)GLTW的㉗、㉙、㉚和㉛脚相连接。SAA5243内的I^2C总线接口及控制通过第⑲脚(SCL)和第⑳脚(SDA)与CPU(8031)的第③脚和第⑥脚相连,IC_2中的图文数据在CPU的控制下通过I^2C总线调入CPU,后CPU又将代码(地址)送入字库的第①~⑨脚(除③脚外)。

9410内部框图如图6-79所示,它输入由SAA5243送入的R、G、B、BL和字库IC_5(5007D)送入字符点阵数据,在CPU(8031)控制下,先将上述数据读出,再写入IC_7用于显示一页画面。IC_6同时还产生显示扫描信号,起到显示控制的作用,在它的第㉟~㊳脚输出与电视扫描完全同步的基本信号R_0、G_0、B_0和消隐信号BL_0,然后送到编码器TDA8501中。

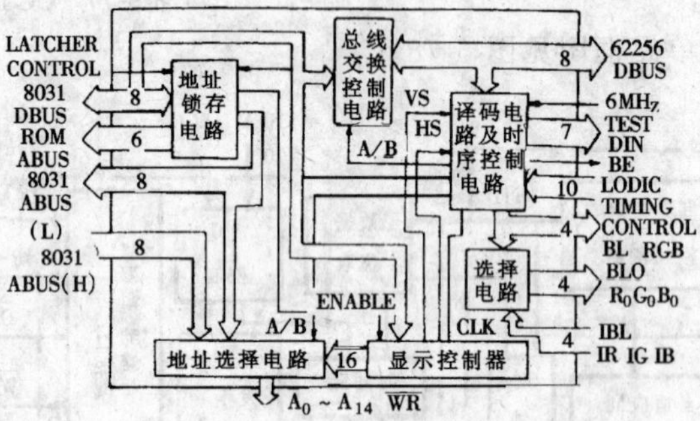

图6-79 9410内部框图

1. TDA8501编码器

TDA8501是飞利浦公司生产的低成本、低功耗的PAL或NTSC制式应用编码器。特点是:外围元器件较少,调试简单,有R、G、B或Y、$-(R-Y)$、$-(B-Y)$输入端,并具有自动校准、低通滤波和带通滤波等功能。

TDA8501的应用电路如图6-80所示。TDA8501的⑦、⑨、⑪、㉔脚分别为R、G、B复合同步信号的输入端,⑦、⑨、⑪脚分别与CCTD-3A的CX3接口R、G、B脚连接,TDA8501的㉓脚为振荡频率输入端,㉒脚为Y信号延时线驱动输出,⑬脚、⑳脚为延时了的Y信号和同步信号输入端,⑯脚为编码好的彩色电视视频信号输出端。②脚是输入方式选择开关脚,当$P_{in2}=0$~0.4V时,为Y色差信号输入模式,当$P_{in2}=1$~5V时,为R、G、B信号输入模式。设计应用的是后一种方式。

2. 遥控电路

该电路采用日本三菱公司生产的M50462AP遥控编码集成电路,它采用PCM编码方式,通过连续两个脉冲的间隔将bit“1”、“0”区别开来。具体识别方法是利用定时中断来接收遥控指令码,通过软件来判别码字正确与否。

3. 解码器的软件

本着降低成本,缩小体积,图文电视解码器的许多功能都是由软件来实现,主要包括下列程序。

(1)遥控指令接收处理程序(REMOTE) 它为计数器中断服务子程序,8031计数器1平时设在定时方式,当搜寻到第一个负脉冲时进行指令接收,每接收到一位指令码都重新设置定时的时间,指令缓存区最多可存放四条指令。

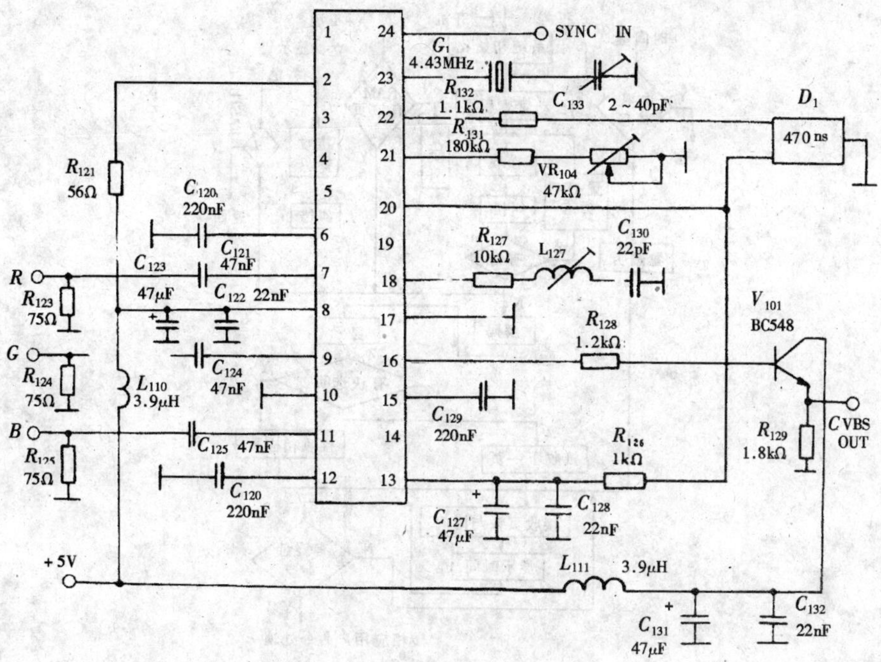

图 6-80 TDA8501 应用电路图

(2)字符显示子程序(CHARDIS) 用于将一个字符写到相应的屏幕显示缓存期。

(3)汉明校验子程序(HAM8、HAM24) HAM8 通过查表实现汉明码纠错、检错，HAM24 根据汉明码的一致校验矩阵计算出校验图样，由校验图样进行纠检错。

(4)I^2C 总线通信子程序(11CWR，11CRD) 这两个程序均按 I^2C 规则编写，用来实现对 SAA5243 的读写操作。

(5)图文电视数据获取子程序(PRDSEL，PRDREV) PRDSEL 用来选择 SAA5243 四个数据获取电路中任一个空闲电路号，用户可通过 PRDREV 进行查询，数据接收满后，PRDREV 自动将数据通过 I^2C 总线送入控制微机存储器。

(6)图文电视数据解码程序(DECODEL) 固定格式的图文电视数据是以行为单位传递，DECODEL 可对任一数据行进行解码、显示。

CCST 图文电视解码器软件流程框图如图 6-81 所示。

四、图文电视微机接收系统

图文电视微机接收系统是在普通的 386 微机的扩展槽中，插入一块图文电视微机接收卡(简称 PC 卡)，配上相应的软件，只要输入带有图文电视信号的电视广播信号(视频或高频)，即可实现接收和处理图文电视数据信号的功能。

(一)功能与特点

1. 功能

(1)能够接收不同规格的专业文件。

(2)能够接收普通的图文电视节目。

(3)能够测试传输信道的误码率(BER)。

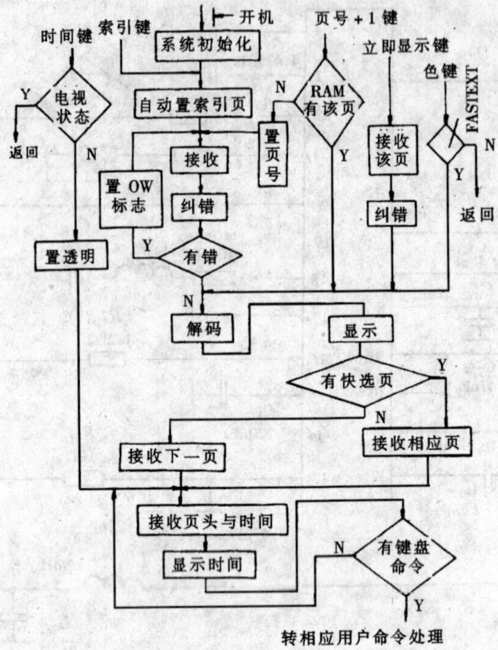

图 6-81　图文电视解码软件流程图

(4)能够利用微机外设对信息进行加工、打印与保存等处理。

(5)能够对特殊专业文件进行解密接收。

2. 特点

(1)信息量大、可靠性高、传送速度快。

(2)窗口菜单提示,模拟遥控键盘操作,使用简便。

(3)软件设计采用模块化结构,多功能组合应用方式,可由用户重组配置,便于用户扩展、开发新的功能或自定义加密钥匙,增加了实用性。

(4)可采用多种加密方法,可靠保护用户权限。

(二)工作原理

图文电视微机接收系统原理框图如图 6-82 所示。

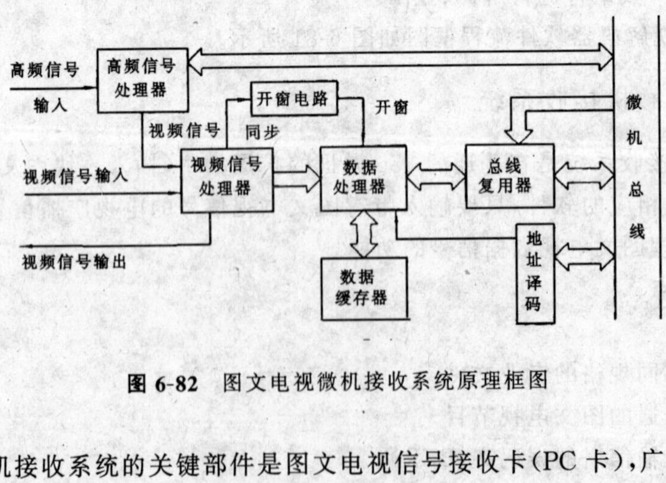

图 6-82　图文电视微机接收系统原理框图

1. 硬件说明

图文电视微机接收系统的关键部件是图文电视信号接收卡(PC 卡),广电部广科院已获得该产品的国家专利证书。这是一种计算机接收和处理图文电视信号的接口电路，主要由视频信号处理器、数据处理器、缓存器、“开窗”电路、总线复用器和地址译码器组成。缓存器可采用先入先出缓存器。总线复用器可用 CPU 代替。

从高频信号处理器输出的视频信号直接加到视频信号处理器，该视频处理器一方面从视频信号中取出数据信号，并恢复时钟信号送到数据处理器，另一方面还分离出复合同步信号到“开窗”电路，并经“开窗”电路产生一个窗口信号，送到数据处理器，以保证数据处理器不受该窗口以外的信号干扰。数据处理器按照计算机的命令对收到的数据进行处理，并将处理的结果写入缓存器。计算机将不断地通过地址译码器查询数据处理器的状态字，在适当的时候读出缓存器中的数据，并存放到计算机的内存中。总线复用器通过数据总线，控制总线和地址总线与计算机总线相连，它把从计算机来的数据和地址分时地送到数据处理器，或把从数据处理器来的数据和地址分时地送入计算机。

2. 软件说明

软件系统包括基础软件，即图文电视接收卡的软件程序和应用软件、节目软件及工具软件。应用软件包括接收、纠错、键接、解密还原、显示、打印和存储程序等。节目页接收软件包括接收、纠错、解码、显示、键盘命令和打印模块等。工具软件包括组合菜单、预置参数、信道测试、解密及格式转换等。

硬件安装时应将 PC 卡和高频卡插在微机扩展槽，如果与其连接的电视机有视频输出口，则可不用高频卡，直接将视频插头接入扩展槽即可。当软件安装后，即可按给定程序启动操作使用。

五、接收图文电视的几种方法

目前，中央电视台、四川、浙江、山东等二十多个电视台都开播了图文电视。这些图文电视主要有“图文页信息”和“专业信息”两种播出方式。图文页信息方式将信息内容编辑成一页一页的形式，在屏幕上逐页显示。播出栏目主要有经济简讯、旅游、娱乐、医疗保健、生活指南、供求信息、科技之窗、天气预报、消费信息等。专业信息以计算机数据文件形式播出，它的数据容量大，实时性强。内容主要有物资行情、商品供求、科技成果、农业、行业信息、家电、计算机、整车、汽配、房地产、机械以及实时动态的股票期货行情、机场进出港航班等信息。

如何收看这些图文信息呢？下面介绍几种方法。

1. 用带有图文电视功能的彩电收看

目前，国内已有少数厂家开始生产带有图文电视功能的彩电，可直接收看到图文电视。需要说明的是，部分进口彩电虽已有图文电视功能，但不能与我国制定的 CCST 图文技术标准兼容，依然接收不到国内电视台播送的信号，因此，购机时应请行家鉴别。

2. 老式电视机通过加装机内图文电视解码器收看

将图文电视解码器装入电视机内，使之成为一体化图文电视彩电，即可收看图文电视，又不影响彩电原有功能，照常可收看电视节目，且仅用一只解码器就可实现全部操作。对于没有遥控器的老式彩电，还可起到增加遥控功能的作用。

3. 普通电视机通过连接机外图文电视解码器收看

上述的机内图文电视解码器和现在广泛使用的机外型有线电视选台器合二为一，就成为一体化机外型图文电视解码器。使用时，只须将电视天线接入装在机外的解码器，再由解码器引一根线到电视机的天线输入端子或视频接口，就可以通过遥控器随意选择图文电视信息。

4. 普通电视机通过接收正程图文电视节目收看

在目前图文电视解码器尚未普及的情况下，为了使有线电视用户能够用普通电视机收看图文电视节目，有的有线电视台将逆程信号转为正程信号，利用图文信息频道定时地"滚动"播出一部分图文电视节目页。用户无须改装电视机，但这样播出的图文电视，用户只能等待所希望的节目"滚动"过来时才能收看，而不像上述的三种方法可"一页页"地来回"翻看"，因此这种收看称为被动收看。

5. 通过计算机插入图文电视 PC 接收卡收看

图文电视微机接收系统是在普通的 PC 机的扩展槽上插上图文电视 PC 接收卡，配上相应的软件，将电视信号接到 PC 卡的 RF 或视频输入端上，即可接收图文电视节目。利用计算机不仅能接收到图文页信息，还可接收到大量的实时动态专业信息，并能进行存储、分析、打印等。我国的图文电视数据广播技术已经很成熟，由于电视信号能够进入家庭，所以许多专业性金融实时信息的广播(例如股票和期货信息)开始由 VSAT 转向图文电视数据广播。微机图文电视接收系统是非常灵活的，如配备测试软件，还可对信道质量进行测试，可以对接收到的数据进行纠错处理……等等。由于微机接收系统的接口可以向用户提供，微机接收系统不仅作为接收系统，也同时是用户参与开发的系统。

第八节　卫星电视接收系统

一、卫星电视与地面电视

目前人们收看电视有三种方式：一是地面无线电视，就是接收由地面无线电视台或转播台发射的信号；二是地面有线电视，就是从有线电视网的用户终端接收信号；三是卫星电视，就是直接接收由卫星转发的信号。一般情况下，有线电视网包含有地面无线电视和卫星电视传送的信号。

地面无线电视的传输过程如图 6-83 所示。

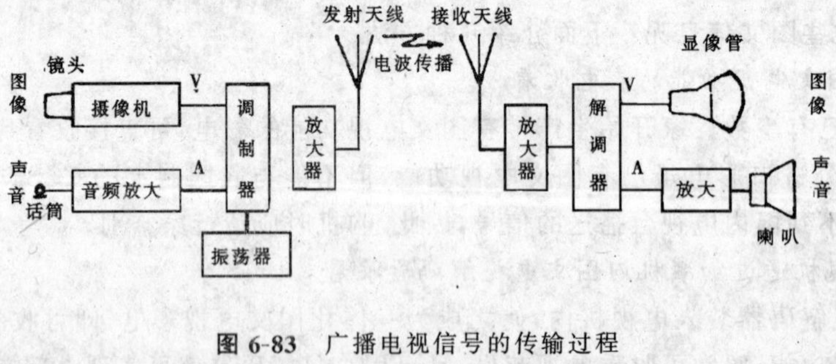

图 6-83　广播电视信号的传输过程

由于地面无线电视覆盖面积小，虽经多次差转可扩大覆盖面积，但质量降低很多。如果采用地面微波中继，因受天线高度的限制和地球表面弯曲的影响，一般有效传输距离只有 50km 左右。长距离传输需建许多中继站。例如，从北京到成都约 2500km，就需建微波中继站 50 个左右。

如果在同步地球轨道上等距离配置三颗卫星,有可能建立全球通信系统,如图 6-84 所示。这三颗卫星相对地球应是“不动”的,称之为静止卫星。

但实际上,这种“静止”是相对的。因为地球不停地在转动,卫星也绕着地球飞行。如果卫星绕地球作圆周运动的角速度与地球自转的角速度相等,方向相同,则从地球上任何一点看卫星,卫星就是静止不动的。这时,卫星和地球作同步运动,因此称这种卫星为“同步卫星”。

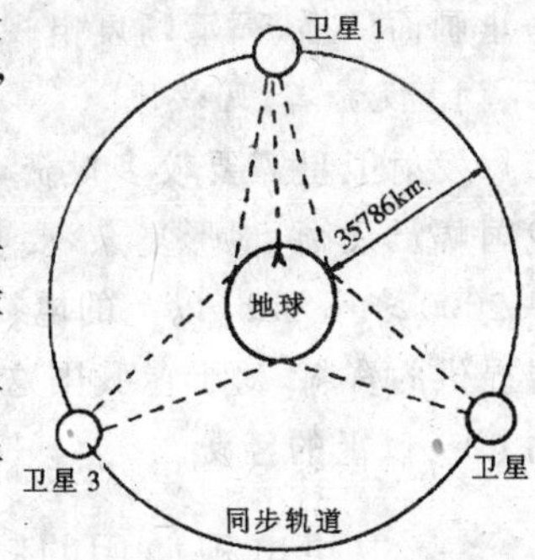

图 6-84 同步地球轨道平面

要实现同步,对卫星的运行轨道必须有严格的限制。经计算,这个轨道位于地球赤道上空,称为同步地球轨道或克拉克轨道。这个轨道是一个以地心为圆心,并与赤道面相重合的圆形轨道,它的半径为地球半径 6378km 加上赤道上空高度 35786km,即是 42164km。如果把同步卫星和地心的连线与地面相交的点 A 称星下点,那么星下点就都在赤道上,因此常用星下点的地理经度来表示同步卫星所在的轨道位置。例如中星 5 点卫星的轨道位置为东经 115.5°,可记为 115.5°E,其中 E 表示东经。

转发电视信号的卫星有两种,一种是通信卫星,一种是广播卫星或直播卫星(DBS)。

通信卫星主要是作为通信用的,故用来转发电视信号的转发器功率较小,一般只有几 W 至几十 W,地面强度较低,相应的地面接收站天线口径较大,要求接收机的灵敏度高,通常为集体或单位购买,将卫星电视信号接收后,用电视转播台转播或输送到有线电视系统中。

直播卫星(DBS)则是专门作为电视和广播用的,卫星上转发器的功率较大,一般在 100W 以上,地面场强较强,地面可用小口径的接收天线直接接收。

我国幅员辽阔,地形复杂,人口众多而又分布很不均匀,要使电视有效覆盖约 960 万平方公里的国土,使人们都能够看好中央电视台的节目,如果完全依靠地面电视广播网是很难解决的。只有采用卫星电视广播这种先进和有效的手段,才能迅速较好地实现全国电视网的覆盖。同时,为了加速我国现代化建设,提高全民族的文化水平,迅速推广科学技术知识,促进信息交流及加速经济发展和社会改革,利用通信卫星分配传输电视节目都是满足上述需要最及时、经济和有效的方式。

二、卫星电视广播的优点

1. 覆盖面积大

一颗位于赤道上空 35786km 的同步卫星能实现将电波覆盖近 1/3 的地球表面,采用成型波束技术又能把电波能量集中到需要覆盖的地区。

2. 传送的质量高

与地面微波传送或电视差转等多环节相比较,卫星电视广播传输环节少,信号电波自上而下,不易受山峰或高大建筑的阻挡,也没有电波反射造成的重影等问题,传送质量高,而且稳定可靠。

3. 节目套数多,信息容量大

由于卫星电视传送所占用的频段宽,可容纳的频道多,例如目前在轨运行的亚洲卫星 1 号、中星 5 号、亚太卫星 1 号和即将发射的东方红 3 号卫星均有 24 个转发器,可以传送几十套节目,节目内容丰富多彩。同时利用卫星转发器还可进行通信、数据广播、高保真度声音广播、静止画面广播、高清晰度电视和立体电视广播等等。

4. 投资省、见效快

发射卫星需要较多投资，但与地面建设一个功效相同的电视覆盖网相比，却是既省又快。我国幅员辽阔，地形复杂，要实现广播电视的全国覆盖十分困难，如果用地面系统覆盖全国需建2000多座1km以上的电视发射台，而且建设周期长，维护管理十分困难。根据亚洲广播联盟提供的资料，对于像我国这样幅员广大的国家来说，采用卫星电视比建地面电视广播网可节约60%以上的经费。

三、卫星电视使用的频段与频道划分

国际电信联盟(ITU)从无线电频率使用角度考虑，把全世界分为三个区域。第一区包括欧洲、非洲和前苏联的亚洲部分、蒙古以及伊朗西部边界以西的亚洲国家；第二区包括南、北美洲；第三区亚洲大部分国家和大洋洲。我国属于第三区。

由卫星转发器向地面接收点发射的载波信号频率，称为下行频率。根据国际统一划分，卫星广播电视使用的下行频率，即地面卫星广播电视接收的频段划分如下。

(1)L频段(0.62GHz～0.79GHz)，带宽170MHz，全球范围分配。

(2)S频段(2.5GHz～2.69GHz)，带宽190MHz，全球分配。

(3)K_u频段(11.7GHz～12.2GHz)，带宽500MHz，第二、三区使用。(11.7GHz～12.5GHz)，带宽800MHz，第一区使用。

(4)K_a频段(22.5GHz～23GHz)，带宽500MHz，第三区使用。

(5)Q频段(40.5GHz～42.5GHz)，带宽2000MHz，全球分配。

(6)W频段(84GHz～86GHz)，带宽2000MHz，全球分配。

为了充分利用各频段内的无线电频率，而又防止相互干扰，通常将频段内的频段分为若干个频道。频道间隔越小，频段内的可用频道数就越多，广播卫星的轨道位置就可减少，轨道上相邻卫星的间隔就可加大，这有利于减少同频道的干扰，但邻频道干扰将会增大，所以相邻频道的间隔大小要定得合适，一般以18MHz～20MHz为宜。

我国属于第三区，使用的规划频段为11.7GHz～12.2GHz，500MHz带宽，划分为24个频道。

目前，我国使用的是C频段，C频段的下行频率为3700MHz～4200MHz，该频段波长较长，接收天线较大，与地面微波电路所用的频段相同，易受干扰。

K_u频段下行频率为12.2GHz～12.75GHz；用于固定通信和广播，11.7GHz～12.2GHz用于广播的直播频段。K_u频段传输广播电视节目的优点是接收天线直径较小，不受地面其它业务的电波干扰。

我国“九五”期间力争从使用C波段通信卫星过渡到采用K_u频段直播卫星，那时只需一个接收机和遥控器就可以收看上百套的电视节目，收听数十套广播节目。

四、卫星电视接收机

(一)卫星电视系统的组成

卫星电视系统是指参与卫星电视广播运行的各种设施和设备的整体系统。它主要由以下几部分组成。如图6-85所示。

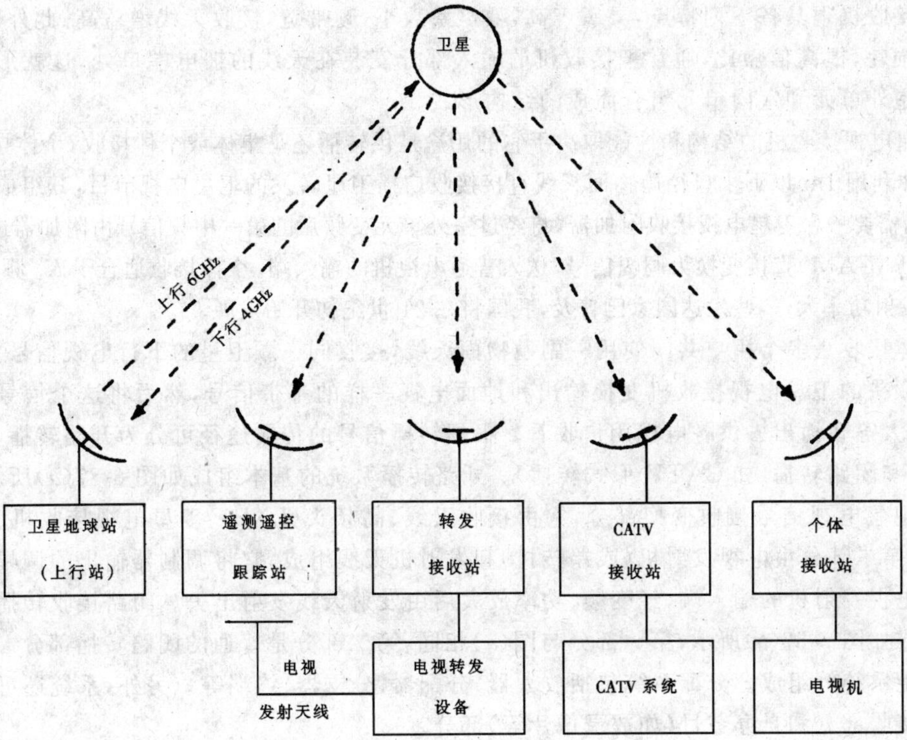

图 6-85 *C* 波段卫星电视广播系统方框图

1. 上行地球站(简称上行站)

上行站的主要任务是把电视中心送来的节目进行处理后发射给广播电视卫星,同时接收卫星转发器下行的广播电视信号以监视节目质量。

2. 广播卫星

它是一座设置在赤道上空的宇宙转播台,主要任务是转播上行站的广播电视信号。为了实现正常转播,要求卫星保持精确的姿态和轨道位置。星体一般由天线、转发器、遥测、遥控、跟踪、能源、控制、温控、远地点发动机和结构等几部分组成。其中直接用于广播电视转播的是广播天线和转发器两个主要部分。卫星上广播天线一般都是发射与接收共用一副天线。

3. 卫星电视接收站

它主要用来接收卫星下发的节目信号。接收站有以下几种类型。

(1)个体接收　当广播卫星向服务区发的电波到达地面的功率通量密度足够大时,用户可用小型天线的卫星电视接收设备直接收看。

(2)有线电视(CATV)接收站　采用较大口径的接收天线和性能优良的接收设备接收卫星信号,经变换成 VHF、UHF 调幅电视信号送入 CATV 系统,供 CATV 用户收看。

(3)无线转发接收站　该站主要用于接收卫星下发的电视信号,作为电视台或转播台的电视节目源。

(4)遥测遥控跟踪站(TTC)　该站的主要任务是测量卫星的各种工程参数和环境参数;测量卫星的姿态和轨道位置;对卫星实施各种功能状态的切换。

(二)卫星电视接收机

卫星电视接收机采用外差式工作方式。卫星电视信号强度较弱,频带很宽,这就决定了卫星电视接收机须具备下列特点:灵敏度高,噪声系数小,频带宽,接收天线增益高。此外,为了减小信号损耗,提高信噪比,通常把接收机的输入部分安装在天线的馈电端口处,这就形成了接收机由室外单元和室内单元组合而成的结构形式。

卫星电视接收机的结构和性能取决于它的用途是供转播还是集体或个体接收,个体接收就是家庭个体利用 1m 以下小口径抛物面天线直接接收广播卫星转发的卫星电视节目,其组成如图 6-86 所示,需要一台卫星电视接收附加器,将经过室外单元变频后的第一中频信号由附加器进行调频—调幅(FM-AM)直接变换为调幅信号,送入普通电视机的输入端。个体接收适合于 K_u 频段,要求星上的发射功率大,一些发达国家已普及,我国将在 21 世纪初开始发展。

集体接收是多个用户共同使用一副抛物面天线,接收同一颗卫星的下行电视信号。它是由包括高频头的卫星电视接收机变换输出和地面电视一样的基带信号,然后将这个信号再经过调制、放大等转播出去供各电视用户收看。根据转播信号的传输途径可分为开路转播(如电视台转播)和闭路转播(如 CATV 形式转播)。开路转播系统的基本组成如图 6-87(*a*)所示,第一部分是卫星电视信号接收变换部分,它由接收天线、高频头(LNB)、卫星电视接收机、调制器等组成。第二部分由电视发射机(或差转机)和发射机天线组成,它将调制器输出的调幅电视信号加到电视发射机的输入端,经变频、功率放大后由发射天线发射出去。闭路接收转播系统的基本组成如图 6-87(*b*)所示,第一部分与图(*a*)相同,第二部分是普通的闭路转播部分。由混合器及分配系统等组成。分配系统包括放大器、分配器、分支器、终端等。另外,系统还可配接地面电视接收部分和自办节目(如放录像片等)部分。

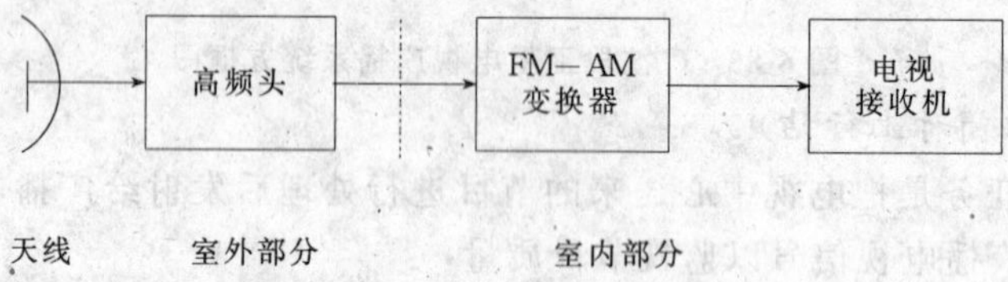

图 6-86 个体接收系统组成

1. 天线及室外单元

在卫星接收机中,天线系统占有重要地位,它的性能直接影响到接收广播电视信号的质量,它的价格也占整个电视接收机的主要部分。

天线是无线电信号传输通路中的输出或输入端口,它必须有效地辐射射频信号,或将收集到的微弱射频信号有效地馈送给接收机。在接收机中,它负责收集和传输卫星转发器广播的电视信号,并将其变换成能在波导中传输的电磁波,最后耦合到低噪声放大器进行放大。

卫星接收天线以抛物面天线为主,一般对天线的主要要求是增益要高、频带特性要宽、旋转性能好、机械精度高、极化灵活可调、旁瓣电平要低。

卫星电视接收机室外单元(也称高频头)的作用是把天线接收到的非常微弱的卫星信号进行低噪声放大和频率变换后得到第一中频信号,再经中频放大后送入室内单元。卫星电视接收机室外单元包括:滤波器、低噪声放大器、本机振荡器、混频器和中频放大器。

2. 卫星电视接收机室内单元

接收机室内单元的作用是将室外单元经同轴电缆送来的第一中频信号经放大、变换后得到视频全电视信号和伴音输出,供监示器用。或提供 VHF 信号(或 UHF 信号)给家用电视机用。室内单元一般由频道选择器、主中放、限幅、鉴频、声像分离、去加重、去扩散、伴音解调、标

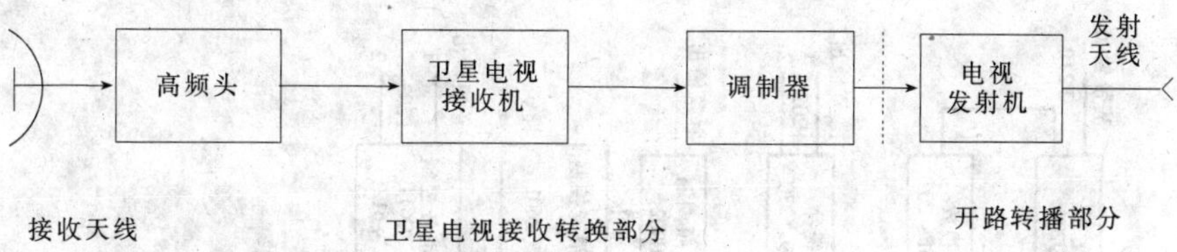

(a)

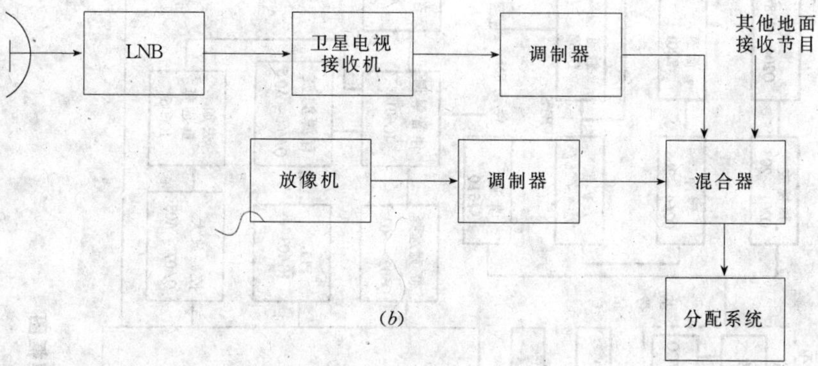

(b)

图 6-87 集体接收转播系统

准电视频道再生等电路组成。对转播用接收机，其频道选择由频道滤波器完成；对个体接收机，频道选择由第二变频器实现。主中放一般要求增益约 50dB，带宽为 27MHz，并具有 AGC 控制电路。主中放采用声表面波滤波器和集成中频放大器共同组成的形式。其组成方框图如图 6-88 所示。

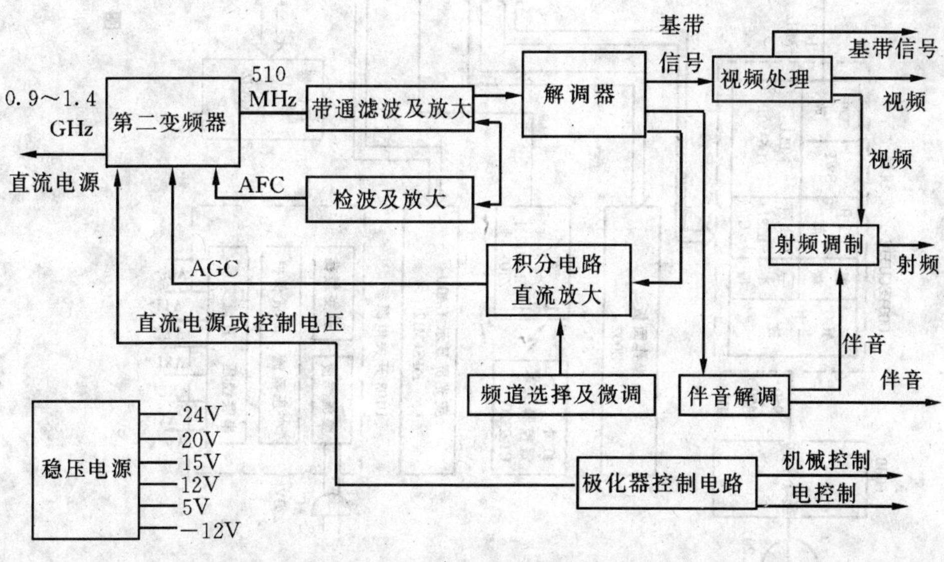

图 6-88 室内单元组成方框图

(三)东芝 TSR-C_3 型卫星电视接收机简介

日本东芝 TSR-C_3 型卫星电视接收机是我国进口较多的一种机型，其原理方框图如图 6-89 所示。

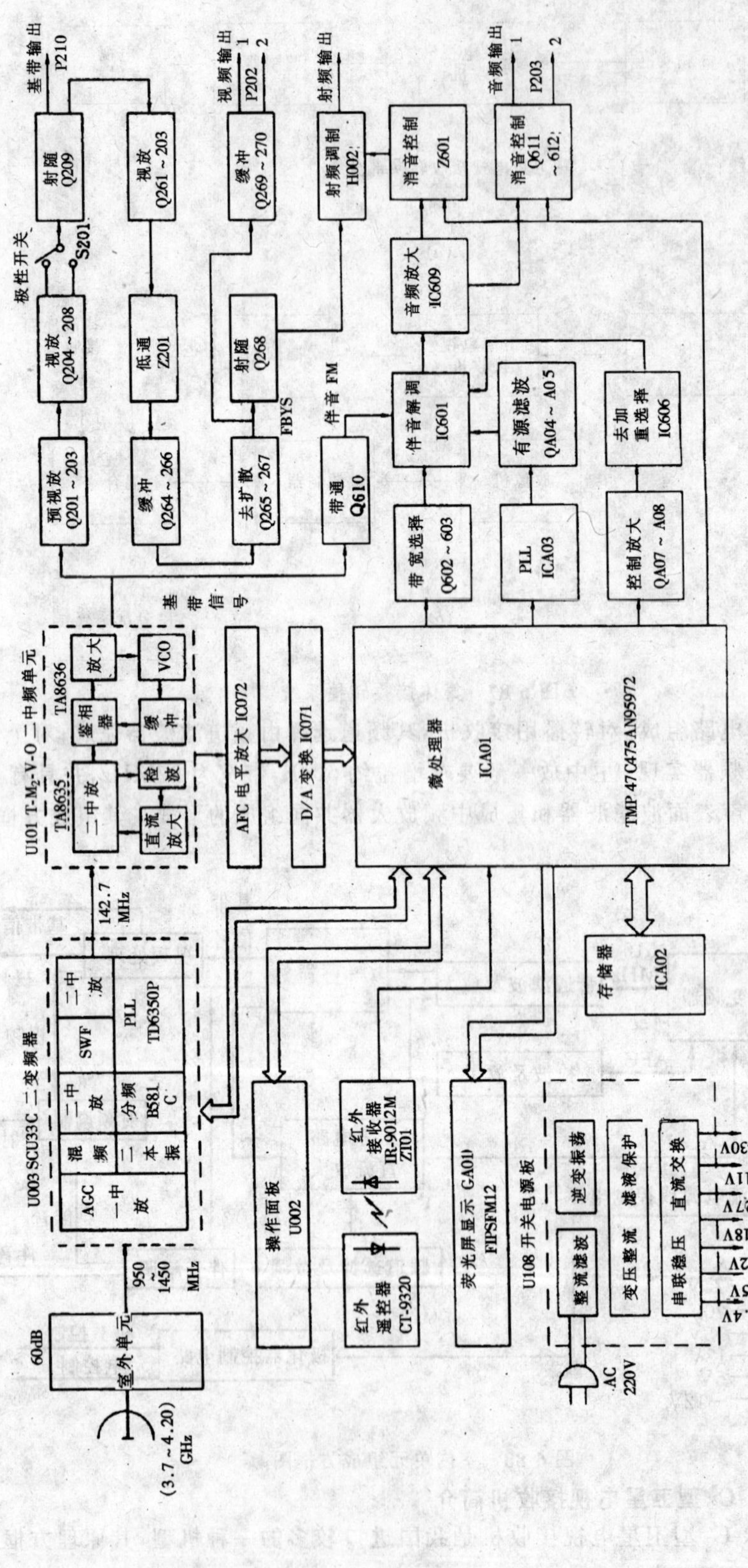

图 6-89 TSR-C_3原理框图

室外单元将抛物面天线收到的 3.7GHz～4.2GHz 的卫星电视信号经低噪声前置放大器放大 60dB 后，送给第一下变频器，在第一本机振荡器输出的振荡信号的作用下，变频为 0.95GHz～1.45GHz 第一中频信号，馈送给本卫星接收系统的第二变频板 U003（即 SCU33C）。

第二变频板 SCU33C 将第一中频信号作二次调谐变频放大，调谐变频为 142.7MHz 第二中频信号，输给第二中频板 U101。在第二中频板内进行带宽为 27MHz 的第二中频放大和调频波的解调。解调出的基带信号再经视频、音频和射频调制等处理过程，即可输出给监视器、电视机用的音频、视频和射频信号。

（四）*K* 波段卫星电视接收机

1971 年世界无线电通信行政会议（WARC）提出用 *K* 波段（12GHz）进行电视直接广播的计划。由于 12GHz 卫星广播采用了宽频带技术，所以在传送声音的数字通道中拥有传输其它用途的数据通路，如高质量的声音、文字、传真等其它多工形式，同时可以用于综合业务数据广播（ISDB）等。随着 *C* 波段向 K_u 波段直播电视的过渡，K_u 波段的卫星接收系统有了很大的发展，如多功能接收机和性能很高的低噪声放大器，增益高的小型天线等。总的说来，今后卫星接收系统将向更小型化和更高性能化发展，且更通用化和兼容化。

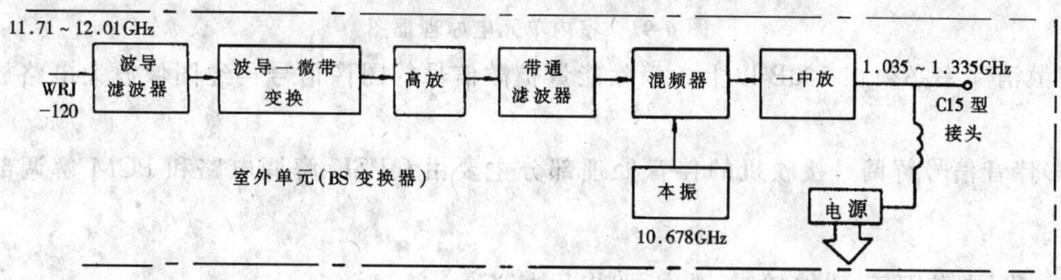

图 6-90　室外单元电原理框图

1. *K* 波段卫星电视接收机的室外单元

K 波段卫星广播电视机室外单元电原理框图如图 6-90 所示。由室外接收天线、滤波器、馈线变换器、低噪声微波放大器（高放）、混频器、本振、前置中频放大器（一中放）等组成，也称微波头或 BS 变换器，用以将 300MHz 带宽的输入频率从 11.71GHz～12.01GHz 的卫星电视信号放大并变换成 1.035GHz～1.335GHz 的第一中频信号。

2. *K* 波段卫星电视接收机室内单元

接收机室内单元的原理框图如图 6-91 所示。

（1）选台解调　进入室内的 1.035GHz～1.335GHz 的第一中频信号再经过一次放大后，进入第二次变频，这一变换系统称为第二变频器。它包括第一中频放大、可控带通滤波器、第二本振及第二混频器等。第二变换器除了具有一般超外差式接收机具有的二次变频功能外，还设置有选台机构并实施了门限解调技术，因此也可称为选台解调部分。调谐选台靠改变第二本振频率实现，当要选择某台时，调谐选台器输出某一直流电压，此电压一方面作用于本振器上，改变本振频率使其达到预期的数值，同时又作用于带通滤波器，使带通滤波器的中心频率等于欲接收频道的频率，并且带宽满足信号频谱的要求。

（2）图像信号处理　图像信号处理包括有按 CCIR 规定的低频特性进行去加重处理的滤波器，以及通常采用的峰值箝位电路进行去能量扩散处理。经验证明，要在视觉上不出现闪烁，

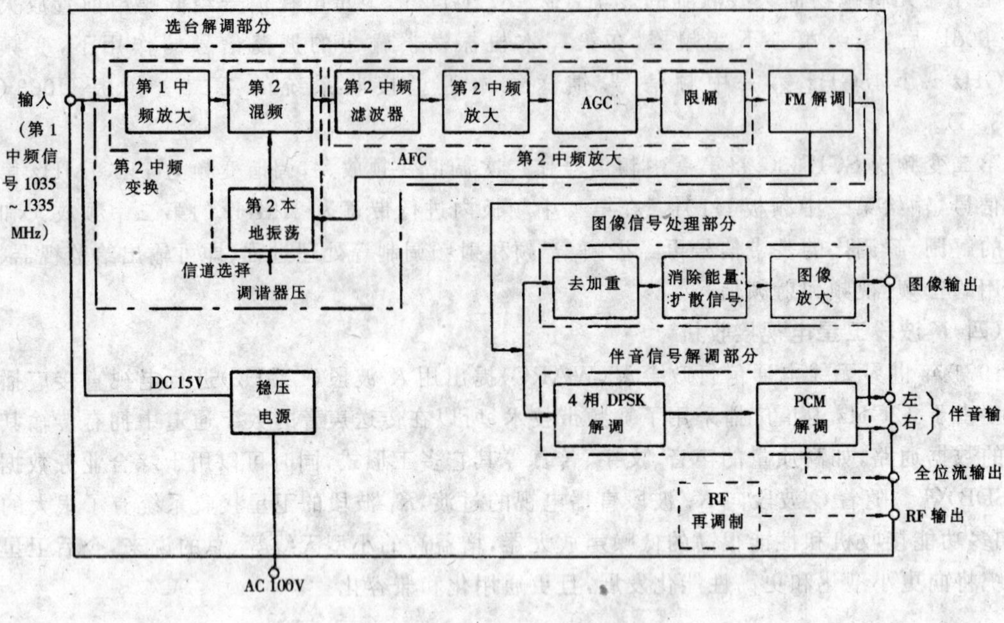

图 6-91 室内单元电原理框图

能量扩散消除率必须在 26dB 以上。消除能量扩散信号的图像信号再经图像放大电路放大后输出。

(3)伴音信号解调　接收机的伴音处理部分主要由 QPSK 解调电路和 PCM 解调部分组成。

五、我国使用卫星传输广播电视节目情况

中央电视台和部分省电视台原来通过中星五号和亚洲 1 号卫星转发的大部分节目已移向亚太 1A 和亚洲 2 号。亚太 1A 卫星采用与亚太 1 号卫星相同的星体(HS376)，只是有 12 个转发器，加强了印度区域的等效全向辐射功率(EIRP)。亚太 1A 与亚太 1 号是两颗姊妹星，这不仅增加了亚太地区卫星频道资源，而且有相互备用的功能，使亚太卫星更为可靠。目前我国使用卫星传输广播电视节目内容及有关技术参数见表 6-4。

表 6-4　目前我国使用卫星传输广播电视节目情况及有关技术参数

序号	传输节目	所用卫星	卫星位置	转发器号	频段	带宽(MHz)	波束中心场强 EIRP/dBW	下行频率(MHz)	极化方式	备注
1	CCTV-1	亚太 1A	东经 134 度	4B	*C*	36	≥35	3 860	垂直	副载波 728 传中央 1 和中央 2 音频广播
2	浙江台	亚太 1A	东经 134 度	8B	*C*	36	≥35	4 020	垂直	副载波 728 传本省音频广播节目
3	山东台	亚太 1A	东经 134 度	10B	*C*	36	≥35	4 100	垂直	副载波 728 传本省音频广播节目
4	CCTV-2	亚太 1A	东经 134 度	12B	*C*	36	≥35	4 180	垂直	副载波 728 传中央 3 立体声音频广播

续

序号	传输节目	所用卫星	卫星位置	转发器号	频段	带宽(MHz)	波束中心场强EIRP/dBW	下行频率(MHz)	极化方式	备 注
5	西藏台	亚太 1A	东经 134 度	9A	C	36	≥35	4 040	水平	副载波模拟音频广播（藏、汉语）
6	四川台	亚太 1A	东经 134 度	10A	C	36	≥35	4 080	水平	副载波 728 传音频四川两套广播
7	新疆台	亚太 1A	东经 134 度	11A	C	36	≥35	4 120	水平	
8	珠江/首都	亚太 1A	东经 134 度	12A	C	36	≥35	4 160	水平	珠江数字音频广播与首都英语台
9	山东教育台	亚太 1	东经 138 度	3A	C	36	≥35	3 800	水平	
10	CETV-1	亚太 1	东经 138 度	4A	C	36	≥35	3 840	水平	中央教育一台
11	CETV-2	亚太 1	东经 138 度	5A	C	36	≥35	3 880	水平	中央教育二台
12	云南电视台	亚洲 1 号	东经 105.5 度	9	C	36	≥34.6	4 040	水平	副载波传输本省模拟广播节目
13	贵州电视台	亚洲 1 号	东经 105.5 度	2	C	36	≥34.6	3 760	水平	
14	CCTV-4	亚洲 2 号	东经 100.5 度	9B	C	36	≥40	3 960	水平	
15	CCTV-4	亚洲 2 号	东经 100.5 度	9	K_u	54	≥43	12 470	水平	NTSC 制
16	32 路数字对外广播	亚洲 2 号	东经 100.5 度	5	K_u	54	≥43	12 350	水平	
17	CCTV-3,5,6,7,8	亚洲 2 号	东经 100.5 度	4	K_u	54	≥43	12 350	垂直	压缩加密中央 3,5,6 收费
18	CCTV-3,4 环太平洋	泛美 2 号	东经 169 度	1C	C	27		3 716.5	垂直	中央电视台国际频道，向全球华人广播 6 套数字压缩加密节目，1996 年已开播中 3、中 4，1997 年 1 月 1 日起试播中国电影台，春节后陆续开播中国体育台、中国英语台、综合节目台等，国际频道节目与中 5、中 6 不同。
19	CCTV-3,4 泛美波束	泛美 3 号	西经 43 度	3C	C	27		3 781	垂直	
20	CCTV-3,4 非洲波束	泛美 3 号	西经 43 度	3C	C	27		4 146.5	垂直	
21	CCTV-3,4 南亚波束	泛美 4 号	东经 68.5 度	15C	C	27		3 977	水平	
22	CCTV 新闻	ST-13 俄	东经 80 度	8	C	36	≥34	3 875	圆	与俄罗斯、东欧交换电视新闻

从 1997 年 1 月 1 日起，我国又有河南、青海、福建、江西、辽宁、广东、广西、湖南、湖北及内蒙古（两套）等 10 省（区）用数字压缩技术在亚洲 2 号卫星上采用 SCPC 方式传输本省广播电视节目，其中河南省和广东省通过卫星副载波 NICAM728 传输本省广播节目，内蒙古自治区传输的是汉、蒙语两套节目。

第九节　有线电视系统

一、有线电视系统的由来

1948 年，在美国一个边远的小镇，为了提高接收广播电视信号的质量，选择具有较好接收条件的山头架设天线，用同轴电缆把接收到的信号传递给镇里的电视用户。这样，多个用户共用一副天线接收电视广播的情况开始出现，从而产生了世界上第一个共用天线系统。

随着城市逐步现代化，高层建筑和各类电波干扰源日益增多，电视荧光屏上出现“重影”、“雪花”等杂波干扰现象也日趋严重。为了解决这些问题，共用天线电视系统在城市也逐渐发展起来。这类共用天线电视系统，简称为MATV。

由于有线电视可以在前端演播室利用录像机等设备自办节目，也可将卫星电视信号、微波中继信号和光缆线路传送的信号等等其它远地信号加以解调、调制，再经电缆分配系统传送给广大电视用户，以满足人们对远地和多种信息的需求。于是，以使用同轴电缆作为传输线路，并具有以处理多路传输信号功能为特征的电缆电视传输系统，即CATV系统便逐渐形成。

现在我国对有线电视给出了这样的定义：“有线电视是指下列单独或混合利用电缆、光缆或者微波的特定频段传送电视节目的公共电视传输系统：

(1)接收、传送无线广播电视节目，播放自办广播电视节目的有线电视台；

(2)接收、传送无线电视节目的共用天线系统。

二、有线电视系统的优点

有线电视系统具有下列优点。

(1)由于系统采用高性能接收天线和放大器，因此能大大改善弱场强地区的接收效果，减少雪花干扰和外来各种噪波干扰。

(2)能在某种程度上消除重影。这是因为天线架设高度和位置可以多处选择，以避开重影严重处。必要时，还可架设抗重影天线或在前端增加抗重影电路来解决。

(3)传输频带较宽，可容纳许多频道，从而丰富了节目内容。例如，300MHz系统约可容纳27个频道，450MHz系统可容纳45个频道(指标准8MHz带宽电视频道)还可考虑送入双伴音电视、高清晰度电视等等。特别是各种自办电视节目和图文电视可为用户提供多种服务而受到用户欢迎。

(4)可实现双向化，从而可在系统中进行数据交换，用于计算机通讯、报警、电视现场转播等等，成为交互式信息网。

(5)能够扩大卫星广播电视的覆盖范围，促进卫星电视的发展。特别对于目前的C波段非直播电视卫星，接收装置价格较贵，个人难以承受，很多都是采用集体接收的办法，通过CATV传输网将卫星节目送到用户。

6. 由于系统经营者可以向用户收费，成为有偿服务，因此在经济上无需国家投资。这是我国无线广播电视所做不到的。

三、有线电视系统的组成

有线电视系统主要由接收天线、自办节目制作设备、前端、干线传输线路、用户分配网络等部分组成，如图6-92所示。

(一)接收天线

接收天线为获得地面无线电视信号、调频广播信号、微波传输电视信号和卫星电视信号而设立。对C波段微波和卫星电视信号大多采用抛物面天线；对VHF、UHF电视信号和调频信号大多采用八木天线。天线性能的高低对系统传送的信号质量起着重要的作用，因此常选用方

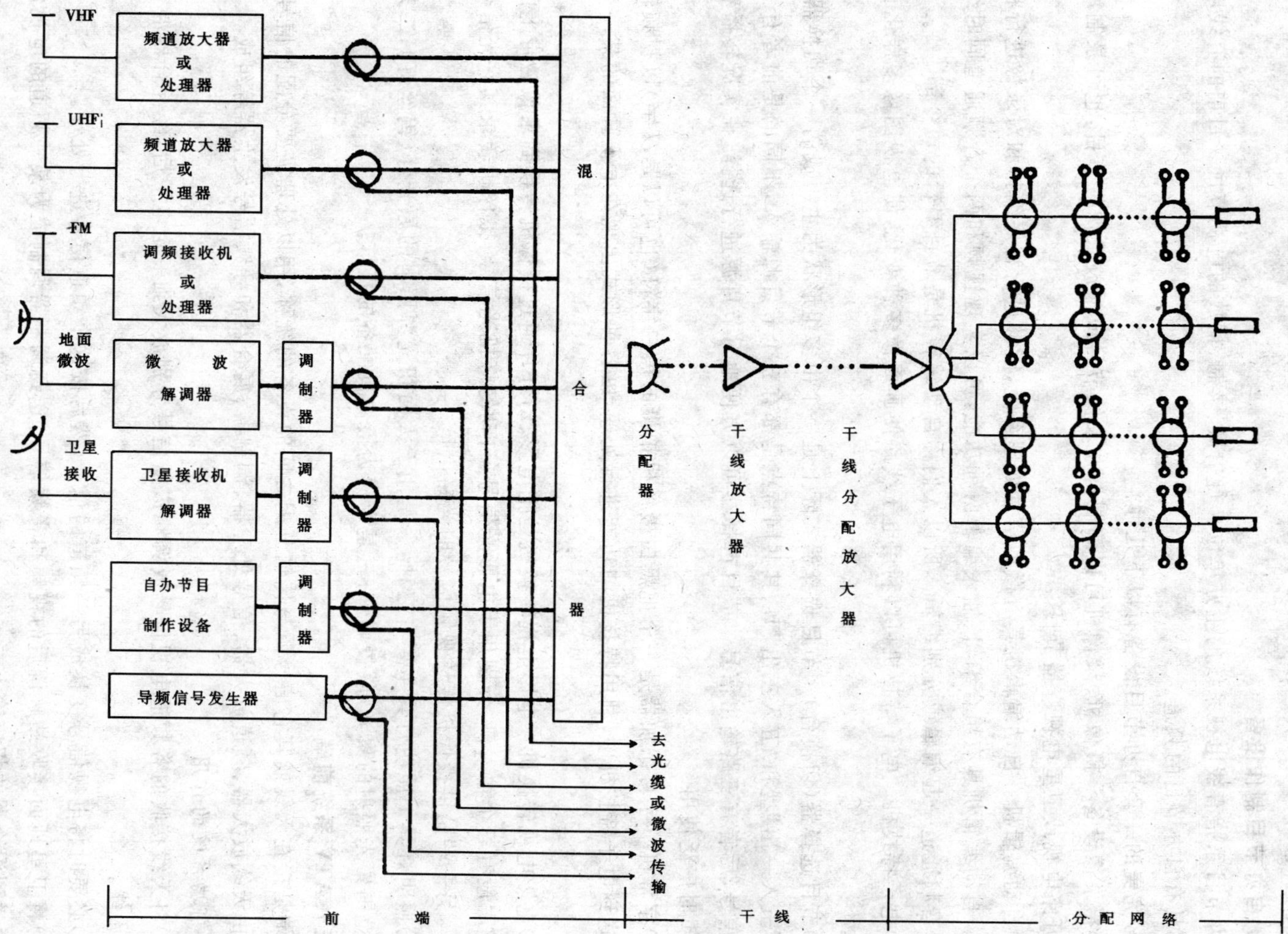

图 6-92　典型 CATV 系统的组成

向性强、增益高的天线，并将其架设在易于接收、干扰少、反射波少的位置。

（二）自办节目制作设备

自办节目系指有线电视系统的主办单位自行拍摄、录制、播放的电视节目。目前的有线电视台，都具有自办节目的频道。

比较完美的一套自办节目设备有以下几种：

（1）摄录像设备　摄像机、录像机可以编制自办录像节目或播放录像带节目，也可录制所需要的开路电视或卫星电视广播节目。

（2）自动编辑机　自动编辑机具有微型信息处理系统，能够进行程序编排和对录像进行程序控制。自动编辑机具有组合编辑、插入编辑两种功能，可以实现视频和两个音频通道同时编辑、两个音频通道一起编辑或分别编辑。所以人们称自动编辑机是节目编辑的司令部。

（3）电子特技机　电子特技机可以利用电子线路使画面做多种变化，使电视图像多样化和形象化。

（4）节目选择器（切换台）　节目选择器实际上是一个由多组形状为主组成的一个切换器。通常为“五入一出”型和“五入三出”型。其共同特点是都有五个节目源输入，不同的是前者有一路输出信号，后者有三路输出信号。节目选择器可以方便地对节目源进行选择，在实况转播和节目编辑时广泛使用。

（5）字幕机　字幕添加器是一个把黑白摄像机拍摄的黑白字符（也可以是汉字）以视频输入方式送到电子特技机中，利用特技机的功能进行处理，以各种形式出现在电视画面的某一个部位。

（6）电影电视转换机　电影电视转换机是把电影、幻灯片通过摄像机转换到录像磁带上的设备。它一般有三个输入口，分别用于电影光信号、自动幻灯机光信号、摄像机转录其它光信号的输入。另一端是供摄像机传送视频信号的光路出口。

（7）照明灯具　照明灯具主要有三种：一是用于大面积光源照射的原光灯（钨丝灯）；二是用于小范围聚光照射的聚光灯、投影灯；三是专门为摄像机配备的摄灯。

（三）CATV 系统前端

前端是接在天线或其它信号源与传输分配之间的设备的统称，用以处理需要分配的信号。它主要由天线放大器、频道放大器、信号处理器、调制器、混合器和导频信号发生器等组成。

1．前端系统的作用

（1）将天线接收的各频道电视信号或调频广播信号分别放大到一定电平后，经混合器混合再送入干线。

（2）必要时将电视信号变换成另一频道的信号，然后按这个频道信号进行处理。

（3）将卫星地面接收站解调后的视频和音频信号，送到调制器调制成为某一频道的电视信号后，再送到混合器的相应输入端。

（4）自办节目的信号也须经过调制，变换成某一频道的电视节目，再送到混合器。

（5）向干线主放大器提供用于自动增益控制和自动斜率控制的导频信号。

（6）将各频道电平大致相等的信号混合成一路后，送入干线。

（7）如 CATV 系统有特殊服务项目，像付费电视、烟火检测、防盗报警等，则前端也须送入相应的信号和接收从被测点送来的上行信号，并进行相应的处理。

2. 前端系统的分类

CATV 系统的前端大致可以划分为三类：直接放大型前端；调制一解调型前端；频道处理型前端。但也可以根据需要将两三种类型结合起来建立综合型前端。目前许多大型有线电视系统就是属于综合型前端，图 6-92 就属于这种类型。

（四）干线传输系统

干线是 CATV 系统的骨干。它处于前端和分配系统之间（如图 6-92 所示）。其作用是将前端输出的各种信号不失真而稳定地传输给分配网络系统。根据网络的情况，在一个 CATV 系统里，可以设置一路或多路干线。有时干线长达数公里。干线越长，信号衰减越大。环境温度变化，电缆的衰减量也要变化。为了保证末端信号有足够的电平，需加入干线放大器，以补偿电平的衰减。

电缆对信号的衰减基本上与信号频率的平方根成正比，因此在干线中加入均衡器和干线放大器的自动斜率控制特性，来补偿干线的频响特性，保证干线末端各频道信号电平基本相同。

由于有线电视系统要求接收和传输的电视节目和其它信息日益增多，干线传输的频带越来越宽，目前已发展为 300MHz、450MHz、550MHz、750MHz 系统，而且大多是双向传输系统。

大规模的 CATV 传输干线可级联 30 个～40 个干线放大器，传输距离约 20km，但级联干线放大器太多，系统的噪声和失真就会很严重。因此目前许多大中城市已采用光缆或微波作为传输干线。有时在一个大型网络里同时采用同轴电缆、光缆和微波作为传输干线。

（五）用户分配系统

用户分配系统是指从分配点至系统输出口之间的传输网络。分配点是指从干线取出信号并馈送给支线和分支线的连接点。在无主干线的情况下，分配点可直接与前端相连。分配系统是由各种有源、无源部件和同轴电缆相连接而形成的射频分配网络。

用户分配系统由延长放大器、分配放大器、分支器、分配器、同轴电缆、连接器和用户终端等部件组成。它们应具有 75Ω 阻抗和放大、定向传输分配信号以及相互隔离等特性。同时分配系统属于高电平工作系统，分配网络的形式可以是树枝状或星状（视传输媒体是同轴电缆或光纤而定），其目的是为了提高分配效率，覆盖更多的用户。按树枝形结构布线，连接用户方便，较经济，这是一般电缆电视的结构形式。按星形结构布线，由中心向四方传输有利于计算机控制。星形结构为光缆传输、双向传输提供更大的灵活性。

四、有线电视与卫星电视

有线电视今后可能成为广播电视地面覆盖网的主要形式。它的节目来源，包括了所有当地能接收到的无线电视台播出的节目，还包括有线电视台自己办的节目。这些节目的数量有一定的限度，而来自所有可能收到的卫星上传送的节目则会很多。这样多的节目可供有线电视网选择，这就使得有线电视对广大观众具有极大的吸引力。有线电视依靠卫星传送得到多套广播电视节目源，而卫星传送的多套广播电视节目，要依靠有线电视对广大地区进行覆盖。因此卫星电视与有线电视是相互依赖，互促发展的。可以预计，“天上卫星传送，地面有线电视覆盖”是一种强有力的组合，很可能成为 21 世纪广播电视覆盖网的主要模式。

第十节　投影电视与立体电视

一、投影电视

在电视全面走向大屏幕化时，等离子显示器具有一定的优势，但并非是唯一的方式，投影方式也能达到同样效果。投影分为直投影和背投影两种方式，目前直投影方式主要以液晶投影和三管投影为主，较新型的有ILA投影和DLP投影。直投影屏幕大小变化范围大，最大投影屏幕可达254cm(100英寸)以上。背投影方式有CRT三管投影和LCD液晶投影，背投影屏幕大小固定，目前多在102～127cm(40英寸～50英寸)之间。

CRT三管背投影电视机由于体积大、重量较重，因此市场占有率有限。针对CRT三管背投影电视机的缺点，不少厂家想用LCD背投影电视机取而代之。目前ILA投影机和DLP数字投影机，这两者更加符合大屏幕、高画质的要求。家庭影院的流行与各种不同商业用途需要如会议、广告、演唱会、娱乐厅等，促进了投影技术的快速发展，在目前整个投影电视市场中，产品种类与其运用的技术形形色色，叫人目不暇接。

(一)ILA超级投影机

ILA超级投影机(ILA Super Projector)主要由较先进的光增幅元件ILA(Image Light Amplifier)和高效能金属卤素灯组成。这种ILA元件是以液晶光阀应用技术为基础而发展起来的，该ILA超级投影机集CRT三管投影机的高解析度和LCD液晶投影机所使用的高效能光源等优点于一身，不仅在有背影光环境下可投影出11m(450英寸)的大画面，同时还可达到3500 lm的光通量和1000行以上的水平解析度，如此高性能、高亮度、高解析度的投影机堪称为佳品。

(二)DLP数字投影机

和目前常见的液晶投影机相比，DLP数字投影机具有以下特点。

(1)由于DLP采用全数字化技术，所以数字灰阶图像和彩色图像的重现品质几乎达到无噪水平。DLP的来临宣告了投影技术已从传统的模拟图像进入到数字图像，属于目前最先进的投影技术。

(2)DLP技术由于采用光电高科技，远比目前的液晶成像技术更为有效，因为DLP技术应用的是DMD芯片系统的光反射特性，不必使用偏极光，从而提高了光的应用效率可达90%左右。

(3)所重现的图像几乎达到毫无缝隙的高解析度。适应范围极为广泛，且符合数字高清晰度电视标准要求的画质水平。

目前，美国得州仪器公司是DLP数字投影技术及DMD芯片唯一的研究者和制造商。它只供应DLP投影机的心脏部分——DMD芯片模组——给其它经授权的生产厂商生产DLP投影机成品。全球已有十几家较为著名的投影机制造商与得州仪器公司签约，生产DLP投影机。这些不同品牌的制造商已相继推出高价位的专业级DLP投影机，而民用型DLP投影机在1997年夏季也开始上市。民用级的DLP投影机分两级：其一为入门级，和市面上的液晶投影机的价格、品质相似；其二为参考级，价格接近顶级液晶投影机售价，但投影画质超过它。

(三)投影电视产品介绍

1. XV-R43 型大屏幕液晶背投影电视机

日本夏普公司向市场新推出了 XV-R43 型大屏幕整体式液晶背面投影电视机。它采用了该公司新开发的低温多晶硅、宽幅型比(宽高比为 16∶9)5.14cm(2.6 英寸)薄膜晶体管液晶板和三板式光学系统,具有屏幕大、清晰度高、亮度高、体薄和重量轻等如下特点:

(1)大屏幕　109.22cm(43 英寸)(对角线);

(2)高清晰度　610000 个像素;

(3)高亮度　采用该公司专有的光学系统,使其亮度高于普通 CRT 电视机的 50%,比同类产品高 4 倍;

(4)体薄　该机用三片轻薄液晶板替换了传统 CRT 背投机的三只 17.78cm(7 英寸)投影管,可以做得很薄;

(5)重量轻　41kg,相当于 CRT 背投机的一半重。

该机画质好,无闪烁感,几何失真极小,具有能存储 100 个频道,丽音多伴音和立体声接收、图文电视、空间宽域环绕声、画中画、PAL/SECAM 双制式等功能。

2. HJT 光寻址式液晶光阀投影机

美国休斯—胜利科技有限公司生产的 HJT 新产品,高亮度、高清晰度、高性能的光寻址式液晶光阀投影机,系列产品有三种型号:M315E、M315G 和 M335G 型。其主要技术特点:

(1)大屏幕　1143cm(450 英寸)(对角线);

(2)高亮度　2000 lm(M315E 型)、2300 lm(M315G 型)、3500 lm(M335G 型);

(3)高清晰度　1000 电视线、1600×1200 像素;

(4)高性能　对比度 200∶1、投射距离 3.2m～45.72m。

它采用先进的光寻址式液晶光阀技术(专利)、能投影显示光盘、摄像机、录像机、电视广播及计算机等不同类型的媒体和多制式的视频信号。影像明亮、细腻、色彩丰富、逼真,其质量大大优于 CRT 投影机和 LCD 投影机。

此新产品将广泛应用于产品演示、大型会议、业务培训、室外广告、军事指挥和控制、工业设计(CAD 和 CAE)、临床电化教学、金融信息发布、电视剧场、公共娱乐场所、电视会议等场合。

图 6-93　PB6 型 DLP 投影机

3. PB6 型数字投影机

1997 年挪威 Davis 公司最新推出了 PB6 型 DLP 投影机,如图 6-93 所示。画面颜色对比度由 150∶1 提高到 250∶1,光亮度由 500ANSI Lumen 提升至 600ANSI Lumen(彩色),主要改良部件是把三原色(R、G、B)滤镜系统改为三原色加白色(R、G、B、W)。另外,PB6 投影机的透光率,均衡度更有提高。Davis PB6 数字投影机除可用于家庭影院外,也是一部真正的即插即用多媒体用途投影机。

4. Helios 型数字投影机

意大利威得光(Vidikron)公司推出的民用型数字投影机,如图 6-94 所示。它选用流线型外形极为标致可人,在美国拉斯维加斯举办的 97WCES 展上深受好评。它采用两片式投影系统，使用一只寿命长达 600 小时的 100W 金属卤素灯，光亮度达 350 lm。解像度在 16∶9 画面时为 848×600 像素，4∶3 画面时为 800×600 像素，像素总数达 16.7 万个，最大可投影画面为 6.1m(240 英寸)。除具有 NTSC、PAL、SECAM 制式输入外，更备有 VGA、SVGA 和 RGB-HV 的电脑制式输入，附有 RCA 同轴端子、Y/C 分离的 S 端子，电脑用针式插座及一组专为 DVD 而设的 Component 色差信号输入端子等。

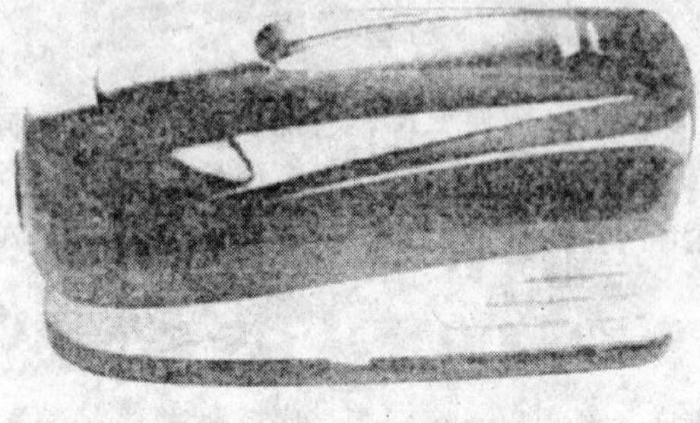

图 6-94 Helios 型数字投影机

DLP 数字投影技术和 DMD 芯片具有很大的应用开发和发展潜力，或许今后将会出现 DLP 直投影电视机、CLP 背投影电视机、DLP 电脑用投影机，甚至 DLP 电影放影机等，DLP 数字投影机将会使我们的电视画面焕然一新。

二、立体电视

立体电视也称三维电视，能显示出景物在三维空间中的位置，即景物的高度、宽度和深度，立体电视一直是电视工作者追求实现的一个目标。立体电视主要分为平面像显示系统和空间像显示系统。

平面像显示系统是根据双眼视差形成立体图像的原理，在显示端显示出两幅或多幅具有双眼视差的平面图像，使左右眼分别看到一幅平面视差图像，从而在大脑中形成一幅立体图像。

空间像显示系统是在一定的空间内直接显示三维空间像，主要有变焦距反射镜立体电视系统和全息电视系统。

我国北京有线电视台信息频道于 1996 年 2 月试验播出了时分式立体电视节目。

时分式立体电视是目前世界上比较先进的一种立体成像产品，它长期以来一直是广播电视领域中一个重要的研究课题。进入 20 世纪 80 年代，我国开始了这项技术的研究，并取得了一定的成果。

时分式立体电视是用两台摄像机，同时拍摄具有不同角度、不同视差的立体图像，采用奇数场与偶数场轮流记录。立体摄像机的两个镜头，轮流拍摄，同一个同步器来协调，通过两帧两场一明一暗的对比，与人眼瞬间时差达到一致。收视者则通过液晶眼镜观察图像。当左摄像机拍摄的图像出现在电视屏幕时，左眼前的液晶眼镜片打开；右摄像机的图像出现在电视屏幕时，右眼前的镜片打开，开关瞬间即可完成，通过人眼的暂留时间，观众可欣赏到立体图像。

小　结

大屏幕彩色电视机不仅因屏幕大，使之视野广、临场感强，而且增加了许多新的功能，如画中画、画外画功能；图文电视接收功能，多路 AV 输入、输出功能和 R、G、B 输入端子，方便与各种视、音频设备及计算机连接等；在音频方面采用了双伴音、立体声、环绕立体声等使音质与现代组合音响相当；在提高声像质量方面，几乎所有大屏幕彩电都采用了梳状滤波器实现亮色度分离，准分离接收机和 PLL 视频同步检波大大减小失真；在提高图像清晰度方面采用了先进的 5D 画质提高电路。所以说，大屏幕彩电实际上就是“高画质、多制式、多功能电视”的代名词，它标志着电视发展的水平，它可以与计算机一样，作为社会发展的文明标志。大屏幕电视领导电视新潮流是必然趋势。

数字电视是指将模拟信号转换为数字信号进行传输、接收、处理、存储、记录和控制的系统。目前，对高、中频电视信号进行数字处理还比较困难，所以现在所说的数字电视是指在不改变现行广播电视传输体制的前提下，将图像检波后的视频基带信号和经过鉴频的音频基带信号进行数字处理，其它部分也尽量采用数字技术的电视接收机。数字电视机具有较高的图像质量和伴音质量，易于实现较多的功能，如画中画、多画面，静止画及图文电视等功能。可提高接收机工作的稳定性和可靠性，简化生产调整工序。数字电视已成为今后电视机发展的必然方向。

画中画电视机是指能在主画面的电视图像中，同时显示出来自其它信号源的子画面图像的电视。一般子画面的处理和控制大都采用数字信号处理技术和微机控制技术，以完成对子画面信号的压缩、变换、存储和控制。

高清晰度电视 HDTV 的定义是：高清晰度电视应是一个透明系统，一个视力正常的观众在距该系统显示屏高度的三倍距离上所看到的图像质量应具有观看原始景物或表演所得到的印象。提高清晰度最根本的措施是增加行数。为克服闪烁，采用逐行扫描方式。

全数字式电视是指从节目制作、节目传输，到节目接收的全过程处理均采用数字电路技术。2006 年美国将取消现行电视即模拟式电视广播，电视将正式跨入数字式时代。数字电视与计算机技术融为一体，数字化处理、传输、接收和显示信息，是一种计算机化了的电视，它不仅可提供更大的屏幕、更清晰的图像、更逼真的立体声音响，而且可与电脑、国际互联网、互联网电话、电子信箱、电脑商场、电脑医院、数字照像机、数字摄像机等连为一体，除收看电视外，可进行互联网作业、使用电子信箱、播放 *DVD* 影碟、从互联网上与远方朋友进行可视通话。

平板电视的关键是显示屏幕的平板化。目前，平板电视显示器的发展趋势，一是向阴极射线管的扁平化方向发展；二是向固体化器件方向发展，如液晶显示器件、场致发光显示器件、等离子发光显示器件等。平板电视，特别是大屏幕（屏幕对角线在 40 英寸以上）高清晰度电视有着广阔的发展前景。据专家估计，到 2000 年，全世界彩色电视机的需求量将达 1 亿台左右，除 10% 为 16∶9 的宽屏幕彩电外，可能有 30% 为屏幕尺寸 30 英寸～50 英寸的平板电视。

16∶9 宽屏幕电视机是最佳的屏幕宽高比，它确定为未来 HDTV 的统一屏幕标准。但是，目前在电视发达国家，电视广播仍以 4∶3 画面的节目为主。因此，16∶9 宽屏幕电视机首先要解决与传统的 4∶3 节目的兼容问题，即如何使 4∶3 图像在 16∶9 屏幕上不失真地重现，目前采用的方法是模拟式 16∶9 压缩器和数字式 16∶9 压缩器。

图文电视是一种利用现有电视广播网进行点对面快速数据传输的新型电视多工数据广播技术。它将文字和图形信息以数字信号的形式叠加在电视广播信号中传送，用户可以利用电视机附加的图文电视解码器在电视机屏幕上显示图文信息，用户也可以利用插在微机内的图文电视接收卡（简称 PC 卡）接收图文电视传输的大量公众或专业信息。图文电视广播主要利用电视的场逆程期间，可不另外占用电视频道。图文电视由于它传递信息高效快捷，覆盖面广，因此产生了明显的经济效益和社会效益。另外，图文电视是信息高速公路的重要组成部分，是信息时代的重要支柱之一，它的发展与应用前景相当广阔。

我国幅员广大，地形复杂，要实现广播电视在全国的覆盖，采用地面系统是十分困难的。而采用卫星电视广播是最先进、最迅速、最有效的手段。由于卫星电视具有覆盖面积大，传送质量高且稳定，节目套数多、信息容量大，投资省、见效快等优点，近年来我国的卫星电视广播取得了迅速的发展。

有线电视是指下列单独或混合利用电缆、光缆或者微波的特定频段传送电视节目的公共电视传输系统：接收、传送无线广播电视节目，播放自办广播电视节目的有线电视台；接收、传送无线电视节目的共用天线系统。有线电视今后可能成为广播电视地面覆盖网的主要形式，目前我国不仅城市有线电视网建设速度很快，而且在农村乡镇和人口较集中的村庄，有线电视网建设也在迅速铺开。有线电视依靠卫星传送给多套广播电视节目源，而卫星传送的多套广播电视节目，要依靠有线电视对广大地区进行覆盖。因此卫星电视与有线电视相互依赖，互促发展，可以预计，“天上卫星传送，地面有线覆盖”是一种强有力的组合，很可能成为21世纪广播电视覆盖网的主要模式。

投影电视分直投影和背投影两种方式。直投影主要以液晶投影和三管投影为主，最大投影屏幕可达254cm(100英寸)以上。背投影有CRT三管背投影和LCD液晶投影，投影屏幕多在102cm～127cm(40英寸～50英寸)之间。由于CRT三管背投影电视机体积大、重量较重，所以不少厂家想用LCD背投影电视机来取而代之。目前较新型有ILA超级投影机和DLP数字投影机。

1996年2月17日17：30分，北京有线电视台信息频道试验播出了时分式立体电视节目，这是一次节目形式的大胆尝试。时分式立体电视节目是目前世界上比较先进的一种立体成像产品，它长期以来一直是广播电视领域中一个重要的研究课题。进入20世纪80年代，我国开始了这项技术的研究，并取得一定成果。国内试验播出立体电视节目的还有：北京有线电视台、长春有线电视台、太原有线电视台等。

习 题

1. 什么叫大屏幕多制式彩色电视机？它有什么优点？

2. 这里说的多制式如十九制式、二十一制式与以前讲的彩电制式概念(PAL制、NTSC制、SECAM制)有什么不同？

3. 大屏幕多制式彩电与普通彩电有什么不同？

4. 新型大屏幕彩色显像管有什么特点？

5. 大屏幕电视对开关稳压电源有什么要求？

6. 什么叫5D画质提高电路？它是怎样提高图像清晰度的？

7. 什么叫双伴音/立体声？什么叫“丽音”广播？

8. 什么叫I^2C总线？它有什么特点？

9. 简述环绕立体声和超重低音的工作原理。

10. 什么叫数字电视机？它有什么优点？

11. 简述数字电视机的基本构成。

12. 为什么说全数字化高清晰度电视(HDTV)必将取代目前的数字电视？

13. 什么叫画中画电视机？它有什么功能？

14. 简述画中画电视机的基本原理。

15. 提高电视机清晰度的根本措施是什么？

16. 高清晰度电视发展的现状和前景如何？

17. 什么叫 16∶9 宽屏幕电视机？

18. 如何解决 16∶9 和 4∶3 屏幕电视节目源的兼容问题？

19. 壁挂平板电视按采用固体化器件的不同分为哪几种？它们各有什么特点？

20. 液晶彩电的发展方向是什么？

21. 等离子显示屏分几类？它的最大对角线尺寸达多少？像素为多少？

22. 简述图文电视的基本原理。

23. 简述接收图文电视的几种方法。

24. 什么叫卫星电视？卫星电视广播的优点是什么？

25. 目前人们收看电视有哪几种方式？

26. 什么叫有线电视？它有什么优点？

27. 为什么说有线电视与卫星电视是相互依赖、互促发展的强有力的组合？

参考文献

[1]北京职业高中电子类教材编写组．黑白电视机原理与维修．电子工业出版社,1990.

[2]北京东风电视机厂、太原工学院无线电技术教研室．晶体管黑白电视机原理和调试．人民邮电出版社,1993.

[3]技工学校电子类专业教材编审委员会．电视机原理调试与维修．天津科学技术出版社,1990.

[4]韩广兴．彩色电视机使用与维修．电子工业出版社,1996.

[5]技工学校电子类专业教材编审委员会．电视机原理调试与维修．中国劳动出版社,1993.

[6]程新生．电视机电源与开关电源．电子工业出版社,1986.

[7]许志祥．彩色电视集成电路接收机原理．国防工业出版社,1983.

[8]高厚琴．彩色电视机新技术原理应用与维修．电子工业出版社,1997.

[9]王锡成、王晶．增强清晰度的5D电路．无线电,1996;9.10.

[10]王锡成、王晶．I^2C总线控制的大屏幕彩电．无线电,1996;5.

[11]李雄杰．大屏幕彩电松下画王系列电路分析与检修．电子工业出版社,1996.

[12]吴龙生、吴雪麟．电视新技术．复旦大学出版社,1997.

[13]龙绍辉．图文电视广播与接收技术．电视技术,1998;2.

[14]方学忠等．卫星电视与有线电视技术．中国物资出版社,1996.